Mastercam X8 数控加工实例精解

北京兆迪科技有限公司　编著

机 械 工 业 出 版 社

本书是进一步学习 Mastercam X8 数控加工的实例图书，选用的实例都是实际应用中的各种日用产品和工业产品，经典而实用。本书在内容上，针对每一个实例先进行概述，说明该实例的特点、主要加工方法及加工工艺路线，使读者对它有一个整体认识，学习也更有针对性。接下来的操作步骤翔实、透彻、图文并茂，引领读者一步一步地完成零件的加工。这种讲解方法能使读者更快、更深入地理解 Mastercam 数控加工中的一些抽象的概念、重要的加工方法和复杂的命令及功能。

本书中的实例是根据北京兆迪科技有限公司给国内外一些著名公司（含国外独资和合资公司）的培训案例整理而成的，具有很强的实用性。在写作方式上，本书紧贴 Mastercam X8 软件的实际操作界面，采用软件中真实的对话框、操控板和按钮等进行讲解，使初学者能够直观、准确地操作软件进行学习，从而尽快地上手，提高学习效率。

本书内容全面、条理清晰、实例丰富、讲解详细、图文并茂，可作为广大工程技术人员和数控加工工程师学习 Mastercam X8 数控加工的自学教程和参考书，也可作为大中专院校学生和各类培训学校学员的 CAM 课程上课及上机练习教材。

本书附视频学习光盘一张，制作了本书的全程操作视频录像文件，另外，光盘还包含本书所有的练习素材文件及范例文件。

图书在版编目（CIP）数据

Mastercam X8 数控加工实例精解 / 北京兆迪科技有限公司编著. —3 版. —北京：机械工业出版社，2018.6
ISBN 978-7-111-59687-5

Ⅰ. ①M… Ⅱ. ①北… Ⅲ. ①数控机床—加工—计算机辅助设计—应用软件—教材 Ⅳ. ①TG659-39

中国版本图书馆 CIP 数据核字（2018）第 074927 号

机械工业出版社（北京市百万庄大街 22 号　邮政编码 100037）
策划编辑：丁　锋　　　　　责任编辑：丁　锋
责任校对：潘　蕊　张　薇　责任印制：常天培
封面设计：张　静
北京铭成印刷有限公司印刷
2018 年 7 月第 3 版第 1 次印刷
184mm×260 mm · 23.5 印张 · 433 千字
0001—3000 册
标准书号：ISBN 978-7-111-59687-5
　　　　　ISBN 978-7-89386-176-5（光盘）
定价：69.90 元 (含多媒体 DVD 光盘 1 张)

凡购本图书，如有缺页、倒页、脱页，由本社发行部调换
电话服务　　　　　　　　　网络服务
服务咨询热线：010-88361066　机 工 官 网：www.cmpbook.com
读者购书热线：010-68326294　机 工 官 博：weibo.com/cmp1952
　　　　　　　010-88379203　金 书 网：www.golden-book.com
封面无防伪标均为盗版　　教育服务网：www.cmpedu.com

前　言

Mastercam 是一套功能强大的数控加工软件，采用图形交互式自动编程方法实现 NC 程序的编制。它是目前非常经济有效率的数控加工软件系统，包括美国在内的各工业大国皆采用 Mastercam 系统作为加工制造的标准，其应用范围涉及航空航天、汽车、机械、造船、通用机械、医疗器械和电子等诸多领域。Mastercam X8 是目前功能最稳定、应用范围最广的版本。与以前的版本相比，该版本增加或增强了许多功能，例如优化了清根刀路，增加了型腔粗铣时的摆线走刀控制，增强了多轴功能，优化了高速铣削中的等粗糙度刀路功能，减少了铣削缓坡时的抬刀次数，在所有高速铣削命令中增加了新的选项等。

本书是进一步学习 Mastercam X8 数控加工技术的实例图书，其特色如下。

- 实例丰富，与其他的同类书籍相比，包括更多的数控加工实例和加工方法与技巧，对读者的实际数控加工具有很好的指导和借鉴作用。
- 讲解详细，条理清晰，保证自学的读者能独立学习和运用书中的内容。
- 写法独特，采用 Mastercam X8 软件中真实的对话框、按钮和图标等进行讲解，使初学者能够直观、准确地操作软件，从而大大地提高学习效率。
- 附加值高，本书附带一张多媒体 DVD 学习光盘，制作了大量数控编程技巧和具有针对性的实例教学视频，并进行了详细的语音讲解，可以帮助读者轻松、高效地学习。

本书由北京兆迪科技有限公司编著，参加编写的人员有詹友刚、王焕田、刘静、雷保珍、刘海起、魏俊岭、任慧华、詹路、冯元超、刘江波、周涛、邵为龙、侯俊飞、龙宇、施志杰、詹棋、高政、孙润、李倩倩、黄红霞、尹泉、李行、詹超、尹佩文、赵磊、王晓萍、陈淑童、周攀、吴伟、王海波、高策、冯华超、周思思、黄光辉、党辉、冯峰、詹聪、平迪、管璇、王平、李友荣。由于编者水平有限，本书如有疏漏之处，恳请广大读者予以指正。

电子邮箱：zhanygjames@163.com　　咨询电话：010-82176248，010-82176249。

编者

读者购书回馈活动：

活动一：本书“随书光盘”中含有“读者意见反馈卡”的电子文档，请认真填写本反馈卡，并 E-mail 给我们。E-mail: 兆迪科技 zhanygjames@163.com，丁锋 fengfener@qq.com。

活动二：扫一扫右侧二维码，关注兆迪科技官方公众微信（或搜索公众号 zhaodikeji），参与互动，也可进行答疑。

凡参加以上活动，即可获得兆迪科技免费奉送的价值 48 元的在线课程一门，同时有机会获得价值 780 元的精品在线课程。

本书导读

为了能更好地学习本书的知识，请您仔细阅读下面的内容。

写作环境

本书采用的写作蓝本是 Mastercam X8 中文版。

光盘使用

为方便读者练习，特将本书所有素材文件、已完成的实例文件、配置文件和视频语音讲解文件等放入随书附带的光盘中，读者在学习过程中可以打开相应素材文件进行操作和练习。

本书附带多媒体 DVD 光盘一张，建议读者在学习本书前，将 DVD 光盘中的所有文件复制到计算机硬盘的 D 盘中。在 D 盘上 mcx8.11 目录下共有两个子目录。

（1）work 子目录：包含本书的全部已完成的实例文件。

（2）video 子目录：包含本书讲解中的视频文件（含语音讲解）。读者学习时，可在该子目录中按顺序查找所需的视频文件。

光盘中带有“ok”扩展名的文件或文件夹表示已完成的范例。

相比于老版本的软件，Mastercam X8 在功能、界面和操作上变化极小，经过简单的设置后，几乎与老版本完全一样（书中已介绍设置方法）。因此，对于软件新老版本操作完全相同的内容部分，光盘中仍然使用老版本的视频讲解，对于绝大部分读者而言，并不影响软件的学习。

本书约定

- 本书中有关鼠标操作的简略表述说明如下。
  - ☑ 单击：将鼠标指针移至某位置处，然后按一下鼠标的左键。
  - ☑ 双击：将鼠标指针移至某位置处，然后连续快速地按两次鼠标的左键。
  - ☑ 右击：将鼠标指针移至某位置处，然后按一下鼠标的右键。
  - ☑ 单击中键：将鼠标指针移至某位置处，然后按一下鼠标的中键。
  - ☑ 滚动中键：只是滚动鼠标的中键，而不能按中键。
  - ☑ 选择（选取）某对象：将鼠标指针移至某对象上，单击以选取该对象。
  - ☑ 拖移某对象：将鼠标指针移至某对象上，然后按下鼠标的左键不放，同时移动鼠标，将该对象移动到指定的位置后再松开鼠标的左键。
- 本书中的操作步骤分为 Task、Stage 和 Step 三个级别，说明如下。

- ☑ 对于一般的软件操作，每个操作步骤以 Step 字符开始。
- ☑ 每个 Step 操作视其复杂程度，其下面可含有多级子操作。例如 Step1 下可能包含（1）、（2）、（3）等子操作，（1）子操作下可能包含①、②、③等子操作，①子操作下可能包含 a）、b）、c）等子操作。
- ☑ 如果操作较复杂，需要几个大的操作步骤才能完成，则每个大的操作冠以 Stage1、Stage2、Stage3 等，Stage 级别的操作下再分 Step1、Step2、Step3 等操作。
- ☑ 对于多个任务的操作，则每个任务冠以 Task1、Task2、Task3 等，每个 Task 操作下则可包含 Stage 和 Step 级别的操作。

- 由于已建议读者将随书光盘中的所有文件复制到计算机硬盘的 D 盘中，书中在要求设置工作目录或打开光盘文件时，所述的路径均以“D:”开始。

技术支持

本书主编和参编人员主要来自北京兆迪科技有限公司。该公司专门从事 CAD/CAM/CAE 技术的研究、开发、咨询及产品设计与制造服务，并提供 Mastercam、UG、CATIA 等软件的专业培训及技术咨询，读者在学习本书的过程中如果遇到问题，可通过访问该公司的网站 http://www.zalldy.com 来获得技术支持。

本书随书光盘中的所有文件已经上传至网络，如果您的随书光盘丢失或损坏，可以登录网站 http://www.zalldy.com/page/book 下载。

咨询电话：010-82176248，010-82176249。

目　录

实例 1　餐盘凹模加工

在机械加工中，一般都要经过多道工序。工序安排得是否合理，对加工后零件的质量有较大的影响，因此在加工之前需要根据零件的特征制订好加工工艺。下面结合加工的各种方法来加工一个餐盘凹模（图 1.1），其操作步骤如下。

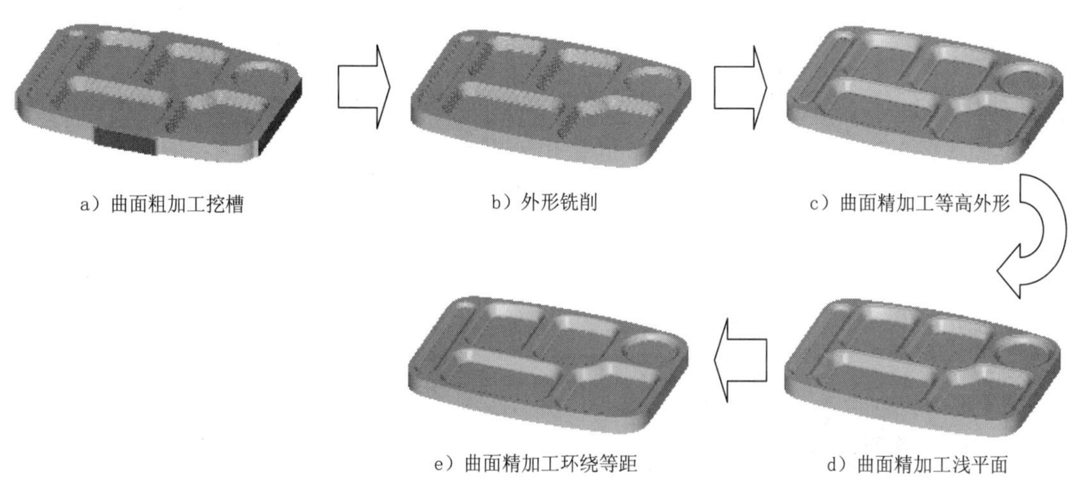

图 1.1　加工流程图

Stage1. 进入加工环境

打开模型。选择文件 D:\mcx8.11\work\ch01\CANTEEN.MCX，系统进入加工环境，此时零件模型如图 1.2 所示。

Stage2. 设置工件

Step1. 在“操作管理器”中单击 属性 - Generic Mill 节点前的“+”号，将该节点展开，然后单击 毛坯设置 节点，系统弹出“机床群组属性”对话框。

Step2. 设置工件的形状。在“机床群组属性”对话框的 形状 区域中选中 矩形 单选项。

Step3. 设置工件的尺寸。在“机床群组属性”对话框中单击 所有曲面 按钮，在 毛坯原点 区域 Z 下面的文本框中输入值 3；然后在右侧预览区的 Y 文本框中输入值 270，X 文本框中输入值 360，Z 文本框中输入值 28。

Step4. 单击“机床群组属性”对话框中的 ✓ 按钮，完成工件的设置。此时零件如图 1.3 所示，从图中可以观察到零件的边缘多了红色的双点画线，双点画线围成的图形即工件。

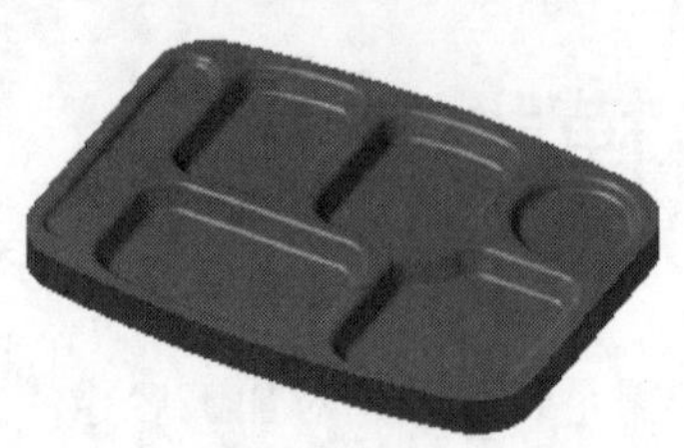
图 1.2　零件模型

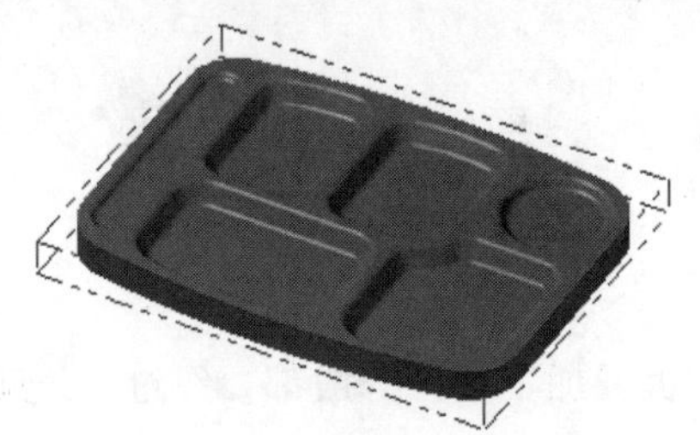
图 1.3　显示工件

Stage3. 粗加工挖槽加工

Step1. 绘制矩形边界。单击俯视图按钮，选择 绘图(C) → 矩形(R)... 命令，系统弹出“矩形”工具栏；确认“矩形”工具栏中的按钮被按下，选取图 1.4 所示的坐标原点，然后在后的文本框中输入值 360，在后的文本框中输入值 270，按 Enter 键。单击按钮，完成矩形边界的绘制，结果如图 1.5 所示。

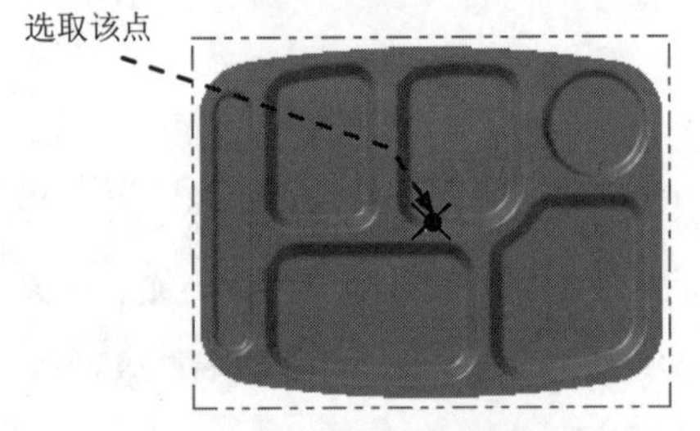

图 1.4　定义基准点

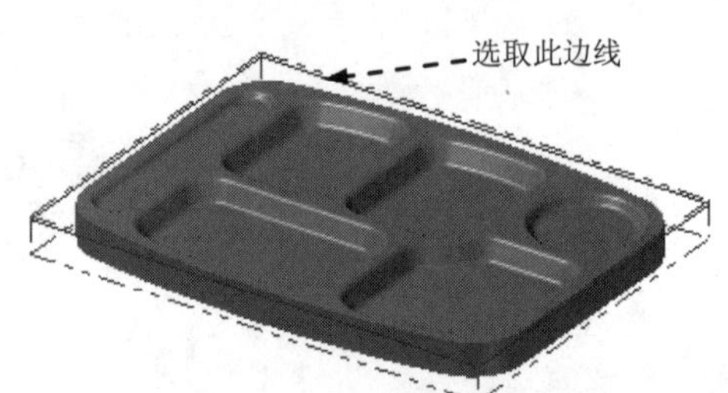

图 1.5　绘制矩形边界

Step2. 选择下拉菜单 刀路(T) → 曲面粗加工(R) → 挖槽(K)... 命令，系统弹出“输入新 NC 名称”对话框，采用系统默认的 NC 名称。单击按钮，完成 NC 名称的设置。

Step3. 设置加工区域。

（1）选取加工面。在图形区中选取图 1.6 所示的所有面（共 131 个面），然后按 Enter 键，系统弹出“刀路/曲面选择”对话框。

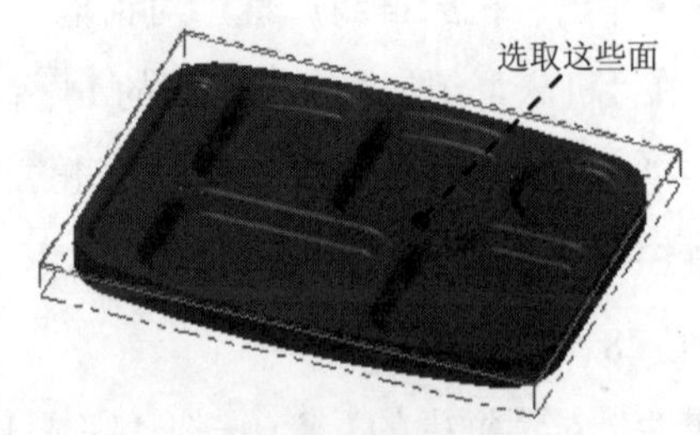

图 1.6　选取加工面

（2）设置加工边界。在 边界范围 区域中单击按钮，系统弹出“串连”对话框；在图形区中选取图 1.5 所绘制的边线。单击按钮，系统返回至“刀路/曲面选择”对话框。

（3）单击[✔]按钮，完成加工区域的设置，同时系统弹出“曲面粗车-挖槽”对话框。

Step4. 确定刀具类型。在“曲面粗车-挖槽”对话框中单击 刀具过滤 按钮，系统弹出“刀具列表过滤”对话框。单击 刀具类型 区域中的 无(N) 按钮后，在刀具类型按钮群中单击 （圆鼻刀）按钮。然后单击[✔]按钮，关闭“刀具列表过滤”对话框，系统返回至“曲面粗车-挖槽”对话框。

Step5. 选择刀具。在“曲面粗车-挖槽”对话框中单击 选择库刀具... 按钮，系统弹出“刀具选择”对话框，在该对话框的列表框中选择图 1.7 所示的刀具。单击[✔]按钮，关闭“刀具选择”对话框，系统返回至“曲面粗车-挖槽”对话框。

刀具选择 - C:\users\public\documents\shared mcamx8\Mill\Tools\Mill_mm.Tooldb

C:\users\publi...\Mill_mm.Tooldb

#	装配名称	刀具名称	刀...	直径	转角...	长度	刀齿数	类型	半径类型
556	--	14. BULL ENDM...	...	14.0	4.0	50.0	4	圆鼻刀 3	转角
561	--	15. BULL ENDM...	...	15.0	1.0	50.0	4	圆鼻刀 3	转角
563	--	15. BULL ENDM...	...	15.0	3.0	50.0	4	圆鼻刀 3	转角
562	--	15. BULL ENDM...	...	15.0	2.0	50.0	4	圆鼻刀 3	转角
560	--	15. BULL ENDM...	...	15.0	4.0	50.0	4	圆鼻刀 3	转角
564	--	16. BULL ENDM...	...	16.0	4.0	50.0	4	圆鼻刀 3	转角
567	--	16. BULL ENDM...	...	16.0	3.0	50.0	4	圆鼻刀 3	转角
566	--	16. BULL ENDM...	...	16.0	1.0	50.0	4	圆鼻刀 3	转角
565	--	16. BULL ENDM...	...	16.0	2.0	50.0	4	圆鼻刀 3	转角
570	--	17. BULL ENDM...	...	17.0	3.0	50.0	4	圆鼻刀 3	转角
569	--	17. BULL ENDM...	...	17.0	1.0	50.0	4	圆鼻刀 3	转角
571	--	17. BULL ENDM...	...	17.0	2.0	50.0	4	圆鼻刀 3	转角
568	--	17. BULL ENDM...	...	17.0	4.0	50.0	4	圆鼻刀 3	转角

过滤(F)...
启用过滤
显示 99 个刀具(共
显示模式
刀具
装配
两者

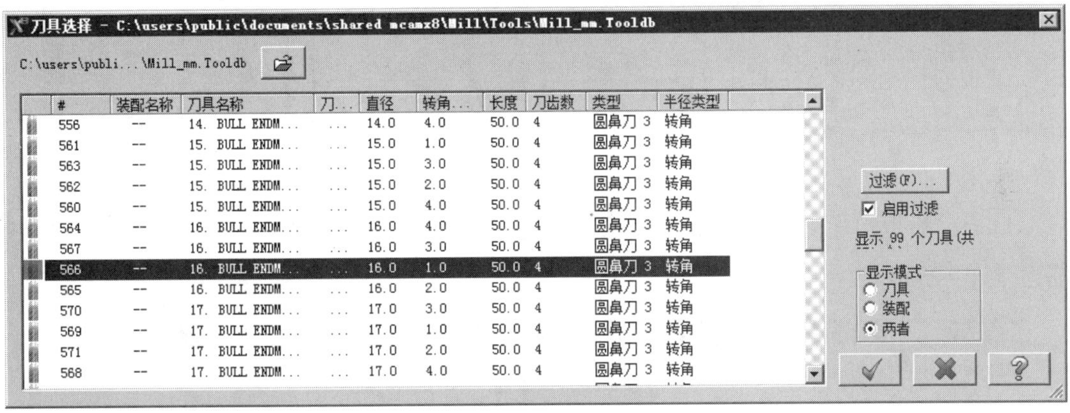

图 1.7 “刀具选择”对话框

Step6. 设置刀具参数。

（1）完成上步操作后，在“曲面粗车-挖槽”对话框 刀路参数 选项卡的列表框中显示出 Step5 所选择的刀具，双击该刀具，系统弹出“定义刀具”对话框。

（2）设置刀具号码。单击 最终化属性 按钮，在 刀具编号: 文本框中将原有的数值改为 1。

（3）设置刀具的加工参数。在 进给率 文本框中输入值 500.0，在 下切速率: 文本框中输入值 200.0，在 提刀速率 文本框中输入值 100.0，在 主轴转速 文本框中输入值 1200.0。

（4）设置冷却方式。单击 冷却液 按钮，系统弹出“冷却液”对话框，在 Flood （切削液）下拉列表中选择 On 选项，单击该对话框中的 确定 按钮，关闭“冷却液”对话框。

Step7. 单击“定义刀具”对话框中的 精加工 按钮，完成刀具的设置。

Step8. 设置曲面参数。在“曲面粗车-挖槽”对话框中单击 曲面参数 选项卡，设置参数如图 1.8 所示。

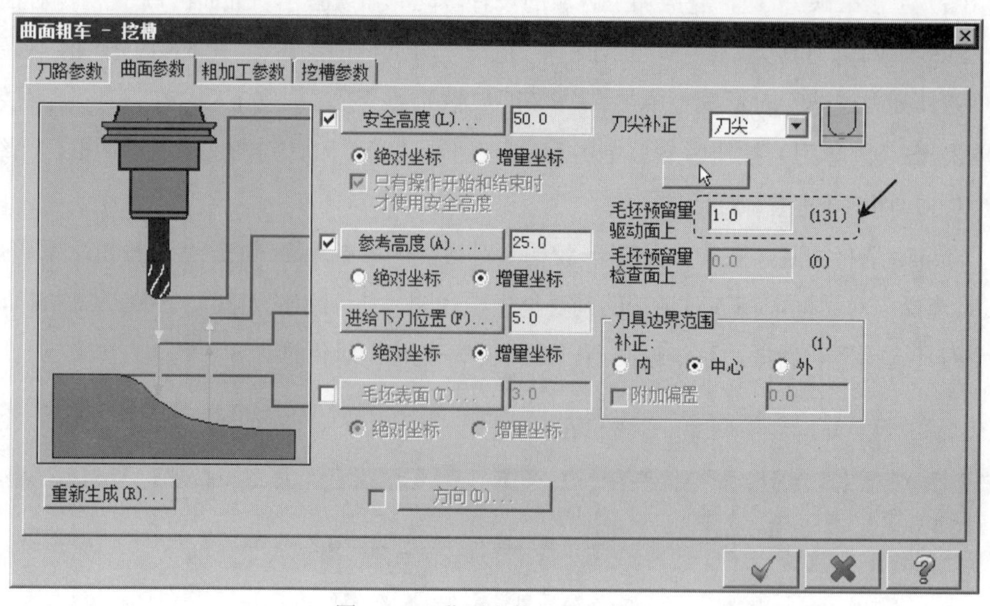

图 1.8 “曲面参数”选项卡

Step9. 设置粗加工参数。在“曲面粗车-挖槽”对话框中单击粗加工参数选项卡，设置参数如图 1.9 所示。

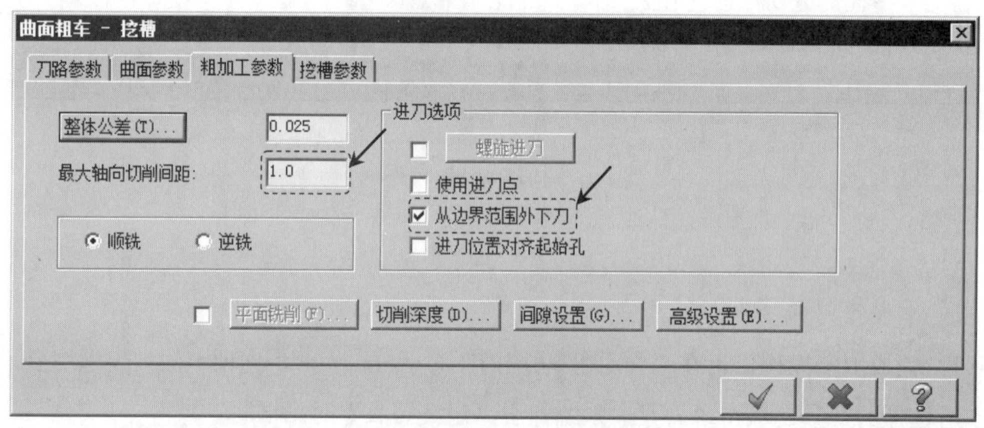

图 1.9 “粗加工参数”选项卡

（1）单击切削深度(D)...按钮，在系统弹出的“切削深度”对话框中选中绝对坐标单选项，然后在绝对深度区域的最大深度文本框中输入值 3，在最小深度文本框中输入值-25。单击✓按钮，系统返回至“曲面粗车-挖槽”对话框。

（2）单击间隙设置(G)...按钮，在系统弹出的“间隙设置”对话框中选中优化切削顺序复选框，然后单击✓按钮，系统返回至“曲面粗车-挖槽”对话框。

Step10. 设置挖槽参数。在“曲面粗车-挖槽”对话框中单击挖槽参数选项卡，设置参数如图 1.10 所示。

图 1.10 “挖槽参数”选项卡

Step11. 单击“曲面粗车-挖槽”对话框中的 按钮，完成加工参数的设置，此时系统将自动生成图 1.11 所示的刀具路径。

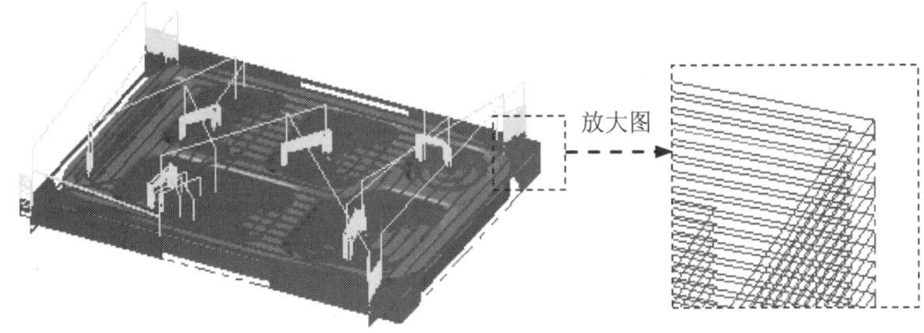

图 1.11 刀具路径

Stage4. 外形铣削加工

说明：单击“操作管理器”中的 按钮，隐藏上步的刀具路径，以便于后面加工面的选取，下同。

Step1. 绘制边界。选择下拉菜单 绘图(C) → 曲线(V) → 曲面单一边界(O)... 命令，系统弹出“单一边界线”工具栏，在状态栏的“线宽” 下拉列表中选择第二个选项 。

Step2. 定义边界的附着面和边界位置。选取图 1.12 所示的曲面为边界的附着面，此时在所选取的曲面上出现图 1.13 所示的箭头。移动鼠标，将箭头移动到图 1.14 所示的位置后单击鼠标左键，此时系统自动生成创建的边界预览。单击 按钮，完成指定边界的创建。

Step3. 选择下拉菜单 刀路(T) → 外形铣削(C)... 命令，系统弹出“串连”对话框。

图 1.12 定义附着面

图 1.13 定义边界位置

Step4. 设置加工区域。在图形区中选取图 1.14 所示的边线，系统自动选取图 1.15 所示的边线，方向箭头如图 1.15 所示（若方向不同，可单击“串连”对话框中的 按钮调整）。单击 按钮，完成加工区域的设置，同时系统弹出“2D 刀路-外形”对话框。

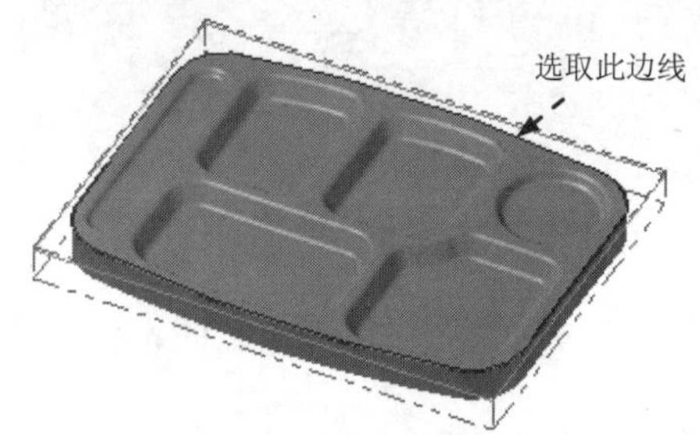

图 1.14 选取区域

图 1.15 定义区域

Step5. 选择刀具。在“2D 刀路-外形”对话框的左侧节点列表中单击 刀具 节点，切换到“刀具参数”界面；单击 过滤(F)... 按钮，系统弹出“刀具列表过滤”对话框，单击 刀具类型 区域中的 无(N) 按钮后，在刀具类型按钮群中单击 （平底刀）按钮。单击 按钮，关闭“刀具列表过滤”对话框，系统返回至“2D 刀路-外形”对话框。

Step6. 选择刀具。在“2D 刀路-外形”对话框中单击 选择库刀具... 按钮，系统弹出“刀具选择”对话框，在该对话框的列表框中选择图 1.16 所示的刀具。单击 按钮，关闭“刀具选择”对话框，系统返回至“2D 刀路-外形”对话框。

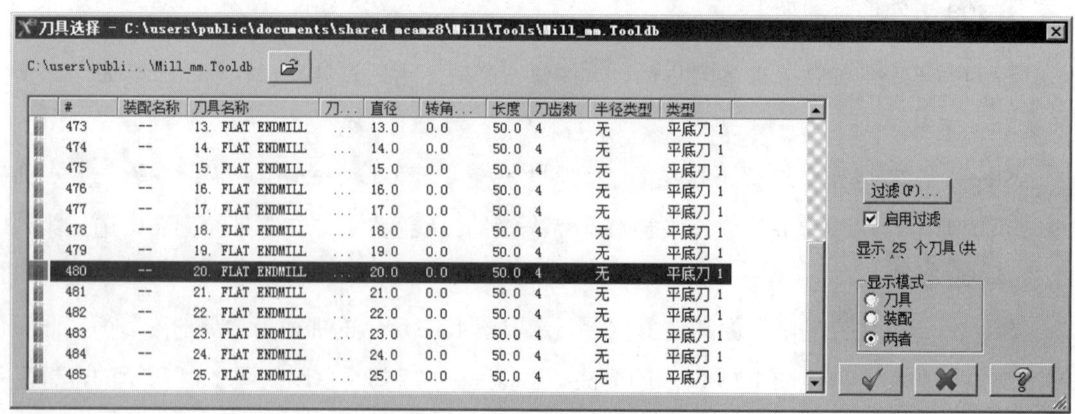

#	装配名称	刀具名称	刀...	直径	转角...	长度	刀齿数	半径类型	类型
473	--	13. FLAT ENDMILL	...	13.0	0.0	50.0	4	无	平底刀 1
474	--	14. FLAT ENDMILL	...	14.0	0.0	50.0	4	无	平底刀 1
475	--	15. FLAT ENDMILL	...	15.0	0.0	50.0	4	无	平底刀 1
476	--	16. FLAT ENDMILL	...	16.0	0.0	50.0	4	无	平底刀 1
477	--	17. FLAT ENDMILL	...	17.0	0.0	50.0	4	无	平底刀 1
478	--	18. FLAT ENDMILL	...	18.0	0.0	50.0	4	无	平底刀 1
479	--	19. FLAT ENDMILL	...	19.0	0.0	50.0	4	无	平底刀 1
480	--	20. FLAT ENDMILL	...	20.0	0.0	50.0	4	无	平底刀 1
481	--	21. FLAT ENDMILL	...	21.0	0.0	50.0	4	无	平底刀 1
482	--	22. FLAT ENDMILL	...	22.0	0.0	50.0	4	无	平底刀 1
483	--	23. FLAT ENDMILL	...	23.0	0.0	50.0	4	无	平底刀 1
484	--	24. FLAT ENDMILL	...	24.0	0.0	50.0	4	无	平底刀 1
485	--	25. FLAT ENDMILL	...	25.0	0.0	50.0	4	无	平底刀 1

图 1.16 “刀具选择”对话框

Step7. 设置刀具参数。

（1）完成上步操作后，在“2D 刀路-外形”对话框的刀具列表框中显示出 Step6 所选取的刀具，双击该刀具，系统弹出“定义刀具”对话框。

（2）设置刀具号码。单击最终化属性按钮，在刀具编号:文本框中将原有的数值改为 2。

（3）设置刀具的加工参数。设置图 1.17 所示的参数。

（4）设置冷却方式。单击冷却液按钮，系统弹出“冷却液”对话框，在Flood（切削液）下拉列表中选择On选项，单击该对话框中的确定按钮，关闭“冷却液”对话框。

Step8. 单击“定义刀具”对话框中的精加工按钮，完成刀具的设置。

操作
刀具编号: 2
刀长偏置: 2
直径偏置: 2
进给率: 400
下切速率: 200
提刀速率: 1000
主轴转速: 1500
主轴方向: 顺时针
刀齿数: 4
材料: HSS
冷却液
公制

常规
名称: 20. FLAT ENDMILL
说明:
制造商名称:
制造商刀具代码:

铣削
XY 粗加工步进量(%): 50
Z 粗加工步进量(%): 50
XY 精修步进量(%): 25
Z 精修步进量(%): 25

图 1.17 设置刀具加工参数

Step9. 设置切削参数。在“2D 刀路-外形”对话框的左侧节点列表中单击切削参数节点，设置图 1.18 所示的参数。

Step10. 设置深度参数。在“2D 刀路-外形”对话框的左侧节点列表中单击深度切削节点，选中深度切削复选框，在最大粗切步进量:文本框中输入值 5，然后选中不提刀复选框。

Step11. 设置进退/刀参数。在“2D 刀路-外形”对话框的左侧节点列表中单击切入/切出节点，采用系统默认设置值。

Step12. 设置贯穿参数。在“2D 刀路-外形”对话框的左侧节点列表中单击贯穿节点，然后选中贯穿复选框，在贯穿量文本框中输入值 2。

Step13. 设置连接参数。在“2D 刀路-外形”对话框的左侧节点列表中单击连接参数节点，设置图 1.19 所示的参数。

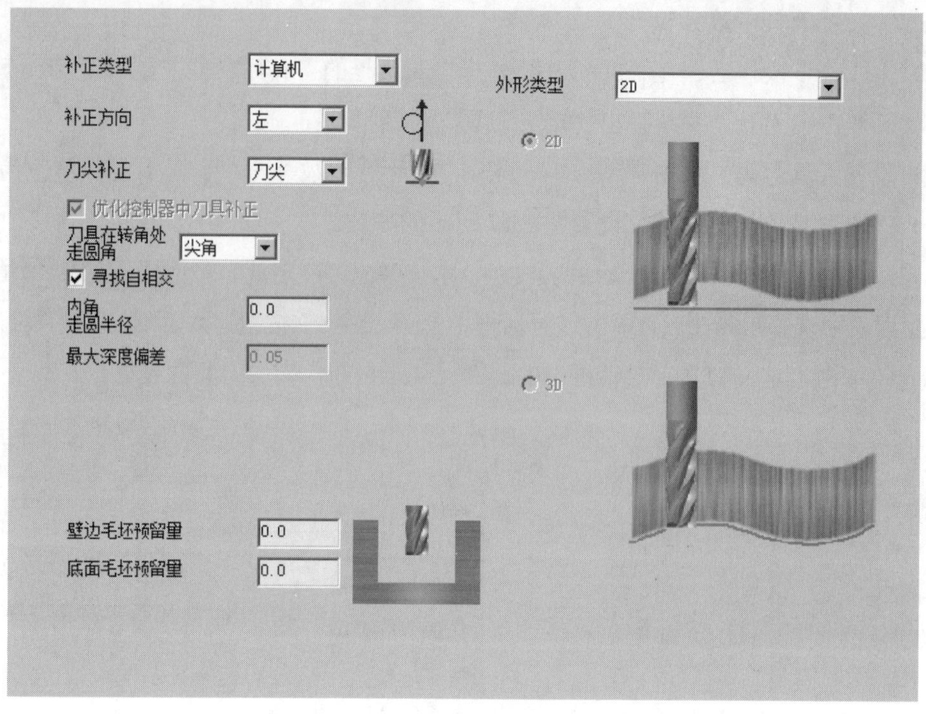

图 1.18 “切削参数”设置界面

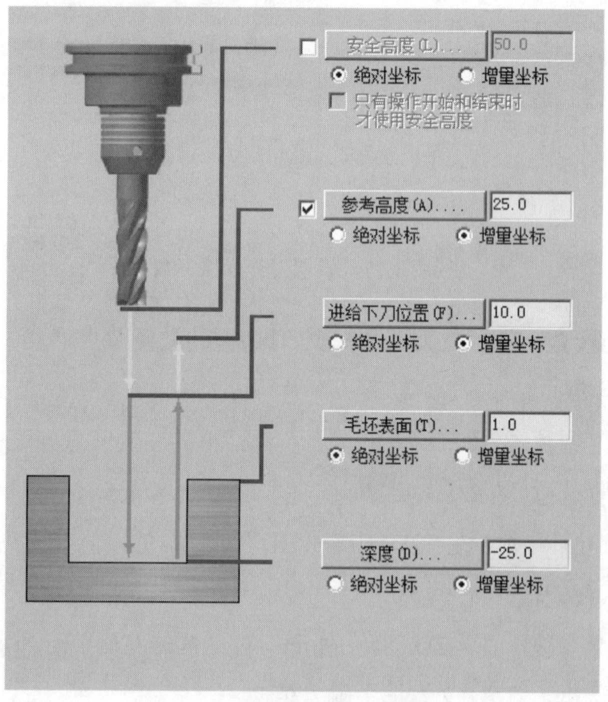

图 1.19 “连接参数”设置界面

Step14. 单击“2D 刀路-外形”对话框中的 ✓ 按钮，完成参数设置，此时系统将自动生成图 1.20 所示的刀具路径。

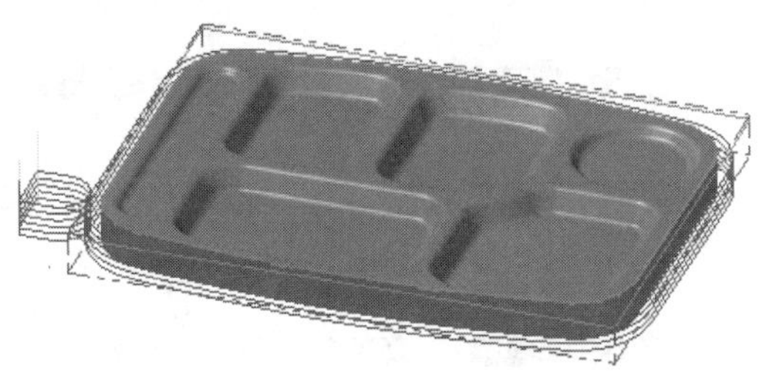

图 1.20 刀具路径

Stage5. 精加工等高外形加工

Step1. 选择下拉菜单 刀路(T) → 曲面精加工(F) → 等高外形(C)... 命令。

Step2. 设置加工区域。在图形区中选取图 1.21 所示的面（共 116 个面），按 Enter 键，系统弹出“刀路/曲面选择”对话框。然后单击 检查面 区域中的 按钮，选取图 1.22 所示的面（共 7 个面）为检查面，然后按 Enter 键。单击 ✔ 按钮，完成加工区域的设置，同时系统弹出“曲面精车-外形”对话框。

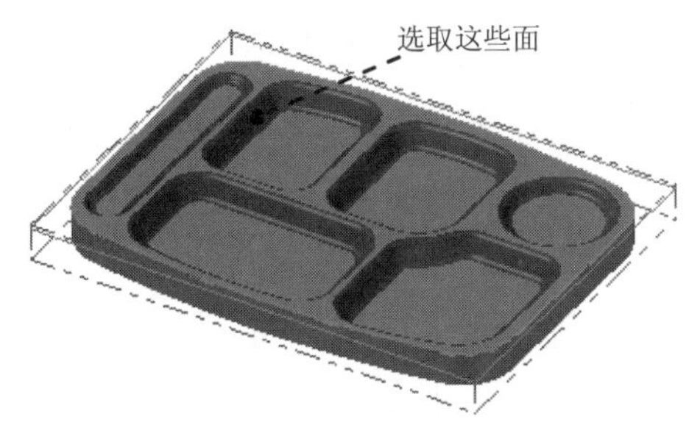

图 1.21 选取加工面

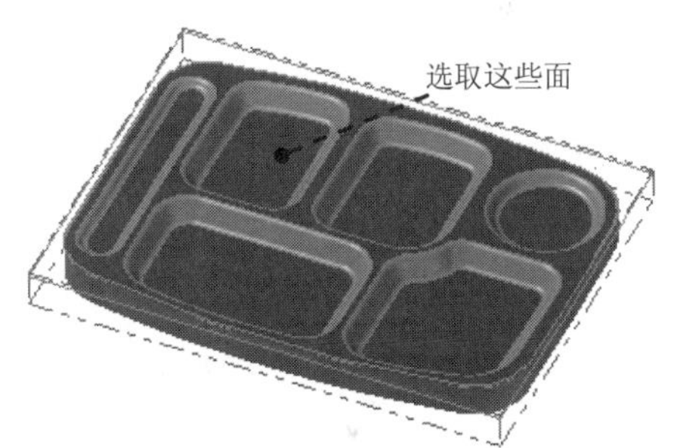

图 1.22 选取干涉面

Step3. 确定刀具类型。在“曲面精车-外形”对话框中单击 刀具过滤 按钮，系统弹出“刀具列表过滤”对话框。单击 刀具类型 区域中的 无(N) 按钮后，在刀具类型按钮群中单击 （球刀）按钮。然后单击 ✔ 按钮，关闭“刀具列表过滤”对话框，系统返回至“曲面精车-外形”对话框。

Step4. 选择刀具。在“曲面精车-外形”对话框中单击 选择库刀具... 按钮，系统弹出“刀具选择”对话框，在该对话框的列表框中选择图 1.23 所示的刀具。单击 ✔ 按钮，关闭“刀具选择”对话框，系统返回至“曲面精车-外形”对话框。

Step5. 设置刀具参数。

（1）完成上步操作后，在“曲面精车-外形”对话框 刀路参数 选项卡的列表框中显示出 Step4 选择的刀具，双击该刀具，系统弹出“定义刀具”对话框。

（2）设置刀具号码。单击 最终化属性 按钮，在 刀具编号: 文本框中将原有的数值改为 3。

（3）设置刀具的加工参数。在 进给率 文本框中输入值 300.0，在 下切速率: 文本框中输入

值 150.0，在提刀速率文本框中输入值 500.0，在主轴转速文本框中输入值 1800.0。

刀具选择 - C:\users\public\documents\shared mcamx8\Mill\Tools\Mill_mm.Tooldb

C:\users\publi...\Mill_mm.Tooldb

#	装配名称	刀具名称	刀...	直径	转角...	长度	类型	刀齿数	半径类型
489	--	4. BALL ENDMILL	...	4.0	2.0	50.0	球刀 2	4	全部
490	--	5. BALL ENDMILL	...	5.0	2.5	50.0	球刀 2	4	全部
491	--	6. BALL ENDMILL	...	6.0	3.0	50.0	球刀 2	4	全部
492	--	7. BALL ENDMILL	...	7.0	3.5	50.0	球刀 2	4	全部
493	--	8. BALL ENDMILL	...	8.0	4.0	50.0	球刀 2	4	全部
494	--	9. BALL ENDMILL	...	9.0	4.5	50.0	球刀 2	4	全部
495	--	10. BALL ENDMILL	...	10.0	5.0	50.0	球刀 2	4	全部
496	--	11. BALL ENDMILL	...	11.0	5.5	50.0	球刀 2	4	全部
497	--	12. BALL ENDMILL	...	12.0	6.0	50.0	球刀 2	4	全部
498	--	13. BALL ENDMILL	...	13.0	6.5	50.0	球刀 2	4	全部
499	--	14. BALL ENDMILL	...	14.0	7.0	50.0	球刀 2	4	全部
500	--	15. BALL ENDMILL	...	15.0	7.5	50.0	球刀 2	4	全部
501	--	16. BALL ENDMILL	...	16.0	8.0	50.0	球刀 2	4	全部

过滤(F)...
☑ 启用过滤
显示 25 个刀具(共
显示模式
○ 刀具
○ 装配
⊙ 两者

图 1.23 “刀具选择”对话框

（4）设置冷却方式。单击冷却液按钮，系统弹出“冷却液”对话框，在Flood（切削液）下拉列表中选择On选项，单击该对话框中的确定按钮，关闭“冷却液”对话框。

Step6. 单击“定义刀具”对话框中的精加工按钮，完成刀具的设置。

Step7. 设置曲面参数。在“曲面精车-外形”对话框中单击曲面参数选项卡，然后在进给下刀位置...文本框中输入值 5，在毛坯预留量驱动面上(此处翻译有误，应为“加工面预留量”，下同)文本框中输入值 0，在毛坯预留量检查面上(此处翻译有误，应为“干涉面预留量”，下同)文本框中输入值 0.2，其余参数采用系统默认设置值。

Step8. 设置等高外形精加工参数。

（1）在“曲面精车-外形”对话框中单击外形精加工参数选项卡，在最大轴向切削间距:文本框中输入值 0.2；在过渡区域选中⊙ 沿着曲面单选项和☑ 优化切削顺序复选框。

（2）选中☑ 螺旋(H)...复选框，单击该按钮，在系统弹出的“螺旋参数”对话框的半径:文本框中输入值 6，在Z 安全高度:文本框中输入值 2，单击✔按钮，系统返回至“曲面精车-外形”对话框。

Step9. 单击“曲面精车-外形”对话框中的✔按钮，完成加工参数的设置，此时系统将自动生成图 1.24 所示的刀具路径。

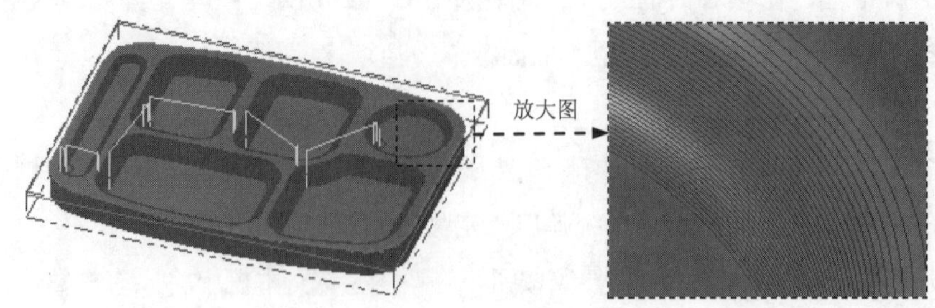

图 1.24 刀具路径

Stage6. 精加工浅平面加工

Step1. 选择下拉菜单 刀路(T) → 曲面精加工(F) → 浅平面(S)... 命令。

Step2. 设置加工区域。在图形区中选取图 1.25 所示的曲面（共 6 个面），然后按 Enter 键，系统弹出“刀路/曲面选择”对话框。然后单击 检查面 区域中的按钮，选取图 1.26 所示的面（共 116 个面）为检查面，然后按 Enter 键。单击按钮，完成加工区域的设置，同时系统弹出“曲面精车-浅铣削”对话框。

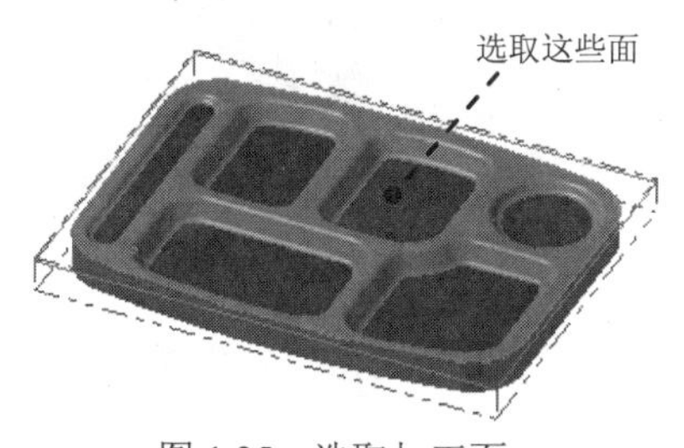

图 1.25 选取加工面

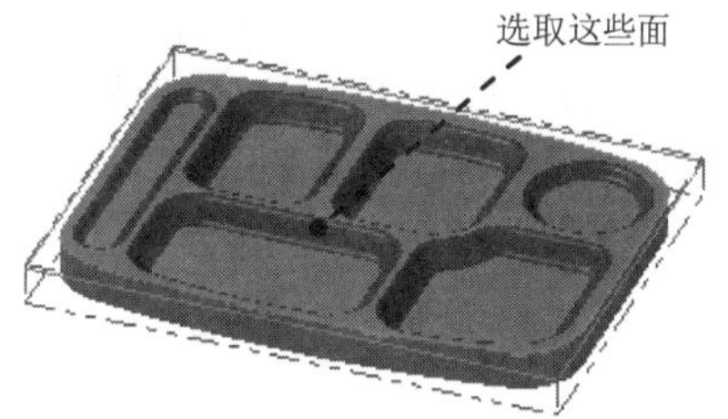

图 1.26 选取干涉面

Step3. 确定刀具类型。在“曲面精车-浅铣削”对话框中单击 刀具过滤 按钮，系统弹出“刀具列表过滤”对话框。单击 刀具类型 区域中的 无(N) 按钮后，在刀具类型按钮群中单击（平底刀）按钮。单击按钮，关闭“刀具列表过滤”对话框，系统返回至“曲面精车-浅铣削”对话框。

Step4. 选择刀具。在“曲面精车-浅铣削”对话框中单击 选择库刀具... 按钮，系统弹出“刀具选择”对话框，在该对话框的列表框中选择图 1.27 所示的刀具。单击按钮，关闭“刀具选择”对话框，系统返回至“曲面精车-浅铣削”对话框。

刀具选择 - C:\users\public\documents\shared mcamx8\Mill\Tools\Mill_mm.Tooldb

C:\users\publi...\Mill_mm.Tooldb

#	装配名称	刀具名称	刀...	直径	转角...	长度	类型	半径类型	刀齿数
461	--	1. FLAT ENDMILL	...	1.0	0.0	50.0	平底刀 1	无	4
462	--	2. FLAT ENDMILL	...	2.0	0.0	50.0	平底刀 1	无	4
463	--	3. FLAT ENDMILL	...	3.0	0.0	50.0	平底刀 1	无	4
464	--	4. FLAT ENDMILL	...	4.0	0.0	50.0	平底刀 1	无	4
465	--	5. FLAT ENDMILL	...	5.0	0.0	50.0	平底刀 1	无	4
466	--	6. FLAT ENDMILL	...	6.0	0.0	50.0	平底刀 1	无	4
467	--	7. FLAT ENDMILL	...	7.0	0.0	50.0	平底刀 1	无	4
468	--	8. FLAT ENDMILL	...	8.0	0.0	50.0	平底刀 1	无	4
469	--	9. FLAT ENDMILL	...	9.0	0.0	50.0	平底刀 1	无	4
470	--	10. FLAT ENDMILL	...	10.0	0.0	50.0	平底刀 1	无	4
471	--	11. FLAT ENDMILL	...	11.0	0.0	50.0	平底刀 1	无	4
472	--	12. FLAT ENDMILL	...	12.0	0.0	50.0	平底刀 1	无	4
473	--	13. FLAT ENDMILL	...	13.0	0.0	50.0	平底刀 1	无	4

过滤(F)...

☑ 启用过滤

显示 25 个刀具(共

显示模式

○ 刀具

○ 装配

◉ 两者

图 1.27 “刀具选择”对话框

Step5. 设置刀具相关参数。

（1）在“曲面精车-浅铣削”对话框 刀路参数 选项卡的列表框中显示出 Step4 所选择的刀具，双击该刀具，系统弹出“定义刀具”对话框。

（2）设置刀具号码。单击最终化属性按钮，在刀具编号:文本框中将原有的数值改为 4。

（3）设置刀具参数。在进给率文本框中输入值 500.0，在下切速率:文本框中输入值 200.0，在提刀速率文本框中输入值 1000.0，在主轴转速文本框中输入值 2200.0。

（4）设置冷却方式。单击冷却液按钮，系统弹出“冷却液”对话框，在Flood（切削液）下拉列表中选择On选项，单击该对话框中的确定按钮，关闭“冷却液”对话框。

（5）单击“定义刀具”对话框中的精加工按钮，完成刀具的设置。

Step6. 设置曲面参数。在“曲面精车-浅铣削”对话框中单击曲面参数选项卡，在进给下刀位置...文本框中输入值 5，在毛坯预留量驱动面上文本框中输入值 0，在毛坯预留量检查面上文本框中输入值 0。

Step7. 设置浅平面精加工参数。在“曲面精车-浅铣削”对话框中单击浅平面精加工参数选项卡，在浅平面精加工参数选项卡的最大径向切削间距(M)...文本框中输入值 4，在终止倾斜角度文本框中输入值 10，然后选中☑ 由内而外环切、☑ 切削按最短距离排序复选框，其他参数采用系统默认设置值。

Step8. 单击“曲面精车-浅铣削”对话框中的✔按钮，同时在图形区生成图 1.28 所示的刀具路径。

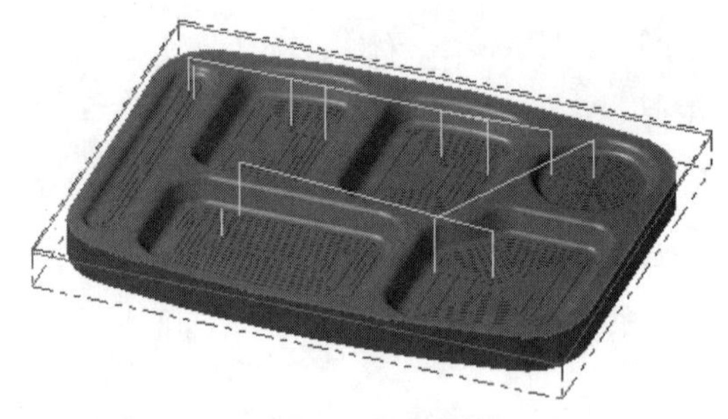

图 1.28　刀具路径

Stage7. 精加工环绕等距加工

Step1. 选择下拉菜单刀路(T) → 曲面精加工(F) → 环绕(O)...命令。

Step2. 选取加工面。在图形区中选取图 1.29 所示的面，然后按 Enter 键，系统弹出“刀路/曲面选择”对话框，单击边界范围区域中的按钮，在图形区中选取图 1.30 所示的边线，单击✔按钮，完成边界范围边线的选取，系统返回至“刀路/曲面选择”对话框。单击✔按钮，系统弹出“曲面精车-等距环绕”对话框。

Step3. 选择刀具。在“曲面精车-等距环绕”对话框中取消选中刀具过虑按钮前的□复选框，选择图 1.31 所示的刀具。

Step4. 设置曲面参数。在“曲面精车-等距环绕”对话框中单击曲面参数选项卡，在毛坯预留量驱动面上文本框中输入值 0.0，在毛坯预留量检查面上文本框中输入值 0.0，其他参数采用系统默认设置值。

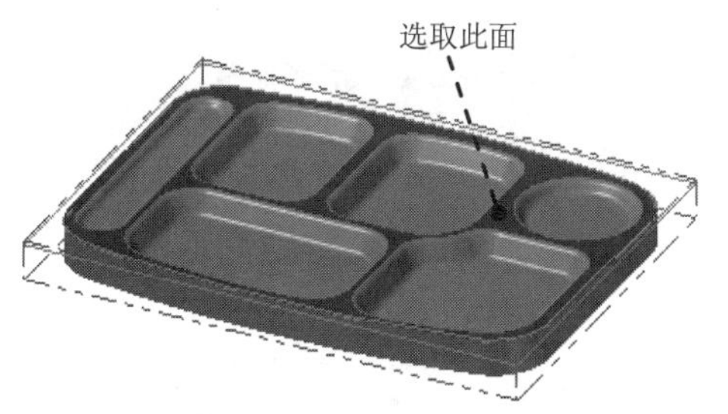

图 1.29　选取加工面

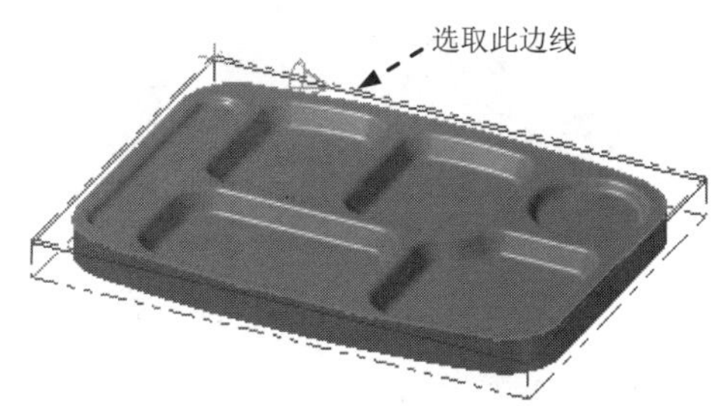

图 1.30　选取边界范围边线

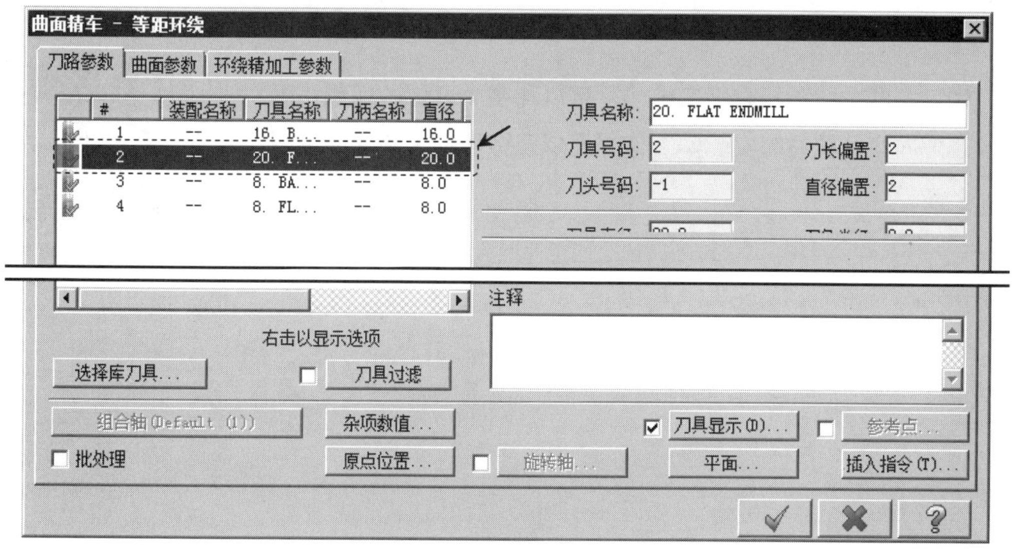

图 1.31　“刀路参数”选项卡

Step5. 设置环绕等距精加工参数。

（1）在“曲面精车-等距环绕”对话框中单击 环绕精加工参数 选项卡，在 最大径向切削间距(M)... 文本框中输入值 8；在 加工方向 区域选中 ⊙ 顺时针 单选项；选中 ☑ 由内而外环切 、☑ 切削按最短距离排序 复选框，取消选中 深度限制(D)... 按钮前的复选框。

（2）单击 间隙设置(G)... 按钮，然后在系统弹出的“间隙设置”对话框中选中 ☑ 优化切削顺序 复选框，其他参数采用系统默认设置值，单击 ✔ 按钮。

Step6. 完成参数设置。单击“曲面精车-等距环绕”对话框中的 ✔ 按钮，系统在图形区生成图 1.32 所示的刀具路径。

Step7. 实体切削验证。

（1）在 刀路 选项卡中单击 按钮，然后单击“验证选定操作”按钮 ，系统弹出“Mastercam 模拟器”对话框。

（2）在“Mastercam 模拟器”对话框中单击 按钮，系统将开始进行实体切削仿真，结果如图 1.33 所示，单击 × 按钮。

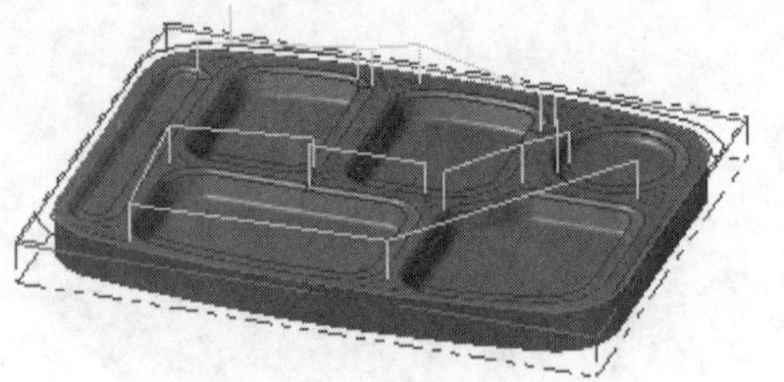
图 1.32　刀具路径

图 1.33　仿真结果

Step8. 保存模型。选择下拉菜单 文件(F) → 保存(S) 命令，保存模型。

学习拓展：扫一扫右侧二维码，可以免费学习更多视频讲解。

讲解内容：软件的安装，工作界面以及数控加工的一般流程等。

实例 2 固定板加工

本例通过对固定板的加工来介绍平面铣削、2D 挖槽、钻孔等加工操作。虽然固定板的加工较为简单，但其加工操作较多，本例安排了合理的加工工序，以便提高固定板的加工精度，保证其加工质量，其操作步骤如下（图 2.1）。

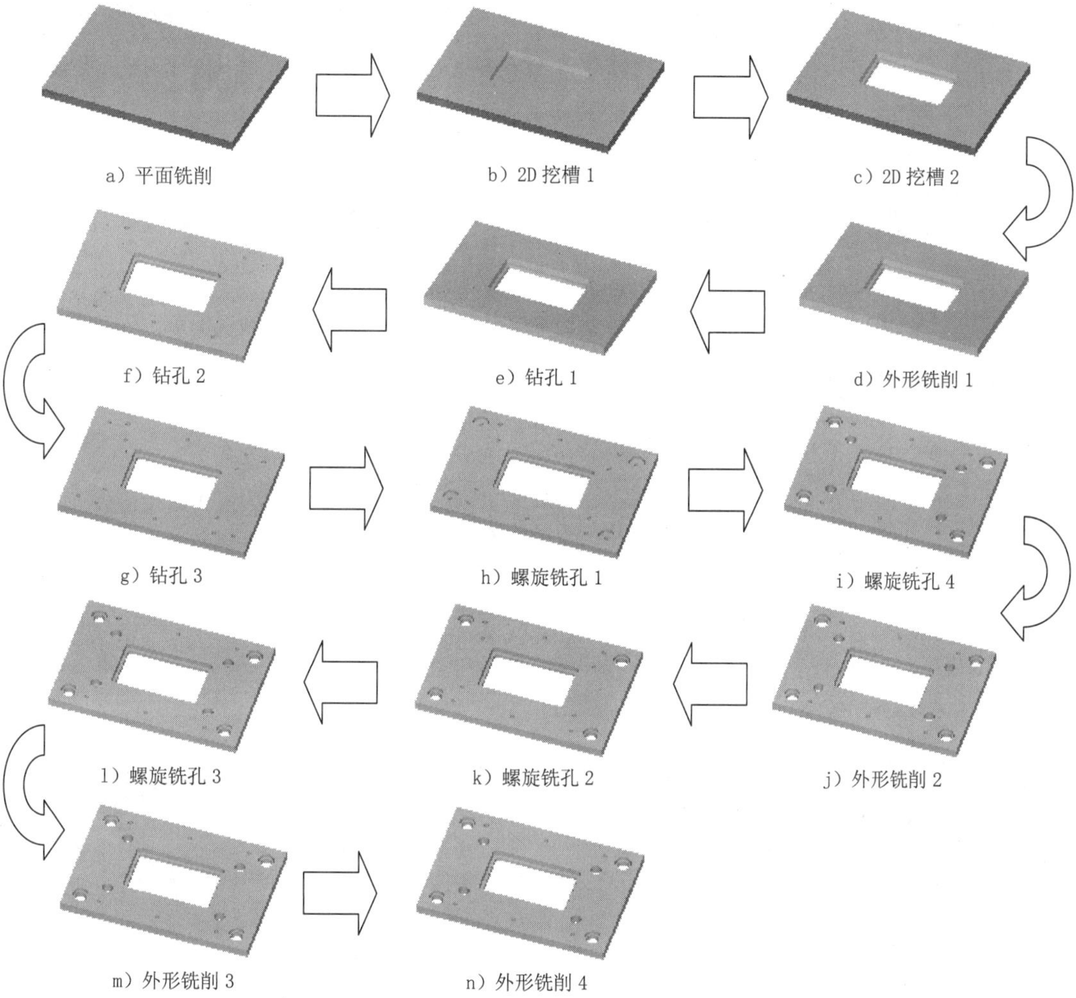

a）平面铣削　b）2D 挖槽 1　c）2D 挖槽 2

f）钻孔 2　e）钻孔 1　d）外形铣削 1

g）钻孔 3　h）螺旋铣孔 1　i）螺旋铣孔 4

l）螺旋铣孔 3　k）螺旋铣孔 2　j）外形铣削 2

m）外形铣削 3　n）外形铣削 4

图 2.1　加工流程图

Stage1. 进入加工环境

打开模型。选择文件 D:\mcx8.11\work\ch02\B_PLATE.MCX-7，系统进入加工环境，此时零件模型如图 2.2 所示。

Stage2. 设置工件

Step1. 在“操作管理器”中单击 属性 - Generic Mill 节点前的“+”号，将该节点展开，然后单击 毛坯设置 节点，系统弹出“机床群组属性”对话框。

Step2. 设置工件的形状。在“机床群组属性”对话框的形状区域中选中 矩形 单选项。

Step3. 设置工件的尺寸。在“机床群组属性”对话框中单击 所有曲面 按钮，在 毛坯原点 区域 Z 下面的文本框中输入值 5，然后在右侧预览区的 Y 文本框中输入值 220，在 X 文本框中输入值 320，在 Z 文本框中输入值 20。

Step4. 单击“机床群组属性”对话框中的 ✓ 按钮，完成工件的设置。此时零件如图 2.3 所示，从图中可以观察到零件的边缘多了红色的双点画线，双点画线围成的图形即工件。

图 2.2　零件模型

图 2.3　显示工件

Stage3. 平面铣削加工

Step1. 绘制矩形边界。单击俯视图按钮，选择下拉菜单 绘图(C) → 矩形(R)... 命令，系统弹出“矩形”工具栏。在“矩形”工具栏中确认按钮被按下，选取图 2.4 所示的点，然后在后的文本框中输入值 320，在后的文本框中输入值 220，按 Enter 键。单击 ✓ 按钮，完成矩形边界的绘制，结果如图 2.5 所示。

图 2.4　定义基准点

图 2.5　绘制矩形边界

Step2. 选择下拉菜单 刀路(T) → 平面铣(A)... 命令，系统弹出“输入新 NC 名称”对话框，采用系统默认的 NC 名称。单击 ✓ 按钮，完成 NC 名称的设置，同时系统弹出“串连”对话框。

Step3. 设置加工区域。在图形区中选取图 2.6 所示的边线，系统自动选取图 2.7 所示的边线。单击 ✓ 按钮，完成加工区域的设置，同时系统弹出“2D 刀路–平面铣削”对话框。

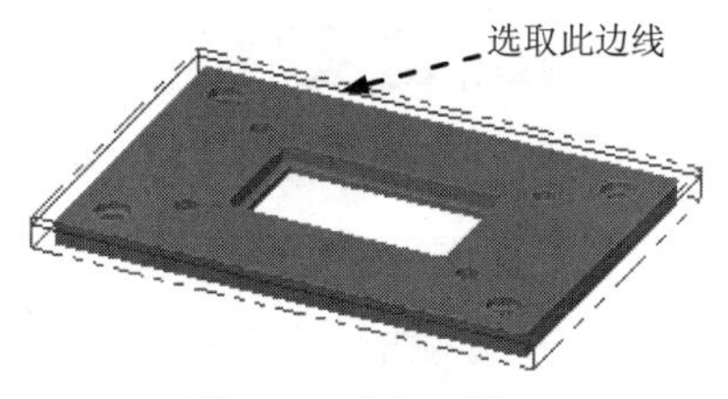

图 2.6　选取区域

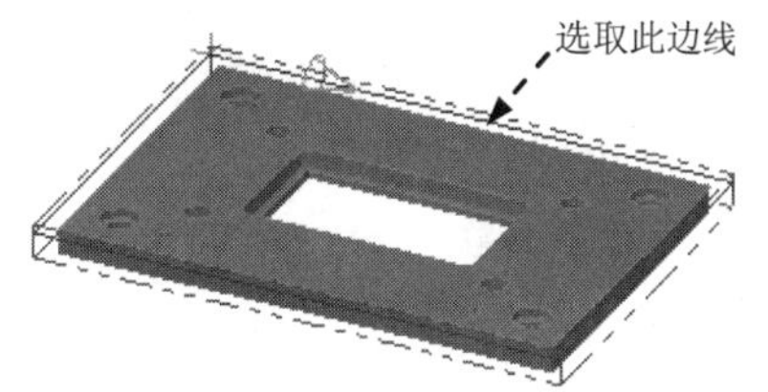

图 2.7　定义区域

Step4. 确定刀具类型。在“2D 刀路-平面铣削”对话框的左侧节点列表中单击刀具节点，切换到“刀具参数”界面；单击过滤(F)...按钮，系统弹出“刀具列表过滤”对话框。单击刀具类型区域中的无(N)按钮后，在刀具类型按钮群中单击（面铣刀）按钮。单击✓按钮，关闭“刀具列表过滤”对话框，系统返回至“2D 刀路-平面铣削”对话框。

Step5. 选择刀具。在“2D 刀路-平面铣削”对话框中单击选择库刀具...按钮，系统弹出“刀具选择”对话框，在该对话框的列表框中选择图 2.8 所示的刀具。单击✓按钮，关闭“刀具选择”对话框，系统返回至“2D 刀路-平面铣削”对话框。

刀具选择 - C:\users\public\documents\shared mcamx8\Mill\Tools\Mill_mm.Tooldb

C:\users\publi...\Mill_mm.Tooldb

#	装配名称	刀具名称	刀...	直径	转角...	长度	刀齿数	类型	半径类型
514	--	50 FACE MILL	...	50.0	0.0	10.0	4	面铣刀	无
515	--	75 FACE MILL	...	75.0	0.0	10.0	4	面铣刀	无
516	--	150 FACE MILL	...	150.0	0.0	10.0	4	面铣刀	无

过滤(F)...
☑ 启用过滤
显示 3 个刀具(共
显示模式

图 2.8　“刀具选择”对话框

Step6. 设置刀具参数。

（1）完成上步操作后，在“2D 刀路-平面铣削”对话框的刀具列表中双击该刀具，系统弹出“定义刀具”对话框。

（2）设置刀具号码。单击最终化属性按钮，在刀具编号:文本框中将原有的数值改为 1。

（3）设置刀具的加工参数。在进给率文本框中输入值 200.0，在下切速率:文本框中输入值 100.0，在提刀速率文本框中输入值 500.0，在主轴转速文本框中输入值 800.0。

（4）设置冷却方式。单击冷却液按钮，系统弹出“冷却液”对话框，在Flood（切削液）下拉列表中选择On选项，单击该对话框中的确定按钮，关闭“冷却液”对话框。

Step7. 单击“定义刀具”对话框中的精加工按钮，完成刀具的设置。

Step8. 设置加工参数。在“2D 刀路-平面铣削”对话框的左侧节点列表中单击切削参数节点，在型式下拉列表中选择双向选项，在底面毛坯预留量文本框中输入值 0.2，其他参数采用系统默认设置值。

Step9. 在“2D 刀路-平面铣削”对话框的左侧节点列表中单击切削参数下的深度切削节点，然后选中☑深度切削复选框，在最大粗切步进量:文本框中输入值 2，精切削次数:文本框中输入值 0，精切步进量:文本框中输入值 0.5，完成 Z 轴切削分层铣削参数的设置。

Step10. 设置共同参数。在“2D 刀路-平面铣削”对话框的左侧节点列表中单击连接参数节点，参数采用系统默认设置值。

Step11. 单击“2D 刀路-平面铣削”对话框中的✔按钮，完成加工参数的设置，此时系统将自动生成图 2.9 所示的刀具路径。

说明：单击“操作管理器”中的≋按钮隐藏上步的刀具路径，以便于后面加工区域的选取，下同。

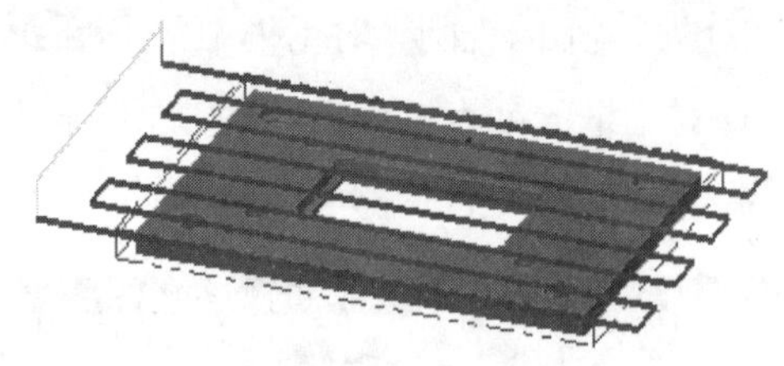
图 2.9　刀具路径

Stage4. 2D 挖槽加工 1

Step1. 选择下拉菜单刀路(T) → 回 挖槽(P)...命令，系统弹出“串连”对话框。

Step2. 设置加工区域。在图形区中选取图 2.10 所示的边线，系统自动选取图 2.11 所示的边线。单击✔按钮，完成加工区域的设置，同时系统弹出“2D 刀路-挖槽”对话框，在该对话框中选择挖槽选项。

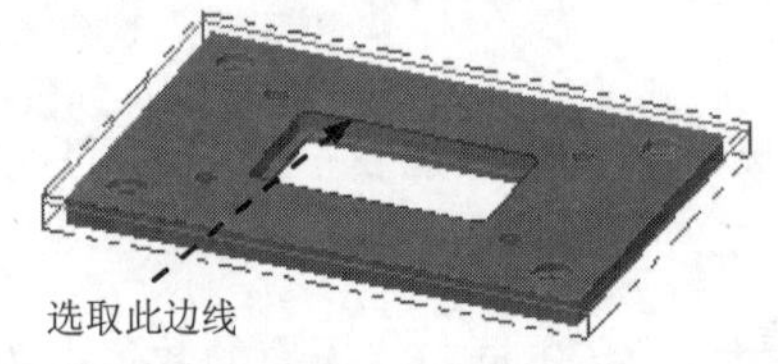

图 2.10　选取区域

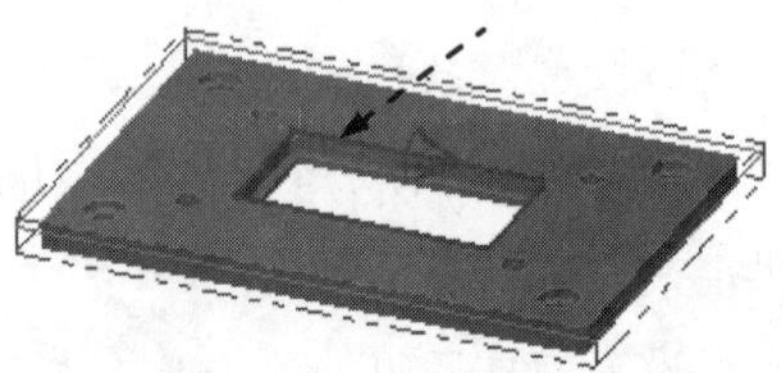
图 2.11　定义区域

Step3. 确定刀具类型。在“2D 刀路-挖槽”对话框的左侧节点列表中单击刀具节点，切换到“刀具参数”界面；单击过滤(F)...按钮，系统弹出“刀具列表过滤”对话框。单击刀具类型区域中的无(N)按钮后，在刀具类型按钮群中单击（平底刀）按钮。单击✔按钮，关闭“刀具列表过滤”对话框，系统返回至“2D 刀路-挖槽”对话框。

Step4. 选择刀具。在“2D 刀路-挖槽”对话框中单击选择库刀具...按钮，系统弹出“刀具选择”对话框，在该对话框的列表框中选择 10. FLAT ENDMILL ... 10.0 0.0 50.0 4 无 平底刀 1 刀具。单击✔按钮，关闭“刀具选择”对话框，系统返回至“2D 刀路-挖槽”对话框。

Step5. 设置刀具参数。

（1）完成上步操作后，在“2D 刀路-挖槽”对话框的刀具列表中双击该刀具，系统弹出“定义刀具”对话框。

（2）设置刀具号码。单击 最终化属性 按钮，在 刀具编号: 文本框中将原有的数值改为 2。

（3）设置刀具的加工参数。在 进给率 文本框中输入值 300.0，在 下切速率: 文本框中输入值 150.0，在 提刀速率 文本框中输入值 500.0，在 主轴转速 文本框中输入值 1200.0。

（4）设置冷却方式。单击 冷却液 按钮，系统弹出“冷却液”对话框，在 Flood （切削液）下拉列表中选择 On 选项，单击该对话框中的 确定 按钮，关闭“冷却液”对话框。

Step6. 单击“定义刀具”对话框中的 精加工 按钮，完成刀具的设置。

Step7. 设置切削参数。在“2D 刀路-挖槽”对话框中的左侧节点列表中单击 切削参数 节点，在 壁边毛坯预留量 文本框中输入值 0.5，在 底面毛坯预留量 文本框中输入值 0.5。

Step8. 设置粗加工参数。在“2D 刀路-挖槽”对话框的左侧节点列表中单击 粗加工 节点，在 切削方式: 区域中选择 平行环切 选项，其他参数采用系统默认设置值。

Step9. 设置粗加工进刀模式。在“2D 刀路-挖槽”对话框的左侧节点列表中单击 粗加工 节点下的 进刀移动 节点，选中 ⊙ 斜降 单选项，在 最小长度 文本框中输入值 100，其他参数采用系统默认设置值。

Step10. 设置精加工参数。在“2D 刀路-挖槽”对话框的左侧节点列表中单击 精加工 节点，取消选中 □ 精加工 复选框。

Step11. 在“2D 刀路-挖槽”对话框的左侧节点列表中单击 切削参数 下的 ⊘ 深度切削 节点，然后选中 ☑ 深度切削 复选框，在 最大粗切步进量: 文本框中输入值 2，在 精切削次数: 文本框中输入值 0，在 精切步进量: 文本框中输入值 1，完成 Z 轴切削分层铣削参数的设置。

Step12. 设置连接参数。在“2D 刀路-挖槽”对话框的左侧节点列表中单击 连接参数 节点，在 毛坯表面(T)... 文本框中输入值 1，在 深度(D)... 文本框中输入值-10，完成连接参数的设置。

Step13. 单击“2D 刀路-挖槽”对话框中的 ✓ 按钮，完成加工参数的设置，此时系统将自动生成图 2.12 所示的刀具路径。

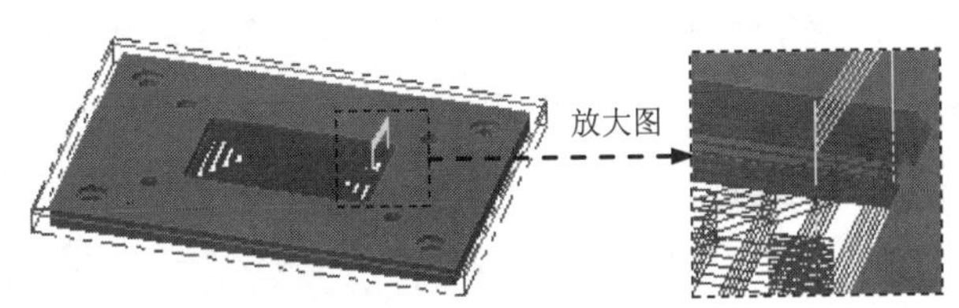

图 2.12　刀具路径

Stage5. 2D 挖槽加工 2

Step1. 选择下拉菜单 刀路(T) → 挖槽(P)... 命令，系统弹出“串连”对话框。

Step2. 设置加工区域。在图形区中选取图 2.13 所示的边线，系统自动选取图 2.14 所示的边线。单击 ✓ 按钮，完成加工区域的设置，同时系统弹出“2D 刀路-挖槽”对话框，在该对话框中选择 挖槽 选项。

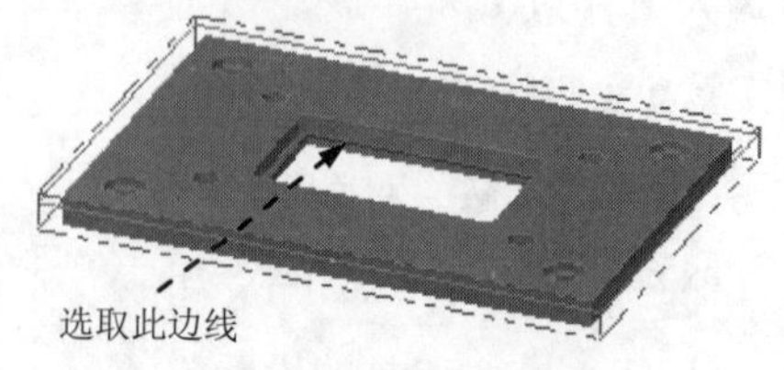

图 2.13　选取区域

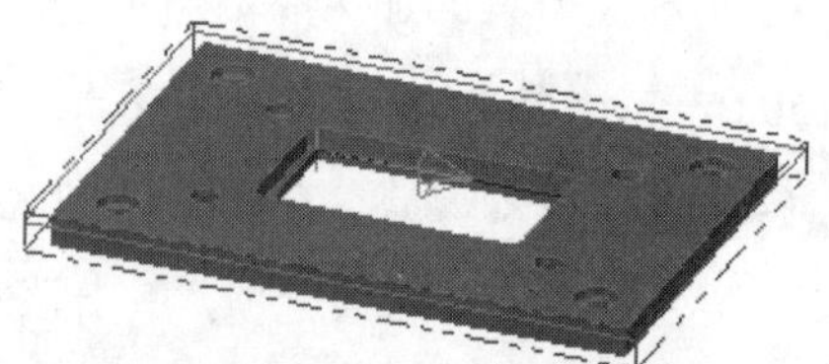
图 2.14　定义区域

Step3. 选择刀具。在“2D 刀路-挖槽”对话框的左侧节点列表中单击 刀具 节点，切换到“刀具参数”界面；在刀具列表框中选择 2 号刀具。

Step4. 设置切削参数。在“2D 刀路-挖槽”对话框的左侧节点列表中单击 切削参数 节点，在 壁边毛坯预留量 文本框中输入值 0.5，在 底面毛坯预留量 文本框中输入值 0。

Step5. 设置贯穿参数。在“2D 刀路-挖槽”对话框的左侧节点列表中单击 贯穿 节点，选中 ☑ 贯穿 复选框，在 贯穿量 文本框中输入值 1。

Step6. 设置连接参数。在“2D 刀路-挖槽”对话框的左侧节点列表中单击 连接参数 节点，在 毛坯表面(T)... 文本框中输入值-11，在 深度(D)... 文本框中输入值-5，完成连接参数的设置。

Step7. 单击“2D 刀路-挖槽”对话框中的 ✓ 按钮，完成加工参数的设置，此时系统将自动生成图 2.15 所示的刀具路径。

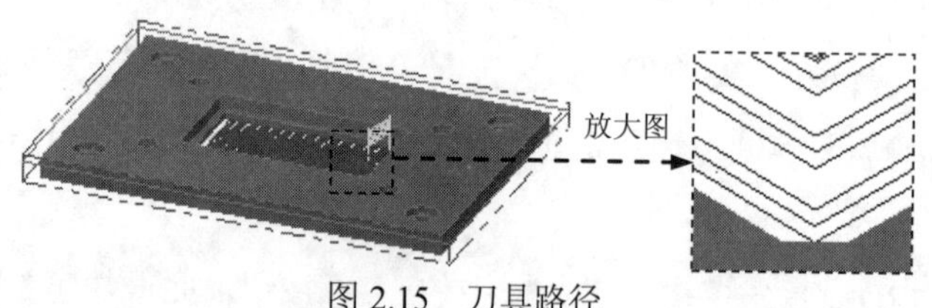

图 2.15　刀具路径

Stage6. 外形铣削加工 1

Step1. 选择下拉菜单 刀路(T) → 外形铣削(C)... 命令，系统弹出“串连”对话框。

Step2. 设置加工区域。在图形区中选取图 2.16 所示的边线，系统自动选取图 2.17 所示的边线。单击 ✓ 按钮，完成加工区域的设置，同时系统弹出“2D 刀路-外形”对话框。

Step3. 选择刀具。在“2D 刀路-外形”对话框的左侧节点列表中单击 刀具 节点，切换到“刀具参数”界面；在刀具列表框中选择 2 号刀具。

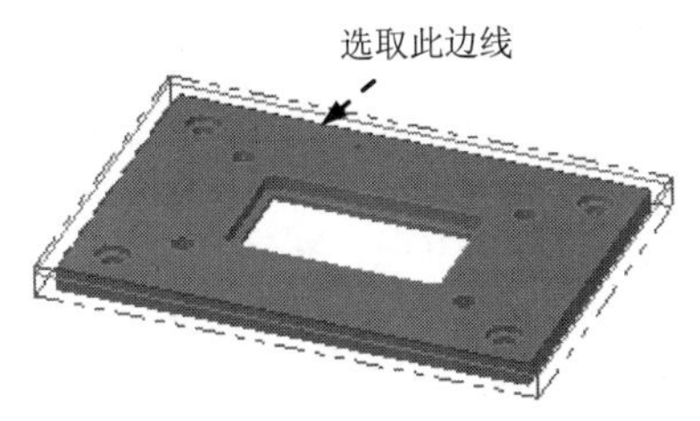

图 2.16 选取区域

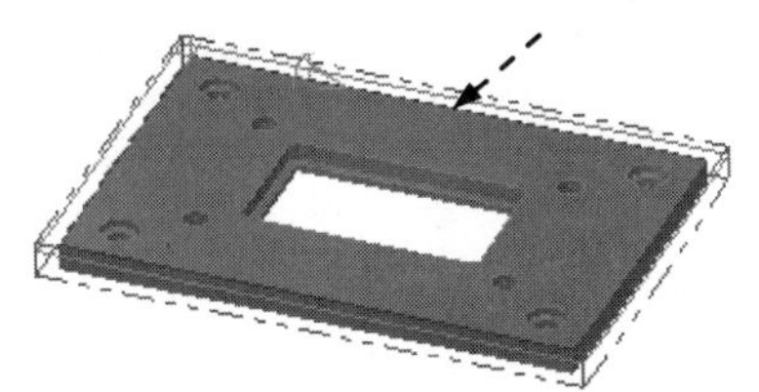

图 2.17 定义区域

Step4. 设置切削参数。在“2D 刀路-外形”对话框的左侧节点列表中单击切削参数节点，在壁边毛坯预留量文本框中输入值 0.5，在底面毛坯预留量文本框中输入值 0。

Step5. 设置深度参数。在“2D 刀路-外形”对话框的左侧节点列表中单击深度切削节点，选中☑ 深度切削复选框，在最大粗切步进量文本框中输入值 2。

Step6. 设置分层铣削参数。在“2D 刀路-外形”对话框的左侧节点列表中单击分层铣削节点，然后选中☑ 分层铣削复选框，在粗加工区域的次数文本框中输入值 2，在间距文本框中输入值 4，其他参数采用系统默认设置值。

Step7. 设置贯穿参数。在“2D 刀路-外形”对话框的左侧节点列表中单击贯穿节点，然后选中☑ 贯穿复选框，在贯穿量文本框中输入值 2。

Step8. 设置连接参数。在“2D 刀路-外形”对话框的左侧节点列表中单击连接参数节点，在毛坯表面(T)...文本框中输入值 0，在深度(D)...文本框中输入值-15，完成连接参数的设置。

Step9. 单击“2D 刀路-外形”对话框中的✓按钮，完成参数设置，此时系统将自动生成图 2.18 所示的刀具路径。

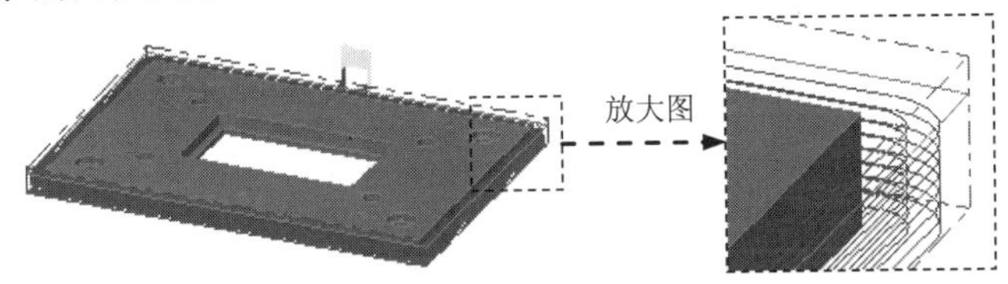

图 2.18 刀具路径

Stage7. 钻孔加工 1

Step1. 选择下拉菜单刀路(T) → 钻孔(D)...命令，系统弹出“钻孔点选择”对话框，选取图 2.19 所示的圆的中心点（共 14 个点）为钻孔点，然后单击排序...按钮，系统弹出“排序”对话框。在该对话框的排序方式区域中单击按钮，然后单击✓按钮，完成排序方式的设置。

说明： 选取圆心点的顺序不同，排列的顺序也不同。

Step2. 单击✓按钮，完成选取钻孔点的操作，同时系统弹出“2D 刀路 - 钻孔/全圆铣削 深孔钻-无啄钻”对话框。

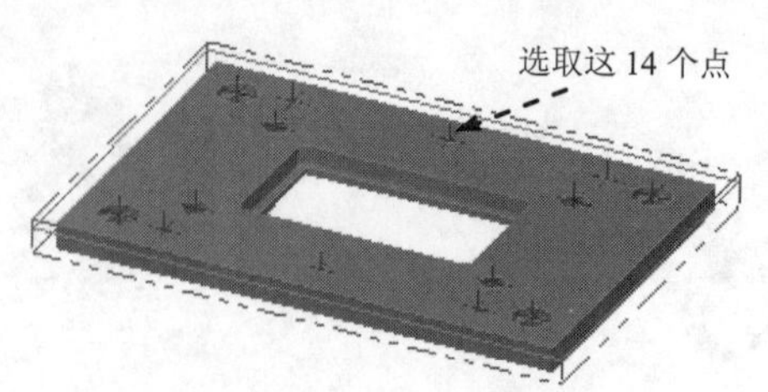

图 2.19 定义钻孔点

Step3. 确定刀具类型。在“2D 刀路 - 钻孔/全圆铣削 深孔钻-无啄钻”对话框中单击刀具节点，切换到“刀具参数”界面；单击过滤(F)...按钮，系统弹出“刀具列表过滤”对话框。单击刀具类型区域中的无(N)按钮后，在刀具类型按钮群中单击 （中心钻）按钮。单击✔按钮，关闭“刀具列表过滤”对话框，系统返回至“2D 刀路 - 钻孔/全圆铣削 深孔钻-无啄钻”对话框。

Step4. 选择刀具。在“2D 刀路 - 钻孔/全圆铣削 深孔钻-无啄钻”对话框中单击选择库刀具...按钮，系统弹出“刀具选择”对话框，在该对话框的列表框中选择 3.15 CENTER DRILL -- 8.0 0.0 8.10022 2 无 中心钻 刀具。单击✔按钮，关闭“刀具选择”对话框，系统返回至“2D 刀路 - 钻孔/全圆铣削 深孔钻-无啄钻”对话框。

Step5. 设置刀具参数。

（1）在“2D 刀路 - 钻孔/全圆铣削 深孔钻-无啄钻”对话框的刀具列表中双击该刀具，系统弹出“定义刀具”对话框。

（2）设置刀具号码。单击最终化属性按钮，在刀具编号:文本框中将原有的数值改为 3。

（3）设置刀具的加工参数。在进给率文本框中输入值 50.0，在下切速率:文本框中输入值 50.0，在提刀速率文本框中输入值 200.0，在主轴转速文本框中输入值 1500.0。

（4）设置冷却方式。单击冷却液按钮，系统弹出“冷却液”对话框，在Flood（切削液）下拉列表中选择On选项，单击该对话框中的确定按钮，关闭“冷却液”对话框。

Step6. 单击“定义刀具”对话框中的精加工按钮，完成刀具的设置。

Step7. 设置连接参数。在“2D 刀路 - 钻孔/全圆铣削 深孔钻-无啄钻”对话框左侧节点列表中单击连接参数节点，在毛坯表面(T)...文本框中输入值 0，在深度(D)...文本框中输入值-3，完成连接参数的设置。

Step8. 单击“2D 刀路 - 钻孔/全圆铣削 深孔钻-无啄钻”对话框中的✔按钮，完成加工参数的设置，此时系统将自动生成图 2.20 所示的刀具路径。

Stage8. 钻孔加工 2

Step1. 选择下拉菜单刀路(T) → 钻孔(D)...命令，系统弹出“钻孔点选择”对话框，选取图 2.21 所示的圆的中心点（共 6 个点）为钻孔点，然后单击 按钮，完成排序方式的设置。

Step2. 单击 按钮，完成选取钻孔点的操作，同时系统弹出“2D 刀路 - 钻孔/全圆铣削 深孔钻-无啄钻”对话框。

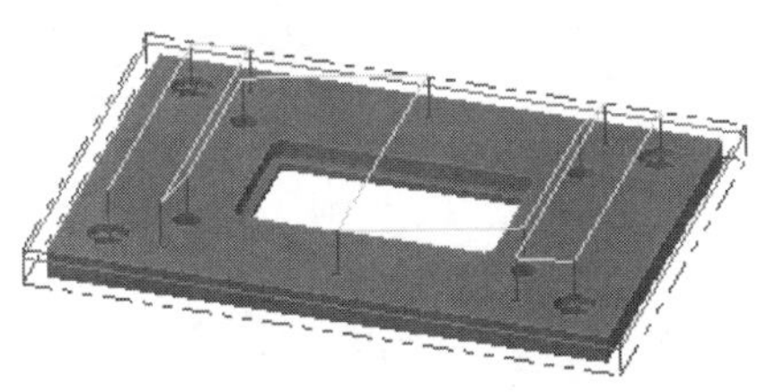

图 2.20 刀具路径

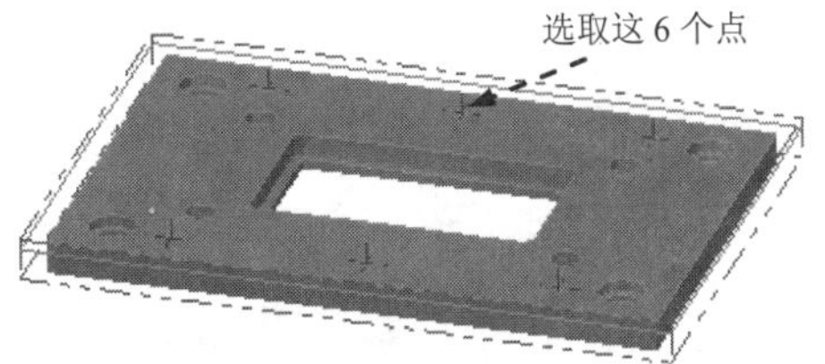

图 2.21 定义钻孔点

Step3. 确定刀具类型。在“2D 刀路 - 钻孔/全圆铣削 深孔钻-无啄钻”对话框中单击刀具节点，切换到“刀具参数”界面；单击过滤(F)...按钮，系统弹出“刀具列表过滤”对话框。单击刀具类型区域中的 无(N) 按钮后，在刀具类型按钮群中单击（钻头）按钮。单击 按钮，关闭“刀具列表过滤”对话框，系统返回至“2D 刀路 - 钻孔/全圆铣削 深孔钻-无啄钻”对话框。

Step4. 选择刀具。在“2D 刀路 - 钻孔/全圆铣削 深孔钻-无啄钻”对话框中单击选择库刀具...按钮，系统弹出“刀具选择”对话框，在该对话框的列表框中选择 6.5 DRILL -- 6.5 0.0 50.0 钻头 2 无 刀具。单击 按钮，关闭“刀具选择”对话框，系统返回至“2D 刀路 - 钻孔/全圆铣削 深孔钻-无啄钻”对话框。

Step5. 设置刀具参数。

（1）在“2D 刀路 - 钻孔/全圆铣削 深孔钻-无啄钻”对话框的刀具列表中双击该刀具，系统弹出“定义刀具”对话框。

（2）设置刀具号码。单击最终化属性按钮，在刀具编号:文本框中将原有的数值改为 4。

（3）设置刀具的加工参数。在进给率文本框中输入值 200.0，在下切速率:文本框中输入值 150.0，在提刀速率文本框中输入值 500.0，在主轴转速文本框中输入值 1800.0。

（4）设置冷却方式。单击冷却液按钮，系统弹出“冷却液”对话框，在Flood（切削液）下拉列表中选择On选项，单击该对话框中的确定按钮，关闭“冷却液”对话框。

Step6. 单击“定义刀具”对话框中的精加工按钮，完成刀具的设置。

Step7. 设置切削参数。在“2D 刀路 - 钻孔/全圆铣削 深孔钻-无啄钻”对话框的左侧节点列表中单击切削参数节点，在暂留时间文本框中输入值 2。

Step8. 设置连接参数。在“2D 刀路 - 钻孔/全圆铣削 深孔钻-无啄钻”对话框的左侧节点列表中单击连接参数节点，在毛坯表面(T)...文本框中输入值 0，在深度(D)...文本框中输入值-12，完成共同参数的设置。

Step9. 设置刀尖补正参数。在“2D 刀路 - 钻孔/全圆铣削 深孔钻-无啄钻”对话框的左侧节点列表中单击连接参数节点下的刀尖补正节点，然后选中☑刀尖补正复选框，在贯穿距离文本框中输入值 1。

Step10. 单击“2D 刀路 - 钻孔/全圆铣削 深孔钻-无啄钻”对话框中的✓按钮，完成加工参数的设置，此时系统将自动生成图 2.22 所示的刀具路径。

Stage9. 钻孔加工 3

Step1. 选择下拉菜单 刀路(T) ➡ 钻孔(D)... 命令，系统弹出“钻孔点选择”对话框，选取图 2.23 所示的圆的中心点（共 8 个点）为钻孔点，然后单击✓按钮，完成排序方式的设置。

Step2. 单击✓按钮，完成选取钻孔点的操作，同时系统弹出“2D 刀路 - 钻孔/全圆铣削 深孔钻-无啄钻”对话框。

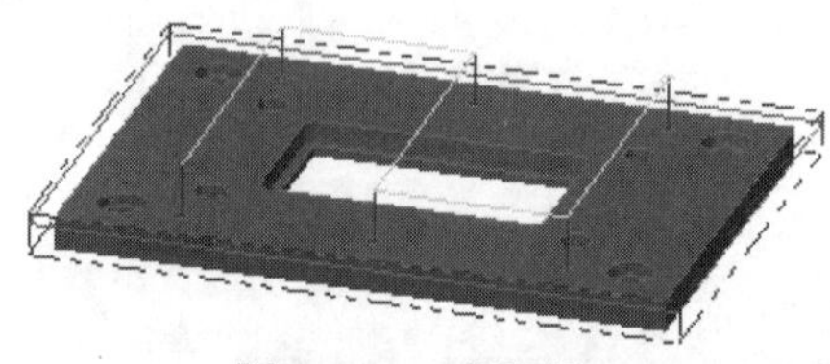
图 2.22 刀具路径

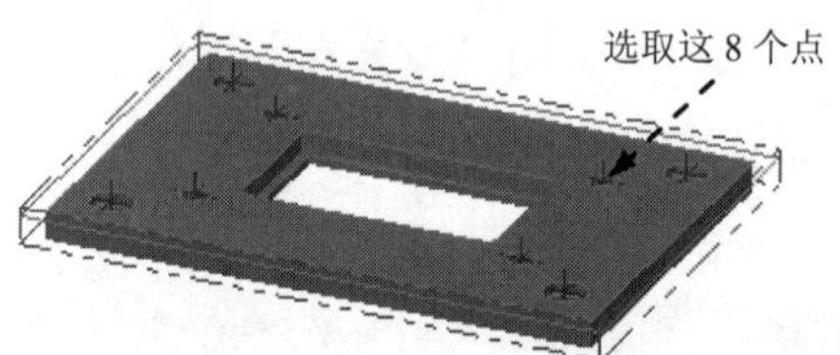

图 2.23 定义钻孔点

Step3. 创建刀具。在“2D 刀路 - 钻孔/全圆铣削 深孔钻-无啄钻”对话框中单击刀具节点，切换到“刀具参数”界面；在刀具列表框中选择 4 6.5 DRILL 6.5 0.0 50.0 刀具。

Step4. 设置切削参数。在“2D 刀路 - 钻孔/全圆铣削 深孔钻-无啄钻”对话框的左侧节点列表中单击切削参数节点，在暂留时间文本框中输入值 0。

Step5. 设置连接参数。在“2D 刀路 - 钻孔/全圆铣削 深孔钻-无啄钻”对话框的左侧节点列表中单击连接参数节点，在 毛坯表面(T)... 文本框中输入值 0，在 深度(D)... 文本框中输入值-15，完成连接参数的设置。

Step6. 设置刀尖补正参数。在“2D 刀路 - 钻孔/全圆铣削 深孔钻-无啄钻”对话框的左侧节点列表中单击连接参数节点下的刀尖补正节点，然后选中☑刀尖补正复选框，其他参数采用系统默认设置值。

Step7. 单击“2D 刀路 - 钻孔/全圆铣削 深孔钻-无啄钻”对话框中的✓按钮，完成加工参数的设置，此时系统将自动生成图 2.24 所示的刀具路径。

Stage10. 螺旋铣孔加工 1

Step1. 选择下拉菜单 刀路(T) → 全圆铣削路径(L) → 螺旋镗孔(H)... 命令，系统弹出“钻孔点选择”对话框。

Step2. 设置加工区域。在图形区中选取图 2.25 所示的点，单击 ✓ 按钮，完成加工点的设置，同时系统弹出“2D 刀路–螺旋镗孔”对话框。

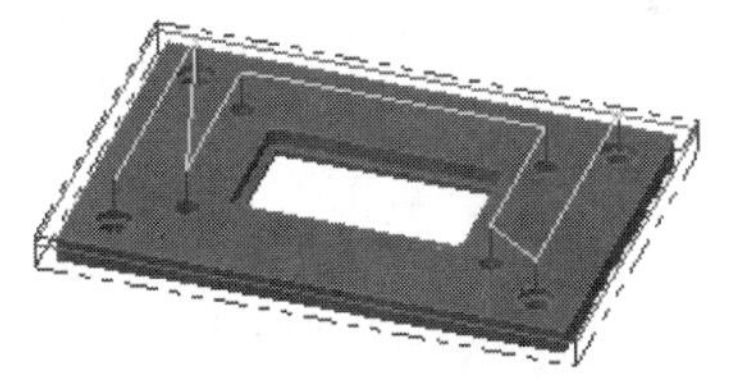

图 2.24 刀具路径

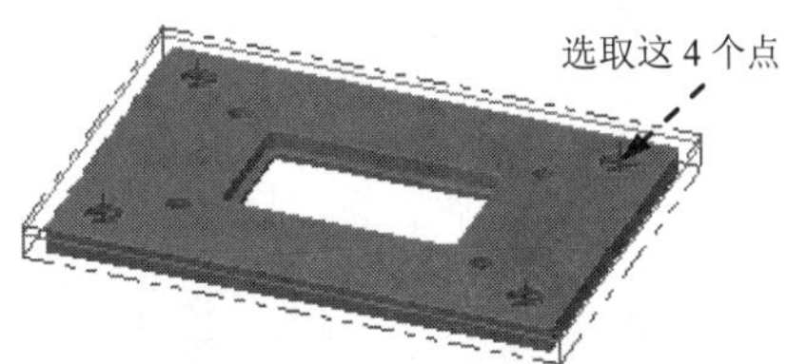

图 2.25 选取钻孔点

Step3. 选择刀具。在“2D 刀路–螺旋镗孔”对话框的左侧节点列表中单击 刀具 节点，切换到“刀具参数”界面；在刀具列表框中选择 2 10. FLAT ENDMILL 10.0 0.0 50.0 刀具。

Step4. 设置切削参数。在“2D 刀路–螺旋镗孔”对话框的左侧节点列表中单击 切削参数 节点，在 壁边毛坯预留量 文本框中输入值 0，在 底面毛坯预留量 文本框中输入值 0。

Step5. 设置粗加工参数。在“2D 刀路–螺旋镗孔”对话框中的左侧节点列表中单击 粗/精加工 节点，在 粗加工 区域的 粗铣次数 文本框中输入值 4，在 粗铣径向切削间距 文本框中输入值 2；然后选中 ☑ 精加工 复选框，在 精车径向切削间距 文本框中输入值 0.5。

Step6. 设置连接参数。在“2D 刀路–螺旋镗孔”对话框的左侧节点列表中单击 连接参数 节点，在 深度(D)... 文本框中输入值-6，其余参数采用系统默认设置值。

Step7. 单击“2D 刀路–螺旋镗孔”对话框中的 ✓ 按钮，完成加工参数的设置，此时系统将自动生成图 2.26 所示的刀具路径。

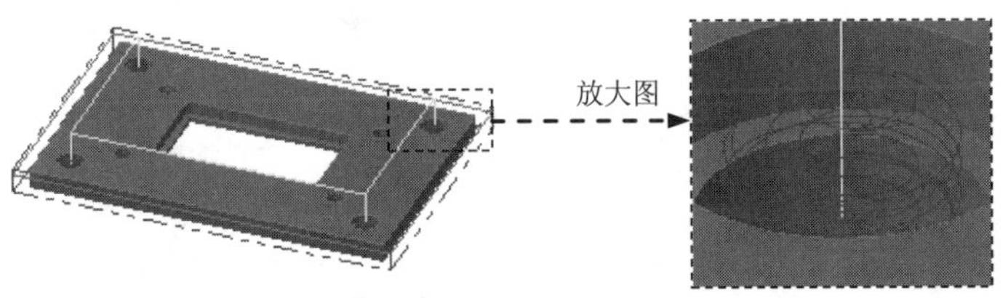

图 2.26 刀具路径

Stage11. 螺旋铣孔加工 2

Step1. 选择下拉菜单 刀路(T) → 全圆铣削路径(L) → 螺旋镗孔(H)... 命令，系统弹出“钻孔点选择”对话框。

Step2. 设置加工区域。在“钻孔点选择”对话框中单击 图素 按钮，选择图 2.27 所示的 4 段圆弧。单击 ✓ 按钮，完成加工区域的设置，同时系统弹出“2D 刀路–螺旋镗孔”对话框。

Step3. 选择刀具。在“2D 刀路–螺旋镗孔”对话框的左侧节点列表中单击刀具节点，切换到“刀具参数”界面；在刀具列表框中选择 2 10. FLAT ENDMILL 10.0 0.0 50.0 刀具。

Step4. 设置粗加工参数。在“2D 刀路–螺旋镗孔”对话框的左侧节点列表中单击切削参数节点，在壁边毛坯预留量文本框中输入值 0，在底面毛坯预留量文本框中输入值 0,然后单击粗/精加工节点，在粗加工区域的粗铣次数文本框中输入值 3，其余参数采用系统默认设置值。

Step5. 设置连接参数。在“2D 刀路–螺旋镗孔”对话框的左侧节点列表中单击连接参数节点，在毛坯表面(T)...文本框中输入值-6，在深度(D)...文本框中输入值-15，其余参数采用系统默认设置值。

Step6. 单击“2D 刀路–螺旋镗孔”对话框中的✓按钮，完成加工参数的设置，此时系统将自动生成图 2.28 所示的刀具路径。

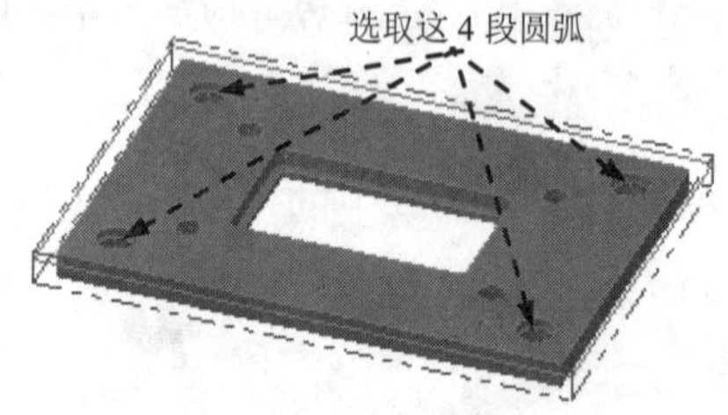

图 2.27 选取钻孔点

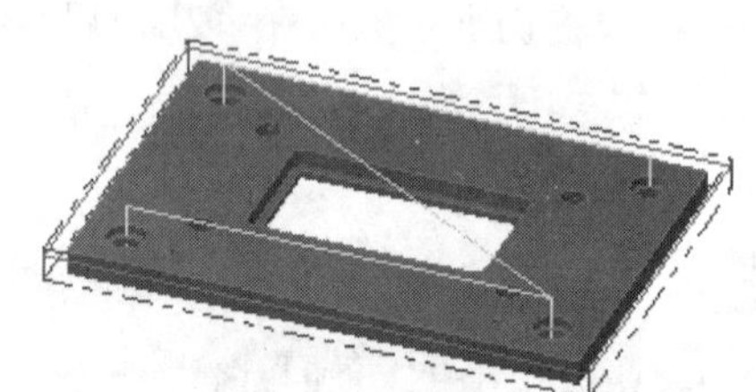

图 2.28 刀具路径

Stage12. 螺旋铣孔加工 3

Step1. 选择下拉菜单 刀路(T) → 全圆铣削路径(L) → 螺旋镗孔(H)... 命令，系统弹出“钻孔点选择”对话框。

Step2. 设置加工区域。在“钻孔点选择”对话框中单击按钮，在图形区中选取图 2.29 所示的 4 个圆心点。单击✓按钮，完成加工区域的设置，同时系统弹出“2D 刀路–螺旋镗孔”对话框。

Step3. 选择刀具。在“2D 刀路–螺旋镗孔”对话框的左侧节点列表中单击刀具节点，切换到“刀具参数”界面；在刀具列表框中选择 2 10. FLAT ENDMILL 10.0 0.0 50.0 刀具。

Step4. 设置粗加工参数。在“2D 刀路–螺旋镗孔”对话框的左侧节点列表中单击切削参数节点，在壁边毛坯预留量文本框中输入值 0，在底面毛坯预留量文本框中输入值 0，单击粗/精加工节点，其余参数采用系统默认设置值。

Step5. 设置连接参数。在“2D 刀路–螺旋镗孔”对话框的左侧节点列表中单击连接参数节点，在毛坯表面(T)...文本框中输入值 0，在深度(D)...文本框中输入值-11，其余

参数采用系统默认设置值。

Step6. 单击“2D 刀路–螺旋镗孔”对话框中的✓按钮，完成加工参数的设置，此时系统将自动生成图 2.30 所示的刀具路径。

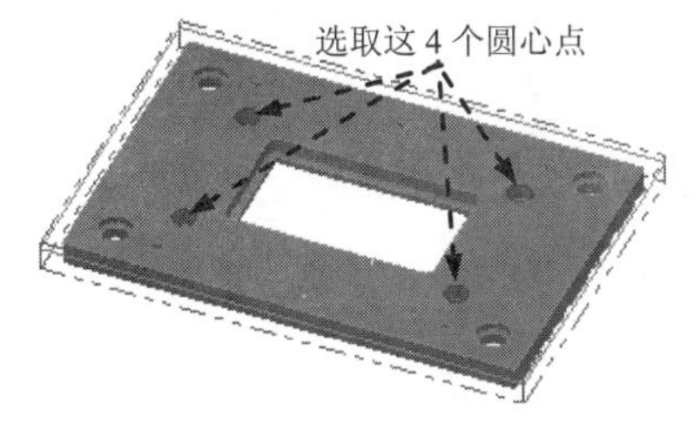

图 2.29 选取钻孔点

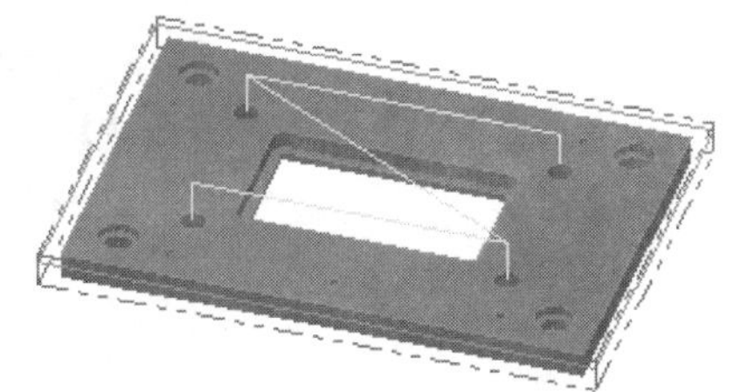

图 2.30 刀具路径

Stage13. 螺旋铣孔加工 4

Step1. 选择下拉菜单 刀路(T) → 全圆铣削路径(L) → 螺旋镗孔(H)... 命令，系统弹出“钻孔点选择”对话框。

Step2. 设置加工区域。在“钻孔点选择”对话框中单击 图素 按钮，在图形区中选取图 2.31 所示的 4 条圆弧边，然后单击 排序... 按钮，系统弹出“排序”对话框。在该对话框的 排序方式 区域单击按钮，然后单击✓按钮，完成排序方式的设置。

Step3. 单击✓按钮，完成加工区域的设置，同时系统弹出“2D 刀路–螺旋镗孔”对话框。

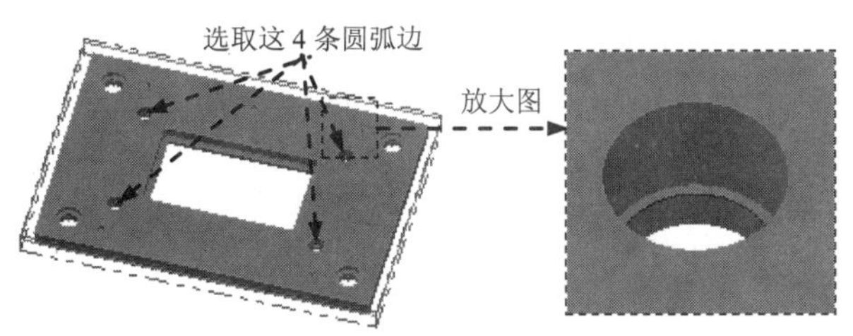

图 2.31 选取钻孔点

Step4. 选择刀具。在“2D 刀路–螺旋镗孔”对话框的左侧节点列表中单击 刀具 节点，切换到“刀具参数”界面；在刀具列表框中选择 2 10. FLAT ENDMILL 10.0 0.0 50.0 刀具。

Step5. 设置粗加工参数。在“2D 刀路–螺旋镗孔”对话框的左侧节点列表中单击 切削参数 节点，在 壁边毛坯预留量 文本框中输入值 0，在 底面毛坯预留量 文本框中输入值 0，单击 粗/精加工 节点，其参数采用系统默认设置值。

Step6. 设置连接参数。在“2D 刀路–螺旋镗孔”对话框的左侧节点列表中单击 连接参数 节点，在 毛坯表面(T)... 文本框中输入值-11，在 深度(D)... 文本框中输入值-16，其余参数采用系统默认设置值。

Step7. 单击“2D 刀路–螺旋镗孔”对话框中的 按钮，完成加工参数的设置，此时系统将自动生成图 2.32 所示的刀具路径。

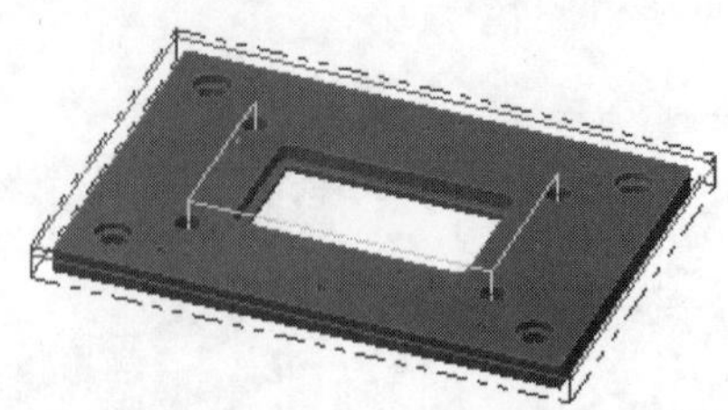

图 2.32 刀具路径

Stage14. 外形铣削加工 2

Step1. 选择下拉菜单 刀路(T) → 外形铣削(C)... 命令，系统弹出“串连”对话框。

Step2. 设置加工区域。在图形区中选取图 2.33 所示的边线，系统自动选取图 2.34 所示的边线，箭头方向如图 2.34 所示（若方向不同可单击“串连”对话框中的 按钮调整）。单击 按钮，完成加工区域的设置，同时系统弹出“2D 刀路–外形”对话框。

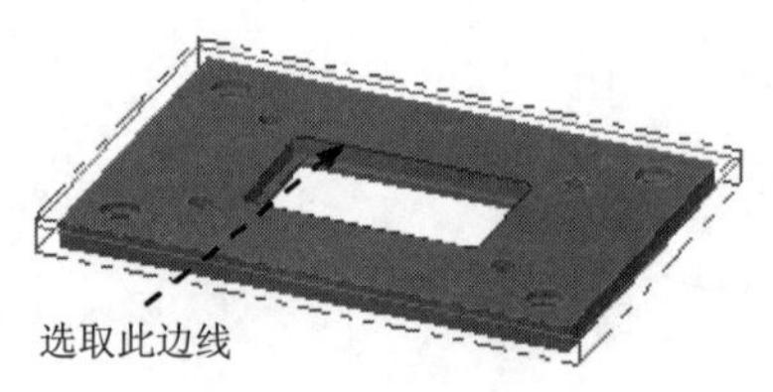

图 2.33 选取区域

图 2.34 定义区域

Step3. 确定刀具类型。在“2D 刀路–外形”对话框的左侧节点列表中单击 刀具 节点，切换到“刀具参数”界面；单击 过滤(F)... 按钮，系统弹出“刀具列表过滤”对话框，单击 刀具类型 区域中的 无(N) 按钮后，在刀具类型按钮群中单击 （平底刀）按钮。单击 按钮，关闭“刀具列表过滤”对话框，系统返回至“2D 刀路–外形”对话框。

Step4. 选择刀具。在“2D 刀路–外形”对话框中单击 选择库刀具... 按钮，系统弹出“刀具选择”对话框，在该对话框的列表框中选择 4. FLAT ENDMILL -- 4.0 0.0 50.0 平底刀 1 无 4 刀具。单击 按钮，关闭“刀具选择”对话框，系统返回至“2D 刀路–外形”对话框。

Step5. 设置刀具参数。

（1）完成上步操作后，在 2D 刀路–外形”对话框的刀具列表中双击该刀具，系统弹出“定义刀具”对话框。

（2）设置刀具号码。单击 最终化属性 按钮，在 刀具编号: 文本框中将原有的数值改为 6。

（3）设置刀具的加工参数。在 进给率 文本框中输入值 200.0，在 下切速率: 文本框中输入

值 100.0，在提刀速率文本框中输入值 500.0，在主轴转速文本框中输入值 2000.0。

（4）设置冷却方式。单击冷却液按钮，系统弹出“冷却液”对话框，在Flood（切削液）下拉列表中选择On选项，单击该对话框中的确定按钮，关闭“冷却液”对话框。

Step6. 单击“定义刀具”对话框中的精加工按钮，完成刀具的设置。

Step7. 设置切削参数。在“2D 刀路-外形”对话框的左侧节点列表中单击切削参数节点，在壁边毛坯预留量文本框中输入值 0，在底面毛坯预留量文本框中输入值 0。

Step8. 设置深度参数。在“2D 刀路-外形”对话框的左侧节点列表中单击深度切削节点，取消选中深度切削复选框。

Step9. 设置分层铣削参数。在“2D 刀路-外形”对话框的左侧节点列表中单击分层铣削节点，然后选中分层铣削复选框，在粗加工区域的次数文本框中输入值 0，在精加工区域的次数文本框中输入值 1。

Step10. 设置连接参数。在“2D 刀路-外形”对话框的左侧节点列表中单击连接参数节点，在毛坯表面(T)...文本框中输入值 0，在深度(D)...文本框中输入值-8，完成共同参数的设置。

Step11. 单击“2D 刀路-外形”对话框中的✓按钮，完成参数设置，此时系统将自动生成图 2.35 所示的刀具路径。

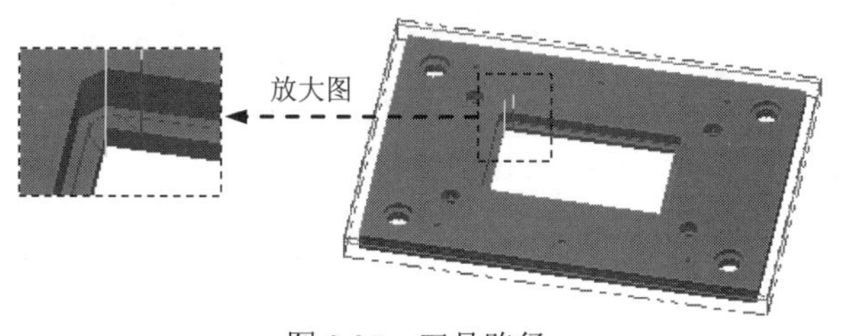

图 2.35　刀具路径

Stage15. 外形铣削加工 3

Step1. 选择下拉菜单刀路(T) → 外形铣削(C)...命令，系统弹出“串连”对话框。

Step2. 设置加工区域。在图形区中选取图 2.36 所示的边线，系统自动选取图 2.37 所示的边线，箭头方向如图 2.37 所示（若方向不同可单击“串连”对话框中的⇄按钮调整）。单击✓按钮，完成加工区域的设置，同时系统弹出“2D 刀路-外形”对话框。

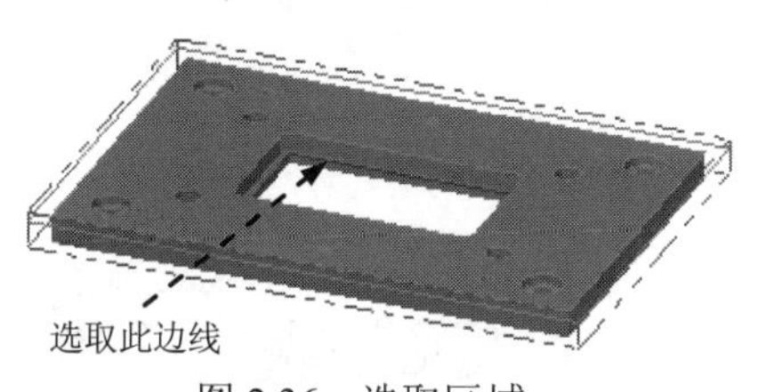

图 2.36　选取区域

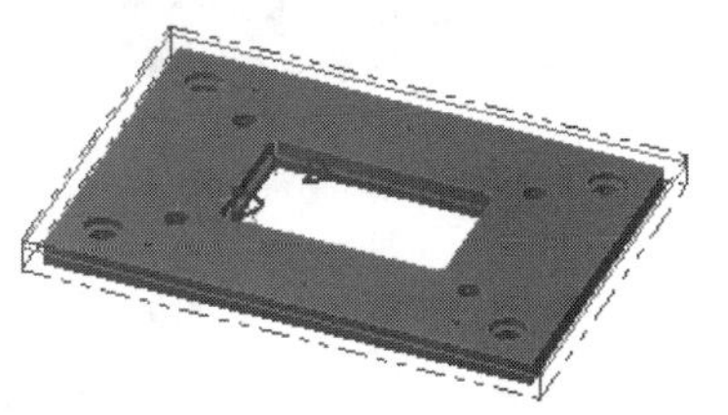

图 2.37　定义区域

Step3. 选择刀具。在“2D 刀路-外形”对话框的左侧节点列表中单击刀具节点，切换到“刀具参数”界面；在刀具列表框中选择 6 4. FLAT ENDMILL 4.0 0.0 50.0 刀具。

Step4. 设置切削参数。在“2D 刀路-外形”对话框的左侧节点列表中单击切削参数节点，在补正方向下拉列表中选择左选项，在壁边毛坯预留量文本框中输入值 0，在底面毛坯预留量文本框中输入值 0。

Step5. 设置分层铣削参数。在“2D 刀路-外形”对话框的左侧节点列表中单击分层铣削节点，然后选中☑分层铣削复选框，在粗加工区域的次数文本框中输入值 0，在精加工区域的次数文本框中输入值 1。

Step6. 设置连接参数。在“2D 刀路-外形”对话框的左侧节点列表中单击连接参数节点，在毛坯表面(T)...文本框中输入值-8，在深度(D)...文本框中输入值-15，完成共同参数的设置。

Step7. 单击“2D 刀路-外形”对话框中的✓按钮，完成参数设置，此时系统将自动生成图 2.38 所示的刀具路径。

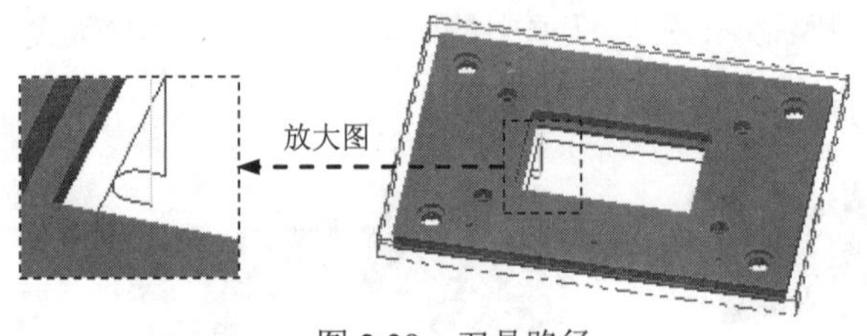

图 2.38 刀具路径

Stage16. 外形铣削加工 4

Step1. 选择下拉菜单 刀路(T) → 外形铣削(C)... 命令，系统弹出“串连”对话框。

Step2. 设置加工区域。在图形区中选取图 2.39 所示的边线，系统自动选取图 2.40 所示的边线。单击✓按钮，完成加工区域的设置，同时系统弹出“2D 刀路-外形”对话框。

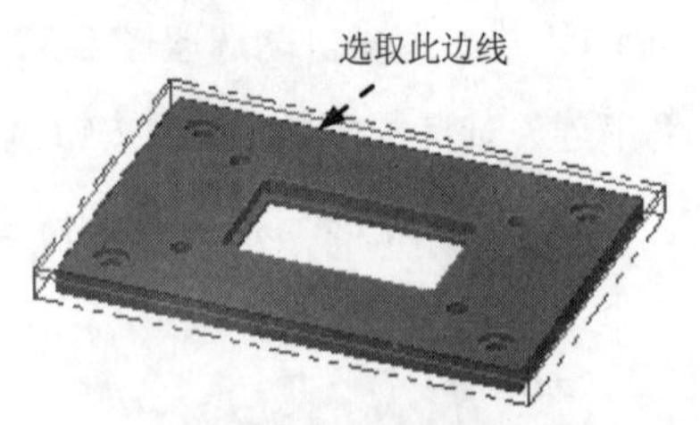

图 2.39 选取区域

图 2.40 定义区域

Step3. 选择刀具。在“2D 刀路-外形”对话框的左侧节点列表中单击刀具节点，切换到“刀具参数”界面；在刀具列表框中选择 2 10. FLAT ENDMILL 10.0 0.0 50.0 刀具。

Step4. 设置切削参数。在“2D 刀路-外形”对话框的左侧节点列表中单击切削参数节点，在补正方向下拉列表中选择左选项，在壁边毛坯预留量文本框中输入值 0，在底面毛坯预留量文本框中输入值 0。

Step5. 设置分层铣削参数。在“2D 刀路-外形”对话框的左侧节点列表中单击⊘ 分层铣削节点，然后选中☑ 分层铣削复选框，在粗加工区域的次数文本框中输入值 0，在精加工区域的次数文本框中输入值 1。

Step6. 设置连接参数。在“2D 刀路-外形”对话框的左侧节点列表中单击连接参数节点，在毛坯表面(T)...文本框中输入值 0，在深度(D)...文本框中输入值-15，完成共同参数的设置。

Step7. 单击“2D 刀路-外形”对话框中的✓按钮，完成参数设置，此时系统将自动生成图 2.41 所示的刀具路径。

Step8. 实体切削验证。

（1）在刀路选项卡中单击按钮，然后单击“验证选定操作”按钮，系统弹出“Mastercam 模拟器”对话框。

（2）在“Mastercam 模拟器”对话框中单击按钮，系统将开始进行实体切削仿真，结果如图 2.42 所示，单击×按钮，关闭对话框。

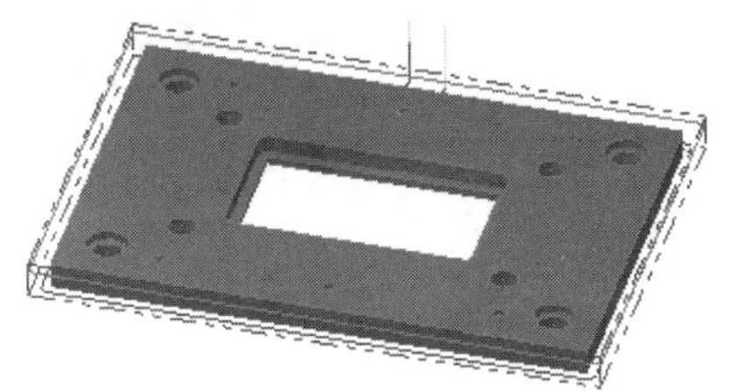
图 2.41　刀具路径

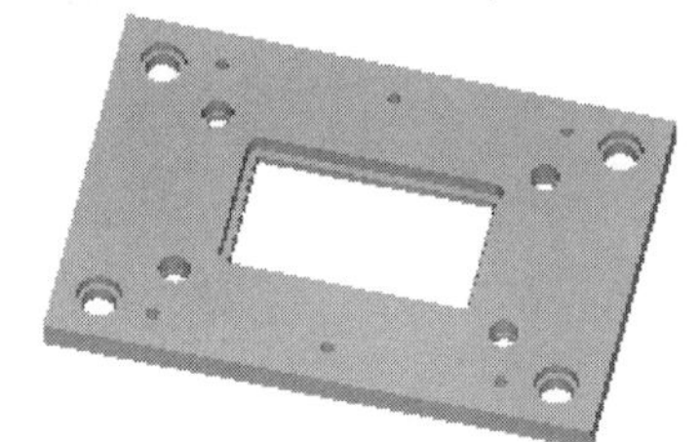
图 2.42　仿真结果

Step9. 保存模型。选择下拉菜单文件(F) → 保存(S)命令，保存模型。

学习拓展：扫一扫右侧二维码，可以免费学习更多视频讲解。
讲解内容：操作管理器。

实例 3　底座下模加工

下面以底座下模加工为例来介绍加工模具的一般操作过程。粗加工，大量地去除毛坯材料；半精加工，留有一定余量的加工，同时为精加工做好准备；精加工，把毛坯件加工成目标件的最后步骤，也是最关键的一步，其加工结果直接影响模具的加工质量和加工精度，因此在本例中我们对精加工的要求很高。该底座下模的加工工艺路线如图 3.1 所示。

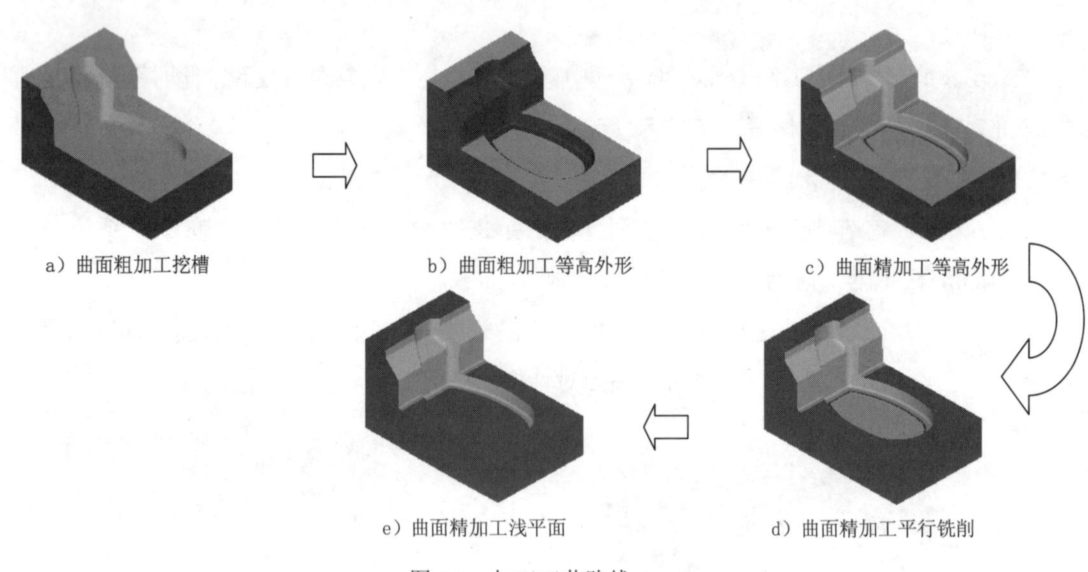

图 3.1　加工工艺路线

Stage1. 进入加工环境

打开模型。选择文件 D:\ mcx8.11\work\ch03\CARTEEN_BASE.MCX，系统进入加工环境，此时零件模型如图 3.2 所示。

Stage2. 设置工件

Step1. 在“操作管理器”中单击 属性 - Generic Mill 节点前的“+”号，将该节点展开，然后单击 毛坯设置 节点，系统弹出“机床群组属性”对话框。

Step2. 设置工件的形状。在“机床群组属性”对话框的形状区域中选中 矩形 单选项。

Step3. 设置工件的尺寸。在“机床群组属性”对话框中单击 所有曲面 按钮，在 毛坯原点 区域 Z 下面的文本框中输入值 1.0，然后在右侧预览区的 Z 文本框中输入值 120。

Step4. 单击“机床群组属性”对话框中的 ✔ 按钮，完成工件的设置。此时零件如图 3.3 所示，从图中可以观察到零件的边缘多了红色的双点画线，双点画线围成的图形即工件。

图 3.2 零件模型

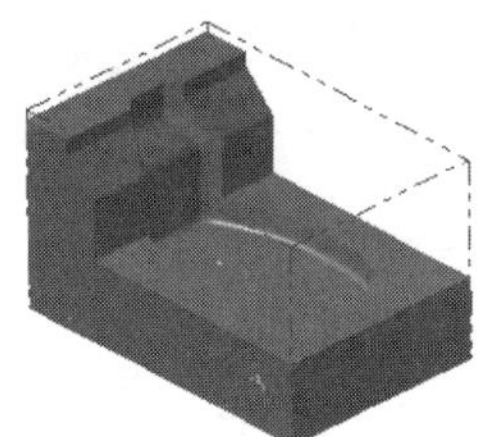
图 3.3 显示工件

Stage3. 粗加工挖槽加工

Step1. 绘制矩形边界。单击顶视图按钮，选择下拉菜单 绘图(C) → 矩形(R)... 命令，系统弹出“矩形”工具栏。在“矩形”工具栏中确认按钮被按下，选取图 3.4 所示的坐标原点（若无法选取坐标原点，可在“AutoCursor”工具栏中的 X、Y、Z 文本框中均输入值 0)，然后在后的文本框中输入值 215，在后的文本框中输入值 140，按 Enter 键。单击按钮，完成矩形边界的绘制，结果如图 3.5 所示。

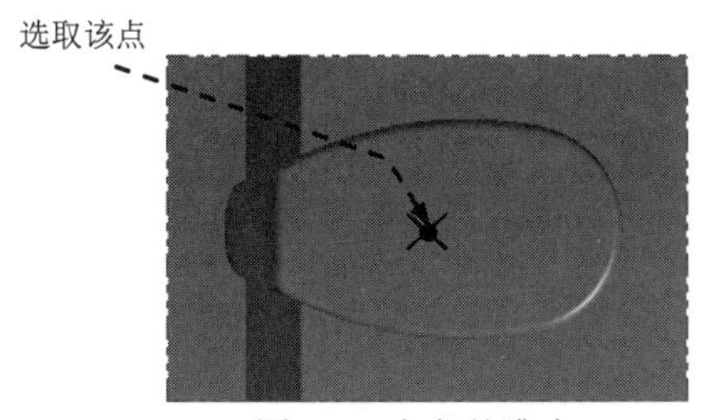

图 3.4 定义基准点

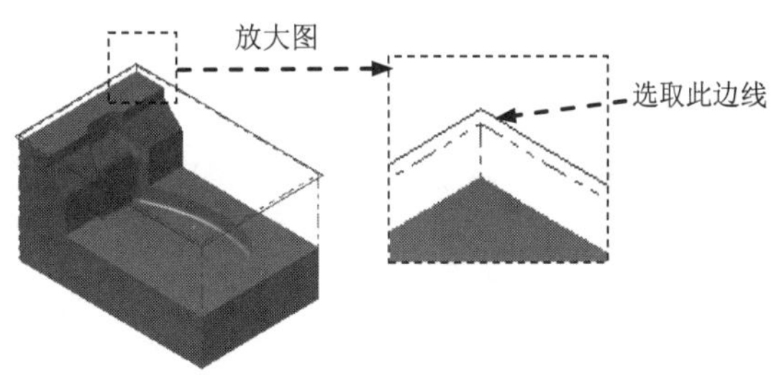

图 3.5 绘制矩形边界

Step2. 选择下拉菜单 刀路(T) → 曲面粗加工(R) → 挖槽(K)... 命令，系统弹出“输入新 NC 名称”对话框，采用系统默认的 NC 名称。单击按钮，完成 NC 名称的设置。

Step3. 设置加工区域。

（1）选取加工面。在图形区中选取图 3.6 所示的所有面（共 35 个面），然后按 Enter 键，系统弹出“刀路/曲面选择”对话框。

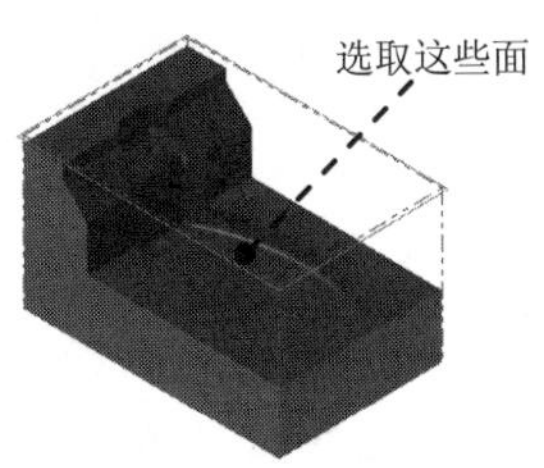

图 3.6 选取加工面

（2）设置加工边界。在 边界范围 区域中单击按钮，系统弹出“串连”对话框。在图形区中选取图 3.5 所示的边线，单击按钮，系统返回至“刀路/曲面选择”对话框。

（3）单击[✓]按钮，完成加工区域的设置，同时系统弹出“曲面粗车-挖槽”对话框。

Step4. 确定刀具类型。在“曲面粗车-挖槽”对话框中单击 刀具过滤 按钮，系统弹出“刀具列表过滤”对话框，单击 刀具类型 区域中的 无(N) 按钮后，在刀具类型按钮群中单击（平底刀）按钮。单击[✓]按钮，关闭“刀具列表过滤”对话框，系统返回至“曲面粗车-挖槽”对话框。

Step5. 选择刀具。在“曲面粗车-挖槽”对话框中单击 选择库刀具... 按钮，系统弹出“刀具选择”对话框，在该对话框的列表框中选取图 3.7 所示的刀具。单击[✓]按钮，关闭“刀具选择”对话框，系统返回至“曲面粗车-挖槽”对话框。

刀具选择 - C:\users\public\documents\shared mcamx8\Mill\Tools\Mill_mm.Tooldb

C:\users\publi...\Mill_mm.Tooldb

#	装配名称	刀具名称	刀...	直径	转角...	长度	刀齿数	类型	半径类型
475	--	15. FLAT ENDMILL	--	15.0	0.0	50.0	4	平底刀 1	无
476	--	16. FLAT ENDMILL	--	16.0	0.0	50.0	4	平底刀 1	无
477	--	17. FLAT ENDMILL	--	17.0	0.0	50.0	4	平底刀 1	无
478	--	18. FLAT ENDMILL	--	18.0	0.0	50.0	4	平底刀 1	无
479	--	19. FLAT ENDMILL	--	19.0	0.0	50.0	4	平底刀 1	无
480	--	20. FLAT ENDMILL	--	20.0	0.0	50.0	4	平底刀 1	无
481	--	21. FLAT ENDMILL	--	21.0	0.0	50.0	4	平底刀 1	无
482	--	22. FLAT ENDMILL	--	22.0	0.0	50.0	4	平底刀 1	无
483	--	23. FLAT ENDMILL	--	23.0	0.0	50.0	4	平底刀 1	无
484	--	24. FLAT ENDMILL	--	24.0	0.0	50.0	4	平底刀 1	无
485	--	25. FLAT ENDMILL	--	25.0	0.0	50.0	4	平底刀 1	无

过滤(F)...
☑ 启用过滤
显示 25 个刀具(共
显示模式
○ 刀具
○ 装配
◉ 两者

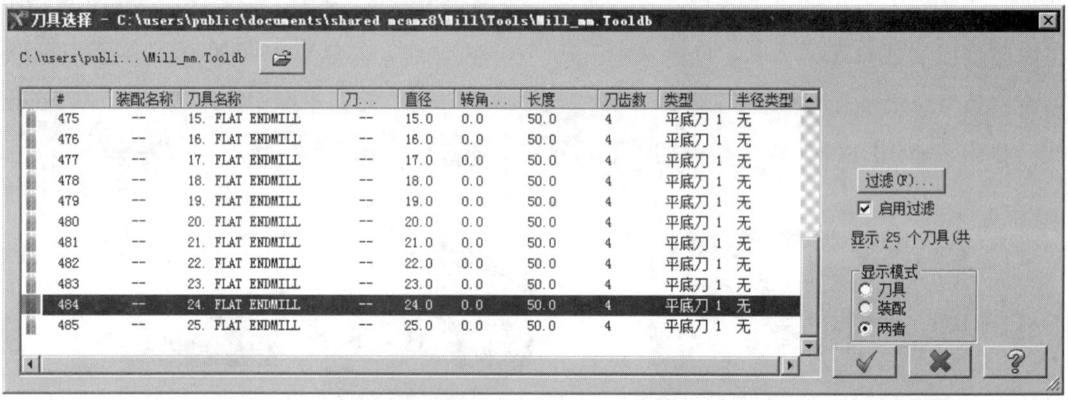

图 3.7 “刀具选择”对话框

Step6. 设置刀具参数。

（1）完成上步操作后，在“曲面粗车-挖槽”对话框 刀路参数 选项卡的列表框中显示出 Step5 所选择的刀具，双击该刀具，系统弹出“定义刀具”对话框。

（2）设置刀具号码。单击 最终化属性 按钮，在 刀具编号: 文本框中将原有的数值改为 1。

（3）设置刀具的加工参数。在 进给速率 文本框中输入值 300.0，在 下切速率: 文本框中输入值 150.0，在 提刀速率 文本框中输入值 500.0，在 主轴转速 文本框中输入值 1200.0。

（4）设置冷却方式。单击 冷却液 按钮，系统弹出“冷却液”对话框，在 Flood（切削液）下拉列表中选择 On 选项，单击该对话框中的 确定 按钮，关闭“冷却液”对话框。

Step7. 单击“定义刀具”对话框中的 精加工 按钮，完成刀具的设置。

Step8. 设置曲面参数。在“曲面粗车-挖槽”对话框中单击 曲面参数 选项卡，在 毛坯预留量驱动面上（此处翻译有误，应为“加工面预留量”）文本框中输入值 1。

Step9. 设置粗加工参数选项卡。

（1）在“曲面粗车-挖槽”对话框中单击 粗加工参数 选项卡，在 最大轴向切削间距: 文本框中输入值 1，然后在 进刀选项 区域选中 ☑ 螺旋进刀 复选框。

（2）单击 螺旋进刀 按钮，系统弹出“螺旋/斜插式下刀参数”对话框，单击“螺旋/斜插式下刀参数”对话框中的 斜降 选项卡，在 斜插失败时 区域选中 ⊙ 跳过 单选项，单击“螺旋/斜插式下刀参数”对话框中的 ✓ 按钮。

（3）单击 切削深度(D)... 按钮，在系统弹出的“切削深度”对话框中选中 ⊙ 绝对坐标 单选项，然后在 绝对深度 区域的 最大深度 文本框中输入值-85，在 最小深度 文本框中输入值 2。单击 ✓ 按钮，系统返回“曲面粗车-挖槽”对话框。

Step10. 设置挖槽参数。在“曲面粗车-挖槽”对话框中单击 挖槽参数 选项卡，在 切削方式 下面选择 依外形环切 选项；在 径向切削比例: 文本框中输入值 50，选中 ⊙ 直径百分比 单选项，取消选中 □ 由内而外螺旋式切削 复选框。

Step11. 单击“曲面粗车-挖槽”对话框中的 ✓ 按钮，完成加工参数的设置，此时系统将自动生成图 3.8 所示的刀具路径。

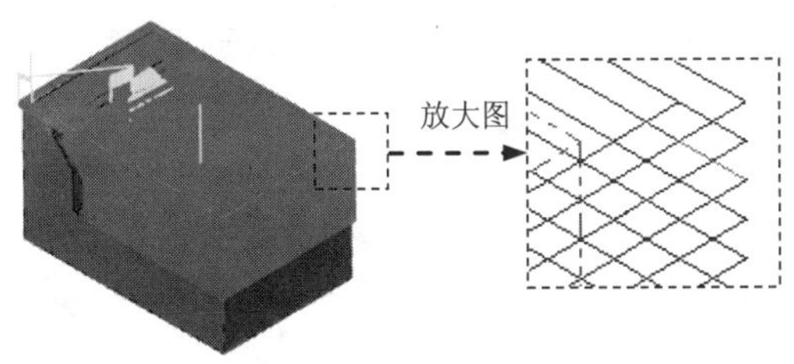

图 3.8 刀具路径

说明：单击“操作管理器”中的 ≋ 按钮隐藏上步的刀具路径，以便于后面加工区域的选取，下同。

Stage4. 粗加工等高外形加工

Step1. 选择下拉菜单 刀路(T) → 曲面粗加工(R) → 外形(C)... 命令。

Step2. 设置加工区域。

（1）选取加工面。在图形区中选取图 3.9 所示的所有面（共 35 个面），然后按 Enter 键，系统弹出“刀路/曲面选择”对话框。

（2）设置加工边界。在 边界范围 区域中单击 ↖ 按钮，系统弹出“串连”对话框。在图形区中选取图 3.10 所示的边线。单击 ✓ 按钮，系统返回至“刀路/曲面选择”对话框。

（3）单击 ✓ 按钮，完成加工区域的设置，同时系统弹出“曲面粗车-外形”对话框。

Step3. 确定刀具类型。在“曲面粗车-外形”对话框中单击 刀具过滤 按钮，系统弹出“刀具列表过滤”对话框。单击 刀具类型 区域中的 无(N) 按钮后，在刀具类型按钮群中单击 ▮（圆鼻刀）按钮。单击 ✓ 按钮，关闭“刀具列表过滤”对话框，系统返回至“曲面粗车-外形”对话框。

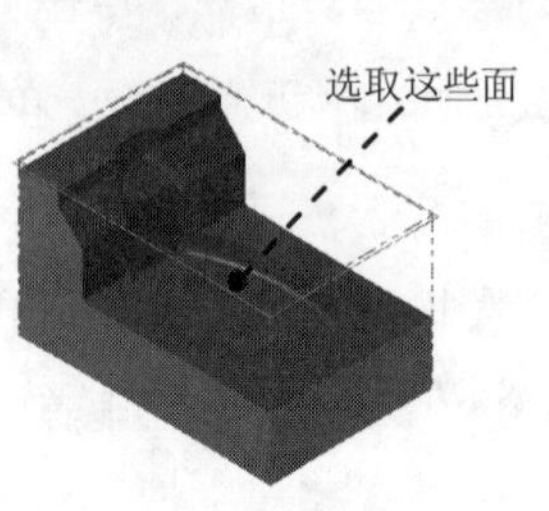

图 3.9　选取加工面

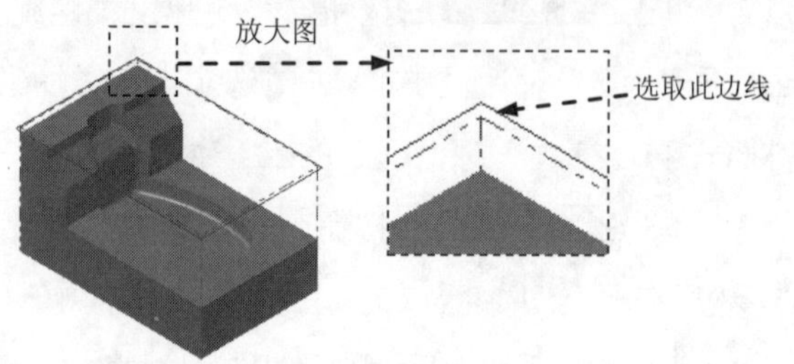

图 3.10　选取切削范围边线

Step4. 选择刀具。在“曲面粗车-外形”对话框中单击 选择库刀具... 按钮，系统弹出“刀具选择”对话框，在该对话框的列表框中选取图 3.11 所示的刀具。单击 ✓ 按钮，关闭“刀具选择”对话框，系统返回至“曲面粗车-外形”对话框。

刀具选择 - C:\users\public\documents\shared mcamx8\Mill\Tools\Mill_mm.Tooldb

C:\users\publi...\Mill_mm.Tooldb

#	装配名称	刀具名称	刀...	直径	转角...	长度	刀齿数	半径类型	类型
537	--	9. BULL ENDMILL 2...	--	9.0	2.0	50.0	4	转角	圆鼻刀 3
539	--	9. BULL ENDMILL 4...	--	9.0	4.0	50.0	4	转角	圆鼻刀 3
540	--	10. BULL ENDMILL ...	--	10.0	1.0	50.0	4	转角	圆鼻刀 3
541	--	10. BULL ENDMILL ...	--	10.0	4.0	50.0	4	转角	圆鼻刀 3
542	--	10. BULL ENDMILL ...	--	10.0	3.0	50.0	4	转角	圆鼻刀 3
543	--	10. BULL ENDMILL ...	--	10.0	2.0	50.0	4	转角	圆鼻刀 3
545	--	11. BULL ENDMILL ...	--	11.0	3.0	50.0	4	转角	圆鼻刀 3
547	--	11. BULL ENDMILL ...	--	11.0	1.0	50.0	4	转角	圆鼻刀 3
546	--	11. BULL ENDMILL ...	--	11.0	4.0	50.0	4	转角	圆鼻刀 3
544	--	11. BULL ENDMILL ...	--	11.0	2.0	50.0	4	转角	圆鼻刀 3
548	--	12. BULL ENDMILL ...	--	12.0	1.0	50.0	4	转角	圆鼻刀 3
549	--	12. BULL ENDMILL ...	--	12.0	4.0	50.0	4	转角	圆鼻刀 3

过滤(F)...
☑ 启用过滤
显示 99 个刀具(共
显示模式
○ 刀具
○ 装配
◉ 两者

图 3.11　“刀具选择”对话框

Step5. 设置刀具参数。

（1）完成上步操作后，在“曲面粗车-外形”对话框 刀路参数 选项卡的列表框中显示出 Step4 所选择的刀具，双击该刀具，系统弹出“定义刀具”对话框，将刀具总长度修改为 100。

（2）设置刀具号码。单击 最终化属性 按钮，在 刀具编号: 文本框中将原有的数值改为 2。

（3）设置刀具的加工参数。在 进给率: 文本框中输入值 300.0，在 下切速率: 文本框中输入值 150.0，在 提刀速率 文本框中输入值 500.0，在 主轴转速 文本框中输入值 1600.0。

（4）设置冷却方式。单击 冷却液 按钮，系统弹出“冷却液”对话框，在 Flood （切削液）下拉列表中选择 On 选项，单击该对话框中的 确定 按钮，关闭“冷却液”对话框。

Step6. 单击“定义刀具”对话框中的 精加工 按钮，完成刀具的设置。

Step7. 设置加工参数

(1) 设置曲面参数。在“曲面粗车-外形”对话框中单击 曲面参数 选项卡，在 毛坯预留量驱动面上 (此处翻译有误，应为“加工面预留量”)文本框中输入值 0.5， 曲面参数 选项卡中的其他参数设置保持系统默认设置值。

（2）设置粗加工等高外形参数。在“曲面粗车-外形”对话框中单击外形粗加工参数选项卡，在最大轴向切削间距:文本框中输入值 1.0，在过渡区域选中高速加工单选项，在斜插长度:文本框中输入值 5.0。

（3）单击“曲面粗车-外形”对话框中的按钮，同时在图形区生成图 3.12 所示的刀具路径。

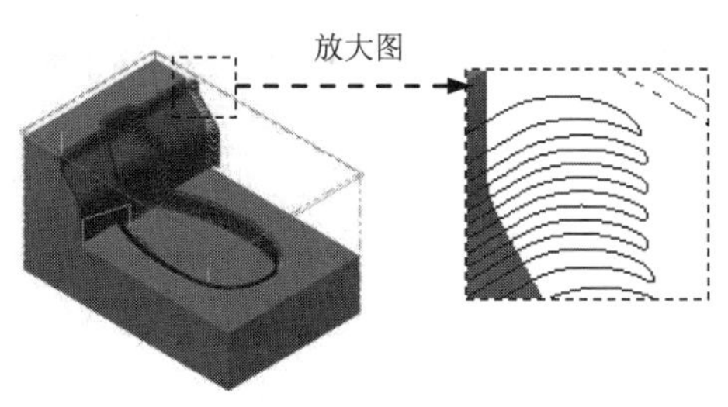

图 3.12 刀具路径

Stage5. 精加工等高外形加工

Step1. 选择下拉菜单刀路(T) → 曲面精加工(F) → 等高外形(C)... 命令。

Step2. 设置加工区域。

（1）选取加工面。在图形区中选取图 3.13 所示的所有面（共 35 个面），然后按 Enter 键，系统弹出“刀路/曲面选择”对话框。

（2）设置加工边界。在边界范围区域中单击按钮，系统弹出“串连”对话框。在图形区中选取图 3.14 所示的边线。单击按钮，系统返回至“刀路/曲面选择”对话框。

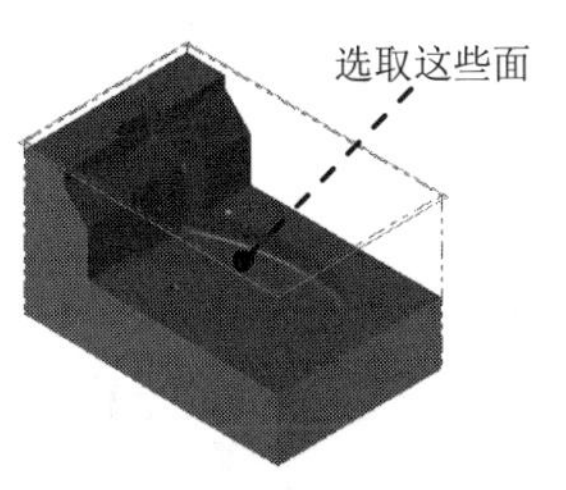

图 3.13 选取加工面

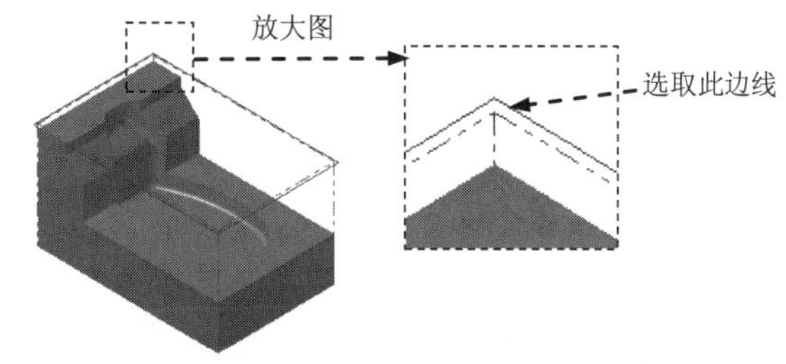

图 3.14 选取切削范围边线

（3）单击按钮，完成加工区域的设置，同时系统弹出“曲面精车-外形”对话框。

Step3. 确定刀具类型。在“曲面精车-外形”对话框中单击刀具过滤按钮，系统弹出“刀具列表过滤”对话框。单击刀具类型区域中的无(N)按钮后，在刀具类型按钮群中单击（圆鼻刀）按钮。然后单击按钮，关闭“刀具列表过滤”对话框，系统返回至“曲面精车-外形”对话框。

Step4. 选择刀具。在“曲面精车-外形”对话框中单击选择库刀具...按钮，系统弹出“刀具选择”对话框，在该对话框的列表框中选取图 3.15 所示的刀具。单击按钮，关闭“刀具选择”对话框，系统返回至“曲面精车-外形”对话框。

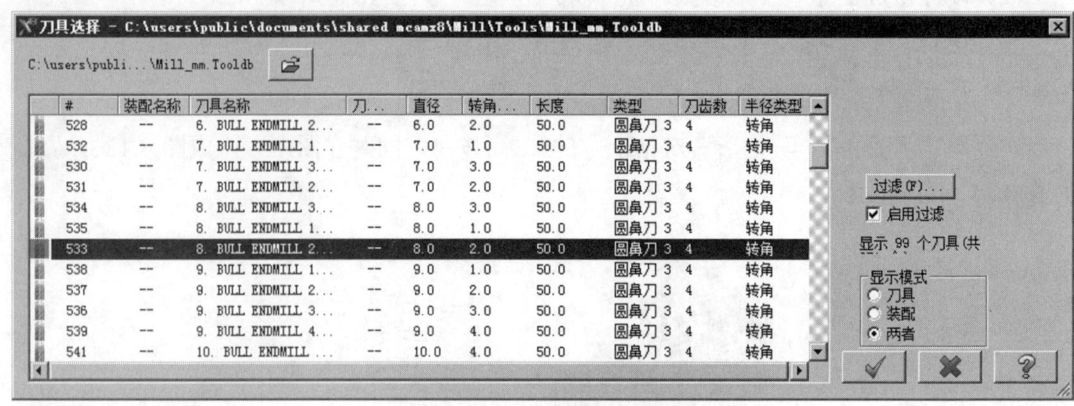

图 3.15 “刀具选择”对话框

Step5. 设置刀具参数。

（1）完成上步操作后，在“曲面精车-外形”对话框 刀路参数 选项卡的列表框中显示出 Step4 选择的刀具，双击该刀具，系统弹出“定义刀具”对话框。

（2）设置刀具号码。单击 最终化属性 按钮，在 刀具编号: 文本框中将原有的数值改为 3。

（3）设置刀具的加工参数。在 进给率: 文本框中输入值 400.0，在 下切速率: 文本框中输入值 200.0，在 提刀速率 文本框中输入值 500.0，在 主轴转速 文本框中输入值 2200.0。

（4）设置冷却方式。单击 冷却液 按钮，系统弹出“冷却液”对话框，在 Flood （切削液）下拉列表中选择 On 选项，单击该对话框中的 确定 按钮，关闭“冷却液”对话框。

Step6. 单击“定义刀具”对话框中的 精加工 按钮，完成刀具的设置。

Step7. 设置曲面参数。在“曲面精车-外形”对话框中单击 曲面参数 选项卡，接受系统默认的参数设置。

Step8. 设置等高外形精加工参数。在“曲面精车-外形”对话框中单击 外形精加工参数 选项卡，在 最大轴向切削间距: 文本框中输入值 0.2；在 开放外形的方向 区域选中 ⊙ 双向 单选项；在 过渡 区域选中 ⊙ 打断 单选项以及“曲面精车-外形”对话框左下方的 ☑ 优化切削顺序 复选框，其他参数采用系统默认设置值。

Step9. 单击“曲面精车-外形”对话框中的 ✓ 按钮，完成加工参数的设置，此时系统将自动生成图 3.16 所示的刀具路径。

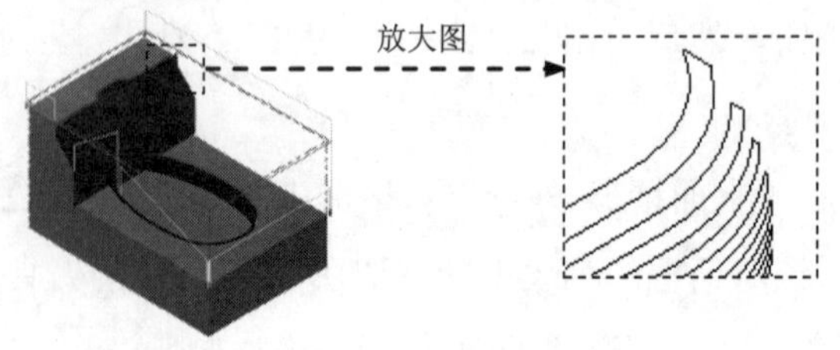

图 3.16 刀具路径

Stage6. 精加工平行铣削加工

Step1. 选择下拉菜单 刀路(T) → 曲面精加工(F) → 平行(P)... 命令。

Step2. 设置加工区域。

（1）选取加工面。在图形区中选取图 3.17 所示的面（2 个），然后按 Enter 键，系统弹出“刀路/曲面选择”对话框。

（2）单击 检查面 区域中的 按钮，选取图 3.18 所示的面（2 个）为干涉面，然后按 Enter 键。

（3）单击“刀路/曲面选择”对话框中的 按钮，系统弹出“曲面精车-平行”对话框。

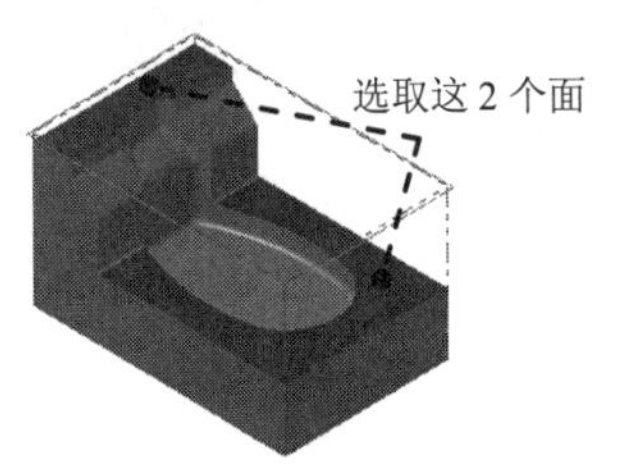

图 3.17 选取加工面

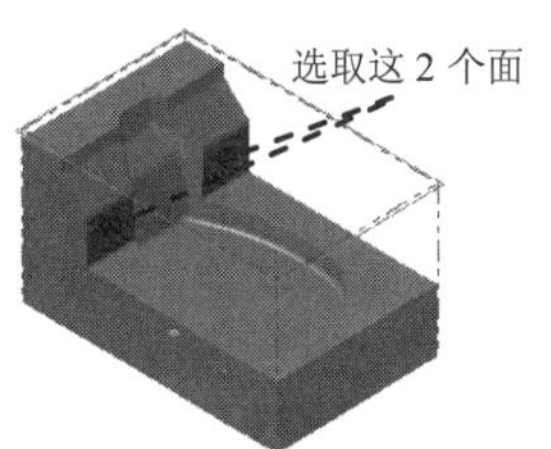

图 3.18 选取干涉面

Step3. 确定刀具类型。在“曲面精车-平行”对话框中单击 刀具过滤 按钮，系统弹出“刀具列表过滤”对话框。单击 刀具类型 区域中的 无(N) 按钮后，在刀具类型按钮群中单击 （平底刀）按钮。然后单击 按钮，关闭“刀具列表过滤”对话框，系统返回至“曲面精车-平行”对话框。

Step4. 选择刀具。在“曲面精车-平行”对话框中单击 选择库刀具... 按钮，系统弹出“刀具选择”对话框，在该对话框的列表框中选取图 3.19 所示的刀具。单击 按钮，关闭“刀具选择”对话框，系统返回至“曲面精车-平行”对话框。

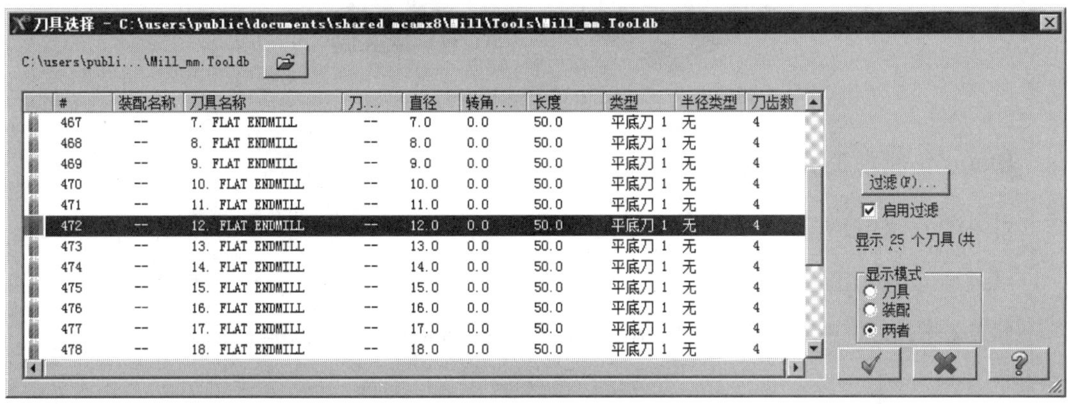

#	装配名称	刀具名称	刀...	直径	转角...	长度	类型	半径类型	刀齿数
467	--	7. FLAT ENDMILL	--	7.0	0.0	50.0	平底刀 1	无	4
468	--	8. FLAT ENDMILL	--	8.0	0.0	50.0	平底刀 1	无	4
469	--	9. FLAT ENDMILL	--	9.0	0.0	50.0	平底刀 1	无	4
470	--	10. FLAT ENDMILL	--	10.0	0.0	50.0	平底刀 1	无	4
471	--	11. FLAT ENDMILL	--	11.0	0.0	50.0	平底刀 1	无	4
472	--	12. FLAT ENDMILL	--	12.0	0.0	50.0	平底刀 1	无	4
473	--	13. FLAT ENDMILL	--	13.0	0.0	50.0	平底刀 1	无	4
474	--	14. FLAT ENDMILL	--	14.0	0.0	50.0	平底刀 1	无	4
475	--	15. FLAT ENDMILL	--	15.0	0.0	50.0	平底刀 1	无	4
476	--	16. FLAT ENDMILL	--	16.0	0.0	50.0	平底刀 1	无	4
477	--	17. FLAT ENDMILL	--	17.0	0.0	50.0	平底刀 1	无	4
478	--	18. FLAT ENDMILL	--	18.0	0.0	50.0	平底刀 1	无	4

图 3.19 “刀具选择”对话框

Step5. 设置刀具参数。

（1）完成上步操作后，在“曲面精车-平行”对话框 刀路参数 选项卡的列表框中显示出Step4 所选择的刀具，双击该刀具，系统弹出“定义刀具”对话框。

（2）设置刀具号码。单击 最终化属性 按钮，在 刀具编号: 文本框中将原有的数值改为 4。

（3）设置刀具的加工参数。在 进给率 文本框中输入值 300.0，在 下切速率: 文本框中输入值 150.0，在 提刀速率 文本框中输入值 500.0，在 主轴转速 文本框中输入值 1200.0。

（4）设置冷却方式。设置冷却方式。单击 冷却液 按钮，系统弹出“冷却液”对话框，在 Flood （切削液）下拉列表中选择 On 选项，单击该对话框中的 确定 按钮，关闭“冷却液”对话框。

（5）单击“定义刀具”对话框中的 精加工 按钮，完成刀具的设置。

Step6. 设置加工参数。

（1）设置曲面参数。在“曲面精车-平行”对话框中单击 曲面参数 选项卡，在 毛坯预留量 检查面上 （此处翻译有误，应为“干涉面预留量”）文本框中输入值 5.0。

（2） 设置精加工平行铣削参数。在“曲面精车-平行”对话框中单击 平行精加工参数 选项卡，然后在 最大径向切削间距(M)... 文本框中输入值 5.0，在 加工角度 文本框中输入值 90.0。

（3）单击 间隙设置(G)... 按钮，在系统弹出的“间隙设置”对话框中选中 ☑ 刀具沿着间隙的范围边界移动 复选框，在 切线长度: 文本框中输入值 6.0。单击 ✔ 按钮，系统返回至“曲面精车-平行”对话框。

Step7. 单击“曲面精车-平行”对话框中的 ✔ 按钮，同时在图形区生成图 3.20 所示的刀具路径。

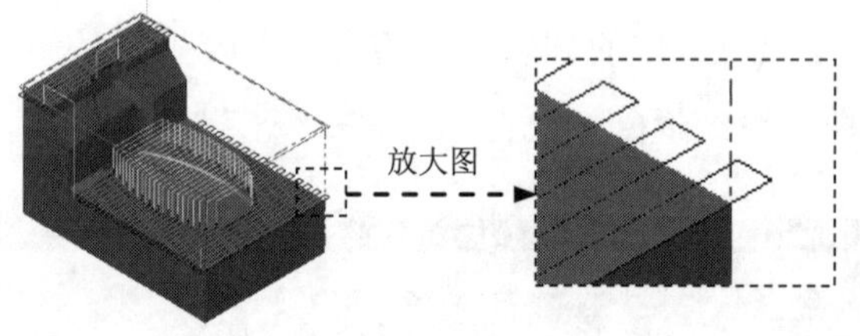

图 3.20　刀具路径

Stage7. 精加工浅平面加工

Step1. 选择下拉菜单 刀路(T) ➡ 曲面精加工(F) ➡ 浅平面(S)... 命令。

Step2. 设置加工区域。

（1）在图形区中选取图 3.21 所示的面，然后按 Enter 键，系统弹出“刀路/曲面选择”对话框。

（2）单击 检查面 区域中的 按钮，选取图 3.22 所示的面为干涉面（共 7 个面），然后按 Enter 键。单击 ✔ 按钮，完成加工面的选取，系统返回至“刀路/曲面选择”对话框。

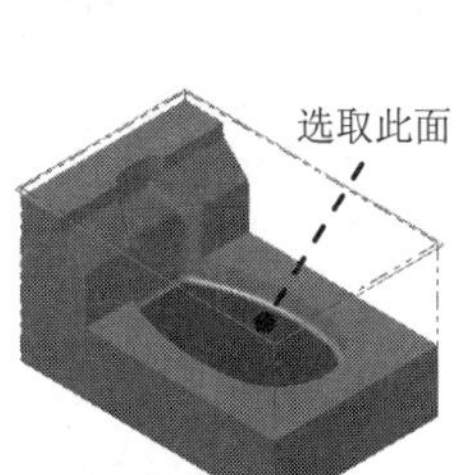

图 3.21 选取加工面

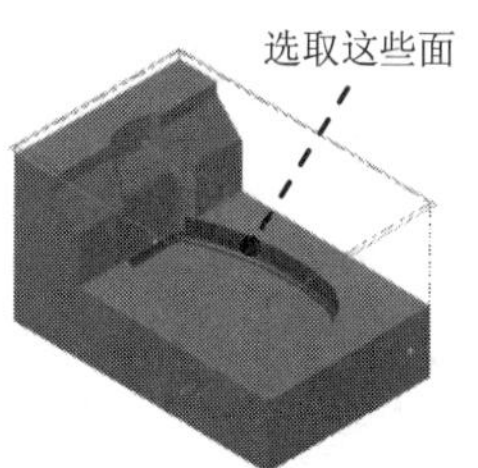

图 3.22 选取干涉面

（3）单击“刀路/曲面选择”对话框中的 ✓ 按钮，系统弹出“曲面精车-浅铣削”对话框。

Step3. 选择刀具。在“曲面精车-浅铣削”对话框中取消选中 □ 刀具过虑 复选框，选取图 3.23 所示的刀具。

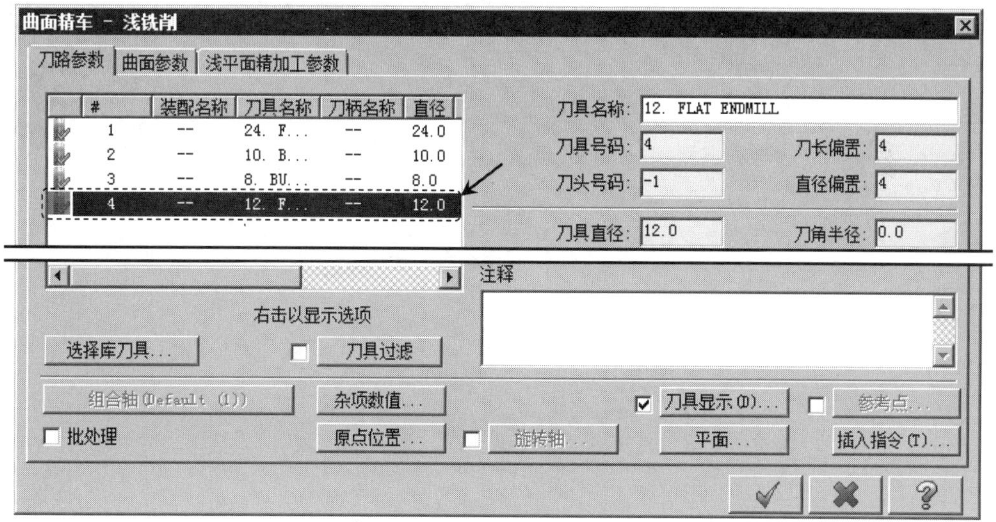

图 3.23 “曲面精车-浅铣削”对话框

Step4. 设置曲面参数。在“曲面精车-浅铣削”对话框中单击 曲面参数 选项卡，在 参考高度 (A).... 区域中选中 ⊙ 绝对坐标 单选项，然后在 参考高度 (A).... 文本框中输入值 5，在 毛坯预留量 检查面上（此处翻译有误，应为“干涉面预留量”）文本框中输入值 3.0。

Step5. 设置浅平面精加工参数。在“曲面精车-浅铣削”对话框中单击 浅平面精加工参数 选项卡，在 浅平面精加工参数 选项卡的 最大径向切削间距 (M)... 文本框中输入值 5.0，选中 ☑ 由内而外环切 复选框。

Step6. 单击“曲面精车-浅铣削”对话框中的 ✓ 按钮，同时在图形区生成图 3.24 所示的刀具路径。

Step7. 实体切削验证。

（1）在 刀路 选项卡中单击 按钮，然后单击“验证选定操作”按钮 ，系统弹出“Mastercam 模拟器”对话框。

（2）在“Mastercam 模拟器”对话框中单击▶按钮，系统将开始进行实体切削仿真，结果如图 3.25 所示。单击 × 按钮，关闭“Mastercam 模拟器”对话框。

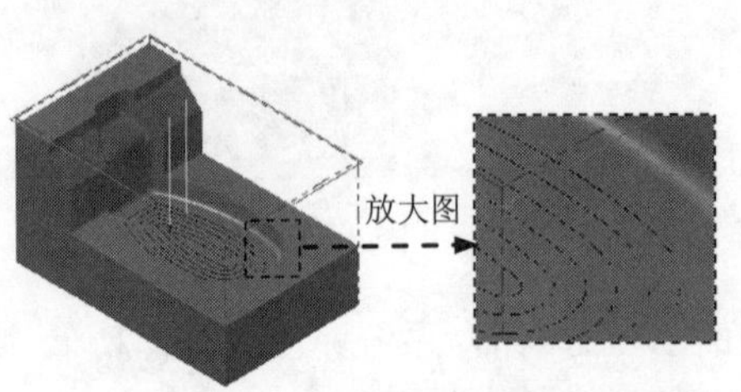

图 3.24　刀具路径

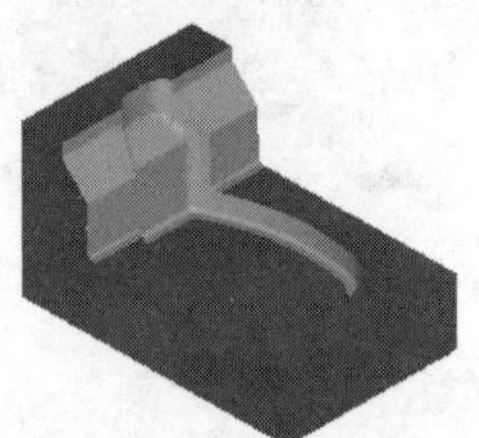

图 3.25　仿真结果

Step8. 保存模型。选择下拉菜单 文件(F) → 保存(S) 命令，保存模型。

学习拓展：扫一扫右侧二维码，可以免费学习更多视频讲解。
讲解内容：粗加工残料加工。

实例 4 旋钮凹模加工

本实例讲述的是旋钮凹模加工工艺。粗加工，大量地去除毛坯材料；半精加工，留有一定余量的加工，同时为精加工做好准备；精加工，把毛坯件加工成目标件的最后步骤，也是最关键的一步，其加工结果直接影响模具的加工质量和加工精度，因此在本例中我们对精加工的要求很高。下面结合加工的各种方法来加工一个旋钮凹模（图 4.1），其操作步骤如下。

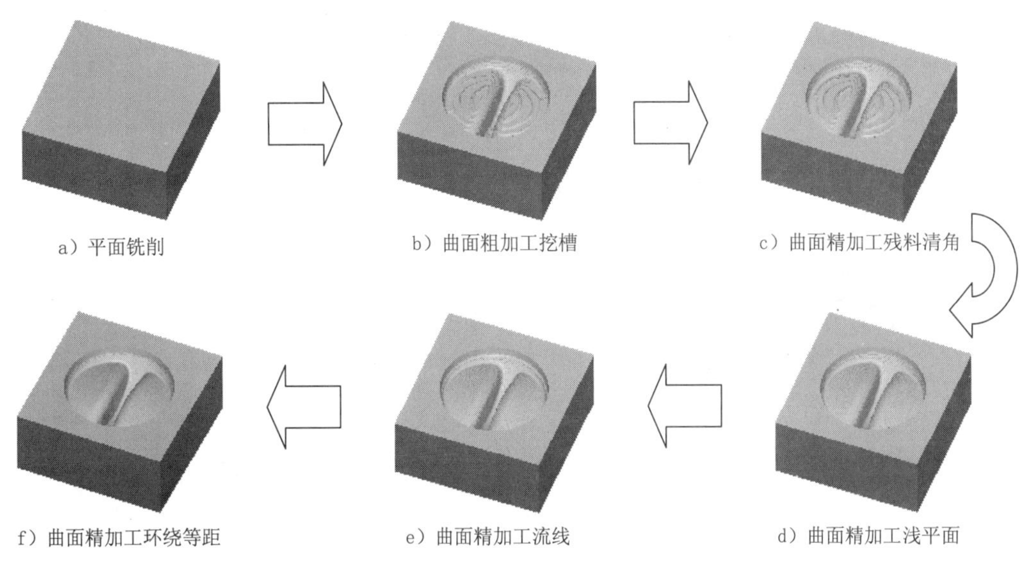

图 4.1 加工流程图

Stage1. 进入加工环境

打开模型。选择文件 D:\mcx8.11\work\ch04\ MICRO-OVEN_SWITCH_UPPER_MOLD.MCX，系统进入加工环境，此时零件模型如图 4.2 所示。

Stage2. 设置工件

Step1. 在“操作管理器”中单击 属性 - Generic Mill 节点前的“+”号，将该节点展开，然后单击 毛坯设置 节点，系统弹出“机床群组属性”对话框。

Step2. 设置工件的形状。在“机床群组属性”对话框的形状区域中选中 矩形 单选项。

Step3. 设置工件的尺寸。在“机床群组属性”对话框中单击 所有曲面 按钮，在 毛坯原点 区域 Z 下面的文本框中输入值 5，然后在右侧预览区的 Z 文本框中输入值 50。

Step4. 单击“机床群组属性”对话框中的 ✓ 按钮，完成工件的设置。此时零件如图

4.3 所示，从图中可以观察到零件的边缘多了红色的双点画线，双点画线围成的图形即工件。

图 4.2　零件模型

图 4.3　显示工件

Stage3. 平面铣削加工

Step1. 绘制矩形边界。单击“俯视图”按钮，选择下拉菜单 绘图(C) → 边界框(B)... 命令，系统弹出“边界框”对话框，取消选中 所有图素 复选框，选取图 4.4 所示的面，然后按 Enter 键，系统返回至“边界框”对话框，在 展开 区域的 X 文本框中输入值 2，在 Y 文本框中输入值 2。单击 ✓ 按钮，完成矩形边界的绘制，结果如图 4.5 所示。

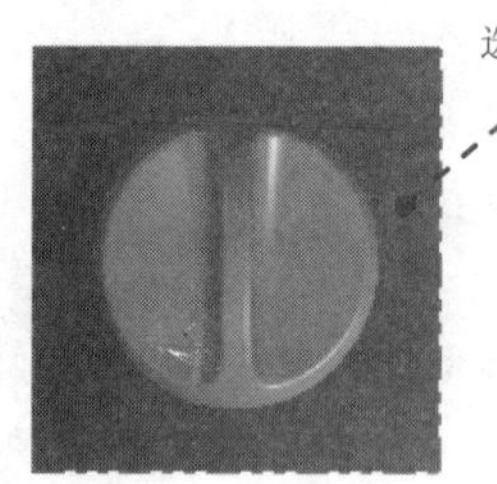

图 4.4　定义参考面

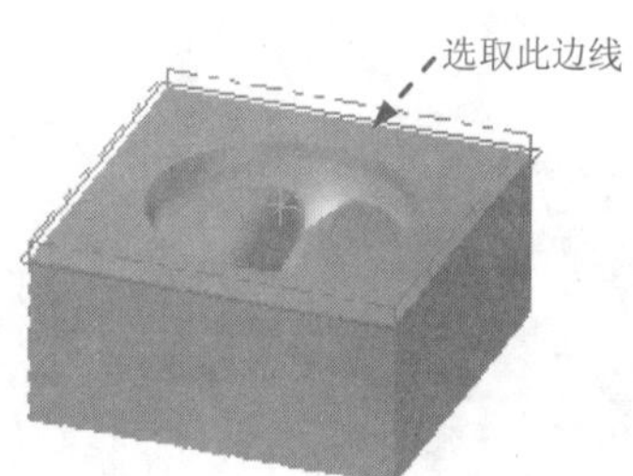

图 4.5　绘制矩形边界

Step2. 选择下拉菜单 刀路(T) → 平面铣(A)... 命令，系统弹出“输入新 NC 名称”对话框，采用系统默认的 NC 名称。单击 ✓ 按钮，完成 NC 名称的设置，同时系统弹出“串连”对话框。

Step3. 设置加工区域。在图形区中选取图 4.6 所示的边线，系统自动选取图 4.7 所示的边线。单击 ✓ 按钮，完成加工区域的设置，同时系统弹出“2D 刀路-平面铣削”对话框。

图 4.6　选取区域

图 4.7　定义区域

Step4. 确定刀具类型。在“2D 刀路-平面铣削”对话框的左侧节点列表中单击 刀具 节点，切换到“刀具参数”界面；单击过滤(F)...按钮，系统弹出“刀具列表过滤”对话框。单击刀具类型区域中的无(N)按钮后，在刀具类型按钮群中单击（平底刀）按钮。单击按钮，关闭“刀具列表过滤”对话框，系统返回至“2D 刀路-平面铣削”对话框。

Step5. 选择刀具。在“2D 刀路-平面铣削”对话框中单击选择库刀具...按钮，系统弹出“刀具选择”对话框，在该对话框中的列表框选取图 4.8 所示的刀具。单击按钮，关闭“刀具选择”对话框，系统返回至“2D 刀路-平面铣削”对话框。

刀具选择 - C:\users\public\documents\shared mcamx8\Mill\Tools\Mill_mm.Tooldb

C:\users\publi...\Mill_mm.Tooldb

#	装配名称	刀具名称	刀...	直径	转角...	长度	刀齿数	类型	半径类型
475	--	15. FLAT ENDMILL	--	15.0	0.0	50.0	4	平底刀 1	无
476	--	16. FLAT ENDMILL	--	16.0	0.0	50.0	4	平底刀 1	无
477	--	17. FLAT ENDMILL	--	17.0	0.0	50.0	4	平底刀 1	无
478	--	18. FLAT ENDMILL	--	18.0	0.0	50.0	4	平底刀 1	无
479	--	19. FLAT ENDMILL	--	19.0	0.0	50.0	4	平底刀 1	无
480	--	20. FLAT ENDMILL	--	20.0	0.0	50.0	4	平底刀 1	无
481	--	21. FLAT ENDMILL	--	21.0	0.0	50.0	4	平底刀 1	无
482	--	22. FLAT ENDMILL	--	22.0	0.0	50.0	4	平底刀 1	无
483	--	23. FLAT ENDMILL	--	23.0	0.0	50.0	4	平底刀 1	无
484	--	24. FLAT ENDMILL	--	24.0	0.0	50.0	4	平底刀 1	无
485	--	25. FLAT ENDMILL	--	25.0	0.0	50.0	4	平底刀 1	无

过滤(F)...
启用过滤
显示 25 个刀具(共
显示模式
刀具
装配
两者

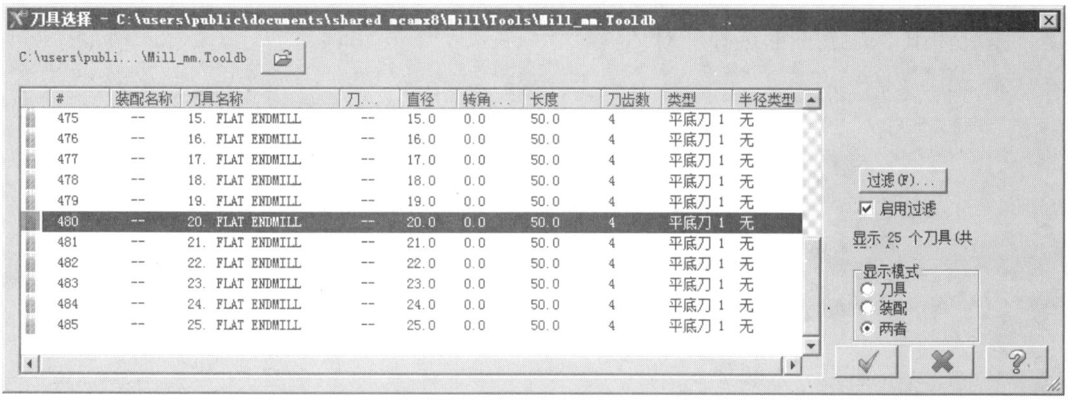

图 4.8 “刀具选择”对话框

Step6. 设置刀具参数。

（1）完成上步操作后，在“2D 刀路-平面铣削”对话框的刀具列表中双击该刀具，系统弹出“定义刀具”对话框。

（2）设置刀具号码。单击最终化属性按钮，在刀具编号:文本框中将原有的数值改为 1。

（3）设置刀具的加工参数。在进给率文本框中输入值 200.0，在下切速率:文本框中输入值 100.0，在提刀速率文本框中输入值 500.0，在主轴转速文本框中输入值 1000.0。

（4）设置冷却方式。单击冷却液按钮，系统弹出“冷却液”对话框，在Flood（切削液）下拉列表中选择On选项，单击该对话框中的确定按钮，关闭“冷却液”对话框。

Step7. 单击“定义刀具”对话框中的精加工按钮，完成刀具的设置。

Step8. 设置加工参数。在“2D 刀路-平面铣削”对话框的左侧节点列表中单击切削参数节点，在型式下拉列表中选择双向选项，在底面毛坯预留量文本框中输入值 0.2，其他参数采用系统默认设置值。

Step9. 设置连接参数。在“2D 刀路-平面铣削”对话框的左侧节点列表中单击连接参数节点，然后在毛坯表面(T)...文本框中输入值 0。

Step10. 单击“2D 刀路-平面铣削”对话框中的按钮，完成加工参数的设置，此时系统将自动生成图 4.9 所示的刀具路径。

Stage4. 粗加工挖槽加工

说明：单击“操作管理器”中的≋按钮隐藏上步的刀具路径，以便于后面加工面的选取，下同。

Step1. 选择加工方法。选择下拉菜单 刀路(T) ➡ 曲面粗加工(R) ➡ 挖槽(K)... 命令。

Step2. 设置加工区域。

（1）选取加工面。在图形区中选取图 4.10 所示的所有面（共 36 个面），然后按 Enter 键，系统弹出“刀路/曲面选择”对话框。

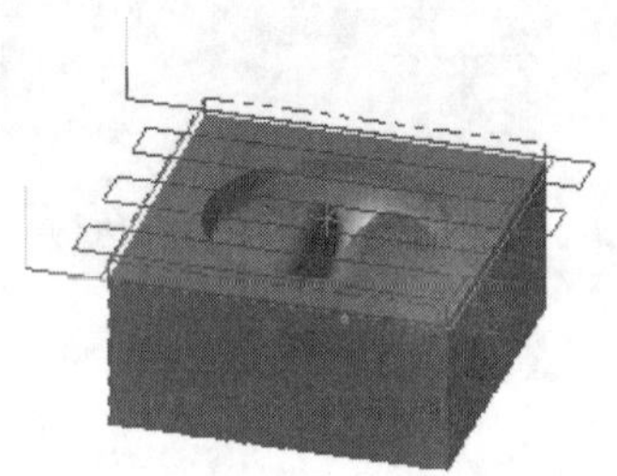
图 4.9　刀具路径

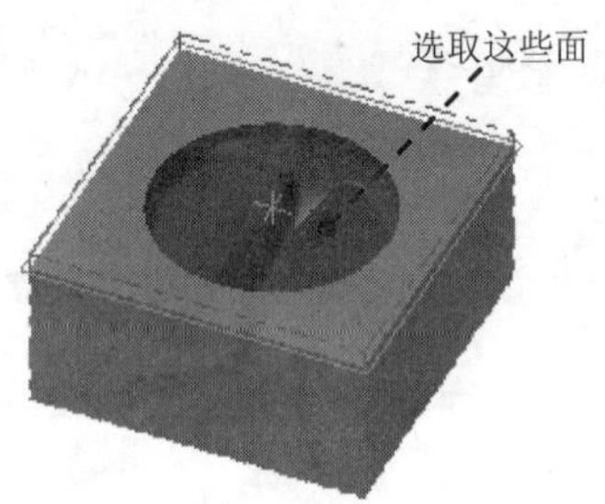

图 4.10　选取加工面

（2）单击 ✓ 按钮，完成加工区域的设置，同时系统弹出“曲面粗车-挖槽”对话框。

Step3. 确定刀具类型。在“曲面粗车-挖槽”对话框中单击 刀具过滤 按钮，系统弹出“刀具列表过滤”对话框。单击 刀具类型 区域中的 无(N) 按钮后，在刀具类型按钮群中单击（圆鼻刀）按钮。然后单击 ✓ 按钮，关闭“刀具列表过滤”对话框，系统返回至“曲面粗车-挖槽”对话框。

Step4. 选择刀具。在“曲面粗车-挖槽”对话框中单击 选择库刀具... 按钮，系统弹出“刀具选择”对话框，在该对话框的列表框中选取图 4.11 所示的刀具。单击 ✓ 按钮，关闭“刀具选择”对话框，系统返回至“曲面粗车-挖槽”对话框。

刀具选择 - C:\users\public\documents\shared mcamx8\Mill\Tools\Mill_mm.Tooldb

C:\users\publi...\Mill_mm.Tooldb

#	装配名称	刀具名称	刀...	直径	转角...	长度	刀齿数	半径类型	类型
527	--	5. BULL ENDMILL 1...	--	5.0	1.0	50.0	4	转角	圆鼻刀 3
526	--	5. BULL ENDMILL 2...	--	5.0	2.0	50.0	4	转角	圆鼻刀 3
529	--	6. BULL ENDMILL 1...	--	6.0	1.0	50.0	4	转角	圆鼻刀 3
528	--	6. BULL ENDMILL 2...	--	6.0	2.0	50.0	4	转角	圆鼻刀 3
532	--	7. BULL ENDMILL 1...	--	7.0	1.0	50.0	4	转角	圆鼻刀 3
530	--	7. BULL ENDMILL 3...	--	7.0	3.0	50.0	4	转角	圆鼻刀 3
531	--	7. BULL ENDMILL 2...	--	7.0	2.0	50.0	4	转角	圆鼻刀 3
533	--	8. BULL ENDMILL 2...	--	8.0	2.0	50.0	4	转角	圆鼻刀 3
535	--	8. BULL ENDMILL 1...	--	8.0	1.0	50.0	4	转角	圆鼻刀 3
534	--	8. BULL ENDMILL 3...	--	8.0	3.0	50.0	4	转角	圆鼻刀 3
536	--	9. BULL ENDMILL 3...	--	9.0	3.0	50.0	4	转角	圆鼻刀 3
538	--	9. BULL ENDMILL 1...	--	9.0	1.0	50.0	4	转角	圆鼻刀 3

过滤(F)...
☑ 启用过滤
显示 99 个刀具(共
显示模式
○ 刀具
○ 装配
◉ 两者

图 4.11　“刀具选择”对话框

Step5. 设置刀具参数。

（1）完成上步操作后，在“曲面粗车-挖槽”对话框 刀路参数 选项卡的列表框中显示出Step4 所选择的刀具，双击该刀具，系统弹出“定义刀具”对话框。

（2）设置刀具号码。单击 最终化属性 按钮，在 刀具编号: 文本框中将原有的数值改为 2。

（3）设置刀具的加工参数。在 进给率 文本框中输入值 300.0，在 下切速率: 文本框中输入值 200.0，在 提刀速率 文本框中输入值 500.0，在 主轴转速 文本框中输入值 1200.0。

（4）设置冷却方式。单击 冷却液 按钮，系统弹出“冷却液”对话框，在 Flood （切削液）下拉列表中选择 On 选项，单击该对话框中的 确定 按钮，关闭“冷却液”对话框。

Step6. 单击“定义刀具”对话框中的 精加工 按钮，完成刀具的设置。

Step7. 设置曲面参数。在“曲面粗车-挖槽”对话框中单击 曲面参数 选项卡，在 毛坯预留量驱动面上 (此处翻译有误，应为“加工面预留量”)文本框中输入值 0.5，其他参数采用系统默认设置值。

Step8. 设置粗加工参数。在“曲面粗车-挖槽”对话框中单击 粗加工参数 选项卡，在 最大轴向切削间距: 文本框中输入值 1，然后选中 ☑ 螺旋进刀 复选框，并单击 螺旋进刀 按钮，系统弹出“螺旋/斜插式下刀参数”对话框。在该对话框中单击 斜降 选项卡，然后在 最小长度: 文本框中输入值 100，单击 ✔ 按钮。

Step9. 设置挖槽参数。在“曲面粗车-挖槽”对话框中单击 挖槽参数 选项卡，设置参数如图 4.12 所示。

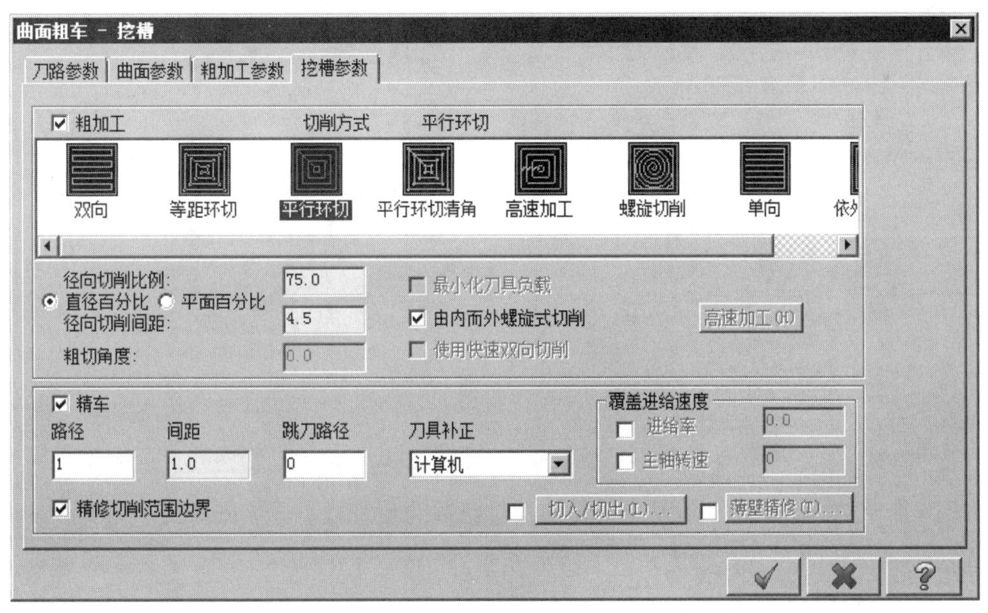

图 4.12 “挖槽参数”选项卡

Step10. 单击“曲面粗车-挖槽”对话框中的 ✔ 按钮，完成加工参数的设置，此时系统将自动生成图 4.13 所示的刀具路径。

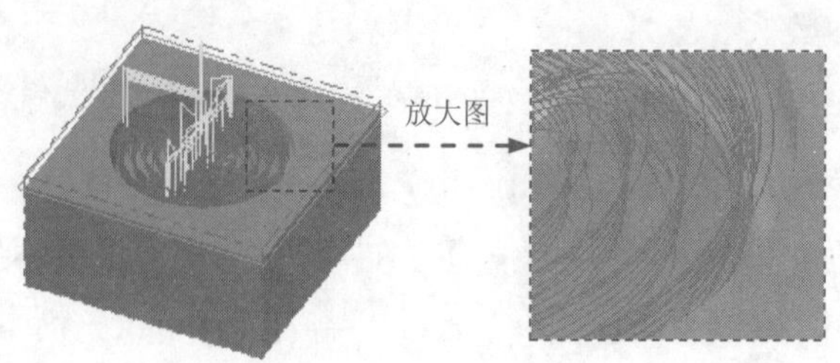

图 4.13　刀具路径

Stage5. 精加工残料清角加工

Step1. 选择加工方法。选择下拉菜单 刀路(T) → 曲面精加工(F) → 残料(L)... 命令。

Step2. 设置加工区域。在图形区中选取图 4.14 所示的曲面，然后按 Enter 键，系统弹出“刀路/曲面选择”对话框。单击 检查面 区域中的 按钮，选取图 4.15 所示的面为干涉面，然后按 Enter 键。单击 边界范围 区域中的 按钮，系统弹出“串连”对话框，采用“串连方式”选取图 4.15 所示的边线，单击两次 按钮，系统弹出“曲面精车-残料清角”对话框。

Step3. 选择刀具。

（1）确定刀具类型。在“曲面精车-残料清角”对话框中单击 刀具过滤 按钮，系统弹出“刀具列表过滤”对话框。单击 刀具类型 区域中的 无(N) 按钮后，在刀具类型按钮群中单击（球刀）按钮。单击 按钮，关闭“刀具列表过滤”对话框，系统返回至“曲面精车-残料清角”对话框。

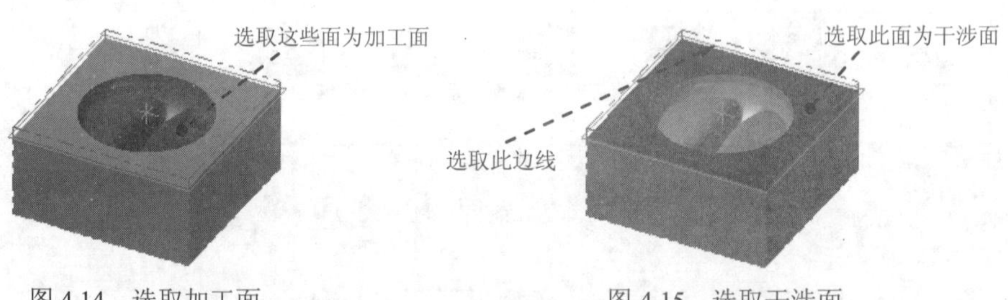

图 4.14　选取加工面　　图 4.15　选取干涉面

（2）选择刀具。在“曲面精车-残料清角”对话框中单击 选择库刀具... 按钮，系统弹出图 4.16 所示的“刀具选择”对话框，在该对话框的列表框中选取图 4.16 所示的刀具。单击 按钮，关闭“刀具选择”对话框，系统返回至“曲面精车-残料清角”对话框。

Step4. 设置刀具相关参数。

（1）在“曲面精车-残料清角”对话框 刀路参数 选项卡的列表框中显示出 Step3 所选取的刀具，双击该刀具，系统弹出“定义刀具”对话框。

（2）设置刀具号码。单击 最终化属性 按钮，在 刀具编号: 文本框中将原有的数值改为 3。

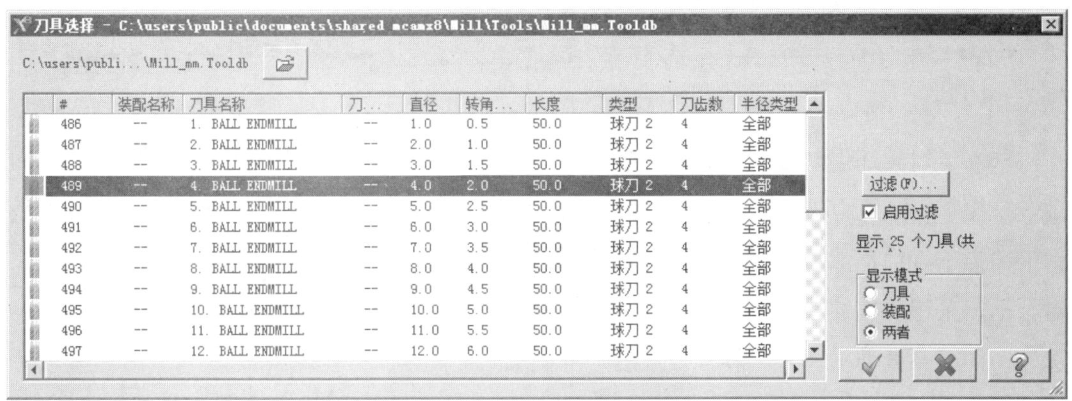

#	装配名称	刀具名称	刀...	直径	转角...	长度	类型	刀齿数	半径类型
486	--	1. BALL ENDMILL	--	1.0	0.5	50.0	球刀 2	4	全部
487	--	2. BALL ENDMILL	--	2.0	1.0	50.0	球刀 2	4	全部
488	--	3. BALL ENDMILL	--	3.0	1.5	50.0	球刀 2	4	全部
489	--	4. BALL ENDMILL	--	4.0	2.0	50.0	球刀 2	4	全部
490	--	5. BALL ENDMILL	--	5.0	2.5	50.0	球刀 2	4	全部
491	--	6. BALL ENDMILL	--	6.0	3.0	50.0	球刀 2	4	全部
492	--	7. BALL ENDMILL	--	7.0	3.5	50.0	球刀 2	4	全部
493	--	8. BALL ENDMILL	--	8.0	4.0	50.0	球刀 2	4	全部
494	--	9. BALL ENDMILL	--	9.0	4.5	50.0	球刀 2	4	全部
495	--	10. BALL ENDMILL	--	10.0	5.0	50.0	球刀 2	4	全部
496	--	11. BALL ENDMILL	--	11.0	5.5	50.0	球刀 2	4	全部
497	--	12. BALL ENDMILL	--	12.0	6.0	50.0	球刀 2	4	全部

图 4.16 “刀具选择”对话框

（3）设置刀具参数。在进给率文本框中输入值 150.0，在下切速率:文本框中输入值 100.0，在提刀速率文本框中输入值 500.0，在主轴转速文本框中输入值 1800.0。

（4）设置冷却方式。单击冷却液按钮，系统弹出“冷却液”对话框，在Flood（切削液）下拉列表中选择On选项，单击该对话框中的确定按钮，关闭“冷却液”对话框。

（5）单击“定义刀具”对话框中的精加工按钮，完成刀具的设置。

Step5. 设置曲面加工参数。在“曲面精车-残料清角”对话框中单击曲面参数选项卡，在毛坯预留量驱动面上（此处翻译有误，应为“加工面预留量”，下同）文本框中输入值 0.3，在毛坯预留量检查面上（此处翻译有误，应为“干涉面预留量”，下同）文本框中输入值 0.2，曲面参数选项卡中的其他参数采用系统默认设置值。

Step6. 设置残料清角精加工参数。在“曲面精车-残料清角”对话框中单击残料清角精加工参数选项卡，在最大径向切削间距(M)...文本框中输入值 1，然后选中☑ 混合路径复选框。

Step7. 设置残料清角的材料参数。在“曲面精车-残料清角”对话框中单击剩余材料参数选项卡，然后在计算粗加工刀具的剩余材料区域的粗加工刀具直径:文本框中输入值 6，在粗加工刀具圆鼻半径:文本框中输入值 2，在重叠距离:文本框中输入值 1。

Step8. 在“曲面精车-残料清角”对话框中单击✔按钮，同时在图形区生成图 4.17 所示的刀具路径。

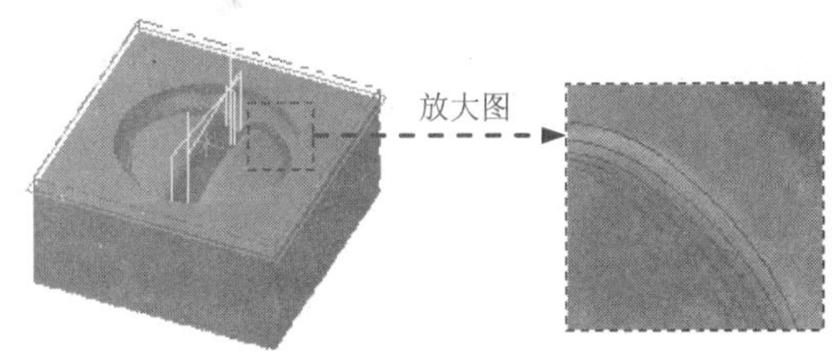

图 4.17 刀具路径

Stage6. 精加工浅平面加工

Step1. 选择加工方法。选择下拉菜单 刀路(T) → 曲面精加工(F) → 浅平面(S)... 命令。

Step2. 设置加工区域。在图形区中选取图 4.18 所示的曲面（共 36 个面），然后按 Enter 键，系统弹出“刀路/曲面选择”对话框。单击 检查面 区域中的 按钮，选取图 4.19 所示的面为干涉面，然后按 Enter 键。单击 边界范围 区域中的 按钮，系统弹出“串连”对话框，采用“串连方式”选取图 4.19 所示的边线，单击两次 ✓ 按钮，完成加工面的选取，同时系统弹出“曲面精车-浅铣削”对话框。

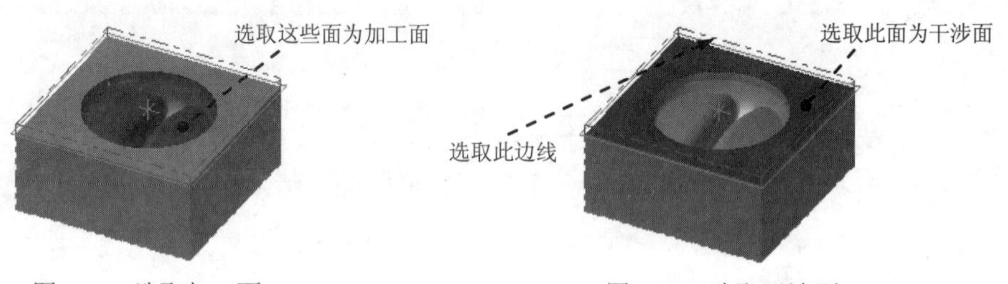

图 4.18　选取加工面　　　　图 4.19　选取干涉面

Step3. 选择刀具。取消选中 刀具过虑 前面的 □ 复选框，然后在“曲面精车-浅铣削”对话框 刀具路径参数 选项卡的列表框中选择 3 号刀具。

Step4. 设置曲面参数。在“曲面精车-浅铣削”对话框中单击 曲面参数 选项卡，在 进给下刀位置... 文本框中输入值 5，在 毛坯预留量驱动面上 文本框中输入值 0.3，在 毛坯预留量检查面上 文本框中输入值 0.2。

Step5. 设置浅平面精加工参数。在“曲面精车-浅铣削”对话框中单击 浅平面精加工参数 选项卡，在 最大径向切削间距(M)... 文本框中输入值 1，在 终止倾斜角度 文本框中输入值 45，然后选中 ☑ 由内而外环切、☑ 切削按最短距离排序 复选框；选中 ☑ 深度限制(D)... 复选框并单击该按钮，在系统弹出的“深度限制”对话框的 最小深度 文本框中输入值-2，在 最大深度 文本框中输入值-10，然后单击 ✓ 按钮。

Step6. 单击“曲面精车-浅铣削”对话框中的 ✓ 按钮，同时在图形区生成图 4.20 所示的刀具路径。

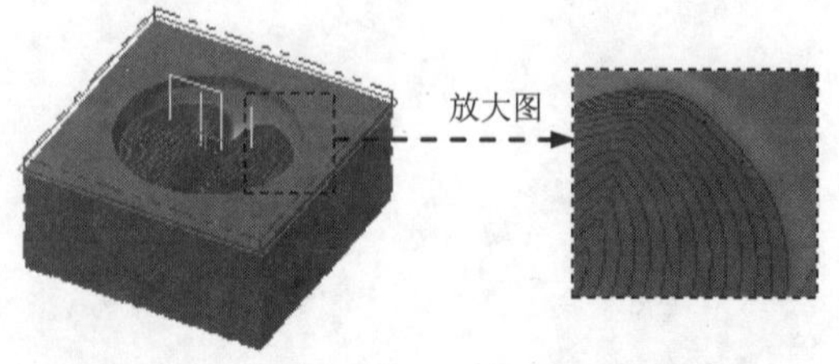

图 4.20　刀具路径

Stage7. 精加工流线加工

Step1. 选择加工方法。选择下拉菜单 刀路(T) → 曲面精加工(F) → 流线(F)... 命令。

Step2. 设置加工区域。在图形区中选取图 4.21 所示的曲面（共 4 个面），然后按 Enter 键，系统弹出“刀路/曲面选择”对话框。单击 检查面 区域中的 按钮，选取图 4.21 所示的面为干涉面，然后按 Enter 键。

Step3. 设置曲面流线形式。单击“刀路/曲面选择”对话框 流线 区域的 按钮，系统弹出“流线数据”对话框，同时图形区出现流线形式线框，如图 4.22 所示。单击 ✔ 按钮，系统返回至“刀路/曲面选择”对话框。单击 ✔ 按钮，系统弹出“曲面精车-流线”对话框。

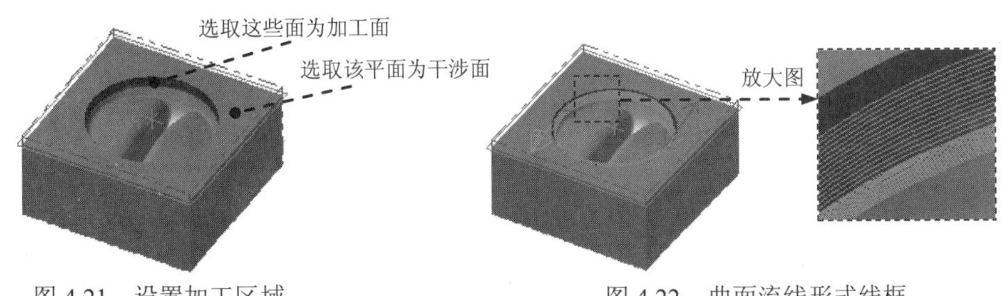

图 4.21 设置加工区域　　图 4.22 曲面流线形式线框

Step4. 选择刀具。

（1）确定刀具类型。在“曲面精车-流线”对话框中单击 刀具过滤 按钮，系统弹出“刀具列表过滤”对话框。单击 刀具类型 区域中的 无(N) 按钮后，在刀具类型按钮群中单击 （球刀）按钮。单击 ✔ 按钮，关闭“刀具列表过滤”对话框，系统返回至“曲面精车-流线”对话框。

（2）选择刀具。在“曲面精车-流线”对话框中单击 选择库刀具... 按钮，系统弹出“刀具选择”对话框，在该对话框的列表框中选取图 4.23 所示的刀具。单击 ✔ 按钮，关闭“刀具选择”对话框，系统返回至“曲面精车-流线”对话框。

刀具选择 - C:\users\public\documents\shared mcamx8\Mill\Tools\Mill_mm.Tooldb

C:\users\publi...\Mill_mm.Tooldb

#	装配名称	刀具名称	刀...	直径	转角...	长度	类型	半径类型	刀齿数
486	--	1. BALL ENDMILL	--	1.0	0.5	50.0	球刀 2	全部	4
487	--	2. BALL ENDMILL	--	2.0	1.0	50.0	球刀 2	全部	4
488	--	3. BALL ENDMILL	--	3.0	1.5	50.0	球刀 2	全部	4
489	--	4. BALL ENDMILL	--	4.0	2.0	50.0	球刀 2	全部	4
490	--	5. BALL ENDMILL	--	5.0	2.5	50.0	球刀 2	全部	4
491	--	6. BALL ENDMILL	--	6.0	3.0	50.0	球刀 2	全部	4
492	--	7. BALL ENDMILL	--	7.0	3.5	50.0	球刀 2	全部	4
493	--	8. BALL ENDMILL	--	8.0	4.0	50.0	球刀 2	全部	4
494	--	9. BALL ENDMILL	--	9.0	4.5	50.0	球刀 2	全部	4
495	--	10. BALL ENDMILL	--	10.0	5.0	50.0	球刀 2	全部	4
496	--	11. BALL ENDMILL	--	11.0	5.5	50.0	球刀 2	全部	4
497	--	12. BALL ENDMILL	--	12.0	6.0	50.0	球刀 2	全部	4

过滤(F)...
☑ 启用过滤
显示 25 个刀具(共
显示模式
○ 刀具
○ 装配
⊙ 两者

图 4.23 “刀具选择”对话框

Step5. 设置刀具相关参数。

（1）在“曲面精车-流线”对话框刀路参数选项卡的列表框中显示出 Step4 所选择的刀具，双击该刀具，系统弹出“定义刀具”对话框。

（2）设置刀具号码。在“定义刀具”对话框的刀具编号:文本框中将原有的数值改为 4。

（3）设置刀具参数。在进给率文本框中输入值 200.0，在下切速率:文本框中输入值 100.0，在提刀速率文本框中输入值 500.0，在主轴转速文本框中输入值 3000.0。

（4）设置冷却方式。单击冷却液按钮，系统弹出“冷却液”对话框，在Flood（切削液）下拉列表中选择On选项，单击该对话框中的确定按钮，关闭“冷却液”对话框。

（5）单击“定义刀具”对话框中的精加工按钮，完成刀具的设置。

Step6. 设置曲面加工参数。在“曲面精车-流线”对话框中单击曲面参数选项卡，在毛坯预留量驱动面上（此处翻译有误，应为“加工面预留量”）文本框中输入值 0.0，其他参数采用系统默认设置值。

Step7. 设置曲面流线精加工参数。在“曲面精车-流线”对话框中单击流线精加工参数选项卡，在切削方式下拉列表中选择双向选项，在径向切削间距控制区域的⊙ 距离文本框中输入值 0.5，其他参数采用系统默认设置值。

Step8. 单击“曲面精车-流线”对话框中的✓按钮，同时在图形区生成图 4.24 所示的刀具路径。

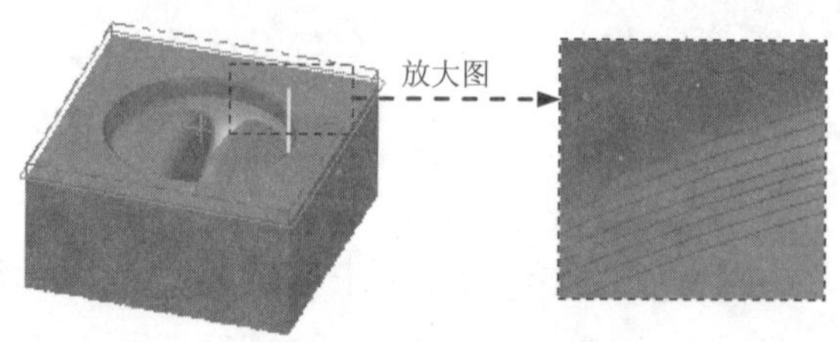

图 4.24　刀具路径

Stage8. 精加工环绕等距加工

Step1. 选择加工方法。选择下拉菜单刀路(T) ➡ 曲面精加工(F) ➡ 环绕(O)...命令。

Step2. 设置加工区域。在图形区中选取图 4.25 所示的曲面（共 32 个面），然后按 Enter 键，系统弹出“刀路/曲面选择”对话框。单击检查面区域中的按钮，在图形区中选取图 4.26 所示的曲面（共 4 个面），按 Enter 键完成检查面的选取，系统返回至“刀路/曲面选择”对话框。单击✓按钮，系统弹出“曲面精车-等距环绕”对话框。

Step3. 选择刀具。在“曲面精车-等距环绕”对话框中取消选中刀具过滤按钮前的□复选框，在刀路参数选项卡的列表框中选择 4 号刀具。

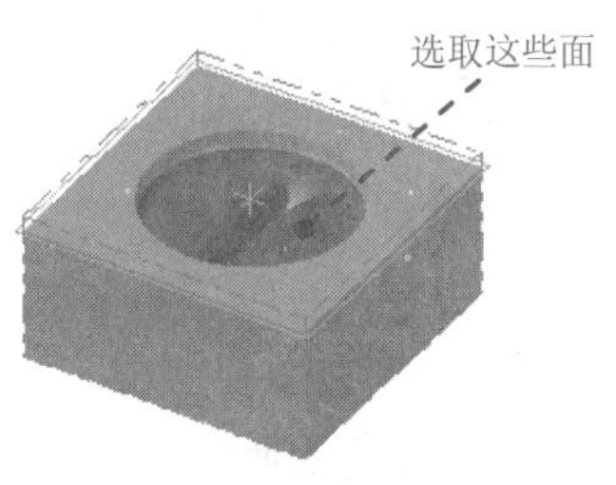

图 4.25　选取加工面

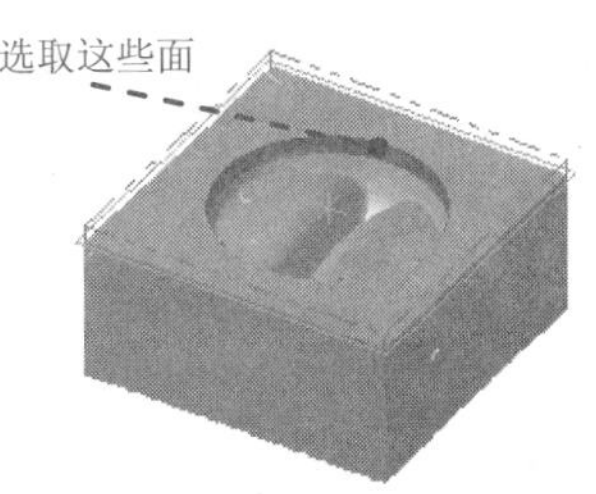

图 4.26　选取干涉面

Step4. 设置曲面参数。在“曲面精车-等距环绕”对话框中单击 曲面参数 选项卡，在 毛坯预留里驱动面上 文本框中输入值 0，在 毛坯预留里检查面上 文本框中输入值 0.2，其他参数采用系统默认设置值。

Step5. 设置环绕等距精加工参数。在“曲面精车-等距环绕”对话框中单击 环绕精加工参数 选项卡，在 最大径向切削间距(M)... 文本框中输入值 0.3，选中 ☑ 切削按最短距离排序 复选框，选中 深度限制(D)... 按钮前的复选框并单击该按钮，在系统弹出的“限定深度”对话框的 最小深度 文本框中输入值-5，在 最大深度 文本框中输入值-60，单击 ✓ 按钮。

Step6. 完成参数设置。单击“曲面精车-等距环绕”对话框中的 ✓ 按钮，系统在图形区生成图 4.27 所示的刀具路径。

Step7. 实体切削验证。

（1）在 刀路 选项卡中单击 按钮，然后单击“验证选定操作”按钮 ，系统弹出“Mastercam 模拟器”对话框。

（2）在“Mastercam 模拟器”对话框中单击 按钮，系统将开始进行实体切削仿真，结果如图 4.28 所示，单击 × 按钮。

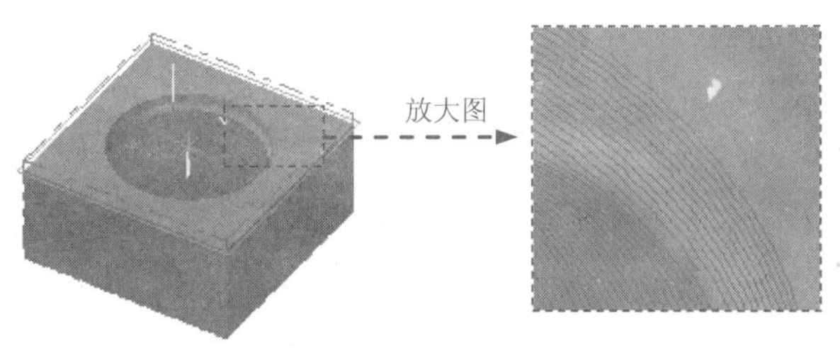

图 4.27　刀具路径

图 4.28　仿真结果

Step8. 保存模型。选择下拉菜单 文件(F) ➡ 保存(S) 命令，保存模型。

学习拓展：扫一扫右侧二维码，可以免费学习更多视频讲解。

讲解内容：系统基本配置。

实例 5 鞋跟凸模加工

在本例中主要使用了曲面粗加工挖槽、曲面精加工平行铣削、曲面精加工环绕等距、曲面精加工等高外形、曲面精加工浅平面、曲面精加工残料清角等加工方法，体现了加工模具的一般操作过程。该鞋跟凸模的加工工艺路线如图 5.1 所示。

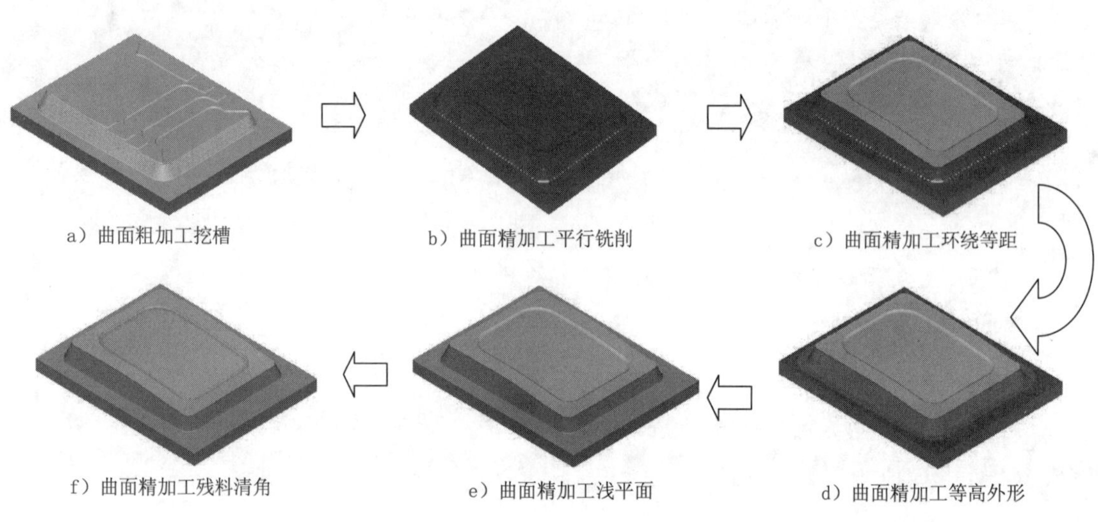

图 5.1 加工工艺路线

Stage1. 进入加工环境

打开模型。选择文件 D:\mcx8.11\work\ch05\SHOE_MOLD.MCX，系统进入加工环境，此时零件模型如图 5.2 所示。

Stage2. 设置工件

Step1. 在“操作管理器”中单击 属性 - Generic Mill 节点前的“+”号，将该节点展开，然后单击 毛坯设置 节点，系统弹出“机床群组属性”对话框。

Step2. 设置工件的形状。在“机床群组属性”对话框的形状区域中选中 矩形 单选项。

Step3. 设置工件的尺寸。在“机床群组属性”对话框中单击 所有曲面 按钮，在 毛坯原点 区域 Z 下面的文本框中输入值 3，然后在右侧预览区的 Z 文本框中输入值 30。

Step4. 单击“机床群组属性”对话框中的 ✓ 按钮，完成工件的设置。此时零件如图 5.3 所示，从图中可以观察到零件的边缘多了红色的双点画线，双点画线围成的图形即工件。

Stage3. 粗加工挖槽加工

Step1. 绘制矩形边界。单击俯视图按钮，选择下拉菜单 绘图(C) → 矩形(R)... 命令，系统弹出“矩形”工具栏。在“矩形”工具栏中确认按钮被按下，选取图 5.4 所示的坐标原点（若无法选取坐标原点，读者可在“AutoCursor”工具栏中的 X、Y、Z 文本框中均输入值 0），然后在后的文本框中输入值 145，在后的文本框中输入值 115，按 Enter 键。单击按钮，完成矩形边界的绘制，结果如图 5.5 所示。

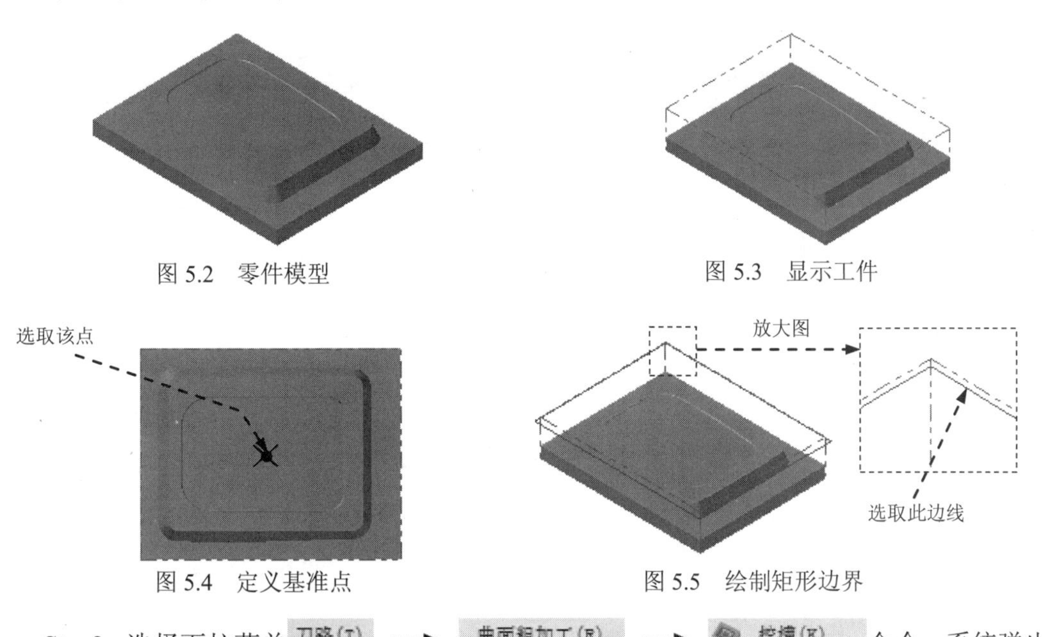

图 5.2　零件模型

图 5.3　显示工件

图 5.4　定义基准点

图 5.5　绘制矩形边界

Step2. 选择下拉菜单 刀路(T) → 曲面粗加工(R) → 挖槽(K)... 命令，系统弹出“输入新 NC 名称”对话框，采用系统默认的 NC 名称。单击按钮，完成 NC 名称的设置。

Step3. 设置加工区域。

（1）选取加工面。在图形区中选取图 5.6 所示的所有面（共 38 个面），然后按 Enter 键，系统弹出“刀路/曲面选择”对话框。

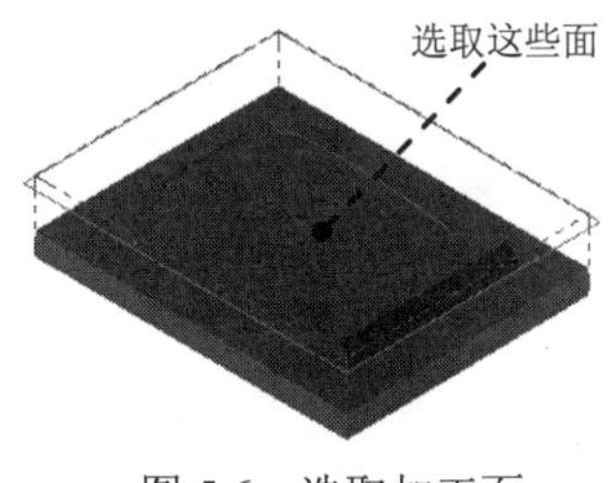

图 5.6　选取加工面

（2）设置加工边界。在 边界范围 区域中单击按钮，系统弹出“串连”对话框。在图形区中选取图 5.5 所示的边线。单击按钮，系统返回至“刀路/曲面选择”对话框。

（3）单击按钮，完成加工区域的设置，同时系统弹出“曲面粗车-挖槽”对话框。

Step4. 确定刀具类型。在“曲面粗车-挖槽”对话框中单击 刀具过滤 按钮，系统弹出“刀具列表过滤”对话框。单击 刀具类型 区域中的 无(N) 按钮后，在刀具类型按钮群中单击（圆鼻刀）按钮。然后单击 ✓ 按钮，关闭“刀具列表过滤”对话框，系统返回至“曲面粗车-挖槽”对话框。

Step5. 选择刀具。在“曲面粗车-挖槽”对话框中单击 选择库刀具... 按钮，系统弹出“刀具选择”对话框，在该对话框的列表框中选择图 5.7 所示的刀具。单击 ✓ 按钮，关闭“刀具选择”对话框，系统返回至“曲面粗车-挖槽”对话框。

刀具选择 - C:\users\public\documents\shared mcamx8\Mill\Tools\Mill_mm.Tooldb

C:\users\publi...\Mill_mm.Tooldb

#	装配名称	刀具名称	刀...	直径	转角...	长度	刀齿数	类型	半径类型
560	--	15. BULL ENDMILL ...	--	15.0	4.0	50.0	4	圆鼻刀 3	转角
563	--	15. BULL ENDMILL ...	--	15.0	3.0	50.0	4	圆鼻刀 3	转角
561	--	15. BULL ENDMILL ...	--	15.0	1.0	50.0	4	圆鼻刀 3	转角
562	--	15. BULL ENDMILL ...	--	15.0	2.0	50.0	4	圆鼻刀 3	转角
564	--	16. BULL ENDMILL ...	--	16.0	4.0	50.0	4	圆鼻刀 3	转角
567	--	16. BULL ENDMILL ...	--	16.0	3.0	50.0	4	圆鼻刀 3	转角
565	--	16. BULL ENDMILL ...	--	16.0	2.0	50.0	4	圆鼻刀 3	转角
566	--	16. BULL ENDMILL ...	--	16.0	1.0	50.0	4	圆鼻刀 3	转角
569	--	17. BULL ENDMILL ...	--	17.0	1.0	50.0	4	圆鼻刀 3	转角
571	--	17. BULL ENDMILL ...	--	17.0	2.0	50.0	4	圆鼻刀 3	转角
568	--	17. BULL ENDMILL ...	--	17.0	4.0	50.0	4	圆鼻刀 3	转角
570	--	17. BULL ENDMILL ...	--	17.0	3.0	50.0	4	圆鼻刀 3	转角

过滤(F)...
☑ 启用过滤
显示 99 个刀具(共
显示模式
○ 刀具
○ 装配
⊙ 两者

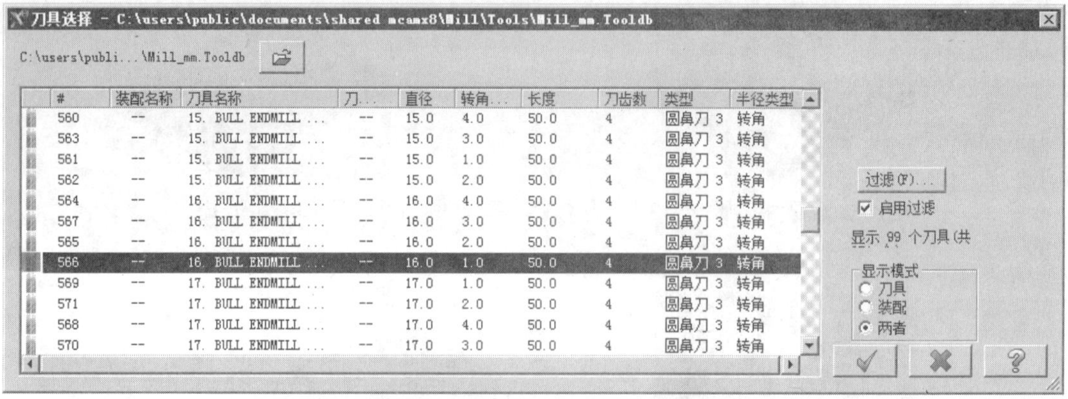

图 5.7 “刀具选择”对话框

Step6. 设置刀具参数。

（1）完成上步操作后，在“曲面粗车-挖槽”对话框 刀路参数 选项卡的列表框中显示出 Step5 所选择的刀具，双击该刀具，系统弹出“定义刀具”对话框。

（2）设置刀具号码。单击 最终化属性 按钮，在 刀具编号: 文本框中将原有的数值改为 1。

（3）设置刀具的加工参数。在 进给率 文本框中输入值 300.0，在 下切速率: 文本框中输入值 100.0，在 提刀速率 文本框中输入值 500.0，在 主轴转速 文本框中输入值 1200.0。

（4）设置冷却方式。单击 冷却液 按钮，系统弹出“冷却液”对话框，在 Flood （切削液）下拉列表中选择 On 选项，单击该对话框中的 确定 按钮，关闭“冷却液”对话框。

Step7. 单击“定义刀具”对话框中的 精加工 按钮，完成刀具的设置。

Step8. 设置曲面参数。在“曲面粗车-挖槽”对话框中单击 曲面参数 选项卡，在 参考高度(A).... 文本框中输入值 10，在 毛坯预留量 驱动面上 (此处翻译有误，应为“加工面预留量”)文本框中输入值 1。

Step9. 设置粗加工参数。

（1）在“曲面粗车-挖槽”对话框中单击 粗加工参数 选项卡，在 最大轴向切削间距: 文本框中输入值 1，然后在 进刀选项 区域中选中 ☑ 从边界范围外下刀、☑ 螺旋进刀 复选框。

（2）单击 螺旋进刀 按钮，系统弹出“螺旋/斜插式下刀参数”对话框，单击“螺旋/斜插式下刀参数”对话框中的 斜降 选项卡，在 如果斜插下刀失败 区域选中 ⊙ 跳过 单选项，

单击“螺旋/斜插式下刀参数”对话框中的✔按钮。

（3）单击切削深度(D)...按钮，在系统弹出的“切削深度”对话框中选中⊙绝对坐标单选项，然后在绝对深度区域的最小深度文本框中输入值 5，在最大深度文本框中输入值-30。单击✔按钮，系统返回至“曲面粗车-挖槽”对话框。

（4）单击间隙设置(G)...按钮，在系统弹出的“间隙设置”对话框中选中☑优化切削顺序复选框，单击✔按钮，系统返回至“曲面粗车-挖槽”对话框。

Step10. 设置挖槽参数。在“曲面粗车-挖槽”对话框中单击挖槽参数选项卡，在切削方式下面选择等距环切选项；取消选中☐由内而外螺旋式切削复选框，在径向切削比例:文本框中输入值 50，并且选中⊙直径百分比单选项。

Step11. 单击“曲面粗车-挖槽”对话框中的✔按钮，完成加工参数的设置，此时系统将自动生成图 5.8 所示的刀具路径。

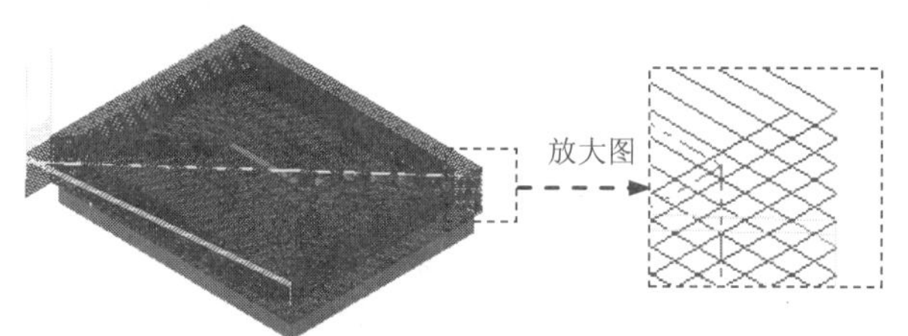

图 5.8　刀具路径

Stage4. 精加工平行铣削加工

说明：单击“操作管理器”中的≋按钮隐藏上步的刀具路径，以便于后面加工面的选取，下同。

Step1. 选择加工方法。选择下拉菜单 刀路(T) → 曲面精加工(F) → 平行(P)... 命令。

Step2. 设置加工区域。

（1）在图形区中选取图 5.9 所示的曲面（共 38 个），然后按 Enter 键，系统弹出“刀路/曲面选择”对话框。

（2）设置加工边界。在边界范围区域中单击↖按钮，系统弹出“串连”对话框。在图形区中选取图 5.10 所示的边线。单击✔按钮，系统返回至“刀路/曲面选择”对话框。

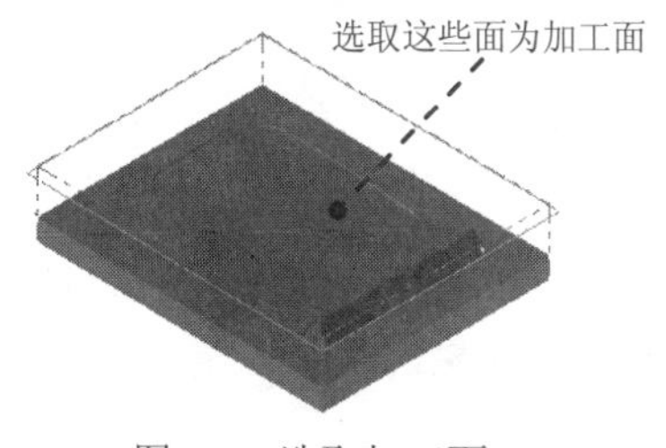

图 5.9　选取加工面

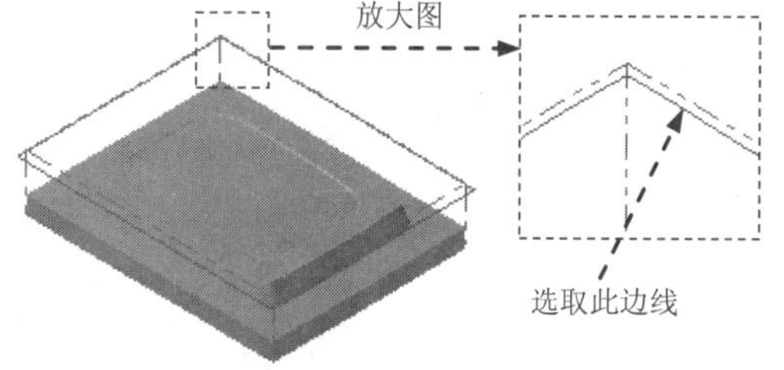

图 5.10　选取切削范围

（3）单击✓按钮，完成加工区域的设置，同时系统弹出“曲面精车-平行”对话框。

Step3. 确定刀具类型。在“曲面精车-平行”对话框中单击 刀具过滤 按钮，系统弹出“刀具列表过滤”对话框。单击 刀具类型 区域中的 无(N) 按钮后，在刀具类型按钮群中单击（球刀）按钮。然后单击✓按钮，关闭“刀具列表过滤”对话框，系统返回至“曲面精车-平行”对话框。

Step4. 选择刀具。在“曲面精车-平行”对话框中单击 选择库刀具... 按钮，系统弹出“刀具选择”对话框，在该对话框的列表框中选择图 5.11 所示的刀具。单击✓按钮，关闭“刀具选择”对话框，系统返回至“曲面精车-平行”对话框。

刀具选择 - C:\users\public\documents\shared mcamx8\Mill\Tools\Mill_mm.Tooldb

C:\users\publi...\Mill_mm.Tooldb

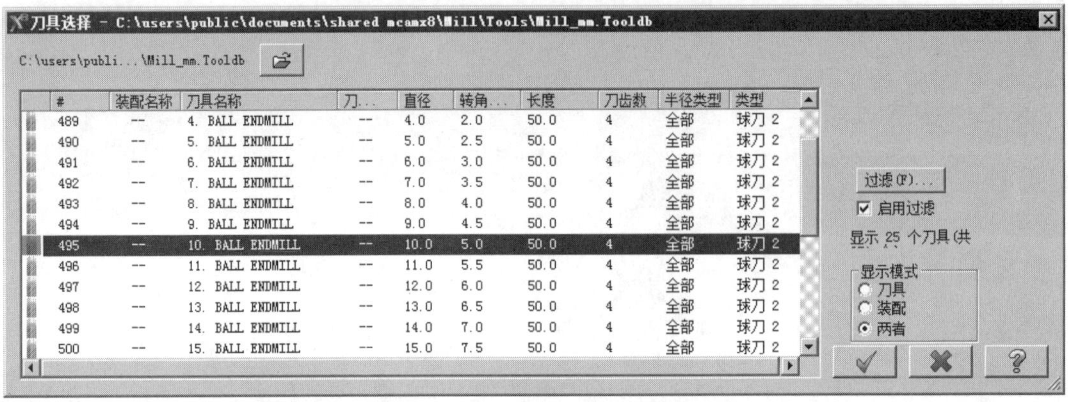

#	装配名称	刀具名称	刀...	直径	转角...	长度	刀齿数	半径类型	类型
489	--	4. BALL ENDMILL	--	4.0	2.0	50.0	4	全部	球刀 2
490	--	5. BALL ENDMILL	--	5.0	2.5	50.0	4	全部	球刀 2
491	--	6. BALL ENDMILL	--	6.0	3.0	50.0	4	全部	球刀 2
492	--	7. BALL ENDMILL	--	7.0	3.5	50.0	4	全部	球刀 2
493	--	8. BALL ENDMILL	--	8.0	4.0	50.0	4	全部	球刀 2
494	--	9. BALL ENDMILL	--	9.0	4.5	50.0	4	全部	球刀 2
495	--	10. BALL ENDMILL	--	10.0	5.0	50.0	4	全部	球刀 2
496	--	11. BALL ENDMILL	--	11.0	5.5	50.0	4	全部	球刀 2
497	--	12. BALL ENDMILL	--	12.0	6.0	50.0	4	全部	球刀 2
498	--	13. BALL ENDMILL	--	13.0	6.5	50.0	4	全部	球刀 2
499	--	14. BALL ENDMILL	--	14.0	7.0	50.0	4	全部	球刀 2
500	--	15. BALL ENDMILL	--	15.0	7.5	50.0	4	全部	球刀 2

过滤(F)...
启用过滤
显示 25 个刀具(共
显示模式
刀具
装配
两者

图 5.11 “刀具选择”对话框

Step 5. 设置刀具参数。

（1）完成上步操作后，在“曲面精车-平行”对话框 刀路参数 选项卡的列表框中显示出 Step 4 所选择的刀具，双击该刀具，系统弹出“定义刀具”对话框。

（2）设置刀具号码。单击 最终化属性 按钮，在 刀具编号: 文本框中将原有的数值改为 2。

（3）设置刀具的加工参数。在 进给率 文本框中输入值 300.0，在 下切速率: 文本框中输入值 150.0，在 提刀速率 文本框中输入值 500.0，在 主轴转速 文本框中输入值 1500.0。

（4）设置冷却方式。单击 冷却液 按钮，系统弹出“冷却液”对话框，在 Flood （切削液）下拉列表中选择 On 选项，单击该对话框中的 确定 按钮，关闭“冷却液”对话框。

（5）单击“定义刀具”对话框中的 精加工 按钮，完成刀具的设置。

Step6. 设置加工参数。

（1）设置曲面参数。在“曲面精车-平行”对话框中单击 曲面参数 选项卡，然后在 进给下刀位置... 文本框中输入值 5，在 毛坯预留量驱动面上（此处翻译有误，应为“加工面预留量”）文本框中输入值 0.3。

（2）设置精加工平行铣削参数。在“曲面精车-平行”对话框中单击 平行精加工参数 选项卡，然后在 最大径向切削间距(M)... 文本框中输入值 2.0，在 切削方式 下拉列表中选择 双向 选

项，在加工角度文本框中输入值 45。

（3）单击间隙设置(G)...按钮，在系统弹出的“间隙设置”对话框中选中☑优化切削顺序复选框，在切弧半径:文本框中输入值 5.0，在切弧角度:文本框中输入值 90.0，在切线长度:文本框中输入值 5.0。单击✓按钮，系统返回至“曲面精车-平行”对话框。

Step7. 单击“曲面精车-平行”对话框中的✓按钮，同时在图形区生成图 5.12 所示的刀具路径。

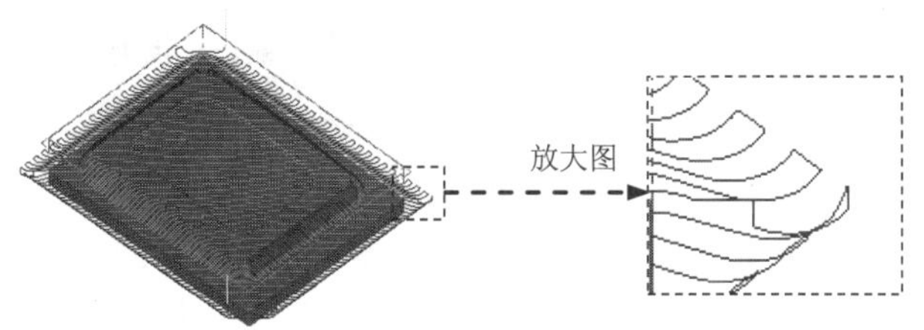

图 5.12 刀具路径

Stage5. 精加工环绕等距加工

Step1. 绘制边界。

（1）选择下拉菜单 绘图(C) → 曲线(V) → 曲面所有边界(A) 命令。

（2）定义附着曲面。在图形区中选取图 5.13 所示的面为附着曲面，然后按 Enter 键，完成附着曲面的定义，同时系统弹出“创建所有边界线”工具栏。

（3）单击✓按钮，完成所有边界的创建。

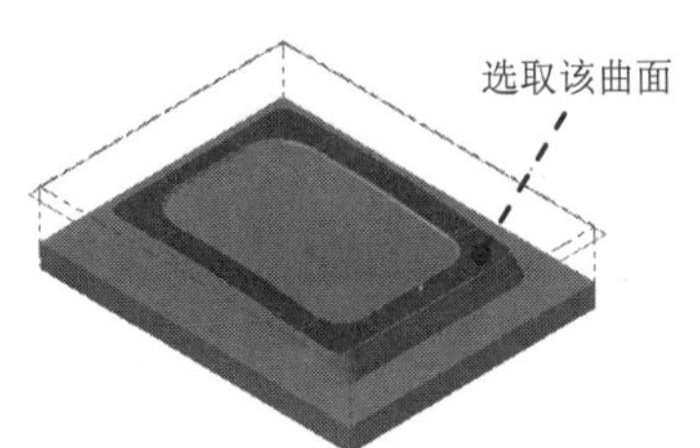

图 5.13 定义附着曲面

Step2. 选择加工方法。选择下拉菜单 刀路(T) → 曲面精加工(F) → 环绕(O)... 命令。

Step3. 设置加工区域。在图形区中选取图 5.14 所示的曲面（共 19 个），然后按 Enter 键，系统弹出“刀路/曲面选择”对话框。在边界范围区域中单击按钮，系统弹出“串连”对话框。在图形区中依次选取图 5.15 所示的边线，单击✓按钮，系统返回至“刀路/曲面选择”对话框。单击✓按钮，系统弹出“曲面精车-等距环绕”对话框。

说明： 若选取的边线出现不完整时，可通过单击“串连”对话框中的按钮，在系统弹出的对话框的串连公差:文本框中将数值调整为 0.005，然后再选取边线，则不会出现边线不完整现象。

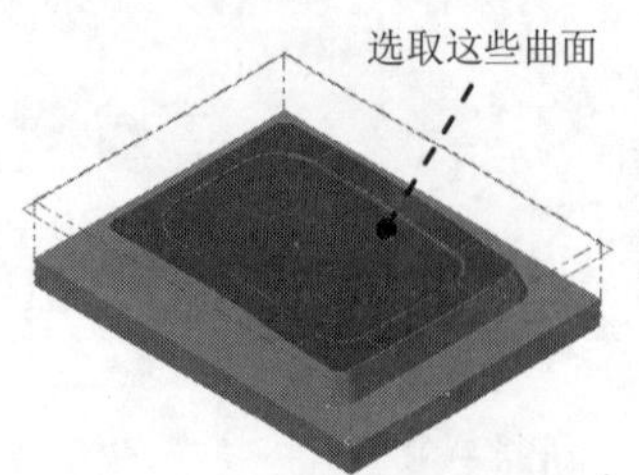

图 5.14　选取加工面

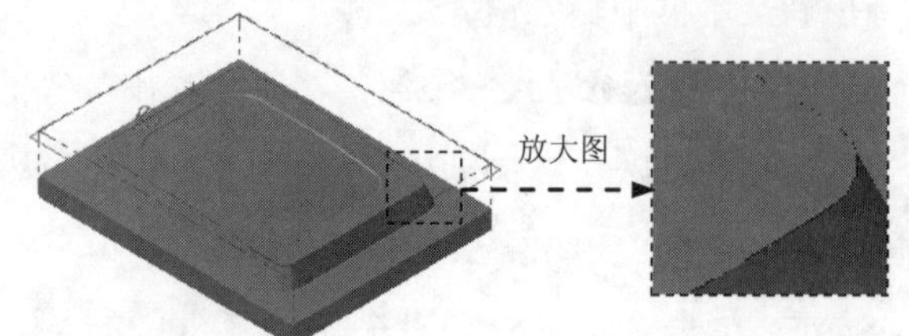

图 5.15　选取切削范围边线

Step4. 确定刀具类型。在“曲面精车-等距环绕”对话框中单击 刀具过滤 按钮，系统弹出“刀具列表过滤”对话框。单击 刀具类型 区域中的 无(N) 按钮后，在刀具类型按钮群中单击 （球刀）按钮。然后单击 ✔ 按钮，关闭“刀具列表过滤”对话框，系统返回至“曲面精车-等距环绕”对话框。

Step5. 选择刀具。在“曲面精车-等距环绕”对话框中单击 选择库刀具... 按钮，系统弹出“刀具选择”对话框，在该对话框的列表框中选择图 5.16 所示的刀具。单击 ✔ 按钮，关闭“刀具选择”对话框，系统返回至“曲面精车-等距环绕”对话框。

刀具选择 - C:\users\public\documents\shared mcamx8\Mill\Tools\Mill_mm.Tooldb

C:\users\publi...\Mill_mm.Tooldb

#	装配名称	刀具名称	刀...	直径	转角...	长度	类型	半径类型	刀齿数
486	--	1. BALL ENDMILL	--	1.0	0.5	50.0	球刀 2	全部	4
487	--	2. BALL ENDMILL	--	2.0	1.0	50.0	球刀 2	全部	4
488	--	3. BALL ENDMILL	--	3.0	1.5	50.0	球刀 2	全部	4
489	--	4. BALL ENDMILL	--	4.0	2.0	50.0	球刀 2	全部	4
490	--	5. BALL ENDMILL	--	5.0	2.5	50.0	球刀 2	全部	4
491	--	6. BALL ENDMILL	--	6.0	3.0	50.0	球刀 2	全部	4
492	--	7. BALL ENDMILL	--	7.0	3.5	50.0	球刀 2	全部	4
493	--	8. BALL ENDMILL	--	8.0	4.0	50.0	球刀 2	全部	4
494	--	9. BALL ENDMILL	--	9.0	4.5	50.0	球刀 2	全部	4
495	--	10. BALL ENDMILL	--	10.0	5.0	50.0	球刀 2	全部	4
496	--	11. BALL ENDMILL	--	11.0	5.5	50.0	球刀 2	全部	4
497	--	12. BALL ENDMILL	--	12.0	6.0	50.0	球刀 2	全部	4

过滤(F)...
☑ 启用过滤
显示 25 个刀具(共
显示模式
○ 刀具
○ 装配
◉ 两者

图 5.16　“刀具选择”对话框

Step6. 设置刀具参数。

（1）完成上步操作后，在“曲面精车-等距环绕”对话框的 刀路参数 选项卡的列表框中显示出 Step5 所选择的刀具，双击该刀具，系统弹出“定义刀具”对话框。

（2）设置刀具号码。单击 最终化属性 按钮，在 刀具编号: 文本框中将原有的数值改为 3。

（3）设置刀具的加工参数。在 进给率 文本框中输入值 200.0，在 下切速率: 文本框中输入值 100.0，在 提刀速率 文本框中输入值 500.0，在 主轴转速 文本框中输入值 1800.0。

（4）设置冷却方式。单击 冷却液 按钮，系统弹出“冷却液”对话框，在 Flood （切削液）下拉列表中选择 On 选项，单击该对话框中的 确定 按钮，关闭“冷却液”对话框。

（5）单击“定义刀具”对话框中的 精加工 按钮，完成刀具的设置。

Step7. 设置曲面参数。在“曲面精车-等距环绕”对话框中单击 曲面参数 选项卡，在 毛坯预留量 驱动面上

（此处翻译有误，应为“加工面预留量”）文本框中输入值 0.0，在毛坯预留量检查面上（此处翻译有误，应为“干涉面预留量”）文本框中输入值 0.0，其他参数设置采用系统默认设置值。

Step8. 设置环绕等距精加工参数。

（1）在“曲面精车-等距环绕”对话框中单击 环绕精加工参数 选项卡，在 最大径向切削间距(M)... 文本框中输入值 0.3，选中 ☑ 由内而外环切、☑ 切削按最短距离排序 复选框，取消选中 深度限制(D)... 按钮前的复选框，其他参数采用系统默认设置值。

（2）单击 间隙设置(G)... 按钮，在系统弹出的“间隙设置”对话框中选中 ☑ 优化切削顺序 复选框，在 移动小于间隙时，不提刀 区域的下拉列表中选择 沿着曲面 选项。单击 ✓ 按钮，系统返回至“曲面精车-等距环绕”对话框。

Step9. 完成参数设置。单击“曲面精车-等距环绕”对话框中的 ✓ 按钮，系统在图形区生成图 5.17 所示的刀具路径。

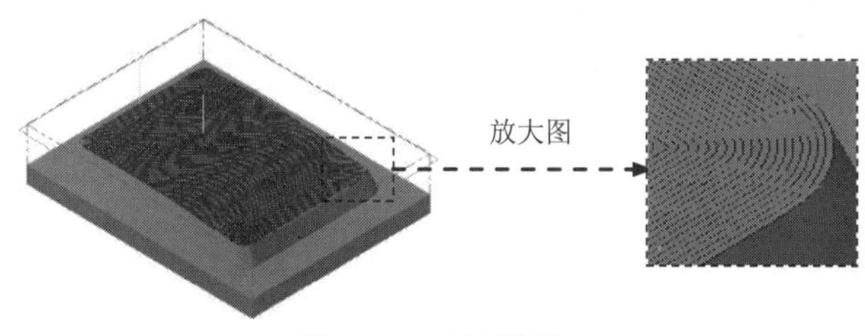

图 5.17　刀具路径

Stage6. 精加工等高外形加工

Step1. 选择加工方法。选择下拉菜单 刀路(T) → 曲面精加工(F) → 等高外形(C)... 命令。

Step2. 设置加工区域。

（1）在图形区中选取图 5.18 所示的面（共 18 个），按 Enter 键，系统弹出“刀路/曲面选择”对话框。

（2）单击 检查面 区域中的 按钮，选取图 5.19 所示的面为干涉面（共 11 个），然后按 Enter 键。

（3）单击 ✓ 按钮，完成加工区域的设置，同时系统弹出“曲面精车-外形”对话框。

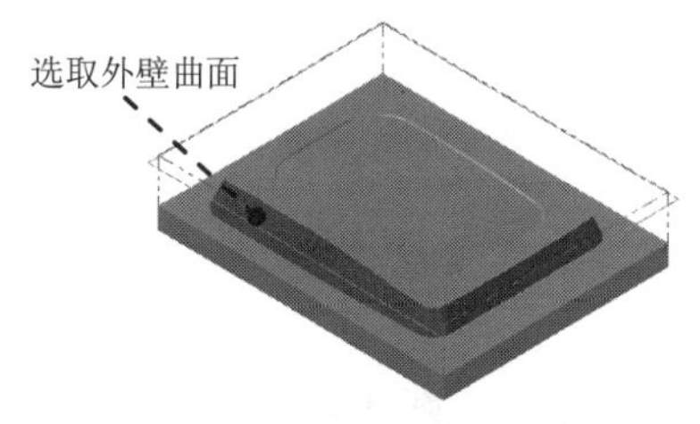

图 5.18　选取加工面

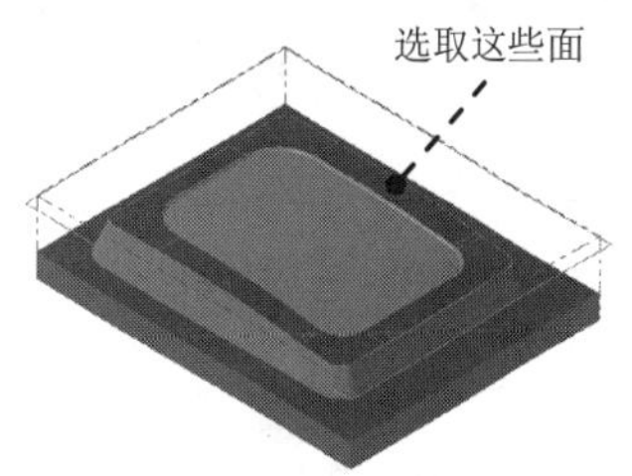

图 5.19　选取干涉面

Step3. 确定刀具类型。在“曲面精车-外形”对话框中单击 刀具过滤 按钮，系统弹出“刀具列表过滤”对话框。单击 刀具类型 区域中的 无(N) 按钮后，在刀具类型按钮群中单击（圆鼻刀）按钮。然后单击 ✓ 按钮，关闭“刀具列表过滤”对话框，系统返回至“曲面精车-外形”对话框。

Step4. 选择刀具。在“曲面精车-外形”对话框中单击 选择库刀具... 按钮，系统弹出“刀具选择”对话框，在该对话框的列表框中选择图 5.20 所示的刀具。单击 ✓ 按钮，关闭“刀具选择”对话框，系统返回至“曲面精车-外形”对话框。

刀具选择 - C:\users\public\documents\shared mcamx8\Mill\Tools\Mill_mm.Tooldb

C:\users\publi...\Mill_mm.Tooldb

#	装配名称	刀具名称	刀...	直径	转角...	长度	刀齿数	类型	半径类型
528	--	6. BULL ENDMILL 2...	--	6.0	2.0	50.0	4	圆鼻刀 3	转角
531	--	7. BULL ENDMILL 2...	--	7.0	2.0	50.0	4	圆鼻刀 3	转角
532	--	7. BULL ENDMILL 1...	--	7.0	1.0	50.0	4	圆鼻刀 3	转角
530	--	7. BULL ENDMILL 3...	--	7.0	3.0	50.0	4	圆鼻刀 3	转角
533	--	8. BULL ENDMILL 2...	--	8.0	2.0	50.0	4	圆鼻刀 3	转角
534	--	8. BULL ENDMILL 3...	--	8.0	3.0	50.0	4	圆鼻刀 3	转角
535	--	8. BULL ENDMILL 1...	--	8.0	1.0	50.0	4	圆鼻刀 3	转角
539	--	9. BULL ENDMILL 4...	--	9.0	4.0	50.0	4	圆鼻刀 3	转角
536	--	9. BULL ENDMILL 3...	--	9.0	3.0	50.0	4	圆鼻刀 3	转角
537	--	9. BULL ENDMILL 2...	--	9.0	2.0	50.0	4	圆鼻刀 3	转角
538	--	9. BULL ENDMILL 1...	--	9.0	1.0	50.0	4	圆鼻刀 3	转角
540	--	10. BULL ENDMILL ...	--	10.0	1.0	50.0	4	圆鼻刀 3	转角

过滤(F)...
启用过滤
显示 99 个刀具(共
显示模式
刀具
装配
两者

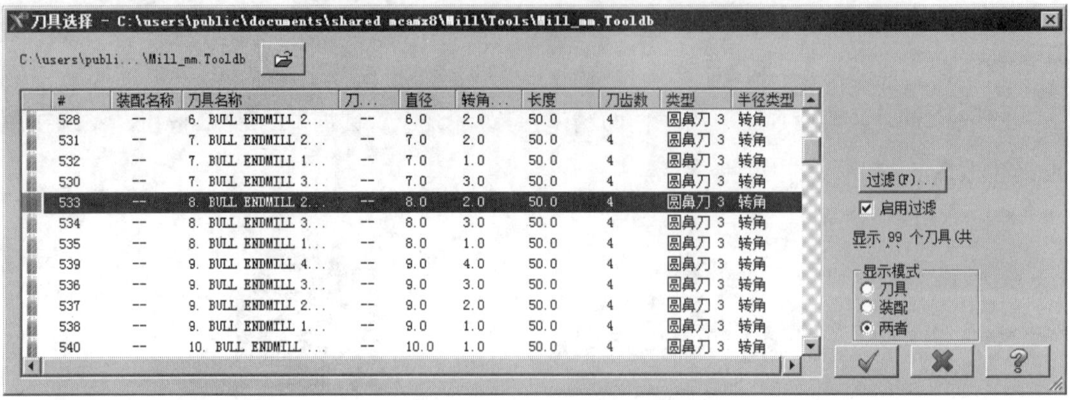

图 5.20 “刀具选择”对话框

Step5. 设置刀具参数。

（1）完成上步操作后，在“曲面精车-外形”对话框 刀路参数 选项卡的列表框中显示出 Step4 所选择的刀具，双击该刀具，系统弹出“定义刀具”对话框。

（2）设置刀具号码。单击 最终化属性 按钮，在 刀具编号: 文本框中将原有的数值改为 4。

（3）设置刀具的加工参数。在 进给率 文本框中输入值 400.0，在 下切速率: 文本框中输入值 200.0，在 提刀速率 文本框中输入值 500.0，在 主轴转速 文本框中输入值 2500.0。

（4）设置冷却方式。单击 冷却液 按钮，系统弹出“冷却液”对话框，在 Flood （切削液）下拉列表中选择 On 选项，单击该对话框中的 确定 按钮，关闭“冷却液”对话框。

Step6. 单击“定义刀具”对话框中的 精加工 按钮，完成刀具的设置。

Step7. 设置曲面参数。在“曲面精车-外形”对话框中单击 曲面参数 选项卡，然后在 参考高度(A)... 文本框中输入值 10.0，在 毛坯预留量 检查面上 文本框中输入值 0.1，其余参数采用系统默认设置值。

Step8. 设置等高外形精加工参数。

（1）在“曲面精车-外形”对话框中单击 外形精加工参数 选项卡，在 最大轴向切削间距: 文本框中输入值 0.5；在 整体公差(T)... 文本框中输入值 0.005。

（2）在 封闭外形的方向: 区域中选中 ⊙ 顺铣 单选项，在 开放外形的方向 区域中选中 ⊙ 双向 单选项。

（3）在过渡区域选中 ⊙ 沿着曲面 单选项以及“曲面精车-外形”对话框左下方的 ☑ 优化切削顺序 复选框，其他参数采用系统默认设置值。

Step9. 单击“曲面精车-外形”对话框中的 ✓ 按钮，完成加工参数的设置，此时系统将自动生成图 5.21 所示的刀具路径。

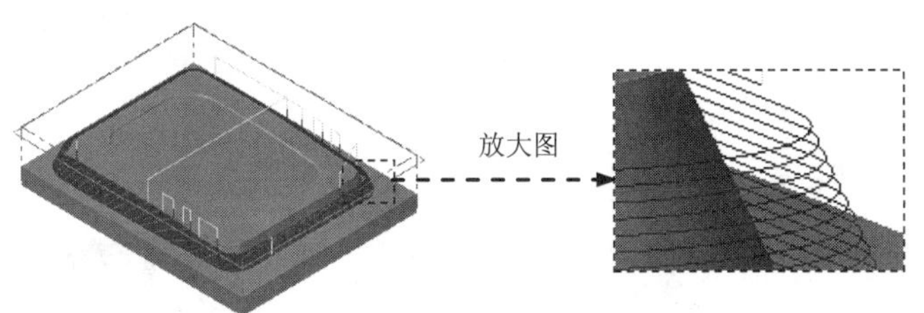

图 5.21 刀具路径

Stage7. 精加工浅平面加工

Step1. 选择加工方法。选择下拉菜单 刀路(T) → 曲面精加工(F) → 浅平面(S)... 命令。

Step2. 设置加工区域。

（1）在图形区中选取图 5.22 所示的面，然后按 Enter 键，系统弹出“刀路/曲面选择”对话框。

（2）单击检查面区域中的 按钮，选取图 5.23 所示的面为检查面（共 18 个），然后按 Enter 键。单击 ✓ 按钮，完成检查面的选取，同时系统弹出“刀路/曲面选择”对话框。

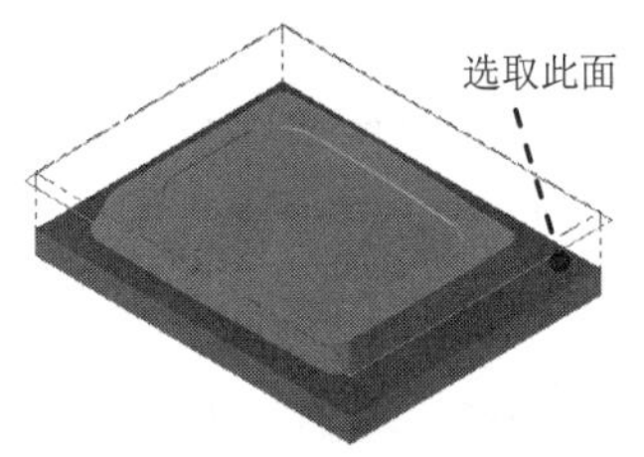

图 5.22 选取加工面

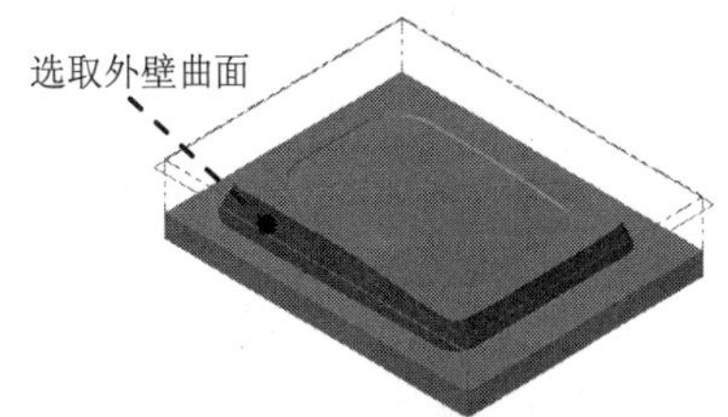

图 5.23 选取干涉面

（3）设置加工边界。在边界范围区域中单击 按钮，系统弹出“串连”对话框。在图形区中选取图 5.24 所示的边线，单击 ✓ 按钮，系统返回至“刀路/曲面选择”对话框。

（4）单击“刀路/曲面选择”对话框中的 ✓ 按钮，系统弹出“曲面精车-浅铣削”对话框。

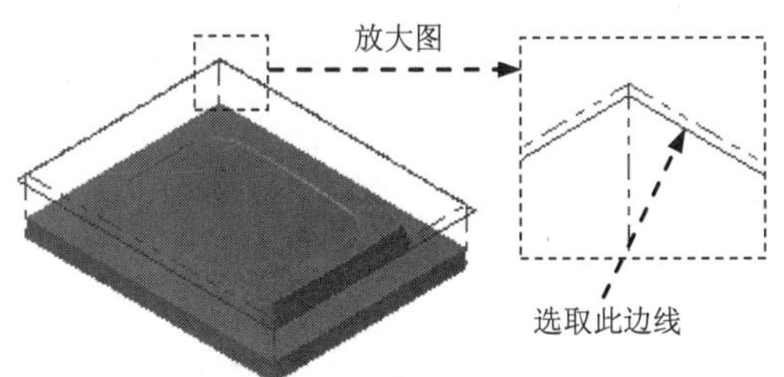

图 5.24 选取切削范围边线

Step3. 确定刀具类型。在“曲面精车-浅铣削”对话框中单击 刀具过滤 按钮，系统弹出“刀具列表过滤”对话框。单击 刀具类型 区域中的 无(N) 按钮后，在刀具类型按钮群中单击 (平底刀)按钮。然后单击 ✓ 按钮，关闭“刀具列表过滤”对话框，系统返回至“曲面精车-浅铣削”对话框。

Step4. 选择刀具。在“曲面精车-浅铣削”对话框中单击 选择库刀具... 按钮，系统弹出“刀具选择”对话框，在该对话框的列表框中选择图 5.25 所示的刀具。单击 ✓ 按钮，关闭“刀具选择”对话框，系统返回至“曲面精车-浅铣削”对话框。

刀具选择 - C:\users\public\documents\shared mcamx8\Mill\Tools\Mill_mm.Tooldb

C:\users\publi...\Mill_mm.Tooldb

#	装配名称	刀具名称	刀...	直径	转角...	长度	刀齿数	半径类型	类型
464	--	4. FLAT ENDMILL	--	4.0	0.0	50.0	4	无	平底刀 1
465	--	5. FLAT ENDMILL	--	5.0	0.0	50.0	4	无	平底刀 1
466	--	6. FLAT ENDMILL	--	6.0	0.0	50.0	4	无	平底刀 1
467	--	7. FLAT ENDMILL	--	7.0	0.0	50.0	4	无	平底刀 1
468	--	8. FLAT ENDMILL	--	8.0	0.0	50.0	4	无	平底刀 1
469	--	9. FLAT ENDMILL	--	9.0	0.0	50.0	4	无	平底刀 1
470	--	10. FLAT ENDMILL	--	10.0	0.0	50.0	4	无	平底刀 1
471	--	11. FLAT ENDMILL	--	11.0	0.0	50.0	4	无	平底刀 1
472	--	12. FLAT ENDMILL	--	12.0	0.0	50.0	4	无	平底刀 1
473	--	13. FLAT ENDMILL	--	13.0	0.0	50.0	4	无	平底刀 1
474	--	14. FLAT ENDMILL	--	14.0	0.0	50.0	4	无	平底刀 1
475	--	15. FLAT ENDMILL	--	15.0	0.0	50.0	4	无	平底刀 1

过滤(F)...
☑ 启用过滤
显示 25 个刀具(共
显示模式
○ 刀具
○ 装配
◉ 两者

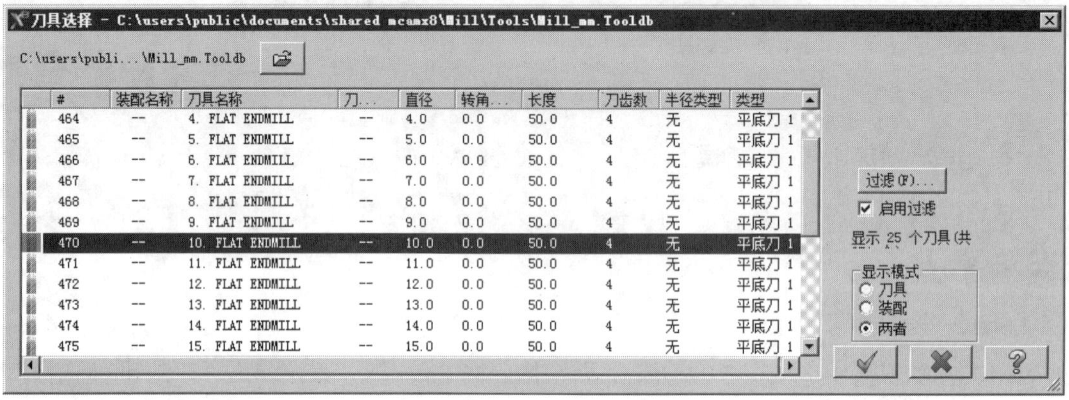

图 5.25 “刀具选择”对话框

Step5. 设置刀具参数。

(1)完成上步操作后，在“曲面精车-浅铣削”对话框 刀路参数 选项卡的列表框中显示出 Step4 所选择的刀具，双击该刀具，系统弹出“定义刀具”对话框。

(2)设置刀具号码。单击 最终化属性 按钮，在 刀具编号: 文本框中将原有的数值改为 5。

(3)设置刀具的加工参数。在 进给率 文本框中输入值 400.0，在 下切速率: 文本框中输入值 200.0，在 提刀速率 文本框中输入值 500.0，在 主轴转速 文本框中输入值 2200.0。

(4)设置冷却方式。单击 冷却液 按钮，系统弹出“冷却液”对话框，在 Flood (切削液)下拉列表中选择 On 选项，单击该对话框中的 确定 按钮，关闭“冷却液”对话框。

(5)单击“定义刀具”对话框中的 精加工 按钮，完成刀具的设置。

Step6. 设置曲面参数。在“曲面精车-浅铣削”对话框中单击 曲面参数 选项卡，在 进给下刀位置... 文本框中输入值 5，在 毛坯预留量检查面上 文本框中输入值 0.1。

Step7. 设置浅平面精加工参数。

(1)在“曲面精车-浅铣削”对话框中单击 浅平面精加工参数 选项卡，在 浅平面精加工参数 选项卡的 最大径向切削间距(M)... 文本框中输入值 5.0。

(2)选中 ☑ 切削按最短距离排序 复选框与 ☑ 由内而外环切 复选框，在 终止倾斜角度 文本框中输入值 90.0。

（3）单击间隙设置(G)...按钮，在系统弹出的“间隙设置”对话框中选中☑优化切削顺序复选框；在切弧半径:文本框中输入值5.0，在切弧角度:文本框中输入值90.0，在切线长度:文本框中输入值5.0。单击✓按钮。

（4）单击✓按钮，系统返回至“曲面精车-浅铣削”对话框。

Step8. 单击“曲面精车-浅铣削”对话框中的✓按钮，同时在图形区生成图5.26所示的刀具路径。

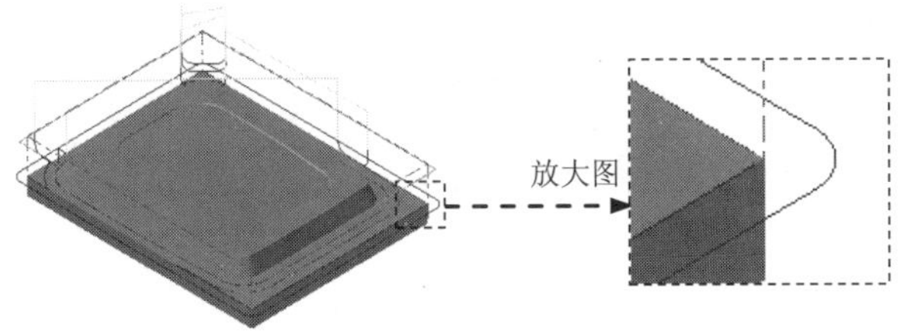

图 5.26　刀具路径

Stage8. 精加工残料清角加工

Step1. 选择加工方法。选择下拉菜单 刀路(T) → 曲面精加工(F) → 残料(L)... 命令。

Step2. 设置加工区域。在图形区中选取图5.27所示的曲面（共9个），然后按Enter键，系统弹出“刀路/曲面选择”对话框。在边界范围区域中单击按钮，系统弹出“串连”对话框。在图形区中选取图5.28所示的边线，单击✓按钮，系统返回至“刀路/曲面选择”对话框。单击✓按钮，系统弹出“曲面精车-残料清角”对话框。

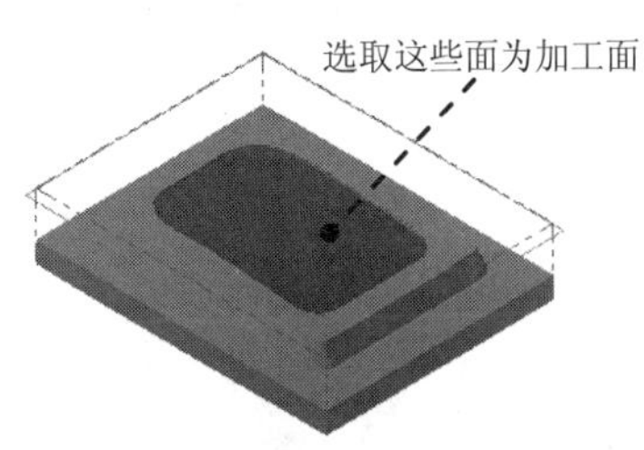

图 5.27　选取加工面

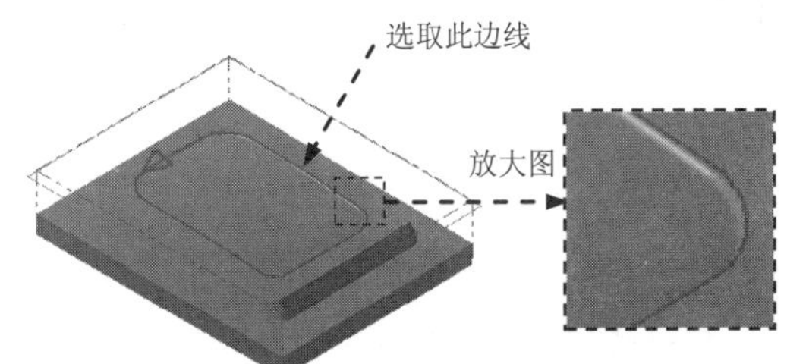

图 5.28　选取切削范围边线

Step3. 确定刀具类型。在“曲面精车-残料清角”对话框中单击刀具过滤按钮，系统弹出“刀具列表过滤”对话框。单击刀具类型区域中的无(N)按钮后，在刀具类型按钮群中单击（球刀）按钮。单击✓按钮，关闭“刀具列表过滤”对话框，系统返回至“曲面精车-残料清角”对话框。

Step4. 选择刀具。在“曲面精车-残料清角”对话框中单击选择库刀具...按钮，系统弹出 “刀具选择”对话框，在该对话框的列表框中选择图5.29所示的刀具。单击✓按钮，关闭“刀具选择”对话框，系统返回至“曲面精车-残料清角”对话框。

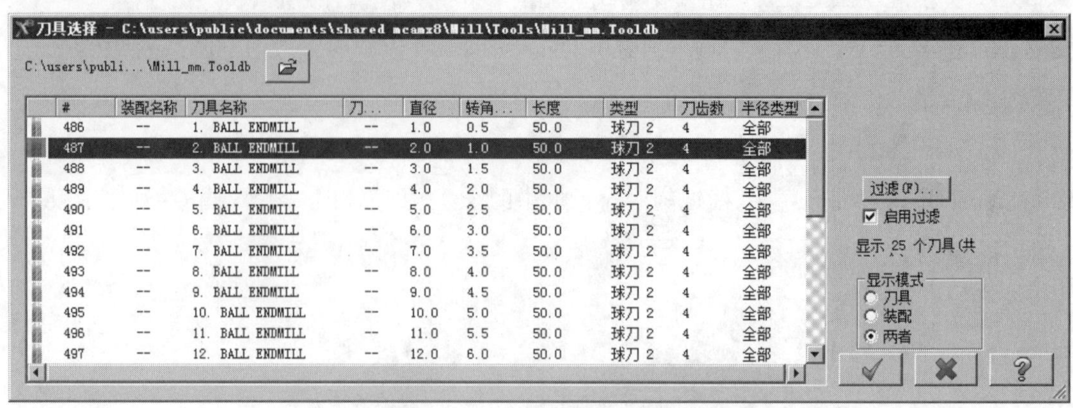

图 5.29 “刀具选择”对话框

Step5. 设置刀具相关参数。

（1）在“曲面精车-残料清角”对话框 刀路参数 选项卡的列表框中显示出 Step4 所选择的刀具，双击该刀具，系统弹出“定义刀具”对话框。

（2）设置刀具号码。单击 最终化属性 按钮，在 刀具编号: 文本框中将原有的数值改为 6。

（3）设置刀具参数。在 进给率 文本框中输入值 350，在 下切速率: 文本框中输入值 100.0，在 提刀速率 文本框中输入值 500.0，在 主轴转速 文本框中输入值 4500.0。

（4）设置冷却方式。单击 冷却液 按钮，系统弹出“冷却液”对话框，在 Flood（切削液）下拉列表中选择 On 选项，单击该对话框中的 确定 按钮，关闭“冷却液”对话框。

（5）单击“定义刀具”对话框中的 精加工 按钮，完成刀具的设置。

Step6. 设置曲面加工参数。在“曲面精车-残料清角”对话框中单击 曲面参数 选项卡，然后在 参考高度(A)... 文本框中输入值 10.0，其余参数采用系统默认设置值。

Step7. 设置残料清角精加工参数。

（1）在“曲面精车-残料清角”对话框中单击 残料清角精加工参数 选项卡，在 最大径向切削间距(M)... 文本框中输入值 0.25，在 残料清角精加工参数 选项卡的 切削方式 下拉列表中选择 3D环绕 选项。

（2）单击 间隙设置(G)... 按钮，在系统弹出的“间隙设置”对话框中选中 ☑ 优化切削顺序 复选框；在 切弧半径: 文本框中输入值 3.0，在 切弧角度: 文本框中输入值 90.0。单击 ✔ 按钮，系统返回至“曲面精车-残料清角”对话框。

（3）单击“曲面精车-残料清角”对话框中的 ✔ 按钮，同时在图形区生成图 5.30 所示的刀具路径。

Step8. 实体切削验证。

（1）在 刀路 选项卡中单击 按钮，然后单击 按钮，系统弹出“Mastercam 模拟器”

对话框。

（2）在“Mastercam 模拟器”对话框中单击按钮，系统将开始进行实体切削仿真，结果如图 5.31 所示，单击 × 按钮。

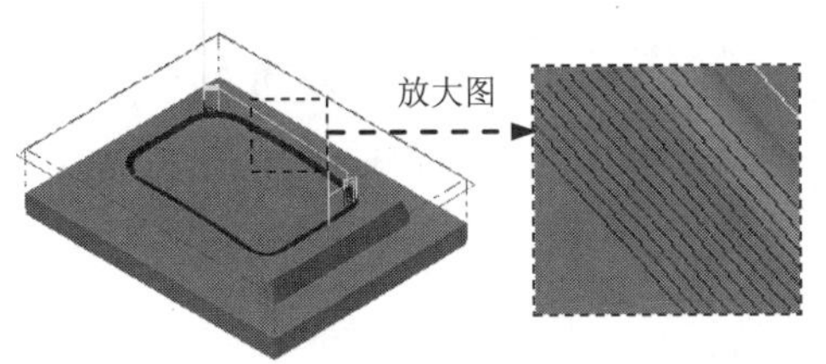

图 5.30 刀具路径

图 5.31 仿真结果

Step9. 保存模型。选择下拉菜单 文件(F) ➡ 保存(S) 命令，保存模型。

学习拓展：扫一扫右侧二维码，可以免费学习更多视频讲解。

讲解内容：数控加工概述，基础知识以及加工的一般的流程。

实例 6　简单凸模加工

本实例讲述的是简单凸模加工工艺，在创建工序时，要设置好每次切削的余量，另外要注意刀具参数设置值是否正确，以免影响模具的精度。下面结合加工的各种方法来加工一个简单凸模（图 6.1），其操作步骤如下。

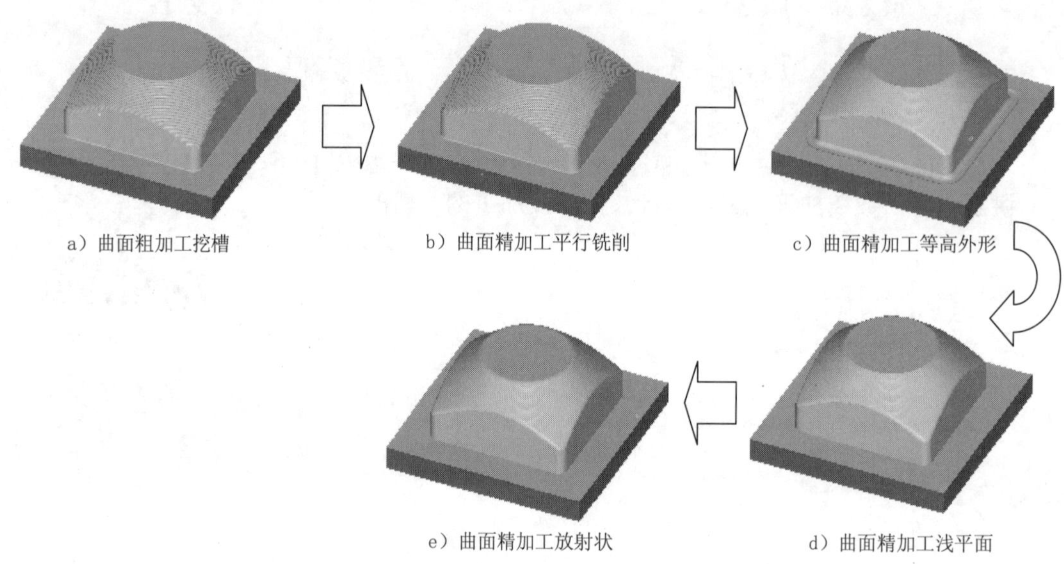

图 6.1　加工流程

Stage1. 进入加工环境

打开模型。选择文件 D:\mcx8.11\work\ch06\UPPER_VOL.MCX，系统进入加工环境，此时零件模型如图 6.2 所示。

Stage2. 设置工件

Step1. 在“操作管理器”中单击 属性 - Generic Mill 节点前的“+”号，将该节点展开，然后单击 毛坯设置 节点，系统弹出“机床群组属性”对话框。

Step2. 设置工件的形状。在“机床群组属性”对话框的形状区域中选中 矩形 单选项。

Step3. 设置工件的尺寸。在“机床群组属性”对话框中单击 所有曲面 按钮，在 毛坯原点 区域 Z 下面的文本框中输入值 0，然后在右侧预览区的 Z 文本框中输入值 65。

Step4. 单击“机床群组属性”对话框中的 ✓ 按钮，完成工件的设置。此时零件如图 6.3 所示，从图中可以观察到零件的边缘多了红色的双点画线，双点画线围成的图形即工件。

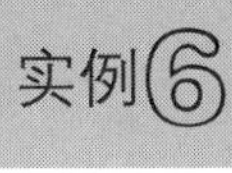

图 6.2 零件模型

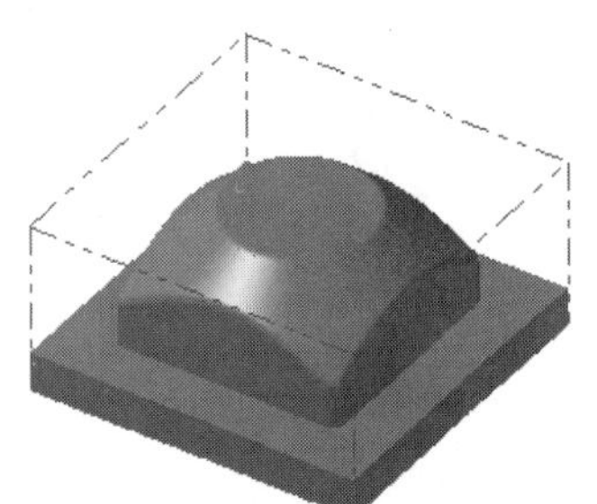

图 6.3 显示工件

Stage3. 粗加工挖槽加工

Step1. 绘制矩形边界。单击俯视图按钮，选择下拉菜单 绘图(C) → 矩形(R)... 命令，系统弹出“矩形”工具栏，在“矩形”工具栏中确认按钮被按下，选取图 6.4 所示的坐标原点（若无法选取坐标原点，读者可在“AutoCursor”工具栏中的 X、Y、Z 文本框中均输入值 0），然后在后的文本框中输入值 130，在后的文本框中输入值 130，按 Enter 键。单击按钮，完成矩形边界的绘制，结果如图 6.5 所示。

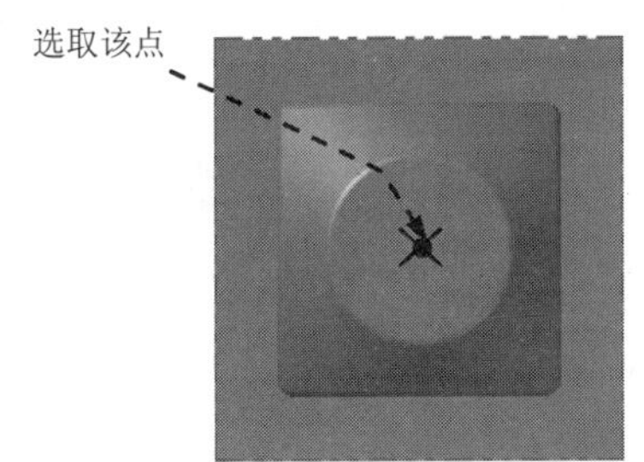

图 6.4 定义基准点

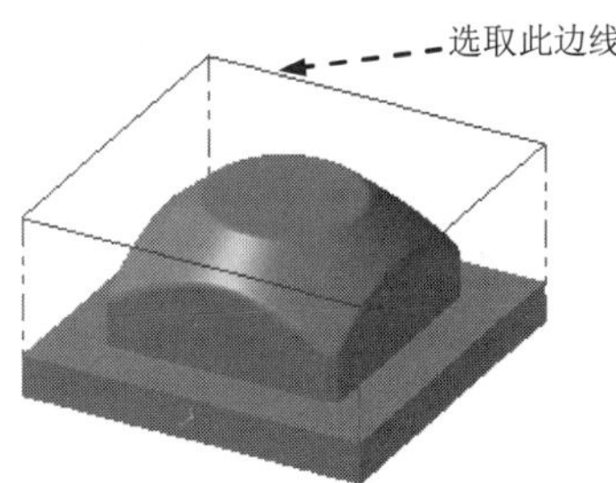

图 6.5 绘制矩形边界

Step2. 选择下拉菜单 刀路(T) → 曲面粗加工(R) → 挖槽(K)... 命令，系统弹出“输入新 NC 名称”对话框，采用系统默认的 NC 名称。单击按钮，完成 NC 名称的设置。

Step3. 设置加工区域。

（1）选取加工面。在图形区中选取图 6.6 所示的所有面（共 23 个面），然后按 Enter 键，系统弹出“刀路/曲面选择”对话框。

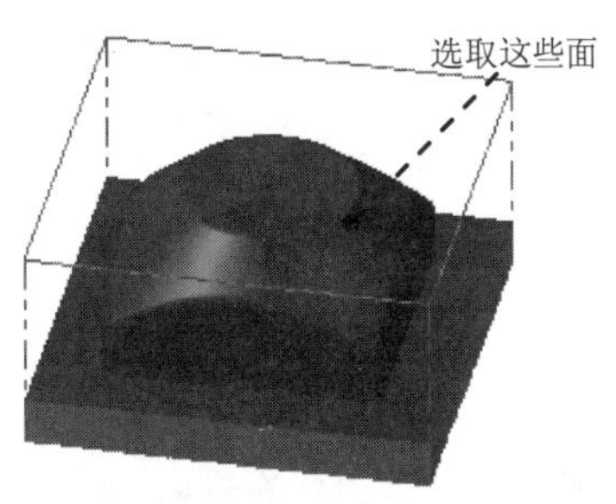

图 6.6 选取加工面

（2）设置加工边界。在边界范围区域中单击按钮，系统弹出“串连”对话框。在图形区中选取图 6.5 所绘制的边线。单击按钮，系统返回至“刀路/曲面选择”对话框。

（3）单击按钮，完成加工区域的设置，同时系统弹出“曲面粗车-挖槽”对话框。

Step4. 确定刀具类型。在“曲面粗车-挖槽”对话框中单击刀具过滤按钮，系统弹出“刀具列表过滤”对话框。单击刀具类型区域中的无(N)按钮后，在刀具类型按钮群中单击（圆鼻刀）按钮。然后单击按钮，关闭“刀具列表过滤”对话框，系统返回至“曲面粗车-挖槽”对话框。

Step5. 选择刀具。在“曲面粗车-挖槽”对话框中单击选择库刀具...按钮，系统弹出“刀具选择”对话框，在该对话框的列表框中选取图 6.7 所示的刀具。单击按钮，关闭“刀具选择”对话框，系统返回至“曲面粗车-挖槽”对话框。

刀具选择 - C:\users\public\documents\shared mcamx8\Mill\Tools\Mill_mm.Tooldb

C:\users\publi...\Mill_mm.Tooldb

#	装配名称	刀具名称	刀...	直径	转角...	长度	类型	半径类型	刀齿数
537	--	9. BULL ENDMILL 2...	--	9.0	2.0	50.0	圆鼻刀 3	转角	4
538	--	9. BULL ENDMILL 1...	--	9.0	1.0	50.0	圆鼻刀 3	转角	4
539	--	9. BULL ENDMILL 4...	--	9.0	4.0	50.0	圆鼻刀 3	转角	4
543	--	10. BULL ENDMILL ...	--	10.0	2.0	50.0	圆鼻刀 3	转角	4
540	--	10. BULL ENDMILL ...	--	10.0	1.0	50.0	圆鼻刀 3	转角	4
541	--	10. BULL ENDMILL ...	--	10.0	4.0	50.0	圆鼻刀 3	转角	4
542	--	10. BULL ENDMILL ...	--	10.0	3.0	50.0	圆鼻刀 3	转角	4
545	--	11. BULL ENDMILL ...	--	11.0	3.0	50.0	圆鼻刀 3	转角	4
547	--	11. BULL ENDMILL ...	--	11.0	1.0	50.0	圆鼻刀 3	转角	4
546	--	11. BULL ENDMILL ...	--	11.0	4.0	50.0	圆鼻刀 3	转角	4
544	--	11. BULL ENDMILL ...	--	11.0	2.0	50.0	圆鼻刀 3	转角	4
548	--	12. BULL ENDMILL ...	--	12.0	1.0	50.0	圆鼻刀 3	转角	4

过滤(F)...
☑ 启用过滤
显示 99 个刀具(共
显示模式
○ 刀具
○ 装配
◉ 两者

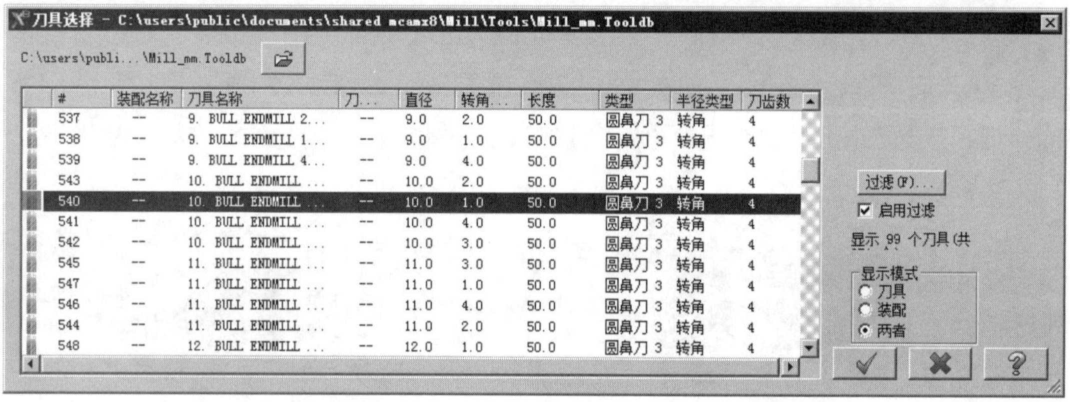

图 6.7 “刀具选择”对话框

Step6. 设置刀具参数。

（1）完成上步操作后，在“曲面粗车-挖槽”对话框刀路参数选项卡的列表框中显示出 Step5 所选择的刀具，双击该刀具，系统弹出“定义刀具”对话框。

（2）设置刀具号码。单击最终化属性按钮，在刀具编号:文本框中将原有的数值改为 1。

（3）设置刀具的加工参数。在进给率文本框中输入值 300.0，在下切速率:文本框中输入值 200.0，在提刀速率文本框中输入值 500.0，在主轴转速文本框中输入值 1200.0。

（4）设置冷却方式。单击冷却液按钮，系统弹出“冷却液”对话框，在Flood（切削液）下拉列表中选择On选项，单击该对话框中的确定按钮，关闭“冷却液”对话框。

Step7. 单击“定义刀具”对话框中的精加工按钮，完成刀具的设置。

Step8. 设置曲面参数。在“曲面粗车-挖槽”对话框中单击曲面参数选项卡，在毛坯预留量驱动面上文本框中输入值 1，其他参数采用系统默认设置值。

Step9. 设置粗加工参数。

（1）在“曲面粗车-挖槽”对话框中单击粗加工参数选项卡，在最大轴向切削间距:文本框

中输入值 1，然后选中 从边界范围外下刀 复选框。

（2）单击 切削深度(D)... 按钮，在系统弹出的“切削深度”对话框中选中 绝对坐标 单选项，然后在 绝对深度 区域的 最小深度 文本框中输入值 0，在 最大深度 文本框中输入值-55。单击 ✓ 按钮，系统返回至“曲面粗车-挖槽”对话框。

Step10. 设置挖槽参数。在“曲面粗车-挖槽”对话框中单击 挖槽参数 选项卡，设置参数如图 6.8 所示。

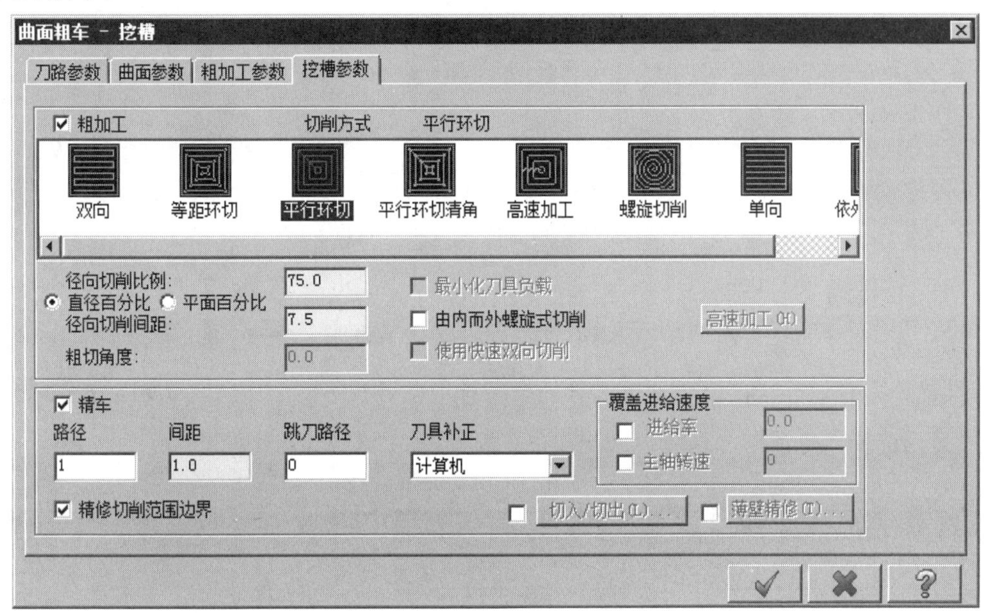

图 6.8 “挖槽参数”选项卡

Step11. 单击“曲面粗车-挖槽”对话框中的 ✓ 按钮，完成加工参数的设置，此时系统将自动生成图 6.9 所示的刀具路径。

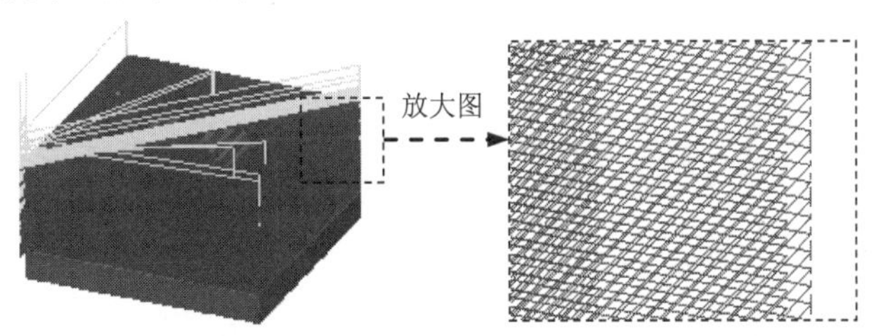

图 6.9 刀具路径

Stage4. 精加工平行铣削加工

说明：单击“操作管理器”中的 ≋ 按钮隐藏上步的刀具路径，以便于后面加工面的选取，下同。

Step1. 选择加工方法。选择下拉菜单 刀路(T) → 曲面精加工(F) → 平行(P)... 命令。

Step2. 选取加工面。在图形区中选取图 6.10 所示的曲面，然后按 Enter 键，系统弹出

“刀路/曲面选择”对话框。单击“刀路/曲面选择”对话框中的 ✔ 按钮，系统弹出“曲面精车-平行”对话框。

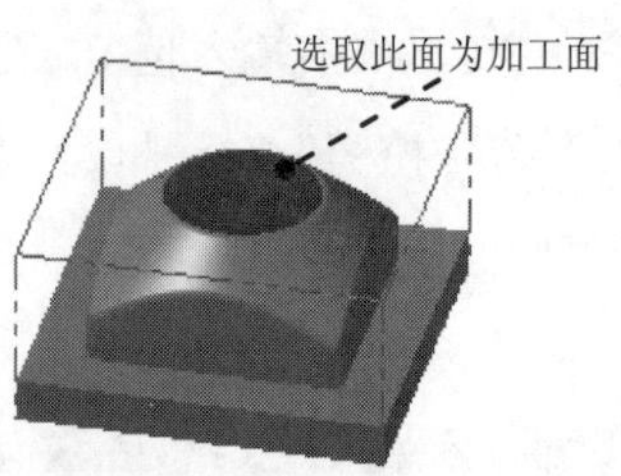

图 6.10 选取加工面

Step3. 确定刀具类型。在“曲面精车-平行”对话框中单击 刀具过滤 按钮，系统弹出“刀具列表过滤”对话框。单击 刀具类型 区域中的 无(N) 按钮后，在刀具类型按钮群中单击 （平底刀）按钮。单击 ✔ 按钮，关闭“刀具列表过滤”对话框，系统返回至“曲面精车-平行”对话框。

Step4. 选择刀具。在“曲面精车-平行”对话框中单击 选择库刀具... 按钮，系统弹出“刀具选择”对话框，在该对话框的列表框中选取图 6.11 所示的刀具。单击 ✔ 按钮，关闭“刀具选择”对话框，系统返回至“曲面精车-平行”对话框。

刀具选择 - C:\users\public\documents\shared mcamx8\Mill\Tools\Mill_mm.Tooldb

C:\users\publi...\Mill_mm.Tooldb

#	装配名称	刀具名称	刀...	直径	转角...	长度	刀齿数	类型	半径类型
470	--	10. FLAT ENDMILL	--	10.0	0.0	50.0	4	平底刀 1	无
471	--	11. FLAT ENDMILL	--	11.0	0.0	50.0	4	平底刀 1	无
472	--	12. FLAT ENDMILL	--	12.0	0.0	50.0	4	平底刀 1	无
473	--	13. FLAT ENDMILL	--	13.0	0.0	50.0	4	平底刀 1	无
474	--	14. FLAT ENDMILL	--	14.0	0.0	50.0	4	平底刀 1	无
475	--	15. FLAT ENDMILL	--	15.0	0.0	50.0	4	平底刀 1	无
476	--	16. FLAT ENDMILL	--	16.0	0.0	50.0	4	平底刀 1	无
477	--	17. FLAT ENDMILL	--	17.0	0.0	50.0	4	平底刀 1	无
478	--	18. FLAT ENDMILL	--	18.0	0.0	50.0	4	平底刀 1	无
479	--	19. FLAT ENDMILL	--	19.0	0.0	50.0	4	平底刀 1	无
480	--	20. FLAT ENDMILL	--	20.0	0.0	50.0	4	平底刀 1	无
481	--	21. FLAT ENDMILL	--	21.0	0.0	50.0	4	平底刀 1	无

过滤(F)...
启用过滤
显示 25 个刀具(共
显示模式
刀具
装配
两者

图 6.11 “刀具选择”对话框

Step5. 设置刀具相关参数。

（1）在“曲面精车-平行”对话框 刀路参数 选项卡的列表框中显示出 Step4 所选择的刀具，双击该刀具，系统弹出“定义刀具”对话框。

（2）设置刀具号码。单击 最终化属性 按钮，在 刀具编号: 文本框中将原有的数值改为 2。

（3）设置刀具参数。在 进给率 文本框中输入值 400.0，在 下切速率: 文本框中输入值 200.0，在 提刀速率 文本框中输入值 500.0，在 主轴转速 文本框中输入值 1500.0。

（4）设置冷却方式。单击 冷却液 按钮，系统弹出“冷却液”对话框，在 Flood （切削液）下拉列表中选择 On 选项，单击该对话框中的 确定 按钮，关闭“冷却液”对话框。

（5）单击“定义刀具”对话框中的精加工按钮，完成刀具的设置。

Step6. 设置曲面参数。在“曲面精车-平行”对话框中单击曲面参数选项卡，选中方向(D)...复选框并单击该按钮，在系统弹出的“方向”对话框下刀方向区域的下刀角度文本框中输入值 0，在XY 角度文本框中输入值 0，在下刀长度文本框中输入值 16；在提刀方向区域的提刀角度文本框中输入值 0，在XY 角度文本框中输入值 0，在提刀长度文本框中输入值 16，单击✓按钮，完成参数设置。

Step7. 设置精加工平行铣削参数。在“曲面精车-平行”对话框中单击平行精加工参数选项卡，然后在最大径向切削间距(M)...文本框中输入值 8；在切削方式下拉列表中选择双向选项。

Step8. 单击“曲面精车-平行”对话框中的✓按钮，同时在图形区生成图 6.12 所示的刀具路径。

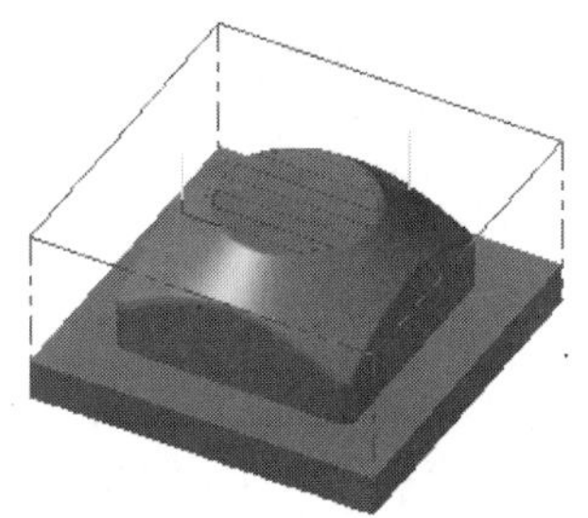

图 6.12 刀具路径

Stage5. 精加工等高外形加工

Step1. 选择加工方法。选择下拉菜单 刀路(T) → 曲面精加工(F) → 等高外形(C)... 命令。

Step2. 设置加工区域。在图形区中选取图 6.13 所示的面（共 21 个），按 Enter 键，系统弹出“刀路/曲面选择”对话框。然后单击检查面区域中的按钮，选取图 6.14 所示的面为检查面，然后按 Enter 键。单击✓按钮，完成加工区域的设置，同时系统弹出“曲面精车-外形”对话框。

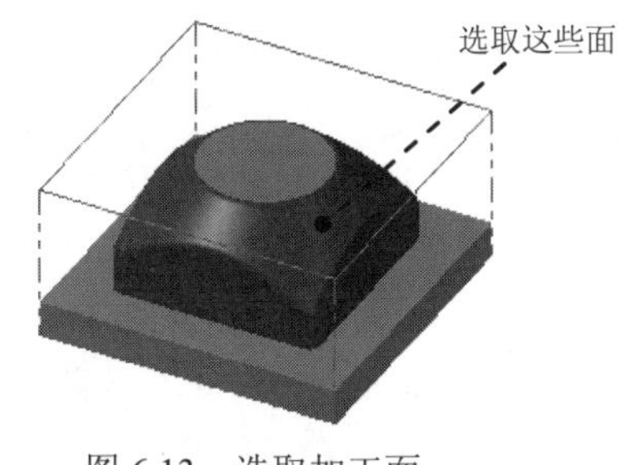

图 6.13 选取加工面

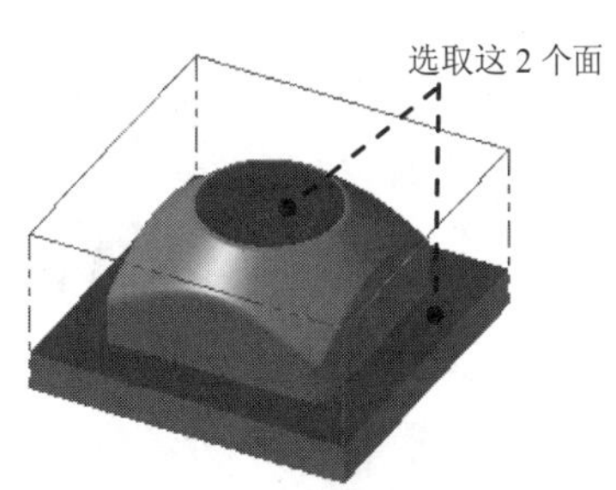

图 6.14 选取干涉面

Step3. 确定刀具类型。在“曲面精车-外形”对话框中单击刀具过滤按钮，系统弹出“刀具列表过滤”对话框。单击刀具类型区域中的无(N)按钮后，在刀具类型按钮群中单击（圆鼻刀）按钮。然后单击✓按钮，关闭“刀具列表过滤”对话框，系统返回至“曲面精车-外形”对话框。

Step4. 选择刀具。在“曲面精车-外形”对话框中单击选择库刀具...按钮，系统弹出“刀具选择”对话框，在该对话框的列表框中选取图 6.15 所示的刀具。单击✓按钮，关闭“刀具选择”对话框，系统返回至“曲面精车-外形”对话框。

刀具选择 - C:\users\public\documents\shared mcamx8\Mill\Tools\Mill_mm.Tooldb

C:\users\publi...\Mill_mm.Tooldb

#	装配名称	刀具名称	刀...	直径	转角...	长度	刀齿数	半径类型	类型
528	--	6. BULL ENDMILL 2...	--	6.0	2.0	50.0	4	转角	圆鼻刀 3
532	--	7. BULL ENDMILL 1...	--	7.0	1.0	50.0	4	转角	圆鼻刀 3
530	--	7. BULL ENDMILL 3...	--	7.0	3.0	50.0	4	转角	圆鼻刀 3
531	--	7. BULL ENDMILL 2...	--	7.0	2.0	50.0	4	转角	圆鼻刀 3
534	--	8. BULL ENDMILL 3...	--	8.0	3.0	50.0	4	转角	圆鼻刀 3
533	--	8. BULL ENDMILL 2...	--	8.0	2.0	50.0	4	转角	圆鼻刀 3
535	--	8. BULL ENDMILL 1...	--	8.0	1.0	50.0	4	转角	圆鼻刀 3
537	--	9. BULL ENDMILL 2...	--	9.0	2.0	50.0	4	转角	圆鼻刀 3
539	--	9. BULL ENDMILL 4...	--	9.0	4.0	50.0	4	转角	圆鼻刀 3
536	--	9. BULL ENDMILL 3...	--	9.0	3.0	50.0	4	转角	圆鼻刀 3
538	--	9. BULL ENDMILL 1...	--	9.0	1.0	50.0	4	转角	圆鼻刀 3
542	--	10. BULL ENDMILL ...	--	10.0	3.0	50.0	4	转角	圆鼻刀 3

过滤(F)...
启用过滤
显示 99 个刀具(共
显示模式
刀具
装配
两者

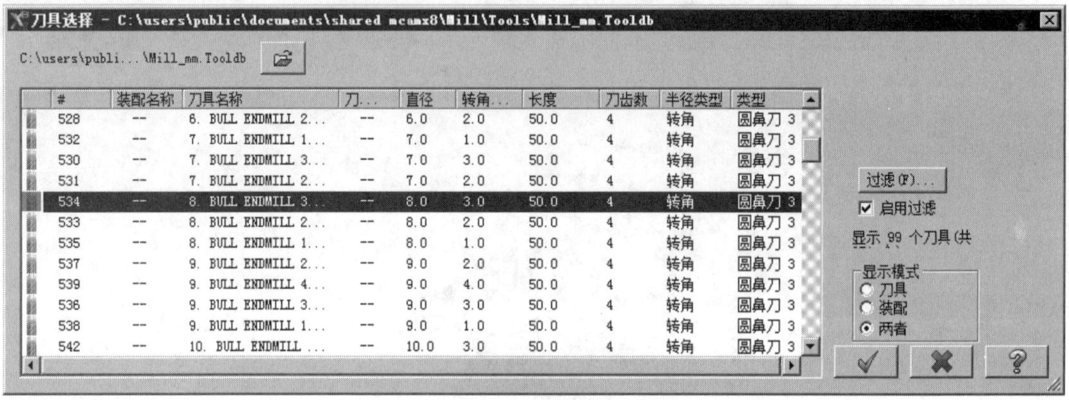

图 6.15 “刀具选择”对话框

Step5. 设置刀具参数。

（1）完成上步操作后，在“曲面精车-外形”对话框刀路参数选项卡的列表框中显示出 Step4 所选择的刀具，双击该刀具，系统弹出“定义刀具”对话框。

（2）设置刀具号码。单击最终化属性按钮，在刀具编号:文本框中将原有的数值改为 3。

（3）设置刀具的加工参数。在进给率文本框中输入值 400.0，在下切速率:文本框中输入值 200.0，在提刀速率文本框中输入值 500.0，在主轴转速文本框中输入值 2000.0。

（4）设置冷却方式。单击冷却液按钮，系统弹出“冷却液”对话框，在 Flood（切削液）下拉列表中选择 On 选项，单击该对话框中的确定按钮，关闭“冷却液”对话框。

Step6. 单击“定义刀具”对话框中的精加工按钮，完成刀具的设置。

Step7. 设置曲面参数。在“曲面精车-外形”对话框中单击曲面参数选项卡，然后在进给下刀位置...文本框中输入值 5，在毛坯预留量驱动面上（此处翻译有误，应为“加工面预留量”，下同）文本框中输入值 0，在毛坯预留量检查面上（此处翻译有误，应为“干涉面预留量”，下同）文本框中输入值 0.5，其余参数接受系统默认设置值。

Step8. 设置等高外形精加工参数。在“曲面精车-外形”对话框中单击外形精加工参数选项卡，在最大轴向切削间距:文本框中输入值 0.5；在过渡区域选中⊙ 斜降单选项，其他参数接受系统默认设置值。

Step9. 单击“曲面精车-外形”对话框中的✓按钮，完成加工参数的设置，此时系统将自动生成图 6.16 所示的刀具路径。

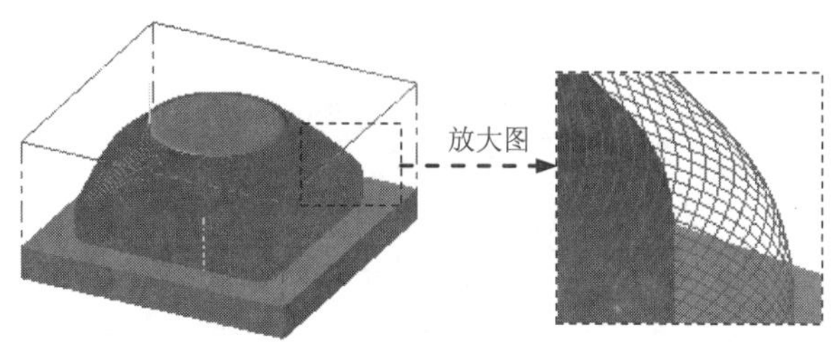

图 6.16 刀具路径

Stage6. 精加工浅平面加工

Step1. 选择下拉菜单 刀路(T) → 曲面精加工(F) → 浅平面(S)... 命令。

Step2. 设置加工区域。在图形区中选取图 6.17 所示的曲面，然后按 Enter 键，系统弹出“刀路/曲面选择”对话框。单击 检查面 区域中的 按钮，选取图 6.18 所示的面（共 22 个）为检查面，然后按 Enter 键。在 边界范围 区域中单击 按钮，系统弹出“串连”对话框。在图形区中选取图 6.18 所绘制的边线，单击两次 按钮，完成加工区域的设置，同时系统弹出“曲面精车-浅铣削”对话框。

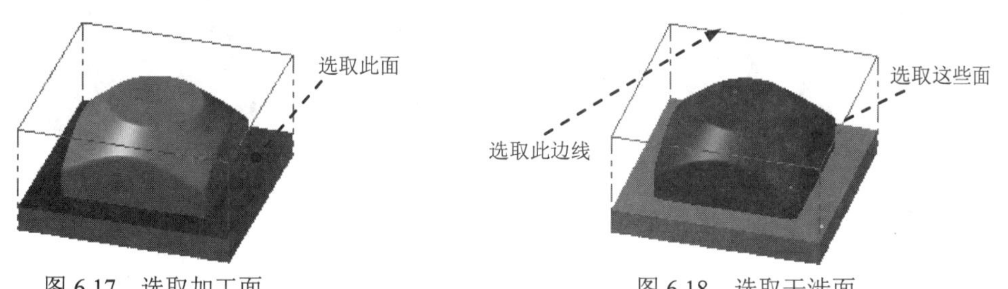

图 6.17 选取加工面　　图 6.18 选取干涉面

Step3. 选择刀具。取消选中 刀具过滤 前面的 复选框，然后在“曲面精加工浅平面”对话框 刀路参数 选项卡的列表框中选择 2 号刀具。

Step4. 设置曲面参数。在“曲面精车-浅铣削”对话框中单击 曲面参数 选项卡，在 毛坯预留量驱动面上 文本框中输入值 0，在 毛坯预留量检查面上 文本框中输入值 0。

Step5. 设置浅平面精加工参数。在“曲面精车-浅铣削”对话框中单击 浅平面精加工参数 选项卡，在 浅平面精加工参数 选项卡的 最大径向切削间距(M)... 文本框中输入值 8，然后选中 ☑ 切削按最短距离排序 复选框。

Step6. 单击“曲面精车-浅铣削”对话框中的 按钮，同时在图形区生成图 6.19 所示的刀具路径。

Stage7. 精加工放射状加工

Step1. 选择加工方法。选择下拉菜单 刀路(T) → 曲面精加工(F) → 放射(R)...

命令。

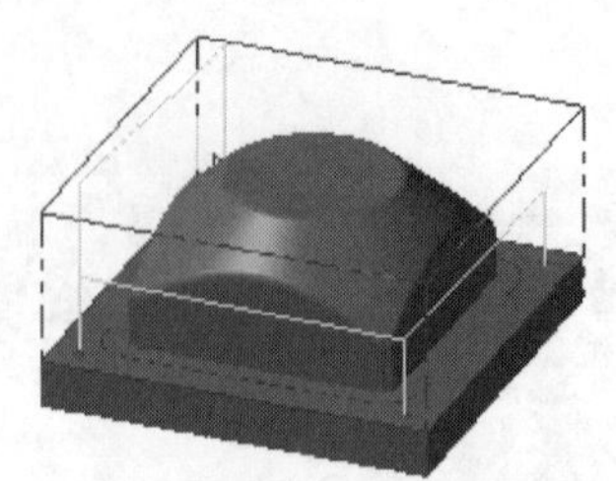

图 6.19 刀具路径

Step2. 选取加工面及放射中心。在图形区中选取图 6.20 所示的曲面，然后按 Enter 键，系统弹出“刀路/曲面选择”对话框。单击检查面区域中的按钮，选取图 6.21 所示的面（共 2 个）为检查面，然后按 Enter 键。在放射点区域中单击按钮，选取图 6.22 所示的圆弧的中心为加工的放射中心，其他参数采用系统默认设置值。单击按钮，系统弹出“放射状曲面精车”对话框。

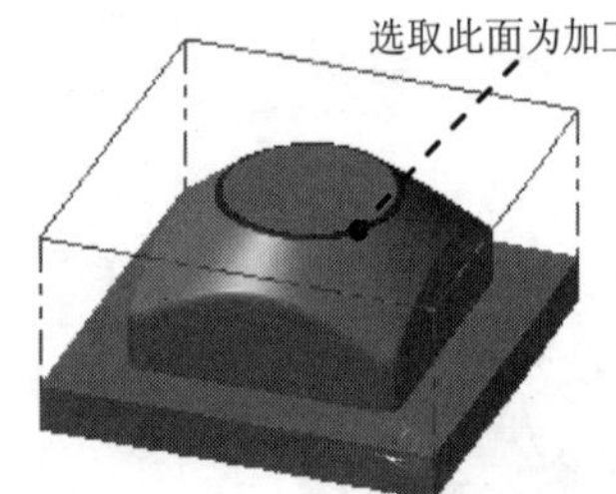

图 6.20 选取加工面

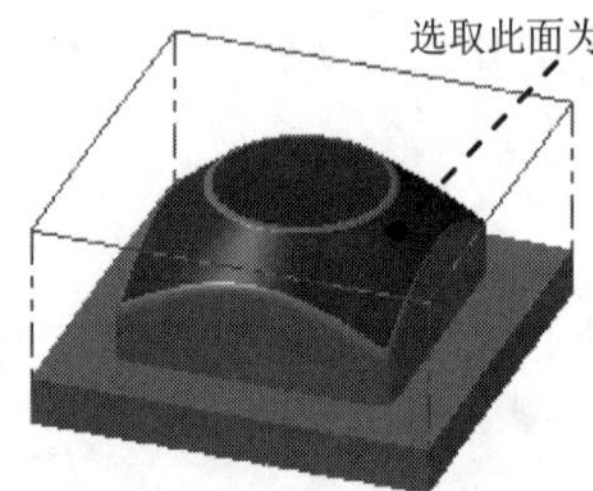

图 6.21 选取干涉面

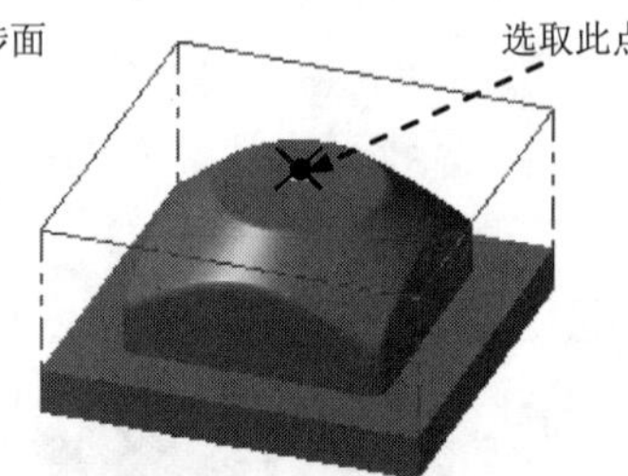

图 6.22 定义放射中心

Step3. 选择刀具。

（1）确定刀具类型。在“放射状曲面精车”对话框中单击刀具过滤按钮，系统弹出“刀具列表过滤”对话框。单击刀具类型区域中的无(N)按钮后，在刀具类型按钮群中单击（球刀）按钮。单击按钮，关闭“刀具列表过滤”对话框，系统返回至“放射状曲面精车”对话框。

（2）选择刀具。在“放射状曲面精车”对话框中单击选择库刀具...按钮，系统弹出“刀具选择”对话框，在该对话框的列表框中选取图 6.23 所示的刀具。单击按钮，关闭“刀具选择”对话框，系统返回至“放射状曲面精车”对话框。

Step4. 设置刀具相关参数。

（1）在“放射状曲面精车”对话框刀路参数选项卡的列表框中显示出 Step3 所选择的刀具，双击该刀具，系统弹出“定义刀具”对话框。

（2）设置刀具号码。单击最终化属性按钮，在刀具编号:文本框中将原有的数值改为 4。

（3）设置刀具参数。在进给率文本框中输入值 150.0，在下切速率:文本框中输入值 100.0，

在 提刀速率 文本框中输入值 500.0，在 主轴转速 文本框中输入值 2000.0。

刀具选择 - C:\users\public\documents\shared mcamx8\Mill\Tools\Mill_mm.Tooldb

C:\users\publi...\Mill_mm.Tooldb

#	装配名称	刀具名称	刀...	直径	转角...	长度	类型	刀齿数	半径类型
486	--	1. BALL ENDMILL	--	1.0	0.5	50.0	球刀 2	4	全部
487	--	2. BALL ENDMILL	--	2.0	1.0	50.0	球刀 2	4	全部
488	--	3. BALL ENDMILL	--	3.0	1.5	50.0	球刀 2	4	全部
489	--	4. BALL ENDMILL	--	4.0	2.0	50.0	球刀 2	4	全部
490	--	5. BALL ENDMILL	--	5.0	2.5	50.0	球刀 2	4	全部
491	--	6. BALL ENDMILL	--	6.0	3.0	50.0	球刀 2	4	全部
492	--	7. BALL ENDMILL	--	7.0	3.5	50.0	球刀 2	4	全部
493	--	8. BALL ENDMILL	--	8.0	4.0	50.0	球刀 2	4	全部
494	--	9. BALL ENDMILL	--	9.0	4.5	50.0	球刀 2	4	全部
495	--	10. BALL ENDMILL	--	10.0	5.0	50.0	球刀 2	4	全部
496	--	11. BALL ENDMILL	--	11.0	5.5	50.0	球刀 2	4	全部
497	--	12. BALL ENDMILL	--	12.0	6.0	50.0	球刀 2	4	全部

过滤(F)...
启用过滤
显示 25 个刀具(共
显示模式
刀具
装配
两者

图 6.23 “刀具选择”对话框

（4）设置冷却方式。单击 冷却液 按钮，系统弹出“冷却液”对话框，在 Flood （切削液）下拉列表中选择 On 选项，单击该对话框中的 确定 按钮，关闭“冷却液”对话框。

（5）单击“定义刀具”对话框中的 精加工 按钮，完成刀具的设置。

Step5. 设置曲面加工参数。在“放射状曲面精车”对话框中单击 曲面参数 选项卡，在 毛坯预留量驱动面上 （此处翻译有误，应为“加工面预留量”）文本框中输入值 0。

Step6. 设置精加工放射状参数。在“放射状曲面精车”对话框中单击 放射状精加工参数 选项卡，然后在 最大角度增量 文本框中输入值 0.5，其他参数采用系统默认设置值，单击“放射状曲面精车”对话框中的 ✓ 按钮，同时在图形区生成图 6.24 所示的刀具路径。

Step7. 实体切削验证。

（1）在 刀路 选项卡中单击 按钮，然后单击“验证选定操作”按钮 ，系统弹出“Mastercam 模拟器”对话框。

（2）在“Mastercam 模拟器”对话框中单击 按钮，系统将开始进行实体切削仿真，结果如图 6.25 所示，单击 × 按钮。

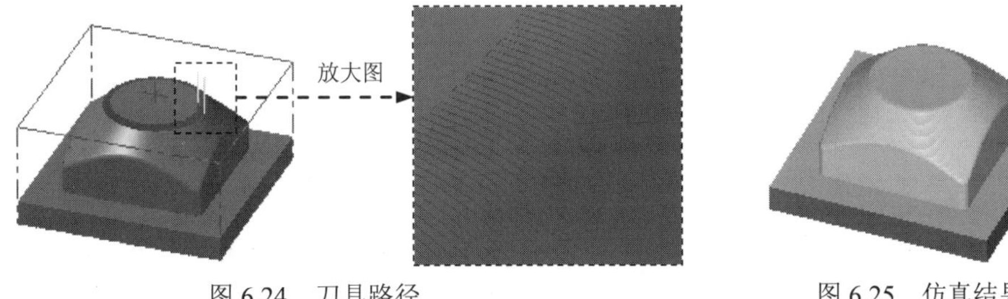

图 6.24 刀具路径　　图 6.25 仿真结果

Step8. 保存模型。选择下拉菜单 文件(F) → 保存(S) 命令，保存模型。

实例7 订书机垫凹模加工

数控加工工艺方案在制订时必须要考虑很多因素，如零件的结构特点、表面形状、精度等级和技术要求、表面粗糙度要求等，毛坯的状态，切削用量以及所需的工艺装备，刀具等。下面结合加工的各种方法来加工一个订书机垫凹模（图7.1），其操作步骤如下。

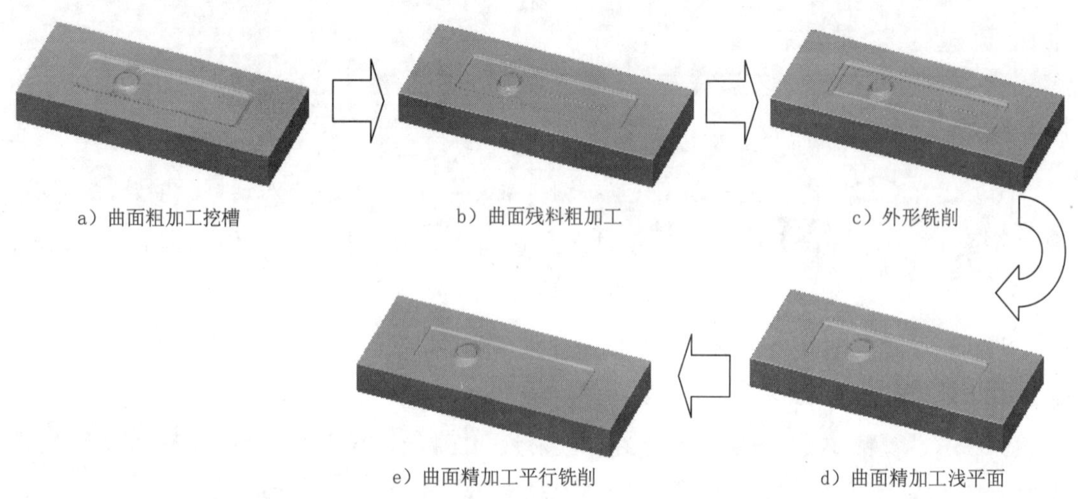

图7.1 加工流程

Stage1. 进入加工环境

打开模型。选择文件D:\mcx8.11\work\ch07\STAPLER_PAD_MOLD.MCX，系统进入加工环境，此时零件模型如图7.2所示。

Stage2. 设置工件

Step1. 在“操作管理器”中单击 属性 - Generic Mill 节点前的“+”号，将该节点展开，然后单击 毛坯设置 节点，系统弹出“机床群组属性”对话框。

Step2. 设置工件的形状。在“机床群组属性”对话框的形状区域中选中 矩形 单选项。

Step3. 设置工件的尺寸。在“机床群组属性”对话框中单击 所有曲面 按钮，在 毛坯原点 区域 Z 下面的文本框中输入值 2.5；然后在右侧预览区的 Y 文本框中输入值 70，在 X 文本框中输入值 170，在 Z 文本框中输入值 25。

Step4. 单击“机床群组属性”对话框中的 ✔ 按钮，完成工件的设置。此时零件如图7.3所示，从图中可以观察到零件的边缘多了红色的双点画线，双点画线围成的图形即工件。

图 7.2 零件模型

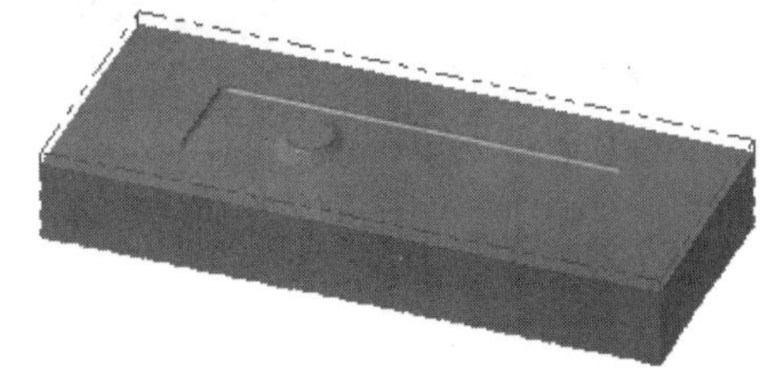

图 7.3 显示工件

Stage3. 粗加工挖槽加工

Step1. 绘制矩形边界。单击俯视图按钮，选择下拉菜单 绘图(C) → 边界框(B)... 命令，系统弹出“边界框”对话框。在“边界框”对话框中单击按钮，选择图 7.4 所示的面，然后按 Enter 键完成选取，系统返回至“边界框”对话框，在 展开 区域的 X 文本框中输入值 2，在 Y 文本框中输入值 2。单击按钮，完成矩形边界的绘制，结果如图 7.5 所示。

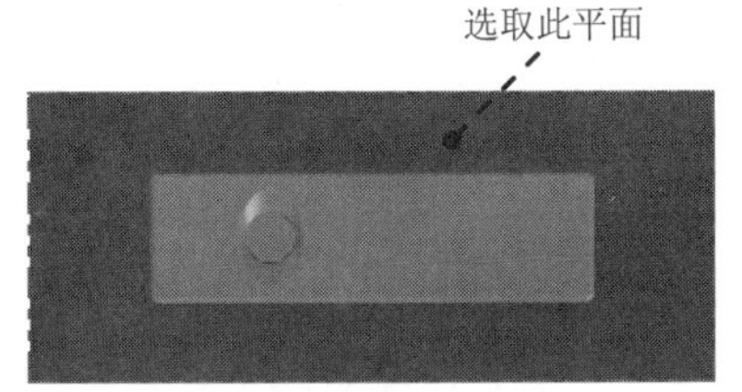

图 7.4 定义参考面

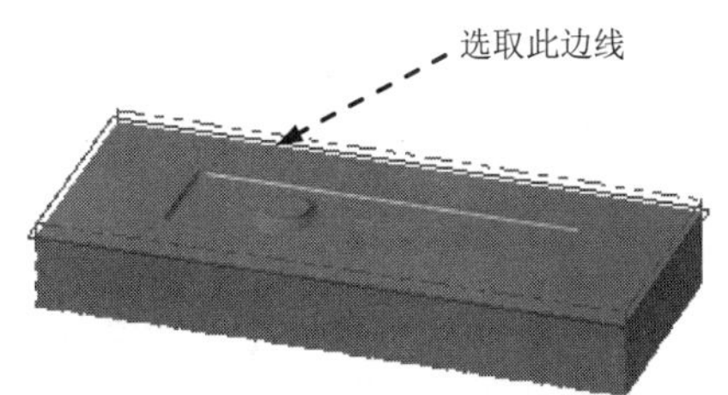

图 7.5 绘制矩形边界

Step2. 选择下拉菜单 刀路(T) → 曲面粗加工(R) → 挖槽(K)... 命令，系统弹出“输入新 NC 名称”对话框，采用系统默认的 NC 名称。单击按钮，完成 NC 名称的设置。

Step3. 设置加工区域。

（1）选取加工面。在图形区中选取图 7.6 所示的所有面（共 26 个面），然后按 Enter 键，系统弹出“刀路/曲面选择”对话框。

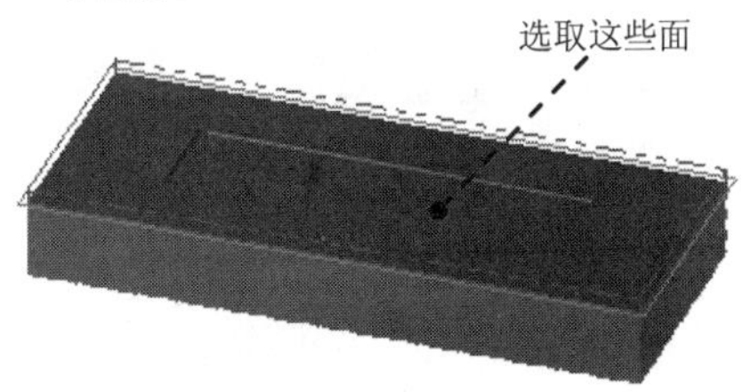

图 7.6 选取加工面

（2）设置加工边界。在 边界范围 区域中单击按钮，系统弹出“串连”对话框。在图形区中选取图 7.5 所绘制的边线。单击按钮，系统返回至“刀路/曲面选择”对话框。

（3）单击按钮，完成加工区域的设置，同时系统弹出“曲面粗车-挖槽”对话框。

Step4. 确定刀具类型。在“曲面粗车-挖槽”对话框中单击 刀具过滤 按钮，系统弹出“刀具列表过滤”对话框。单击 刀具类型 区域中的 无(N) 按钮后，在刀具类型按钮群中单击（圆鼻刀）按钮。然后单击 ✓ 按钮，关闭“刀具列表过滤”对话框，系统返回至“曲面粗车-挖槽”对话框。

Step5. 选择刀具。在“曲面粗车-挖槽”对话框中单击 选择库刀具... 按钮，系统弹出“刀具选择”对话框，在该对话框的列表框中选择图 7.7 所示的刀具。单击 ✓ 按钮，关闭“刀具选择”对话框，系统返回至“曲面粗车-挖槽”对话框。

刀具选择 - C:\users\public\documents\shared mcamx8\Mill\Tools\Mill_mm.Tooldb

C:\users\publi...\Mill_mm.Tooldb

#	装配名称	刀具名称	刀...	直径	转角...	长度	类型	半径类型	刀齿数
539	--	9. BULL ENDMILL 4...	--	9.0	4.0	50.0	圆鼻刀 3	转角	4
536	--	9. BULL ENDMILL 3...	--	9.0	3.0	50.0	圆鼻刀 3	转角	4
542	--	10. BULL ENDMILL ...	--	10.0	3.0	50.0	圆鼻刀 3	转角	4
540	--	10. BULL ENDMILL ...	--	10.0	1.0	50.0	圆鼻刀 3	转角	4
543	--	10. BULL ENDMILL ...	--	10.0	2.0	50.0	圆鼻刀 3	转角	4
541	--	10. BULL ENDMILL ...	--	10.0	4.0	50.0	圆鼻刀 3	转角	4
545	--	11. BULL ENDMILL ...	--	11.0	3.0	50.0	圆鼻刀 3	转角	4
544	--	11. BULL ENDMILL ...	--	11.0	2.0	50.0	圆鼻刀 3	转角	4
547	--	11. BULL ENDMILL ...	--	11.0	1.0	50.0	圆鼻刀 3	转角	4
546	--	11. BULL ENDMILL ...	--	11.0	4.0	50.0	圆鼻刀 3	转角	4
549	--	12. BULL ENDMILL ...	--	12.0	4.0	50.0	圆鼻刀 3	转角	4
548	--	12. BULL ENDMILL ...	--	12.0	1.0	50.0	圆鼻刀 3	转角	4

过滤(F)...
☑ 启用过滤
显示 99 个刀具(共
显示模式
○ 刀具
○ 装配
⊙ 两者

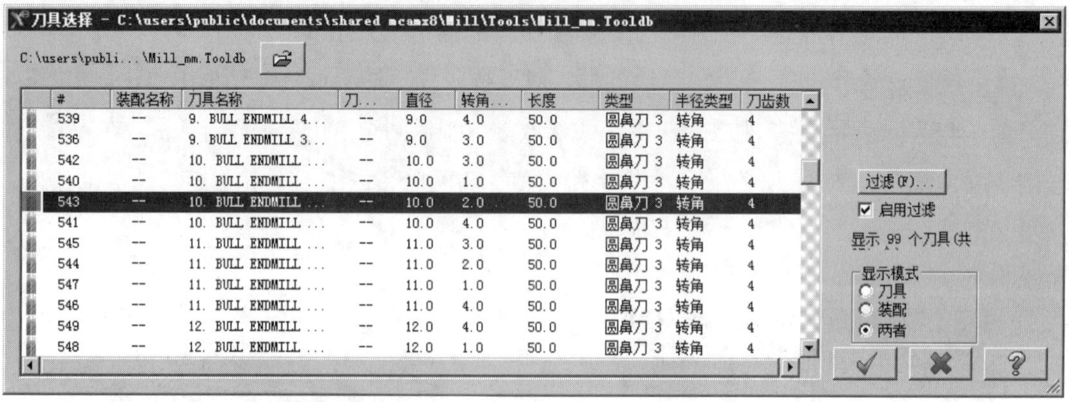

图 7.7 “刀具选择”对话框

Step6. 设置刀具参数。

（1）完成上步操作后，在“曲面粗车-挖槽”对话框 刀路参数 选项卡的列表框中显示出 Step5 所选择的刀具，双击该刀具，系统弹出“定义刀具”对话框。

（2）设置刀具号码。单击 最终化属性 按钮，在 刀具编号: 文本框中将原有的数值改为 1。

（3）设置刀具的加工参数。在 进给率 文本框中输入值 300.0，在 下切速率: 文本框中输入值 150.0，在 提刀速率 文本框中输入值 500.0，在 主轴转速 文本框中输入值 1500.0。

（4）设置冷却方式。单击 冷却液 按钮，系统弹出“冷却液”对话框，在 Flood （切削液）下拉列表中选择 On 选项，单击该对话框中的 确定 按钮，关闭“冷却液”对话框。

Step7. 单击“定义刀具”对话框中的 精加工 按钮，完成刀具的设置。

Step8. 设置曲面参数。在“曲面粗车-挖槽”对话框中单击 曲面参数 选项卡，在 毛坯预留量 驱动面上 文本框中输入值 1，其他参数采用系统默认设置值。

Step9. 设置粗加工参数。

（1）在“曲面粗车-挖槽”对话框中单击 粗加工参数 选项卡，在 最大轴向切削间距: 文本框中输入值 0.5，然后选中 ☑ 从边界范围外下刀 复选框。

（2）单击 切削深度(D)... 按钮，在系统弹出的“切削深度”对话框中选中 ⊙ 绝对坐标 单选项，然后在 绝对深度 区域的 最小深度 文本框中输入值 2.5，在 最大深度 文本框中输入值-5。单击 ✓ 按钮，系统返回至“曲面粗车-挖槽”对话框。

Step10. 设置挖槽参数。在“曲面粗车-挖槽”对话框中单击挖槽参数选项卡，设置参数如图 7.8 所示。

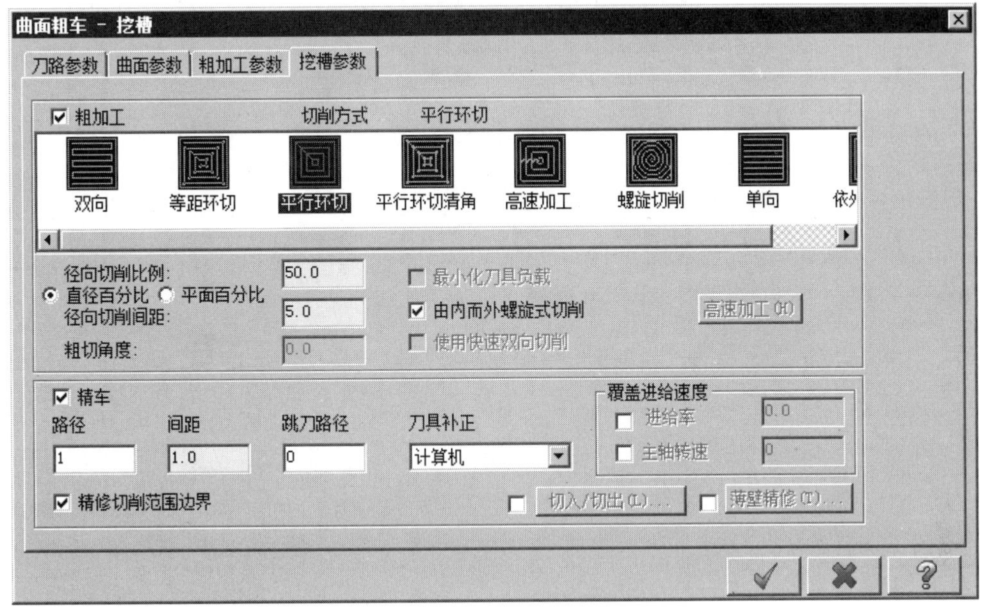

图 7.8 “挖槽参数”选项卡

Step11. 单击“曲面粗车-挖槽”对话框中的 ✔ 按钮，完成加工参数的设置，此时系统将自动生成图 7.9 所示的刀具路径。

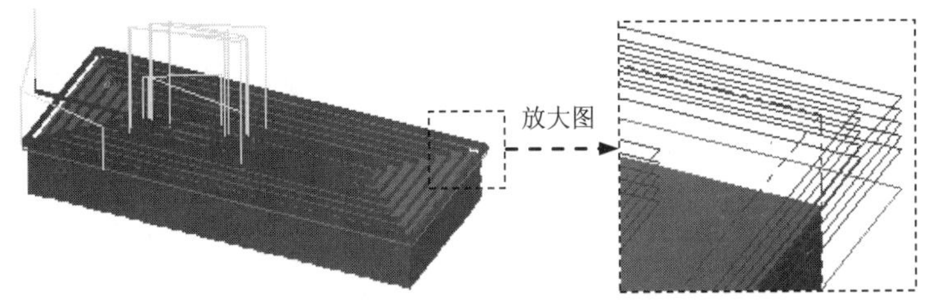

图 7.9 刀具路径

Stage4. 粗加工残料加工

说明：单击“操作管理器”中的 ≋ 按钮隐藏上步的刀具路径，以便于后面加工面的选取，下同。

Step1. 选择加工方法。选择下拉菜单 刀路(T) → 曲面粗加工(R) → 残料铣削(T)... 命令。

Step2. 选取加工面及加工范围。

（1）在图形区中选取图 7.10 所示的曲面，然后按 Enter 键，系统弹出“刀路/曲面选择”对话框。

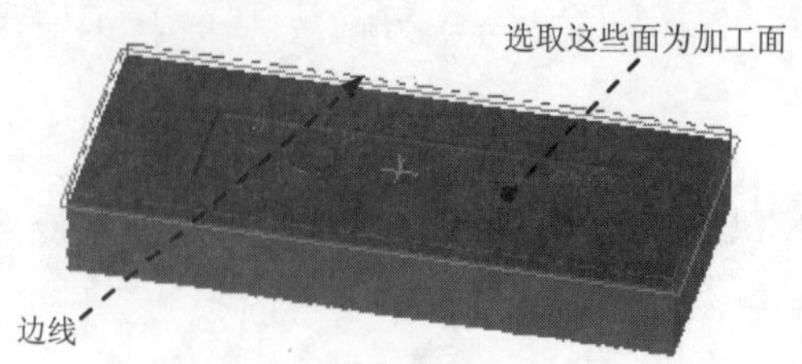

图 7.10 选取加工面

（2）单击“刀路/曲面选择”对话框边界范围区域中的按钮，系统弹出“串连”对话框，采用“串联方式”选取图 7.10 所示的边线。单击按钮，系统返回至“刀路/曲面选择”对话框。单击按钮，系统弹出“曲面残料加工”对话框。

Step3. 确定刀具类型。在“曲面残料加工”对话框中单击刀具过滤按钮，系统弹出“刀具列表过滤”对话框。单击刀具类型区域中的无(N)按钮后，在刀具类型按钮群中单击（圆鼻刀）按钮。单击按钮，关闭“刀具列表过滤”对话框，系统返回至“曲面残料加工”对话框。

Step4. 选择刀具。在“曲面残料加工”对话框中单击选择库刀具...按钮，系统弹出“刀具选择”对话框，在该对话框的列表框中选择图 7.11 所示的刀具。单击按钮，关闭“刀具选择”对话框，系统返回至“曲面残料加工”对话框。

刀具选择 - C:\users\public\documents\shared mcamx8\Mill\Tools\Mill_mm.Tooldb

C:\users\publi...\Mill_mm.Tooldb

#	装配名称	刀具名称	刀...	直径	转角...	长度	刀齿数	类型	半径类型
517	--	1. BULL ENDMILL 0...	--	1.0	0.4	50.0	4	圆鼻刀 3	转角
518	--	1. BULL ENDMILL 0...	--	1.0	0.2	50.0	4	圆鼻刀 3	转角
519	--	2. BULL ENDMILL 0...	--	2.0	0.4	50.0	4	圆鼻刀 3	转角
520	--	2. BULL ENDMILL 0...	--	2.0	0.2	50.0	4	圆鼻刀 3	转角
523	--	3. BULL ENDMILL 1...	--	3.0	1.0	50.0	4	圆鼻刀 3	转角
522	--	3. BULL ENDMILL 0...	--	3.0	0.4	50.0	4	圆鼻刀 3	转角
521	--	3. BULL ENDMILL 0...	--	3.0	0.2	50.0	4	圆鼻刀 3	转角
525	--	4. BULL ENDMILL 0...	--	4.0	0.2	50.0	4	圆鼻刀 3	转角
524	--	4. BULL ENDMILL 1...	--	4.0	1.0	50.0	4	圆鼻刀 3	转角
526	--	5. BULL ENDMILL 2...	--	5.0	2.0	50.0	4	圆鼻刀 3	转角
527	--	5. BULL ENDMILL 1...	--	5.0	1.0	50.0	4	圆鼻刀 3	转角
528	--	6. BULL ENDMILL 2...	--	6.0	2.0	50.0	4	圆鼻刀 3	转角

过滤(F)...
启用过滤
显示 99 个刀具(共
显示模式
刀具
装配
两者

图 7.11 “刀具选择”对话框

Step5. 设置刀具相关参数。

（1）在“曲面残料加工”对话框刀路参数选项卡的列表框中显示出 Step4 所选择的刀具，双击该刀具，系统弹出“定义刀具”对话框。

（2）设置刀具号码。单击最终化属性按钮，在刀具编号:文本框中将原有的数值改为 2。

（3）设置刀具参数。在进给率文本框中输入值 200.0，在下切速率:文本框中输入值 100.0，在提刀速率文本框中输入值 500.0，在主轴转速文本框中输入值 1800.0。

（4）设置冷却方式。单击冷却液按钮，系统弹出“冷却液”对话框，在 Flood （切削

液）下拉列表中选择On选项，单击该对话框中的确定按钮，关闭“冷却液”对话框。

（5）单击“定义刀具”对话框中的精加工按钮，完成刀具的设置。

Step6. 设置曲面参数。在“曲面残料加工”对话框中单击曲面参数选项卡，在毛坯预留量驱动面上（此处翻译有误，应为“加工面预留量”）文本框中输入值 0.5，在进给下刀位置...文本框中输入值 5，曲面参数选项卡中的其他参数采用系统默认设置值。

Step7. 设置残料加工参数。在“曲面残料加工”对话框中单击残料加工参数选项卡，在最大轴向切削间距:文本框中输入值 0.5，在径向切削间距:文本框中输入值 2，在过渡区域中选中◉斜降单选项并在下面的斜插长度:文本框中输入值 4，然后再选中“曲面残料加工”对话框中左下方的☑优化切削顺序复选框。

Step8. 单击“曲面残料加工”对话框中的✓按钮，同时在图形区生成图 7.12 所示的刀具路径。

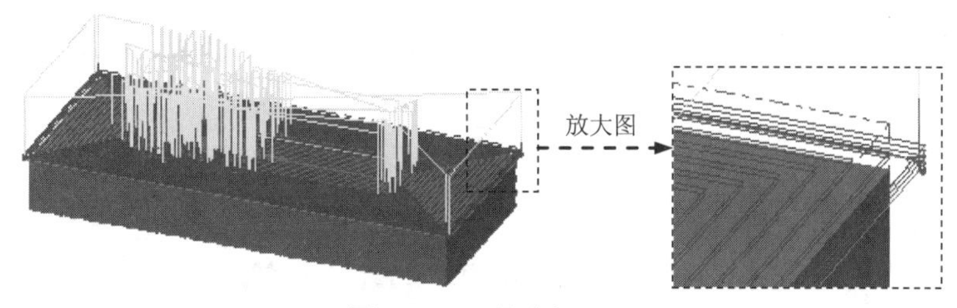

图 7.12 刀具路径

Stage5. 外形铣削加工

Step1. 绘制边界。选择下拉菜单绘图(C) ➡ 曲线(V) ➡ 曲面单一边界(O)...命令，系统弹出“单一边界线”工具栏。在状态栏的“线宽”下拉列表中选择第二个选项。

Step2. 定义边界的附着面和边界位置。选取图 7.13 所示的曲面为边界的附着面，此时在所选取的曲面上出现图 7.14 所示的箭头。移动鼠标，将箭头移动到图 7.14 所示的位置后单击鼠标左键，此时系统自动生成创建的边界预览。单击✓按钮，完成指定边界的创建。

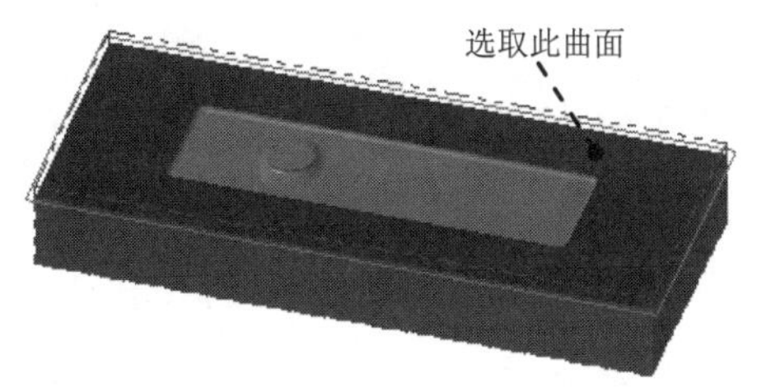

图 7.13 定义附着面

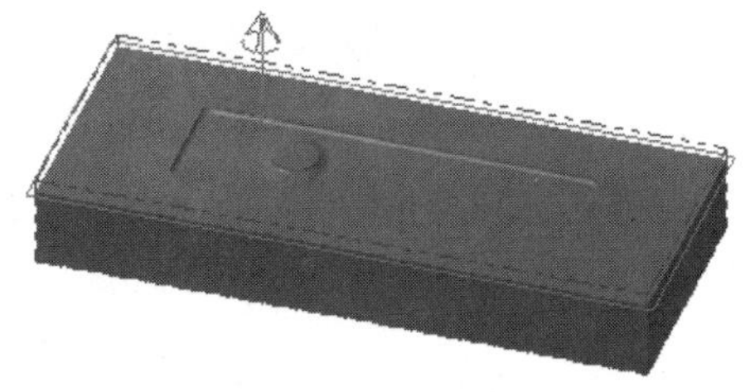

图 7.14 定义边界位置

Step3. 选择下拉菜单刀路(T) ➡ 外形铣削(C)...命令，系统弹出“串连”对话框。

Step4. 设置加工区域。在图形区中选取图 7.15 所示的边线，系统自动选取图 7.16 所示的边线。单击按钮，完成加工区域的设置，同时系统弹出“2D 刀路- 外形”对话框。

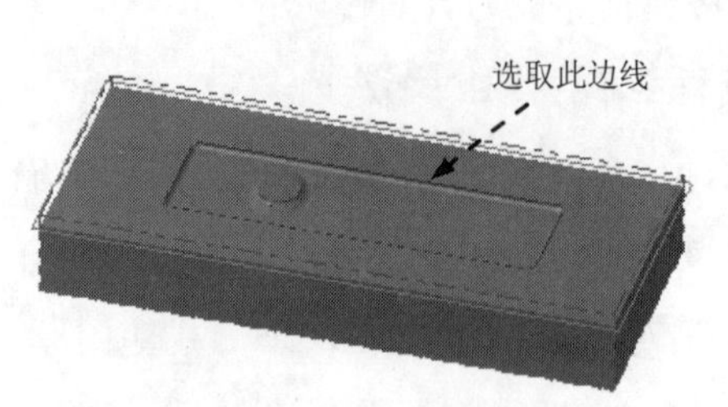

图 7.15　选取区域

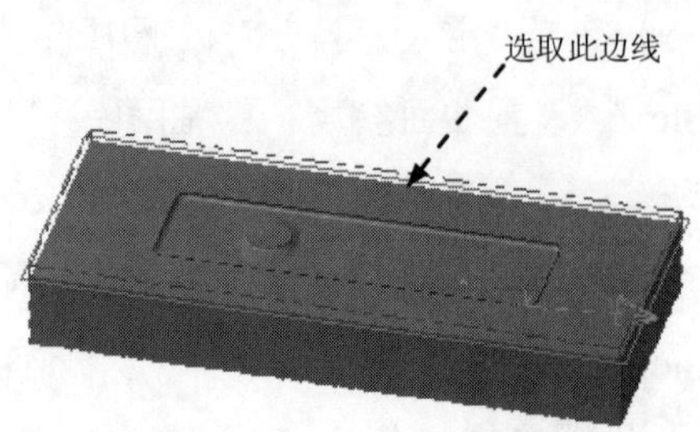

图 7.16　定义加工区域

Step5. 选择刀具。在“2D 刀路-外形”对话框的左侧节点列表中单击刀具节点，切换到“刀具参数”界面；单击过滤(F)...按钮，系统弹出“刀具列表过滤”对话框。单击刀具类型区域中的无(N)按钮后，在刀具类型按钮群中单击（球刀）按钮。单击按钮，关闭“刀具列表过滤”对话框，系统返回至“2D 刀路-外形”对话框。

Step6. 选择刀具。在“2D 刀路-外形”对话框中单击选择库刀具...按钮，系统弹出“刀具选择”对话框，在该对话框的列表框中选择图 7.17 所示的刀具。单击按钮，关闭“刀具选择”对话框，系统返回至“2D 刀路-外形”对话框。

刀具选择 - C:\users\public\documents\shared mcamx8\Mill\Tools\Mill_mm.Tooldb

C:\users\publi...\Mill_mm.Tooldb

#	装配名称	刀具名称	刀...	直径	转角...	长度	刀齿数	半径类型	类型
486	--	1. BALL ENDMILL	--	1.0	0.5	50.0	4	全部	球刀 2
487	--	2. BALL ENDMILL	--	2.0	1.0	50.0	4	全部	球刀 2
488	--	3. BALL ENDMILL	--	3.0	1.5	50.0	4	全部	球刀 2
489	--	4. BALL ENDMILL	--	4.0	2.0	50.0	4	全部	球刀 2
490	--	5. BALL ENDMILL	--	5.0	2.5	50.0	4	全部	球刀 2
491	--	6. BALL ENDMILL	--	6.0	3.0	50.0	4	全部	球刀 2
492	--	7. BALL ENDMILL	--	7.0	3.5	50.0	4	全部	球刀 2
493	--	8. BALL ENDMILL	--	8.0	4.0	50.0	4	全部	球刀 2
494	--	9. BALL ENDMILL	--	9.0	4.5	50.0	4	全部	球刀 2
495	--	10. BALL ENDMILL	--	10.0	5.0	50.0	4	全部	球刀 2
496	--	11. BALL ENDMILL	--	11.0	5.5	50.0	4	全部	球刀 2
497	--	12. BALL ENDMILL	--	12.0	6.0	50.0	4	全部	球刀 2

过滤(F)...
启用过滤
显示 25 个刀具(共
显示模式
刀具
装配
两者

图 7.17　“刀具选择”对话框

Step7. 设置刀具参数。

（1）完成上步操作后，在“2D 刀路-外形”对话框的刀具列表框中显示出 Step6 所选择的刀具，双击该刀具，系统弹出“定义刀具”对话框。

（2）设置刀具号码。单击最终化属性按钮，在刀具编号:文本框中将原有的数值改为 3。

（3）设置刀具的加工参数。设置图 7.18 所示的参数。

（4）设置冷却方式。单击冷却液按钮，系统弹出“冷却液”对话框，在 Flood（切削液）下拉列表中选择 On 选项，单击该对话框中的确定按钮，关闭“冷却液”对话框。

Step8. 单击“定义刀具”对话框中的精加工按钮，完成刀具的设置。

最终化杂项属性。

在最后确定刀具创建之前调整其他属性。

进给率: 200

下切速率: 100

提刀速率: 500

主轴转速: 3000

主轴方向: 顺时针

刀齿数: 4

材料: HSS

冷却液

☑ 公制

图 7.18 “参数”选项卡

Step9. 设置切削参数。在“2D 刀路-外形”对话框的左侧节点列表中单击切削参数节点，设置图 7.19 所示的参数。

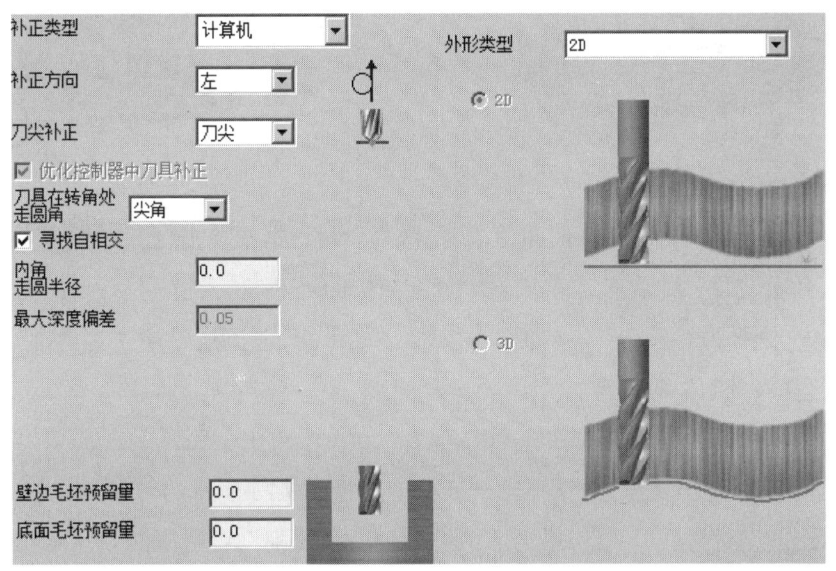

图 7.19 “切削参数”设置界面

Step10. 设置分层铣削参数。在“2D 刀路-外形”对话框的左侧节点列表中单击分层铣削节点，选中☑ 分层铣削复选框，然后在精加工区域的次数文本框中输入值 4，在间距文本框中输入值 0.25。

Step11. 设置连接参数。在“2D 刀路-外形”对话框的左侧节点列表中单击连接参数节点，在毛坯表面(T)...文本框中输入值 0，在深度(D)...文本框中输入值-1.5。

Step12. 单击“2D 刀路-外形”对话框中的✔按钮，完成参数设置，此时系统将自动生成图 7.20 所示的刀具路径。

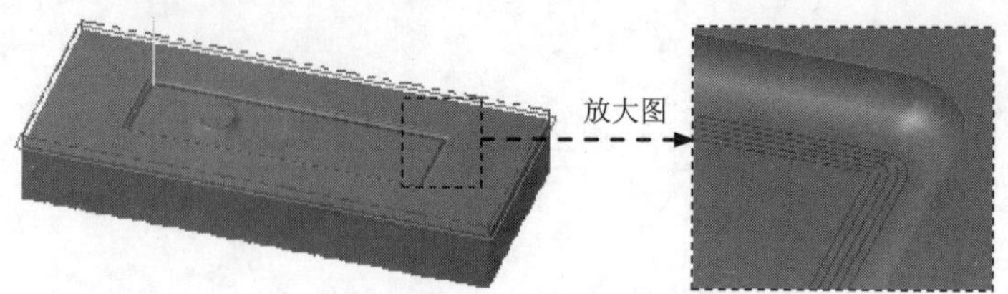

图 7.20　刀具路径

Stage6. 精加工浅平面加工

Step1. 选择加工方法。选择下拉菜单 刀路(T) → 曲面精加工(F) → 浅平面(S)... 命令。

Step2. 设置加工区域。在图形区中选取图 7.21 所示的曲面（共 17 个），然后按 Enter 键，系统弹出“刀路/曲面选择”对话框。然后单击 检查面 区域中的 按钮，选取图 7.22 所示的面（共 9 个）为检查面，然后按 Enter 键。单击 按钮，完成加工区域的设置，同时系统弹出“曲面精车-浅铣削”对话框。

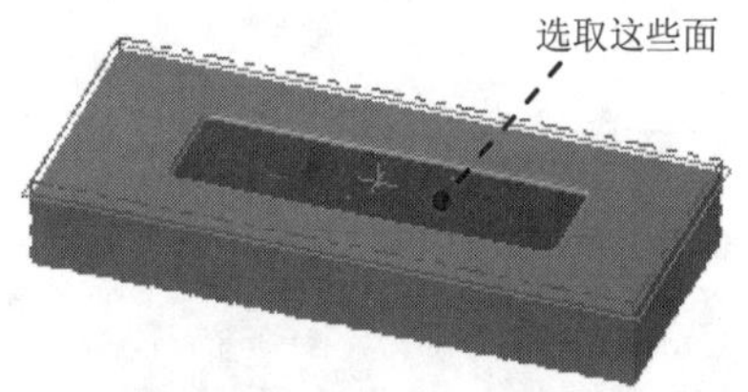

图 7.21　选取加工面

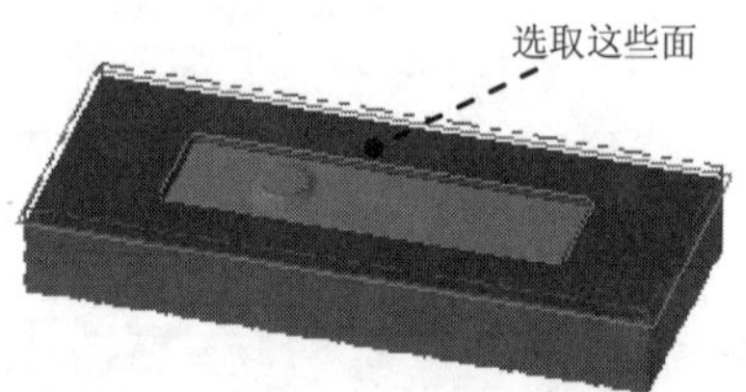

图 7.22　选取干涉面

Step3. 确定刀具类型。在“曲面精车-浅铣削”对话框中单击 刀具过滤 按钮，系统弹出“刀具列表过滤”对话框。单击 刀具类型 区域中的 无(N) 按钮后，在刀具类型按钮群中单击 （圆鼻刀）按钮。单击 按钮，关闭“刀具列表过滤”对话框，系统返回至“曲面精车-浅铣削”对话框。

Step4. 选择刀具。在“曲面精车-浅铣削”对话框中单击 选择库刀具... 按钮，系统弹出“刀具选择”对话框，在该对话框的列表框中选择图 7.23 所示的刀具。单击 按钮，关闭“刀具选择”对话框，系统返回至“曲面精车-浅铣削”对话框。

刀具选择 - C:\users\public\documents\shared mcamx8\Mill\Tools\Mill_mm.Tooldb

C:\users\publi...\Mill_mm.Tooldb

#	装配名称	刀具名称	刀...	直径	转角...	长度	类型	刀齿数	半径类型
518	--	1. BULL ENDMILL 0...	--	1.0	0.2	50.0	圆鼻刀 3	4	转角
517	--	1. BULL ENDMILL 0...	--	1.0	0.4	50.0	圆鼻刀 3	4	转角
520	--	2. BULL ENDMILL 0...	--	2.0	0.2	50.0	圆鼻刀 3	4	转角
519	--	2. BULL ENDMILL 0...	--	2.0	0.4	50.0	圆鼻刀 3	4	转角
522	--	3. BULL ENDMILL 0...	--	3.0	0.4	50.0	圆鼻刀 3	4	转角
521	--	3. BULL ENDMILL 0...	--	3.0	0.2	50.0	圆鼻刀 3	4	转角
523	--	3. BULL ENDMILL 1...	--	3.0	1.0	50.0	圆鼻刀 3	4	转角
525	--	4. BULL ENDMILL 0...	--	4.0	0.2	50.0	圆鼻刀 3	4	转角
524	--	4. BULL ENDMILL 1...	--	4.0	1.0	50.0	圆鼻刀 3	4	转角
527	--	5. BULL ENDMILL 1...	--	5.0	1.0	50.0	圆鼻刀 3	4	转角
526	--	5. BULL ENDMILL 2...	--	5.0	2.0	50.0	圆鼻刀 3	4	转角
528	--	6. BULL ENDMILL 2...	--	6.0	2.0	50.0	圆鼻刀 3	4	转角

过滤(F)...
☑ 启用过滤
显示 99 个刀具(共
显示模式
○ 刀具
○ 装配
◉ 两者

图 7.23　“刀具选择”对话框

（1）在“曲面精车-浅铣削”对话框 刀路参数 选项卡的列表框中显示出 Step4 所选择的刀具，双击该刀具，系统弹出“定义刀具”对话框。

（2）设置刀具号码。单击 最终化属性 按钮，在 刀具编号: 文本框中将原有的数值改为 4。

（3）设置刀具参数。在 进给率 文本框中输入值 300.0，在 下切速率: 文本框中输入值 50.0，在 提刀速率 文本框中输入值 500.0，在 主轴转速 文本框中输入值 3000.0。

（4）设置冷却方式。单击 冷却液 按钮，系统弹出“冷却液”对话框，在 Flood（切削液）下拉列表中选择 On 选项，单击该对话框中的 确定 按钮，关闭“冷却液”对话框。

（5）单击“定义刀具”对话框中的 精加工 按钮，完成刀具的设置。

Step5. 设置曲面参数。在“曲面精车-浅铣削”对话框中单击 曲面参数 选项卡，在 进给下刀位置... 文本框中输入值 5，在 毛坯预留量 驱动面上（此处翻译有误，应为“加工面预留量”）文本框中输入值 0，在 毛坯预留量 检查面上（此处翻译有误，应为“干涉面预留量”）文本框中输入值 0.1。

Step6. 设置浅平面精加工参数。在“曲面精车-浅铣削”对话框中单击 浅平面精加工参数 选项卡，在 浅平面精加工参数 选项卡的 最大径向切削间距(M)... 文本框中输入值 0.25，在 终止 倾斜角度 文本框中输入值 45，然后选中 ☑ 由内而外环切、☑ 切削按最短距离排序 复选框；单击 间隙设置(G)... 按钮，在系统弹出的“间隙设置”对话框的 移动小于间隙时，不提刀 下拉列表中选择 沿着曲面 选项，然后选中 ☑ 优化切削顺序 复选框，单击 ✔ 按钮。

Step7. 单击“曲面精车-浅铣削”对话框中的 ✔ 按钮，同时在图形区生成图 7.24 所示的刀具路径。

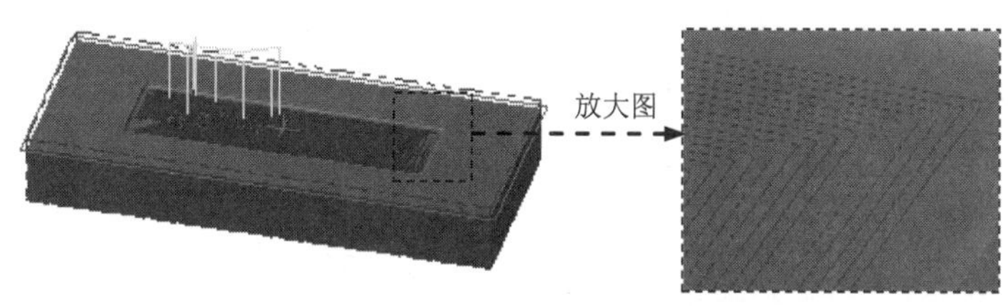

图 7.24 刀具路径

Stage7. 精加工平行铣削加工

Step1. 选择加工方法。选择下拉菜单 刀路(T) → 曲面精加工(F) → 平行(P)... 命令。

Step2. 设置加工区域。在图形区中选取图 7.25 所示的曲面，然后按 Enter 键，系统弹出“刀路/曲面选择”对话框。单击 检查面 区域中的 ↖ 按钮，选取图 7.26 所示的面（共 8 个）为检查面，然后按 Enter 键。单击 边界范围 区域中的 ↖ 按钮，选取图 7.26 所示的边线为边界。单击 ✔ 按钮，然后单击“刀路/曲面选择”对话框中的 ✔ 按钮，系统弹出“曲面精车-平行”对话框。

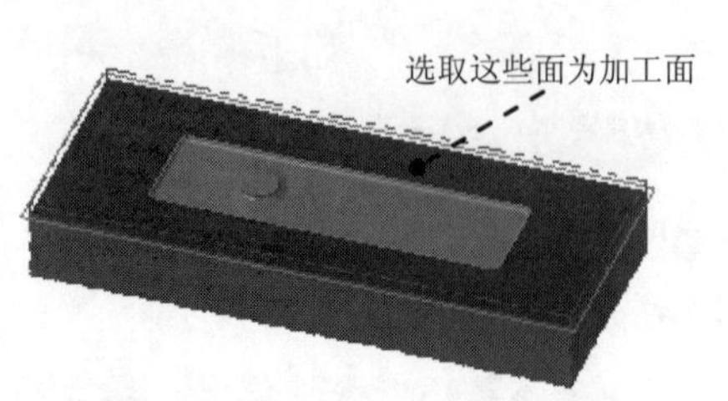

图 7.25　选取加工面

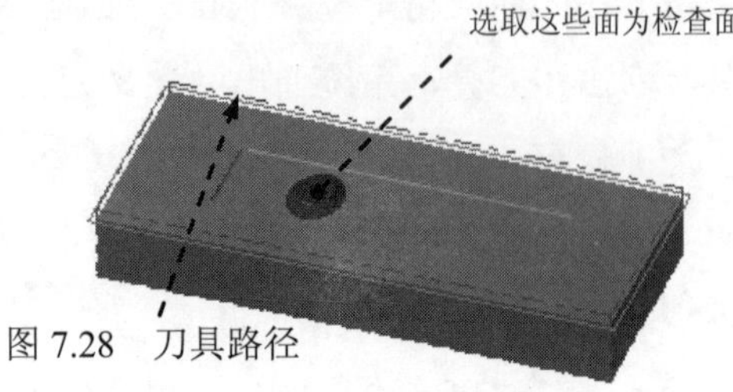

图 7.28　刀具路径

图 7.26　选取边界线

Step3. 确定刀具类型。在“曲面精车-平行”对话框中单击 刀具过滤 按钮，系统弹出“刀具列表过滤”对话框。单击 刀具类型 区域中的 无(N) 按钮后，在刀具类型按钮群中单击 （平底刀）按钮。单击 ✔ 按钮，关闭“刀具列表过滤”对话框，系统返回至“曲面精车-平行”对话框。

Step4. 选择刀具。在“曲面精车-平行”对话框中单击 选择库刀具... 按钮，系统弹出“刀具选择”对话框，在该对话框的列表框中选择图 7.27 所示的刀具。单击 ✔ 按钮，关闭“刀具选择”对话框，系统返回至“曲面精车-平行”对话框。

刀具选择 - C:\users\public\documents\shared mcamx8\Mill\Tools\Mill_mm.Tooldb

C:\users\publi...\Mill_mm.Tooldb

#	装配名称	刀具名称	刀...	直径	转角...	长度	类型	半径类型	刀齿数
475	--	15. FLAT ENDMILL	--	15.0	0.0	50.0	平底刀 1	无	4
476	--	16. FLAT ENDMILL	--	16.0	0.0	50.0	平底刀 1	无	4
477	--	17. FLAT ENDMILL	--	17.0	0.0	50.0	平底刀 1	无	4
478	--	18. FLAT ENDMILL	--	18.0	0.0	50.0	平底刀 1	无	4
479	--	19. FLAT ENDMILL	--	19.0	0.0	50.0	平底刀 1	无	4
480	--	20. FLAT ENDMILL	--	20.0	0.0	50.0	平底刀 1	无	4
481	--	21. FLAT ENDMILL	--	21.0	0.0	50.0	平底刀 1	无	4
482	--	22. FLAT ENDMILL	--	22.0	0.0	50.0	平底刀 1	无	4
483	--	23. FLAT ENDMILL	--	23.0	0.0	50.0	平底刀 1	无	4
484	--	24. FLAT ENDMILL	--	24.0	0.0	50.0	平底刀 1	无	4
485	--	25. FLAT ENDMILL	--	25.0	0.0	50.0	平底刀 1	无	4

过滤(F)...
☑ 启用过滤
显示 25 个刀具(共
显示模式
○ 刀具
○ 装配
◉ 两者

图 7.27　“刀具选择”对话框

Step5. 设置刀具相关参数。

（1）在“曲面精车-平行”对话框 刀路参数 选项卡的列表框中显示出 Step4 所选择的刀具，双击该刀具，系统弹出“定义刀具”对话框。

（2）设置刀具号码。单击 最终化属性 按钮，在 刀具编号: 文本框中将原有的数值改为 5。

（3）设置刀具参数。在 进给率 文本框中输入值 500.0，在 下切速率: 文本框中输入值 300.0，在 提刀速率 文本框中输入值 1000.0，在 主轴转速 文本框中输入值 1500.0。

（4）设置冷却方式。单击 冷却液 按钮，系统弹出“冷却液”对话框，在 Flood （切削液）下拉列表中选择 On 选项，单击该对话框中的 确定 按钮，关闭“冷却液”对话框。

（5）单击“定义刀具”对话框中的 精加工 按钮，完成刀具的设置。

Step6. 设置曲面参数。在“曲面精车-平行”对话框中单击 曲面参数 选项卡，在进给下刀位置...文本框中输入值 5，在毛坯预留量驱动面上（此处翻译有误，应为“加工面预留量”）文本框中输入值 0，在毛坯预留量检查面上（此处翻译有误，应为“干涉面预留量”）文本框中输入值 1。

Step7. 设置精加工平行铣削参数。在“曲面精车-平行”对话框中单击平行精加工参数选项卡，然后在最大径向切削间距(M)...文本框中输入值 8，在切削方式下拉列表中选择双向选项。

Step8. 单击“曲面精车-平行”对话框中的✓按钮，同时在图形区生成图 7.28 所示的刀具路径。

Step9. 实体切削验证。

（1）在刀路选项卡中单击按钮，然后单击“验证选定操作”按钮，系统弹出“Mastercam 模拟器”对话框。

（2）在“Mastercam 模拟器”对话框中单击按钮，系统将开始进行实体切削仿真，结果如图 7.29 所示。

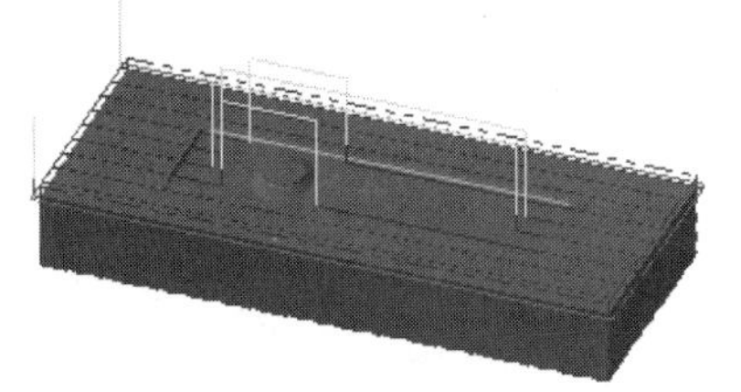

图 7.28　刀具路径

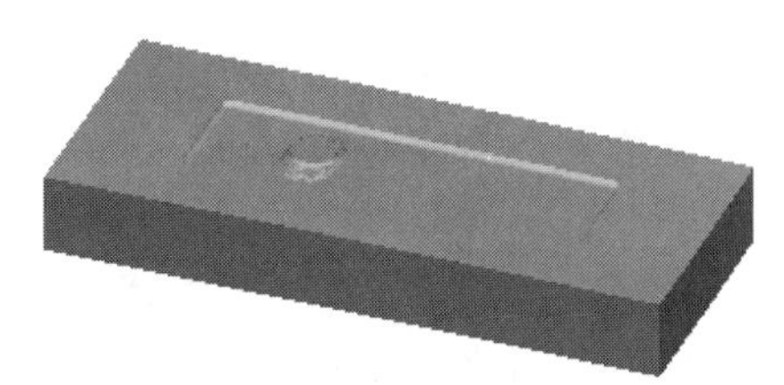

图 7.29　仿真结果

Step10. 保存模型。选择下拉菜单文件(F) → 保存(S)命令，保存模型。

学习拓展：扫一扫右侧二维码，可以免费学习更多视频讲解。
讲解内容：二维草图，拉伸以及回转等详解。

实例 8 印章车削加工

车削加工主要用于加工旋转体类零件。要保证产品的质量，车削加工跟铣削加工一样，也需要安排多道工序，因此在加工之前需要根据零件的特征制订好加工的工艺。

下面以图 8.1 所示的印章为例介绍多工序车削的加工方法，其操作步骤如下。

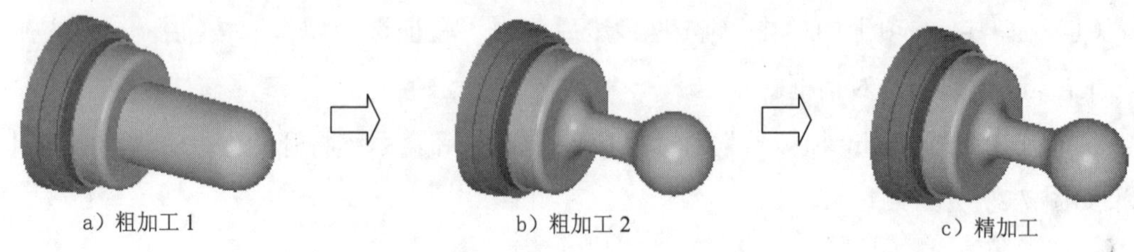

图 8.1 加工流程

Stage1. 进入加工环境

打开模型。选择文件 D:\mcx8.11\work\ch08\GREAT_SEAL.MCX，系统进入加工环境，此时零件模型如图 8.1a 所示。

Stage2. 设置工件和夹爪

Step1. 在“操作管理器”中单击 属性 - Lathe Default MM 节点前的“+”号，将该节点展开，然后单击 毛坯设置 节点，系统弹出“机床群组属性”对话框。

Step2. 设置工件的形状。在“机床群组属性”对话框的毛坯区域中单击 属性... 按钮，系统弹出“机床组件管理器-毛坯”对话框。

Step3. 设置工件的尺寸。在“机床组件管理器-毛坯”对话框的外径:文本框中输入值 360.0，在长度:文本框中输入值 600.0，在轴向位置区域的 Z: 文本框中输入值 480.0，其他参数采用系统默认设置值。单击 预览车床边界(P)... 按钮查看工件，如图 8.2 所示。按 Enter 键，然后在“机床组件管理器-毛坯”对话框中单击 ✓ 按钮，系统返回至“机床群组属性”对话框。

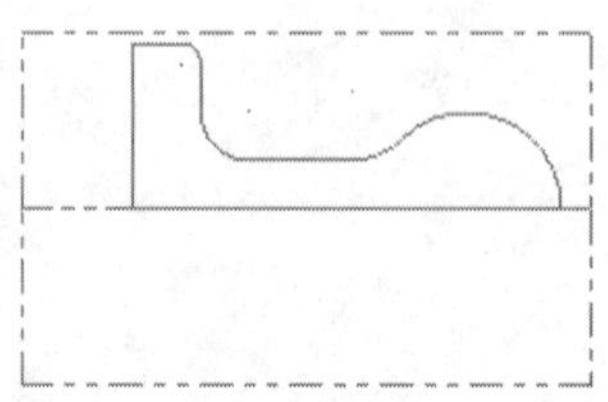

图 8.2 预览工件形状和位置

Step4. 设置夹爪的形状。在“机床群组属性”对话框的卡爪区域中单击属性...按钮，系统弹出“机床组件管理器–卡爪”对话框。

Step5. 设置夹爪的尺寸。参数设置如图 8.3 所示，单击预览车床边界按钮查看夹爪，结果如图 8.4 所示。按 Enter 键，然后在“机床组件管理器–卡爪”对话框中单击✓按钮，系统返回至“机床群组属性”对话框。

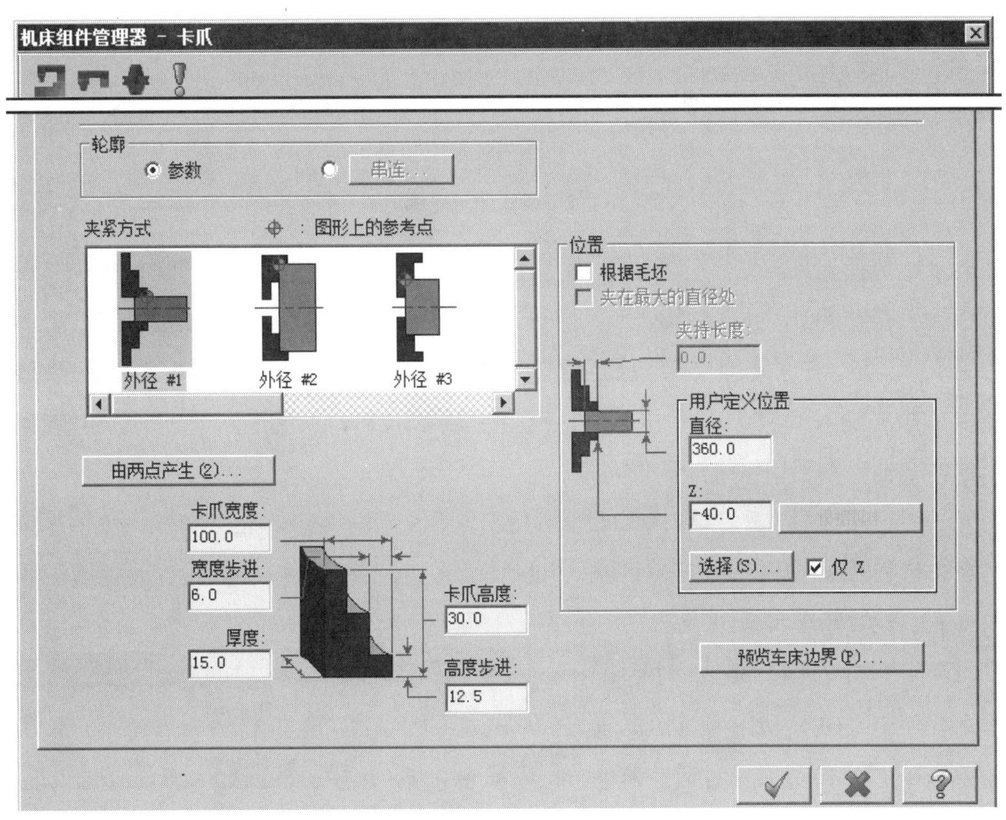

图 8.3 “机床组件管理器 – 卡爪”对话框

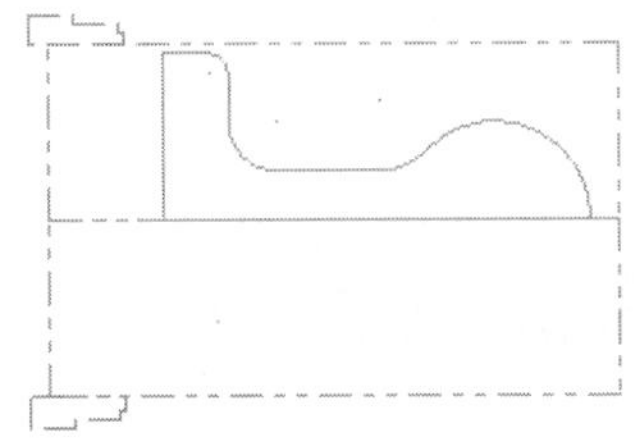

图 8.4 预览夹爪形状和位置

Step6. 在“机床群组属性”对话框中单击✓按钮，完成工件和夹爪的设置。

Stage3. 粗车加工 1

Step1. 选择加工类型。选择下拉菜单刀路(T) → 粗车(R)...命令，系统弹出“输入新 NC 名称”对话框，采用系统默认的 NC 名称。单击✓按钮，系统弹出“串连”对话框。

Step2. 定义加工轮廓。在该对话框中选中☑等待复选框，然后在图形区中依次选取图 8.5 所示的轮廓线（中心线以上的部分）。单击✓按钮，系统弹出“车削粗车 属性”对话框。

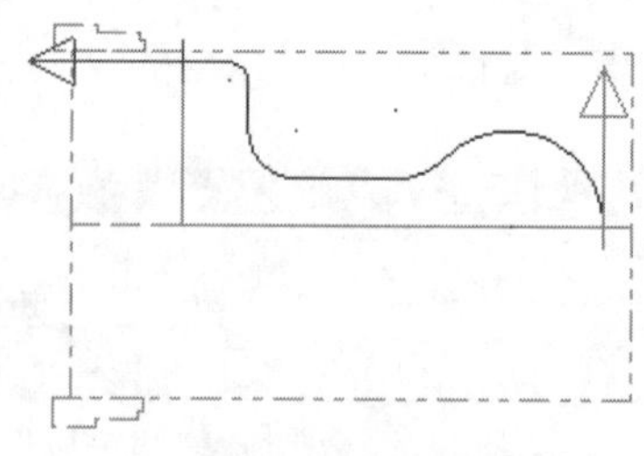

图 8.5 选取加工轮廓

Step3. 选择刀具。在“车削粗车 属性”对话框中采用系统默认的刀具，在主轴转速:文本框中输入值 500.0，并选中◉RPM单选项；在原点位置下拉列表选择用户定义选项，单击定义(D)按钮，在系统弹出的“原点位置-用户定义”对话框的X:文本框中输入值 300.0，在Z:文本框中输入值 800.0。单击该对话框中的✓按钮，系统返回至“车削粗车 属性”对话框，其他参数采用系统默认设置值。

Step4. 设置冷却方式。单击Coolant...按钮，系统弹出“Coolant...”对话框，在Flood下拉列表中选择On选项。单击该对话框中的✓按钮，关闭“Coolant...”对话框。

Step5. 设置粗车参数。

（1）在“车削粗车 属性”对话框中单击粗加工参数选项卡，然后单击切入/切出(L)...按钮，系统弹出“切入/切出”对话框。

（2）在“切入/切出”对话框中单击切出选项卡，选中增加线(L)...复选框并单击该按钮，此时系统弹出“新建外形线”对话框。

（3）在“新建外形线”对话框的长度:文本框中输入值 15，在角度:文本框中输入值 180，然后单击✓按钮。

（4）单击“切入/切出”对话框中的✓按钮，系统返回至“车削粗车 属性”对话框。然后在毛坯识别下拉列表中选择毛坯用于外边界选项。

Step6. 单击“车削粗车 属性”对话框中的✓按钮，完成参数的设置，此时系统将自动生成图 8.6 所示的刀具路径。

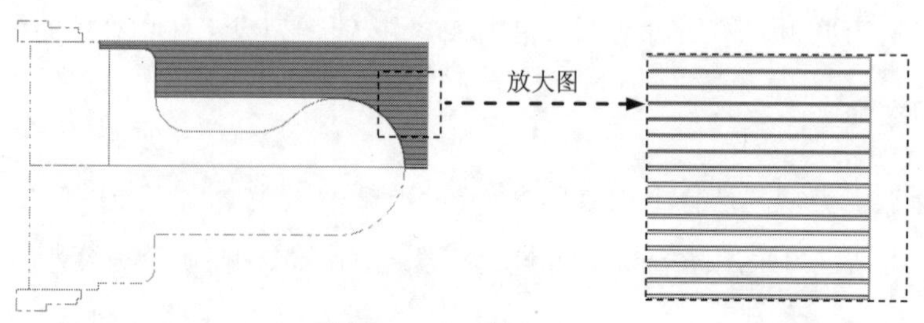

图 8.6 刀具路径

Stage4. 粗车加工 2

Step1. 选择加工类型。选择下拉菜单 刀路(T) → 粗车(R)... 命令，系统弹出“串连”对话框。

说明：单击“操作管理器”中的≋按钮隐藏上步的刀具路径，以便于后面加工面的选取，下同。

Step2. 定义加工轮廓。在该对话框中选中☑等待复选框，然后在图形区中依次选取图 8.7 所示的轮廓线（中心线以上的部分）。单击✓按钮，系统弹出“车削粗车 属性”对话框。

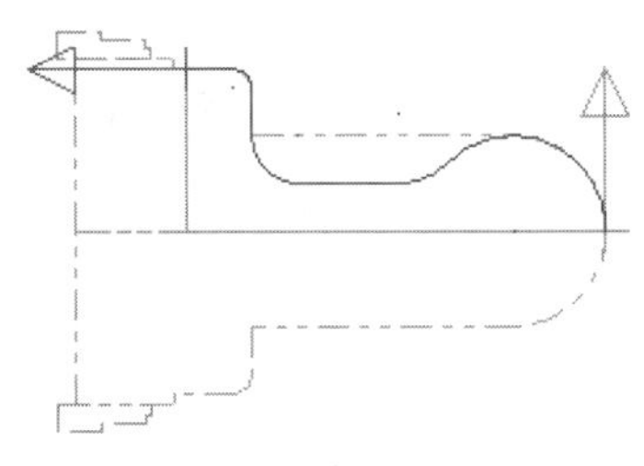

图 8.7 选取加工轮廓

Step3. 选择刀具。在“车削粗车 属性”对话框中选择 T2121 R0.8 OD FINISH RIGHT-35.DEG 刀具，在进给率:文本框中输入值 0.25；在主轴转速:文本框中输入值 600.0，并选中⊙RPM单选项。

Step4. 设置冷却方式。单击Coolant...按钮，系统弹出“Coolant...”对话框，在Flood下拉列表中选择On选项。单击该对话框中的✓按钮，关闭“Coolant...”对话框。

Step5. 设置粗车参数。

（1）在“车削粗车 属性”对话框中单击粗加工参数选项卡，然后单击切入/切出(L)...按钮，系统弹出“切入/切出”对话框。

（2）在“切入/切出”对话框中单击切入选项卡，在自动计算向量区域选中☑自动计算进刀向量复选框。

（3）在“切入/切出”对话框中单击切出选项卡，在自动计算向量区域选中☑自动计算退刀向量复选框。单击✓按钮，系统返回至“车削粗车 属性”对话框。

（4）单击钻削参数(P)...按钮，系统弹出“钻削参数”对话框。在钻削切削区域选中单选项（第二个），然后单击✓按钮。

（5）在“车削粗车 属性”对话框的毛坯识别下拉列表中选择剩余毛坯选项。

Step6. 单击“车削粗车 属性”对话框中的✓按钮，完成参数的设置，此时系统将自动生成图 8.8 所示的刀具路径。

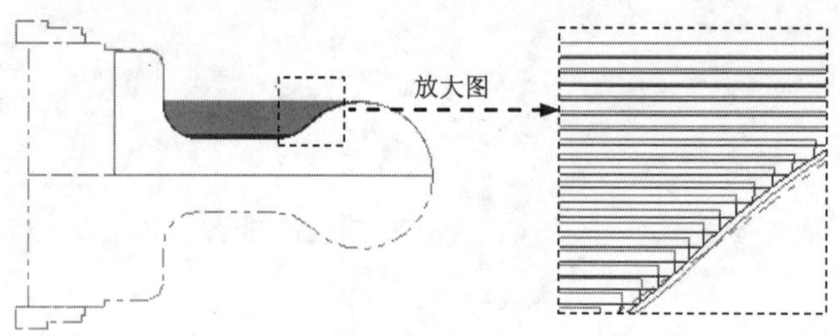

图 8.8　刀具路径

Stage5. 精车加工

Step1. 选择加工类型。选择下拉菜单 刀路(T) → 精车(F)... 命令，系统弹出“串连”对话框。

Step2. 定义加工轮廓。在该对话框中选中 ☑ 等待 复选框，然后在图形区中依次选取图 8.9 所示的轮廓线（中心线以上的部分）。单击 ✔ 按钮，系统弹出“车削精车 属性”对话框。

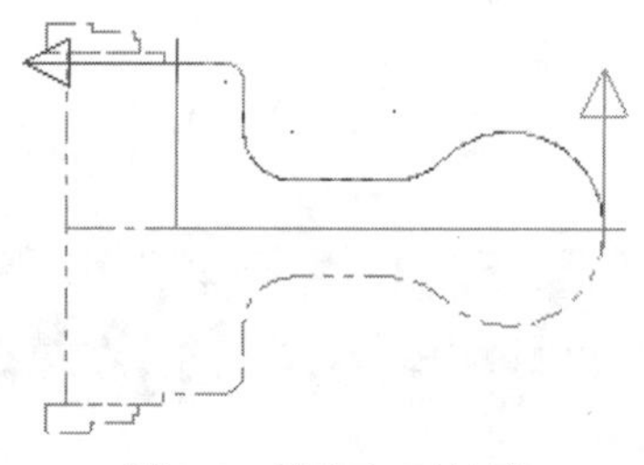

图 8.9　选取加工轮廓

Step3. 选择刀具。在“车削精车 属性”对话框中采用系统默认的刀具，在 进给率: 文本框中输入值 0.15，在 主轴转速: 文本框中输入值 800.0，并选中 ⊙ RPM 单选项。在 原点位置 下拉列表中选择 用户定义 选项，单击 定义(D)... 按钮，在系统弹出的“原点位置-用户定义”对话框的 X: 文本框中输入值 300.0，在 Z: 文本框中输入值 800.0。单击该对话框中的 ✔ 按钮，系统返回至“车削精车 属性”对话框，其他参数采用系统默认设置值。

Step4. 设置冷却方式。单击 Coolant... 按钮，系统弹出“Coolant...”对话框，在 Flood 下拉列表中选择 On 选项。单击该对话框中的 ✔ 按钮，关闭“Coolant...”对话框。

Step5. 设置精车参数。

（1）在“车削精车 属性”对话框中单击 精车参数 选项卡，然后单击 切入/切出(L)... 按钮，系统弹出“切入/切出”对话框。

（2）在“切入/切出”对话框中单击 切入 选项卡，在 固定方向 区域选中 ⊙ 垂直 单选项，然后在 长度: 文本框中输入值 4。

（3）在“切入/切出”对话框中单击 切出 选项卡，在 固定方向 区域中选中 ⊙ 垂直 单选项，

然后在长度文本框中输入值 4。单击✔按钮，系统返回至“车削精车 属性”对话框。

（4）单击钻削参数(P)...按钮，系统弹出“钻削参数”对话框。在钻削切削区域选中单选项（第二个），然后单击✔按钮。

Step6. 单击“车削精车 属性”对话框中的✔按钮，完成参数的设置，此时系统将自动生成图 8.10 所示的刀具路径。

Step7. 实体切削验证。

（1）在刀路选项卡中单击按钮，然后单击“验证选定操作”按钮，系统弹出“Mastercam 模拟器”对话框。

（2）在“Mastercam 模拟器”对话框中单击按钮，系统将开始进行实体切削仿真，结果如图 8.11 所示，单击×按钮。

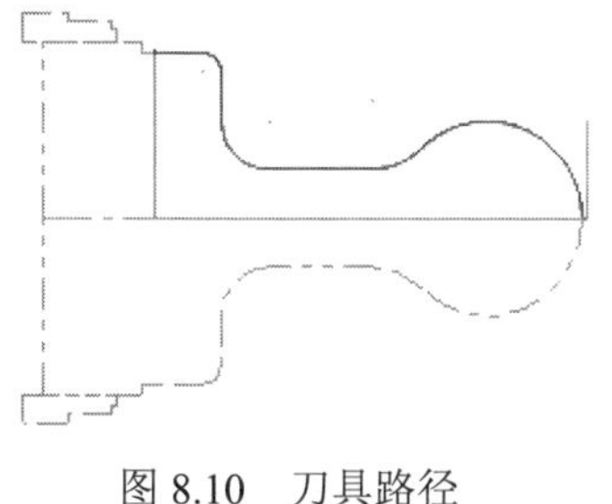

图 8.10　刀具路径

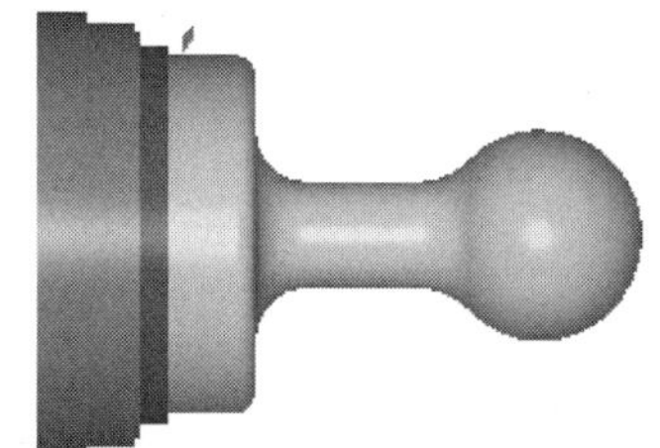

图 8.11　仿真结果

Step8. 保存模型。选择下拉菜单文件(F) → 保存(S)命令，即可保存加工模型。

学习拓展：扫一扫右侧二维码，可以免费学习更多视频讲解。

讲解内容：产品设计的基础知识，曲面的设计概述，常用的曲面设的方法及流程等。

实例 9 灯罩后模加工

本例以灯罩后模加工为例来介绍模具的一般加工过程。粗加工，大量地去除毛坯材料；精加工，把毛坯件加工成目标件的最后步骤，也是最关键的一步，其加工结果直接影响模具的加工质量和加工精度，所以在本例中我们对精加工的要求很高。

下面以灯罩后模为例介绍多工序铣削的加工方法，该模具的加工工艺路线如图 9.1 所示。

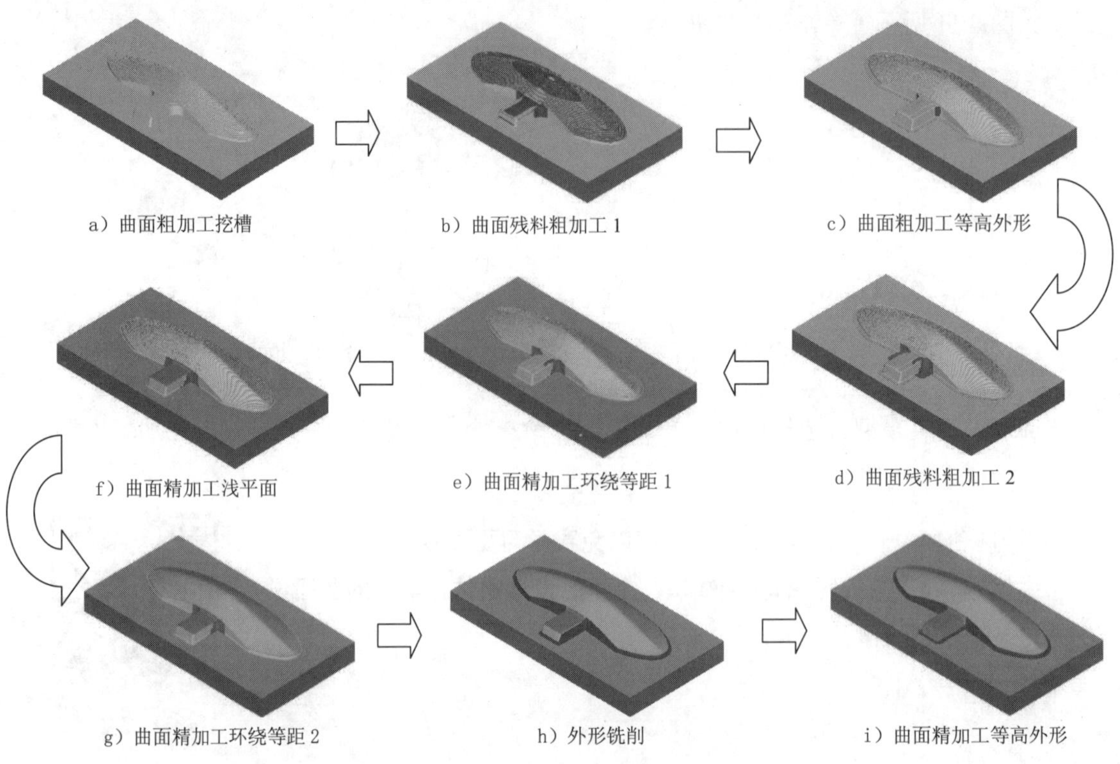

图 9.1　加工工艺路线

Stage1. 进入加工环境

打开模型。选择文件 D:\ mcx8.11\work\ch09\LAMPSHADE_MOLD.MCX，系统进入加工环境，此时零件模型如图 9.2 所示。

Stage2. 设置工件

Step1. 在“操作管理器”中单击 属性 - Generic Mill 节点前的“+”号，将该节点展开，然后单击 毛坯设置 节点，系统弹出“机床群组属性”对话框。

Step2. 设置工件的形状。在“机床群组属性”对话框的形状区域中选中⦿矩形单选项。

Step3. 设置工件的尺寸。在“机床群组属性”对话框中单击所有曲面按钮，在毛坯原点区域Z下面的文本框中输入值6，在Z文本框中输入值70。

Step4. 单击“机床群组属性”对话框中的✓按钮，完成工件的设置。此时零件如图9.3所示，从图中可以观察到零件的边缘多了红色的双点画线，双点画线围成的图形即工件。

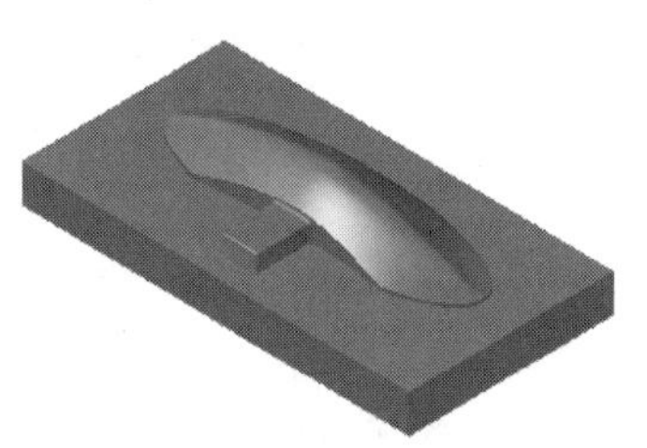

图 9.2 零件模型

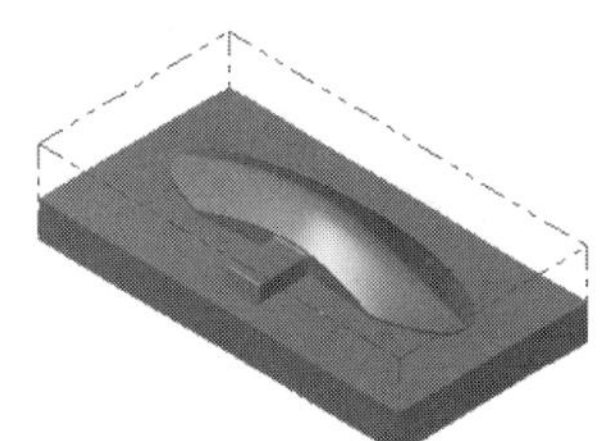

图 9.3 显示工件

Stage3. 粗加工挖槽加工

Step1. 绘制边界。单击俯视图按钮，选择下拉菜单绘图(C) → □ 矩形(R)...命令，系统弹出“矩形”工具栏。在“矩形”工具栏中确认按钮被按下，选取图9.4所示的坐标原点（此时在“标准选择”工具栏的X文本框、Y文本框、Z文本框中值均为0,），然后在后的文本框中输入值330，在后的文本框中输入值180，按Enter键。单击✓按钮，完成矩形边界的绘制，结果如图9.5所示。

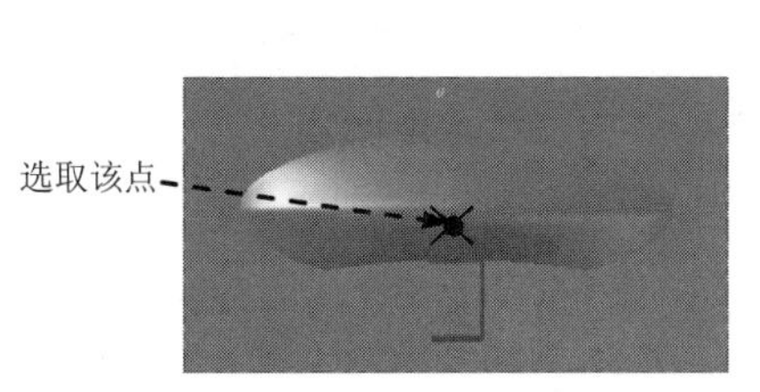

图 9.4 定义基准点

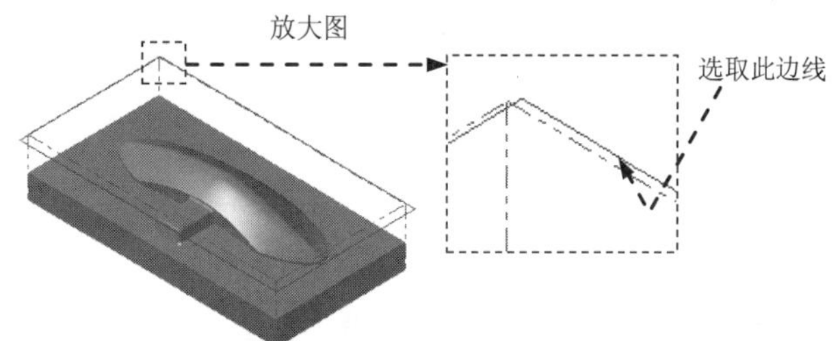

图 9.5 选取切削范围边线

Step2. 选择下拉菜单刀路(T) → 曲面粗加工(R) → 挖槽(K)...命令，系统弹出“输入新的NC名称”对话框，采用系统默认的名称，单击✓按钮。

Step3. 设置加工区域。

（1）选取加工面。在图形区中选取图9.6所示的面（共31个面），然后按Enter键，系统弹出“刀路/曲面选择”对话框。

（2）设置加工边界。在边界范围区域中单击按钮，系统弹出“串连”对话框。在图形区中选取图9.5所示的边线。单击✓按钮，系统返回至“刀路/曲面选择”对话框。

（3）单击✓按钮，完成加工区域的设置，同时系统弹出“曲面粗车-挖槽”对话框。

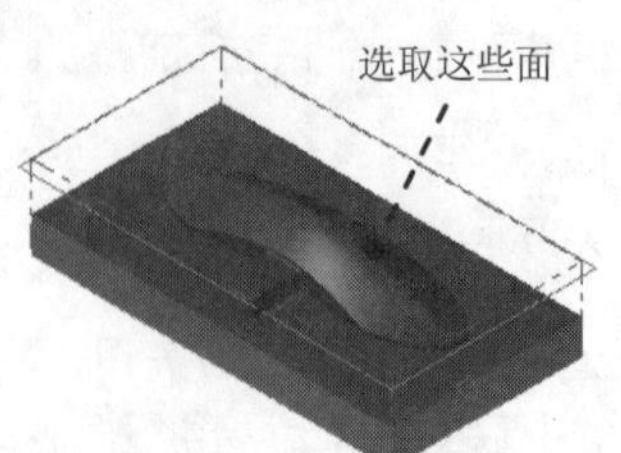

图 9.6 选取加工面

Step4. 确定刀具类型。在“曲面粗车-挖槽”对话框中单击 刀具过滤 按钮，系统弹出“刀具列表过滤”对话框。单击 刀具类型 区域中的 无(N) 按钮后，在刀具类型按钮群中单击（平底刀）按钮。然后单击 ✓ 按钮，关闭“刀具列表过滤”对话框，系统返回至“曲面粗车-挖槽”对话框。

Step5. 选择刀具。在“曲面粗车-挖槽”对话框中单击 选择库刀具... 按钮，系统弹出“刀具选择”对话框，在该对话框的列表框中选择图 9.7 所示的刀具。单击 ✓ 按钮，关闭“刀具选择”对话框，系统返回至“曲面粗车-挖槽”对话框。

刀具选择 - C:\users\public\documents\shared mcamx8\Mill\Tools\Mill_mm.Tooldb

C:\users\publi...\Mill_mm.Tooldb

#	装配名称	刀具名称	刀...	直径	转角...	长度	刀齿数	类型	半径类型
475	--	15. FLAT ENDMILL	--	15.0	0.0	50.0	4	平底刀 1	无
476	--	16. FLAT ENDMILL	--	16.0	0.0	50.0	4	平底刀 1	无
477	--	17. FLAT ENDMILL	--	17.0	0.0	50.0	4	平底刀 1	无
478	--	18. FLAT ENDMILL	--	18.0	0.0	50.0	4	平底刀 1	无
479	--	19. FLAT ENDMILL	--	19.0	0.0	50.0	4	平底刀 1	无
480	--	20. FLAT ENDMILL	--	20.0	0.0	50.0	4	平底刀 1	无
481	--	21. FLAT ENDMILL	--	21.0	0.0	50.0	4	平底刀 1	无
482	--	22. FLAT ENDMILL	--	22.0	0.0	50.0	4	平底刀 1	无
483	--	23. FLAT ENDMILL	--	23.0	0.0	50.0	4	平底刀 1	无
484	--	24. FLAT ENDMILL	--	24.0	0.0	50.0	4	平底刀 1	无
485	--	25. FLAT ENDMILL	--	25.0	0.0	50.0	4	平底刀 1	无

过滤(F)...
启用过滤
显示 25 个刀具(共
显示模式
刀具
装配
两者

图 9.7 “刀具选择”对话框

Step6. 设置刀具参数。

（1）完成上步操作后，在“曲面粗车-挖槽”对话框 刀路参数 选项卡的列表框中显示出 Step5 所选择的刀具，双击该刀具，系统弹出“定义刀具”对话框。

（2）设置刀具号码。单击 最终化属性 按钮，在 刀具编号: 文本框中将原有的数值改为 1。

（3）设置刀具的加工参数。在 进给率 文本框中输入值 400.0，在 下切速率: 文本框中输入值 200.0，在 提刀速率 文本框中输入值 500.0，在 主轴转速 文本框中输入值 1200.0。

（4）设置冷却方式。单击 冷却液 按钮，系统弹出“冷却液”对话框，在 Flood（切削液）下拉列表中选择 On 选项，单击该对话框中的 确定 按钮，关闭“冷却液”对话框。

Step7. 单击“定义刀具”对话框中的 精加工 按钮，完成刀具的设置。

Step8. 设置曲面参数。在“曲面粗车-挖槽”对话框中单击 曲面参数 选项卡，在 毛坯预留量 驱动面上（此处翻译有误，应为“加工面预留量”)文本框中输入值 1。

Step9. 设置粗加工参数。

（1）在“曲面粗车-挖槽”对话框中单击粗加工参数选项卡，在最大轴向切削间距:文本框中输入值 1，然后在进刀选项区域选中☑ 从边界范围外下刀、☑ 螺旋进刀复选框。

（2）单击螺旋进刀按钮，系统弹出“螺旋/斜插式下刀参数”对话框。单击“螺旋/斜插式下刀参数”对话框中的斜降选项卡，在斜插失败时区域选中⊙ 跳过单选项，单击“螺旋/斜插式下刀参数”对话框中的✔按钮。

（3）单击切削深度(D)...按钮，在系统弹出的“切削深度”对话框中选中⊙ 绝对坐标单选项，然后在绝对深度区域的最小深度文本框中输入值 5，在最大深度文本框中输入值 -35。单击✔按钮，系统返回至“曲面粗车-挖槽”对话框。

（4）单击间隙设置(G)...按钮，在系统弹出的“间隙设置”对话框中单击重设(R)按钮，在切弧半径:文本框中输入值 10.0，在切弧角度:文本框中输入值 90.0。单击✔按钮，系统返回至“曲面粗车-挖槽”对话框。

（5）单击高级设置(E)...按钮，在系统弹出的“高级设置”对话框中单击重设(R)按钮。单击✔按钮，系统返回至“曲面粗车-挖槽”对话框。

Step10. 设置挖槽参数。在“曲面粗车-挖槽”对话框中单击挖槽参数选项卡，在径向切削比例:文本框中输入值 50,并选中⊙ 直径百分比单选项，取消选中☐ 由内而外螺旋式切削复选框与☐ 精车复选框。

Step11. 单击“曲面粗车-挖槽”对话框中的✔按钮，完成加工参数的设置，此时系统将自动生成图 9.8 所示的刀具路径。

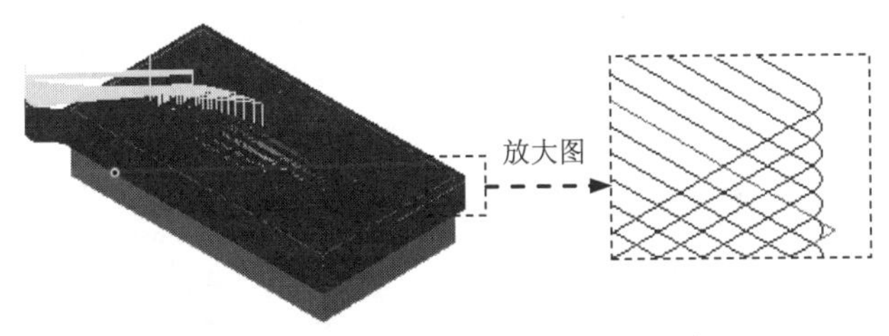

图 9.8　刀具路径

Stage4. 粗加工残料加工 1

说明：单击“操作管理器”中的≋按钮隐藏上步的刀具路径，以便于后面加工面的选取，下同。

Step1. 选择加工方法。选择下拉菜单 刀路(T) → 曲面粗加工(R) → 残料铣削(T)... 命令。

Step2. 选取加工面及加工范围。

（1）选取加工面。在图形区中选取图 9.9 所示的面（共 31 个面），然后按 Enter 键，系统弹出“刀路/曲面选择”对话框。

（2）设置加工边界。在边界范围区域中单击按钮，系统弹出“串连”对话框。在图形区中选取图 9.10 所示的边线，单击按钮，系统返回至“刀路/曲面选择”对话框。

（3）单击按钮，完成加工区域的设置，同时系统弹出“曲面残料加工”对话框。

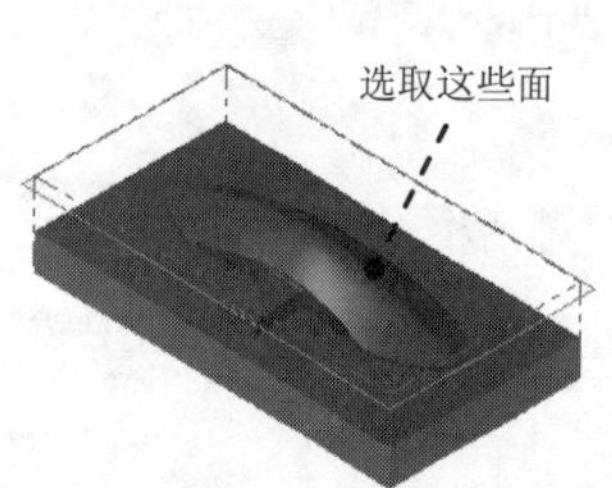

图 9.9　选取加工面

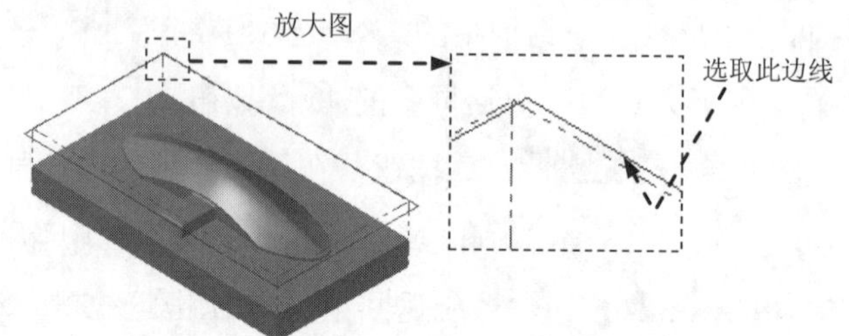

图 9.10　选取切削范围边线

Step3. 确定刀具类型。在“曲面残料加工”对话框中单击刀具过滤按钮，系统弹出“刀具列表过滤”对话框。单击刀具类型区域中的无(N)按钮后，在刀具类型按钮群中单击（平底刀）按钮。单击按钮，关闭“刀具列表过滤”对话框，系统返回至“曲面残料加工”对话框。

Step4. 选择刀具。在“曲面残料加工”对话框中单击选择库刀具...按钮，系统弹出“刀具选择”对话框，在该对话框的列表框中选择图 9.11 所示的刀具。单击按钮，关闭“刀具选择”对话框，系统返回至“曲面残料加工”对话框。

刀具选择 - C:\users\public\documents\shared mcamx8\Mill\Tools\Mill_mm.Tooldb

C:\users\publi...\Mill_mm.Tooldb

#	装配名称	刀具名称	刀...	直径	转角...	长度	刀齿数	半径类型	类型
461	--	1. FLAT ENDMILL	--	1.0	0.0	50.0	4	无	平底刀 1
462	--	2. FLAT ENDMILL	--	2.0	0.0	50.0	4	无	平底刀 1
463	--	3. FLAT ENDMILL	--	3.0	0.0	50.0	4	无	平底刀 1
464	--	4. FLAT ENDMILL	--	4.0	0.0	50.0	4	无	平底刀 1
465	--	5. FLAT ENDMILL	--	5.0	0.0	50.0	4	无	平底刀 1
466	--	6. FLAT ENDMILL	--	6.0	0.0	50.0	4	无	平底刀 1
467	--	7. FLAT ENDMILL	--	7.0	0.0	50.0	4	无	平底刀 1
468	--	8. FLAT ENDMILL	--	8.0	0.0	50.0	4	无	平底刀 1
469	--	9. FLAT ENDMILL	--	9.0	0.0	50.0	4	无	平底刀 1
470	--	10. FLAT ENDMILL	--	10.0	0.0	50.0	4	无	平底刀 1
471	--	11. FLAT ENDMILL	--	11.0	0.0	50.0	4	无	平底刀 1
472	--	12. FLAT ENDMILL	--	12.0	0.0	50.0	4	无	平底刀 1

过滤(F)...
☑ 启用过滤
显示 25 个刀具(共
显示模式
○ 刀具
○ 装配
◉ 两者

图 9.11　“刀具选择”对话框

Step5. 设置刀具相关参数。

（1）在“曲面残料加工”对话框刀路参数选项卡的列表框中显示出 Step4 所选择的刀具，双击该刀具，系统弹出“定义刀具”对话框。

（2）设置刀具号码。单击最终化属性按钮，在刀具编号:文本框中将原有的数值改为 2。

（3）设置刀具参数。在进给率:文本框中输入值 150.0，在下切速率:文本框中输入值 100.0，

在提刀速率文本框中输入值 500.0，在主轴转速文本框中输入值 1600.0。

（4）设置冷却方式。单击冷却液按钮，系统弹出“冷却液”对话框，在Flood（切削液）下拉列表中选择On选项，单击该对话框中的确定按钮，关闭“冷却液”对话框。

（5）单击“定义刀具”对话框中的精加工按钮，完成刀具的设置。

Step6. 设置曲面参数。在“曲面残料加工”对话框中单击曲面参数选项卡，在毛坯预留量驱动面上（此处翻译有误，应为“加工面预留量”）文本框中输入值 1.0，曲面参数选项卡中的其他参数采用系统默认设置值。

Step7. 设置残料加工参数。在“曲面残料加工”对话框中单击残料加工参数选项卡，在最大轴向切削间距:文本框中输入值 0.5，在过渡区域选中◉ 高速加工单选项，在斜插长度:文本框中输入值 3.0；选中☑ 优化切削顺序复选框和圆弧/线进/退刀复选框。

Step8. 单击“曲面残料加工”对话框中的✓按钮，同时在图形区生成图 9.12 所示的刀具路径。

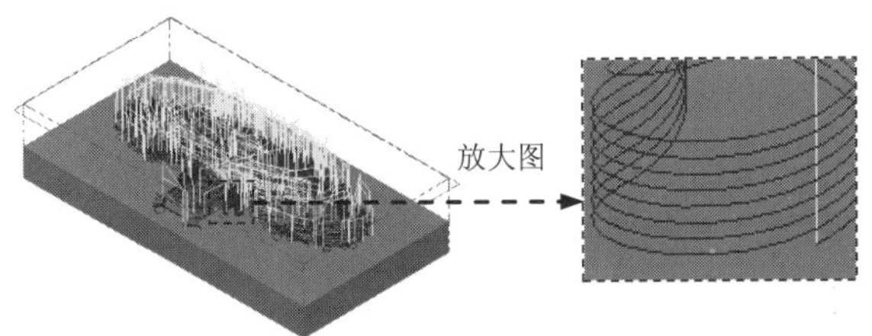

图 9.12　刀具路径

Stage5. 粗加工等高外形加工

Step1. 选择加工方法。选择下拉菜单 刀路(T) → 曲面粗加工(R) → 外形(C)... 命令。

Step2. 设置加工区域。

（1）选取加工面。在图形区中选取图 9.13 所示的面（共 31 个面），然后按 Enter 键，系统弹出“刀路/曲面选择”对话框。

（2）设置加工边界。在边界范围区域中单击按钮，系统弹出“串连”对话框。在图形区中选取图 9.14 所示的边线，单击✓按钮，系统返回至“刀路/曲面选择”对话框。

（3）单击✓按钮，完成加工区域的设置，同时系统弹出“曲面粗车-外形”对话框。

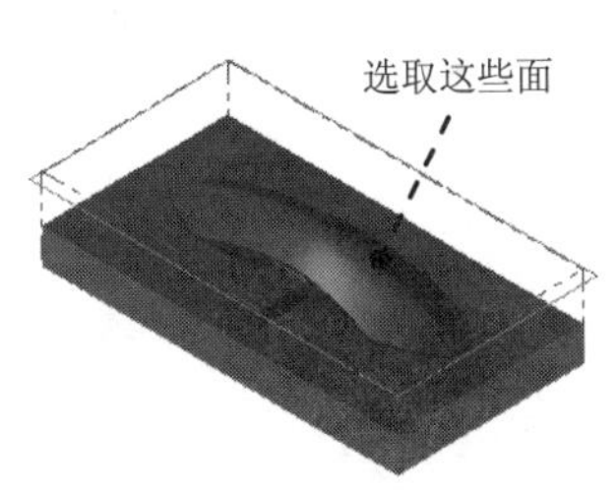

图 9.13　选取加工面

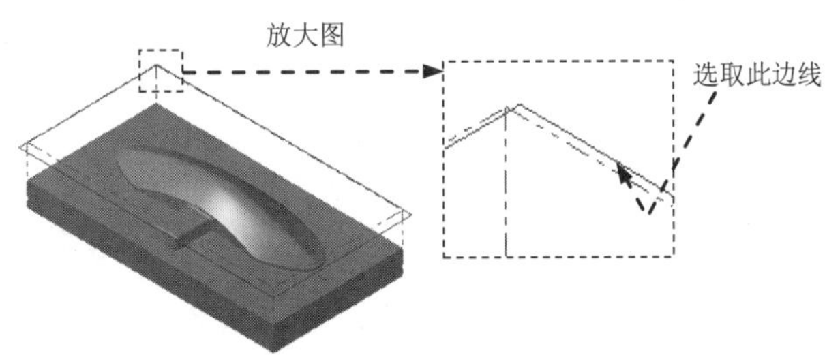

图 9.14　选取切削范围边线

Step3. 确定刀具类型。在“曲面粗车-外形”对话框中单击 刀具过滤 按钮，系统弹出“刀具列表过滤”对话框。单击 刀具类型 区域中的 无(N) 按钮后，在刀具类型按钮群中单击 （圆鼻刀）按钮，然后单击 ✔ 按钮，关闭“刀具列表过滤”对话框，系统返回至“曲面粗车-外形”对话框。

Step4. 选择刀具。在“曲面粗车-外形”对话框中单击 选择库刀具... 按钮，系统弹出“刀具选择”对话框，在该对话框的列表框中选择图 9.15 所示的刀具。单击 ✔ 按钮，关闭“刀具选择”对话框，系统返回至“曲面粗车-外形”对话框。

刀具选择 - C:\users\public\documents\shared mcamx8\Mill\Tools\Mill_mm.Tooldb

C:\users\publi...\Mill_mm.Tooldb

#	装配名称	刀具名称	刀...	直径	转角...	长度	类型	刀齿数	半径类型
523	--	3. BULL ENDMILL 1...	--	3.0	1.0	50.0	圆鼻刀 3	4	转角
525	--	4. BULL ENDMILL 0...	--	4.0	0.2	50.0	圆鼻刀 3	4	转角
524	--	4. BULL ENDMILL 1...	--	4.0	1.0	50.0	圆鼻刀 3	4	转角
527	--	5. BULL ENDMILL 1...	--	5.0	1.0	50.0	圆鼻刀 3	4	转角
526	--	5. BULL ENDMILL 2...	--	5.0	2.0	50.0	圆鼻刀 3	4	转角
529	--	6. BULL ENDMILL 1...	--	6.0	1.0	50.0	圆鼻刀 3	4	转角
528	--	6. BULL ENDMILL 2...	--	6.0	2.0	50.0	圆鼻刀 3	4	转角
530	--	7. BULL ENDMILL 3...	--	7.0	3.0	50.0	圆鼻刀 3	4	转角
531	--	7. BULL ENDMILL 2...	--	7.0	2.0	50.0	圆鼻刀 3	4	转角
532	--	7. BULL ENDMILL 1...	--	7.0	1.0	50.0	圆鼻刀 3	4	转角
535	--	8. BULL ENDMILL 1...	--	8.0	1.0	50.0	圆鼻刀 3	4	转角
533	--	8. BULL ENDMILL 2...	--	8.0	2.0	50.0	圆鼻刀 3	4	转角

过滤(F)...
☑ 启用过滤
显示 99 个刀具(共
显示模式
○ 刀具
○ 装配
◉ 两者

图 9.15 “刀具选择”对话框

Step5. 设置刀具参数。

（1）完成上步操作后，在“曲面粗车-外形”对话框 刀路参数 选项卡的列表框中显示出 Step4 所选择的刀具，双击该刀具，系统弹出“定义刀具”对话框。

（2）设置刀具号码。单击 最终化属性 按钮，在 刀具编号: 文本框中将原有的数值改为 3。

（3）设置刀具的加工参数。在 进给率 文本框中输入值 200.0，在 下切速率: 文本框中输入值 100.0，在 提刀速率 文本框中输入值 500.0，在 主轴转速 文本框中输入值 1500.0。

（4）设置冷却方式。单击 冷却液 按钮，系统弹出“冷却液”对话框，在 Flood （切削液）下拉列表中选择 On 选项，单击该对话框中的 确定 按钮，关闭“冷却液”对话框。

Step6. 单击“定义刀具”对话框中的 精加工 按钮，完成刀具的设置。

Step7. 设置加工参数。

（1）设置曲面参数。在“曲面粗车-外形”对话框中单击 曲面参数 选项卡，在 毛坯预留量驱动面上 (此处翻译有误，应为“加工面预留量”)文本框中输入值 0.5， 曲面参数 选项卡中的其他参数采用系统默认设置。

（2）设置等高外形粗加工参数。

① 在“曲面粗车-外形”对话框中单击 外形粗加工参数 选项卡，在 最大轴向切削间距: 文本框中输入值 0.5，在 过渡 区域选中 ◉ 高速加工 单选项以及“曲面粗车-外形”对话框中左下

方的☑ 优化切削顺序复选框。

② 在斜插长度:文本框中输入值 5.0，选中圆弧/线进/退刀与☑ 平面(F)...复选框，然后单击平面(F)...按钮，系统弹出“平面外形”对话框，在平面区域径向切削间距:文本框中输入值 2.0，单击“平面外形”对话框中的✓按钮。

（3）单击“曲面粗车-外形”对话框中的✓按钮，同时在图形区生成图 9.16 所示的刀具路径。

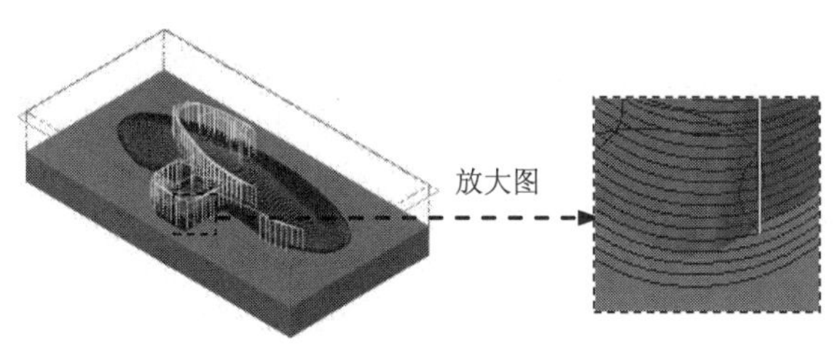

图 9.16　刀具路径

Stage6. 粗加工残料加工 2

Step1. 绘制边界。单击俯视图按钮，选择下拉菜单绘图(C) → 矩形(R)...命令，系统弹出“矩形”工具栏。在“矩形”工具栏的后的文本框中输入值 60，在后的文本框中输入值-30，按 Enter 键。在绘制区域单击确定矩形的放置位置（图 9.17），单击✓按钮，完成矩形边界的绘制，结果如图 9.18 所示。

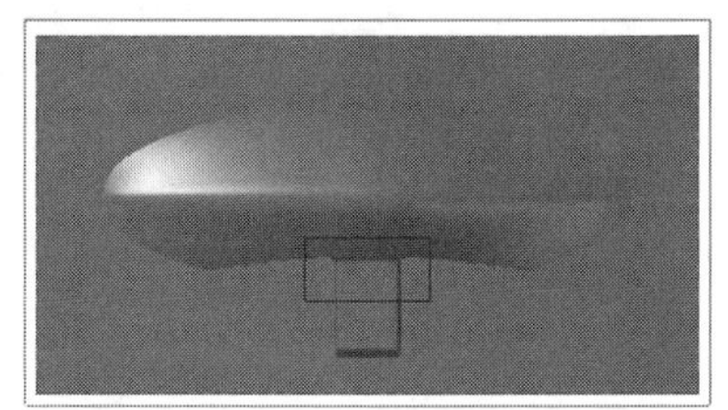

图 9.17　绘制边界（顶视图）

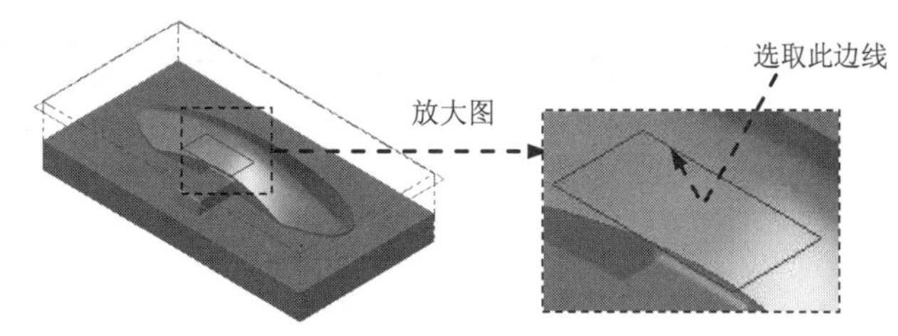

图 9.18　绘制矩形边界（等角视图）

Step2. 选择加工方法。选择下拉菜单刀路(T) → 曲面粗加工(R) → 残料铣削(T)...命令。

Step3. 设置加工区域。

（1）选取加工面。在图形区中选取图 9.19 所示的面（共 15 个面），然后按 Enter 键，系统弹出“刀路/曲面选择”对话框。

（2）设置加工边界。在边界范围区域中单击按钮，系统弹出“串连”对话框。在图形区中选取图 9.18 所示的边线，单击✓按钮，系统返回至“刀路/曲面选择”对话框。

（3）单击检查面区域中的按钮，选取图 9.20 所示的面为检查面，然后按 Enter 键。

（4）单击按钮，完成加工区域的设置，同时系统弹出“曲面残料加工”对话框。

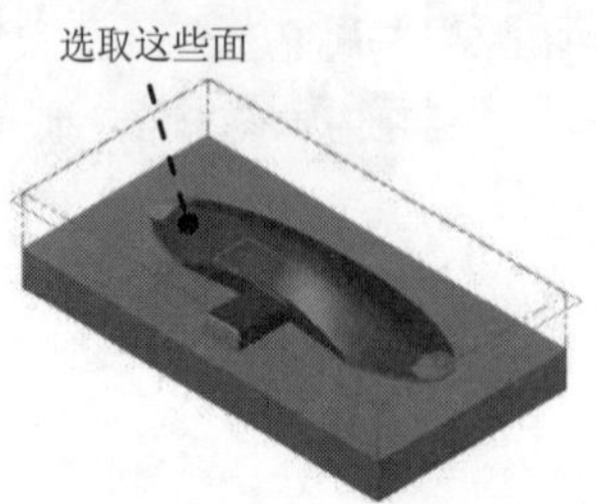

图 9.19　选取加工面

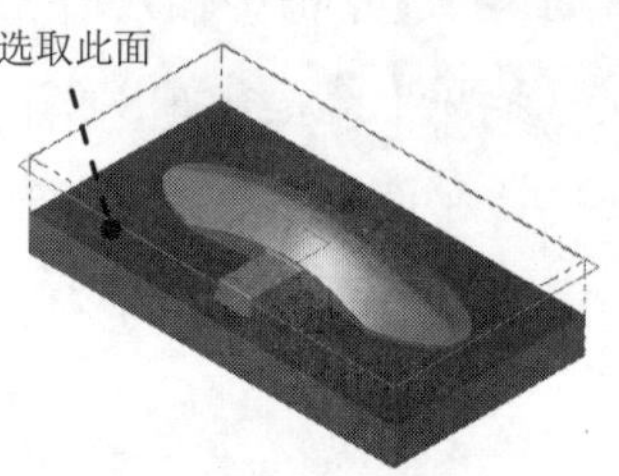

图 9.20　选取检查面

Step4. 确定刀具类型。在“曲面残料加工”对话框中单击刀具过滤按钮，系统弹出“刀具列表过滤”对话框。单击刀具类型区域中的无(N)按钮后，在刀具类型按钮群中单击（平底刀）按钮。单击按钮，关闭“刀具列表过滤”对话框，系统返回至“曲面残料加工”对话框。

Step5. 选择刀具。在“曲面残料加工”对话框中单击选择库刀具...按钮，系统弹出“刀具选择”对话框，在该对话框的列表框中选择图 9.21 所示的刀具。单击按钮，关闭“刀具选择”对话框，系统返回至“曲面残料加工”对话框。

刀具选择 - C:\users\public\documents\shared mcamx8\Mill\Tools\Mill_mm.Tooldb

C:\users\publi...\Mill_mm.Tooldb

#	装配名称	刀具名称	刀...	直径	转角...	长度	类型	半径类型	刀齿数
461	--	1. FLAT ENDMILL	--	1.0	0.0	50.0	平底刀 1	无	4
462	--	2. FLAT ENDMILL	--	2.0	0.0	50.0	平底刀 1	无	4
463	--	3. FLAT ENDMILL	--	3.0	0.0	50.0	平底刀 1	无	4
464	--	4. FLAT ENDMILL	--	4.0	0.0	50.0	平底刀 1	无	4
465	--	5. FLAT ENDMILL	--	5.0	0.0	50.0	平底刀 1	无	4
466	--	6. FLAT ENDMILL	--	6.0	0.0	50.0	平底刀 1	无	4
467	--	7. FLAT ENDMILL	--	7.0	0.0	50.0	平底刀 1	无	4
468	--	8. FLAT ENDMILL	--	8.0	0.0	50.0	平底刀 1	无	4
469	--	9. FLAT ENDMILL	--	9.0	0.0	50.0	平底刀 1	无	4
470	--	10. FLAT ENDMILL	--	10.0	0.0	50.0	平底刀 1	无	4
471	--	11. FLAT ENDMILL	--	11.0	0.0	50.0	平底刀 1	无	4
472	--	12. FLAT ENDMILL	--	12.0	0.0	50.0	平底刀 1	无	4

过滤(F)...
☑ 启用过滤
显示 25 个刀具(共
显示模式
○ 刀具
○ 装配
◉ 两者

图 9.21　“刀具选择”对话框

Step6. 设置刀具相关参数。

（1）在“曲面残料加工”对话框刀路参数选项卡的列表框中显示出 Step5 所选择的刀具，双击该刀具，系统弹出“定义刀具”对话框。

（2）设置刀具号码。单击最终化属性按钮，在刀具编号:文本框中将原有的数值改为 4。

（3）设置刀具参数。在进给率文本框中输入值 200.0，在下切速率:文本框中输入值 100.0，在提刀速率文本框中输入值 500.0，在主轴转速文本框中输入值 2500.0。

（4）设置冷却方式。单击冷却液按钮，系统弹出“冷却液”对话框，在Flood（切削液）下拉列表中选择On选项，单击该对话框中的确定按钮，关闭“冷却液”对话框。

（5）单击“定义刀具”对话框中的精加工按钮，完成刀具的设置。

Step7. 设置曲面参数。在“曲面残料加工”对话框中单击 曲面参数 选项卡，在 毛坯预留量驱动面上（选项卡中上面的第一个，此处翻译有误，应为“加工面预留量”）文本框中输入值 0.5，在 毛坯预留量检查面上（此处翻译有误，应为“检查面预留量”）文本框中输入值 0.3， 曲面参数 选项卡中的其他参数采用系统默认设置值。

Step8. 单击“曲面残料加工”对话框中的 ✓ 按钮，同时在图形区生成图 9.22 所示的刀具路径。

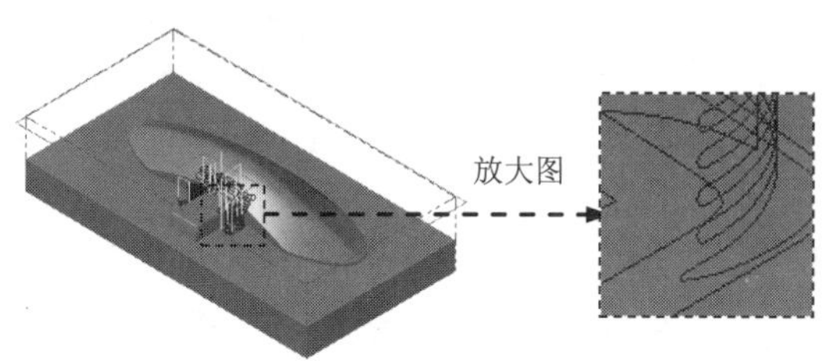

图 9.22 刀具路径

Stage7. 精加工环绕等距加工 1

Step1. 选择加工方法。选择下拉菜单 刀路(T) → 曲面精加工(F) → 环绕(O)... 命令。

Step2. 设置加工区域。

（1）选取加工面。在图形区中选取图 9.23 所示的面，然后按 Enter 键，系统弹出“刀路/曲面选择”对话框。

（2）设置加工边界。在 边界范围 区域中单击 ↖ 按钮，系统弹出“串连”对话框。在图形区中选取图 9.24 所示的边线，单击 ✓ 按钮，系统返回至“刀路/曲面选择”对话框。

（3）单击 检查面 区域中的 ↖ 按钮，选取图 9.25 所示的面为检查面（共 30 个面），然后按 Enter 键。

（4）单击 ✓ 按钮，完成加工区域的设置，同时系统弹出“曲面精车-等距环绕”对话框。

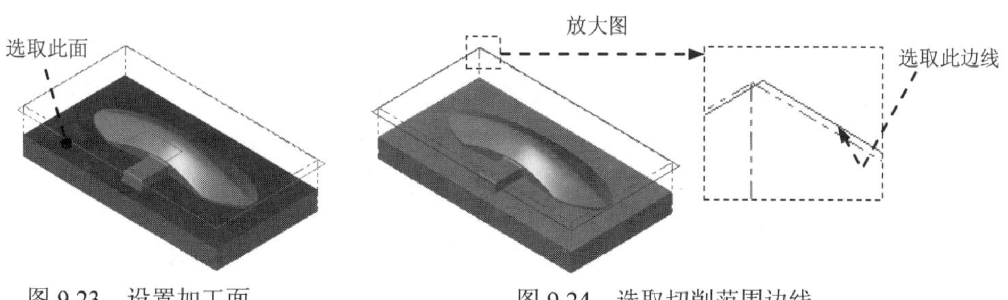

图 9.23 设置加工面　　图 9.24 选取切削范围边线

Step3. 确定刀具类型。在“曲面精车-等距环绕”对话框中单击 刀具过滤 按钮，系统弹出“刀具列表过滤”对话框。单击 刀具类型 区域中的 无(N) 按钮后，在刀具类型按钮群中单击（平底刀）按钮。单击按钮，关闭“刀具列表过滤”对话框，系统返回至“曲面精车-等距环绕”对话框。

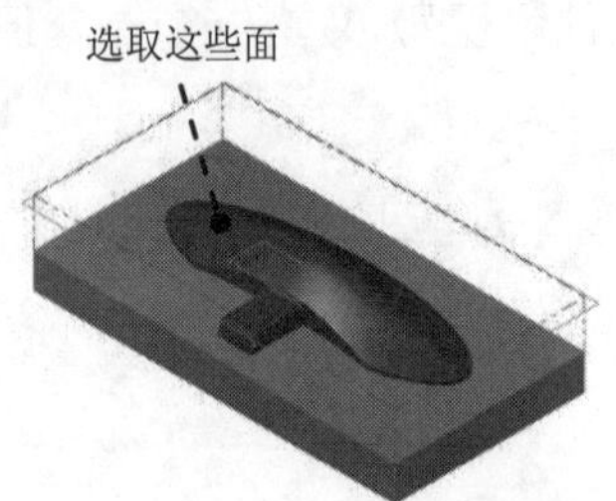

图 9.25　选取干涉面

Step4. 选择刀具。在“曲面精车-等距环绕”对话框中单击选择库刀具...按钮，系统弹出“刀具选择”对话框，在该对话框的列表框中选择图 9.26 所示的刀具。单击按钮，关闭“刀具选择”对话框，系统返回至“曲面精车-等距环绕”对话框。

刀具选择 - C:\users\public\documents\shared mcamx8\Mill\Tools\Mill_mm.Tooldb

C:\users\publi...\Mill_mm.Tooldb

#	装配名称	刀具名称	刀...	直径	转角...	长度	刀齿数	类型	半径类型
464	--	4. FLAT ENDMILL	--	4.0	0.0	50.0	4	平底刀 1	无
465	--	5. FLAT ENDMILL	--	5.0	0.0	50.0	4	平底刀 1	无
466	--	6. FLAT ENDMILL	--	6.0	0.0	50.0	4	平底刀 1	无
467	--	7. FLAT ENDMILL	--	7.0	0.0	50.0	4	平底刀 1	无
468	--	8. FLAT ENDMILL	--	8.0	0.0	50.0	4	平底刀 1	无
469	--	9. FLAT ENDMILL	--	9.0	0.0	50.0	4	平底刀 1	无
470	--	10. FLAT ENDMILL	--	10.0	0.0	50.0	4	平底刀 1	无
471	--	11. FLAT ENDMILL	--	11.0	0.0	50.0	4	平底刀 1	无
472	--	12. FLAT ENDMILL	--	12.0	0.0	50.0	4	平底刀 1	无
473	--	13. FLAT ENDMILL	--	13.0	0.0	50.0	4	平底刀 1	无
474	--	14. FLAT ENDMILL	--	14.0	0.0	50.0	4	平底刀 1	无
475	--	15. FLAT ENDMILL	--	15.0	0.0	50.0	4	平底刀 1	无

过滤(F)...
启用过滤
显示 25 个刀具(共
显示模式
刀具
装配
两者

图 9.26　“刀具选择”对话框

Step5. 设置刀具相关参数。

（1）在“曲面精车-等距环绕”对话框刀路参数选项卡的列表框中显示出 Step4 所选择的刀具，双击该刀具，系统弹出“定义刀具”对话框。

（2）设置刀具号码。单击最终化属性按钮，在刀具编号:文本框中将原有的数值改为 5。

（3）设置刀具参数。在进给率文本框中输入值 400.0，在下切速率:文本框中输入值 150.0，在提刀速率文本框中输入值 500.0，在主轴转速文本框中输入值 2000.0。

（4）设置冷却方式。单击冷却液按钮，系统弹出“冷却液”对话框，在 Flood（切削液）下拉列表中选择 On 选项，单击该对话框中的确定按钮，关闭“冷却液”对话框。

（5）单击“定义刀具”对话框中的精加工按钮，完成刀具的设置。

Step6. 设置加工参数。

（1）设置曲面加工参数。在“曲面精车-等距环绕”对话框中单击曲面参数选项卡，在

毛坯预留量检查面上文本框中输入值 3.0，曲面参数选项卡中的其他参数采用系统默认设置值。

（2）设置环绕等距精加工参数。

① 在“曲面精车-等距环绕”对话框中单击环绕精加工参数选项卡，在环绕精加工参数选项卡的最大径向切削间距(M)...文本框中输入值 4.0，并确认加工方向区域的⊙ 顺时针单选项处于选中状态，在环绕精加工参数选项卡中选中☑ 切削按最短距离排序复选框。

② 取消选中深度限制(D)...按钮前的复选框，单击间隙设置(G)...按钮，在系统弹出的“间隙设置”对话框中选中☑ 优化切削顺序复选框，在移动小于间隙时，不提刀区域的下拉列表中选择平滑选项。

③ 单击✓按钮，系统返回至“曲面精车-等距环绕”对话框。对话框中的其他参数采用系统默认设置值，单击“曲面精车-等距环绕”对话框中的✓按钮，同时在图形区生成图 9.27 所示的刀具路径。

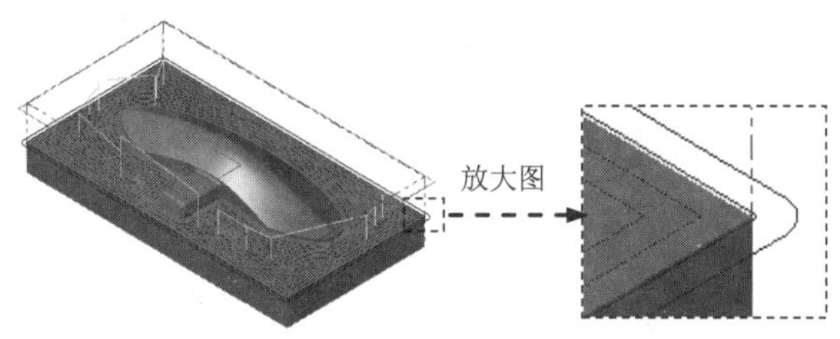

图 9.27 刀具路径

Stage8. 精加工浅平面加工

Step1. 选择下拉菜单 刀路(T) → 曲面精加工(F) → 浅平面(S)... 命令。

Step2. 设置加工区域。

（1）在图形区中选取图 9.28 所示的面（共 11 个），然后按 Enter 键，系统弹出“刀路/曲面选择”对话框。

（2）单击检查面区域中的↖按钮，选取图 9.29 所示的面为检查面（共 10 个），然后按 Enter 键。单击✓按钮，完成加工区域的设置，同时系统弹出“曲面精车-浅铣削”对话框。

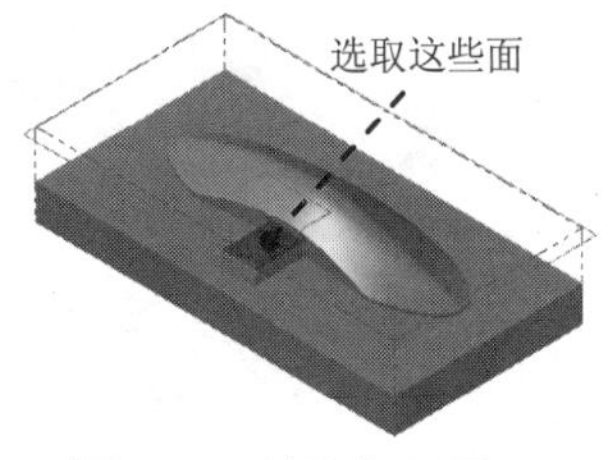

图 9.28 选取加工面

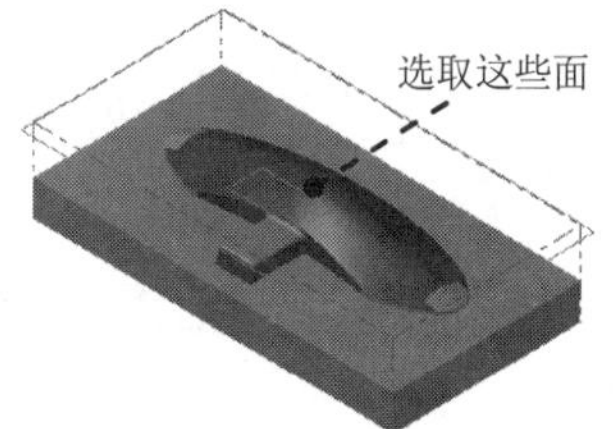

图 9.29 选取检查面

Step3. 确定刀具类型。在“曲面精车-浅铣削”对话框中单击刀具过滤按钮，系统弹出“刀具列表过滤”对话框。单击刀具类型区域中的无(N)按钮后，在刀具类型按钮群中单击（球刀）按钮。单击按钮，关闭“刀具列表过滤”对话框，系统返回至“曲面精车-浅铣削”对话框。

Step4. 选择刀具。在“曲面精车-浅铣削”对话框中单击选择库刀具...按钮，系统弹出“刀具选择”对话框，在该对话框的列表框中选择图 9.30 所示的刀具。单击按钮，关闭“刀具选择”对话框，系统返回至“曲面精车-浅铣削”对话框。

刀具选择 - C:\users\public\documents\shared mcamx8\Mill\Tools\Mill_mm.Tooldb

C:\users\publi...\Mill_mm.Tooldb

#	装配名称	刀具名称	刀...	直径	转角...	长度	刀齿数	半径类型	类型
486	--	1. BALL ENDMILL	--	1.0	0.5	50.0	4	全部	球刀 2
487	--	2. BALL ENDMILL	--	2.0	1.0	50.0	4	全部	球刀 2
488	--	3. BALL ENDMILL	--	3.0	1.5	50.0	4	全部	球刀 2
489	--	4. BALL ENDMILL	--	4.0	2.0	50.0	4	全部	球刀 2
490	--	5. BALL ENDMILL	--	5.0	2.5	50.0	4	全部	球刀 2
491	--	6. BALL ENDMILL	--	6.0	3.0	50.0	4	全部	球刀 2
492	--	7. BALL ENDMILL	--	7.0	3.5	50.0	4	全部	球刀 2
493	--	8. BALL ENDMILL	--	8.0	4.0	50.0	4	全部	球刀 2
494	--	9. BALL ENDMILL	--	9.0	4.5	50.0	4	全部	球刀 2
495	--	10. BALL ENDMILL	--	10.0	5.0	50.0	4	全部	球刀 2
496	--	11. BALL ENDMILL	--	11.0	5.5	50.0	4	全部	球刀 2
497	--	12. BALL ENDMILL	--	12.0	6.0	50.0	4	全部	球刀 2

过滤(F)...
☑ 启用过滤
显示 25 个刀具(共
显示模式
○ 刀具
○ 装配
⊙ 两者

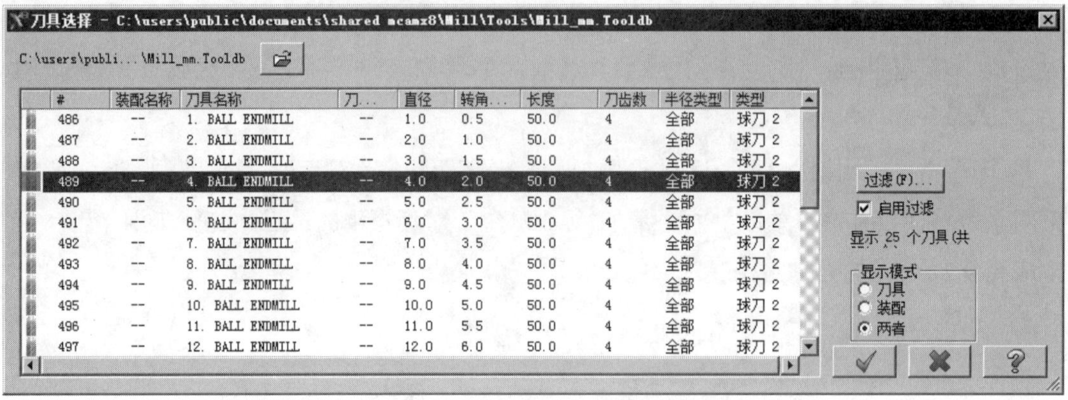

图 9.30 “刀具选择”对话框

Step5. 设置刀具相关参数。

（1）在“曲面精车-浅铣削”对话框刀路参数选项卡的列表框中显示出 Step4 所选择的刀具，双击该刀具，系统弹出“定义刀具”对话框。

（2）设置刀具号码。单击最终化属性按钮，在刀具编号:文本框中将原有的数值改为 6。

（3）设置刀具参数。在进给率文本框中输入值 200.0，在下切速率:文本框中输入值 100.0，在提刀速率文本框中输入值 500.0，在主轴转速文本框中输入值 2200.0。

（4）设置冷却方式。单击冷却液按钮，系统弹出“冷却液”对话框，在Flood（切削液）下拉列表中选择On选项，单击该对话框中的确定按钮，关闭“冷却液”对话框。

（5）单击“定义刀具”对话框中的精加工按钮，完成刀具的设置。

Step6. 设置曲面加工参数。在“曲面精车-浅铣削”对话框中单击曲面参数选项卡，各参数采用系统默认设置值。

Step7. 设置浅平面精加工参数。在“曲面精车-浅铣削”对话框中单击浅平面精加工参数选项卡，在浅平面精加工参数选项卡的最大径向切削间距(M)...文本框中输入值 0.25，选中☑ 由内而外环切复选框，在终止倾斜角度文本框中输入值 30.0。单击按钮，系统返回至“曲面精车-浅铣削”对话框。

Step8. 单击“曲面精车-浅铣削”对话框中的按钮，同时在图形区生成图 9.31 所示的刀具路径。

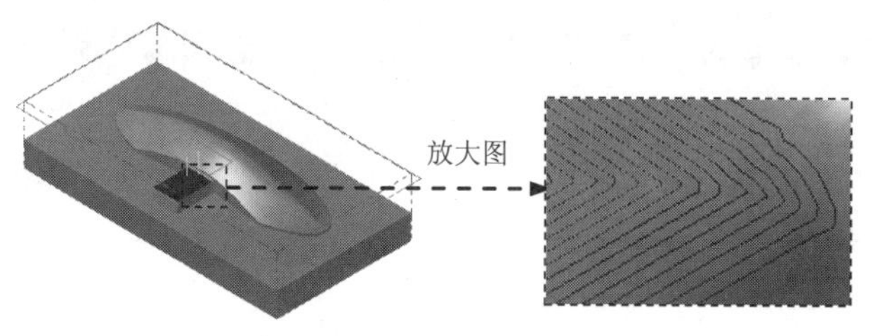

图 9.31 刀具路径

Stage9. 精加工环绕等距加工 2

Step1. 选择加工方法。选择下拉菜单 刀路(T) → 曲面精加工(F) → 环绕(O)... 命令。

Step2. 设置加工区域。

（1）选取加工面。在图形区中选取图 9.32 所示的面（共 3 个面），然后按 Enter 键，系统弹出“刀路/曲面选择”对话框。

（2）单击 检查面 区域中的 按钮，选取图 9.33 所示的面为检查面（共 28 个面），然后按 Enter 键。

（3）单击 按钮，完成加工区域的设置，同时系统弹出“曲面精车-等距环绕”对话框。

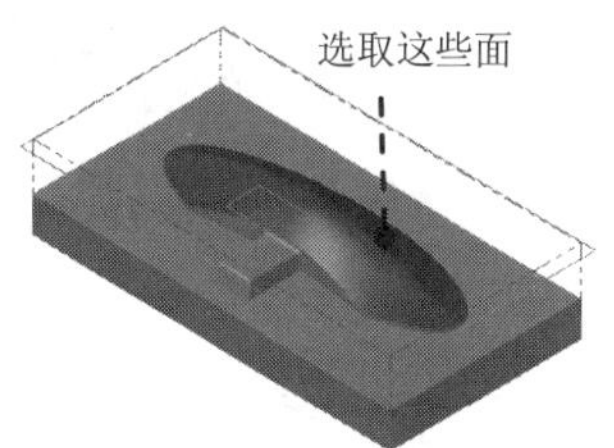

图 9.32 选取加工面

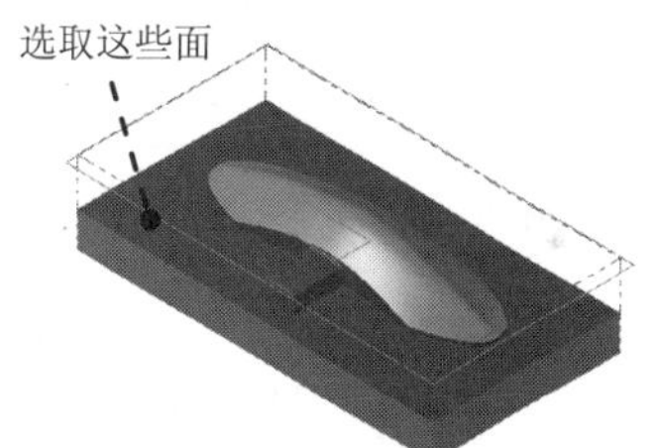

图 9.33 选取检查面

Step3. 确定刀具类型。在“曲面精车-等距环绕”对话框中单击 刀具过滤 按钮，系统弹出“刀具列表过滤”对话框。单击 刀具类型 区域中的 无(N) 按钮后，在刀具类型按钮群中单击 （球刀）按钮。单击 按钮，关闭“刀具列表过滤”对话框，系统返回至“曲面精车-等距环绕”对话框。

Step4. 选择刀具。在“曲面精车-等距环绕”对话框中单击 选择库刀具... 按钮，系统弹出“刀具选择”对话框，在该对话框的列表框中选择图 9.34 所示的刀具。单击 按钮，关闭“刀具选择”对话框，系统返回至“曲面精车-等距环绕”对话框。

Step5. 设置刀具相关参数。

（1）在“曲面精车-等距环绕”对话框 刀路参数 选项卡的列表框中显示出 Step4 所选择的刀具，双击该刀具，系统弹出“定义刀具”对话框。

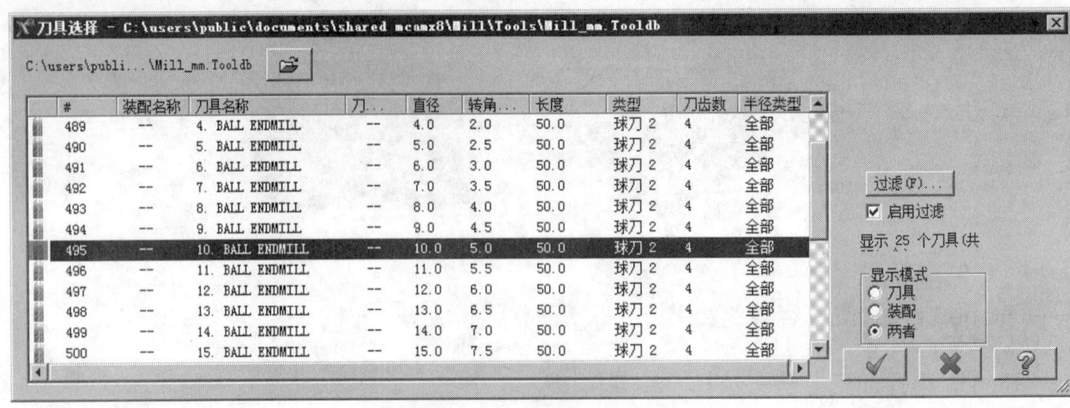

图 9.34 “刀具选择”对话框

（2）设置刀具号码。单击 最终化属性 按钮，在 刀具编号: 文本框中将原有的数值改为 7。

（3）设置刀具参数。在 进给率 文本框中输入值 300.0，在 下切速率: 文本框中输入值 100.0，在 提刀速率 文本框中输入值 500.0，在 主轴转速 文本框中输入值 1800.0。

（4）设置冷却方式。单击 冷却液 按钮，系统弹出“冷却液”对话框，在 Flood （切削液）下拉列表中选择 On 选项，单击该对话框中的 确定 按钮，关闭“冷却液”对话框。

（5）单击“定义刀具”对话框中的 精加工 按钮，完成刀具的设置。

Step6. 设置加工参数。

（1）设置曲面加工参数。在“曲面精车-等距环绕”对话框中单击 曲面参数 选项卡，在 毛坯预留量 检查面上 文本框中输入值 0.5， 曲面参数 选项卡中的其他参数采用系统默认设置值。

（2）设置环绕等距精加工参数。

① 在“曲面精车-等距环绕”对话框中单击 环绕精加工参数 选项卡，在 环绕精加工参数 选项卡的 最大径向切削间距(M)... 文本框中输入值 0.3，在 整体公差(T)... 文本框中输入值 0.01。

② 在 环绕精加工参数 选项卡中选中 ☑ 切削按最短距离排序 与 ☑ 由内而外环切 复选框。

③ 单击 间隙设置(G)... 按钮，在系统弹出的“间隙设置”对话框 移动小于间隙时，不提刀 区域的下拉列表中选择 沿着曲面 选项。单击 ✓ 按钮，系统返回至“曲面精车-等距环绕”对话框。

④ 单击“曲面精车-等距环绕”对话框中的 ✓ 按钮，同时在图形区生成图 9.35 所示的刀具路径。

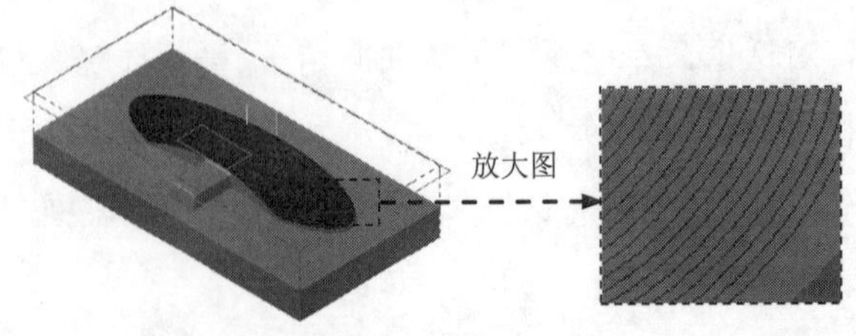

图 9.35 刀具路径

Stage10. 外形铣削加工

Step1. 绘制边界。

（1）选择命令。选择下拉菜单 绘图(C) → 曲线(V) → 曲面单一边界(O)... 命令。

（2）定义附着曲面和边界位置。在绘图区选取图 9.36 所示的面为附着曲面，此时在所选取的曲面上出现图 9.37 所示的箭头。移动鼠标，将箭头移动到图 9.37 所示的位置单击鼠标左键，此时系统自动生成创建的边界预览。单击 ✓ 按钮，完成指定边界的创建。

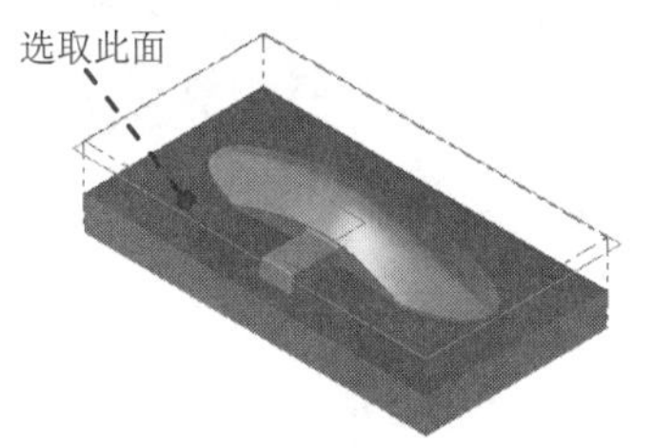

图 9.36 定义附着面

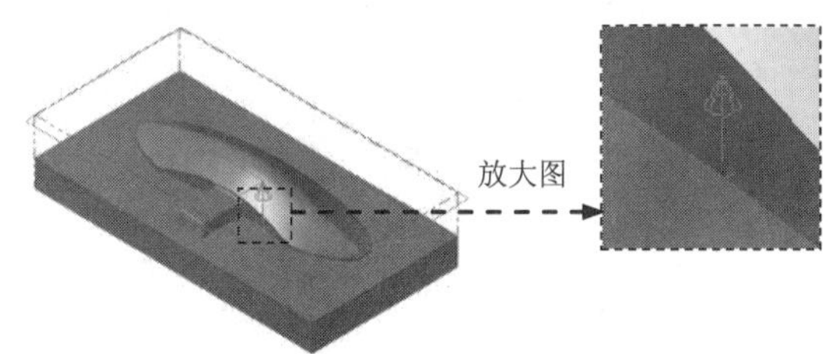

图 9.37 定义边界位置

Step2. 选择下拉菜单 刀路(T) → 外形铣削(C)... 命令，系统弹出“串连”对话框。

Step3. 设置加工区域。在图形区中选取 Step1 所创建的边界曲线，单击 ✓ 按钮，完成加工区域的设置，同时系统弹出“2D 刀路-外形”对话框。

Step4. 确定刀具类型。在“2D 刀路-外形”对话框的左侧节点列表中单击 刀具 节点，切换到“刀具参数”界面；单击 过滤(F)... 按钮，系统弹出“刀具列表过滤”对话框；单击 刀具类型 区域中的 无(N) 按钮后，在刀具类型按钮群中单击（平底刀）按钮。单击 ✓ 按钮，关闭“刀具列表过滤”对话框，系统返回至“2D 刀路-外形”对话框。

Step5. 选择刀具。在“2D 刀路-外形”对话框中单击 选择库刀具... 按钮，系统弹出“刀具选择”对话框，在该对话框的列表框中选择图 9.38 所示的刀具。单击 ✓ 按钮，关闭“刀具选择”对话框，系统返回至“2D 刀路-外形”对话框。

说明：系统会弹出“刀具管理”对话框，单击 是(Y) 即可。

刀具选择 - C:\users\public\documents\shared mcamx8\Mill\Tools\Mill_mm.Tooldb

C:\users\publi...\Mill_mm.Tooldb

#	装配名称	刀具名称	刀...	直径	转角...	长度	刀齿数	类型	半径类型
461	--	1. FLAT ENDMILL	--	1.0	0.0	50.0	4	平底刀 1	无
462	--	2. FLAT ENDMILL	--	2.0	0.0	50.0	4	平底刀 1	无
463	--	3. FLAT ENDMILL	--	3.0	0.0	50.0	4	平底刀 1	无
464	--	4. FLAT ENDMILL	--	4.0	0.0	50.0	4	平底刀 1	无
465	--	5. FLAT ENDMILL	--	5.0	0.0	50.0	4	平底刀 1	无
466	--	6. FLAT ENDMILL	--	6.0	0.0	50.0	4	平底刀 1	无
467	--	7. FLAT ENDMILL	--	7.0	0.0	50.0	4	平底刀 1	无
468	--	8. FLAT ENDMILL	--	8.0	0.0	50.0	4	平底刀 1	无
469	--	9. FLAT ENDMILL	--	9.0	0.0	50.0	4	平底刀 1	无
470	--	10. FLAT ENDMILL	--	10.0	0.0	50.0	4	平底刀 1	无
471	--	11. FLAT ENDMILL	--	11.0	0.0	50.0	4	平底刀 1	无
472	--	12. FLAT ENDMILL	--	12.0	0.0	50.0	4	平底刀 1	无

过滤(F)...

☑ 启用过滤

显示 25 个刀具(共

显示模式
- 刀具
- 装配
- 两者

图 9.38 “刀具选择”对话框

Step6. 设置刀具参数。

（1）完成上步操作后，在“2D 刀路-外形”对话框的刀具列表中双击该刀具，系统弹出“定义刀具”对话框。

（2）设置刀具号码。单击最终化属性按钮，在刀具编号:文本框中将原有的数值改为 8。

（3）设置刀具的加工参数。在进给率文本框中输入值 200.0，在下切速率:文本框中输入值 100.0，在提刀速率文本框中输入值 200.0，在主轴转速文本框中输入值 2500.0。

（4）设置冷却方式。单击冷却液按钮，系统弹出“冷却液”对话框，在Flood（切削液）下拉列表中选择On选项，单击该对话框中的确定按钮，关闭“冷却液”对话框。

Step7. 单击“定义刀具”对话框中的精加工按钮，完成刀具的设置。

Step8. 设置切削参数。在补正方向下拉列表中选择左选项，在外形类型下拉列表中选择2D选项，其他参数接受系统默认设置值。

Step9. 设置加工参数

（1）设置深度参数。在“2D 刀路-外形”对话框的左侧节点列表中单击深度切削节点，设置图 9.39 所示的参数。

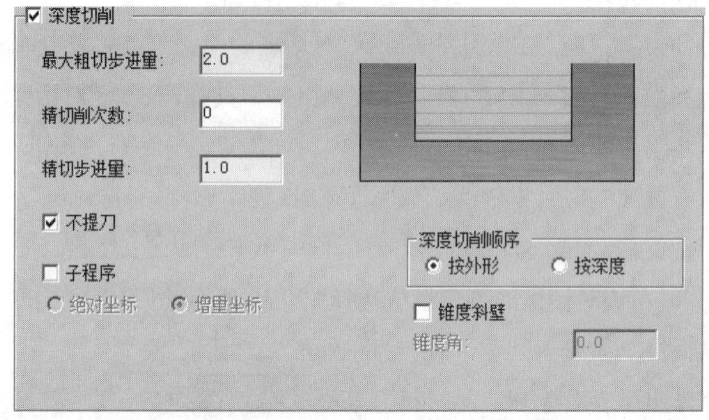

图 9.39 “深度切削”参数设置界面

（2）设置进退/刀参数。在“2D 刀路-外形”对话框的左侧节点列表中单击切入/切出节点，设置图 9.40 所示的参数。

（3）设置连接参数。在“2D 刀路-外形”对话框的左侧节点列表中单击连接参数节点，设置图 9.41 所示的参数。

Step10. 单击“2D 刀路-外形”对话框中的✓按钮，完成参数设置，此时系统将自动生成图 9.42 所示的刀具路径。

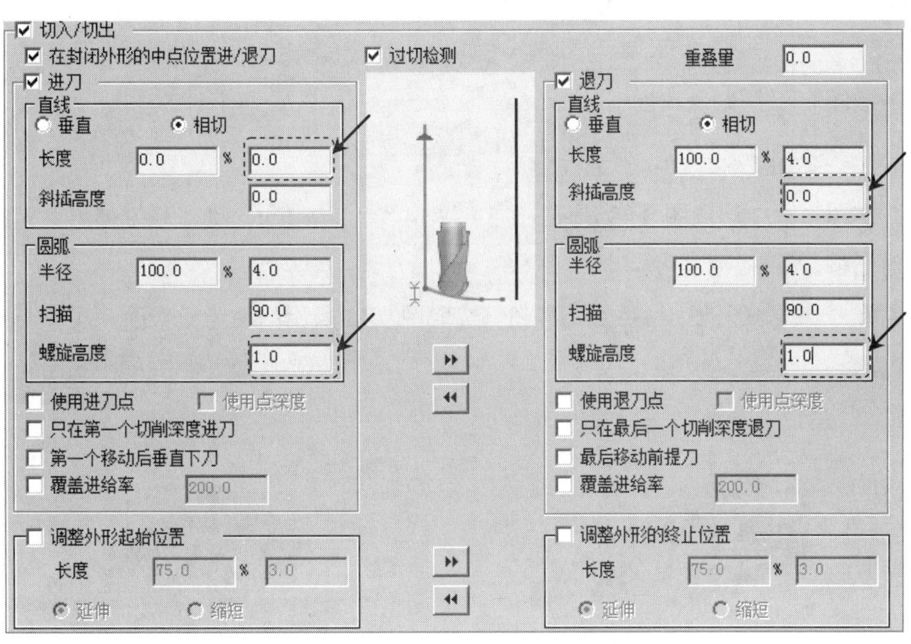

图 9.40 “切入/切出” 参数设置界面

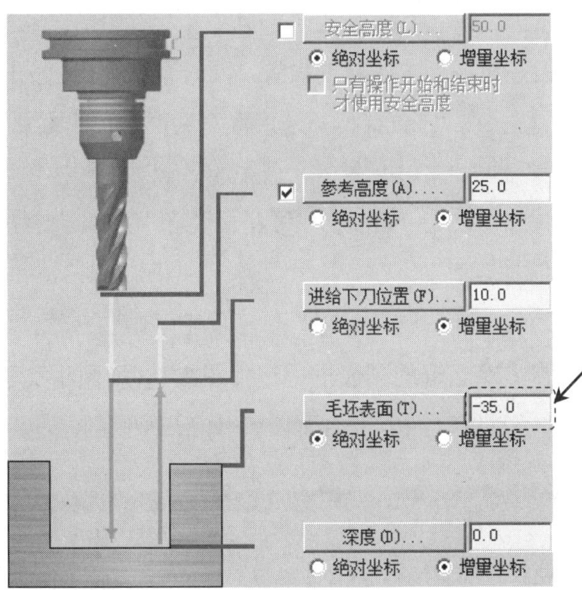

图 9.41 “连接参数”参数设置界面

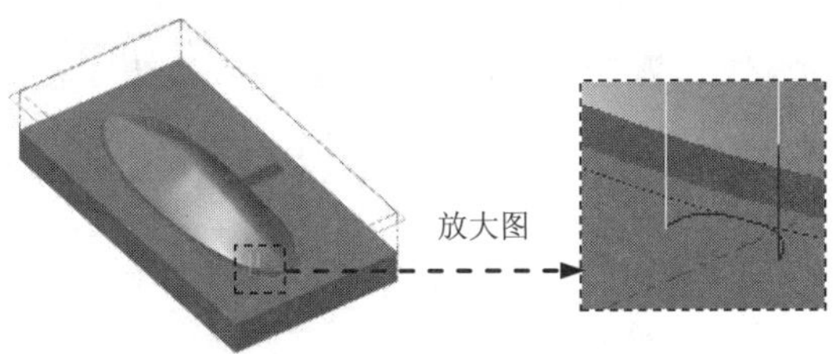

图 9.42 刀具路径

Stage11. 精加工等高外形加工

Step1. 选择加工方法。选择下拉菜单 刀路(T) → 曲面精加工(F) → 等高外形(C)... 命令。

Step2. 设置加工区域。

（1）在图形区中选取图 9.43 所示的面（共 14 个），按 Enter 键，系统弹出“刀路/曲面选择”对话框。

（2）单击 检查面 区域中的 按钮，选取图 9.44 所示的面为检查面（共 7 个），然后按 Enter 键。

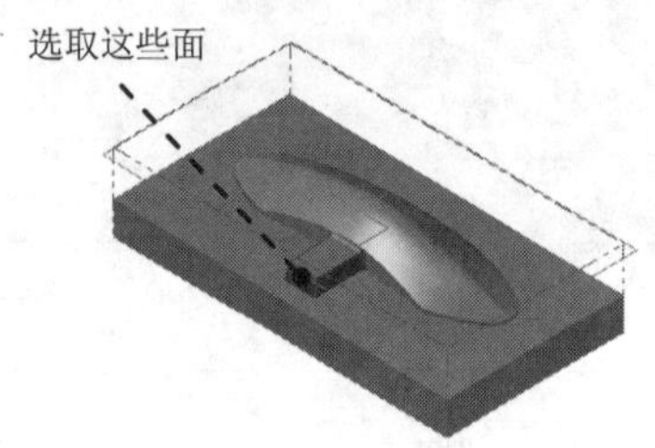

图 9.43 设置加工面

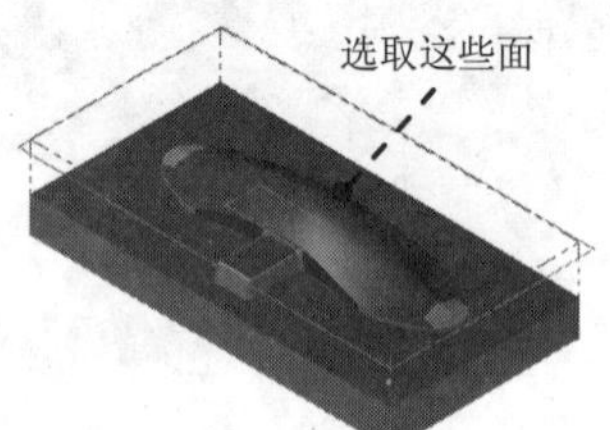

图 9.44 选取检查面

（3）单击 按钮，完成加工区域的设置，同时系统弹出“曲面精车-外形”对话框。

Step3. 确定刀具类型。在“曲面精车-外形”对话框中单击 刀具过滤 按钮，系统弹出“刀具列表过滤”对话框。单击 刀具类型 区域中的 无(N) 按钮后，在刀具类型按钮群中单击 （圆鼻刀）按钮。然后单击 按钮，关闭“刀具列表过滤”对话框，系统返回至“曲面精车-外形”对话框。

Step4. 选择刀具。在“曲面精车-外形”对话框中单击 选择库刀具... 按钮，系统弹出“刀具选择”对话框，在该对话框的列表框中选择图 9.45 所示的刀具。单击 按钮，关闭“刀具选择”对话框，系统返回至“曲面精车-外形”对话框。

刀具选择 - C:\users\public\documents\shared mcamx8\Mill\Tools\Mill_mm.Tooldb

C:\users\publi...\Mill_mm.Tooldb

#	装配名称	刀具名称	刀...	直径	转角...	长度	刀齿数	半径类型	类型
519	--	2. BULL ENDMILL 0...	--	2.0	0.4	50.0	4	转角	圆鼻刀 3
521	--	3. BULL ENDMILL 0...	--	3.0	0.2	50.0	4	转角	圆鼻刀 3
522	--	3. BULL ENDMILL 0...	--	3.0	0.4	50.0	4	转角	圆鼻刀 3
523	--	3. BULL ENDMILL 1...	--	3.0	1.0	50.0	4	转角	圆鼻刀 3
524	--	4. BULL ENDMILL 1...	--	4.0	1.0	50.0	4	转角	圆鼻刀 3
525	--	4. BULL ENDMILL 0...	--	4.0	0.2	50.0	4	转角	圆鼻刀 3
526	--	5. BULL ENDMILL 2...	--	5.0	2.0	50.0	4	转角	圆鼻刀 3
527	--	5. BULL ENDMILL 1...	--	5.0	1.0	50.0	4	转角	圆鼻刀 3
529	--	6. BULL ENDMILL 1...	--	6.0	1.0	50.0	4	转角	圆鼻刀 3
528	--	6. BULL ENDMILL 2...	--	6.0	2.0	50.0	4	转角	圆鼻刀 3
530	--	7. BULL ENDMILL 3...	--	7.0	3.0	50.0	4	转角	圆鼻刀 3
532	--	7. BULL ENDMILL 1...	--	7.0	1.0	50.0	4	转角	圆鼻刀 3

过滤(F)...
☑ 启用过滤
显示 99 个刀具(共
显示模式
○ 刀具
○ 装配
◉ 两者

图 9.45 “刀具选择”对话框

Step5. 设置刀具参数。

（1）完成上步操作后，在“曲面精车-外形”对话框 刀路参数 选项卡的列表框中显示出Step4 所选择的刀具，双击该刀具，系统弹出“定义刀具”对话框。

（2）设置刀具号码。单击 最终化属性 按钮，在 刀具编号: 文本框中将原有的数值改为 9。

（3）设置刀具的加工参数。在 进给率 文本框中输入值 400.0，在 下切速率: 文本框中输入值 200.0，在 提刀速率 文本框中输入值 500.0，在 主轴转速 文本框中输入值 2500.0。

（4）设置冷却方式。单击 冷却液 按钮，系统弹出“冷却液”对话框，在 Flood （切削液）下拉列表中选择 On 选项，单击该对话框中的 确定 按钮，关闭“冷却液”对话框。

Step6. 单击“定义刀具”对话框中的 精加工 按钮，完成刀具的设置。

Step7. 设置曲面参数。在“曲面精车-外形”对话框中单击 曲面参数 选项卡，然后在 进给下刀位置... 文本框中输入值 3.0，其余参数接受系统默认设置值。

Step8. 设置等高外形精加工参数。

（1）在“曲面精车-外形”对话框中单击 外形精加工参数 选项卡，在 最大轴向切削间距: 文本框中输入值 0.2。

（2）在 封闭外形的方向: 区域中选中 ⊙ 顺铣 单选项，在 开放外形的方向 区域中选中 ⊙ 双向 单选项。

（3）在 过渡 区域选中 ⊙ 沿着曲面 单选项，其他参数接受系统默认设置值。

Step9. 单击“曲面精车-外形”对话框中的 ✓ 按钮，完成加工参数的设置，此时系统将自动生成图 9.46 所示的刀具路径。

Step10. 实体切削验证。

（1）在 刀路 选项卡中单击 按钮，然后单击 按钮，系统弹出“Mastercam 模拟器”对话框。

（2）在“Mastercam 模拟器”对话框中单击 按钮，系统将开始进行实体切削仿真，结果如图 9.47 所示，单击 × 按钮，关闭“Mastercam 模拟器”对话框。

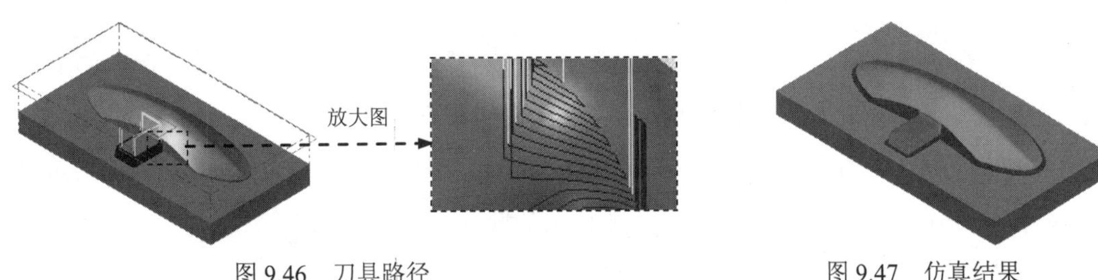

图 9.46 刀具路径

图 9.47 仿真结果

Step11. 保存模型。选择下拉菜单 文件(F) → 保存(S) 命令，保存模型。

实例 10 电话机凹模加工

在模具加工中，从毛坯零件到目标零件的加工一般都要经过多道工序。工序安排是否合理对加工后模具的质量有较大的影响，因此在加工之前需要根据目标零件的特征制订好加工的工艺。

下面以图 10.1 所示的电话机凹模为例介绍多工序铣削的加工方法，其操作步骤如下。

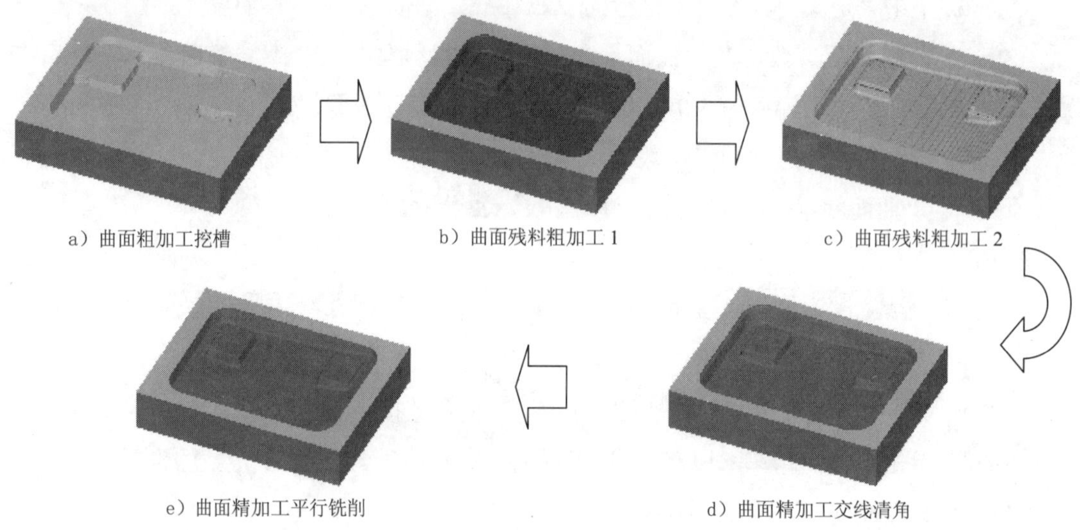

图 10.1 加工流程

Stage1. 进入加工环境

打开模型。选择文件 D:\mcx8.11\work\ch10\PHONE_UPPER_STP.MCX，系统进入加工环境，此时零件模型如图 10.2 所示。

Stage2. 设置工件

Step1. 在“操作管理器”中单击 属性 - Mill Default MM 节点前的“+”号，将该节点展开，然后单击 毛坯设置 节点，系统弹出“机床群组属性”对话框。

Step2. 设置工件的形状。在“机床群组属性”对话框的形状区域中选中 矩形 单选项。

Step3. 设置工件的尺寸。在“机床群组属性”对话框中单击 所有曲面 按钮，在 毛坯原点 区域的 Z 文本框中输入值 5，然后在右侧的预览区 Z 下面的文本框中输入值 35。

Step4. 单击“机床群组属性”对话框中的 ✓ 按钮，完成工件的设置。此时零件如图 10.3 所示，从图中可以观察到零件的边缘多了红色的双点画线，双点画线围成的图形即工件。

图 10.2 零件模型

图 10.3 显示工件

Stage3. 粗加工挖槽加工

Step1. 绘制矩形边界。单击“俯视图”按钮，选择下拉菜单 绘图(C) → 边界框(B)... 命令，取消选中 所有图素 复选框，然后选取图 10.4 所示的面，单击 按钮，结果如图 10.5 所示。

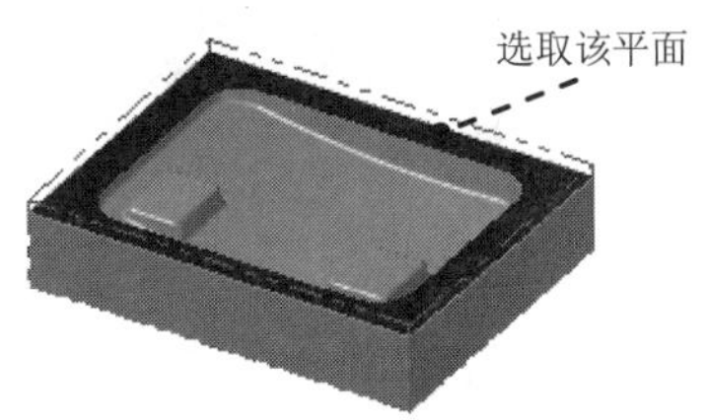

图 10.4 定义参考面

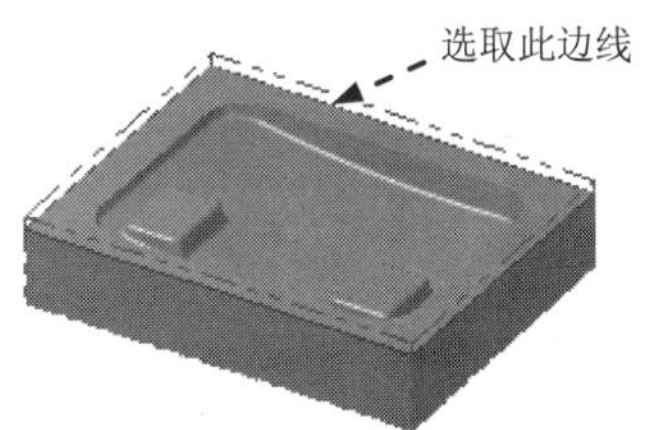

图 10.5 绘制矩形边界

Step2. 选择下拉菜单 刀路(T) → 曲面粗加工(R) → 挖槽(K)... 命令，系统弹出“输入新 NC 名称”对话框，采用系统默认的 NC 名称。单击 按钮，完成 NC 名称的设置。

Step3. 设置加工区域。

（1）选取加工面。在图形区中选取图 10.6 所示的面（共 68 个面），然后按 Enter 键，系统弹出“刀路/曲面选择”对话框。

（2）设置加工边界。在 边界范围 区域中单击 按钮，系统弹出“串连”对话框。在图形区中选取图 10.5 所绘制的边线，单击 按钮，系统返回至“刀路/曲面选择”对话框。

（3）单击 按钮，完成加工区域的设置，同时系统弹出“曲面粗车-挖槽”对话框。

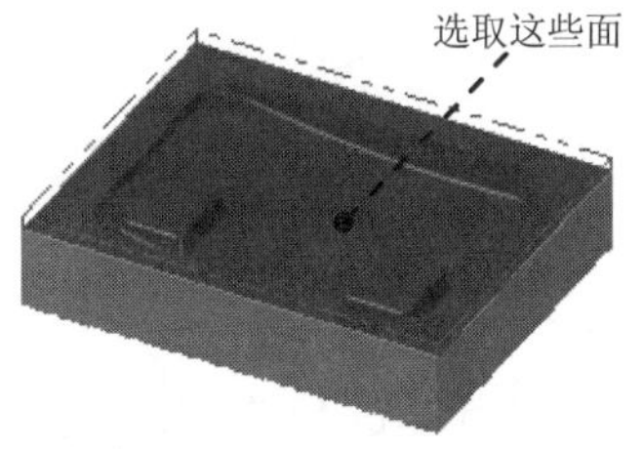

图 10.6 选取加工面

Step4. 确定刀具类型。在“曲面粗车-挖槽”对话框中单击 刀具过滤 按钮，系统弹出“刀具列表过滤”对话框。单击刀具类型区域中的无(N)按钮后，在刀具类型按钮群中单击（平底刀）按钮。然后单击✓按钮，关闭“刀具列表过滤”对话框，系统返回至“曲面粗车-挖槽”对话框。

Step5. 选择刀具。在“曲面粗车-挖槽”对话框中单击选择库刀具...按钮，系统弹出“刀具选择”对话框，在该对话框的列表框中选择图 10.7 所示的刀具。单击✓按钮，关闭“刀具选择”对话框，系统返回至“曲面粗车-挖槽”对话框。

刀具选择 - C:\users\public\documents\shared mcamx8\Mill\Tools\Mill_mm.Tooldb

C:\users\publi...\Mill_mm.Tooldb

#	装配名称	刀具名称	刀...	直径	转角...	长度	类型	刀齿数	半径类型
464	--	4. FLAT ENDMILL	--	4.0	0.0	50.0	平底刀 1	4	无
465	--	5. FLAT ENDMILL	--	5.0	0.0	50.0	平底刀 1	4	无
466	--	6. FLAT ENDMILL	--	6.0	0.0	50.0	平底刀 1	4	无
467	--	7. FLAT ENDMILL	--	7.0	0.0	50.0	平底刀 1	4	无
468	--	8. FLAT ENDMILL	--	8.0	0.0	50.0	平底刀 1	4	无
469	--	9. FLAT ENDMILL	--	9.0	0.0	50.0	平底刀 1	4	无
470	--	10. FLAT ENDMILL	--	10.0	0.0	50.0	平底刀 1	4	无
471	--	11. FLAT ENDMILL	--	11.0	0.0	50.0	平底刀 1	4	无
472	--	12. FLAT ENDMILL	--	12.0	0.0	50.0	平底刀 1	4	无
473	--	13. FLAT ENDMILL	--	13.0	0.0	50.0	平底刀 1	4	无
474	--	14. FLAT ENDMILL	--	14.0	0.0	50.0	平底刀 1	4	无
475	--	15. FLAT ENDMILL	--	15.0	0.0	50.0	平底刀 1	4	无

过滤(F)...
启用过滤
显示 25 个刀具(共
显示模式
刀具
装配
两者

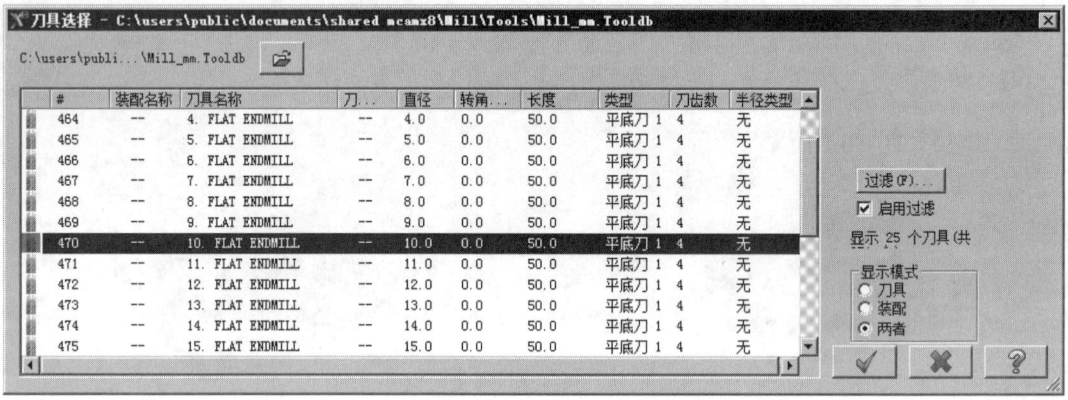

图 10.7　“刀具选择”对话框

Step6. 设置刀具参数。

（1）完成上步操作后，在“曲面粗车-挖槽”对话框刀路参数选项卡的列表框中显示出 Step5 所选择的刀具，双击该刀具，系统弹出“定义刀具”对话框。

（2）设置刀具号码。单击最终化属性按钮，在刀具编号:文本框中将原有的数值改为 1。

（3）设置刀具的加工参数。在进给率文本框中输入值 300.0，在下切速率:文本框中输入值 150.0，在提刀速率文本框中输入值 500.0，在主轴转速文本框中输入值 1200.0。

（4）设置冷却方式。单击冷却液按钮，系统弹出“冷却液”对话框，在 Flood（切削液）下拉列表中选择 On 选项，单击该对话框中的确定按钮，关闭“冷却液”对话框。

Step7. 单击“定义刀具”对话框中的精加工按钮，完成刀具的设置。

Step8. 设置曲面参数。在“曲面粗车-挖槽”对话框中单击曲面参数选项卡，在毛坯预留量驱动面上文本框中输入值 1。

Step9. 设置粗加工参数。

（1）在“曲面粗车-挖槽”对话框中单击粗加工参数选项卡，然后在进刀选项区域选中☑螺旋进刀、☑从边界范围外下刀复选框，在最大轴向切削间距:文本框中输入值 1。

（2）单击螺旋进刀按钮，在系统弹出的“螺旋/斜插式下刀参数”对话框中单击斜降选项卡，然后在最小长度:文本框中输入值 100，选中☑自动角度复选框，单击✓按钮。

（3）单击切削深度(D)...按钮，在系统弹出的“切削深度”对话框中选中⊙绝对坐标单选

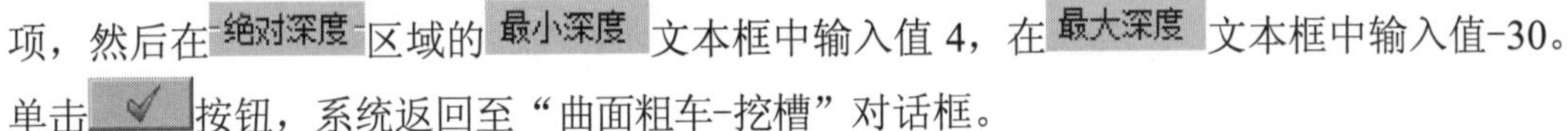

项，然后在绝对深度区域的最小深度文本框中输入值 4，在最大深度文本框中输入值-30。单击✓按钮，系统返回至“曲面粗车-挖槽”对话框。

Step10. 设置挖槽参数。在“曲面粗车-挖槽”对话框中单击挖槽参数选项卡，在径向切削比例:文本框中输入值 50，并选中⊙直径百分比单选项，然后选中☑由内而外螺旋式切削复选框。

Step11. 单击“曲面粗车-挖槽”对话框中的✓按钮，完成加工参数的设置，此时系统将自动生成图 10.8 所示的刀具路径。

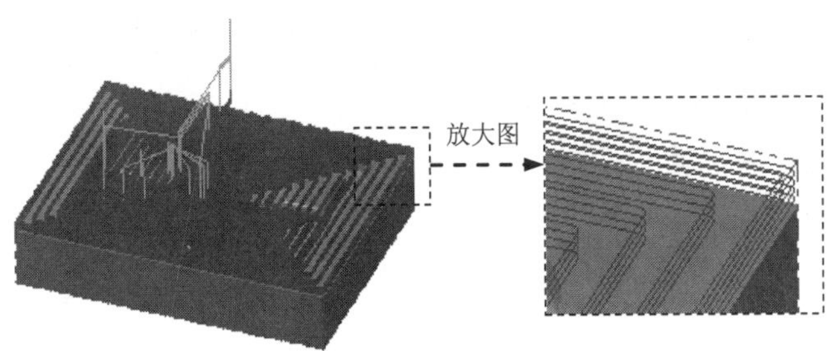

图 10.8　刀具路径

Stage4. 粗加工残料加工 1

Step1. 选择加工方法。选择下拉菜单 刀路(T) → 曲面粗加工(R) → 残料铣削(T)... 命令。

Step2. 设置加工区域。

（1）在图形区中选取图 10.9 所示的曲面，然后按 Enter 键，系统弹出“刀路/曲面选择”对话框。

（2）单击检查面区域中的按钮，选取图 10.9 所示的面为检查面，然后按 Enter 键。单击边界范围区域的按钮，系统弹出“串连”对话框，采用“串联方式”选取图 10.10 所示的边线。单击✓按钮，系统返回至“刀路/曲面选择”对话框。单击✓按钮，系统弹出“曲面残料加工”对话框。

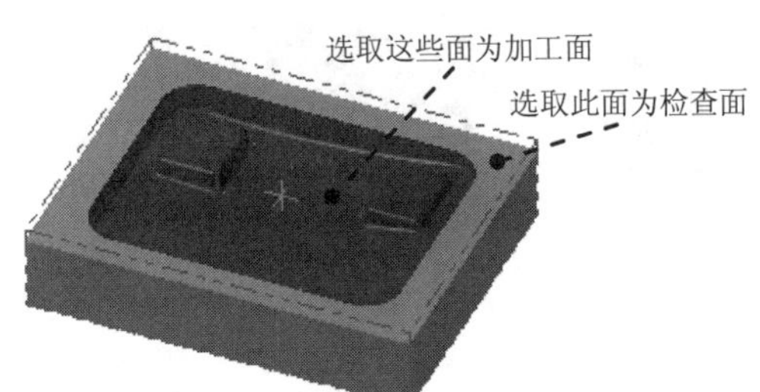

图 10.9　选取加工面和检查面

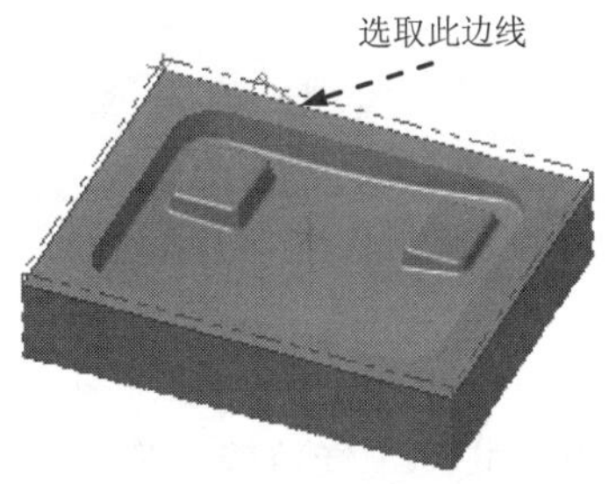

图 10.10　选取边界线

Step3. 确定刀具类型。在“曲面残料加工”对话框中单击刀具过滤按钮，系统弹出“刀具列表过滤”对话框。单击刀具类型区域中的无(N)按钮后，在刀具类型按钮群中单

击 （圆鼻刀）按钮。单击 按钮，关闭“刀具列表过滤”对话框，系统返回至“曲面残料加工”对话框。

Step4. 选择刀具。在“曲面残料加工”对话框中单击 选择库刀具... 按钮，系统弹出“刀具选择”对话框，在该对话框的列表框中选择 6. BULL ENDMILL 2... -- 6.0 2.0 50.0 圆鼻刀 3 转角 4 刀具，单击 按钮，关闭“刀具选择”对话框，系统返回至“曲面残料加工”对话框。

Step5. 设置刀具相关参数。

（1）在“曲面残料加工”对话框 刀路参数 选项卡的列表框中显示出 Step4 所选择的刀具，双击该刀具，系统弹出“定义刀具”对话框。

（2）设置刀具号码。单击 最终化属性 按钮，在 刀具编号: 文本框中将原有的数值改为 2。

（3）设置刀具参数。在 进给率 文本框中输入值 150.0，在 下切速率: 文本框中输入值 100.0，在 提刀速率 文本框中输入值 500.0，在 主轴转速 文本框中输入值 1500.0。

（4）设置冷却方式。单击 冷却液 按钮，系统弹出“冷却液”对话框，在 Flood （切削液）下拉列表中选择 On 选项，单击该对话框中的 确定 按钮，关闭“冷却液”对话框。

（5）单击“定义刀具”对话框中的 精加工 按钮，完成刀具的设置。

Step6. 设置曲面参数。在“曲面残料加工”对话框中单击 曲面参数 选项卡，在 毛坯预留量驱动面上 （此处翻译有误，应为“加工面预留量”，下同）文本框中输入值 0.5，在 毛坯预留量检查面上 文本框中输入值 1， 曲面参数 选项卡中的其他参数采用系统默认设置值。

Step7. 设置残料加工参数。在“曲面残料加工”对话框中单击 残料加工参数 选项卡，在 最大轴向切削间距: 文本框中输入值 0.5，在 过渡 区域选中 ⊙ 沿着曲面 单选项以及“曲面残料加工”对话框中左下方的 ☑ 优化切削顺序 复选框。

Step8. 单击“曲面残料加工”对话框中的 按钮，同时在图形区生成图 10.11 所示的刀具路径。

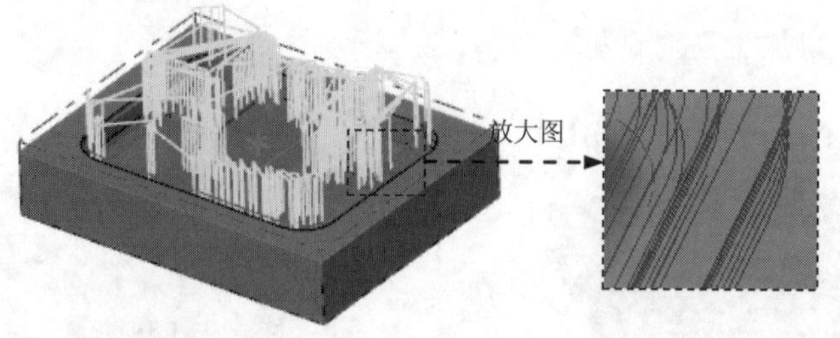

图 10.11　刀具路径

Stage5. 粗加工残料加工 2

Step1. 选择加工方法。选择下拉菜单 刀路(T) → 曲面粗加工(R) → 残料铣削(T)... 命令。

Step2. 设置加工区域。

（1）在图形区中选取图 10.12 所示的曲面，然后按 Enter 键，系统弹出“刀路/曲面选择”对话框。

（2）单击检查面区域中的按钮，选取图 10.12 所示的面为检查面，然后按 Enter 键。单击边界范围区域中的按钮，系统弹出“串连”对话框，采用“串联方式”选取图 10.13 所示的边线。单击按钮，系统返回至“刀路/曲面选择”对话框。单击按钮，系统弹出“曲面残料加工”对话框。

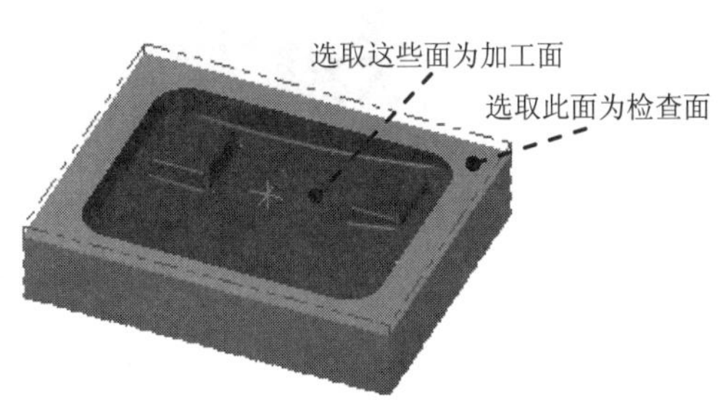

图 10.12　选取加工面和检查面

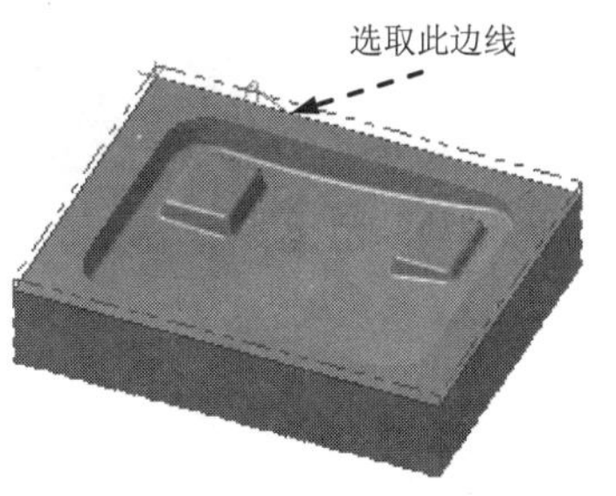

图 10.13　选取边界线

Step3. 确定刀具类型。在“曲面残料加工”对话框中单击刀具过滤按钮，系统弹出“刀具列表过滤”对话框。单击刀具类型区域中的无(N)按钮后，在刀具类型按钮群中单击（球刀）按钮。单击按钮，关闭“刀具列表过滤”对话框，系统返回至“曲面残料加工”对话框。

Step4. 选择刀具。在“曲面残料加工”对话框中单击选择库刀具...按钮，系统弹出“刀具选择”对话框，在该对话框的列表框中选择 5. BALL ENDMILL -- 5.0 2.5 50.0 4 球刀 2 全部 刀具。单击按钮，关闭“刀具选择”对话框，系统返回至“曲面残料加工”对话框。

Step5. 设置刀具相关参数。

（1）在“曲面残料加工”对话框刀路参数选项卡的列表框中显示出 Step4 所选择的刀具，双击该刀具，系统弹出“定义刀具”对话框。

（2）设置刀具号。单击最终化属性按钮，在刀具编号:文本框中将原有的数值改为 3。

（3）设置刀具参数。在进给率文本框中输入值 150.0，在下切速率:文本框中输入值 100.0，在提刀速率文本框中输入值 500.0，在主轴转速文本框中输入值 1500.0。

（4）设置冷却方式。单击冷却液按钮，系统弹出“冷却液”对话框，在Flood（切削液）下拉列表中选择On选项，单击该对话框中的确定按钮，关闭“冷却液”对话框。

（5）单击“定义刀具”对话框中的精加工按钮，完成刀具的设置。

Step6. 设置曲面参数。在“曲面残料加工”对话框中单击曲面参数选项卡，在毛坯预留量驱动面上文本框中输入值 0.3，在毛坯预留量检查面上文本框中输入值 0.5，曲面参数选项卡中的其他参数采用系统默认设置值。

Step7. 设置残料加工参数。在“曲面残料加工”对话框中单击残料加工参数选项卡，在最大轴向切削间距:文本框中输入值 0.5，在径向切削间距:文本框中输入值 1，选中“曲面残料加工”对话框中左下方的☑ 优化切削顺序复选框。

Step8. 单击“曲面残料加工”对话框中的✔按钮，同时在图形区生成图 10.14 所示的刀具路径。

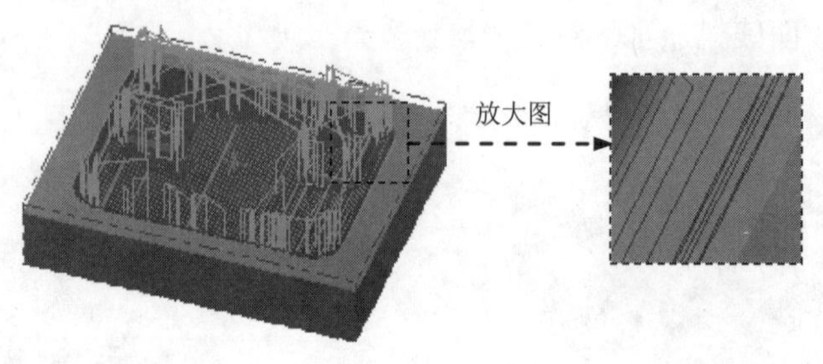

图 10.14 刀具路径

Stage6. 精加工交线清角加工

Step1. 绘制边界。选择下拉菜单 绘图(C) → 曲线(V) → 曲面单一边界(O)... 命令。

Step2. 定义边界的附着面和边界位置。选取图 10.15 所示的曲面为边界的附着面，此时在所选取的曲面上出现图 10.16 所示的箭头。移动鼠标，将箭头移动到图 10.16 所示的位置单击鼠标左键，此时系统自动生成创建的边界预览。单击✔按钮，完成指定边界的创建。

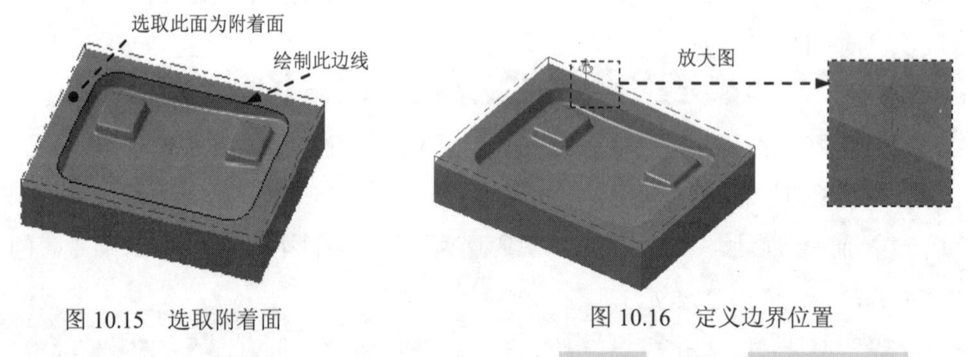

图 10.15 选取附着面 图 10.16 定义边界位置

Step3. 选择加工方法。选择下拉菜单 刀路(T) → 曲面精加工(F) → 交线清角(E)... 命令。

Step4. 设置加工区域。在图形区中选取图 10.17 所示的曲面，然后按 Enter 键，系统弹出“刀路/曲面选择”对话框。单击边界范围区域中的按钮，系统弹出“串连”对话框，采用“串联方式”选取图 10.15 所绘制的边线。单击✔按钮，系统返回至“刀路/曲面选择”对话框。单击✔按钮，系统弹出“曲面精车-交线清角”对话框。

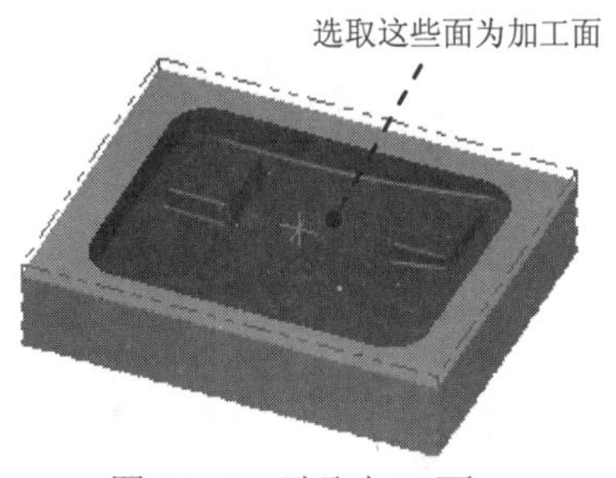

图 10.17 选取加工面

Step5. 选择刀具。

（1）确定刀具类型。在“曲面精车-交线清角”对话框中单击刀具过滤按钮，系统弹出“刀具列表过滤”对话框。单击刀具类型区域中的无(N)按钮后，在刀具类型按钮群中单击（球刀）按钮。单击✔按钮，关闭“刀具列表过滤”对话框，系统返回至“曲面精车-交线清角”对话框。

（2）选择刀具。在“曲面精车-交线清角”对话框中单击选择库刀具...按钮，系统弹出“刀具选择”对话框，在该对话框的列表框中选择 4. BALL ENDMILL -- 4.0 2.0 50.0 球刀 2 4 全部 刀具。单击✔按钮，关闭“刀具选择”对话框，系统返回至“曲面精车-交线清角”对话框。

Step6. 设置刀具相关参数。

（1）在“曲面精车-交线清角”对话框刀路参数选项卡的列表框中显示出 Step5 所选取的刀具，双击该刀具，系统弹出“定义刀具”对话框。

（2）设置刀具号码。单击最终化属性按钮，在刀具编号:文本框中将原有的数值改为 4。

（3）设置刀具参数。在进给率文本框中输入值 200.0，在下切速率:文本框中输入值 100.0，在提刀速率文本框中输入值 500.0，在主轴转速文本框中输入值 2500.0。

（4）设置冷却方式。单击冷却液按钮，系统弹出“冷却液”对话框，在Flood（切削液）下拉列表中选择On选项，单击该对话框中的确定按钮，关闭“冷却液”对话框。

（5）单击“定义刀具”对话框中的精加工按钮，完成刀具的设置。

Step7. 设置曲面加工参数。在“曲面精车-交线清角”对话框中单击曲面参数选项卡，在毛坯预留量驱动面上文本框中输入值 0.0，曲面参数选项卡中的其他参数采用系统默认设置值。

Step8. 设置交线清角精加工参数。

（1）在“曲面精车-交线清角”对话框中单击交线清角精加工参数选项卡，在平行路径区域选中⊙无限制单选项，然后在径向切削间距:文本框中输入值 0.2，取消选中深度限制(D)...复选框。

（2）设置间隙参数。单击间隙设置(G)...按钮，系统弹出“间隙设置”对话框，在移动小于间隙时，不提刀区域的下拉列表中选择沿着曲面选项并选中☑优化切削顺序复选框，其他参数采用系统默认设置值。单击 ✓ 按钮，系统返回至“曲面精车-交线清角”对话框。

（3）单击 ✓ 按钮，同时在图形区生成图 10.18 所示的刀具路径。

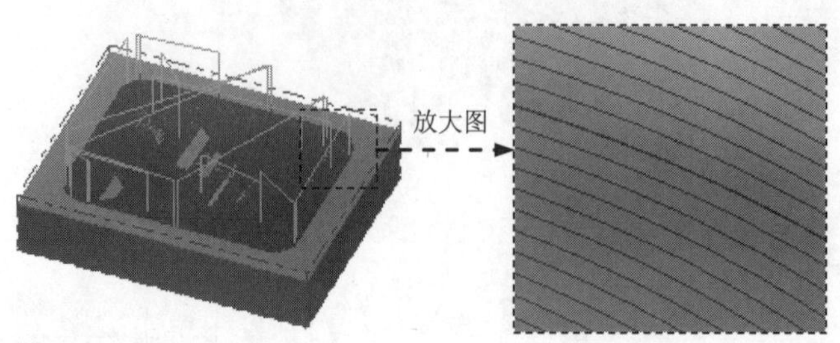

图 10.18　刀具路径

Stage7. 精加工平行铣削加工

Step1. 选择加工方法。选择下拉菜单 刀路(T) ➡ 曲面精加工(F) ➡ 平行(P)... 命令。

Step2. 设置加工区域。在图形区中选取图 10.19 所示的曲面，然后按 Enter 键，系统弹出“刀路/曲面选择”对话框。然后单击 边界范围 区域中的 ↖ 按钮，选取图 10.20 所示的边线为边界。单击 ✓ 按钮，然后单击“刀路/曲面选择”对话框中的 ✓ 按钮，系统弹出“曲面精车-平行”对话框。

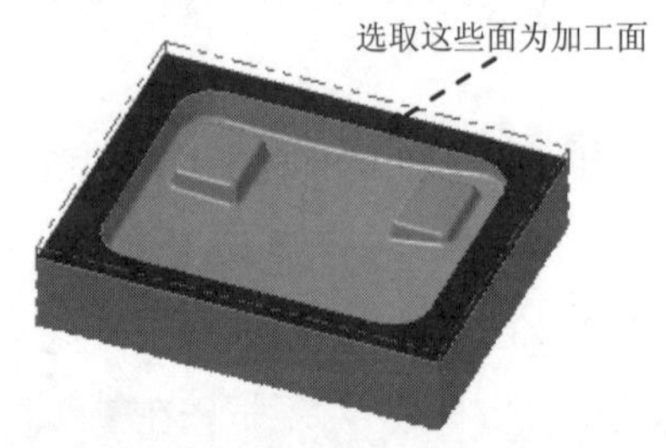

图 10.19　选取加工面

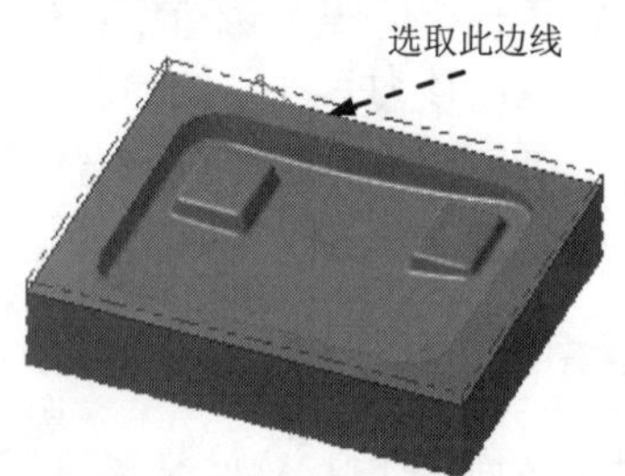

图 10.20　选取边界线

Step3. 选择刀具。在“曲面精车-平行”对话框 刀路参数 选项卡的列表框中选择 1　10. FLAT ENDMILL　10.0　0.0　50 刀具。

Step4. 设置加工参数。

（1）设置曲面参数。在“曲面精车-平行”对话框中单击 曲面参数 选项卡，然后在 进给下刀位置... 文本框中输入值 5，在 毛坯预留量 驱动面上（此处翻译有误，应为“加工面预留量”）文本框中输入值 0。

（2）设置精加工平行铣削参数。在“曲面精车-平行”对话框中单击 平行精加工参数 选项卡。然后在 最大径向切削间距(M)... 文本框中输入值 6.0；在 切削方式 下拉列表中选择 双向 选项。

Step5. 单击“曲面精车-平行”对话框中的 ✓ 按钮，同时在图形区生成图 10.21 所示的刀具路径。

Step6. 实体切削验证。

（1）在刀路选项卡中单击按钮，然后单击“验证选定操作”按钮，系统弹出“Mastercam 模拟器”对话框。

（2）在“Mastercam 模拟器”对话框中单击按钮，系统将开始进行实体切削仿真，结果如图 10.22 所示。单击 × 按钮，关闭“Mastercam 模拟器”对话框。

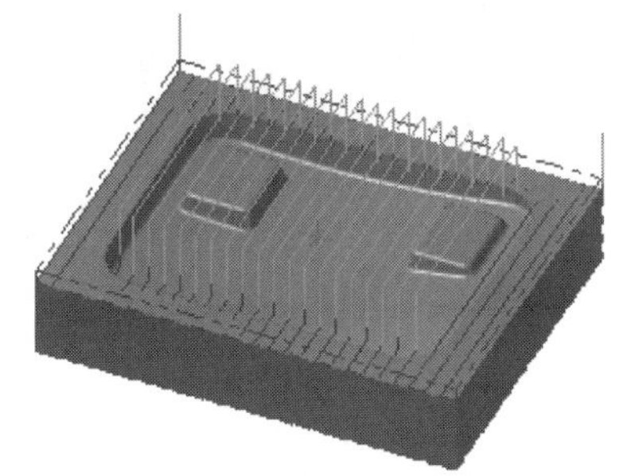

图 10.21　刀具路径

图 10.22　仿真结果

Step7. 保存模型。选择下拉菜单 文件(F) → 保存(S) 命令，保存模型。

学习拓展：扫一扫右侧二维码，可以免费学习更多视频讲解。
讲解内容：钣金基础，钣金设计流程及案例。

实例 11　烟灰缸凹模加工

本例是一个烟灰缸凹模的加工实例，在加工过程中使用了平面铣削、曲面粗加工挖槽、曲面残料粗加工、曲面精加工等高外形、曲面精加工平行铣削、曲面精加工浅平面和曲面精加工交线清角等方法，其工序大致按照先粗加工，然后半精加工，最后精加工的原则。下面结合加工的各种方法来加工烟灰缸凹模（图 11.1），其操作步骤如下。

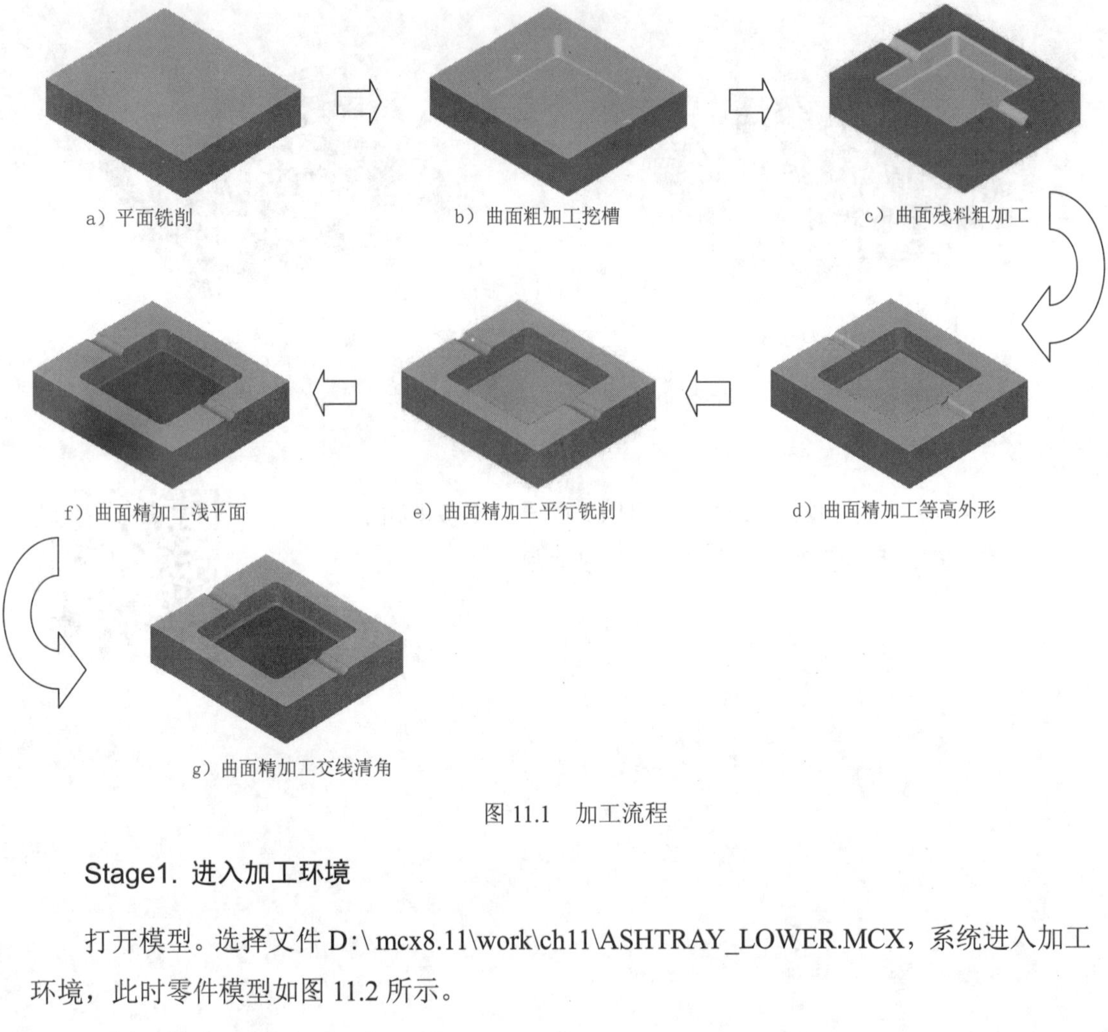

a）平面铣削　　b）曲面粗加工挖槽　　c）曲面残料粗加工

f）曲面精加工浅平面　　e）曲面精加工平行铣削　　d）曲面精加工等高外形

g）曲面精加工交线清角

图 11.1　加工流程

Stage1. 进入加工环境

打开模型。选择文件 D:\ mcx8.11\work\ch11\ASHTRAY_LOWER.MCX，系统进入加工环境，此时零件模型如图 11.2 所示。

Stage2. 设置工件

Step1. 在“操作管理器”中单击 属性 - Generic Mill 节点前的“+”号，将该节点展开，然后单击 毛坯设置 节点，系统弹出“机床群组属性”对话框。

Step2. 设置工件的形状。在“机床群组属性”对话框的形状区域中选中 矩形 单选项。

Step3. 设置工件的尺寸。在“机床群组属性”对话框中单击 所有曲面 按钮，在 毛坯原点 区域 Z 下面的文本框中输入值 1；然后在右侧预览区的 Y 文本框中输入值 126，在 X 文本框中输入值 146，在 Z 文本框中输入值 36。

Step4. 单击“机床群组属性”对话框中的 ✓ 按钮，完成工件的设置。此时零件如图 11.3 所示，从图中可以观察到零件的边缘多了红色的双点画线，双点画线围成的图形即工件。

图 11.2 零件模型

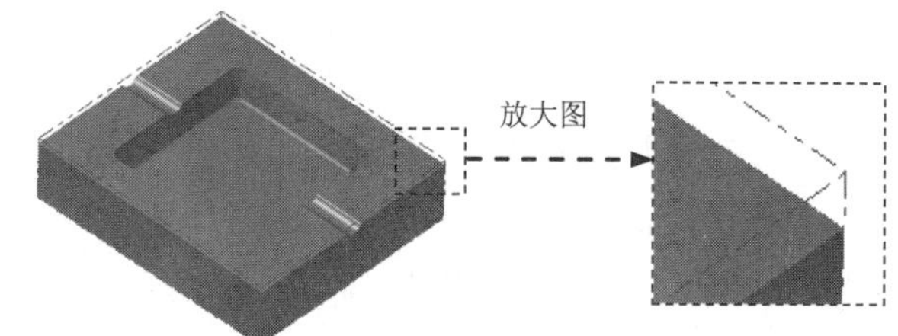

图 11.3 显示工件

Stage3. 平面铣削加工

Step1. 绘制边界。

（1）单击俯视图 按钮，选择下拉菜单 绘图(C) → 边界框(B)... 命令，系统弹出“边界框”对话框。

（2）在“边界框”对话框中选中 ☑ 直线/圆弧 复选框，取消选中 ☐ 中心点 复选框。

（3）单击“选择图素”按钮，在图形区中选取图 11.4 所示的模型表面，按 Enter 键，系统返回至“边界框”对话框；分别在 展开 区域的 X 文本框和 Y 文本框中输入值 1。

（4）单击 ✓ 按钮，完成边界的绘制，如图 11.5 所示。

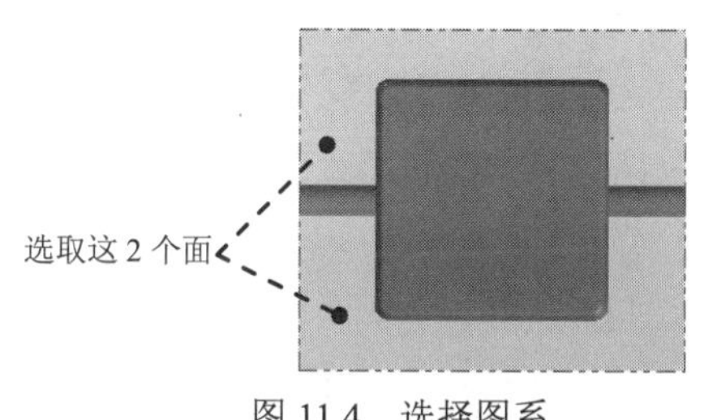

图 11.4 选择图系

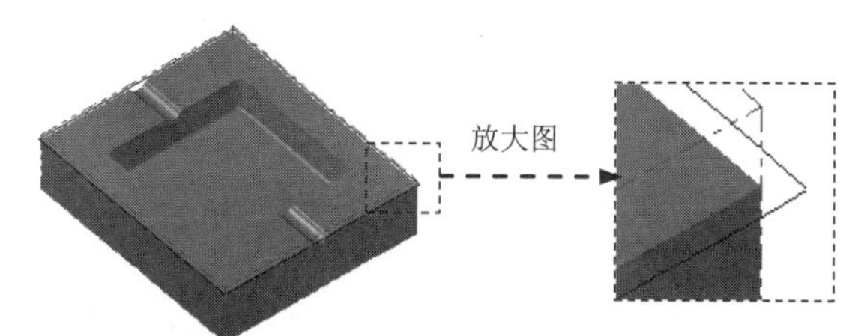

图 11.5 绘制边界盒

Step2. 选择下拉菜单 刀路(T) → 平面铣(A)... 命令，系统弹出“输入新 NC 名称”对话框，采用系统默认的 NC 名称。单击 ✓ 按钮，完成 NC 名称的设置，同时系统弹出“串连”对话框。

Step3. 设置加工区域。在图形区中选取图 11.6 所示的边线，系统自动选取图 11.7 所示的边链。单击 ✓ 按钮，完成加工区域的设置，同时系统弹出“2D 刀路-平面铣削”对话框。

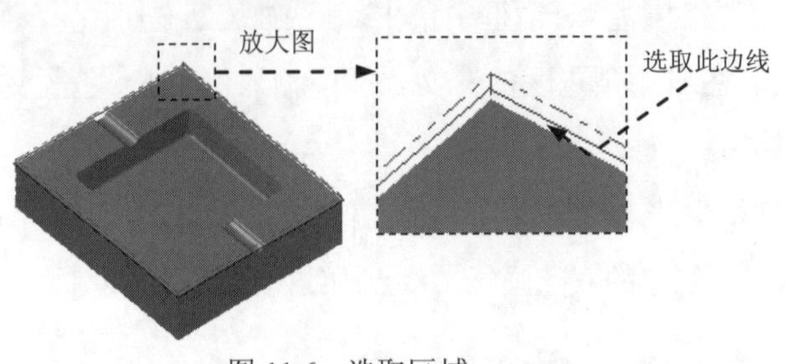

图 11.6　选取区域

图 11.7　定义区域

Step4. 确定刀具类型。在“2D 刀路-平面铣削”对话框的左侧节点列表中单击 刀具 节点，切换到“刀具参数”界面；单击 过滤(F)... 按钮，系统弹出“刀具列表过滤”对话框。单击 刀具类型 区域中的 无(N) 按钮后，在刀具类型按钮群中单击（面铣刀）按钮。单击 ✓ 按钮，关闭“刀具列表过滤”对话框，系统返回至“2D 刀路-平面铣削”对话框。

Step5. 选择刀具。在“2D 刀路-平面铣削”对话框中单击 选择库刀具... 按钮，系统弹出“刀具选择”对话框，在该对话框的列表框中选择图 11.8 所示的刀具。单击 ✓ 按钮，关闭“刀具选择”对话框，系统返回至“2D 刀路-平面铣削”对话框。

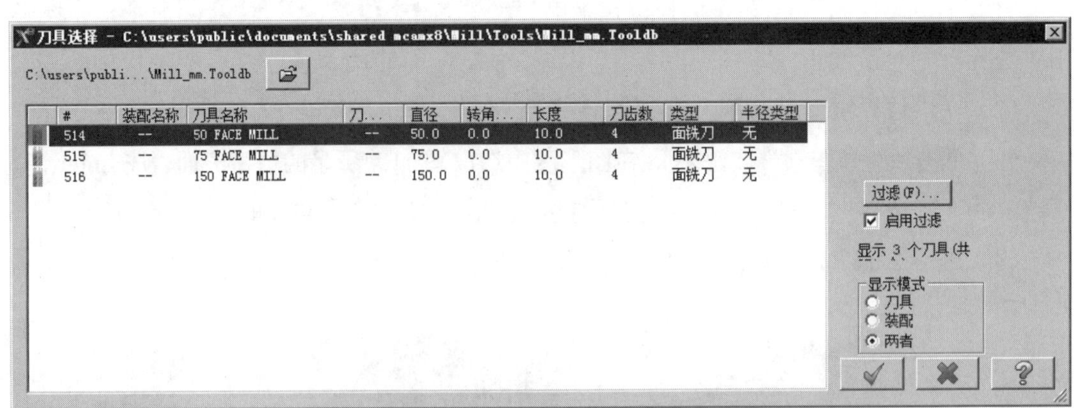

图 11.8　“刀具选择”对话框

Step6. 设置刀具参数。

（1）完成上步操作后，在“2D 刀路-平面铣削”对话框的刀具列表中双击该刀具，系统弹出“定义刀具”对话框。

（2）设置刀具号码。单击 最终化属性 按钮，在 刀具编号: 文本框中将原有的数值改为 1。

（3）设置刀具的加工参数。在 进给率 文本框中输入值 200.0，在 下刀速率 文本框中输入值 100.0，在 提刀速率 文本框中输入值 500.0，在 主轴转速 文本框中输入值 600.0。

（4）设置冷却方式。单击 冷却液 按钮，系统弹出“冷却液”对话框，在 Flood （切削液）下拉列表中选择 On 选项，单击该对话框中的 确定 按钮，关闭“冷却液”对话框。

Step7. 单击“定义刀具”对话框中的 精加工 按钮，完成刀具的设置。

Step8. 设置加工参数。在“2D 刀路-平面铣削”对话框的左侧节点列表中单击 切削参数节点，设置图 11.9 所示的参数。

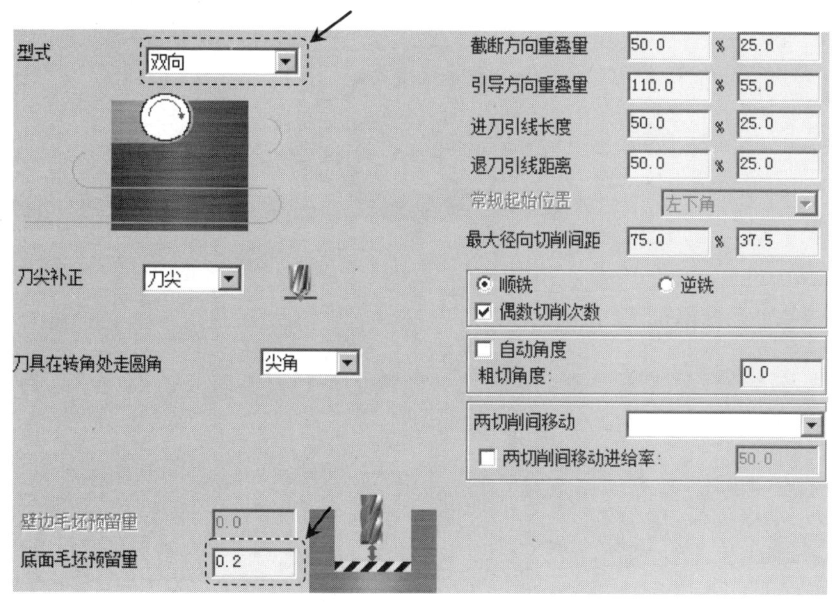

图 11.9 “切削参数”参数设置界面

Step9. 设置连接参数。在“2D 刀路-平面铣削”对话框的左侧节点列表中单击**连接参数**节点，设置图 11.10 所示的参数。

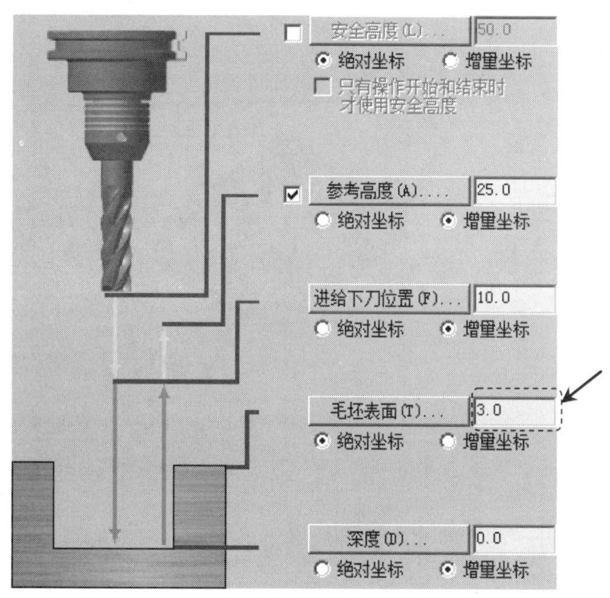

图 11.10 “连接参数”参数设置界面

Step10. 单击“2D 刀路-平面铣削”对话框中的 ✔ 按钮，完成加工参数的设置，此时系统将自动生成图 11.11 所示的刀具路径。

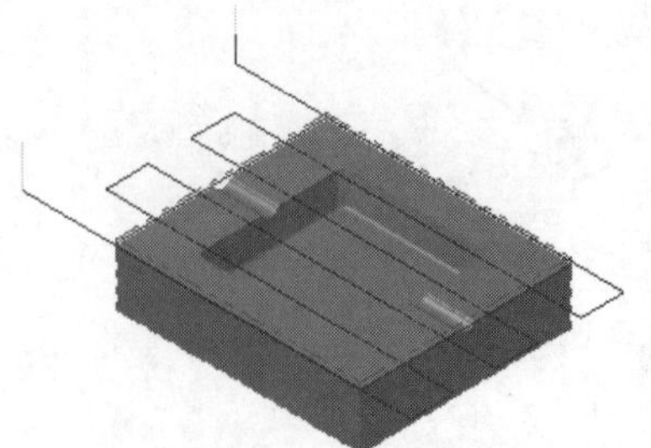

图 11.11　刀具路径

Stage4. 粗加工挖槽加工

说明：单击“操作管理器”中的≋按钮隐藏上步的刀具路径，以便于后面加工面的选取，下同。

Step1. 选择加工方法。选择下拉菜单 刀路(T) → 曲面粗加工(R) → 挖槽(K)... 命令。

Step2. 设置加工区域。

（1）选取加工面。在图形区中选取图 11.12 所示的面（共 41 个面），然后按 Enter 键，系统弹出“刀路/曲面选择”对话框。

（2）设置加工边界。在边界范围区域中单击按钮，系统弹出“串连”对话框。在图形区中选取图 11.13 所示的边线，单击✔按钮，系统返回至“刀路/曲面选择”对话框。

（3）单击✔按钮，完成加工区域的设置，同时系统弹出“曲面粗车-挖槽”对话框。

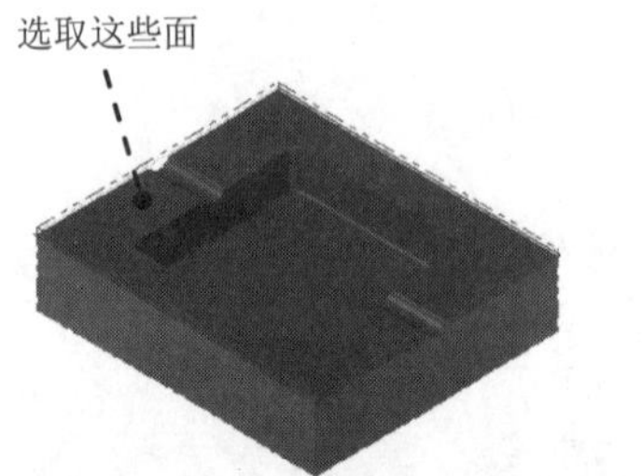

图 11.12　选取加工面

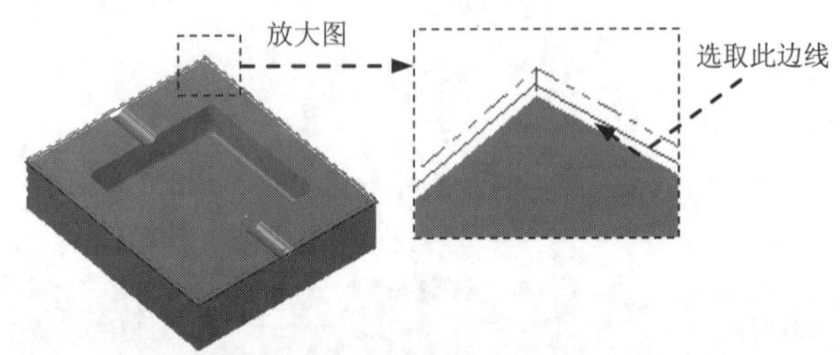

图 11.13　选取切削范围边线

Step3. 确定刀具类型。在“曲面粗车-挖槽”对话框中单击 刀具过滤 按钮，系统弹出“刀具列表过滤”对话框。单击刀具类型区域中的 无(N) 按钮后，在刀具类型按钮群中单击（圆鼻刀）按钮。然后单击✔按钮，关闭“刀具列表过滤”对话框，系统返回至“曲面粗车-挖槽”对话框。

Step4. 选择刀具。在“曲面粗车-挖槽”对话框中单击 选择库刀具... 按钮，系统弹出“刀具选择”对话框，在该对话框的列表框中选择图 11.14 所示的刀具。单击✔按钮，关闭“刀具选择”对话框，系统返回至“曲面粗车-挖槽”对话框。

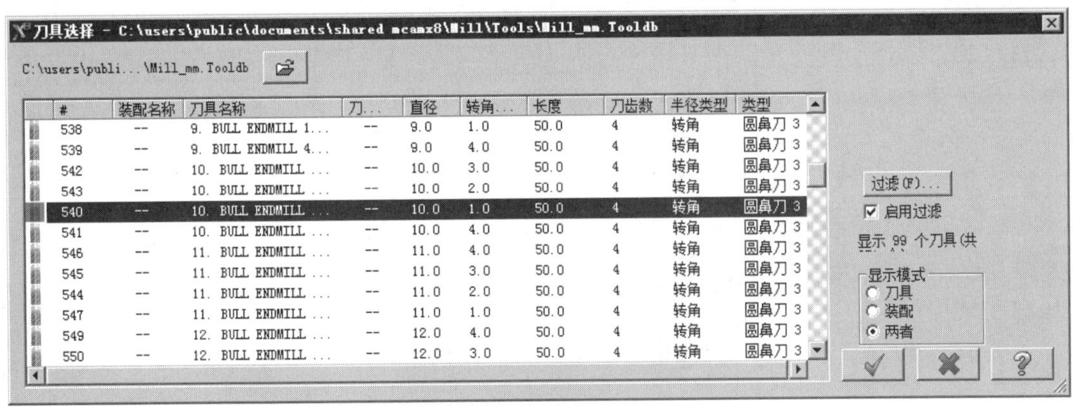

图 11.14 “刀具选择”对话框

Step5. 设置刀具参数。

（1）完成上步操作后，在“曲面粗车-挖槽”对话框 刀路参数 选项卡的列表框中显示出 Step4 所选择的刀具，双击该刀具，系统弹出“定义刀具”对话框。

（2）设置刀具号码。单击 最终化属性 按钮，在 刀具编号: 文本框中将原有的数值改为 2。

（3）设置刀具的加工参数。在 进给率 文本框中输入值 300.0，在 下切速率: 文本框中输入值 150.0，在 提刀速率 文本框中输入值 500.0，在 主轴转速 文本框中输入值 1500.0。

（4）设置冷却方式。单击 冷却液 按钮，系统弹出“冷却液”对话框，在 Flood （切削液）下拉列表中选择 On 选项，单击该对话框中的 确定 按钮，关闭“冷却液”对话框。

Step6. 单击“定义刀具”对话框中的 精加工 按钮，完成刀具的设置。

Step7. 设置曲面参数。在“曲面粗车-挖槽”对话框中单击 曲面参数 选项卡，在 进给下刀位置... 文本框中输入值 5，在 毛坯预留量驱动面上 （此处翻译有误，应为“加工面预留量”）文本框中输入值 1。

Step8. 设置粗加工参数。

（1）在“曲面粗车-挖槽”对话框中单击 粗加工参数 选项卡，在 最大轴向切削间距: 文本框中输入值 1，然后在 进刀选项 区域选中 ☑ 从边界范围外下刀 复选框和 ☑ 螺旋进刀 复选框。

（2）单击 螺旋进刀 按钮，系统弹出“螺旋/斜插式下刀参数”对话框。单击“螺旋/斜插式下刀参数”对话框中的 斜降 选项卡，在 最小长度: 文本框中输入值 10.0（此时百分比为 100）；单击“螺旋/斜插式下刀参数”对话框中的 ✔ 按钮。

（3）单击 切削深度(D)... 按钮，在系统弹出的“切削深度”对话框中选中 ⊙ 绝对坐标 单选项，然后在 绝对深度 区域的 最小深度 文本框中输入值 2，在 最大深度 文本框中输入值-30。单击 ✔ 按钮，系统返回至“曲面粗车-挖槽”对话框。

Step9. 设置挖槽参数。在“曲面粗车-挖槽”对话框中单击 挖槽参数 选项卡，在 切削方式 下面选择 平行环切 选项。

Step10. 单击“曲面粗车-挖槽”对话框中的 按钮，完成加工参数的设置，此时系统将自动生成图 11.15 所示的刀具路径。

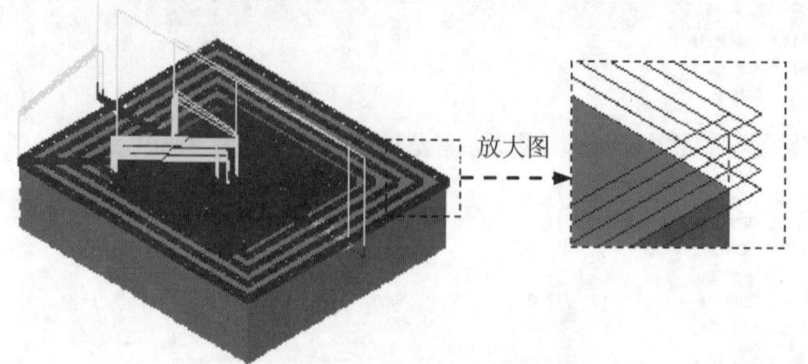

图 11.15　刀具路径

Stage5. 曲面残料粗加工

Step1. 选择加工方法。选择下拉菜单 刀路(T) → 曲面粗加工(R) → 残料铣削(T)... 命令。

Step2. 设置加工区域。

（1）在图形区中选取图 11.16 所示的曲面（共 39 个面），然后按 Enter 键，系统弹出“刀路/曲面选择”对话框。

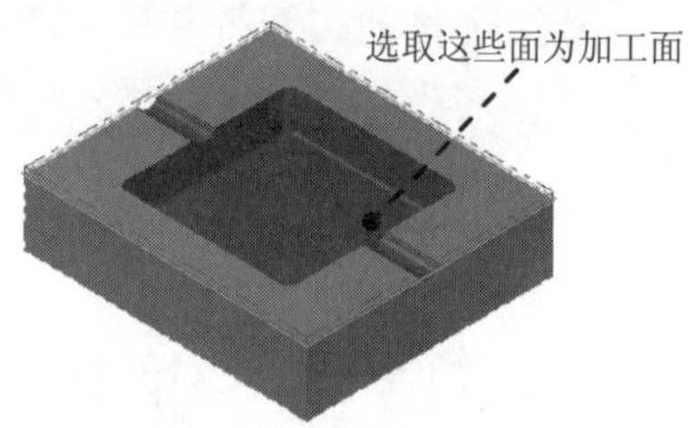

图 11.16　选取加工面

（2）单击“刀路/曲面选择”对话框 检查面 区域中的 按钮，在图形区中选取图 11.17 所示的曲面（共 2 个面），然后按 Enter 键。

（3）单击“刀路/曲面选择”对话框 边界范围 区域中的 按钮，系统弹出“串连”对话框，采用“串联方式”选取图 11.18 所示的边线。单击 按钮，系统返回至“刀路/曲面选择”对话框。单击 按钮，系统弹出“曲面残料加工”对话框。

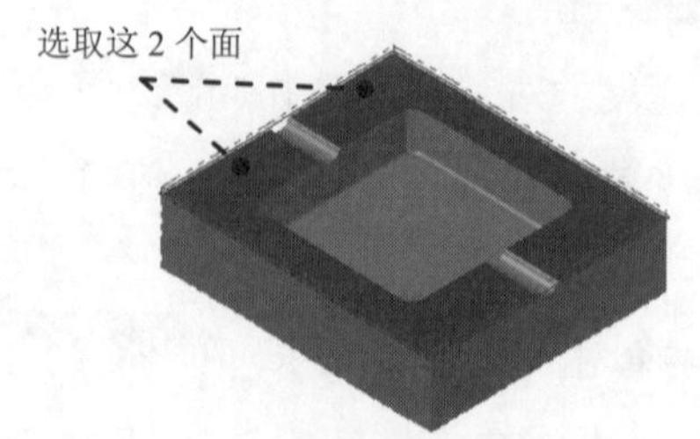

图 11.17　选取检查面

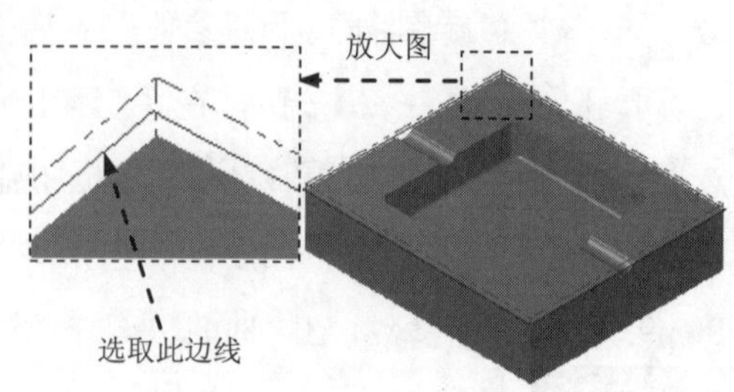

图 11.18　选取切削范围边线

Step3. 确定刀具类型。在“曲面残料加工”对话框中单击 刀具过滤 按钮，系统弹出“刀具列表过滤”对话框。单击 刀具类型 区域中的 无(N) 按钮后，在刀具类型按钮群中单击 （球刀）按钮。单击 ✓ 按钮，关闭“刀具列表过滤”对话框，系统返回至“曲面残料加工”对话框。

Step4. 选择刀具。在“曲面残料加工”对话框中单击 选择库刀具... 按钮，系统弹出“刀具选择”对话框，在该对话框的列表框中选择图 11.19 所示的刀具。单击 ✓ 按钮，关闭“刀具选择”对话框，系统返回至“曲面残料加工”对话框。

刀具选择 - C:\users\public\documents\shared mcamx8\Mill\Tools\Mill_mm.Tooldb

C:\users\publi...\Mill_mm.Tooldb

#	装配名称	刀具名称	刀...	直径	转角...	长度	类型	刀齿数	半径类型
486	--	1. BALL ENDMILL	--	1.0	0.5	50.0	球刀 2	4	全部
487	--	2. BALL ENDMILL	--	2.0	1.0	50.0	球刀 2	4	全部
488	--	3. BALL ENDMILL	--	3.0	1.5	50.0	球刀 2	4	全部
489	--	4. BALL ENDMILL	--	4.0	2.0	50.0	球刀 2	4	全部
490	--	5. BALL ENDMILL	--	5.0	2.5	50.0	球刀 2	4	全部
491	--	6. BALL ENDMILL	--	6.0	3.0	50.0	球刀 2	4	全部
492	--	7. BALL ENDMILL	--	7.0	3.5	50.0	球刀 2	4	全部
493	--	8. BALL ENDMILL	--	8.0	4.0	50.0	球刀 2	4	全部
494	--	9. BALL ENDMILL	--	9.0	4.5	50.0	球刀 2	4	全部
495	--	10. BALL ENDMILL	--	10.0	5.0	50.0	球刀 2	4	全部
496	--	11. BALL ENDMILL	--	11.0	5.5	50.0	球刀 2	4	全部
497	--	12. BALL ENDMILL	--	12.0	6.0	50.0	球刀 2	4	全部

过滤(F)...
☑ 启用过滤
显示 25 个刀具(共
显示模式
○ 刀具
○ 装配
⊙ 两者

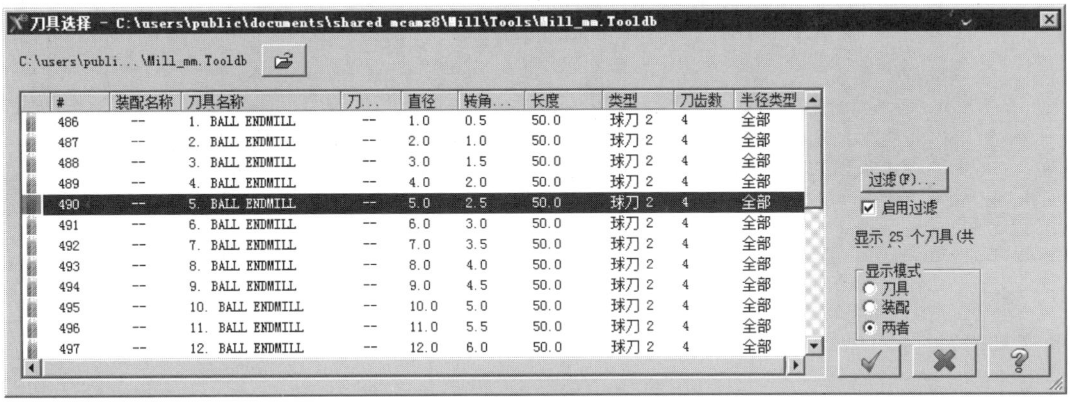

图 11.19 “刀具选择”对话框

Step5. 设置刀具相关参数。

（1）在“曲面残料加工”对话框 刀路参数 选项卡的列表框中显示出 Step4 所选择的刀具，双击该刀具，系统弹出“定义刀具”对话框。

（2）设置刀具号码。单击 最终化属性 按钮，在 刀具编号: 文本框中将原有的数值改为 3。

（3）设置刀具参数。在 进给率 文本框中输入值 120.0，在 下切速率: 文本框中输入值 100.0，在 提刀速率 文本框中输入值 500.0，在 主轴转速 文本框中输入值 1500.0。

（4）设置冷却方式。单击 冷却液 按钮，系统弹出“冷却液”对话框，在 Flood （切削液）下拉列表中选择 On 选项，单击该对话框中的 确定 按钮，关闭“冷却液”对话框。

（5）单击“定义刀具”对话框中的 精加工 按钮，完成刀具的设置。

Step6. 设置曲面参数。在“曲面残料加工”对话框中单击 曲面参数 选项卡，在 毛坯预留量 驱动面上（此处翻译有误，应为“加工面预留量”，下同）文本框中输入值 0.5，在 毛坯预留量 检查面上（此处翻译有误，应为“检查面预留量”，下同）文本框中输入值 1.0， 曲面参数 选项卡中的其他参数采用系统默认设置值。

Step7. 设置残料加工参数。在“曲面残料加工”对话框中单击 残料加工参数 选项卡，在 最大轴向切削间距: 文本框中输入值 0.5，在 径向切削间距: 文本框中输入值 1，在 过渡 区域选中 ⊙ 高速加工 单选项以及“曲面残料加工”对话框中左下方的 ☑ 优化切削顺序 复选框。

Step8. 设置剩余材料参数。在“曲面残料加工”对话框中单击剩余材料参数选项卡，设置图 11.20 所示的参数。

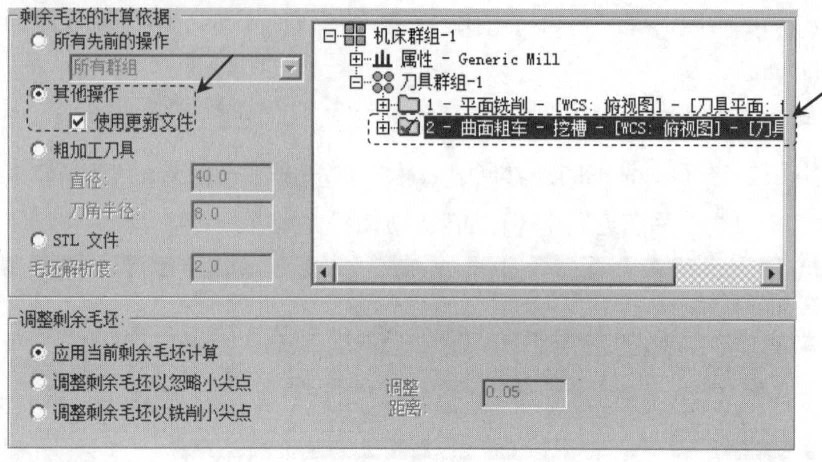

图 11.20 “剩余材料参数”选项卡

Step9. 单击“曲面残料加工”对话框中的按钮，同时在图形区生成图 11.21 所示的刀具路径。

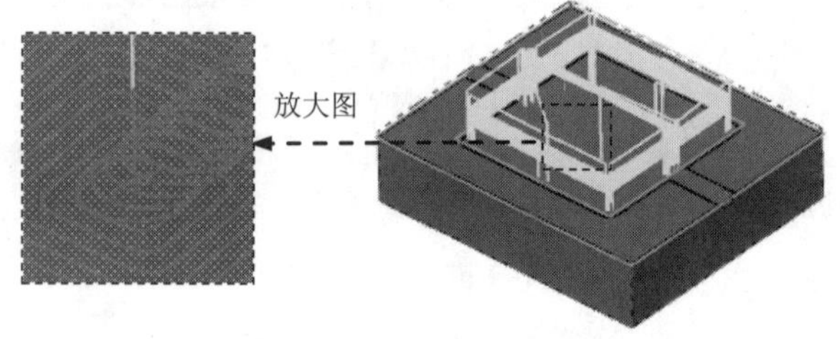

图 11.21 刀具路径

Stage6. 精加工等高外形加工

Step1. 绘制矩形边界。单击俯视图按钮，选择下拉菜单 绘图(C) → 矩形(R)... 命令，系统弹出“矩形”工具栏。在“矩形”工具栏中确认按钮被按下，选取图 11.22 所示的坐标原点（若无法选取坐标原点，读者可在“AutoCursor”工具栏中的 X、Y、Z 文本框中均输入值 0），然后在后的文本框中输入值 89，在后的文本框中输入值 89，按 Enter 键。单击按钮，完成矩形边界的绘制，结果如图 11.23 所示。

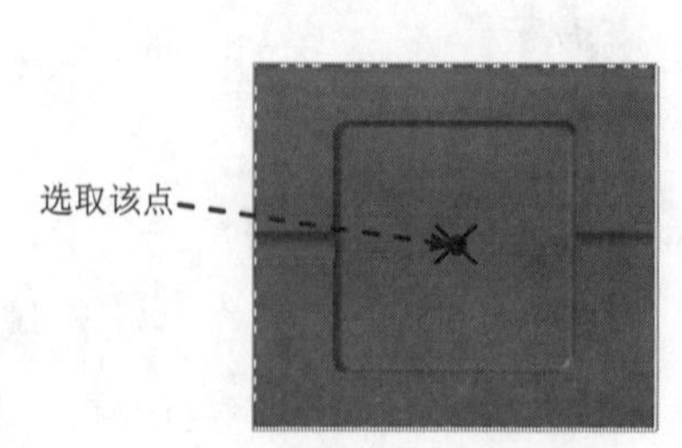

图 11.22 定义基准点

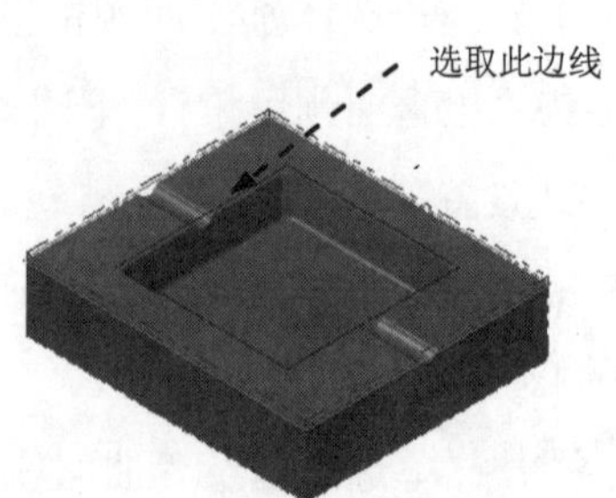

图 11.23 绘制矩形边界

Step2. 选择加工方法。选择下拉菜单 刀路(T) → 曲面精加工(F) → 等高外形(C)... 命令。

Step3. 设置加工区域。

（1）在图形区中选取图 11.24 所示的面（共 40 个），按 Enter 键，系统弹出“刀路/曲面选择”对话框。

（2）单击 检查面 区域中的 按钮，选取图 11.25 所示的面为检查面，然后按 Enter 键。

（3）单击 边界范围 区域中的 按钮，系统弹出“串连”对话框，采用“串联方式”选取图 11.23 所示的边线，单击 按钮。

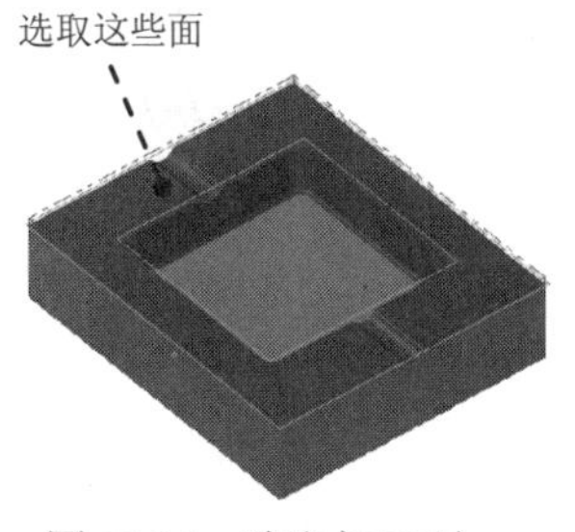

图 11.24 选取加工面

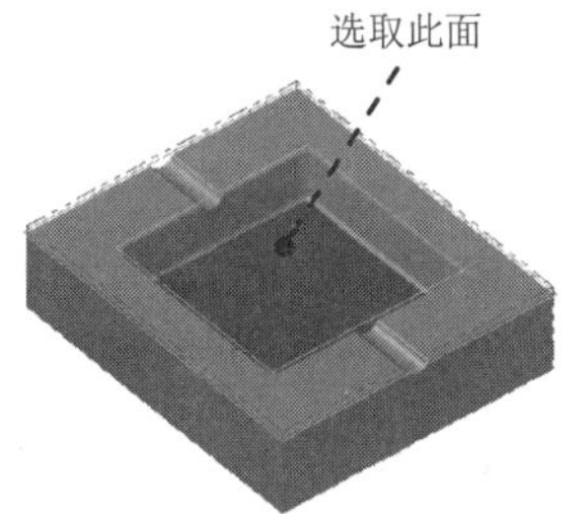

图 11.25 选取检查面

（4）单击 按钮，完成加工区域的设置，同时系统弹出“曲面精车-外形”对话框。

Step4. 确定刀具类型。在“曲面精车-外形”对话框中单击 刀具过滤 按钮，系统弹出“刀具列表过滤”对话框。单击 刀具类型 区域中的 无(N) 按钮后，在刀具类型按钮群中单击 （圆鼻刀）按钮。然后单击 按钮，关闭“刀具列表过滤”对话框，系统返回至“曲面精车-外形”对话框。

Step5. 选择刀具。在“曲面精车-外形”对话框中单击 选择库刀具... 按钮，系统弹出“刀具选择”对话框，在该对话框的列表框中选择图 11.26 所示的刀具。单击 按钮，关闭“刀具选择”对话框，系统返回至“曲面精车-外形”对话框。

刀具选择 - C:\users\public\documents\shared mcamx8\Mill\Tools\Mill_mm.Tooldb

C:\users\publi...\Mill_mm.Tooldb

#	装配名称	刀具名称	刀...	直径	转角...	长度	类型	半径类型	刀齿数
521	--	3. BULL ENDMILL 0...	--	3.0	0.2	50.0	圆鼻刀 3	转角	4
525	--	4. BULL ENDMILL 0...	--	4.0	0.2	50.0	圆鼻刀 3	转角	4
524	--	4. BULL ENDMILL 1...	--	4.0	1.0	50.0	圆鼻刀 3	转角	4
526	--	5. BULL ENDMILL 2...	--	5.0	2.0	50.0	圆鼻刀 3	转角	4
527	--	5. BULL ENDMILL 1...	--	5.0	1.0	50.0	圆鼻刀 3	转角	4
528	--	6. BULL ENDMILL 2...	--	6.0	2.0	50.0	圆鼻刀 3	转角	4
529	--	6. BULL ENDMILL 1...	--	6.0	1.0	50.0	圆鼻刀 3	转角	4
532	--	7. BULL ENDMILL 1...	--	7.0	1.0	50.0	圆鼻刀 3	转角	4
531	--	7. BULL ENDMILL 2...	--	7.0	2.0	50.0	圆鼻刀 3	转角	4
530	--	7. BULL ENDMILL 3...	--	7.0	3.0	50.0	圆鼻刀 3	转角	4
535	--	8. BULL ENDMILL 1...	--	8.0	1.0	50.0	圆鼻刀 3	转角	4
534	--	8. BULL ENDMILL 3...	--	8.0	3.0	50.0	圆鼻刀 3	转角	4

过滤(F)...

☑ 启用过滤

显示 99 个刀具(共

显示模式

○ 刀具

○ 装配

◉ 两者

图 11.26 “刀具选择”对话框

Step6. 设置刀具参数。

（1）完成上步操作后，在“曲面精车-外形”对话框 刀路参数 选项卡的列表框中显示出Step5 所选择的刀具，双击该刀具，系统弹出“定义刀具”对话框。

（2）设置刀具号码。单击 最终化属性 按钮，在 刀具编号: 文本框中将原有的数值改为 4。

（3）设置刀具的加工参数。在 进给率 文本框中输入值 150.0，在 下切速率: 文本框中输入值 100.0，在 提刀速率 文本框中输入值 500.0，在 主轴转速 文本框中输入值 1600.0。

（4）设置冷却方式。单击 冷却液 按钮，系统弹出“冷却液”对话框，在 Flood （切削液）下拉列表中选择 On 选项，单击该对话框中的 确定 按钮，关闭“冷却液”对话框。

Step7. 单击“定义刀具”对话框中的 精加工 按钮，完成刀具的设置。

Step8. 设置曲面参数。在“曲面精车-外形”对话框中单击 曲面参数 选项卡，然后在 进给下刀位置... 文本框中输入值 5，在 毛坯预留量驱动面上 文本框中输入值 0，在 毛坯预留量检查面上 文本框中输入值 0.2，其余参数采用系统默认设置值。

Step9. 设置等高外形精加工参数。在“曲面精车-外形”对话框中单击 外形精加工参数 选项卡，在 最大轴向切削间距: 文本框中输入值 0.5；在 过渡 区域选中 ⊙ 斜降 单选项以及“曲面精车-外形”对话框中左下方的 ☑ 优化切削顺序 复选框，其他参数采用系统默认设置值。

Step10. 单击“曲面精车-外形”对话框中的 ✓ 按钮，完成加工参数的设置，此时系统将自动生成图 11.27 所示的刀具路径。

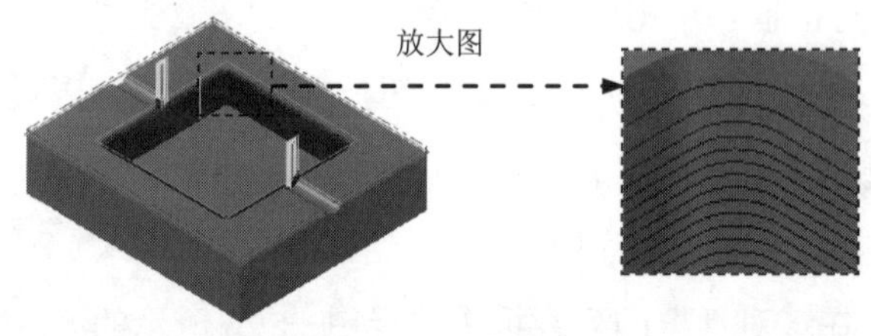

图 11.27　刀具路径

Stage7. 精加工平行铣削加工

Step1. 选择加工方法。选择下拉菜单 刀路(T) → 曲面精加工(F) → 平行(P)... 命令。

Step2. 设置加工区域。

（1）在图形区中选取图 11.28 所示的曲面（共 6 个面），然后按 Enter 键，系统弹出“刀路/曲面选择”对话框。

（2）单击 检查面 区域中的 按钮，选取图 11.29 所示的面为检查面，然后按 Enter 键。单击“刀路/曲面选择”对话框中的 ✓ 按钮，系统弹出“曲面精车-平行”对话框。

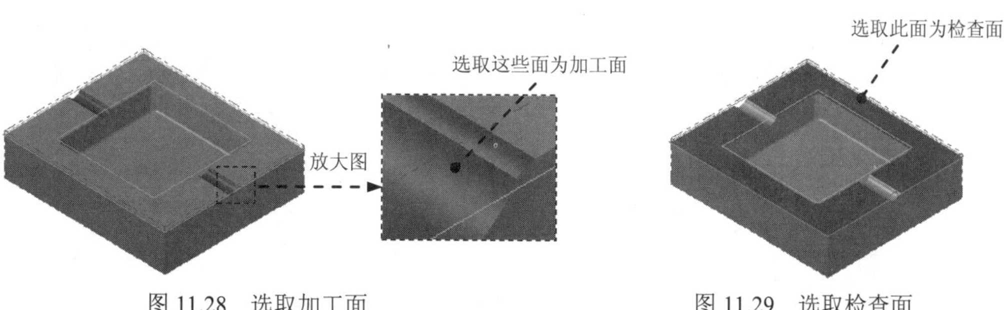

图 11.28 选取加工面　　　　图 11.29 选取检查面

Step3. 确定刀具类型。在“曲面精车-平行”对话框中单击 刀具过滤 按钮，系统弹出“刀具列表过滤”对话框。单击 刀具类型 区域中的 无(N) 按钮后，在刀具类型按钮群中单击（球刀）按钮。然后单击 ✓ 按钮，关闭“刀具列表过滤”对话框，系统返回至“曲面精车-平行”对话框。

Step4. 选择刀具。在“曲面精车-平行”对话框中单击 选择库刀具... 按钮，系统弹出“刀具选择”对话框，在该对话框的列表框中选择图 11.30 所示的刀具。单击 ✓ 按钮，关闭“刀具选择”对话框，系统返回至“曲面精车-平行”对话框。

Step5. 设置刀具参数。

（1）完成上步操作后，在“曲面精车-平行”对话框 刀路参数 选项卡的列表框中显示出 Step4 所选择的刀具，双击该刀具，系统弹出“定义刀具”对话框。

刀具选择 - C:\users\public\documents\shared mcamx8\Mill\Tools\Mill_mm.Tooldb

C:\users\publi...\Mill_mm.Tooldb

#	装配名称	刀具名称	刀...	直径	转角...	长度	刀齿数	类型	半径类型
486	--	1. BALL ENDMILL	--	1.0	0.5	50.0	4	球刀 2	全部
487	--	2. BALL ENDMILL	--	2.0	1.0	50.0	4	球刀 2	全部
488	--	3. BALL ENDMILL	--	3.0	1.5	50.0	4	球刀 2	全部
489	--	4. BALL ENDMILL	--	4.0	2.0	50.0	4	球刀 2	全部
490	--	5. BALL ENDMILL	--	5.0	2.5	50.0	4	球刀 2	全部
491	--	6. BALL ENDMILL	--	6.0	3.0	50.0	4	球刀 2	全部
492	--	7. BALL ENDMILL	--	7.0	3.5	50.0	4	球刀 2	全部
493	--	8. BALL ENDMILL	--	8.0	4.0	50.0	4	球刀 2	全部
494	--	9. BALL ENDMILL	--	9.0	4.5	50.0	4	球刀 2	全部
495	--	10. BALL ENDMILL	--	10.0	5.0	50.0	4	球刀 2	全部
496	--	11. BALL ENDMILL	--	11.0	5.5	50.0	4	球刀 2	全部
497	--	12. BALL ENDMILL	--	12.0	6.0	50.0	4	球刀 2	全部

过滤(F)...
☑ 启用过滤
显示 25 个刀具(共
显示模式
○ 刀具
○ 装配
⊙ 两者

图 11.30 “刀具选择”对话框

（2）设置刀具号码。单击 最终化属性 按钮，在 刀具编号: 文本框中将原有的数值改为 5。

（3）设置刀具的加工参数。在 进给率 文本框中输入值 200.0，在 下切速率: 文本框中输入值 100.0，在 提刀速率 文本框中输入值 500.0，在 主轴转速 文本框中输入值 3000.0。

（4）设置冷却方式。单击 冷却液 按钮，系统弹出“冷却液”对话框，在 Flood （切削液）下拉列表中选择 On 选项，单击该对话框中的 确定 按钮，关闭“冷却液”对话框。

（5）单击“定义刀具”对话框中的 精加工 按钮，完成刀具的设置。

Step6. 设置加工参数。

（1）设置曲面参数。在“曲面精车-平行”对话框中单击曲面参数选项卡，然后在进给下刀位置...文本框中输入值 5，在毛坯预留量驱动面上与毛坯预留量检查面上文本框中均输入值 0。

（2）设置精加工平行铣削参数。在“曲面精车-平行”对话框中单击平行精加工参数选项卡，然后在最大径向切削间距(M)...文本框中输入值 0.5；在切削方式下拉列表中选择双向选项；在加工角度文本框中输入值 45。

Step7. 单击“曲面精车-平行”对话框中的✔按钮，同时在图形区生成图 11.31 所示的刀具路径。

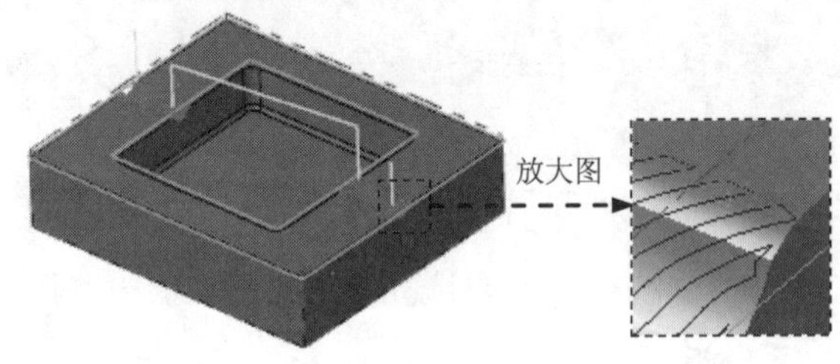

图 11.31 刀具路径

Stage8. 精加工浅平面加工

Step1. 选择加工方法。选择下拉菜单 刀路(T) → 曲面精加工(F) → 浅平面(S)... 命令。

Step2. 设置加工区域。

（1）在图形区中选取图 11.32 所示的面，然后按 Enter 键，系统弹出“刀路/曲面选择”对话框。

（2）单击检查面区域中的↖按钮，选取图 11.33 所示的面为检查面（共 32 个面），然后按 Enter 键。单击✔按钮，完成加工区域的设置，同时系统弹出“曲面精车-浅铣削”对话框。

图 11.32 选取加工面

图 11.33 选取检查面

Step3. 选择刀具。在“曲面精车-浅铣削”对话框中取消选中□刀具过滤复选框，然后选择图 11.34 所示的刀具。

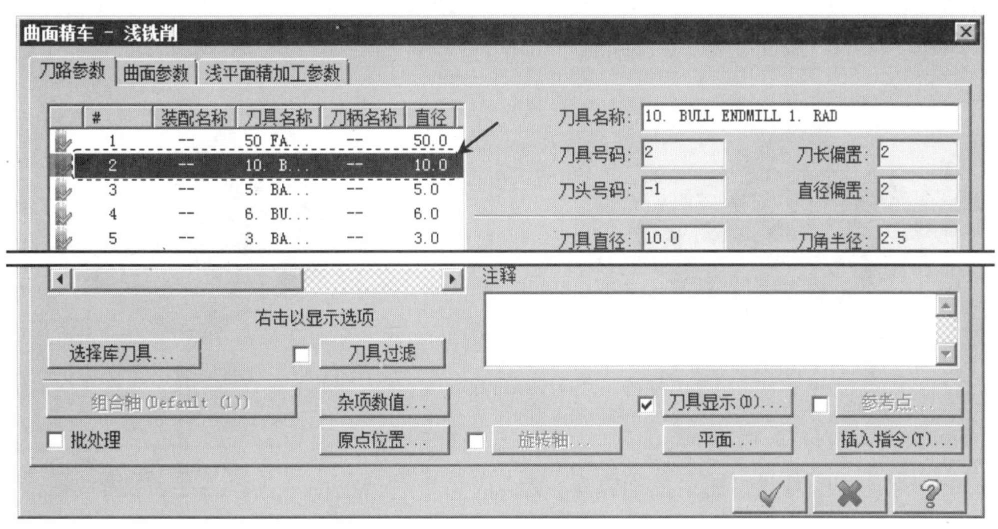

图 11.34 “刀路参数”选项卡

Step4. 设置曲面参数。在“曲面精车-浅铣削”对话框中单击 曲面参数 选项卡，在 进给下刀位置... 文本框中输入值 5。

Step5. 设置浅平面精加工参数。在“曲面精车-浅铣削”对话框中单击 浅平面精加工参数 选项卡，在 浅平面精加工参数 选项卡的 最大径向切削间距(M)... 文本框中输入值 4，选中 ☑ 由内而外环切 复选框与 ☑ 切削按最短距离排序 复选框，其他参数采用系统默认设置值。

Step6. 单击“曲面精车-浅铣削”对话框中的 ✔ 按钮，同时在图形区生成图 11.35 所示的刀具路径。

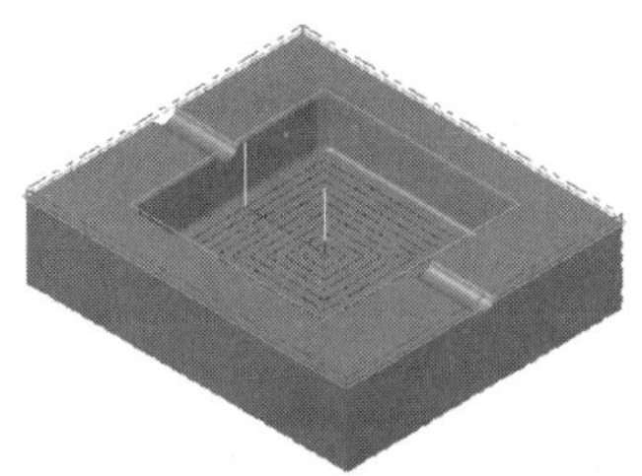

图 11.35 刀具路径

Stage9. 精加工交线清角加工

Step1. 选择加工方法。选择下拉菜单 刀路(T) → 曲面精加工(F) → 交线清角(E)... 命令。

Step2. 设置加工区域。

（1）在图形区中选取图 11.36 所示的曲面（共 33 个面），然后按 Enter 键，系统弹出“刀路/曲面选择”对话框。

（2）单击 边界范围 区域中的 按钮，系统弹出“串连”对话框，采用“串联方式”

选取图 11.37 所示的边线。单击 ✓ 按钮，系统返回至“刀路/曲面选择”对话框。单击 ✓ 按钮，系统弹出“曲面精车-交线清角”对话框。

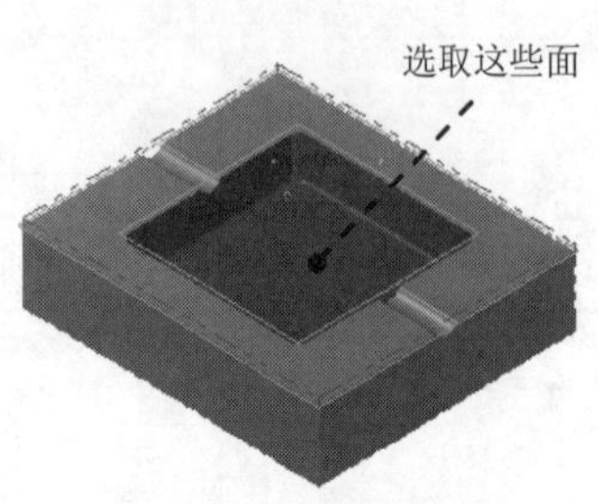

图 11.36　选取加工面

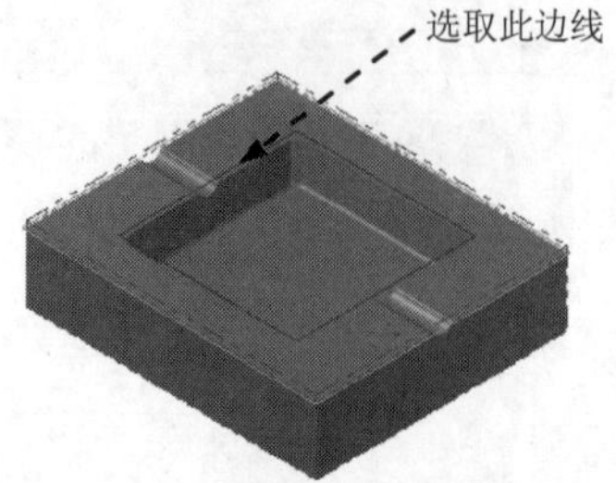

图 11.37　选取切削范围边线

Step3. 选择刀具。

（1）确定刀具类型。在“曲面精车-交线清角”对话框中单击 刀具过滤 按钮，系统弹出“刀具列表过滤”对话框。单击 刀具类型 区域中的 无(N) 按钮后，在刀具类型按钮群中单击（球刀）按钮。单击 ✓ 按钮，关闭“刀具列表过滤”对话框，系统返回至“曲面精车-交线清角”对话框。

（2）选择刀具。在“曲面精车-交线清角”对话框中单击 选择库刀具... 按钮，系统弹出“刀具选择”对话框，在该对话框的列表框中选择图 11.38 所示的刀具。单击 ✓ 按钮，关闭“刀具选择”对话框，系统返回至“曲面精车-交线清角”对话框。

刀具选择 - C:\users\public\documents\shared mcamx8\Mill\Tools\Mill_mm.Tooldb

C:\users\publi...\Mill_mm.Tooldb

#	装配名称	刀具名称	刀...	直径	转角...	长度	刀齿数	半径类型	类型
486	--	1. BALL ENDMILL	--	1.0	0.5	50.0	4	全部	球刀 2
487	--	2. BALL ENDMILL	--	2.0	1.0	50.0	4	全部	球刀 2
488	--	3. BALL ENDMILL	--	3.0	1.5	50.0	4	全部	球刀 2
489	--	4. BALL ENDMILL	--	4.0	2.0	50.0	4	全部	球刀 2
490	--	5. BALL ENDMILL	--	5.0	2.5	50.0	4	全部	球刀 2
491	--	6. BALL ENDMILL	--	6.0	3.0	50.0	4	全部	球刀 2
492	--	7. BALL ENDMILL	--	7.0	3.5	50.0	4	全部	球刀 2
493	--	8. BALL ENDMILL	--	8.0	4.0	50.0	4	全部	球刀 2
494	--	9. BALL ENDMILL	--	9.0	4.5	50.0	4	全部	球刀 2
495	--	10. BALL ENDMILL	--	10.0	5.0	50.0	4	全部	球刀 2
496	--	11. BALL ENDMILL	--	11.0	5.5	50.0	4	全部	球刀 2
497	--	12. BALL ENDMILL	--	12.0	6.0	50.0	4	全部	球刀 2

过滤(F)...
☑ 启用过滤
显示 25 个刀具(共
显示模式
○ 刀具
○ 装配
◉ 两者

图 11.38　“刀具选择”对话框

Step4. 设置刀具相关参数。

（1）在“曲面精车-交线清角”对话框 刀路参数 选项卡的列表框中显示出 Step3 所选取的刀具，双击该刀具，系统弹出“定义刀具”对话框。

（2）设置刀具号码。单击 最终化属性 按钮，在 刀具编号: 文本框中将原有的数值改为 6。

（3）设置刀具参数。在 进给率 文本框中输入值 150.0，在 下切速率: 文本框中输入值 100.0，在 提刀速率 文本框中输入值 500.0，在 主轴转速 文本框中输入值 2500.0。

（4）设置冷却方式。单击 冷却液 按钮，系统弹出“冷却液”对话框，在 Flood （切削液）下拉列表中选择On选项，单击该对话框中的确定按钮，关闭“冷却液”对话框。

（5）单击“定义刀具”对话框中的精加工按钮，完成刀具的设置。

Step5. 设置加工参数

（1）设置曲面加工参数。在“曲面精车-交线清角”对话框中单击曲面参数选项卡，在毛坯预留量驱动面上（此处翻译有误，应为“加工面预留量”）文本框中输入值0.0，曲面参数选项卡中的其他参数采用系统默认设置。

（2）设置交线清角精加工参数。在“曲面精车-交线清角”对话框中单击交线清角精加工参数选项卡，取消选中深度限制(D)...复选框。单击✓按钮，同时在图形区生成图11.39所示的刀具路径。

Step6. 实体切削验证。

（1）在刀路选项卡中单击按钮，然后单击“验证选定操作”按钮，系统弹出“Mastercam 模拟器”对话框。

（2）在“Mastercam 模拟器”对话框中单击按钮，系统将开始进行实体切削仿真，结果如图11.40所示。单击×按钮，关闭“Mastercam 模拟器”对话框。

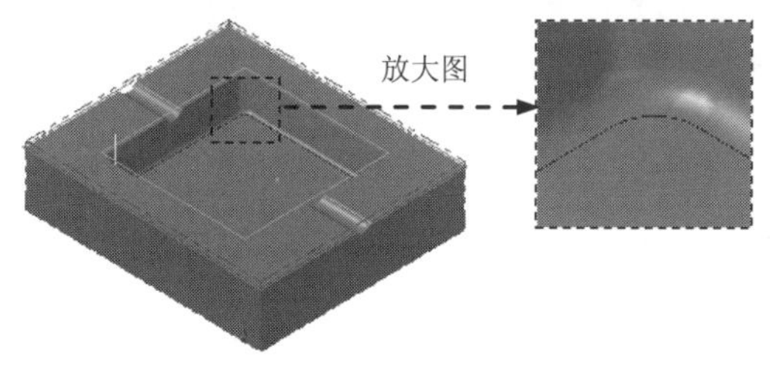

图11.39 刀具路径

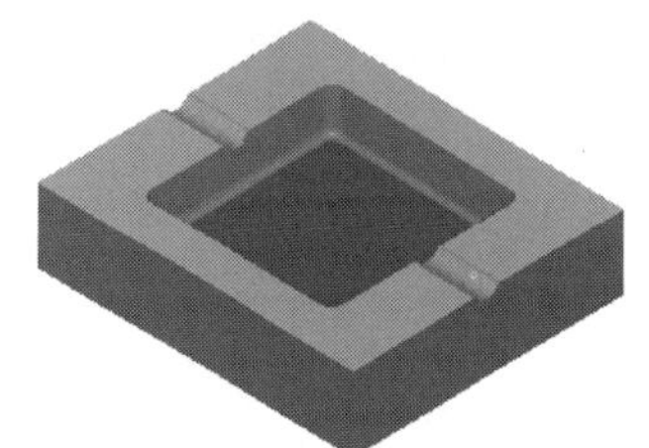

图11.40 仿真结果

Step7. 保存模型。选择下拉菜单文件(F) ➡ 保存(S)命令，保存模型。

学习拓展：扫一扫右侧二维码，可以免费学习更多视频讲解。
讲解内容：二维草图精讲，拉伸特征、旋转特征详解。

实例 12 烟灰缸凸模加工

本例以一个较为复杂的凸模加工为例来介绍模具的一般加工过程。本例应用了多种加工方法，把加工操作主要分为三部分：粗加工、半精加工、精加工。通过对本例的练习，能够提高读者对模具加工的认识和了解，并能进一步掌握其加工的特点。

该模具的加工工艺路线如图 12.1 所示。

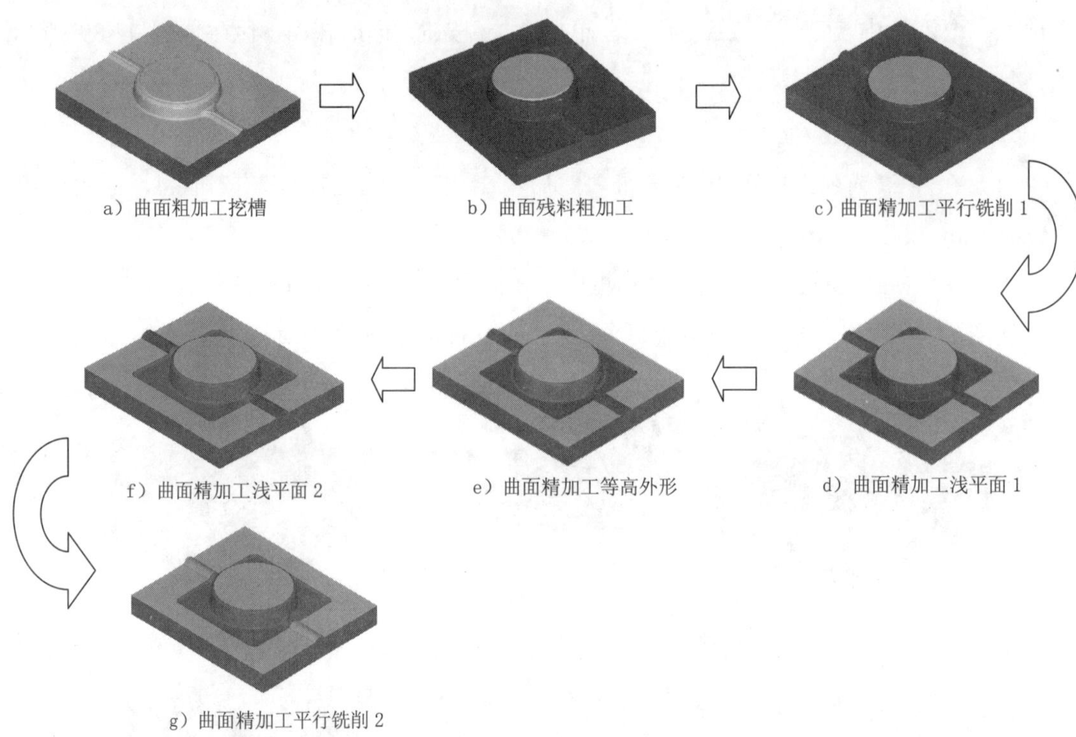

图 12.1　加工工艺路线

Stage1. 进入加工环境

打开模型。选择文件 D:\ mcx8.11\work\ch12\ASHTRAY_UPPER_MOLD.MCX，系统进入加工环境，此时零件模型如图 12.2 所示。

Stage2. 设置工件

Step1. 在“操作管理器”中单击 属性 - Generic Mill 节点前的“+”号，将该节点展开，然后单击 毛坯设置 节点，系统弹出“机床群组属性”对话框。

Step2. 设置工件的形状。在“机床群组属性”对话框的形状区域中选中 矩形 单选项。

Step3. 设置工件的尺寸。在“机床群组属性”对话框中单击 所有曲面 按钮，在 毛坯原点区域 Z 下面的文本框中输入值 5；然后在右侧预览区的 Y 文本框中输入值 126，在 X 文本框中输入值 146，在 Z 文本框中输入值 35。

Step4. 单击“机床群组属性”对话框中的 ✔ 按钮，完成工件的设置。此时零件如图 12.3 所示，从图中可以观察到零件的边缘多了红色的双点画线，双点画线围成的图形即工件。

图 12.2 零件模型

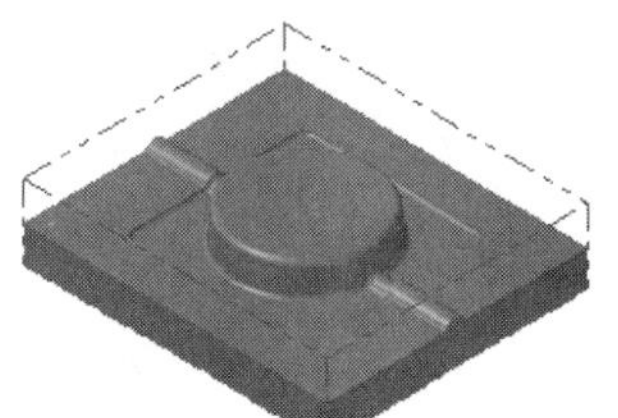
图 12.3 显示工件

Stage3. 粗加工挖槽加工

Step1. 绘制矩形边界。单击俯视图按钮，选择下拉菜单 绘图(C) → 矩形(R)... 命令，系统弹出“矩形”工具栏。在“矩形”工具栏中确认按钮被按下，选取图 12.4 所示的坐标原点（若无法选取坐标原点，读者可在“AutoCursor”工具栏中的 X、Y、Z 文本框中均输入值 0），然后在后的文本框中输入值 150，在后的文本框中输入值 130，按 Enter 键。单击 ✔ 按钮，完成矩形边界的绘制，结果如图 12.5 所示。

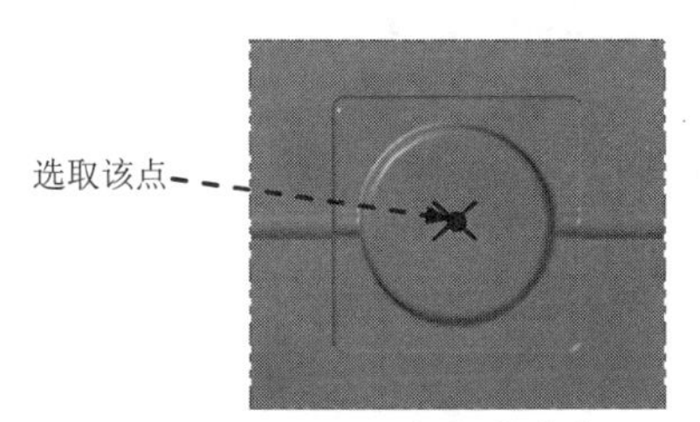

图 12.4 定义基准点

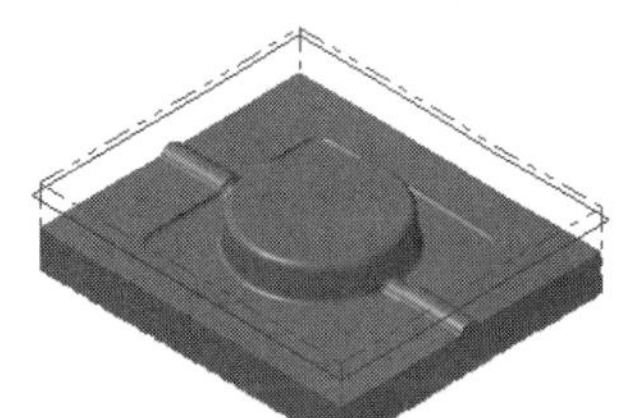
图 12.5 绘制矩形边界

Step2. 选择下拉菜单 刀路(T) → 曲面粗加工(R) → 挖槽(K)... 命令，系统弹出“输入新 NC 名称”对话框，采用系统默认的 NC 名称，单击 ✔ 按钮。

Step3. 设置加工区域。

（1）选取加工面。在图形区中选取图 12.6 所示的面（共 44 个面），然后按 Enter 键，系统弹出“刀路/曲面选择”对话框。

（2）设置加工边界。在 边界范围 区域中单击按钮，系统弹出“串连”对话框。在图形区中选取图 12.7 所示的边线，单击 ✔ 按钮，系统返回至“刀路/曲面选择”对话框。

（3）单击 ✔ 按钮，完成加工区域的设置，同时系统弹出“曲面粗车-挖槽”对话框。

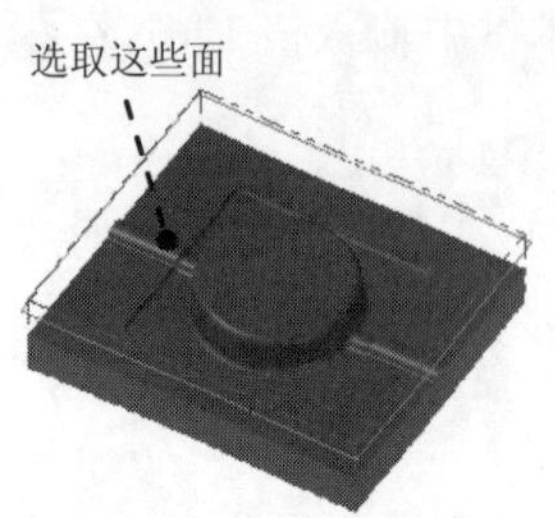

图 12.6　选取加工面

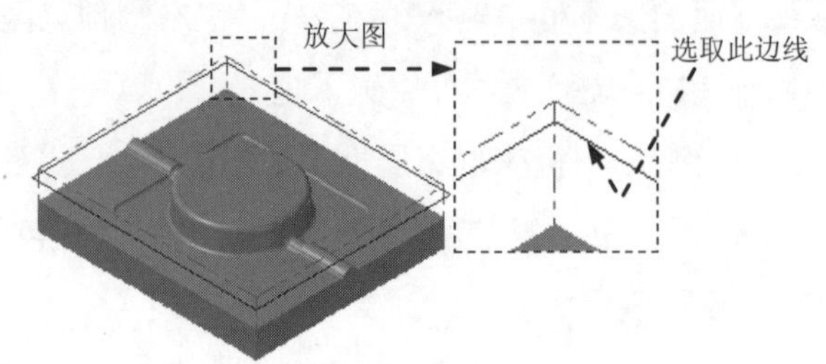

图 12.7　选取切削范围边线

Step4. 确定刀具类型。在“曲面粗车-挖槽”对话框中单击 刀具过滤 按钮，系统弹出“刀具列表过滤”对话框。单击 刀具类型 区域中的 无(N) 按钮后，在刀具类型按钮群中单击（圆鼻刀）按钮。然后单击 ✔ 按钮，关闭“刀具列表过滤”对话框，系统返回至“曲面粗车-挖槽”对话框。

Step5. 选择刀具。在“曲面粗车-挖槽”对话框中单击 选择库刀具... 按钮，系统弹出“刀具选择”对话框，在该对话框的列表框中选择图 12.8 所示的刀具。单击 ✔ 按钮，关闭“刀具选择”对话框，系统返回至“曲面粗车-挖槽”对话框。

刀具选择 - C:\users\public\documents\shared mcamx8\Mill\Tools\Mill_mm.Tooldb

C:\users\publi...\Mill_mm.Tooldb

#	装配名称	刀具名称	刀...	直径	转角...	长度	类型	刀齿数	半径类型
577	--	19. BULL ENDMILL ...	--	19.0	3.0	50.0	圆鼻刀 3	4	转角
578	--	19. BULL ENDMILL ...	--	19.0	4.0	50.0	圆鼻刀 3	4	转角
576	--	19. BULL ENDMILL ...	--	19.0	2.0	50.0	圆鼻刀 3	4	转角
579	--	19. BULL ENDMILL ...	--	19.0	1.0	50.0	圆鼻刀 3	4	转角
583	--	20. BULL ENDMILL ...	--	20.0	4.0	50.0	圆鼻刀 3	4	转角
581	--	20. BULL ENDMILL ...	--	20.0	1.0	50.0	圆鼻刀 3	4	转角
582	--	20. BULL ENDMILL ...	--	20.0	2.0	50.0	圆鼻刀 3	4	转角
580	--	20. BULL ENDMILL ...	--	20.0	3.0	50.0	圆鼻刀 3	4	转角
587	--	21. BULL ENDMILL ...	--	21.0	2.0	50.0	圆鼻刀 3	4	转角
584	--	21. BULL ENDMILL ...	--	21.0	3.0	50.0	圆鼻刀 3	4	转角
586	--	21. BULL ENDMILL ...	--	21.0	4.0	50.0	圆鼻刀 3	4	转角
585	--	21. BULL ENDMILL ...	--	21.0	1.0	50.0	圆鼻刀 3	4	转角

过滤(F)...
☑ 启用过滤
显示 99 个刀具(共
显示模式
○ 刀具
○ 装配
◉ 两者

图 12.8　“刀具选择”对话框

Step6. 设置刀具参数。

（1）完成上步操作后，在“曲面粗车-挖槽”对话框 刀路参数 选项卡的列表框中显示出 Step5 所选择的刀具，双击该刀具，系统弹出“定义刀具”对话框。

（2）设置刀具号码。单击 最终化属性 按钮，在 刀具编号: 文本框中将原有的数值改为 1。

（3）设置刀具的加工参数。在 进给率 文本框中输入值 500.0，在 下切速率: 文本框中输入值 300.0，在 提刀速率 文本框中输入值 500.0，在 主轴转速 文本框中输入值 1500.0。

（4）设置冷却方式。单击 冷却液 按钮，系统弹出“冷却液”对话框，在 Flood （切削液）下拉列表中选择 On 选项，单击该对话框中的 确定 按钮，关闭“冷却液”对话框。

Step7. 单击“定义刀具”对话框中的 精加工 按钮，完成刀具的设置。

Step8. 设置曲面参数。在“曲面粗车-挖槽”对话框中单击曲面参数选项卡，在进给下刀位置...文本框中输入值 5，在毛坯预留量驱动面上（此处翻译有误，应为“加工面预留量”）文本框中输入值 1。

Step9. 设置粗加工参数。

（1）在“曲面粗车-挖槽”对话框中单击粗加工参数选项卡，在最大轴向切削间距:文本框中输入值 1，然后在进刀选项区域选中☑ 从边界范围外下刀复选框和☑ 螺旋进刀复选框。

（2）单击螺旋进刀按钮，系统弹出“螺旋/斜插式下刀参数”对话框。单击“螺旋/斜插式下刀参数”对话框中的斜降选项卡，在斜插失败时区域选中⊙ 跳过单选项。单击“螺旋/斜插式下刀参数”对话框中的✓按钮。

（3）单击切削深度(D)...按钮，在系统弹出的“切削深度”对话框中选中⊙ 绝对坐标单选项，然后在绝对深度区域的最小深度文本框中输入值 5，在最大深度文本框中输入值-13。单击✓按钮，系统返回至“曲面粗车-挖槽”对话框。

（4）单击间隙设置(G)...按钮，在系统弹出的“间隙设置”对话框中选中☑ 优化切削顺序复选框，在切弧半径:文本框中输入值 10.0，在切弧角度:文本框中输入值 90.0。单击✓按钮，系统返回至“曲面粗车-挖槽”对话框。

Step10. 设置挖槽参数。在“曲面粗车-挖槽”对话框中单击挖槽参数选项卡，取消选中☐ 由内而外螺旋式切削复选框，在径向切削比例:文本框中输入值 50。

Step11. 单击“曲面粗车-挖槽”对话框中的✓按钮，完成加工参数的设置，此时系统将自动生成图 12.9 所示的刀具路径。

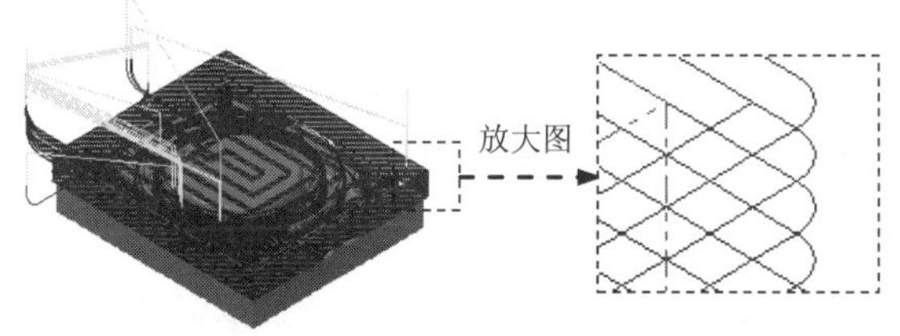

图 12.9　刀具路径

说明：在生成刀具路径的过程中系统会弹出“操作管理器”对话框，单击该对话框中的确定按钮即可。

Stage4. 粗加工残料加工

说明：单击“操作管理器”中的≋按钮隐藏上步的刀具路径，以便于后面加工面的选取，下同。

Step1. 选择加工方法。选择下拉菜单 刀路(T) → 曲面粗加工(R) → 残料铣削(T)... 命令。

Step2. 设置加工区域。

（1）选取加工面。在图形区中选取图 12.10 所示的面（共 44 个面），然后按 Enter 键，系统弹出“刀路/曲面选择”对话框。

（2）设置加工边界。在 边界范围 区域中单击 按钮，系统弹出“串连”对话框。在图形区中选取图 12.11 所示的边线，单击 ✓ 按钮，系统返回至“刀路/曲面选择”对话框。

（3）单击 ✓ 按钮，完成加工区域的设置，同时系统弹出“曲面残料加工”对话框。

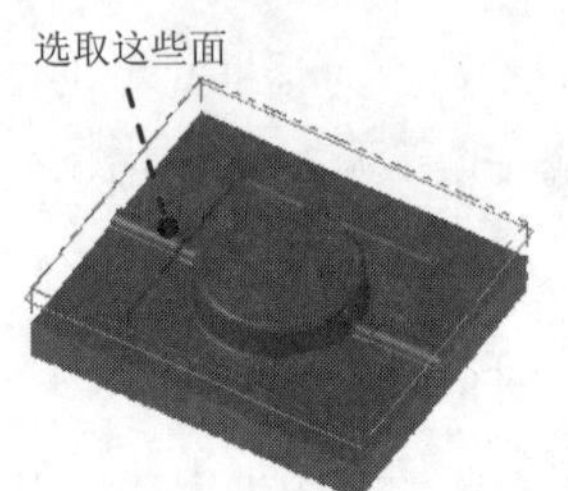

图 12.10　选取加工面

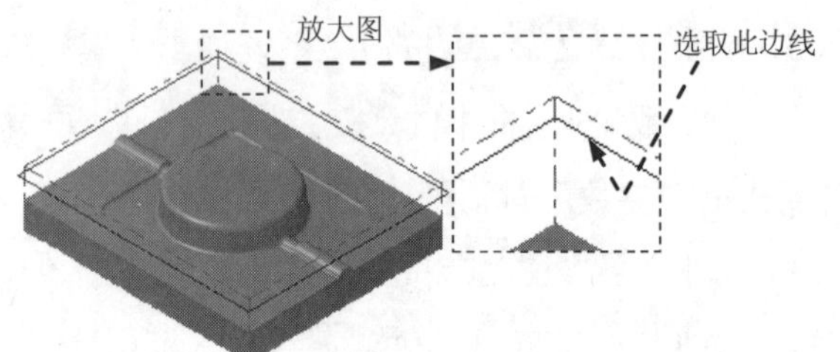

图 12.11　选取切削范围边线

Step3. 确定刀具类型。在“曲面残料加工”对话框中单击 刀具过滤 按钮，系统弹出“刀具列表过滤”对话框。单击 刀具类型 区域中的 无(N) 按钮后，在刀具类型按钮群中单击 （圆鼻刀）按钮。单击 ✓ 按钮，关闭“刀具列表过滤”对话框，系统返回至“曲面残料加工”对话框。

Step4. 选择刀具。在“曲面残料加工”对话框中单击 选择库刀具... 按钮，系统弹出“刀具选择”对话框，在该对话框的列表框中选择图 12.12 所示的刀具。单击 ✓ 按钮，关闭“刀具选择”对话框，系统返回至“曲面残料加工”对话框。

刀具选择 - C:\users\public\documents\shared mcamx8\Mill\Tools\Mill_mm.Tooldb

C:\users\publi...\Mill_mm.Tooldb

#	装配名称	刀具名称	刀...	直径	转角...	长度	类型	半径类型	刀齿数
521	--	3. BULL ENDMILL 0...	--	3.0	0.2	50.0	圆鼻刀 3	转角	4
524	--	4. BULL ENDMILL 1...	--	4.0	1.0	50.0	圆鼻刀 3	转角	4
525	--	4. BULL ENDMILL 0...	--	4.0	0.2	50.0	圆鼻刀 3	转角	4
526	--	5. BULL ENDMILL 2...	--	5.0	2.0	50.0	圆鼻刀 3	转角	4
527	--	5. BULL ENDMILL 1...	--	5.0	1.0	50.0	圆鼻刀 3	转角	4
529	--	6. BULL ENDMILL 1...	--	6.0	1.0	50.0	圆鼻刀 3	转角	4
528	--	6. BULL ENDMILL 2...	--	6.0	2.0	50.0	圆鼻刀 3	转角	4
532	--	7. BULL ENDMILL 1...	--	7.0	1.0	50.0	圆鼻刀 3	转角	4
531	--	7. BULL ENDMILL 2...	--	7.0	2.0	50.0	圆鼻刀 3	转角	4
530	--	7. BULL ENDMILL 3...	--	7.0	3.0	50.0	圆鼻刀 3	转角	4
535	--	8. BULL ENDMILL 1...	--	8.0	1.0	50.0	圆鼻刀 3	转角	4
534	--	8. BULL ENDMILL 3...	--	8.0	3.0	50.0	圆鼻刀 3	转角	4

过滤(F)...
启用过滤
显示 99 个刀具(共
显示模式
刀具
装配
两者

图 12.12　“刀具选择”对话框

Step5. 设置刀具相关参数。

（1）在“曲面残料加工”对话框 刀路参数 选项卡的列表框中显示出 Step4 所选择的刀具，双击该刀具，系统弹出“定义刀具”对话框。

（2）设置刀具号码。单击 最终化属性 按钮，在 刀具编号: 文本框中将原有的数值改为 2。

（3）设置刀具参数。在进给率文本框中输入值 200.0，在下切速率：文本框中输入值 100.0，在提刀速率文本框中输入值 500.0，在主轴转速文本框中输入值 1500.0。

（4）设置冷却方式。单击冷却液按钮，系统弹出“冷却液”对话框，在Flood（切削液）下拉列表中选择On选项，单击该对话框中的确定按钮，关闭“冷却液”对话框。

（5）单击“定义刀具”对话框中的精加工按钮，完成刀具的设置。

Step6. 设置曲面参数。在“曲面残料加工”对话框中单击曲面参数选项卡，在毛坯预留量驱动面上（此处翻译有误，应为“加工面预留量”）文本框中输入值 0.5，曲面参数选项卡中的其他参数采用系统默认设置值。

Step7. 设置残料加工参数。在“曲面残料加工”对话框中单击残料加工参数选项卡，在最大轴向切削间距：文本框中输入值 0.5，在过渡区域选中高速加工单选项以及“曲面残料加工”对话框中左下方的优化切削顺序复选框。

Step8. 设置剩余材料参数。在“曲面残料加工”对话框中单击剩余材料参数选项卡，所有参数采用系统默认设置值。

Step9. 单击“曲面残料加工”对话框中的✓按钮，同时在图形区生成图 12.13 所示的刀具路径。

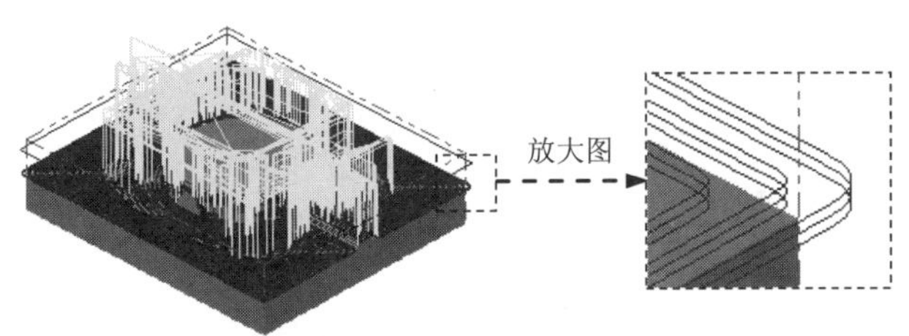

图 12.13 刀具路径

Stage5. 精加工平行铣削加工 1

Step1. 选择加工方法。选择下拉菜单 刀路(T) → 曲面精加工(F) → 平行(P)... 命令。

Step2. 选取加工面。在图形区中选取图 12.14 所示的曲面，然后按 Enter 键，系统弹出“刀路/曲面选择”对话框。单击“刀路/曲面选择”对话框中的✓按钮，系统弹出“曲面精车-平行”对话框。

Step3. 确定刀具类型。在“曲面精车-平行”对话框中单击刀具过滤按钮，系统弹出“刀具列表过滤”对话框。单击刀具类型区域中的无(N)按钮后，在刀具类型按钮群中单击（平底刀）按钮。然后单击✓按钮，关闭“刀具列表过滤”对话框，系统返回至“曲面精车-平行”对话框。

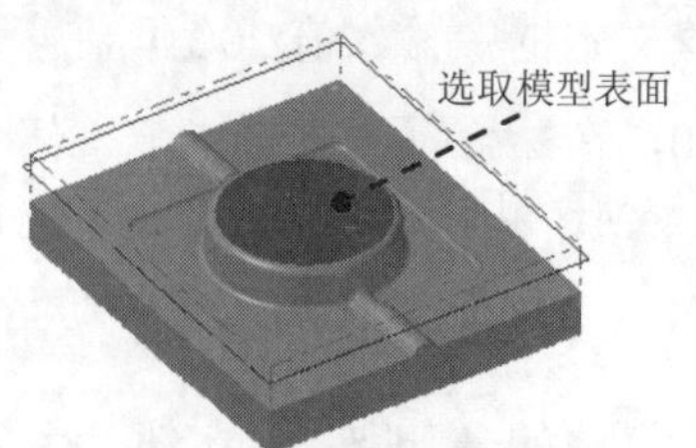

图 12.14 选取加工面

Step4. 选择刀具。在“曲面精车-平行”对话框中单击 选择库刀具... 按钮，系统弹出“刀具选择”对话框，在该对话框的列表框中选择图 12.15 所示的刀具。单击 ✓ 按钮，关闭“刀具选择”对话框，系统返回至“曲面精车-平行”对话框。

刀具选择 - C:\users\public\documents\shared mcamx8\Mill\Tools\Mill_mm.Tooldb

C:\users\publi...\Mill_mm.Tooldb

#	装配名称	刀具名称	刀...	直径	转角...	长度	刀齿数	类型	半径类型
472	--	12. FLAT ENDMILL	--	12.0	0.0	50.0	4	平底刀 1	无
473	--	13. FLAT ENDMILL	--	13.0	0.0	50.0	4	平底刀 1	无
474	--	14. FLAT ENDMILL	--	14.0	0.0	50.0	4	平底刀 1	无
475	--	15. FLAT ENDMILL	--	15.0	0.0	50.0	4	平底刀 1	无
476	--	16. FLAT ENDMILL	--	16.0	0.0	50.0	4	平底刀 1	无
477	--	17. FLAT ENDMILL	--	17.0	0.0	50.0	4	平底刀 1	无
478	--	18. FLAT ENDMILL	--	18.0	0.0	50.0	4	平底刀 1	无
479	--	19. FLAT ENDMILL	--	19.0	0.0	50.0	4	平底刀 1	无
480	--	20. FLAT ENDMILL	--	20.0	0.0	50.0	4	平底刀 1	无
481	--	21. FLAT ENDMILL	--	21.0	0.0	50.0	4	平底刀 1	无
482	--	22. FLAT ENDMILL	--	22.0	0.0	50.0	4	平底刀 1	无
483	--	23. FLAT ENDMILL	--	23.0	0.0	50.0	4	平底刀 1	无

过滤(F)...
启用过滤
显示 25 个刀具(共
显示模式
刀具
装配
两者

图 12.15 “刀具选择”对话框

Step5. 设置刀具参数。

（1）完成上步操作后，在“曲面精车-平行”对话框 刀路参数 选项卡的列表框中显示出 Step4 所选择的刀具，双击该刀具，系统弹出“定义刀具”对话框。

（2）设置刀具号码。单击 最终化属性 按钮，在 刀具编号: 文本框中将原有的数值改为 3。

（3）设置刀具的加工参数。在 进给率 文本框中输入值 400.0，在 下切速率: 文本框中输入值 200.0，在 提刀速率 文本框中输入值 500.0，在 主轴转速 文本框中输入值 1600.0。

（4）设置冷却方式。单击 冷却液 按钮，系统弹出“冷却液”对话框，在 Flood （切削液）下拉列表中选择 On 选项，单击该对话框中的 确定 按钮，关闭“冷却液”对话框。

（5）单击“定义刀具”对话框中的 精加工 按钮，完成刀具的设置。

Step6. 设置加工参数。

（1）设置曲面参数。在“曲面精车-平行”对话框中单击 曲面参数 选项卡，然后在 进给下刀位置... 文本框中输入值 5，在 毛坯预留量驱动面上 （此处翻译有误，应为“加工面预留量”）文本框中输入值 0。

（2）设置精加工平行铣削参数。在“曲面精车-平行”对话框中单击 平行精加工参数 选项卡，然后在 最大径向切削间距(M)... 文本框中输入值 8.0。

（3）单击间隙设置(G)...按钮，在系统弹出的“间隙设置”对话框的切线长度:文本框中输入值 10.0。单击✓按钮，系统返回至“曲面精车-平行”对话框。

Step7. 单击“曲面精车-平行”对话框中的✓按钮，同时在图形区生成图 12.16 所示的刀具路径。

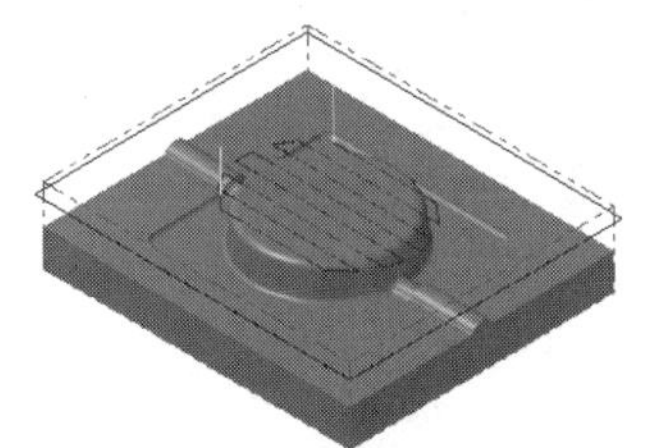

图 12.16 刀具路径

Stage6. 精加工浅平面加工 1

Step1. 选择加工方法。选择下拉菜单 刀路(T) → 曲面精加工(F) → 浅平面(S)... 命令。

Step2. 设置加工区域。

（1）在图形区中选取图 12.17 所示的面，然后按 Enter 键，系统弹出“刀路/曲面选择”对话框。

（2）单击检查面区域中的按钮，选取图 12.18 所示的面为检查面（共 10 个面），然后按 Enter 键。单击✓按钮，完成加工区域的设置，同时系统弹出“曲面精车-浅铣削”对话框。

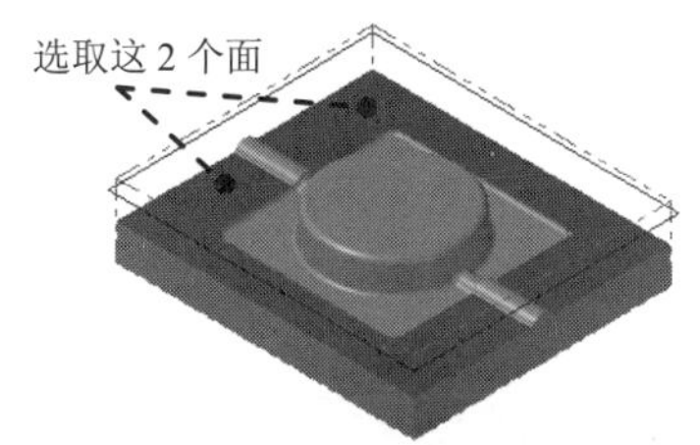

图 12.17 选取加工面

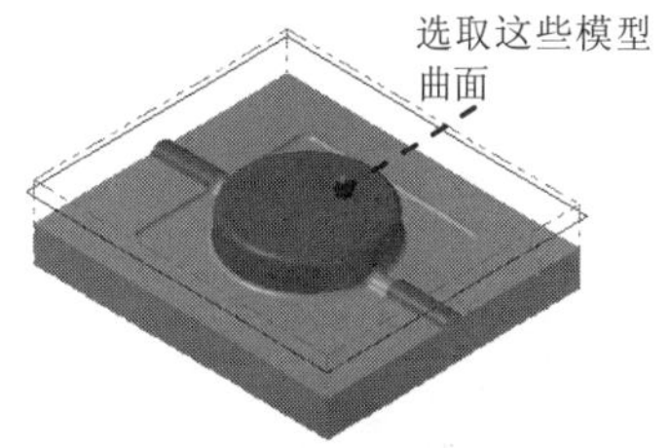

图 12.18 选取检查面

Step3. 选择刀具。在“曲面精车-浅铣削”对话框中取消选中☐ 刀具过滤复选框，然后选择图 12.19 所示的刀具。

Step4. 设置曲面参数。在“曲面精车-浅铣削”对话框中单击曲面参数选项卡，在进给下刀位置...文本框中输入值 5，在毛坯预留量检查面上（此处翻译有误，应为“检查面预留量”）文本框中输入 0.5。

Step5. 设置浅平面精加工参数。

（1）在“曲面精车-浅铣削”对话框中单击浅平面精加工参数选项卡，在浅平面精加工参数选项卡的最大径向切削间距(M)...文本框中输入值 8，选中☑ 切削按最短距离排序复选框。

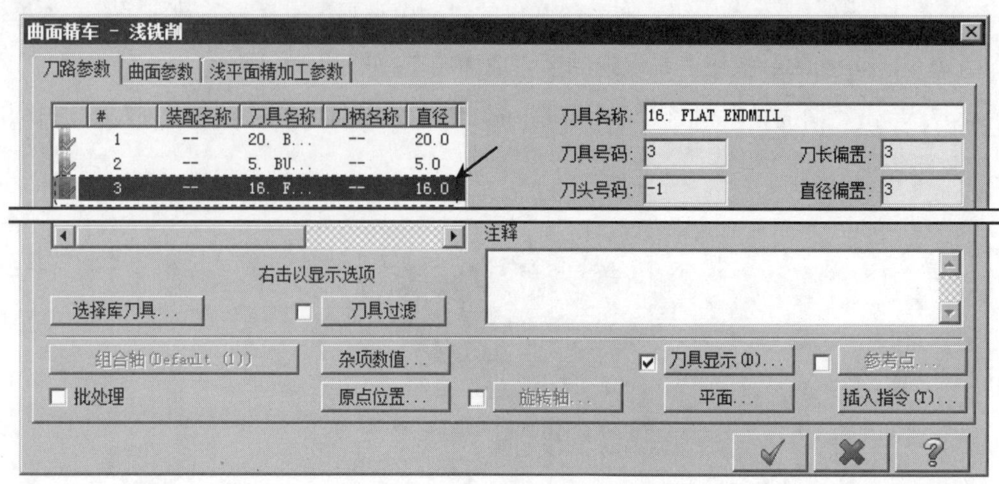

图 12.19 “刀路参数”选项卡

（2）单击间隙设置(G)...按钮，系统弹出“间隙设置”对话框；在移动小于间隙时，不提刀区域的下拉列表中选择沿着曲面选项，选中☑优化切削顺序复选框；单击✓按钮，系统返回至“曲面精车-浅铣削”对话框。

Step6. 单击“曲面精车-浅铣削”对话框中的✓按钮，同时在图形区生成图 12.20 所示的刀具路径。

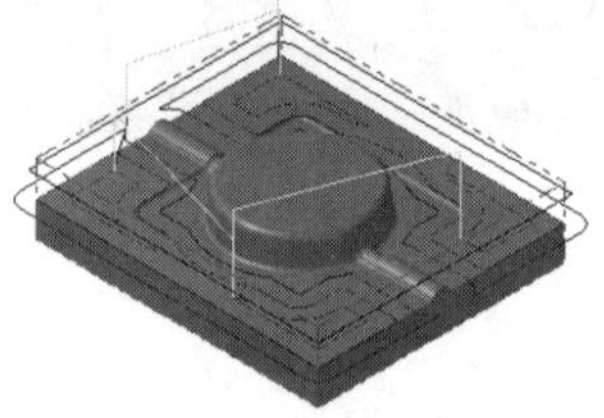

图 12.20 刀具路径

Stage7. 精加工等高外形加工

Step1. 选择加工方法。选择下拉菜单 刀路(T) → 曲面精加工(F) → 等高外形(C)... 命令。

Step2. 设置加工区域。

（1）在图形区中选取图 12.21 所示的面（共 11 个面），按 Enter 键，系统弹出“刀路/曲面选择”对话框。

（2）单击检查面区域中的↖按钮，选取图 12.22 所示的面为检查面（共 25 个面），然后按 Enter 键。

（3）单击✓按钮，完成加工区域的设置，同时系统弹出“曲面精车-外形”对话框。

Step3. 确定刀具类型。在“曲面精车-外形”对话框中单击刀具过滤按钮，系统弹出“刀具列表过滤”对话框。单击刀具类型区域中的无(N)按钮后，在刀具类型按钮群中单击（球刀）按钮。然后单击✓按钮，关闭“刀具列表过滤”对话框，系统返回至“曲面精车-外形”对话框。

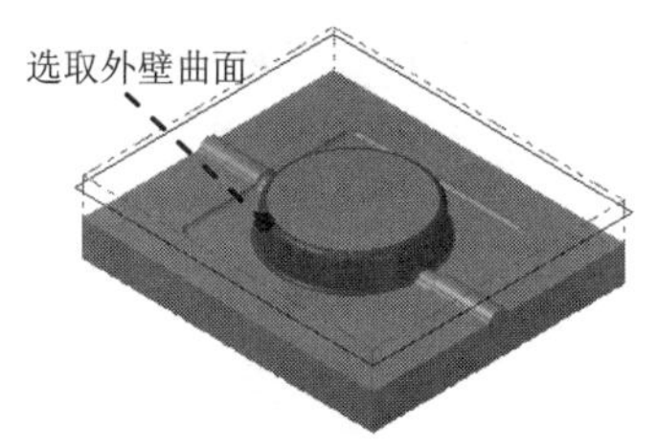

图 12.21 选取加工面

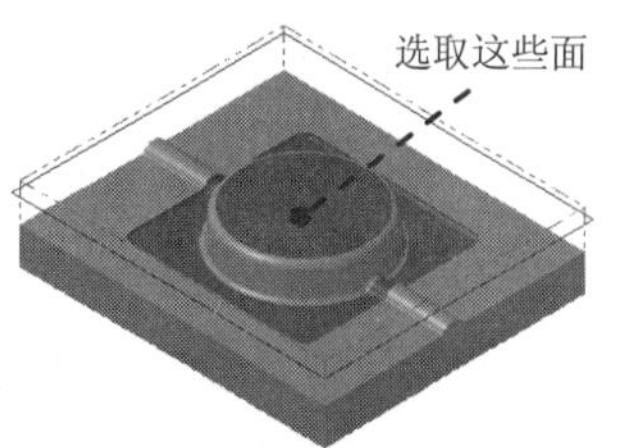

图 12.22 选取检查面

Step4. 选择刀具。在“曲面精车-外形”对话框中单击选择库刀具...按钮，系统弹出“刀具选择”对话框，在该对话框的列表框中选择图 12.23 所示的刀具。单击✓按钮，关闭“刀具选择”对话框，系统返回至“曲面精车-外形”对话框。

刀具选择 - C:\users\public\documents\shared mcamx8\Mill\Tools\Mill_mm.Tooldb

C:\users\publi...\Mill_mm.Tooldb

#	装配名称	刀具名称	刀...	直径	转角...	长度	刀齿数	半径类型	类型
486	--	1. BALL ENDMILL	--	1.0	0.5	50.0	4	全部	球刀 2
487	--	2. BALL ENDMILL	--	2.0	1.0	50.0	4	全部	球刀 2
488	--	3. BALL ENDMILL	--	3.0	1.5	50.0	4	全部	球刀 2
489	--	4. BALL ENDMILL	--	4.0	2.0	50.0	4	全部	球刀 2
490	--	5. BALL ENDMILL	--	5.0	2.5	50.0	4	全部	球刀 2
491	--	6. BALL ENDMILL	--	6.0	3.0	50.0	4	全部	球刀 2
492	--	7. BALL ENDMILL	--	7.0	3.5	50.0	4	全部	球刀 2
493	--	8. BALL ENDMILL	--	8.0	4.0	50.0	4	全部	球刀 2
494	--	9. BALL ENDMILL	--	9.0	4.5	50.0	4	全部	球刀 2
495	--	10. BALL ENDMILL	--	10.0	5.0	50.0	4	全部	球刀 2
496	--	11. BALL ENDMILL	--	11.0	5.5	50.0	4	全部	球刀 2
497	--	12. BALL ENDMILL	--	12.0	6.0	50.0	4	全部	球刀 2

过滤(F)...
启用过滤
显示 25 个刀具(共
显示模式
刀具
装配
两者

图 12.23 “刀具选择”对话框

Step5. 设置刀具参数。

（1）完成上步操作后，在“曲面精车-外形”对话框刀路参数选项卡的列表框中显示出 Step4 所选择的刀具，双击该刀具，系统弹出“定义刀具”对话框。

（2）设置刀具号码。单击最终化属性按钮，在刀具编号:文本框中将原有的数值改为 4。

（3）设置刀具的加工参数。在进给率文本框中输入值 200.0，在下切速率:文本框中输入值 100.0，在提刀速率文本框中输入值 500.0，在主轴转速文本框中输入值 3200.0。

（4）设置冷却方式。单击冷却液按钮，系统弹出“冷却液”对话框，在 Flood（切削液）下拉列表中选择 On 选项，单击该对话框中的确定按钮，关闭“冷却液”对话框。

Step6. 单击“定义刀具”对话框中的精加工按钮，完成刀具的设置。

Step7. 设置曲面参数。在“曲面精车-外形”对话框中单击曲面参数选项卡，然后在进给下刀位置...文本框中输入值 5，在毛坯预留量驱动面上（此处翻译有误，应为“加工面预留量”）文本框中输入值 0，在毛坯预留量检查面上（此处翻译有误，应为“检查面预留量”)文本框中输入值 0.2，其余参数采用系统默认设置值。

Step8. 设置等高外形精加工参数。在“曲面精车-外形”对话框中单击外形精加工参数选项卡，在最大轴向切削间距:文本框中输入值 0.25；在过渡区域选中⊙高速加工单选项以及“曲面精车-外形”对话框中左下方的☑优化切削顺序复选框，其他参数采用系统默认设置值。

Step9. 单击“曲面精车-外形”对话框中的✓按钮，完成加工参数的设置，此时系统将自动生成图 12.24 所示的刀具路径。

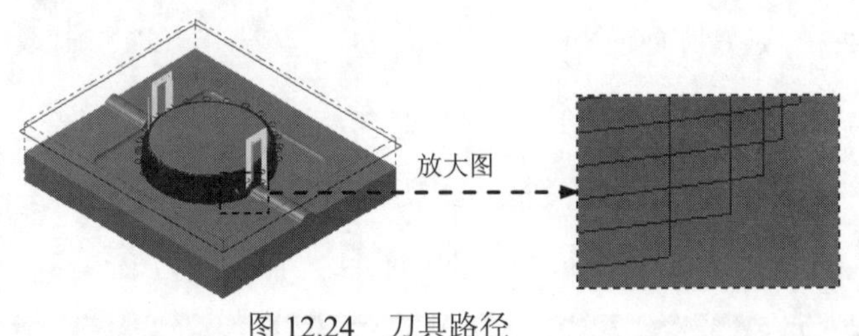

图 12.24 刀具路径

Stage8. 精加工浅平面加工 2

Step1. 选择加工方法。选择下拉菜单 刀路(T) → 曲面精加工(F) → 浅平面(S)... 命令。

Step2. 设置加工区域。

（1）在图形区中选取图 12.25 所示的面（共 32 个面），然后按 Enter 键，系统弹出“刀路/曲面选择”对话框。

（2）单击检查面区域中的按钮，选取图 12.26 所示的面为检查面（共 12 个面），然后按 Enter 键。单击✓按钮，完成加工区域的设置，同时系统弹出“曲面精车-浅铣削”对话框。

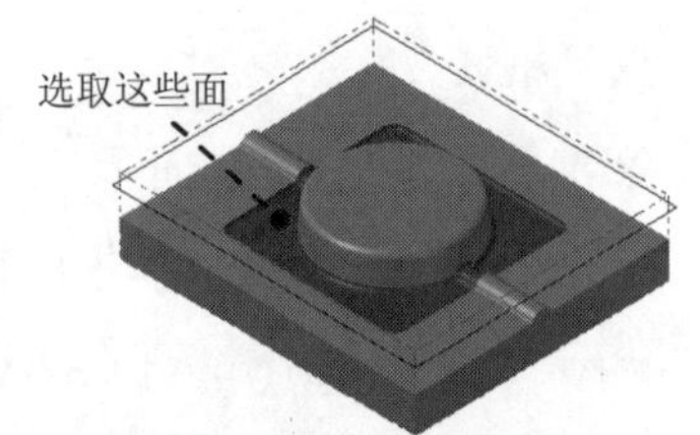

图 12.25 选取加工面

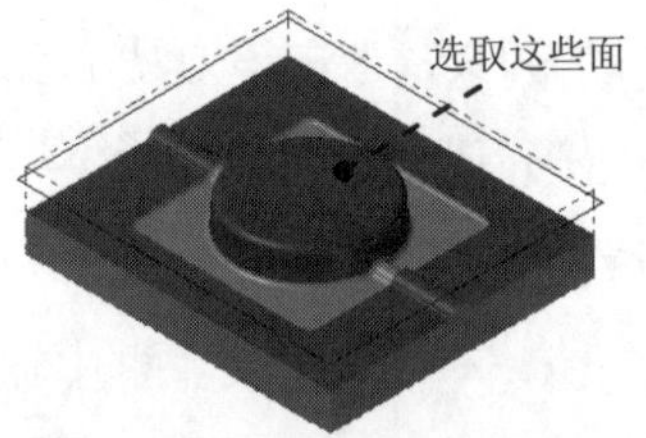

图 12.26 选取检查面

Step3. 选择刀具。在“曲面精车-浅铣削”对话框中取消选中□ 刀具过滤复选框，然后选择图 12.27 所示的刀具。

Step4. 设置曲面参数。在“曲面精车-浅铣削”对话框中单击曲面参数选项卡，在进给下刀位置...文本框中输入值 5，在毛坯预留量检查面上（此处翻译有误，应为“检查面预留量”）文本框中输入值 0.05。

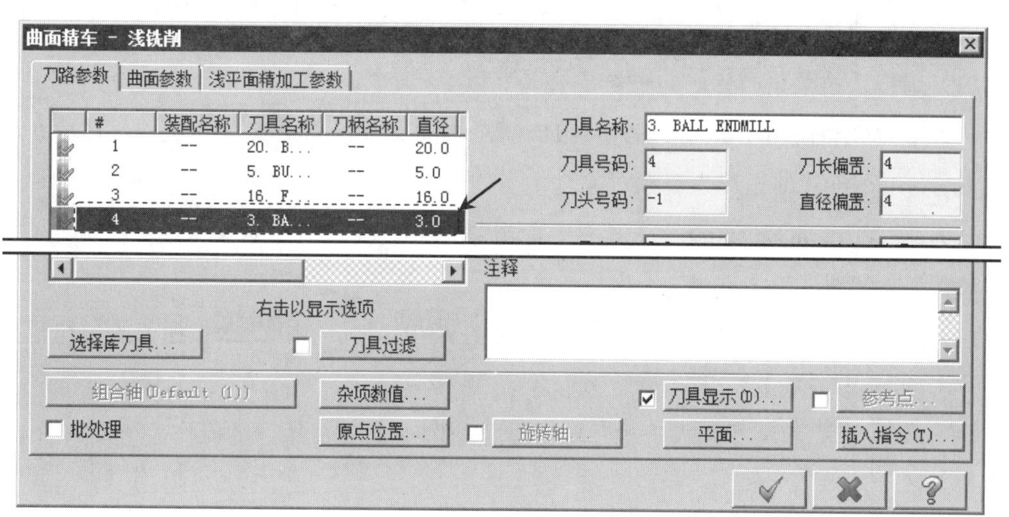

图 12.27 “刀路参数”选项卡

Step5. 设置浅平面精加工参数。在“曲面精车-浅铣削”对话框中单击浅平面精加工参数选项卡，在浅平面精加工参数选项卡的最大径向切削间距(M)...文本框中输入值 0.25，选中☑ 切削按最短距离排序复选框与☑ 由内而外环切复选框，在终止倾斜角度文本框中输入值 90.0。单击✓按钮，系统返回至“曲面精车-浅铣削”对话框。

Step6. 单击“曲面精车-浅铣削”对话框中的✓按钮，同时在图形区生成图 12.28 所示的刀具路径。

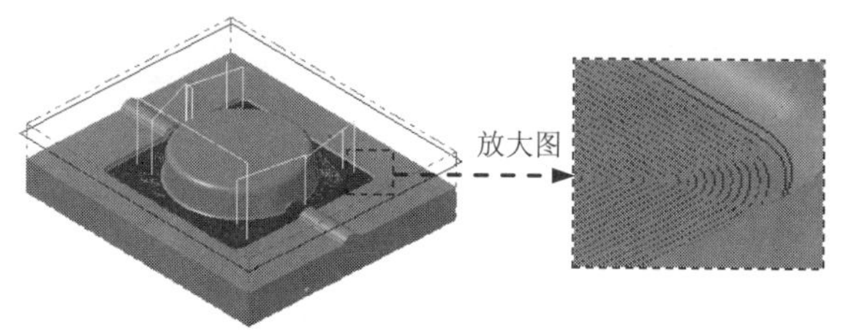

图 12.28 刀具路径

Stage9. 精加工平行铣削加工 2

Step1. 绘制矩形边界。单击俯视图按钮下拉菜单，选择 绘图(C) → 矩形(R)... 命令，系统弹出“矩形”工具栏。在“矩形”工具栏中确认按钮未被按下，绘制图 12.29 所示的矩形边界（绘制大概的轮廓即可，具体位置可参看操作视频），单击✓按钮，关闭工具栏。

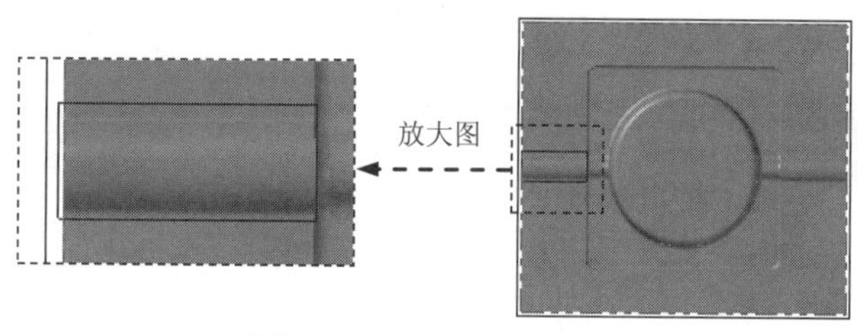

图 12.29 绘制矩形边界

Step2. 创建镜像矩形。

（1）选择下拉菜单 转换(X) → 镜像(M)... 命令。

（2）在“General Selection”工具栏的 下拉列表中选择 串连 选项，然后在图形区选取 Step1 所创建的矩形为镜像对象。

（3）在“General Selection”工具栏中单击 按钮，完成镜像对象的定义，此时系统弹出“镜像”对话框。

（4）在“镜像”对话框中选中 复制 单选项；在 预览 区域选中 重新生成 按钮前的复选框并取消选中 适配 复选框。

（5）在 轴 区域选中 单选项，单击 按钮，完成镜像的操作，结果如图 12.30 所示。

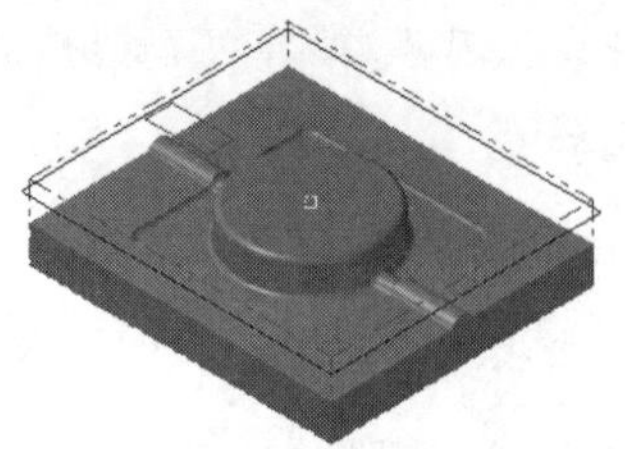

图 12.30　镜像矩形

Step3. 选择加工法。选择下拉菜单 刀路(T) → 曲面精加工(F) → 平行(P)... 命令。

Step4. 设置加工区域。

（1）选取加工面。在图形区中选取图 12.31 所示的曲面（共 8 个面），然后按 Enter 键，系统弹出“刀路/曲面选择”对话框。

（2）设置加工边界。在 边界范围 区域中单击 按钮，系统弹出“串连选项”对话框。在图形区中选取图 12.32 所示的边线，单击 按钮，系统返回至“刀路/曲面选择”对话框。

（3）单击“刀路/曲面选择”对话框中的 按钮，系统弹出“曲面精车-平行”对话框。

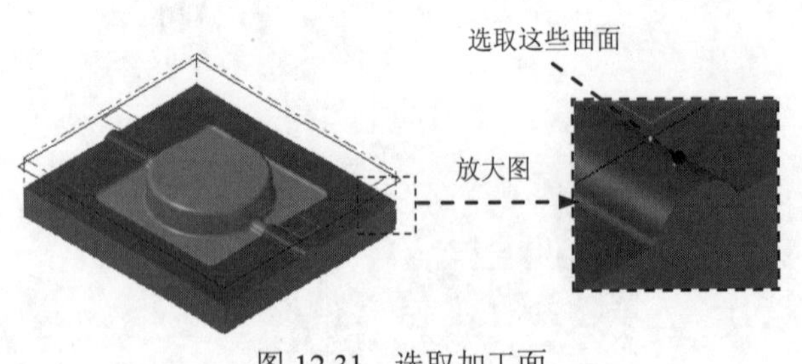

图 12.31　选取加工面

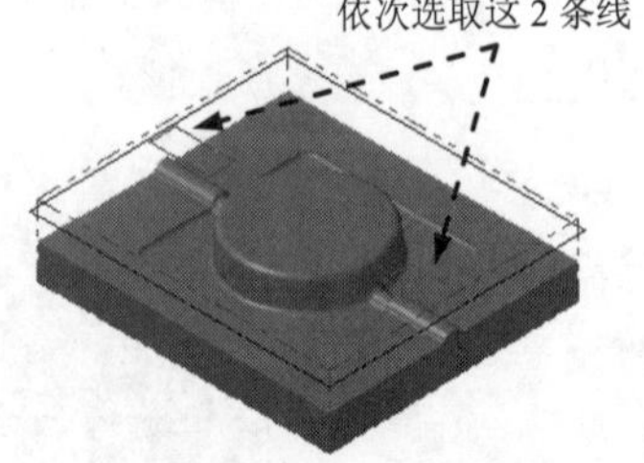

图 12.32　选取切削范围边线

Step5. 确定刀具类型。在“曲面精车-平行”对话框中单击 刀具过滤 按钮，系统弹出“刀具列表过滤”对话框。单击 刀具类型 区域中的 无(N) 按钮后，在刀具类型按钮群中单击 （球刀）按钮。然后单击 ✔ 按钮，关闭“刀具列表过滤”对话框，系统返回至“曲面精车-平行”对话框。

Step6. 选择刀具。在“曲面精车-平行”对话框中单击 选择库刀具... 按钮，系统弹出“刀具选择”对话框，在该对话框的列表框中选择图 12.33 所示的刀具。单击 ✔ 按钮，关闭“刀具选择”对话框，系统返回至“曲面精车-平行”对话框。

刀具选择 - C:\users\public\documents\shared mcamx8\Mill\Tools\Mill_mm.Tooldb

C:\users\publi...\Mill_mm.Tooldb

#	装配名称	刀具名称	刀...	直径	转角...	长度	类型	刀齿数	半径类型
486	--	1. BALL ENDMILL	--	1.0	0.5	50.0	球刀 2	4	全部
487	--	2. BALL ENDMILL	--	2.0	1.0	50.0	球刀 2	4	全部
488	--	3. BALL ENDMILL	--	3.0	1.5	50.0	球刀 2	4	全部
489	--	4. BALL ENDMILL	--	4.0	2.0	50.0	球刀 2	4	全部
490	--	5. BALL ENDMILL	--	5.0	2.5	50.0	球刀 2	4	全部
491	--	6. BALL ENDMILL	--	6.0	3.0	50.0	球刀 2	4	全部
492	--	7. BALL ENDMILL	--	7.0	3.5	50.0	球刀 2	4	全部
493	--	8. BALL ENDMILL	--	8.0	4.0	50.0	球刀 2	4	全部
494	--	9. BALL ENDMILL	--	9.0	4.5	50.0	球刀 2	4	全部
495	--	10. BALL ENDMILL	--	10.0	5.0	50.0	球刀 2	4	全部
496	--	11. BALL ENDMILL	--	11.0	5.5	50.0	球刀 2	4	全部
497	--	12. BALL ENDMILL	--	12.0	6.0	50.0	球刀 2	4	全部

过滤(F)...
启用过滤
显示 25 个刀具(共
显示模式
刀具
装配
两者

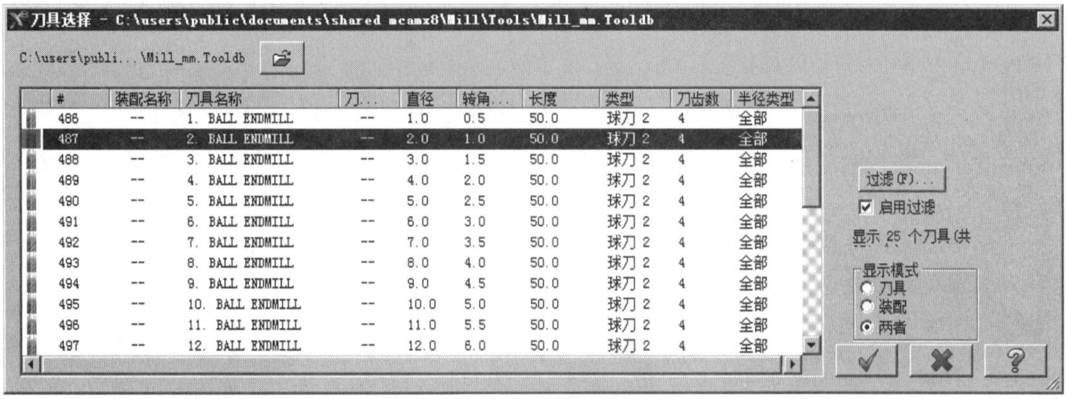

图 12.33 “刀具选择”对话框

Step7. 设置刀具参数。

（1）完成上步操作后，在“曲面精车-平行”对话框 刀路参数 选项卡的列表框中显示出 Step6 所选择的刀具，双击该刀具，系统弹出“定义刀具”对话框。

（2）设置刀具号码。单击 最终化属性 按钮，在 刀具编号: 文本框中将原有的数值改为 5。

（3）设置刀具的加工参数。在 进给率 文本框中输入值 200.0，在 下切速率: 文本框中输入值 100.0，在 提刀速率 文本框中输入值 500.0，在 主轴转速 文本框中输入值 4500.0。

（4）设置冷却方式。单击 冷却液 按钮，系统弹出“冷却液”对话框，在 Flood （切削液）下拉列表中选择 On 选项，单击该对话框中的 确定 按钮，关闭“冷却液”对话框。

（5）单击“定义刀具”对话框中的 精加工 按钮，完成刀具的设置。

Step8. 设置加工参数。

（1）设置曲面参数。在“曲面精车-平行”对话框中单击 曲面参数 选项卡，然后在 进给下刀位置... 文本框中输入值 5，在 毛坯预留量驱动面上 （此处翻译有误，应为“加工面预留量”）文本框中输入值 0。

（2）设置精加工平行铣削参数。在“曲面精车-平行”对话框中单击 平行精加工参数 选项卡，然后在 最大径向切削间距(M)... 文本框中输入值 0.2，在 加工角度 文本框中输入值 45.0。

（3）单击 间隙设置(G)... 按钮，在系统弹出的“间隙设置”对话框中选中 ☑ 刀具沿着间隙的范围边界移动 复选框。在 切弧半径: 文本框中输入值 3.0，在 切弧角度: 文本框中输入值 90.0，在 切线长度: 文本框中输入值 0。单击 ✓ 按钮，系统返回至“曲面精车-平行”对话框。

Step9. 单击“曲面精车-平行”对话框中的 ✓ 按钮，同时在图形区生成图 12.34 所示的刀具路径。

Step10. 实体切削验证。

（1）在 刀路 选项卡中单击 按钮，然后单击“验证选定操作”按钮，系统弹出“Mastercam 模拟器”对话框。

（2）在“Mastercam 模拟器”对话框中单击 按钮，系统将开始进行实体切削仿真，结果如图 12.35 所示。单击 × 按钮，关闭“Mastercam 模拟器”对话框。

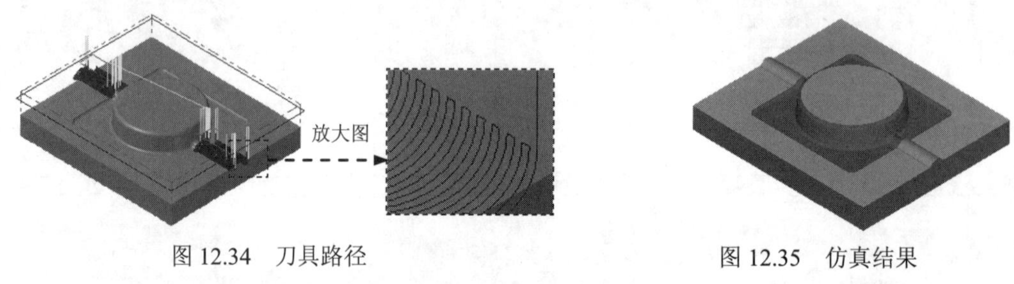

图 12.34　刀具路径　　　　图 12.35　仿真结果

Step11. 保存模型。选择下拉菜单 文件(F) → 保存(S) 命令，保存模型。

学习拓展：扫一扫右侧二维码，可以免费学习更多视频讲解。

讲解内容：产品的自顶向下设计。

实例 13　鼠标盖凹模加工

本实例为鼠标盖凹模，该模型加工需经过多道工序，要使用曲面粗加工挖槽、曲面精加工平行铣削、曲面精加工交线清角等加工操作，特别要注意的是对一些细节部位的加工。下面详细介绍鼠标盖凹模的加工方法，其加工工艺路线如图 13.1 所示。

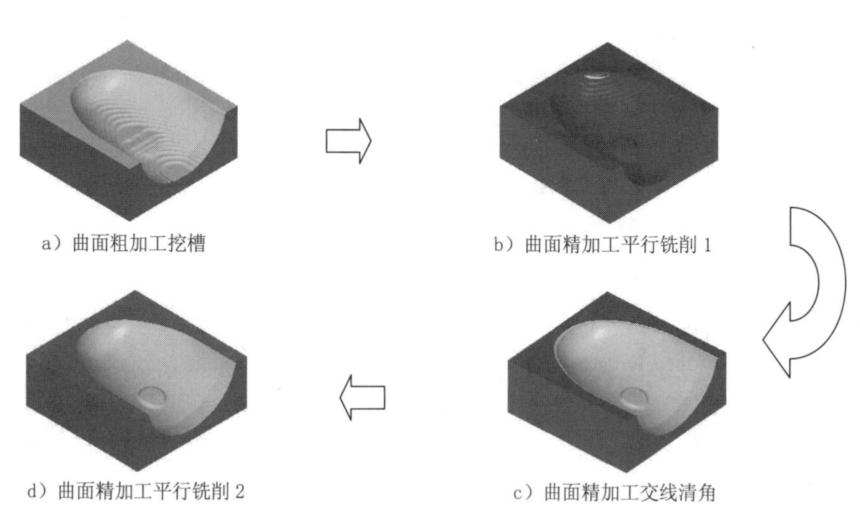

图 13.1　加工工艺路线

Stage1. 进入加工环境

打开模型。选择文件 D:\mcx8.11\work\ch13\MOUSE_UPPER_MOLD.MCX，系统进入加工环境，此时零件模型如图 13.2 所示。

Stage2. 设置工件

Step1. 在“操作管理器”中单击 属性 - Generic Mill 节点前的“+”号，将该节点展开，然后单击 毛坯设置 节点，系统弹出“机床群组属性”对话框。

Step2. 设置工件的形状。在“机床群组属性”对话框的 形状 区域中选中 矩形 单选项。

Step3. 设置工件的尺寸。在“机床群组属性”对话框中单击 所有曲面 按钮，在 毛坯原点 区域 Z 下面的文本框中输入值 5，然后在右侧预览区的 Z 文本框中输入值 40。

Step4. 单击“机床群组属性”对话框中的 ✔ 按钮，完成工件的设置。此时零件如图 13.3 所示，从图中可以观察到零件的边缘多了红色的双点画线，双点画线围成的图形即工件。

图 13.2　零件模型

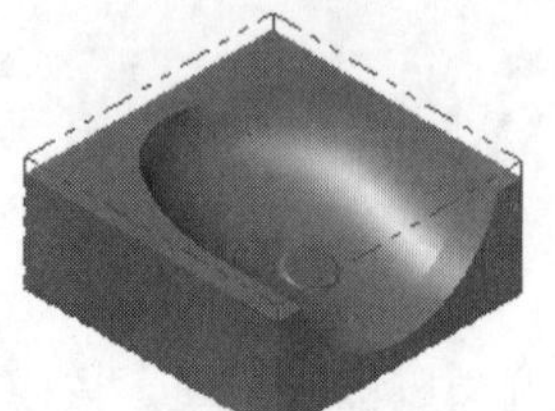

图 13.3　显示工件

Stage3. 粗加工挖槽加工

Step1. 绘制边界。

（1）选择下拉菜单 绘图(C) → 边界框(B)... 命令，系统弹出“边界框”对话框。

（2）单击“选择图系”按钮，在图形区中选取图 13.4 所示的模型表面。按 Enter 键，系统返回至“边界框”对话框。

（3）单击 ✓ 按钮，完成边界的绘制，如图 13.5 所示。

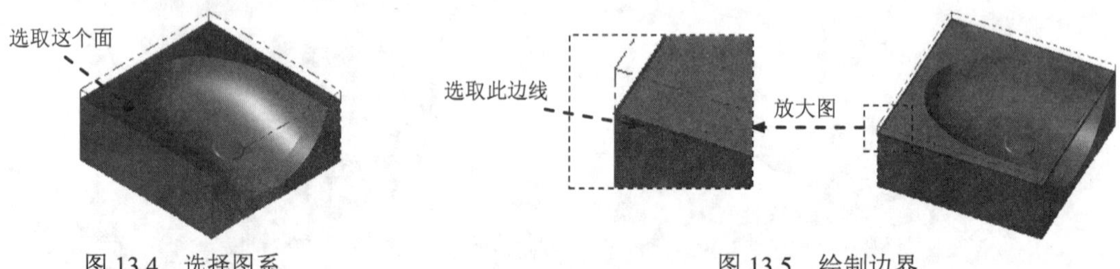

图 13.4　选择图系

图 13.5　绘制边界

Step2. 选择下拉菜单 刀路(T) → 曲面粗加工(R) → 挖槽(K)... 命令，系统弹出“输入新 NC 名称”对话框，采用系统默认的 NC 名称，单击 ✓ 按钮。

Step3. 设置加工区域。

（1）选取加工面。在图形区中选取图 13.6 所示的面（共 17 个面），然后按 Enter 键，系统弹出“刀路/曲面选择”对话框。

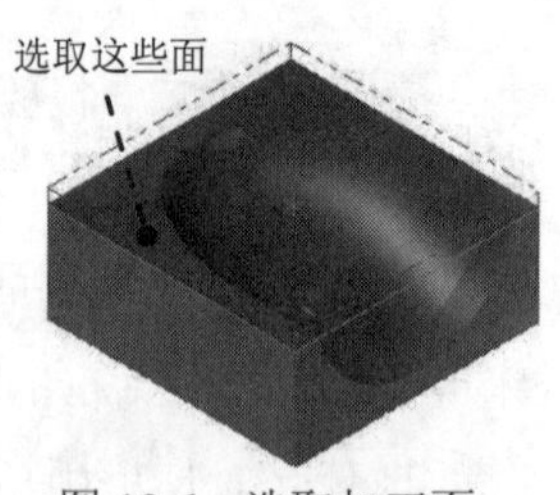

图 13.6　选取加工面

（2）设置加工边界。在 边界范围 区域中单击 按钮，系统弹出“串连”对话框。在图形区中选取图 13.5 所示的边线，单击 ✓ 按钮，系统返回至“刀路/曲面选择”对话框。

（3）单击 ✓ 按钮，完成加工区域的设置，同时系统弹出“曲面粗车-挖槽”对话框。

Step4. 确定刀具类型。在“曲面粗车-挖槽”对话框中单击 刀具过滤 按钮，系统弹出“刀具列表过滤”对话框。单击刀具类型区域中的无(N)按钮后，在刀具类型按钮群中单击（圆鼻刀）按钮。然后单击按钮，关闭“刀具列表过滤”对话框，系统返回至“曲面粗车-挖槽”对话框。

Step5. 选择刀具。在“曲面粗车-挖槽”对话框中单击选择库刀具...按钮，系统弹出“刀具选择”对话框，在该对话框的列表框中选择图 13.7 所示的刀具。单击按钮，关闭“刀具选择”对话框，系统返回至“曲面粗车-挖槽”对话框。

刀具选择 - C:\users\public\documents\shared mcamx8\Mill\Tools\Mill_mm.Tooldb

C:\users\publi...\Mill_mm.Tooldb

#	装配名称	刀具名称	刀...	直径	转角...	长度	类型	半径类型	刀齿数
560	--	15. BULL ENDMILL ...	--	15.0	4.0	50.0	圆鼻刀 3	转角	4
563	--	15. BULL ENDMILL ...	--	15.0	3.0	50.0	圆鼻刀 3	转角	4
567	--	16. BULL ENDMILL ...	--	16.0	3.0	50.0	圆鼻刀 3	转角	4
565	--	16. BULL ENDMILL ...	--	16.0	2.0	50.0	圆鼻刀 3	转角	4
564	--	16. BULL ENDMILL ...	--	16.0	4.0	50.0	圆鼻刀 3	转角	4
566	--	16. BULL ENDMILL ...	--	16.0	1.0	50.0	圆鼻刀 3	转角	4
571	--	17. BULL ENDMILL ...	--	17.0	2.0	50.0	圆鼻刀 3	转角	4
569	--	17. BULL ENDMILL ...	--	17.0	1.0	50.0	圆鼻刀 3	转角	4
570	--	17. BULL ENDMILL ...	--	17.0	3.0	50.0	圆鼻刀 3	转角	4
568	--	17. BULL ENDMILL ...	--	17.0	4.0	50.0	圆鼻刀 3	转角	4
572	--	18. BULL ENDMILL ...	--	18.0	4.0	50.0	圆鼻刀 3	转角	4
573	--	18. BULL ENDMILL ...	--	18.0	1.0	50.0	圆鼻刀 3	转角	4

过滤(F)...
启用过滤
显示 99 个刀具(共
显示模式
刀具
装配
两者

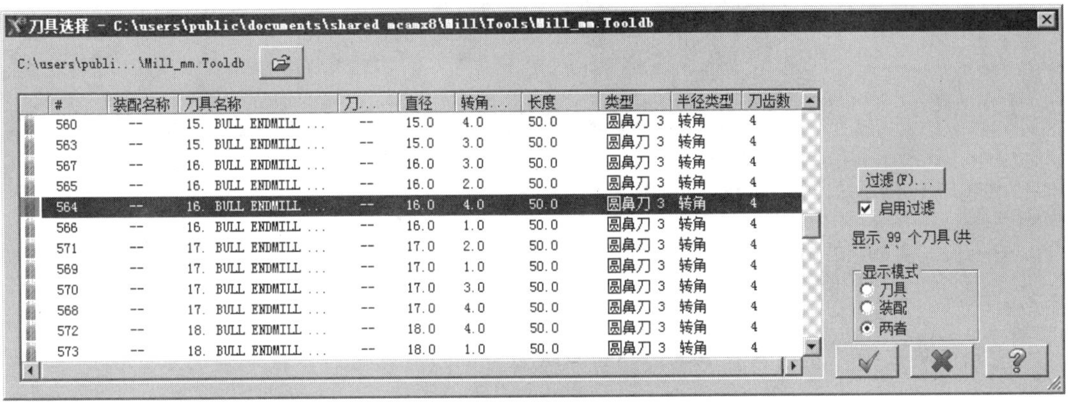

图 13.7 “刀具选择”对话框

Step6. 设置刀具参数。

（1）完成上步操作后，在“曲面粗车-挖槽”对话框的刀路参数选项卡的列表框中显示出 Step5 所选择的刀具，双击该刀具，系统弹出“定义刀具”对话框。

（2）设置刀具号码。单击最终化属性按钮，在刀具编号:文本框中将原有的数值改为 1。

（3）设置刀具的加工参数。在进给率文本框中输入值 300.0，在下切速率:文本框中输入值 150.0，在提刀速率文本框中输入值 500.0，在主轴转速文本框中输入值 1000.0。

（4）设置冷却方式。单击冷却液按钮，系统弹出“冷却液”对话框，在Flood（切削液）下拉列表中选择On选项，单击该对话框中的确定按钮，关闭“冷却液”对话框。

Step7. 单击“定义刀具”对话框中的精加工按钮，完成刀具的设置。

Step8. 设置曲面参数。在“曲面粗车-挖槽”对话框中单击曲面参数选项卡，在毛坯预留量驱动面上文本框中输入值 1。

Step9. 设置粗加工参数。

（1）在“曲面粗车-挖槽”对话框中单击粗加工参数选项卡，在最大轴向切削间距:文本框中输入值 1，然后在进刀选项区域选中☑ 从边界范围外下刀复选框和☑ 螺旋进刀复选框。

（2）单击切削深度(D)...按钮，在系统弹出的“切削深度”对话框中选中⊙ 绝对坐标单选项，然后在绝对深度区域的最小深度文本框中输入值 4，在最大深度文本框中输入值-30。单击按钮，系统返回至“曲面粗车-挖槽”对话框。

Step10. 设置挖槽参数。在“曲面粗车-挖槽”对话框中单击挖槽参数选项卡，在径向切削比例:文本框中输入值 50。

Step11. 单击“曲面粗车-挖槽”对话框中的✔按钮，完成加工参数的设置，此时系统将自动生成图 13.8 所示的刀具路径。

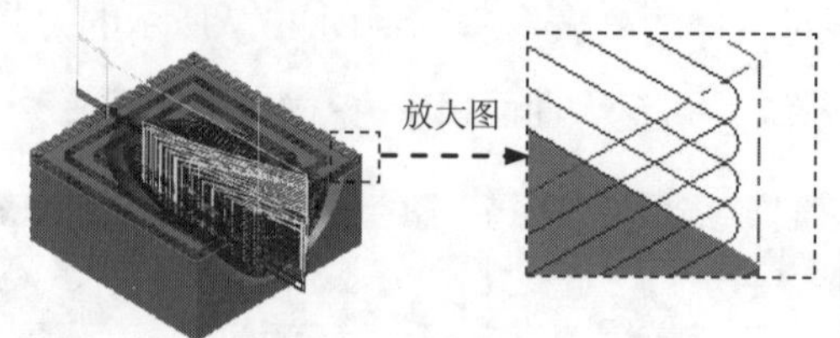

图 13.8　刀具路径

Stage4. 精加工平行铣削加工 1

Step1. 选择加工方法。选择下拉菜单刀路(T) ➡ 曲面精加工(F) ➡ 平行(P)...命令。

说明：单击操作管理器中的≋按钮隐藏上步的刀具路径，以便于后面加工面的选取，下同。

Step2. 设置加工区域。

（1）选取加工面。在图形区中选取图 13.9 所示的面（共 17 个面），然后按 Enter 键，系统弹出“刀路/曲面选择”对话框。

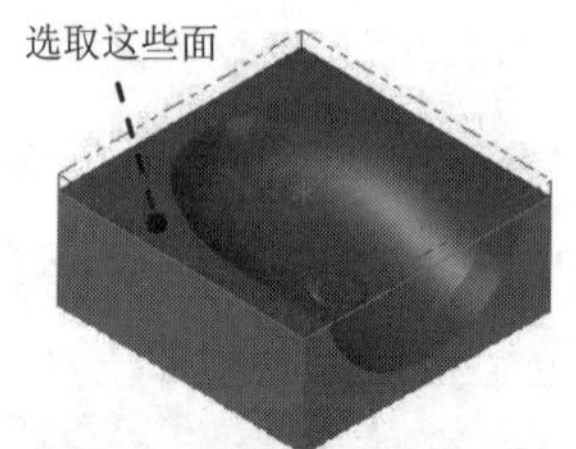

图 13.9　选取加工面

（2）设置加工边界。在边界范围区域中单击↖按钮，系统弹出“串连”对话框。在图形区中选取图 13.5 所示的边线，单击✔按钮，系统返回至“刀路/曲面选择”对话框。

（3）单击✔按钮，完成加工区域的设置，同时系统弹出“曲面精车-平行”对话框。

Step3. 确定刀具类型。在“曲面精车-平行”对话框中单击刀具过滤按钮，系统弹出“刀具列表过滤”对话框。单击刀具类型区域中的无(N)按钮后，在刀具类型按钮群中单击（球刀）按钮。然后单击✔按钮，关闭“刀具列表过滤”对话框，系统返回至“曲面精车-平行”对话框。

Step4. 选择刀具。在“曲面精车-平行”对话框中单击选择库刀具...按钮，系统弹出“刀具选择”对话框，在该对话框的列表框中选择图 13.10 所示的刀具。单击✔按钮，关闭“刀具选择”对话框，系统返回至“曲面精车-平行”对话框。

刀具选择 - C:\users\public\documents\shared mcamx8\Mill\Tools\Mill_mm.Tooldb

C:\users\publi...\Mill_mm.Tooldb

#	装配名称	刀具名称	刀...	直径	转角...	长度	刀齿数	类型	半径类型
489	--	4. BALL ENDMILL	--	4.0	2.0	50.0	4	球刀 2	全部
490	--	5. BALL ENDMILL	--	5.0	2.5	50.0	4	球刀 2	全部
491	--	6. BALL ENDMILL	--	6.0	3.0	50.0	4	球刀 2	全部
492	--	7. BALL ENDMILL	--	7.0	3.5	50.0	4	球刀 2	全部
493	--	8. BALL ENDMILL	--	8.0	4.0	50.0	4	球刀 2	全部
494	--	9. BALL ENDMILL	--	9.0	4.5	50.0	4	球刀 2	全部
495	--	10. BALL ENDMILL	--	10.0	5.0	50.0	4	球刀 2	全部
496	--	11. BALL ENDMILL	--	11.0	5.5	50.0	4	球刀 2	全部
497	--	12. BALL ENDMILL	--	12.0	6.0	50.0	4	球刀 2	全部
498	--	13. BALL ENDMILL	--	13.0	6.5	50.0	4	球刀 2	全部
499	--	14. BALL ENDMILL	--	14.0	7.0	50.0	4	球刀 2	全部
500	--	15. BALL ENDMILL	--	15.0	7.5	50.0	4	球刀 2	全部

过滤(F)...

启用过滤

显示 25 个刀具(共

显示模式

刀具

装配

两者

图 13.10 “刀具选择”对话框

Step5. 设置刀具参数。

（1）完成上步操作后，在“曲面精车-平行”对话框刀路参数选项卡的列表框中显示出 Step4 所选择的刀具，双击该刀具，系统弹出“定义刀具”对话框。

（2）设置刀具号码。单击最终化属性按钮，在刀具编号:文本框中将原有的数值改为 2。

（3）设置刀具的加工参数。在进给率文本框中输入值 300.0，在下切速率:文本框中输入值 150.0，在提刀速率文本框中输入值 500.0，在主轴转速文本框中输入值 1500.0。

（4）设置冷却方式。单击冷却液按钮，系统弹出“冷却液”对话框，在 Flood（切削液）下拉列表中选择 On 选项，单击该对话框中的确定按钮，关闭“冷却液”对话框。

（5）单击“定义刀具”对话框中的精加工按钮，完成刀具的设置。

Step6. 设置加工参数。

（1）设置曲面参数。在“曲面精车-平行”对话框中单击曲面参数选项卡，在毛坯预留量驱动面上文本框中输入值 0.5。

（2）设置精加工平行铣削参数。在“曲面精车-平行”对话框中单击平行精加工参数选项卡；然后在最大径向切削间距(M)...文本框中输入值 2.0；在切削方式下拉列表中选择双向选项；在加工角度文本框中输入值 45。

Step7. 单击“曲面精车-平行”对话框中的 ✓ 按钮，同时在图形区生成图 13.11 所示的刀具路径。

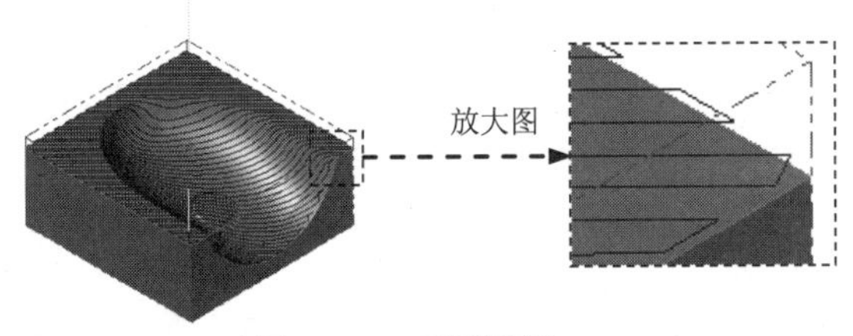

图 13.11 刀具路径

Stage5. 精加工交线清角加工

Step1. 绘制边界 1。

（1）选择命令。选择下拉菜单 绘图(C) → 曲线(V) → 曲面单一边界(O)... 命令。

（2）定义边界的附着面和边界位置。选取图 13.12 所示的曲面为边界的附着面，此时在所选取的曲面上出现图 13.13 所示的箭头。移动鼠标，将箭头移动到图 13.14 所示的位置单击鼠标左键，此时系统自动生成创建的边界预览。

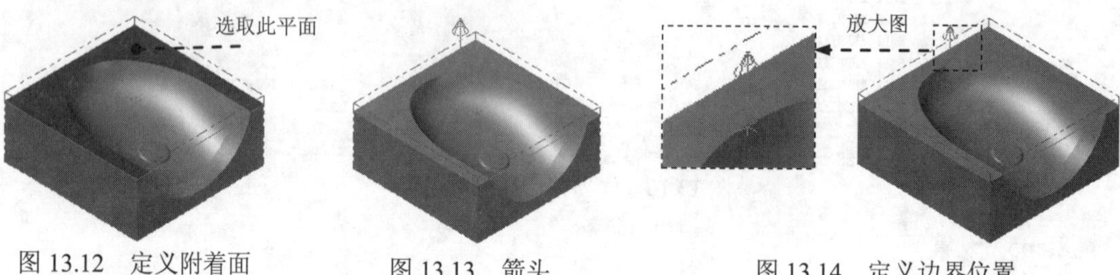

图 13.12 定义附着面　　图 13.13 箭头　　图 13.14 定义边界位置

（3）单击✔按钮，完成指定边界 1 的创建。

Step2. 绘制边界 2。

（1）选择命令。选择下拉菜单 绘图(C) → 曲线(V) → 曲面单一边界(O)... 命令。

（2）定义边界的附着面和边界位置。选取图 13.15 所示的曲面为边界的附着面，此时在所选取的曲面上出现图 13.13 所示的箭头。移动鼠标，将箭头移动到图 13.16 所示的位置单击鼠标左键，此时系统自动生成创建的边界预览。

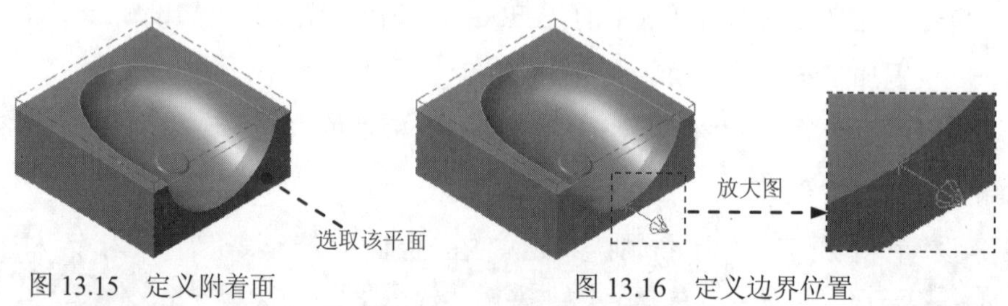

图 13.15 定义附着面　　图 13.16 定义边界位置

（3）单击✔按钮，完成指定边界 2 的创建。

Step3. 选择加工方法。选择下拉菜单 刀路(T) → 曲面精加工(F) → 交线清角(E)... 命令。

Step4. 设置加工区域。

（1）在图形区中选取图 13.17 所示的曲面（共 16 个），然后按 Enter 键，系统弹出“刀路/曲面选择”对话框。

（2）单击 边界范围 区域中的 ↖ 按钮，系统弹出“串连”对话框，采用“部分串联方式”选中 ☑ 等待 复选框，在绘图区选取“边界 1”与“边界 2”，单击 ✔ 按钮。

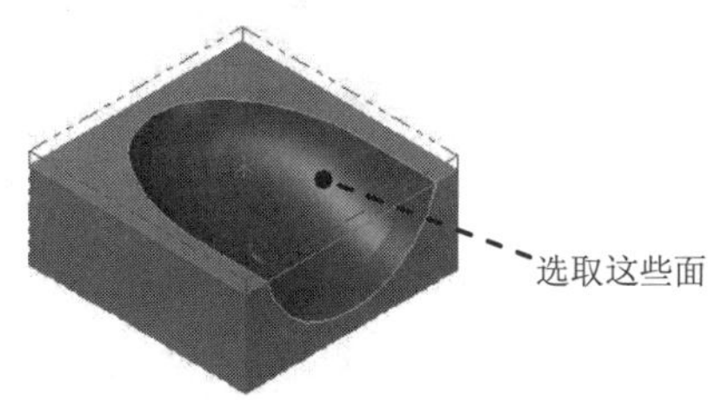

图 13.17 选取加工面

(3) 单击 ✓ 按钮，系统弹出“曲面精车-交线清角”对话框。

Step5. 选择刀具。

(1) 确定刀具类型。在“曲面精车-交线清角”对话框中单击 刀具过滤 按钮，系统弹出“刀具列表过滤”对话框。单击 刀具类型 区域中的 无(N) 按钮后，在刀具类型按钮群中单击 （球刀）按钮。单击 ✓ 按钮，关闭“刀具列表过滤”对话框，系统返回至“曲面精车-交线清角”对话框。

(2) 选择刀具。在“曲面精车-交线清角”对话框中单击 选择库刀具... 按钮，系统弹出“刀具选择”对话框，在该对话框的列表框中选择图 13.18 所示的刀具。单击 ✓ 按钮，关闭“刀具选择”对话框，系统返回至“曲面精车-交线清角”对话框。

刀具选择 - C:\users\public\documents\shared mcamx8\Mill\Tools\Mill_mm.Tooldb

C:\users\publi...\Mill_mm.Tooldb

#	装配名称	刀具名称	刀...	直径	转角...	长度	刀齿数	半径类型	类型
486	--	1. BALL ENDMILL	--	1.0	0.5	50.0	4	全部	球刀 2
487	--	2. BALL ENDMILL	--	2.0	1.0	50.0	4	全部	球刀 2
488	--	3. BALL ENDMILL	--	3.0	1.5	50.0	4	全部	球刀 2
489	--	4. BALL ENDMILL	--	4.0	2.0	50.0	4	全部	球刀 2
490	--	5. BALL ENDMILL	--	5.0	2.5	50.0	4	全部	球刀 2
491	--	6. BALL ENDMILL	--	6.0	3.0	50.0	4	全部	球刀 2
492	--	7. BALL ENDMILL	--	7.0	3.5	50.0	4	全部	球刀 2
493	--	8. BALL ENDMILL	--	8.0	4.0	50.0	4	全部	球刀 2
494	--	9. BALL ENDMILL	--	9.0	4.5	50.0	4	全部	球刀 2
495	--	10. BALL ENDMILL	--	10.0	5.0	50.0	4	全部	球刀 2
496	--	11. BALL ENDMILL	--	11.0	5.5	50.0	4	全部	球刀 2
497	--	12. BALL ENDMILL	--	12.0	6.0	50.0	4	全部	球刀 2

过滤(F)...

☑ 启用过滤

显示 25 个刀具(共

显示模式

○ 刀具

○ 装配

⊙ 两者

图 13.18 “刀具选择”对话框

Step6. 设置刀具相关参数。

(1) 在“曲面精车-交线清角”对话框 刀路参数 选项卡的列表框中显示出 Step5 所选取的刀具，双击该刀具，系统弹出“定义刀具”对话框。

(2) 设置刀具号码。单击 最终化属性 按钮，在 刀具编号: 文本框中将原有的数值改为 3。

(3) 设置刀具参数。在 进给率 文本框中输入值 200.0，在 下切速率: 文本框中输入值 100.0，在 提刀速率 文本框中输入值 500.0，在 主轴转速 文本框中输入值 2000.0。

(4) 设置冷却方式。单击 冷却液 按钮，系统弹出“冷却液”对话框，在 Flood （切削液）下拉列表中选择 On 选项，单击该对话框中的 确定 按钮，关闭“冷却液”对话框。

（5）单击“定义刀具”对话框中的 精加工 按钮，完成刀具的设置。

Step7. 设置加工参数

（1）设置曲面加工参数。在“曲面精车-交线清角”对话框中单击 曲面参数 选项卡，曲面参数 选项卡中的参数采用系统默认设置值。

（2）设置交线清角精加工参数。在“曲面精车-交线清角”对话框中单击 交线清角精加工参数 选项卡，在 平行路径 区域中选中 ⊙ 无限制 单选项，在 径向切削间距: 文本框中输入数值 0.5；取消选中 □ 深度限制(D)... 复选框；单击 ✓ 按钮，同时在图形区生成图 13.19 所示的刀具路径。

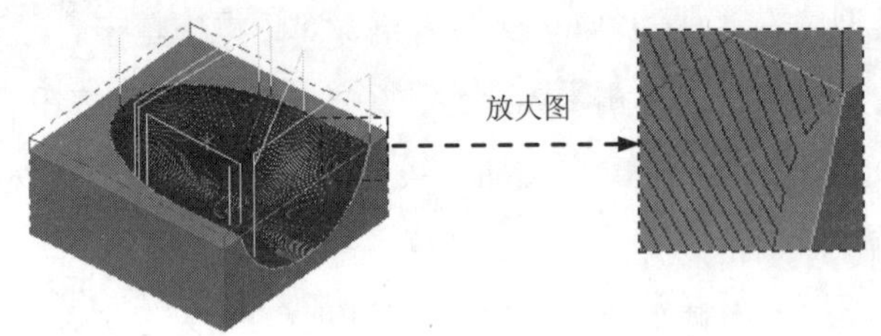

图 13.19　刀具路径

Stage6. 精加工平行铣削加工 2

Step1. 选择加工方法。选择下拉菜单 刀路(T) → 曲面精加工(F) → 平行(P)... 命令。

Step2. 选取加工面。在图形区中选取图 13.20 所示的面，然后按 Enter 键，系统弹出“刀路/曲面选择”对话框。单击 ✓ 按钮，完成加工区域的设置，同时系统弹出“曲面精车-平行”对话框。

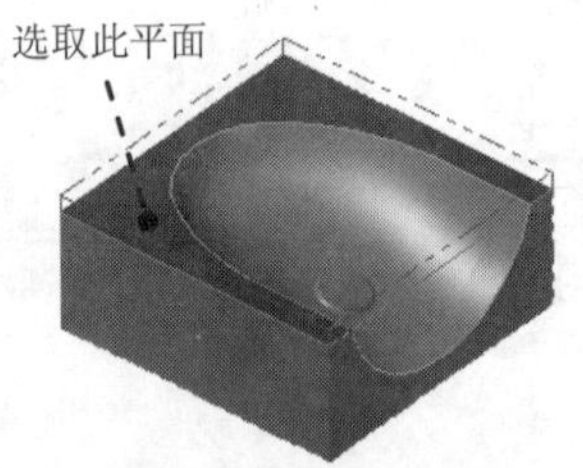

图 13.20　选取加工面

Step3. 确定刀具类型。在“曲面精车-平行”对话框中单击 刀具过滤 按钮，系统弹出“刀具列表过滤”对话框。单击 刀具类型 区域中的 无(N) 按钮后，在刀具类型按钮群中单击 (平底刀）按钮。然后单击 ✓ 按钮，关闭“刀具列表过滤”对话框，系统返回至“曲面精车-平行”对话框。

Step4. 选择刀具。在“曲面精车-平行”对话框中单击 选择库刀具... 按钮，系统弹出“刀具选择”对话框，在该对话框的列表框中选择图 13.21 所示的刀具。单击 ✓ 按钮，关闭“刀具选择”对话框，系统返回至“曲面精车-平行”对话框。

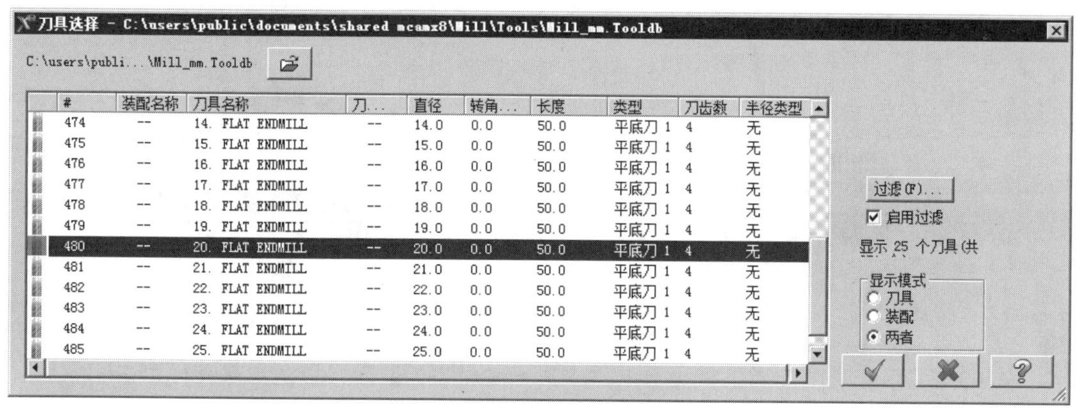

图 13.21 “刀具选择”对话框

Step5. 设置刀具参数。

（1）完成上步操作后，在“曲面精车-平行”对话框刀路参数选项卡的列表框中显示出Step4 所选择的刀具，双击该刀具，系统弹出“定义刀具”对话框。

（2）设置刀具号码。单击最终化属性按钮，在刀具编号:文本框中将原有的数值改为 4。

（3）设置刀具的加工参数。在进给率文本框中输入值 200.0，在下切速率:文本框中输入值 100.0，在提刀速率文本框中输入值 500.0，在主轴转速文本框中输入值 3000.0。

（4）设置冷却方式。单击冷却液按钮，系统弹出“冷却液”对话框，在Flood（切削液）下拉列表中选择On选项，单击该对话框中的确定按钮，关闭“冷却液”对话框。

（5）单击“定义刀具”对话框中的精加工按钮，完成刀具的设置。

Step6. 设置加工参数。

（1）设置曲面参数。在“曲面精车-平行”对话框中单击曲面参数选项卡， 在毛坯预留量驱动面上文本框中输入值 0.0。

（2）设置精加工平行铣削参数。在“曲面精车-平行”对话框中单击平行精加工参数选项卡；然后在最大径向切削间距(M)...文本框中输入值 10.0；在切削方式下拉列表中选择单向 选项；在加工角度文本框中输入值 0.0。

（3）单击间隙设置(G)...按钮，在系统弹出的“间隙设置”对话框的切线长度:文本框中输入值 20.0。单击✓按钮，系统返回至“曲面精车-平行”对话框。

Step7. 单击“曲面精车-平行”对话框中的✓按钮，同时在图形区生成图 13.22 所示的刀具路径。

Step8. 实体切削验证。

（1）在刀路选项卡中单击按钮，然后单击“验证选定操作”按钮，系统弹出“Mastercam 模拟器”对话框。

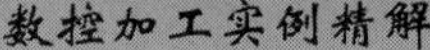

（2）在“Mastercam 模拟器”对话框中单击▶按钮，系统将开始进行实体切削仿真，结果如图 13.23 所示。单击 × 按钮，关闭“Mastercam 模拟器”对话框。

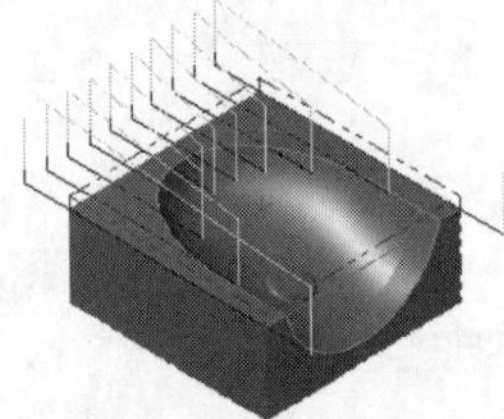

图 13.22　刀具路径

图 13.23　仿真结果

Step9. 保存模型。选择下拉菜单 文件(F) → 保存(S) 命令，保存模型。

学习拓展：扫一扫右侧二维码，可以免费学习更多视频讲解。

讲解内容：曲面的基本概念，常用的曲面设计方法及流程。

实例 14　连接板凹模加工

本例以连接板凹模加工为例来介绍模具的一般加工过程。粗加工，大量地去除毛坯材料；精加工，把毛坯件加工成目标件的最后步骤，也是最关键的一步，其加工结果直接影响模具的加工质量和加工精度，因此在本例中我们对精加工的要求很高。

下面以连接板凹模为例介绍多工序铣削的加工方法，该模具的加工工艺路线如图 14.1 所示。

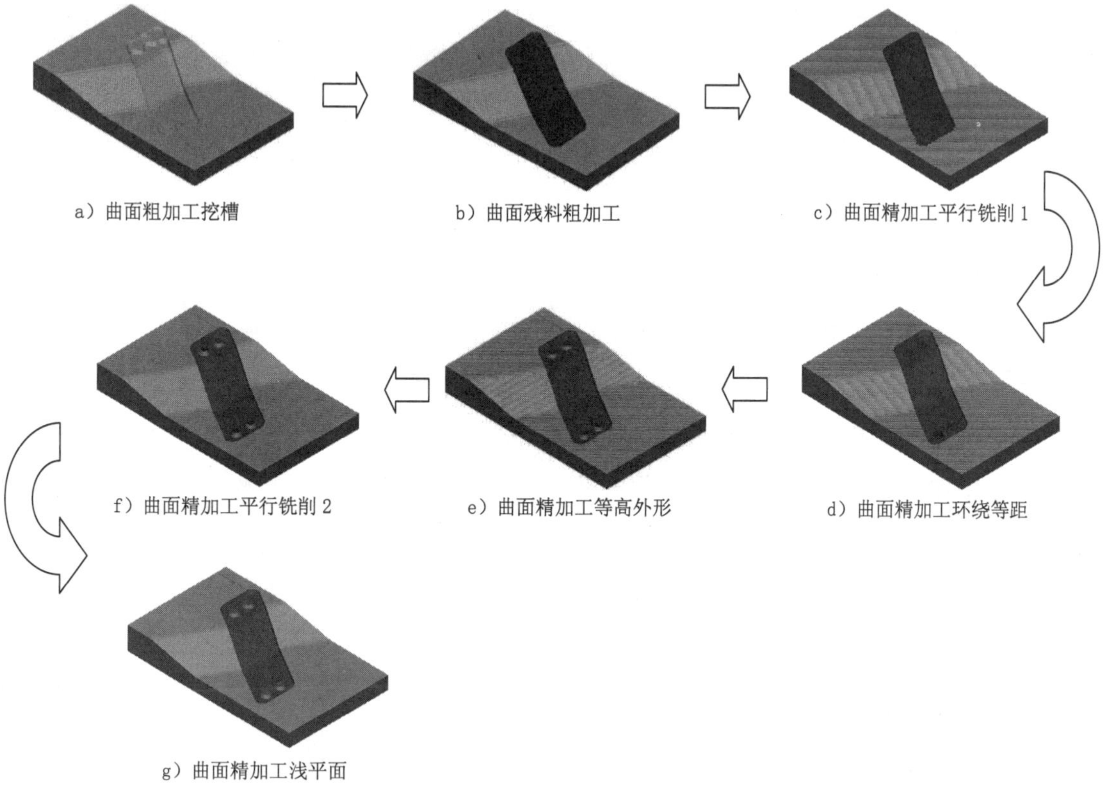

a）曲面粗加工挖槽

b）曲面残料粗加工

c）曲面精加工平行铣削 1

d）曲面精加工环绕等距

e）曲面精加工等高外形

f）曲面精加工平行铣削 2

g）曲面精加工浅平面

图 14.1　加工工艺路线

Stage1. 进入加工环境

打开模型。选择文件 D:\mcx8.11\work\ch14\BOARD.MCX，系统进入加工环境，此时零件模型如图 14.2 所示。

Stage2. 设置工件

Step1. 在“操作管理器”中单击 属性 - Generic Mill 节点前的“+”号，将该节点展开，

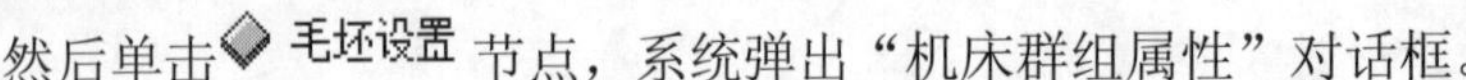

然后单击◈ 毛坯设置 节点，系统弹出“机床群组属性”对话框。

Step2. 设置工件的形状。在“机床群组属性”对话框的形状区域中选中 ⊙ 矩形 单选项。

Step3. 设置工件的尺寸。在“机床群组属性”对话框中单击 所有曲面 按钮，在 毛坯原点 区域 Z 下面的文本框中输入值 5，然后在右侧预览区的 Z 文本框中输入值 75。

Step4. 单击“机床群组属性”对话框中的 ✓ 按钮，完成工件的设置。此时零件如图 14.3 所示，从图中可以观察到零件的边缘多了红色的双点画线，双点画线围成的图形即工件。

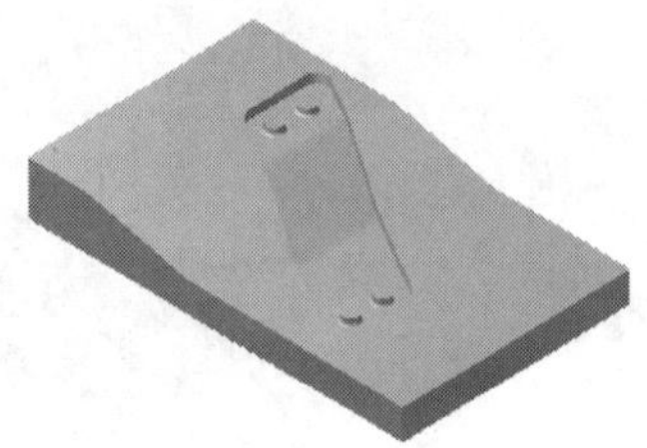

图 14.2 零件模型

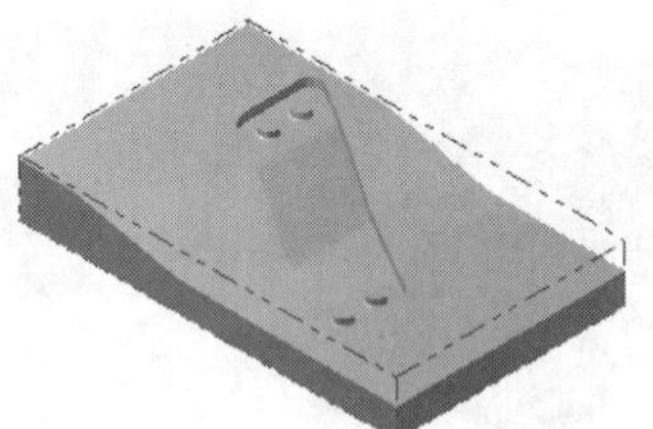

图 14.3 显示工件

Stage3. 粗加工挖槽加工

Step1. 绘制点。单击“俯视图”按钮，选择下拉菜单 绘图(C) → 点(P) → + 位置点(P)... 命令，在“AutoCursor”工具栏的 X 文本框中输入值 0.0；在 Y 文本框中输入值 0.0；在 Z 文本框中输入值 5.0，按 Enter 键。单击 ✓ 按钮，完成点的绘制。

Step2. 绘制矩形边界。单击“俯视图”按钮，选择下拉菜单 绘图(C) → □ 矩形(R)... 命令，系统弹出“矩形”工具栏，在“矩形”工具栏中确认按钮被按下，选取图 14.4 所示的坐标点，然后在后的文本框中输入值 520，在后的文本框中输入值 320，按 Enter 键；单击 ✓ 按钮，完成矩形边界的绘制，结果如图 14.5 所示。

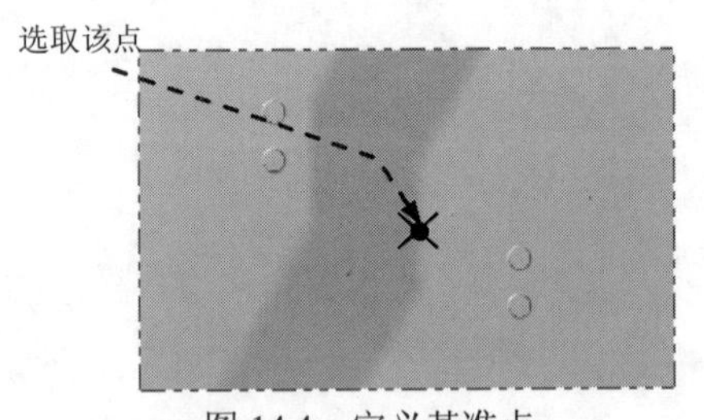

图 14.4 定义基准点

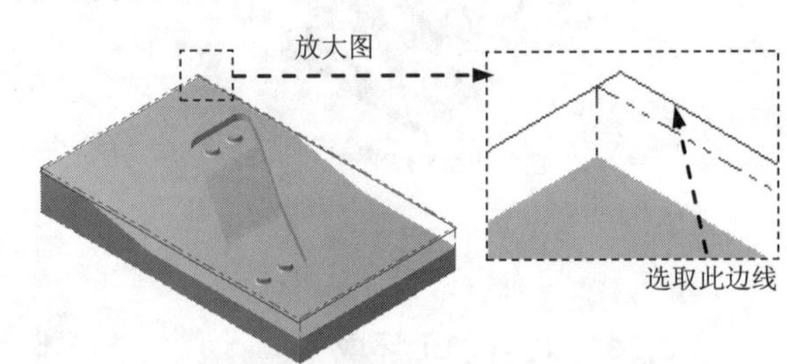

图 14.5 绘制矩形边界

Step3. 选择下拉菜单 刀路(T) → 曲面粗加工(R) → 挖槽(K)... 命令，系统弹出“输入新 NC 名称”对话框，采用系统默认的 NC 名称。单击 ✓ 按钮，完成 NC 名称的设置。

Step4. 设置加工区域。

（1）选取加工面。在图形区中选取图 14.6 所示的所有面（共 41 个面），然后按 Enter 键，系统弹出“刀路/曲面选择”对话框。

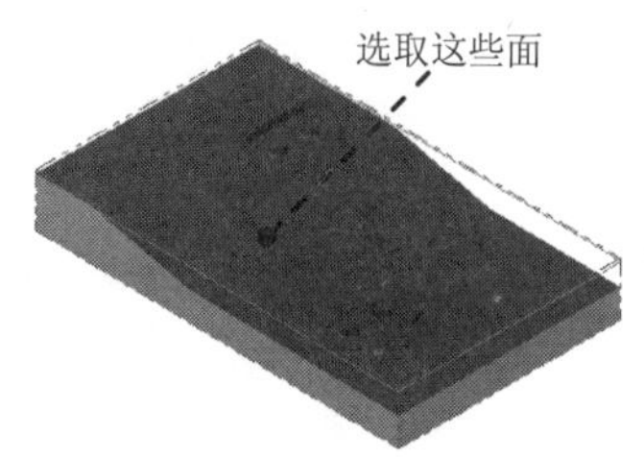

图 14.6　选取加工面

（2）设置加工边界。在边界范围区域中单击按钮，系统弹出“串连”对话框。在图形区中选取图 14.5 所示的边线，单击按钮，系统返回至“刀路/曲面选择”对话框。

（3）单击按钮，完成加工区域的设置，同时系统弹出“曲面粗车-挖槽”对话框。

Step5. 确定刀具类型。在“曲面粗车-挖槽”对话框中单击刀具过滤按钮，系统弹出“刀具列表过滤”对话框。单击刀具类型区域中的无(N)按钮后，在刀具类型按钮群中单击（圆鼻刀）按钮。然后单击按钮，关闭“刀具列表过滤”对话框，系统返回至“曲面粗车-挖槽”对话框。

Step6. 选择刀具。在“曲面粗车-挖槽”对话框中单击选择库刀具...按钮，系统弹出“刀具选择”对话框，在该对话框的列表框中选择图 14.7 所示的刀具。单击按钮，关闭“刀具选择”对话框，系统返回至“曲面粗车-挖槽”对话框。

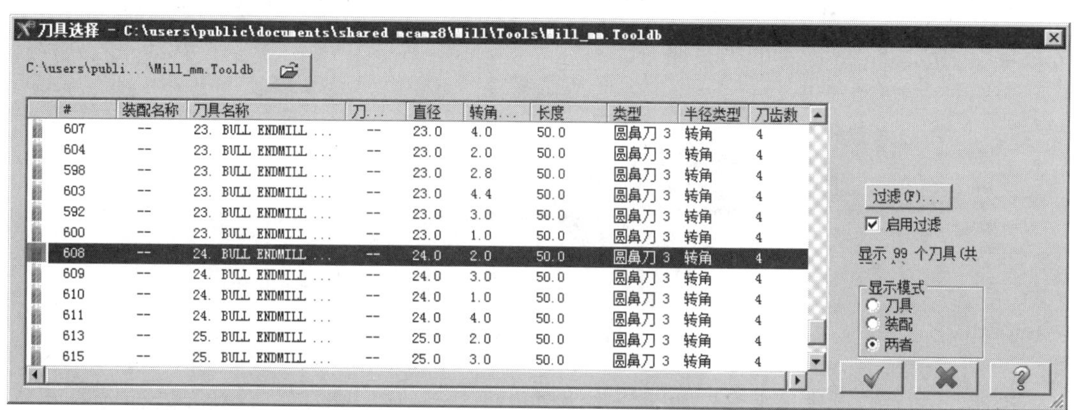

#	装配名称	刀具名称	刀...	直径	转角...	长度	类型	半径类型	刀齿数
607	--	23. BULL ENDMILL ...	--	23.0	4.0	50.0	圆鼻刀 3	转角	4
604	--	23. BULL ENDMILL ...	--	23.0	2.0	50.0	圆鼻刀 3	转角	4
598	--	23. BULL ENDMILL ...	--	23.0	2.8	50.0	圆鼻刀 3	转角	4
603	--	23. BULL ENDMILL ...	--	23.0	4.4	50.0	圆鼻刀 3	转角	4
592	--	23. BULL ENDMILL ...	--	23.0	3.0	50.0	圆鼻刀 3	转角	4
600	--	23. BULL ENDMILL ...	--	23.0	1.0	50.0	圆鼻刀 3	转角	4
608	--	24. BULL ENDMILL ...	--	24.0	2.0	50.0	圆鼻刀 3	转角	4
609	--	24. BULL ENDMILL ...	--	24.0	3.0	50.0	圆鼻刀 3	转角	4
610	--	24. BULL ENDMILL ...	--	24.0	1.0	50.0	圆鼻刀 3	转角	4
611	--	24. BULL ENDMILL ...	--	24.0	4.0	50.0	圆鼻刀 3	转角	4
613	--	25. BULL ENDMILL ...	--	25.0	2.0	50.0	圆鼻刀 3	转角	4
615	--	25. BULL ENDMILL ...	--	25.0	3.0	50.0	圆鼻刀 3	转角	4

图 14.7　“刀具选择”对话框

Step7. 设置刀具参数。

（1）完成上步操作后，在“曲面粗车-挖槽”对话框刀路参数选项卡的列表框中显示出 Step6 所选择的刀具，双击该刀具，系统弹出“定义刀具”对话框。

（2）设置刀具号码。单击最终化属性按钮，在刀具编号:文本框中将原有的数值改为 1。

（3）设置刀具的加工参数。在进给率文本框中输入值 300.0，在下切速率:文本框中输入值 200.0，在 提刀速率 文本框中输入值 500.0，在 主轴转速 文本框中输入值 1200.0。

（4）设置冷却方式。单击 冷却液 按钮，系统弹出“冷却液”对话框，在 Flood （切削液）下拉列表中选择 On 选项，单击该对话框中的 确定 按钮，关闭“冷却液”对话框。

Step8. 单击“定义刀具”对话框中的 精加工 按钮，完成刀具的设置。

Step9. 设置曲面参数。在“曲面粗车-挖槽”对话框中单击 曲面参数 选项卡，在 毛坯预留量驱动面上（此处翻译有误，应为“加工面预留量”）文本框中输入值 1。

Step10. 设置粗加工参数。

（1）在“曲面粗车-挖槽”对话框中单击 粗加工参数 选项卡，在 最大轴向切削间距: 文本框中输入值 1，然后在 进刀选项 区域选中 ☑ 从边界范围外下刀 复选框和 ☑ 螺旋进刀 复选框。

（2）单击 螺旋进刀 按钮，系统弹出“螺旋/斜插式下刀参数”对话框。单击“螺旋/斜插式下刀参数”对话框中的 斜降 选项卡，在 斜插失败时 区域选中 ⊙ 跳过 单选项，选中 ☑ 自动角度 复选框。单击“螺旋/斜插式下刀参数”对话框中的 ✔ 按钮。

（3）单击 切削深度(D)... 按钮，在系统弹出的“切削深度”对话框中单击 临界深度(R)... 按钮，在绘图区选取 Step1 所创建的点，按 Esc 键；单击 ✔ 按钮，系统返回至“曲面粗车-挖槽”对话框。

Step11. 设置挖槽参数。在“曲面粗车-挖槽”对话框中单击 挖槽参数 选项卡，在 切削方式 下面选择 等距环切 选项；在 径向切削比例: 文本框中输入值 50；取消选中 ☐ 由内而外螺旋式切削 复选框与 ☐ 精车 复选框。

Step12. 单击“曲面粗车-挖槽”对话框中的 ✔ 按钮，完成加工参数的设置，此时系统将自动生成图 14.8 所示的刀具路径。

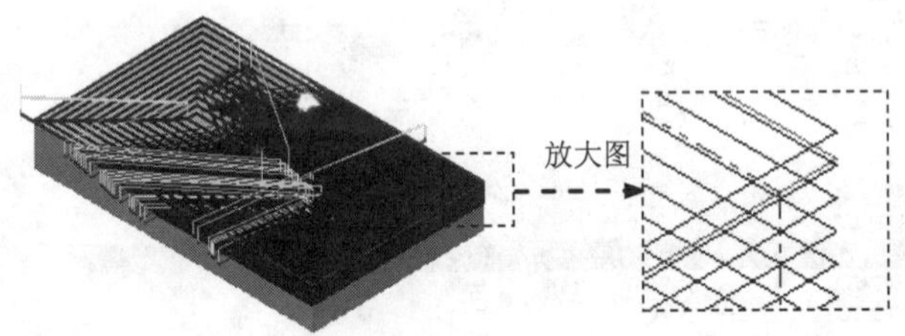

图 14.8 刀具路径

说明：单击“操作管理器”中的 ≋ 按钮隐藏上步的刀具路径，以便于后面附着面的选取，下同。

Stage4. 粗加工残料加工

Step1. 绘制边界 1。

（1）选择命令。选择下拉菜单 绘图(C) → 曲线(V) → 曲面单一边界(O)... 命令。

（2）定义边界的附着面和边界位置。选取图 14.9 所示的曲面为边界的附着面，此时在所选取的曲面上出现图 14.10 所示的箭头。移动鼠标，将箭头移动到图 14.10 所示的位置单击鼠标左键，此时系统自动生成创建的边界预览。

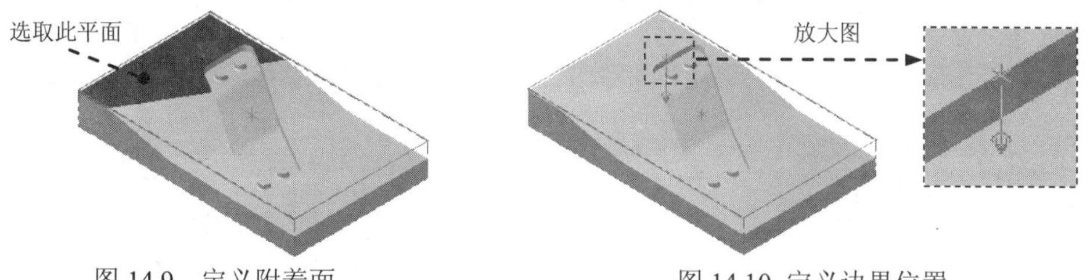

图 14.9 定义附着面

图 14.10 定义边界位置

（3）单击 按钮，完成指定边界 1 的创建。

Step2. 参照上一步创建其余的边界，结果如图 14.11 所示。

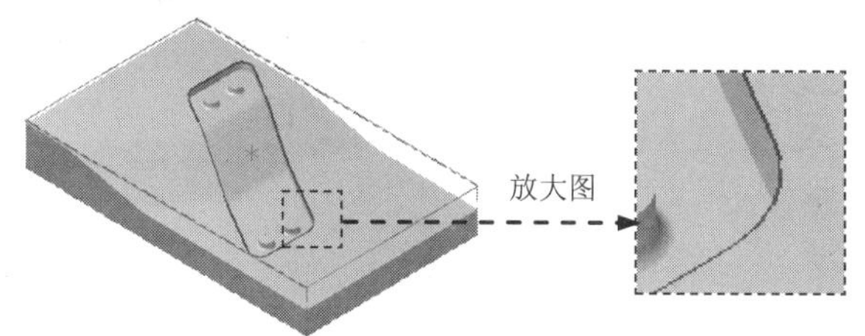

图 14.11 创建其余边界

Step3. 选择加工方法。选择下拉菜单 刀路(T) → 曲面粗加工(R) → 残料铣削(T)... 命令。

Step4. 选取加工面及加工范围。

（1）在图形区中选取图 14.12 所示的曲面（共 33 个面），然后按 Enter 键，系统弹出“刀路/曲面选择”对话框。

（2）单击“刀路/曲面选择”对话框 边界范围 区域的 按钮，系统弹出“串连对话框，采用“串联方式”选取图 14.13 所示的边线。单击 按钮，系统返回至“刀路/曲面选择”对话框。单击 按钮，系统弹出“曲面残料加工”对话框。

Step5. 确定刀具类型。在“曲面残料加工”对话框中单击 刀具过滤 按钮，系统弹出“刀具列表过滤”对话框。单击 刀具类型 区域中的 无(N) 按钮后，在刀具类型按钮群中单击 （圆鼻刀）按钮。单击 按钮，关闭“刀具列表过滤”对话框，系统返回至“曲面残料加工”对话框。

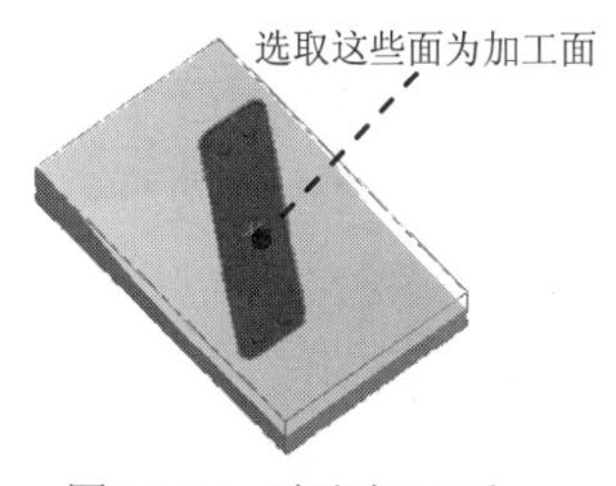

图 14.12 选取加工面

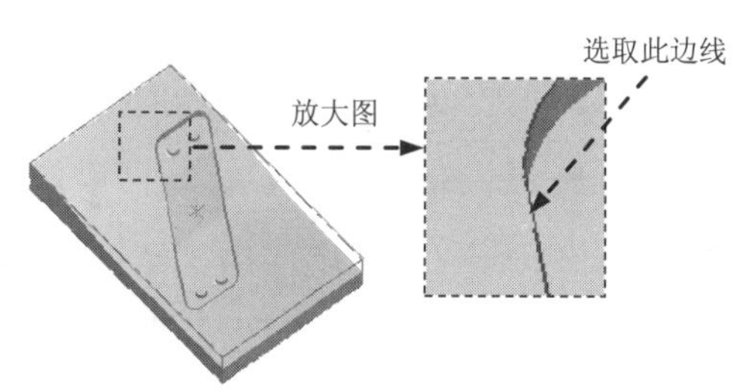

图 14.13 选取切削范围边线

Step6. 选择刀具。在“曲面残料加工”对话框中单击 选择库刀具... 按钮，系统弹出“刀具选择”对话框，在该对话框的列表框中选择图 14.14 所示的刀具。单击 ✔ 按钮，关闭“刀具选择”对话框，系统返回至“曲面残料加工”对话框。

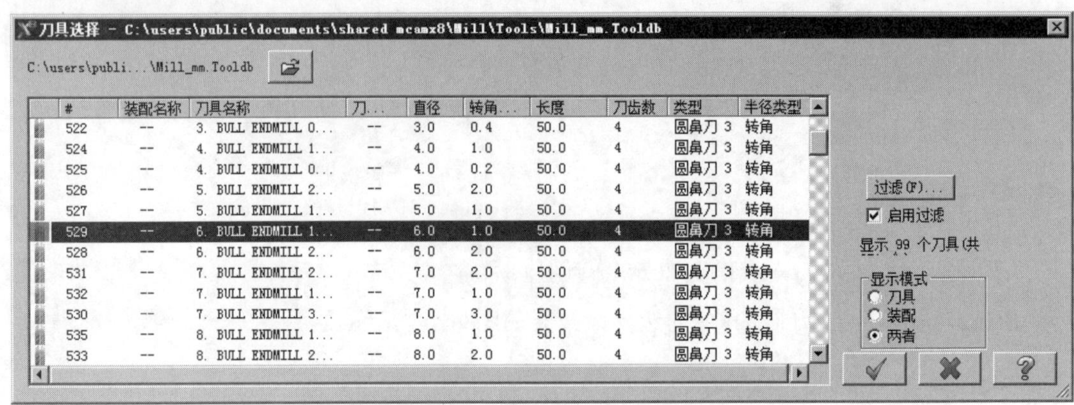

图 14.14 “刀具选择”对话框

Step7. 设置刀具相关参数。

（1）在“曲面残料加工”对话框 刀路参数 选项卡的列表框中显示出 Step6 所选择的刀具，双击该刀具，系统弹出“定义刀具”对话框。

（2）设置刀具号码。单击 最终化属性 按钮，在 刀具编号: 文本框中将原有的数值改为 2。

（3）设置刀具参数。在 进给率 文本框中输入值 200.0，在 下切速率: 文本框中输入值 100.0，在 提刀速率 文本框中输入值 500.0，在 主轴转速 文本框中输入值 1200.0。

（4）设置冷却方式。单击 冷却液 按钮，系统弹出“冷却液”对话框，在 Flood （切削液）下拉列表中选择 On 选项，单击该对话框中的 确定 按钮，关闭“冷却液”对话框。

（5）单击“定义刀具”对话框中的 精加工 按钮，完成刀具的设置。

Step8. 设置曲面参数。在“曲面残料加工”对话框中单击 曲面参数 选项卡，在 毛坯预留量 驱动面上 （此处翻译有误，应为“加工面预留量”）文本框中输入值 0.5， 曲面参数 选项卡中的其他参数采用系统默认设置值。

Step9. 设置残料加工参数。

（1）在“曲面残料加工”对话框中单击 残料加工参数 选项卡，在 最大轴向切削间距: 文本框中输入值 0.5，在 过渡 区域选中 ⊙ 高速加工 单选项、☑ 螺旋(H)... 复选框和 ☑ 优化切削顺序 复选框。

（2）选中 圆弧/线进/退刀 复选框并取消选中 ☐ 允许圆弧/线超出边界 复选框。

（3）单击 螺旋(H)... 按钮，系统弹出“螺旋参数”对话框。在“螺旋参数”对话框的 半径: 文本框中输入值 5.0，在 Z 安全高度: 文本框中输入值 1.0，单击 ✔ 按钮。

Step10. 单击“曲面残料加工”对话框中的 ✔ 按钮，同时在图形区生成图 14.15 所示的刀具路径。

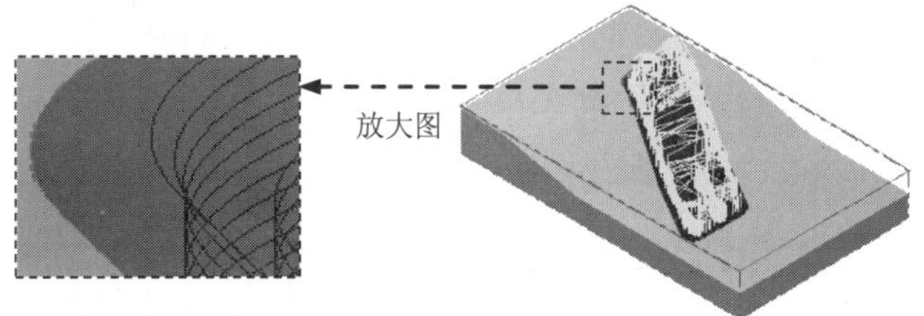

图 14.15 刀具路径

Stage5. 精加工平行铣削加工 1

Step1. 选择加工方法。选择下拉菜单 刀路(T) → 曲面精加工(F) → 平行(P)... 命令。

Step2. 设置加工区域。

（1）选取加工面。在图形区中选取图 14.16 所示的面（共 8 个面），然后按 Enter 键，系统弹出“刀路/曲面选择”对话框。

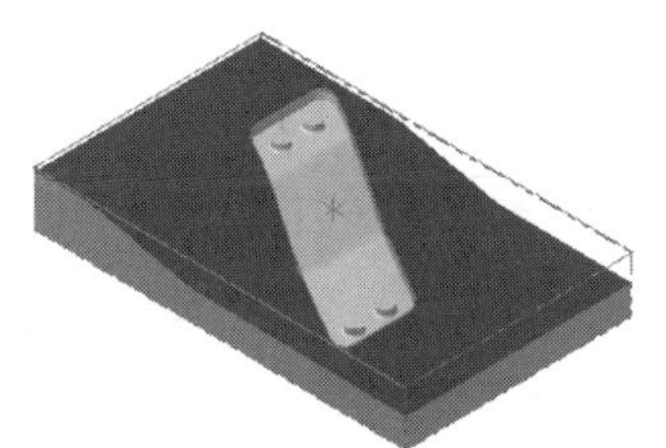

图 14.16 选取加工面

（2）设置加工边界。在 边界范围 区域中单击 按钮，系统弹出“串连”对话框。在图形区中选取图 14.17 所示的边线和图 14.18 所示的边线，单击 ✔ 按钮，系统返回至“刀路/曲面选择”对话框。

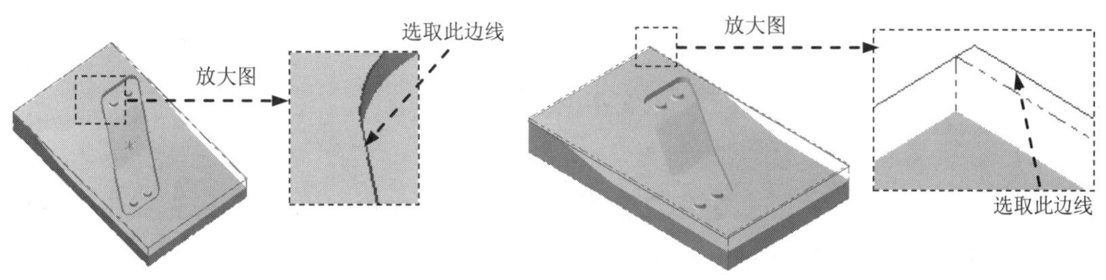

图 14.17 选取切削范围边线 1　　图 14.18 选取切削范围边线 2

（3）单击 ✔ 按钮，完成加工区域的设置，同时系统弹出“曲面精车-平行”对话框。

Step3. 确定刀具类型。在“曲面精车-平行”对话框中单击 刀具过滤 按钮，系统弹出“刀具列表过滤”对话框。单击 刀具类型 区域中的 无(N) 按钮后，在刀具类型按钮群中单击 （球刀）按钮。然后单击 ✔ 按钮，关闭“刀具列表过滤”对话框，系统返回至“曲面精车-平行”对话框。

Step4. 选择刀具。在“曲面精车-平行”对话框中单击 选择库刀具... 按钮，系统弹出“刀具选择”对话框，在该对话框的列表框中选择图 14.19 所示的刀具。单击 按钮，关闭“刀具选择”对话框，系统返回至“曲面精车-平行”对话框。

刀具选择 - C:\users\public\documents\shared mcamx8\Mill\Tools\Mill_mm.Tooldb

C:\users\publi...\Mill_mm.Tooldb

#	装配名称	刀具名称	刀...	直径	转角...	长度	刀齿数	半径类型	类型
497	--	12. BALL ENDMILL	--	12.0	6.0	50.0	4	全部	球刀 2
498	--	13. BALL ENDMILL	--	13.0	6.5	50.0	4	全部	球刀 2
499	--	14. BALL ENDMILL	--	14.0	7.0	50.0	4	全部	球刀 2
500	--	15. BALL ENDMILL	--	15.0	7.5	50.0	4	全部	球刀 2
501	--	16. BALL ENDMILL	--	16.0	8.0	50.0	4	全部	球刀 2
502	--	17. BALL ENDMILL	--	17.0	8.5	50.0	4	全部	球刀 2
503	--	18. BALL ENDMILL	--	18.0	9.0	50.0	4	全部	球刀 2
504	--	19. BALL ENDMILL	--	19.0	9.5	50.0	4	全部	球刀 2
505	--	20. BALL ENDMILL	--	20.0	10.0	50.0	4	全部	球刀 2
506	--	21. BALL ENDMILL	--	21.0	10.5	50.0	4	全部	球刀 2
507	--	22. BALL ENDMILL	--	22.0	11.0	50.0	4	全部	球刀 2
508	--	23. BALL ENDMILL	--	23.0	11.5	50.0	4	全部	球刀 2

过滤(F)...
☑ 启用过滤
显示 25 个刀具(共
显示模式
○ 刀具
○ 装配
◉ 两者

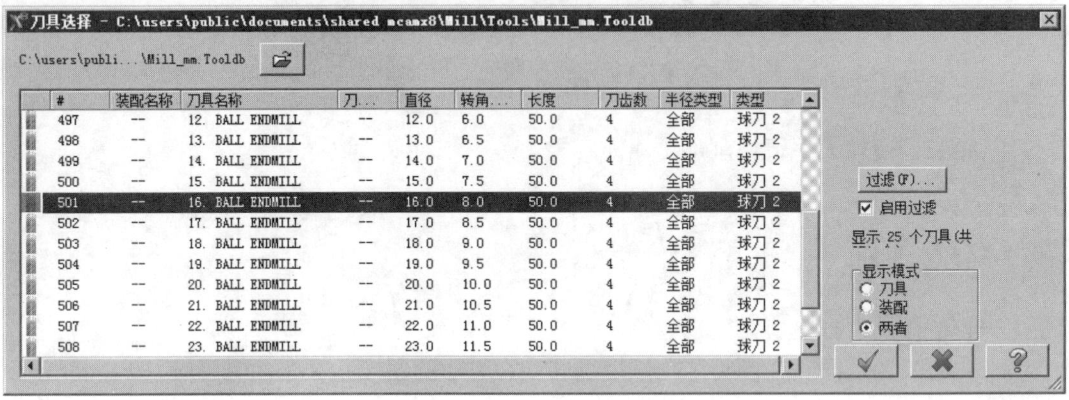

图 14.19 “刀具选择”对话框

Step5. 设置刀具参数。

（1）完成上步操作后，在“曲面精车-平行”对话框 刀路参数 选项卡的列表框中显示出 Step4 所选择的刀具，双击该刀具，系统弹出“定义刀具”对话框。

（2）设置刀具号码。单击 最终化属性 按钮，在 刀具编号: 文本框中将原有的数值改为 3。

（3）设置刀具的加工参数。在 进给率 文本框中输入值 300.0，在 下切速率: 文本框中输入值 150.0，在 提刀速率 文本框中输入值 500.0，在 主轴转速 文本框中输入值 1500.0。

（4）设置冷却方式。单击 冷却液 按钮，系统弹出“冷却液”对话框，在 Flood （切削液）下拉列表中选择 On 选项，单击该对话框中的 确定 按钮，关闭“冷却液”对话框。

（5）单击“定义刀具”对话框中的 精加工 按钮，完成刀具的设置。

Step6. 设置加工参数。

（1）设置曲面参数。在“曲面精车-平行”对话框中单击 曲面参数 选项卡， 在 毛坯预留量驱动面上 （此处翻译有误，应为“加工面预留量”）文本框中输入值 0.5。

（2）设置精加工平行铣削参数。在“曲面精车-平行”对话框中单击 平行精加工参数 选项卡；然后在 最大径向切削间距(M)... 文本框中输入值 4.0；在 切削方式 下拉列表中选择 双向 选项；在 加工角度 文本框中输入值 45。

（3）单击 间隙设置(G)... 按钮，在系统弹出的“间隙设置”对话框 移动小于间隙时，不提刀 区域的下拉列表中选择 平滑 选项；选中 ☑ 优化切削顺序 复选框；在 切线长度: 文本框中输入值 5.0；单击 按钮，系统返回至“曲面精车-平行”对话框。

Step7. 单击“曲面精车-平行”对话框中的 按钮，同时在图形区生成图 14.20 所示的刀具路径。

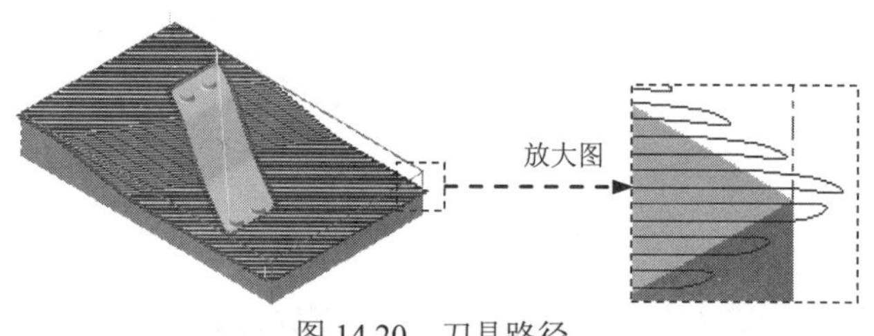

图 14.20 刀具路径

Stage6. 精加工环绕等距加工

Step1. 选择加工方法。选择下拉菜单 刀路(T) → 曲面精加工(F) → 环绕(O)... 命令。

Step2. 设置加工区域。

（1）在图形区中选取图 14.21 所示的曲面（共 5 个面），然后按 Enter 键，系统弹出“刀路/曲面选择”对话框。

（2）单击 检查面 区域中的 按钮，选取图 14.22 所示的面为检查面（共 20 个面），然后按 Enter 键，系统返回至“刀路/曲面选择”对话框。

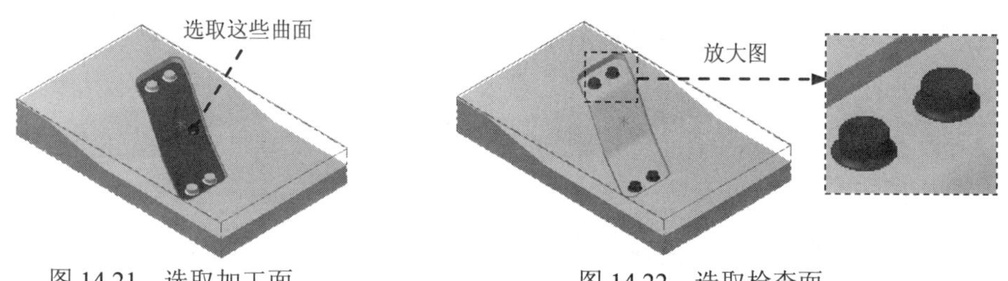

图 14.21 选取加工面　　图 14.22 选取检查面

（3）在 边界范围 区域中单击 按钮，系统弹出“串连”对话框，在图形区中选取图 14.23 所示的边线。单击 按钮，系统返回至“刀路/曲面选择”对话框。

（4）单击 按钮，系统弹出“曲面精车-等距环绕”对话框。

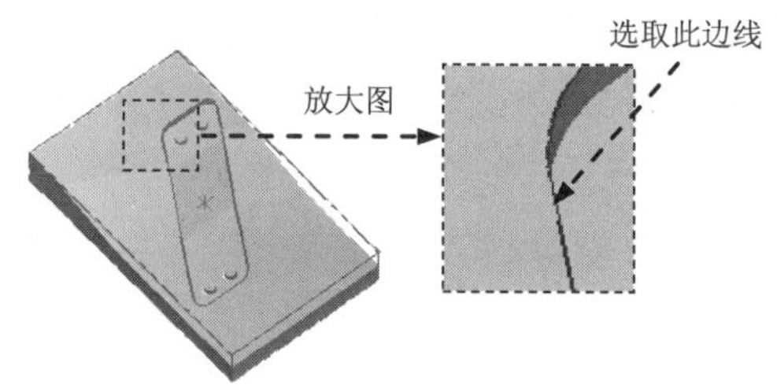

图 14.23 选取切削范围边线

Step3. 确定刀具类型。在“曲面精车-等距环绕”对话框中单击 刀具过滤 按钮，系统弹出“刀具列表过滤”对话框。单击 刀具类型 区域中的 无(N) 按钮后，在刀具类型按

钮群中单击（球刀）按钮。然后单击按钮，关闭“刀具列表过滤”对话框，系统返回至“曲面精车-等距环绕”对话框。

Step4. 选择刀具。在“曲面精车-等距环绕”对话框中单击 选择库刀具... 按钮，系统弹出“刀具选择”对话框，在该对话框的列表框中选择图 14.24 所示的刀具。单击按钮，关闭“刀具选择”对话框，系统返回至“曲面精车-等距环绕”对话框。

刀具选择 - C:\users\public\documents\shared mcamx8\Mill\Tools\Mill_mm.Tooldb

C:\users\publi...\Mill_mm.Tooldb

#	装配名称	刀具名称	刀...	直径	转角...	长度	类型	刀齿数	半径类型
486	--	1. BALL ENDMILL	--	1.0	0.5	50.0	球刀 2	4	全部
487	--	2. BALL ENDMILL	--	2.0	1.0	50.0	球刀 2	4	全部
488	--	3. BALL ENDMILL	--	3.0	1.5	50.0	球刀 2	4	全部
489	--	4. BALL ENDMILL	--	4.0	2.0	50.0	球刀 2	4	全部
490	--	5. BALL ENDMILL	--	5.0	2.5	50.0	球刀 2	4	全部
491	--	6. BALL ENDMILL	--	6.0	3.0	50.0	球刀 2	4	全部
492	--	7. BALL ENDMILL	--	7.0	3.5	50.0	球刀 2	4	全部
493	--	8. BALL ENDMILL	--	8.0	4.0	50.0	球刀 2	4	全部
494	--	9. BALL ENDMILL	--	9.0	4.5	50.0	球刀 2	4	全部
495	--	10. BALL ENDMILL	--	10.0	5.0	50.0	球刀 2	4	全部
496	--	11. BALL ENDMILL	--	11.0	5.5	50.0	球刀 2	4	全部
497	--	12. BALL ENDMILL	--	12.0	6.0	50.0	球刀 2	4	全部

过滤(F)...
☑ 启用过滤
显示 25 个刀具(共
显示模式
○ 刀具
○ 装配
⊙ 两者

图 14.24 “刀具选择”对话框

Step5. 设置刀具参数。

（1）完成上步操作后，在“曲面精车-等距环绕”对话框 刀路参数 选项卡的列表框中显示出 Step4 所选择的刀具，双击该刀具，系统弹出“定义刀具”对话框。

（2）设置刀具号码。单击 最终化属性 按钮，在 刀具编号: 文本框中将原有的数值改为 4。

（3）设置刀具的加工参数。在 进给率 文本框中输入值 200.0，在 下切速率: 文本框中输入值 100.0，在 提刀速率 文本框中输入值 500.0，在 主轴转速 文本框中输入值 2000.0。

（4）设置冷却方式。单击 冷却液 按钮，系统弹出“冷却液”对话框，在 Flood （切削液）下拉列表中选择 On 选项，单击该对话框中的 确定 按钮，关闭“冷却液”对话框。

（5）单击“定义刀具”对话框中的 精加工 按钮，完成刀具的设置。

Step6. 设置曲面参数。在“曲面精车-等距环绕”对话框中单击 曲面参数 选项卡，在 毛坯预留量 检查面上 （此处翻译有误，应为“检查面预留量”）文本框中输入值 0.05，在 刀具边界范围 区域选中 ⊙ 内 单选项及 ☑ 总偏置 复选框，在 ☑ 总偏置 文本框中输入值 0.5；其他参数采用系统默认设置值。

说明： 当 ☑ 总偏置 复选框未选中时是 □附加偏置。

Step7. 设置环绕等距精加工参数。

（1）在“曲面精车-等距环绕”对话框中单击 环绕精加工参数 选项卡，在 整体公差(T)... 文本框中输入值 0.01，在 最大径向切削间距(M)... 文本框中输入值 0.25，选中 ☑ 由内而外环切、☑ 切削按最短距离排序、☑ 锐角平滑走刀 复选框，取消选中□ 深度限制(D)... 按钮前的复选框，

其他参数采用系统默认设置值。

（2）单击间隙设置(G)...按钮，在系统弹出的“间隙设置”对话框中选中☑ 优化切削顺序复选框，在切弧半径:文本框中输入值 5.0，在切弧角度:文本框中输入值 90.0。单击✓按钮，系统返回至“曲面精车-等距环绕”对话框。

Step8. 完成参数设置。单击“曲面精车-等距环绕”对话框中的✓按钮，系统在图形区生成图 14.25 所示的刀具路径。

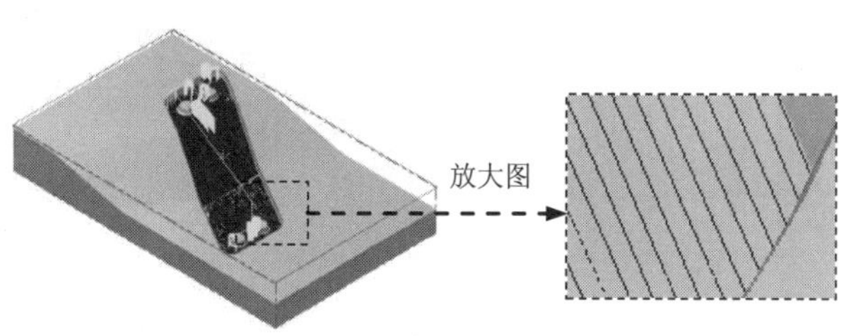

图 14.25　刀具路径

Stage7. 精加工等高外形加工

Step1. 选择加工方法。选择下拉菜单 刀路(T) → 曲面精加工(F) → 等高外形(C)... 命令。

Step2. 设置加工区域。

（1）在图形区中选取图 14.26 所示的面（共 16 个面），按 Enter 键，系统弹出“刀路/曲面选择”对话框。

（2）单击检查面区域中的按钮，选取图 14.27 所示的面为检查面（共 6 个面），然后按 Enter 键。

（3）在边界范围区域中单击按钮，系统弹出“串连”对话框。在图形区中选取图 14.28 所示的边线，单击✓按钮，系统返回至“刀路/曲面选择”对话框。

图 14.26　选取加工面　　　　图 14.27　选取检查面

（4）单击✓按钮，完成加工区域的设置，同时系统弹出“曲面精车-外形”对话框。

Step3. 确定刀具类型。在“曲面精车-外形”对话框中单击刀具过滤按钮，系统弹出“刀具列表过滤”对话框。单击刀具类型区域中的无(N)按钮后，在刀具类型按钮群中单击（球刀）按钮。然后单击✓按钮，关闭“刀具列表过滤”对话框，系统返回至“曲面精车-外形”对话框。

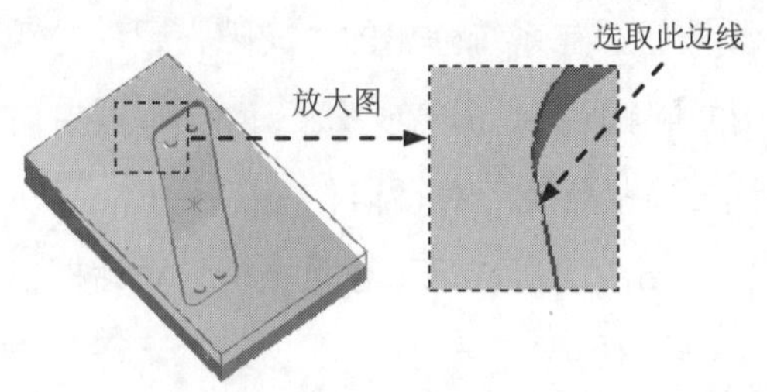

图 14.28　选取切削范围边线

Step4. 选择刀具。在“曲面精车-外形”对话框中单击 选择库刀具... 按钮，系统弹出“刀具选择”对话框，在该对话框的列表框中选择图 14.29 所示的刀具。单击 ✓ 按钮，关闭“刀具选择”对话框，系统返回至“曲面精车-外形”对话框。

刀具选择 - C:\users\public\documents\shared mcamx8\Mill\Tools\Mill_mm.Tooldb

C:\users\publi...\Mill_mm.Tooldb

#	装配名称	刀具名称	刀...	直径	转角...	长度	类型	半径类型	刀齿数
486	--	1. BALL ENDMILL	--	1.0	0.5	50.0	球刀 2	全部	4
487	--	2. BALL ENDMILL	--	2.0	1.0	50.0	球刀 2	全部	4
488	--	3. BALL ENDMILL	--	3.0	1.5	50.0	球刀 2	全部	4
489	--	4. BALL ENDMILL	--	4.0	2.0	50.0	球刀 2	全部	4
490	--	5. BALL ENDMILL	--	5.0	2.5	50.0	球刀 2	全部	4
491	--	6. BALL ENDMILL	--	6.0	3.0	50.0	球刀 2	全部	4
492	--	7. BALL ENDMILL	--	7.0	3.5	50.0	球刀 2	全部	4
493	--	8. BALL ENDMILL	--	8.0	4.0	50.0	球刀 2	全部	4
494	--	9. BALL ENDMILL	--	9.0	4.5	50.0	球刀 2	全部	4
495	--	10. BALL ENDMILL	--	10.0	5.0	50.0	球刀 2	全部	4
496	--	11. BALL ENDMILL	--	11.0	5.5	50.0	球刀 2	全部	4
497	--	12. BALL ENDMILL	--	12.0	6.0	50.0	球刀 2	全部	4

过滤(F)...
☑ 启用过滤
显示 25 个刀具(共
显示模式
○ 刀具
○ 装配
⊙ 两者

图 14.29　“刀具选择”对话框

Step5. 设置刀具参数。

（1）完成上步操作后，在“曲面精车-外形”对话框 刀路参数 选项卡的列表框中显示出 Step4 所选择的刀具，双击该刀具，系统弹出“定义刀具”对话框。

（2）设置刀具号码。单击 最终化属性 按钮，在 刀具编号: 文本框中将原有的数值改为 5。

（3）设置刀具的加工参数。在 进给率 文本框中输入值 300.0，在 下切速率: 文本框中输入值 150.0，在 提刀速率 文本框中输入值 500.0，在 主轴转速 文本框中输入值 4500.0。

（4）设置冷却方式。单击 冷却液 按钮，系统弹出“冷却液”对话框，在 Flood （切削液）下拉列表中选择 On 选项，单击该对话框中的 确定 按钮，关闭“冷却液”对话框。

Step6. 单击“定义刀具”对话框中的 精加工 按钮，完成刀具的设置。

Step7. 设置曲面参数。在“曲面精车-外形”对话框中单击 曲面参数 选项卡，所有参数采用系统默认设置值。

Step8. 设置等高外形精加工参数。

（1）在“曲面精车-外形”对话框中单击 外形精加工参数 选项卡，在 最大轴向切削间距: 文

本框中输入值 0.25，在 整体公差(T)... 文本框中输入值 0.005。

（2）在 过渡 区域选中 ⊙斜降 单选项以及“曲面精车-外形”对话框中左下方的 ☑优化切削顺序 复选框，其他参数采用系统默认设置值。

Step9. 单击“曲面精车-外形”对话框中的 ✓ 按钮，完成加工参数的设置，此时系统将自动生成图 14.30 所示的刀具路径。

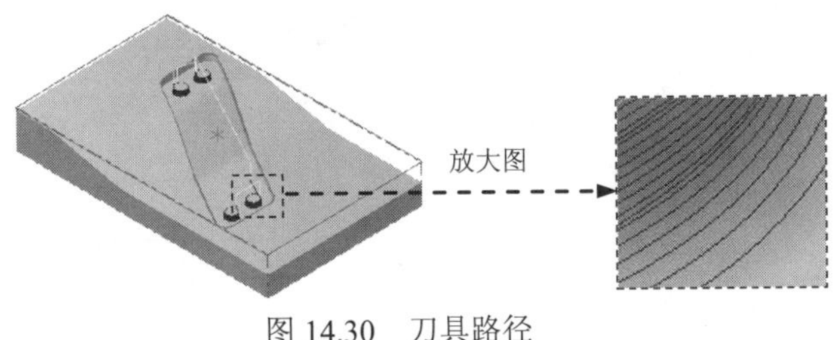

图 14.30 刀具路径

Stage8. 精加工平行铣削加工 2

Step1. 选择加工方法。选择下拉菜单 刀路(T) → 曲面精加工(F) → 平行(P)... 命令。

Step2. 设置加工区域。

（1）在图形区中选取图 14.31 所示的曲面（共 8 个面），然后按 Enter 键，系统弹出“刀路/曲面选择”对话框。

（2）设置加工边界。在 边界范围 区域中单击 ↖ 按钮，系统弹出“串连”对话框。在图形区中选取图 14.32 所示的边线以及图 14.33 所示的边线，单击 ✓ 按钮，系统返回至“刀路/曲面选择”对话框。

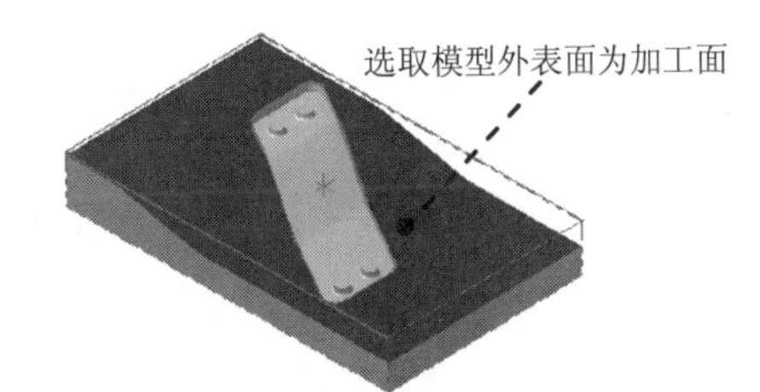

图 14.31 选取加工面

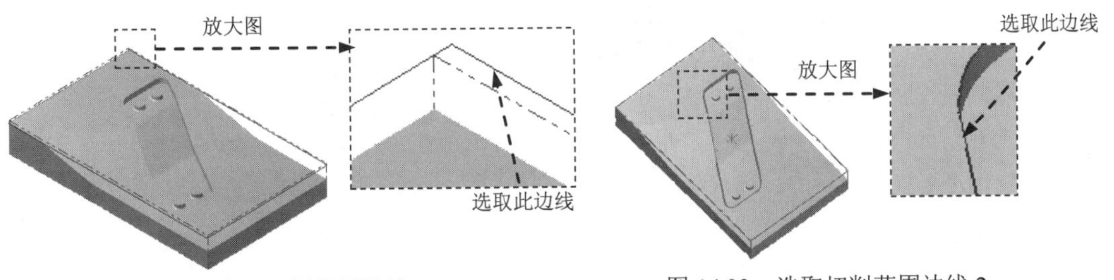

图 14.32 选取切削范围边线 1　　图 14.33 选取切削范围边线 2

（3）单击![✓]按钮，完成加工区域的设置，同时系统弹出“曲面精车-平行”对话框。

Step3. 选择刀具。在“曲面精车-平行”对话框中选择图 14.34 所示的刀具。

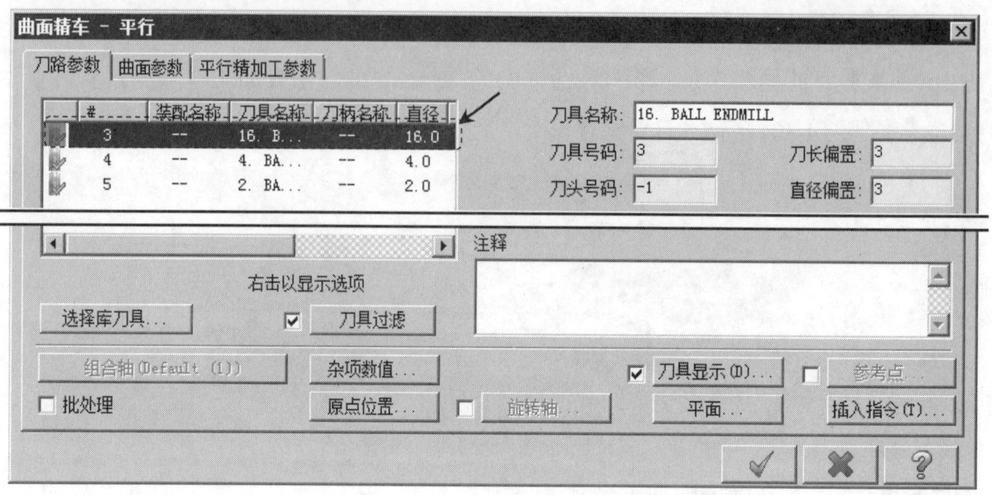

图 14.34 “刀路参数”选项卡

Step4. 设置加工参数。

（1）设置曲面参数。在“曲面精车-平行”对话框中单击曲面参数选项卡，在毛坯预留量驱动面上（此处翻译有误，应为“加工面预留量”）文本框中输入值 0.0。

（2）设置精加工平行铣削参数。在“曲面精车-平行”对话框中单击平行精加工参数选项卡；然后在整体公差(T)...文本框中输入值 0.01，在最大径向切削间距(M)...文本框中输入值 0.5；在切削方式下拉列表中选择双向选项；在加工角度文本框中输入值 135。

（3）单击间隙设置(G)...按钮，在系统弹出的“间隙设置”对话框的间隙大小区域中选中⊙距离单选项，在⊙距离文本框中输入值 5.0；选中☑优化切削顺序复选框，在切线长度:文本框中输入值 2.0。

（4）单击![✓]按钮，系统返回至“曲面精车-平行”对话框。

Step5. 单击“曲面精车-平行”对话框中的![✓]按钮，同时在图形区生成图 14.35 所示的刀具路径。

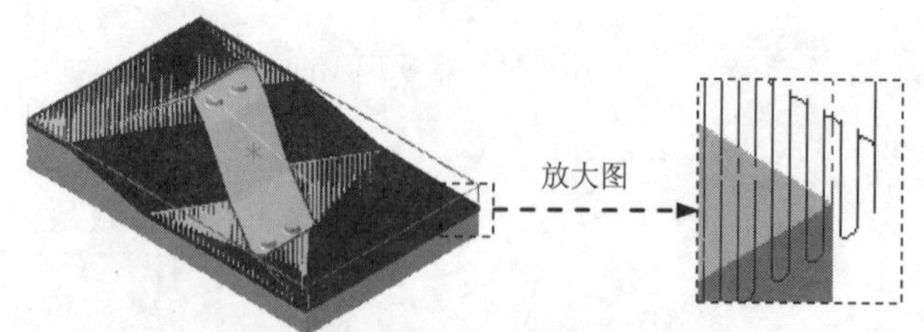

图 14.35 刀具路径

Stage9. 精加工浅平面加工

Step1. 选择加工方法。选择下拉菜单 刀路(T) → 曲面精加工(F) →

浅平面(S)...命令。

Step2. 设置加工区域。

（1）在图形区中选取图 14.36 所示的面（共 4 个面），然后按 Enter 键，系统弹出“刀路/曲面选择”对话框。

（2）设置加工边界。在边界范围区域中单击按钮，系统弹出“串连”对话框。在图形区中选取图 14.37 所示的边线，单击按钮，系统返回至“刀路/曲面选择”对话框。

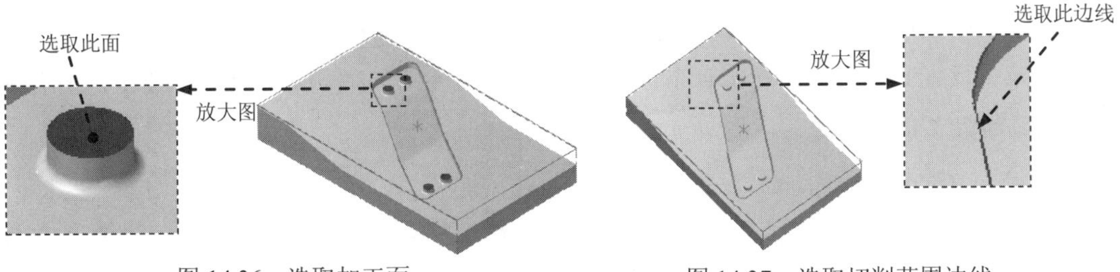

图 14.36 选取加工面　　　图 14.37 选取切削范围边线

（3）单击“刀路/曲面选择”对话框中的按钮，系统弹出“曲面精车-浅铣削”对话框。

Step3. 确定刀具类型。在“曲面精车-浅铣削”对话框中单击刀具过滤按钮，系统弹出“刀具列表过滤”对话框。单击刀具类型区域中的无(N)按钮后，在刀具类型按钮群中单击（平底刀）按钮。然后单击按钮，关闭“刀具列表过滤”对话框，系统返回至“曲面精车-浅铣削”对话框。

Step4. 选择刀具。在“曲面精车-浅铣削”对话框中单击选择库刀具...按钮，系统弹出“刀具选择”对话框，在该对话框的列表框中选择图 14.38 所示的刀具。单击按钮，关闭“刀具选择”对话框，系统返回至“曲面精车-浅铣削”对话框。

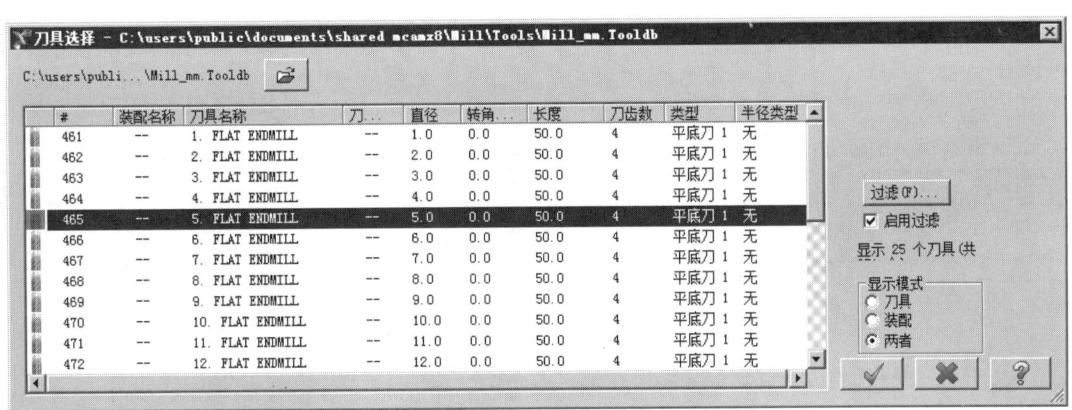

图 14.38 “刀具选择”对话框

Step5. 设置刀具参数。

（1）完成上步操作后，在“曲面精车-浅铣削”对话框刀路参数选项卡的列表框中显示

出 Step4 所选择的刀具，双击该刀具，系统弹出“定义刀具”对话框。

（2）设置刀具号码。单击最终化属性按钮，在刀具编号:文本框中将原有的数值改为 6。

（3）设置刀具的加工参数。在进给率文本框中输入值 200.0，在下切速率:文本框中输入值 100.0，在提刀速率文本框中输入值 500.0，在主轴转速文本框中输入值 2000.0。

（4）设置冷却方式。单击冷却液按钮，系统弹出“冷却液”对话框，在Flood（切削液）下拉列表中选择On选项，单击该对话框中的确定按钮，关闭“冷却液”对话框。

（5）单击“定义刀具”对话框中的精加工按钮，完成刀具的设置。

Step6. 设置曲面参数。在“曲面精车-浅铣削”对话框中单击曲面参数选项卡，所有参数采用系统默认设置值。

Step7. 设置浅平面精加工参数。

（1）在“曲面精车-浅铣削”对话框中单击浅平面精加工参数选项卡，在浅平面精加工参数选项卡的最大径向切削间距(M)...文本框中输入值 4.0；在切削方式下拉列表中选择双向选项。

（2）单击间隙设置(G)...按钮，在系统弹出的“间隙设置”对话框中选中☑ 优化切削顺序复选框；在切线长度:文本框中输入值 5.0。

（3）单击✔按钮，系统返回至“曲面精车-浅铣削”对话框。

Step8. 单击“曲面精车-浅铣削”对话框中的✔按钮，同时在图形区生成图 14.39 所示的刀具路径。

Step9. 实体切削验证。

（1）在刀路选项卡中单击按钮，然后单击“验证选定操作”按钮，系统弹出“Mastercam 模拟器”对话框。

（2）在“Mastercam 模拟器”对话框中单击按钮，系统将开始进行实体切削仿真，结果如图 14.40 所示。单击×按钮，关闭“Mastercam 模拟器”对话框。

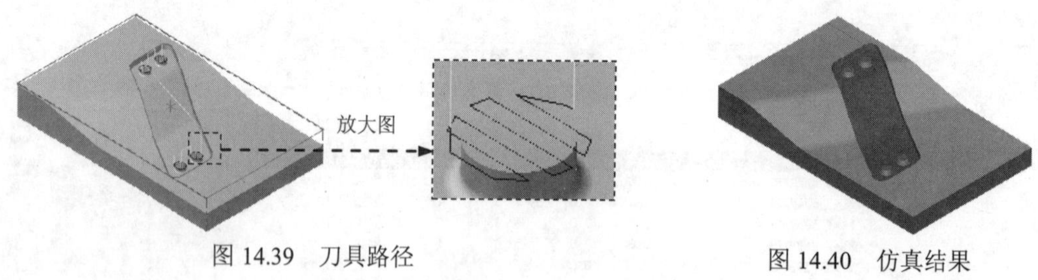

图 14.39　刀具路径　　　　图 14.40　仿真结果

Step10. 保存模型。选择下拉菜单文件(F) → 保存(S)命令，保存模型。

实例 15 轮子型芯模加工

在机械加工中，工序安排得是否合理以及刀具的选择，对加工后模具的质量有较大的影响，因此在加工之前需要根据零件的特征制订好加工的工艺路线并选择合适的刀具。本例是一个轮子型芯模的加工，在加工过程中重新定义了一次坐标系，相当于实际加工中重新装夹工件以及重新对刀。下面具体介绍轮子型芯模的加工过程，其加工工艺路线如图 15.1 所示。

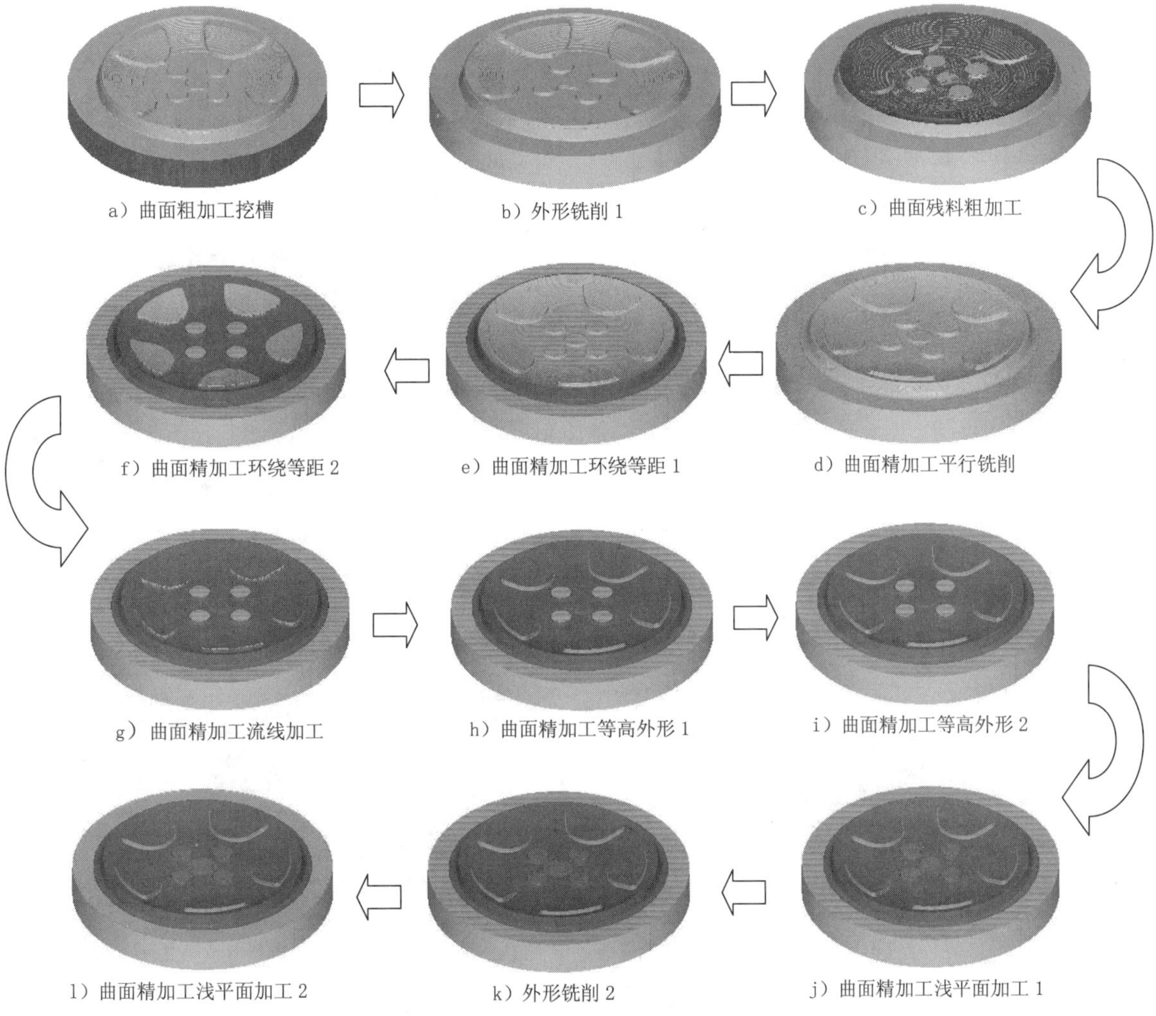

a）曲面粗加工挖槽　b）外形铣削 1　c）曲面残料粗加工

f）曲面精加工环绕等距 2　e）曲面精加工环绕等距 1　d）曲面精加工平行铣削

g）曲面精加工流线加工　h）曲面精加工等高外形 1　i）曲面精加工等高外形 2

l）曲面精加工浅平面加工 2　k）外形铣削 2　j）曲面精加工浅平面加工 1

图 15.1　加工工艺路线

Stage1. 进入加工环境

打开模型。选择文件 D:\mcx8.11\work\ch15\CARWHEEL_CORE.MCX，系统进入加工

环境，此时零件模型如图 15.2 所示。

Stage2. 设置工件

Step1. 在“操作管理器”中单击 属性 - Generic Mill 节点前的“+”号，将该节点展开，然后单击 毛坯设置 节点，系统弹出“机床群组属性”对话框。

Step2. 设置工件的形状。在“机床群组属性”对话框的形状区域中选中 圆柱体 单选项，然后选中 Z 单选项。

Step3. 设置工件的尺寸。在“机床群组属性”对话框中单击 所有曲面 按钮，在右侧预览区的高度文本框中输入值 80，在直径文本框中输入值 460。

Step4. 单击“机床群组属性”对话框中的 ✓ 按钮，完成工件的设置。此时零件如图 15.3 所示，从图中可以观察到零件的边缘多了红色的双点画线，双点画线围成的图形即工件。

图 15.2　零件模型

图 15.3　显示工件

Stage3. 粗加工挖槽加工

Step1. 绘制圆形边界。单击俯视图按钮，选择下拉菜单 绘图(C) → 弧(A) → 圆心点画圆(C)... 命令，系统弹出 “编辑圆心点”工具栏。在图形区中选取图 15.4 所示的原点作为绘制圆弧的圆心点，然后在后的文本框中输入值 460，按 Enter 键。单击 ✓ 按钮，完成圆形边界的绘制，结果如图 15.5 所示。

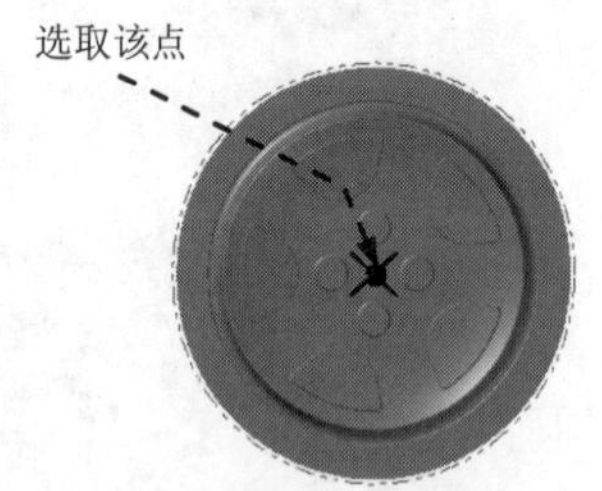

图 15.4　定义基准点

图 15.5　绘制圆形边界

Step2. 选择下拉菜单 刀路(T) → 曲面粗加工(R) → 挖槽(K)... 命令，系统弹出“输入新 NC 名称”对话框，采用系统默认的 NC 名称。单击 ✓ 按钮，完成 NC 名称的设置。

Step3. 设置加工区域。

（1）选取加工面。在图形区中选取图 15.6 所示的所有面（共 89 个面），然后按 Enter 键，系统弹出“刀路/曲面选择”对话框。

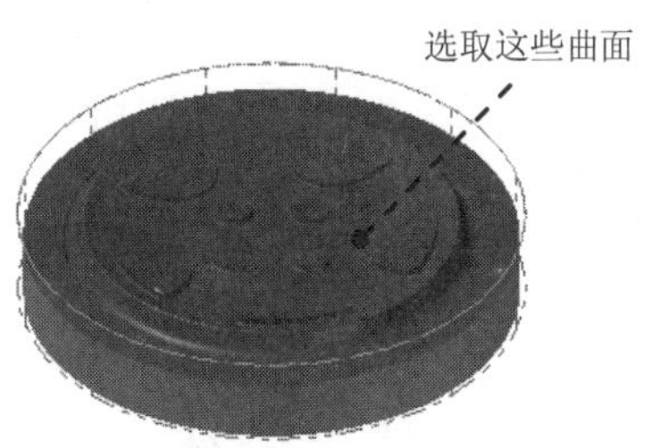

图 15.6 选取加工面

（2）设置加工边界。在边界范围区域中单击按钮，系统弹出“串连”对话框。在图形区中选取图 15.5 所示的边线，单击按钮，系统返回至“刀路/曲面选择”对话框。

（3）单击按钮，完成加工区域的设置，同时系统弹出“曲面粗车-挖槽”对话框。

Step4. 确定刀具类型。在“曲面粗车-挖槽”对话框中单击刀具过滤按钮，系统弹出“刀具列表过滤”对话框。单击刀具类型区域中的无(N)按钮后，在刀具类型按钮群中单击（圆鼻刀）按钮。然后单击按钮，关闭“刀具列表过滤”对话框，系统返回至“曲面粗车-挖槽”对话框。

Step5. 选择刀具。在“曲面粗车-挖槽”对话框中单击选择库刀具...按钮，系统弹出“刀具选择”对话框，在该对话框的列表框中选择图 15.7 所示的刀具。单击按钮，关闭“刀具选择”对话框，系统返回至“曲面粗车-挖槽”对话框。

刀具选择 - C:\users\public\documents\shared mcamx8\Mill\Tools\Mill_mm.Tooldb

C:\users\publi...\Mill_mm.Tooldb

#	装配名称	刀具名称	刀...	直径	转角...	长度	刀齿数	半径类型	类型
577	--	19. BULL ENDMILL ...	--	19.0	3.0	50.0	4	转角	圆鼻刀 3
580	--	20. BULL ENDMILL ...	--	20.0	3.0	50.0	4	转角	圆鼻刀 3
583	--	20. BULL ENDMILL ...	--	20.0	4.0	50.0	4	转角	圆鼻刀 3
581	--	20. BULL ENDMILL ...	--	20.0	1.0	50.0	4	转角	圆鼻刀 3
582	--	20. BULL ENDMILL ...	--	20.0	2.0	50.0	4	转角	圆鼻刀 3
584	--	21. BULL ENDMILL ...	--	21.0	3.0	50.0	4	转角	圆鼻刀 3
587	--	21. BULL ENDMILL ...	--	21.0	2.0	50.0	4	转角	圆鼻刀 3
586	--	21. BULL ENDMILL ...	--	21.0	4.0	50.0	4	转角	圆鼻刀 3
585	--	21. BULL ENDMILL ...	--	21.0	1.0	50.0	4	转角	圆鼻刀 3
590	--	22. BULL ENDMILL ...	--	22.0	2.0	50.0	4	转角	圆鼻刀 3
589	--	22. BULL ENDMILL ...	--	22.0	3.0	50.0	4	转角	圆鼻刀 3
588	--	22. BULL ENDMILL ...	--	22.0	4.0	50.0	4	转角	圆鼻刀 3

过滤(F)...
启用过滤
显示 99 个刀具(共
显示模式
刀具
装配
两者

图 15.7 “刀具选择”对话框

Step6. 设置刀具参数。

（1）完成上步操作后，在“曲面粗车-挖槽”对话框刀路参数选项卡的列表框中显示出 Step5 所选择的刀具，双击该刀具，系统弹出“定义刀具”对话框。

（2）设置刀具号码。单击最终化属性按钮，在刀具编号:文本框中将原有的数值改为 1。

（3）设置刀具的加工参数。在进给速率文本框中输入值 400.0，在下切速率:文本框中输入值 200.0，在 提刀速率 文本框中输入值 500.0，在 主轴转速 文本框中输入值 1000.0。

（4）设置冷却方式。单击 冷却液 按钮，系统弹出“冷却液”对话框，在 Flood （切削液）下拉列表中选择 On 选项，单击该对话框中的 确定 按钮，关闭“冷却液”对话框。

Step7. 单击“定义刀具”对话框中的 精加工 按钮，完成刀具的设置。

Step8. 设置曲面参数。在“曲面粗车-挖槽”对话框中单击 曲面参数 选项卡，在 毛坯预留量驱动面上 （此处翻译有误，应为“加工面预留量”）文本框中输入值 1，其他参数采用系统默认设置值。

Step9. 设置粗加工参数。

（1）在“曲面粗车-挖槽”对话框中单击 粗加工参数 选项卡，在 最大轴向切削间距: 文本框中输入值 1，然后在 进刀选项 区域选中 ☑ 从边界范围外下刀 复选框与 ☑ 螺旋进刀 复选框。

（2）单击 螺旋进刀 按钮，系统弹出“螺旋/斜插式下刀参数”对话框。单击“螺旋/斜插式下刀参数”对话框中的 斜降 选项卡，在 斜插失败时 区域选中 ⊙ 跳过 单选项，单击“螺旋/斜插式下刀参数”对话框中的 ✓ 按钮。

（3）单击 间隙设置(G)... 按钮，在系统弹出的“间隙设置”对话框中选中 ☑ 优化切削顺序 复选框，在 切弧半径: 文本框中输入值 10.0，在 切弧角度: 文本框中输入值 90.0。单击 ✓ 按钮，系统返回至“曲面粗车-挖槽”对话框。

Step10. 设置挖槽参数。在“曲面粗车-挖槽”对话框中单击 挖槽参数 选项卡，在 切削方式 下面选择 依外形环切 选项；在 径向切削比例: 文本框中输入值 50，取消选中 ☐ 由内而外螺旋式切削 复选框。

Step11. 单击“曲面粗车-挖槽”对话框中的 ✓ 按钮，完成加工参数的设置，此时系统将自动生成图 15.8 所示的刀具路径。

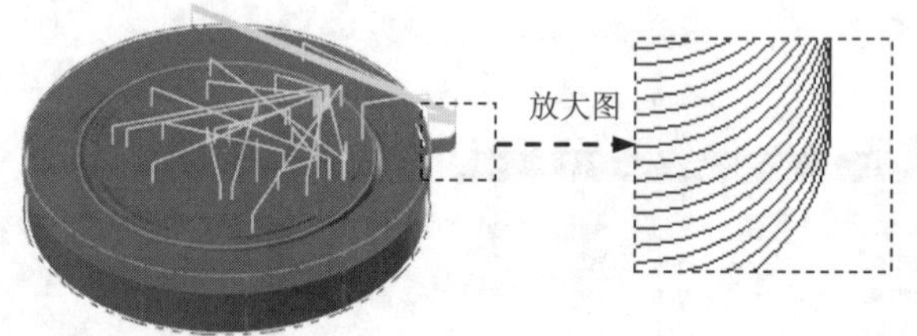

图 15.8　刀具路径

Stage4. 外形铣削加工 1

Step1. 绘制边界。

（1）选择命令。选择下拉菜单 绘图(C) → 曲线(V) → 曲面单一边界(O)... 命令。

（2）定义边界的附着面和边界位置。选取图 15.9 所示的平面为边界的附着面，此时在所选取的平面上出现图 15.10 所示的箭头。移动鼠标，将箭头移动到图 15.10 所示的位置单击鼠标左键，此时系统自动生成创建的边界预览。

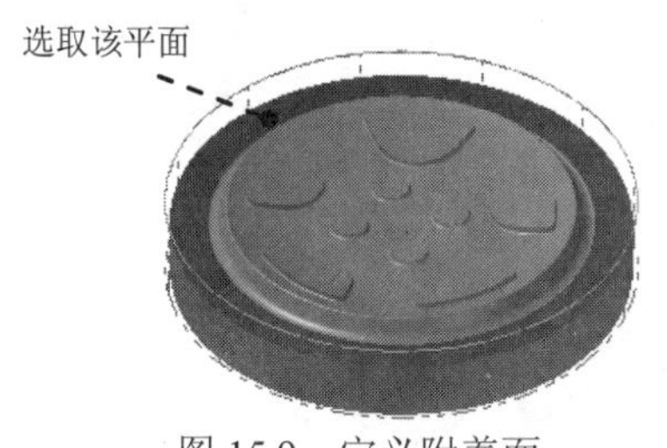

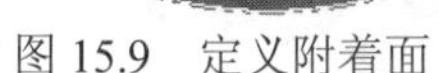
图 15.9 定义附着面

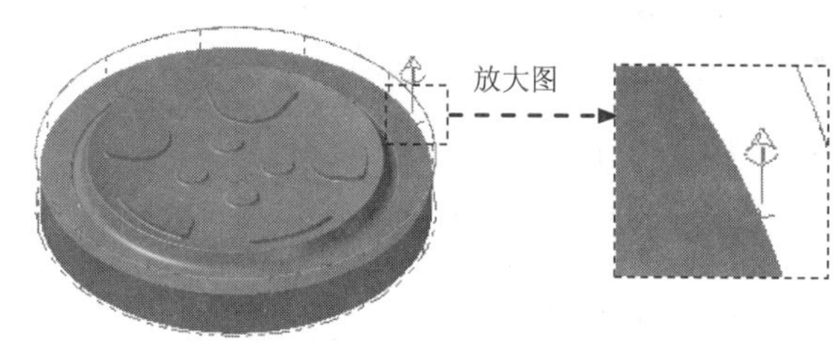

图 15.10 定义边界位置

（3）单击按钮，完成指定边界的创建。

Step2. 选择下拉菜单 刀路(T) ➡ 外形铣削(C)... 命令，系统弹出“串连”对话框。

说明：先隐藏上步的刀具路径，以便于后面加工区域的选取，下同。

Step3. 设置加工区域。在图形区中选取图 15.11 所示的边界曲线，然后单击按钮。单击按钮，完成加工区域的设置，同时系统弹出 “2D 刀路-外形”对话框。

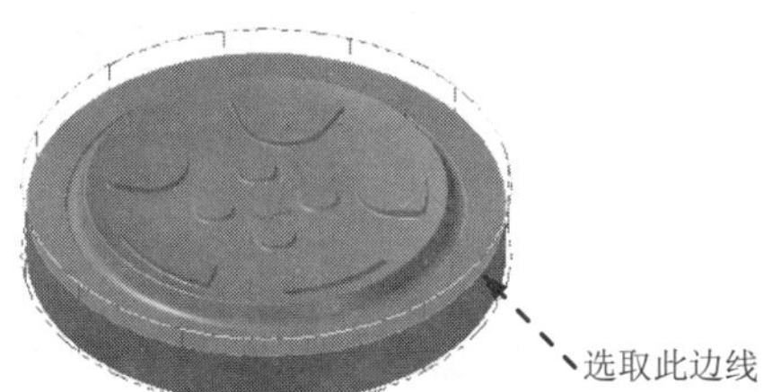

图 15.11 选取切削范围边线

Step4. 选择刀具。在“2D 刀路-外形”对话框的左侧节点列表中单击刀具节点，选择图 15.12 所示的刀具。

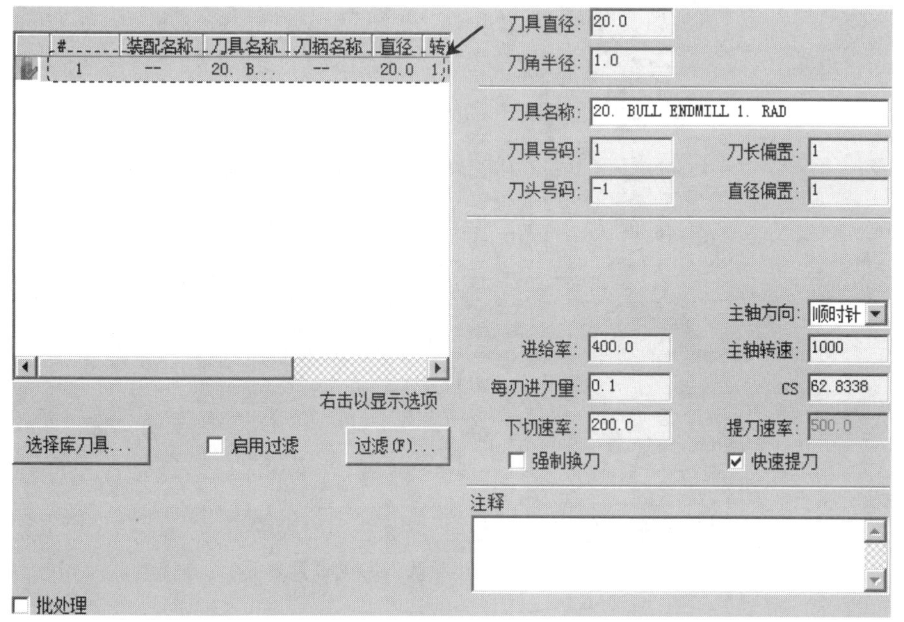

图 15.12 “选择刀具”对话框

Step5. 设置切削参数。在“2D 刀路-外形”对话框的左侧节点列表中单击切削参数节点，在补正方向下拉列表中选择左选项，在壁边毛坯预留量文本框中输入值 0，在底面毛坯预留量文本框中输入值 0。

Step6. 设置加工参数。

（1）设置深度参数。在“2D 刀路-外形”对话框的左侧节点列表中单击深度切削节点，设置图 15.13 所示的参数。

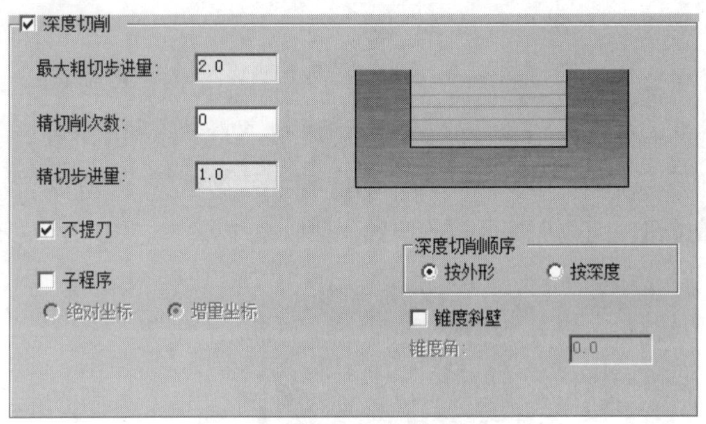

图 15.13 “深度切削”参数设置界面

（2）设置连接参数。在“2D 刀路-外形”对话框的左侧节点列表中单击连接参数节点，设置图 15.14 所示的参数。

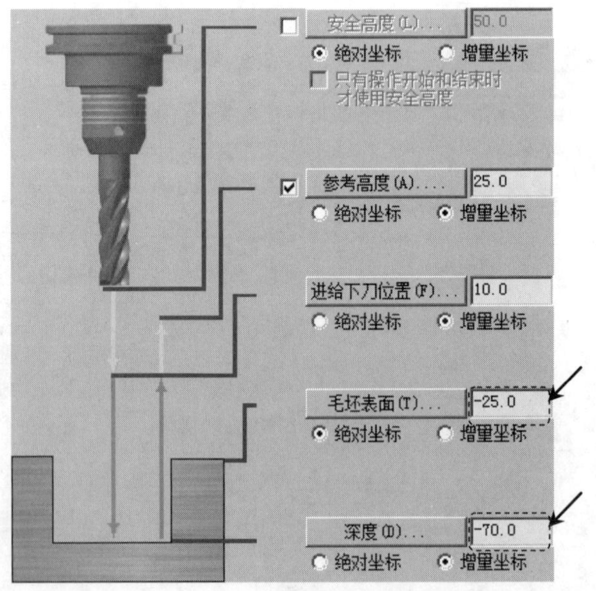

图 15.14 “连接参数”参数设置界面

Step7. 单击“2D 刀路-外形”对话框中的 ✓ 按钮，完成参数设置，此时系统将自动生成图 15.15 所示的刀具路径。

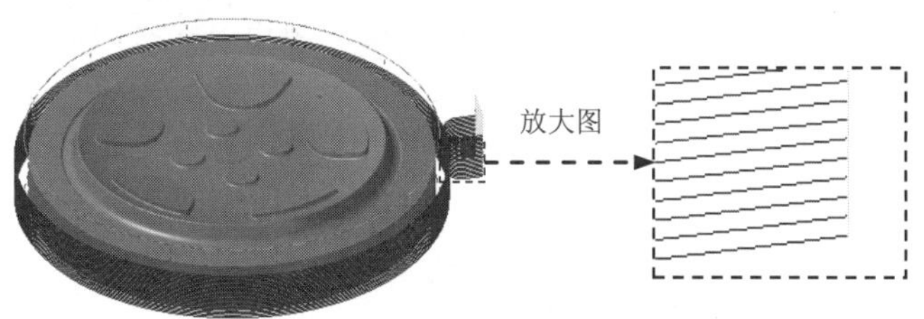

图 15.15 刀具路径

Stage5. 粗加工残料加工

Step1. 绘制边界。

（1）选择命令。选择下拉菜单 绘图(C) → 曲线(V) → 曲面单一边界(O)... 命令。

（2）定义边界的附着面和边界位置。选取图 15.16 所示的曲面为边界的附着面，此时在所选取的曲面上出现图 15.17 所示的箭头。移动鼠标，将箭头移动到图 15.17 所示的位置单击鼠标左键，此时系统自动生成创建的边界预览。

图 15.16 定义附着面　　图 15.17 定义边界位置

（3）单击 ✓ 按钮，完成指定边界的创建。

Step2. 参照上一步创建其余的边界，结果如图 15.18 所示。

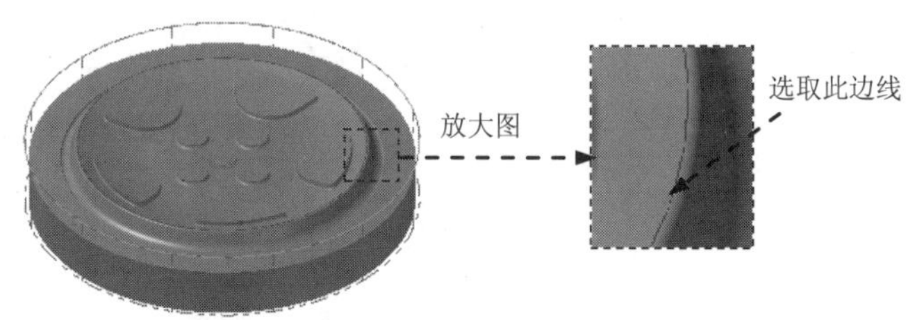

图 15.18 创建其余边界

Step3. 选择加工方法。选择下拉菜单 刀路(T) → 曲面粗加工(R) → 残料铣削(T)... 命令。

Step4. 设置加工区域。

（1）在图形区中选取图 15.19 所示的曲面（共 84 个面），然后按 Enter 键，系统弹出“刀路/曲面选择”对话框。

（2）单击“刀路/曲面选择”对话框的边界范围区域中的按钮，系统弹出“串连”对话框，采用“串联方式”选取图 15.18 所示的边线。单击按钮，系统返回至“刀路/曲面选择”对话框。单击按钮，系统弹出“曲面残料加工”对话框。

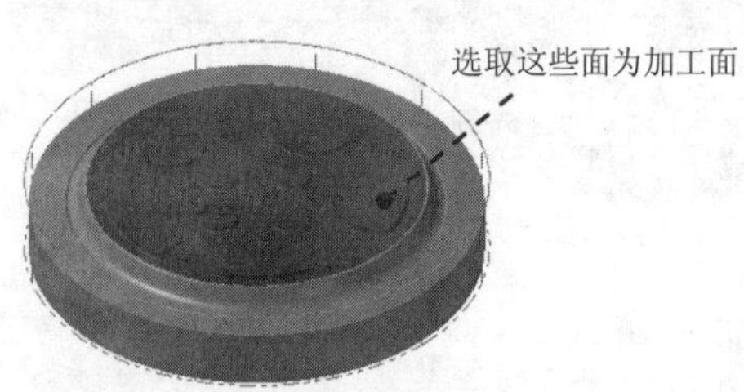

图 15.19　选取加工面

Step5. 确定刀具类型。在“曲面残料加工”对话框中单击刀具过滤按钮，系统弹出“刀具列表过滤”对话框。单击刀具类型区域中的无(N)按钮后，在刀具类型按钮群中单击（球刀）按钮。单击按钮，关闭“刀具列表过滤”对话框，系统返回至“曲面残料加工”对话框。

Step6. 选择刀具。在“曲面残料加工”对话框中单击选择库刀具...按钮，系统弹出“刀具选择”对话框，在该对话框的列表框中选择图 15.20 所示的刀具。单击按钮，关闭“刀具选择”对话框，系统返回至“曲面残料加工”对话框。

刀具选择 - C:\users\public\documents\shared mcamx8\Mill\Tools\Mill_mm.Tooldb

C:\users\publi...\Mill_mm.Tooldb

#	装配名称	刀具名称	刀...	直径	转角...	长度	类型	刀齿数	半径类型
486	--	1. BALL ENDMILL	--	1.0	0.5	50.0	球刀 2	4	全部
487	--	2. BALL ENDMILL	--	2.0	1.0	50.0	球刀 2	4	全部
488	--	3. BALL ENDMILL	--	3.0	1.5	50.0	球刀 2	4	全部
489	--	4. BALL ENDMILL	--	4.0	2.0	50.0	球刀 2	4	全部
490	--	5. BALL ENDMILL	--	5.0	2.5	50.0	球刀 2	4	全部
491	--	6. BALL ENDMILL	--	6.0	3.0	50.0	球刀 2	4	全部
492	--	7. BALL ENDMILL	--	7.0	3.5	50.0	球刀 2	4	全部
493	--	8. BALL ENDMILL	--	8.0	4.0	50.0	球刀 2	4	全部
494	--	9. BALL ENDMILL	--	9.0	4.5	50.0	球刀 2	4	全部
495	--	10. BALL ENDMILL	--	10.0	5.0	50.0	球刀 2	4	全部
496	--	11. BALL ENDMILL	--	11.0	5.5	50.0	球刀 2	4	全部
497	--	12. BALL ENDMILL	--	12.0	6.0	50.0	球刀 2	4	全部

过滤(F)...
启用过滤
显示 25 个刀具(共
显示模式
刀具
装配
两者

图 15.20 “刀具选择”对话框

Step7. 设置刀具相关参数。

（1）在“曲面残料加工”对话框刀路参数选项卡的列表框中显示出 Step6 所选择的刀具，双击该刀具，系统弹出“定义刀具”对话框。

（2）设置刀具号码。单击最终化属性按钮，在刀具编号:文本框中将原有的数值改为 2。

（3）设置刀具参数。在进给率文本框中输入值 200.0，在下切速率:文本框中输入值 100.0，在提刀速率文本框中输入值 500.0，在主轴转速文本框中输入值 1500.0。

（4）设置冷却方式。单击 冷却液 按钮，系统弹出“冷却液”对话框，在 Flood （切削液）下拉列表中选择 On 选项，单击该对话框中的 确定 按钮，关闭“冷却液”对话框。

（5）单击“定义刀具”对话框中的 精加工 按钮，完成刀具的设置。

Step8. 设置曲面参数。在“曲面残料加工”对话框中单击 曲面参数 选项卡，在 毛坯预留量驱动面上（此处翻译有误，应为“加工面预留量”）文本框中输入值 1.0，其他参数采用系统默认设置值。

Step9. 设置残料加工参数。

（1）在“曲面残料加工”对话框中单击 残料加工参数 选项卡，在 最大轴向切削间距: 文本框中输入值 0.5。

（2）在 过渡 区域选中 ⊙ 高速加工 单选项，然后在 斜插长度: 文本框中输入值 3.0。

（3）选中 ☑ 优化切削顺序 复选框和 ☑ 圆弧/线进/退刀 复选框，然后在 圆弧半径: 文本框中输入值 3.0。

Step10. 单击“曲面残料加工”对话框中的 ✔ 按钮，同时在图形区生成图 15.21 所示的刀具路径。

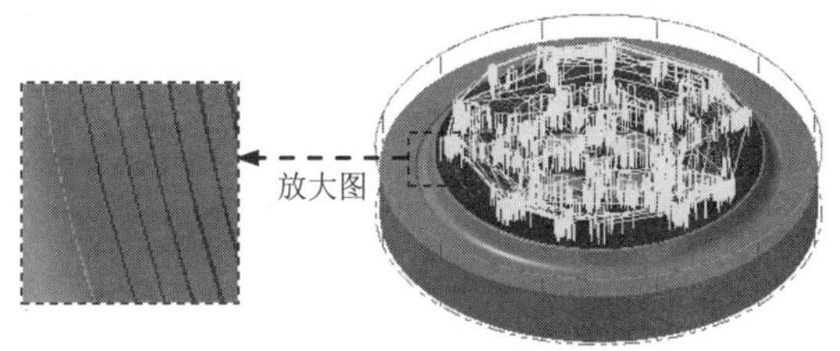

图 15.21 刀具路径

Stage6. 精加工平行铣削加工

Step1. 选择加工方法。选择下拉菜单 刀路(T) → 曲面精加工(F) → 平行(P)... 命令。

Step2. 设置加工区域。

（1）选取加工面。在图形区中选取图 15.22 所示的曲面（共 89 个面），然后按 Enter 键，系统弹出“刀路/曲面选择”对话框。

（2）单击“刀路/曲面选择”对话框 边界范围 区域中的 ↖ 按钮，系统弹出“串连”对话框，采用“串联方式”选取图 15.23 所示的边线。单击 ✔ 按钮，系统返回至“刀路/曲面选择”对话框。

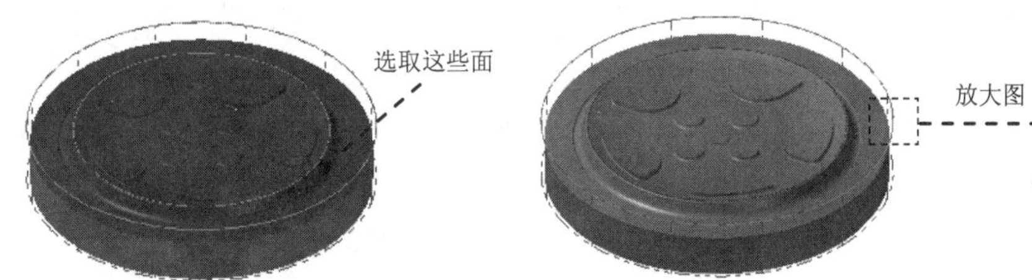

图 15.22 选取加工面

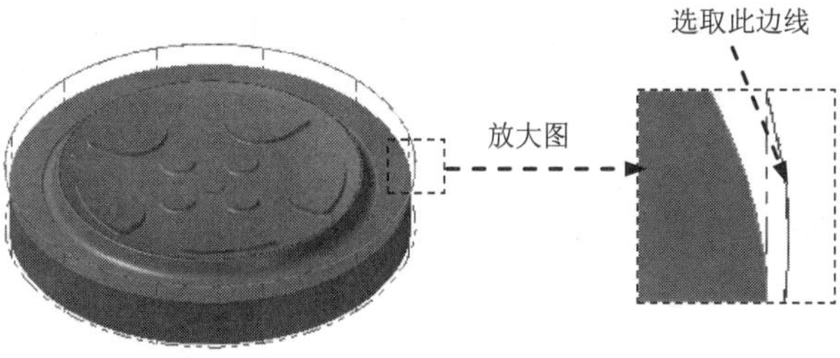

图 15.23 选取切削范围边线

（3）单击 ✓ 按钮，系统弹出“曲面精车-平行”对话框。

Step3. 确定刀具类型。在“曲面精车-平行”对话框中单击 刀具过滤 按钮，系统弹出“刀具列表过滤”对话框。单击 刀具类型 区域中的 无(N) 按钮后，在刀具类型按钮群中单击（球刀）按钮。然后单击 ✓ 按钮，关闭“刀具列表过滤”对话框，系统返回至“曲面精车-平行”对话框。

Step4. 选择刀具。在“曲面精车-平行”对话框中单击 选择库刀具... 按钮，系统弹出“刀具选择”对话框，在该对话框的列表框中选择图 15.24 所示的刀具。单击 ✓ 按钮，关闭“刀具选择”对话框，系统返回至“曲面精车-平行”对话框。

刀具选择 - C:\users\public\documents\shared mcamx8\Mill\Tools\Mill_mm.Tooldb

C:\users\publi...\Mill_mm.Tooldb

#	装配名称	刀具名称	刀...	直径	转角...	长度	刀齿数	类型	半径类型
486	--	1. BALL ENDMILL	--	1.0	0.5	50.0	4	球刀 2	全部
487	--	2. BALL ENDMILL	--	2.0	1.0	50.0	4	球刀 2	全部
488	--	3. BALL ENDMILL	--	3.0	1.5	50.0	4	球刀 2	全部
489	--	4. BALL ENDMILL	--	4.0	2.0	50.0	4	球刀 2	全部
490	--	5. BALL ENDMILL	--	5.0	2.5	50.0	4	球刀 2	全部
491	--	6. BALL ENDMILL	--	6.0	3.0	50.0	4	球刀 2	全部
492	--	7. BALL ENDMILL	--	7.0	3.5	50.0	4	球刀 2	全部
493	--	8. BALL ENDMILL	--	8.0	4.0	50.0	4	球刀 2	全部
494	--	9. BALL ENDMILL	--	9.0	4.5	50.0	4	球刀 2	全部
495	--	10. BALL ENDMILL	--	10.0	5.0	50.0	4	球刀 2	全部
496	--	11. BALL ENDMILL	--	11.0	5.5	50.0	4	球刀 2	全部
497	--	12. BALL ENDMILL	--	12.0	6.0	50.0	4	球刀 2	全部

过滤(F)...
启用过滤
显示 25 个刀具(共
显示模式
刀具
装配
两者

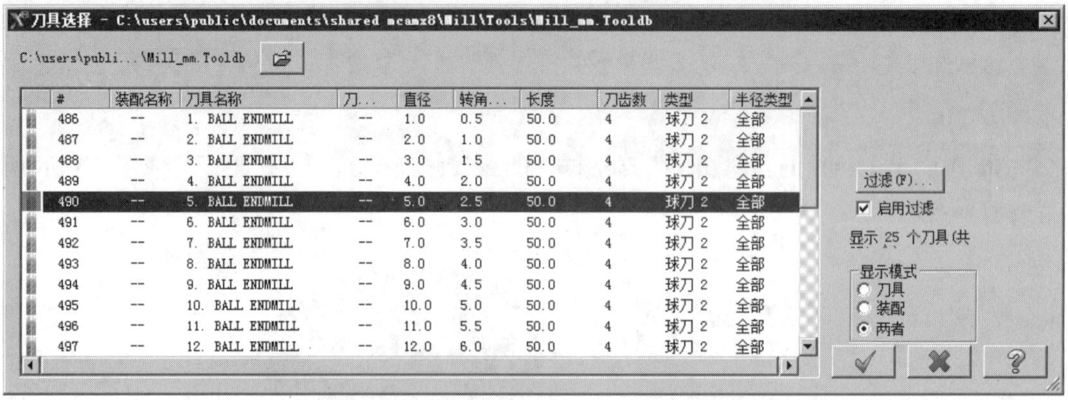

图 15.24 “刀具选择”对话框

Step5. 设置刀具参数。

（1）完成上步操作后，在“曲面精车-平行”对话框 刀路参数 选项卡的列表框中显示出 Step4 所选择的刀具，双击该刀具，系统弹出“定义刀具”对话框。

（2）设置刀具号码。单击 最终化属性 按钮，在 刀具编号: 文本框中将原有的数值改为 3。

（3）设置刀具的加工参数。在 进给率 文本框中输入值 200.0，在 下切速率: 文本框中输入值 100.0，在 提刀速率 文本框中输入值 500.0，在 主轴转速 文本框中输入值 1800.0。

（4）设置冷却方式。单击 冷却液 按钮，系统弹出“冷却液”对话框，在 Flood（切削液）下拉列表中选择 On 选项，单击该对话框中的 确定 按钮，关闭“冷却液”对话框。

（5）单击“定义刀具”对话框中的 精加工 按钮，完成刀具的设置。

Step6. 设置加工参数。

（1）设置曲面参数。在“曲面精车-平行”对话框中单击 曲面参数 选项卡，在 毛坯预留量驱动面上（此处翻译有误，应为“加工面预留量”）文本框中输入值 0.5。

（2）设置精加工平行铣削参数。在“曲面精车-平行”对话框中单击 平行精加工参数 选项卡，然后在 最大径向切削间距(M)... 文本框中输入值 1.0，在 加工角度 文本框中输入值 45.0。

（3）单击 间隙设置(G)... 按钮，在系统弹出的“间隙设置”对话框的 移动小于间隙时，不提刀 下拉列表中选择 平滑 选项；选中 ☑ 优化切削顺序 复选框；然后在 切线长度: 文本框中输入值 5.0。单击 ✔ 按钮，系统返回至“曲面精车-平行”对话框。

Step7. 单击“曲面精车-平行”对话框中的 ✔ 按钮，同时在图形区生成图 15.25 所示的刀具路径。

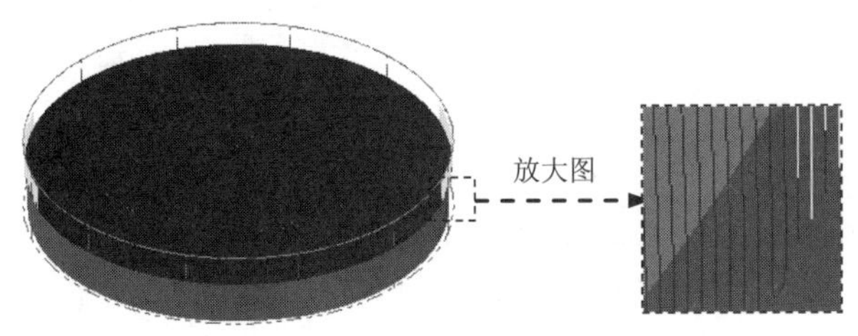

图 15.25 刀具路径

Stage7. 精加工环绕等距加工 1

Step1. 选择加工方法。选择下拉菜单 刀路(T) → 曲面精加工(F) → 环绕(O)... 命令。

Step2. 设置加工区域。

（1）在图形区中选取图 15.26 所示的曲面（共 4 个），然后按 Enter 键，系统弹出“刀路/曲面选择”对话框。

（2）单击 检查面 区域中的 按钮，选取图 15.27 所示的面为检查面（共 2 个面），然后按 Enter 键。单击 ✔ 按钮，完成加工区域的设置，同时系统弹出“曲面精车-等距环绕”对话框。

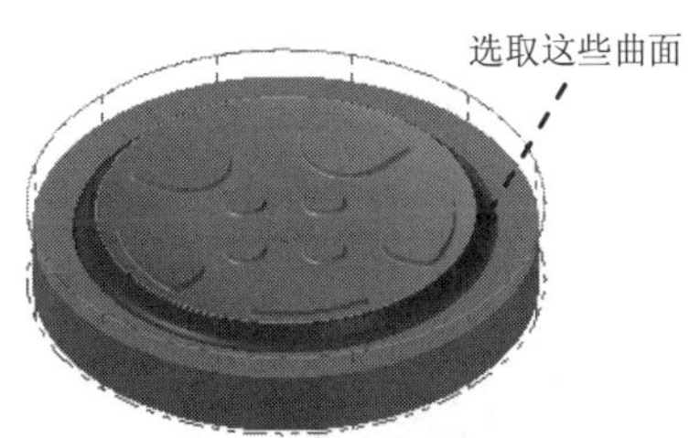

图 15.26 选取加工面

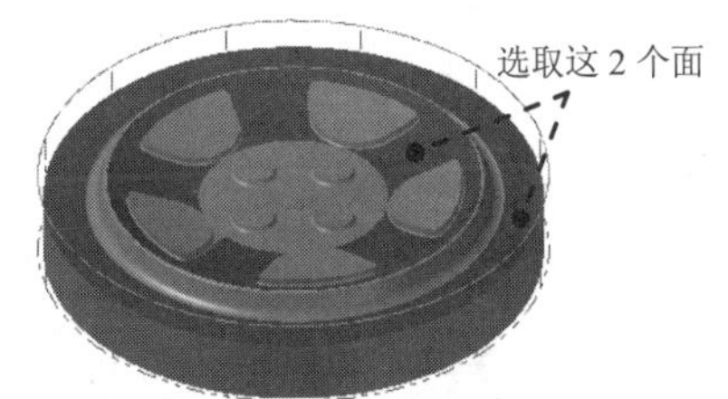

图 15.27 选取检查面

Step3. 选择刀具。在“曲面精车-等距环绕”对话框中单击 选择库刀具... 按钮，系统弹出“刀具选择”对话框，在该对话框的列表框中选择图 15.28 所示的刀具。单击 ✔ 按钮，关闭“刀具选择”对话框，系统返回至“曲面精车-等距环绕”对话框。

Step4. 设置刀具参数。

（1）完成上步操作后，在“曲面精车-等距环绕”对话框 刀路参数 选项卡的列表框中显示出 Step3 所选择的刀具，双击该刀具，系统弹出“定义刀具”对话框。

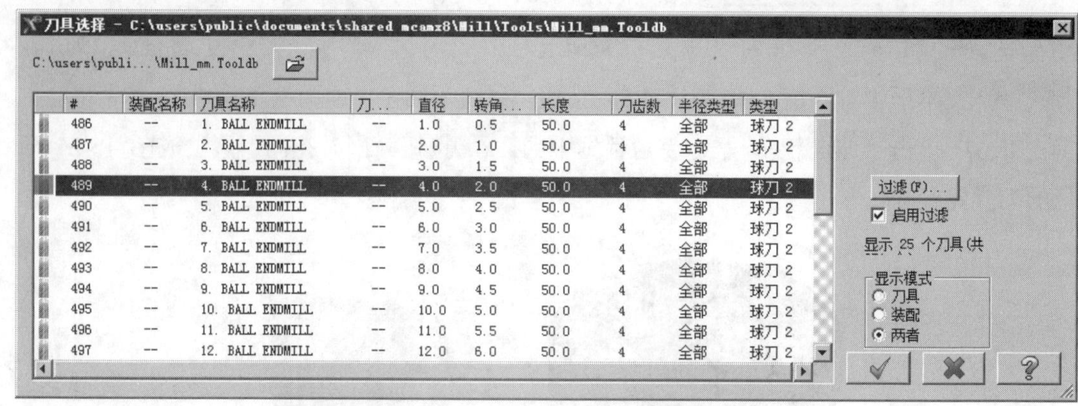

#	装配名称	刀具名称	刀...	直径	转角...	长度	刀齿数	半径类型	类型
486	--	1. BALL ENDMILL	--	1.0	0.5	50.0	4	全部	球刀 2
487	--	2. BALL ENDMILL	--	2.0	1.0	50.0	4	全部	球刀 2
488	--	3. BALL ENDMILL	--	3.0	1.5	50.0	4	全部	球刀 2
489	--	4. BALL ENDMILL	--	4.0	2.0	50.0	4	全部	球刀 2
490	--	5. BALL ENDMILL	--	5.0	2.5	50.0	4	全部	球刀 2
491	--	6. BALL ENDMILL	--	6.0	3.0	50.0	4	全部	球刀 2
492	--	7. BALL ENDMILL	--	7.0	3.5	50.0	4	全部	球刀 2
493	--	8. BALL ENDMILL	--	8.0	4.0	50.0	4	全部	球刀 2
494	--	9. BALL ENDMILL	--	9.0	4.5	50.0	4	全部	球刀 2
495	--	10. BALL ENDMILL	--	10.0	5.0	50.0	4	全部	球刀 2
496	--	11. BALL ENDMILL	--	11.0	5.5	50.0	4	全部	球刀 2
497	--	12. BALL ENDMILL	--	12.0	6.0	50.0	4	全部	球刀 2

图 15.28 “刀具选择”对话框

（2）设置刀具号码。单击 最终化属性 按钮，在 刀具编号: 文本框中将原有的数值改为 4。

（3）设置刀具的加工参数。在 进给率 文本框中输入值 200.0，在 下切速率: 文本框中输入值 100.0，在 提刀速率 文本框中输入值 500.0，在 主轴转速 文本框中输入值 2200.0。

（4）设置冷却方式。单击 冷却液 按钮，系统弹出“冷却液”对话框，在 Flood （切削液）下拉列表中选择 On 选项，单击该对话框中的 确定 按钮，关闭“冷却液”对话框。

（5）单击“定义刀具”对话框中的 精加工 按钮，完成刀具的设置。

Step5. 设置曲面参数。在“曲面精车-等距环绕”对话框中单击 曲面参数 选项卡，在 毛坯预留量 驱动面上 文本框中输入值 0.1，其他参数采用系统默认设置值。

Step6. 设置环绕等距精加工参数。

（1）在“曲面精车-等距环绕”对话框中单击 环绕精加工参数 选项卡，在 整体公差(T)... 文本框中输入值 0.005，在 最大径向切削间距(M)... 文本框中输入值 0.25，选中 ☑ 由内而外环切 、☑ 切削按最短距离排序 复选框，取消选中 深度限制(D)... 按钮前的复选框，其他参数采用系统默认设置值。

（2）单击 间隙设置(G)... 按钮，在系统弹出的“间隙设置”对话框的 移动小于间隙时，不提刀 下拉列表中选择 沿着曲面 选项，并选中 ☑ 优化切削顺序 复选框。单击 ✓ 按钮，系统返回至“曲面精车-等距环绕”对话框。

Step7. 完成参数设置。单击“曲面精车-等距环绕”对话框中的 ✓ 按钮，系统在图形区生成图 15.29 所示的刀具路径。

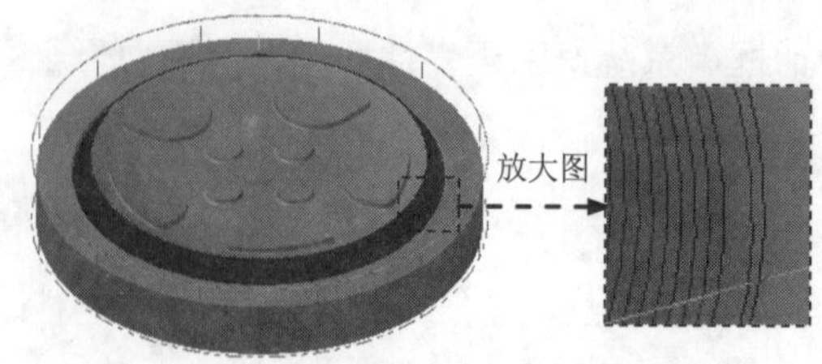

图 15.29 刀具路径

Stage8. 精加工环绕等距加工 2

Step1. 选择加工方法。选择下拉菜单 刀路(T) → 曲面精加工(F) → 环绕(O)... 命令。

Step2. 设置加工区域。

（1）在图形区中选取图 15.30 所示的曲面（共 11 个面），然后按 Enter 键，系统弹出“刀路/曲面选择”对话框。

（2）单击 检查面 区域中的 按钮，选取图 15.31 所示的面为检查面（共 73 个面），然后按 Enter 键。

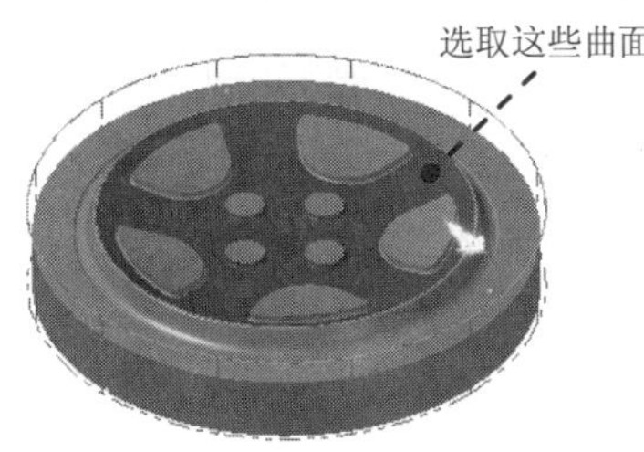

图 15.30 选取加工面

图 15.31 选取检查面

（3）单击“刀路/曲面选择”对话框的 边界范围 区域中的 按钮，系统弹出“串连”对话框，采用“串联方式”选取图 15.32 所示的边线。单击 按钮，系统返回至“刀路/曲面选择”对话框。

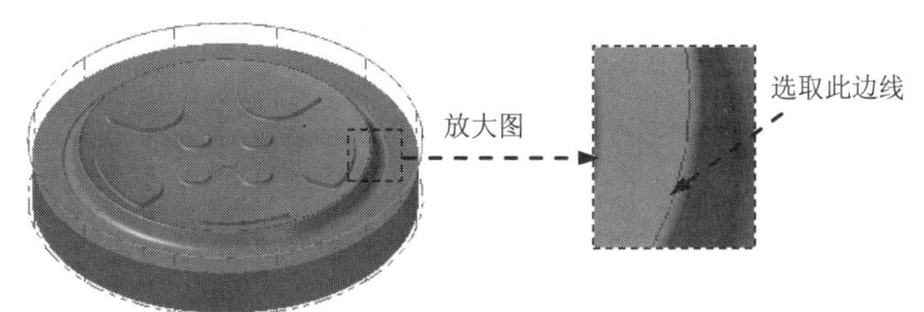

图 15.32 选取切削范围边线

（4）单击 按钮，系统弹出““曲面精车-等距环绕”对话框。

Step3. 选择刀具。在““曲面精车-等距环绕”对话框中选择图 15.33 所示的刀具。

Step4. 设置曲面参数。在“曲面精车-等距环绕”对话框中单击 曲面参数 选项卡，在 毛坯预留量驱动面上 文本框中输入值 0.2，其他参数采用系统默认设置值。

Step5. 设置环绕等距精加工参数。在“曲面精车-等距环绕”对话框中单击 环绕精加工参数 选项卡，在 整体公差(T)... 文本框中输入值 0.01，在 最大径向切削间距(M)... 文本框中输入值 0.3，其他参数采用系统默认设置值。

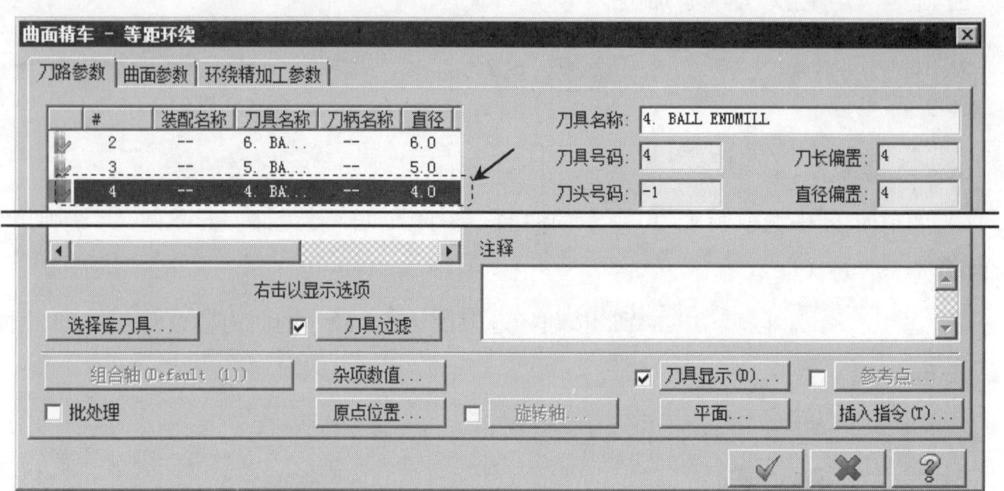

图 15.33 “刀路参数”选项卡

Step6. 完成参数设置。单击“曲面精车-等距环绕”对话框中的 ✓ 按钮，系统在图形区生成图 15.34 所示的刀具路径。

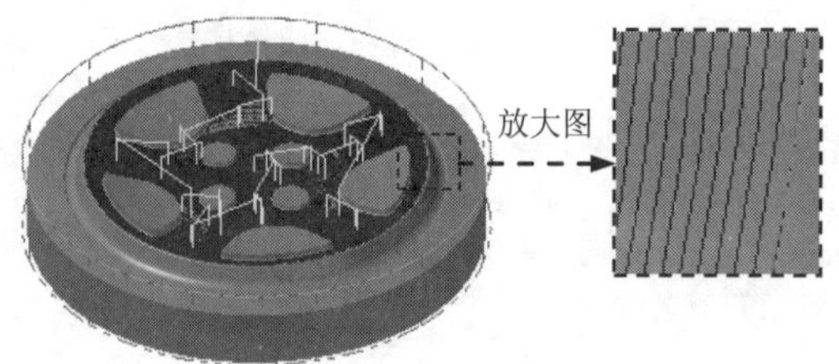

图 15.34 刀具路径

Stage9. 精加工流线加工

Step1. 选择加工方法。选择下拉菜单 刀路(T) → 曲面精加工(F) → 流线(F)... 命令。

Step2. 选取加工面。在图形区中选取图 15.35 所示的曲面（共 5 个面），然后按 Enter 键，系统弹出“刀路/曲面选择”对话框。单击 ✓ 按钮，系统弹出“曲面精车-流线”对话框。

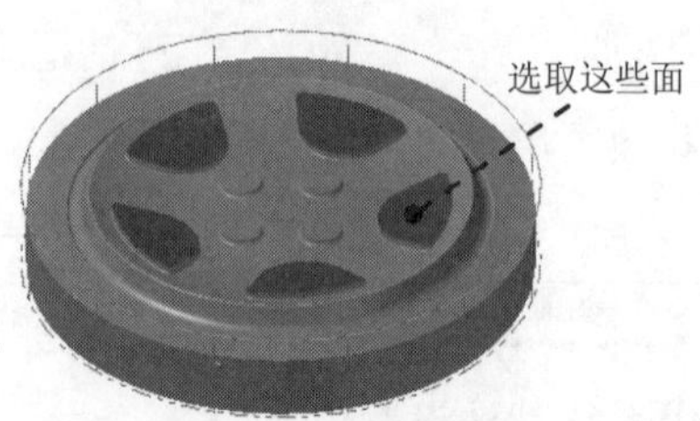

15.35 选取加工面

Step3. 选择刀具。在“曲面精车-流线”对话框中选择图 15.36 所示的刀具。

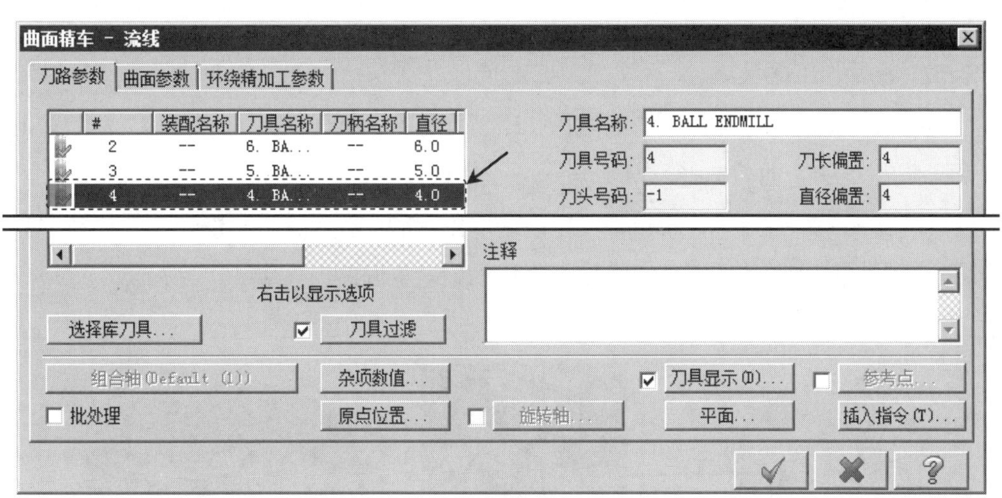

图 15.36 “刀路参数”选项卡

Step4. 设置加工参数。

（1）设置曲面加工参数。在“曲面精车-流线”对话框中单击曲面参数选项卡，其参数采用系统默认设置值。

（2）设置曲面流线精加工参数。

① 在“曲面精车-流线”对话框中单击流线精加工参数选项卡，在径向切削间距控制区域的环绕高度后的文本框中输入值 0.01。

② 单击间隙设置(G)...按钮，在系统弹出的“间隙设置”对话框的间隙大小区域中选中距离单选项，然后在距离后的文本框中输入值 5.0。

③ 在移动小于间隙时，不提刀下拉列表中选择平滑选项，在切线长度:文本框中输入值 1.0。

④ 单击✓按钮，系统返回至“曲面精车-流线”对话框。

Step5. 单击“曲面精车-流线”对话框中的✓按钮，系统弹出“曲面流线设置”对话框。单击该对话框中的✓按钮，同时在图形区生成图 15.37 所示的刀具路径。

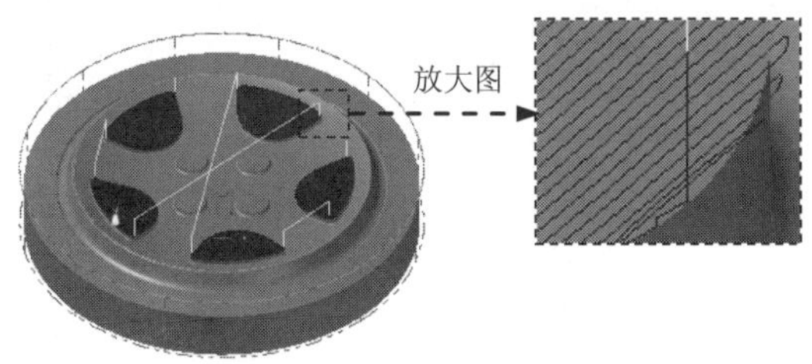

图 15.37 刀具路径

Stage10. 精加工等高外形加工 1

Step1. 选择加工方法。选择下拉菜单 刀路(T) → 曲面精加工(F) →

等高外形(C)... 命令。

Step2. 设置加工区域。

（1）选取加工面。在图形区中选取图 15.38 所示的所有面（共 60 个面），然后按 Enter 键，系统弹出“刀路/曲面选择”对话框。

（2）单击 检查面 区域中的 按钮，选取图 15.39 所示的面为检查面（共 8 个），然后按 Enter 键。单击 ✓ 按钮，完成加工区域的设置，同时系统弹出“曲面精车-外形”对话框。

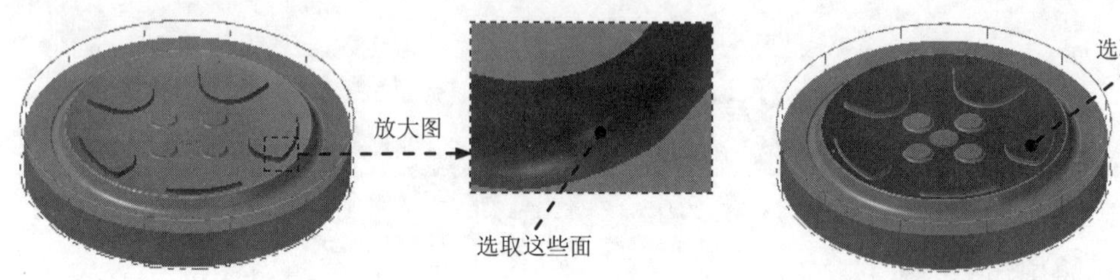

图 15.38　选取加工面　　　　图 15.39　选取检查面

Step3. 确定刀具类型。在“曲面精车-外形”对话框中单击 刀具过滤 按钮，系统弹出“刀具列表过滤”对话框。单击 刀具类型 区域中的 无(N) 按钮后，在刀具类型按钮群中单击 （球刀）按钮。然后单击 ✓ 按钮，关闭“刀具列表过滤”对话框，系统返回至“曲面精车-外形”对话框。

Step4. 选择刀具。在“曲面精车-外形”对话框中单击 选择库刀具... 按钮，系统弹出“刀具选择”对话框，在该对话框的列表框中选择图 15.40 所示的刀具。单击 ✓ 按钮，关闭“刀具选择”对话框，系统返回至“曲面精车-外形”对话框。

刀具选择 - C:\users\public\documents\shared mcamx8\Mill\Tools\Mill_mm.Tooldb

C:\users\publi...\Mill_mm.Tooldb

#	装配名称	刀具名称	刀...	直径	转角...	长度	类型	刀齿数	半径类型
486	--	1. BALL ENDMILL	--	1.0	0.5	50.0	球刀 2	4	全部
487	--	2. BALL ENDMILL	--	2.0	1.0	50.0	球刀 2	4	全部
488	--	3. BALL ENDMILL	--	3.0	1.5	50.0	球刀 2	4	全部
489	--	4. BALL ENDMILL	--	4.0	2.0	50.0	球刀 2	4	全部
490	--	5. BALL ENDMILL	--	5.0	2.5	50.0	球刀 2	4	全部
491	--	6. BALL ENDMILL	--	6.0	3.0	50.0	球刀 2	4	全部
492	--	7. BALL ENDMILL	--	7.0	3.5	50.0	球刀 2	4	全部
493	--	8. BALL ENDMILL	--	8.0	4.0	50.0	球刀 2	4	全部
494	--	9. BALL ENDMILL	--	9.0	4.5	50.0	球刀 2	4	全部
495	--	10. BALL ENDMILL	--	10.0	5.0	50.0	球刀 2	4	全部
496	--	11. BALL ENDMILL	--	11.0	5.5	50.0	球刀 2	4	全部
497	--	12. BALL ENDMILL	--	12.0	6.0	50.0	球刀 2	4	全部

过滤(F)...
☑ 启用过滤
显示 25 个刀具(共
显示模式
○ 刀具
○ 装配
⊙ 两者

图 15.40　“刀具选择”对话框

Step5. 设置刀具参数。

（1）完成上步操作后，在“曲面精车-外形”对话框 刀路参数 选项卡的列表框中显示出 Step4 所选择的刀具，双击该刀具，系统弹出“定义刀具”对话框。

（2）设置刀具号码。单击最终化属性按钮，在刀具编号:文本框中将原有的数值改为 5。

（3）设置刀具的加工参数。在进给率文本框中输入值 200.0，在下切速率:文本框中输入值 100.0，在提刀速率文本框中输入值 500.0，在主轴转速文本框中输入值 3500.0。

（4）设置冷却方式。单击冷却液按钮，系统弹出“冷却液”对话框，在Flood（切削液）下拉列表中选择On选项，单击该对话框中的确定按钮，关闭“冷却液”对话框。

Step6. 单击“定义刀具”对话框中的精加工按钮，完成刀具的设置。

Step7. 设置曲面参数。在“曲面精车-外形”对话框中单击曲面参数选项卡，所有参数采用系统默认设置值。

Step8. 设置等高外形精加工参数。

（1） 在“曲面精车-外形”对话框中单击外形精加工参数选项卡，在整体误差(T)...文本框中输入值 0.005，在最大轴向切削间距:文本框中输入值 0.25；

（2）在开放外形的方向区域选中⊙双向单选项；在过渡区域选中⊙沿着曲面单选项以及☑优化切削顺序复选框，其他参数采用系统默认设置值。

（3）单击间隙设置(G)...按钮，在系统弹出的“间隙设置”对话框的轴向或径向切削间距大于此值时提刀:区域中选中⊙距离单选项，然后在⊙距离后的文本框中输入值 5.0。

（4）单击✓按钮，系统返回至“曲面精车-外形”对话框。

Step9. 单击“曲面精车-外形”对话框中的✓按钮，完成加工参数的设置，此时系统将自动生成图 15.41 所示的刀具路径。

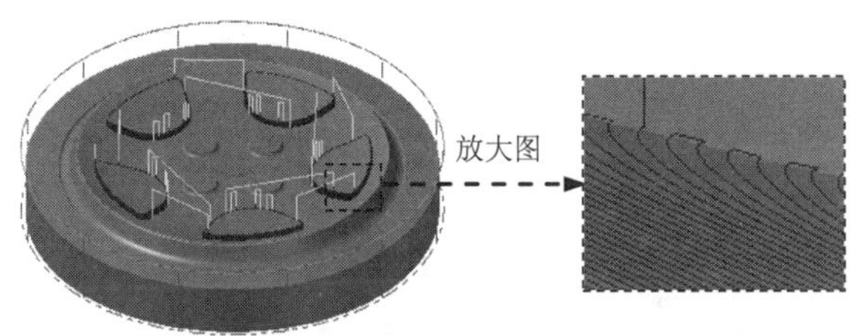

图 15.41 刀具路径

Stage11. 精加工等高外形加工 2

Step1. 选择加工方法。选择下拉菜单刀路(T) → 曲面精加工(F) → 等高外形(C)...命令。

Step2. 设置加工区域。

（1）选取加工面。在图形区中选取图 15.42 所示的所有面（共 8 个面），然后按 Enter 键，系统弹出“刀路/曲面选择”对话框。

（2）单击检查面区域中的按钮，选取图 15.43 所示的面为检查面（共 4 个面），然后按 Enter 键。单击✓按钮，完成加工区域的设置，同时系统弹出“曲面精车-外形”

对话框。

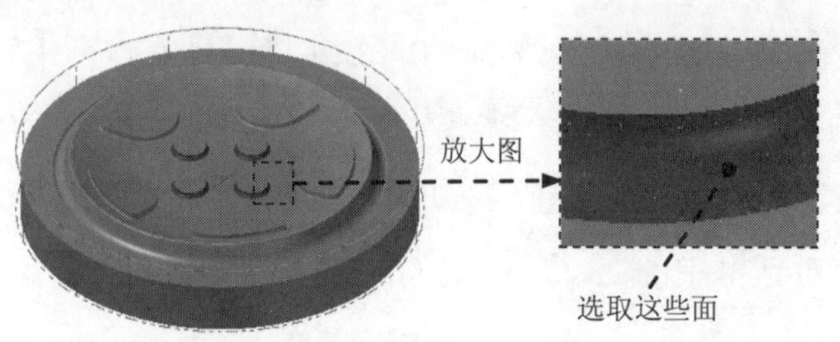

图 15.42 选取加工面

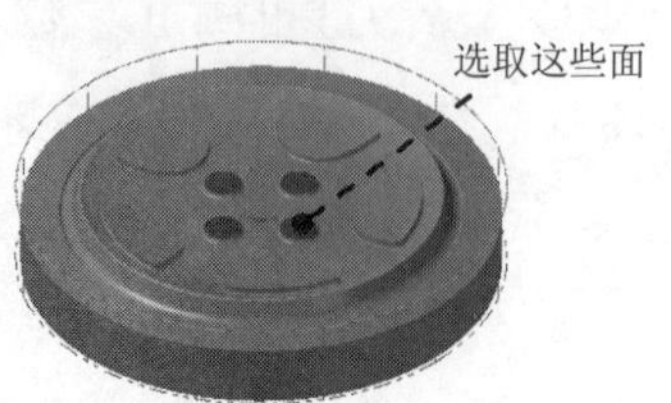

图 15.43 选取干涉面

Step3. 选择刀具。在“曲面精车-外形”对话框中选择图 15.44 所示的刀具。

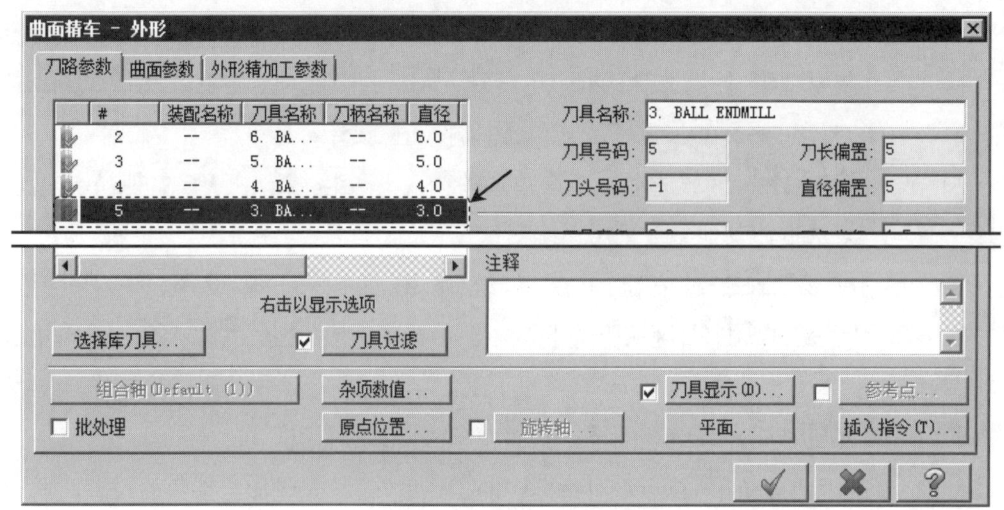

图 15.44 “刀路参数”选项卡

Step4. 设置曲面参数。在“曲面精车-外形”对话框中单击曲面参数选项卡，所有参数采用系统默认设置值。

Step5. 设置等高外形精加工参数。

（1）在“曲面精车-外形”对话框中单击外形精加工参数选项卡，单击切削深度(D)...按钮，在系统弹出的“切削深度”对话框中选中绝对坐标单选项，然后在绝对深度区域的最小深度文本框中输入值-20，在最大深度文本框中输入值-22，单击✓按钮，系统返回至“曲面精车-外形”对话框。

（2） 单击间隙设置(G)...按钮，在系统弹出的“间隙设置”对话框中单击重设(R)按钮，单击✓按钮；单击高级设置(E)...按钮，在系统弹出的“高级设置”对话框中单击重设(R)按钮，单击✓按钮。

（3）单击✓按钮，系统返回至“曲面精车-外形”对话框。

Step6. 单击“曲面精车-外形”对话框中的✓按钮，完成加工参数的设置，此时系统将自动生成图 15.45 所示的刀具路径。

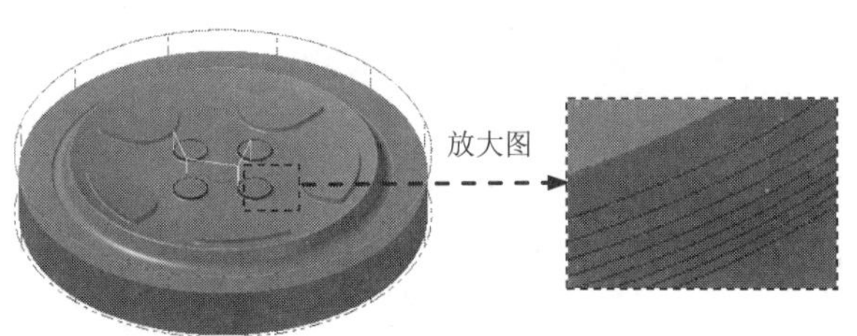

图 15.45 刀具路径

Stage12. 精加工浅平面加工 1

Step1. 选择加工方法。选择下拉菜单 刀路(T) → 曲面精加工(F) → 浅平面(S)... 命令。

Step2. 选取加工面。在图形区中选取图 15.46 所示的面（共 5 个面），然后按 Enter 键，系统弹出“刀路/曲面选择”对话框。单击“刀路/曲面选择”对话框中的 ✔ 按钮，系统弹出“曲面精车-浅铣削”对话框。

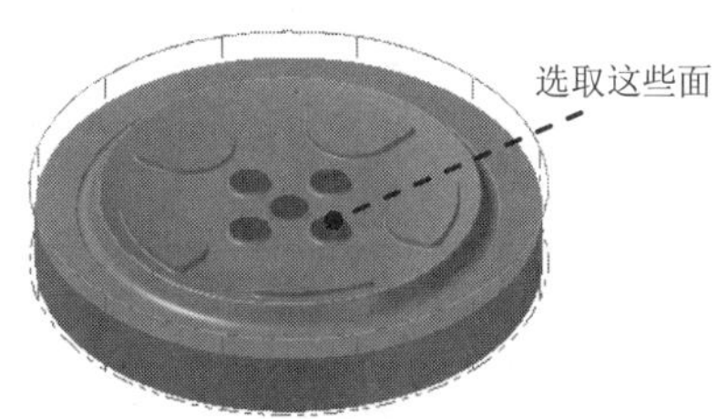

图 15.46 选取加工面

Step3. 确定刀具类型。在“曲面精车-浅铣削”对话框中单击 刀具过滤 按钮，系统弹出“刀具列表过滤”对话框。单击 刀具类型 区域中的 无(N) 按钮后，在刀具类型按钮群中单击（平底刀）按钮。然后单击 ✔ 按钮，关闭“刀具列表过滤”对话框，系统返回至“曲面精车-浅铣削”对话框。

Step4. 选择刀具。在“曲面精车-浅铣削”对话框中单击 选择库刀具... 按钮，系统弹出“刀具选择”对话框，在该对话框的列表框中选择图 15.47 所示的刀具。单击 ✔ 按钮，关闭“刀具选择”对话框，系统返回至“曲面精车-浅铣削”对话框。

刀具选择 - C:\users\public\documents\shared mcamx8\Mill\Tools\Mill_mm.Tooldb

C:\users\publi...\Mill_mm.Tooldb

#	装配名称	刀具名称	刀...	直径	转角...	长度	类型	半径类型	刀齿数
461	--	1. FLAT ENDMILL	--	1.0	0.0	50.0	平底刀 1	无	4
462	--	2. FLAT ENDMILL	--	2.0	0.0	50.0	平底刀 1	无	4
463	--	3. FLAT ENDMILL	--	3.0	0.0	50.0	平底刀 1	无	4
464	--	4. FLAT ENDMILL	--	4.0	0.0	50.0	平底刀 1	无	4
465	--	5. FLAT ENDMILL	--	5.0	0.0	50.0	平底刀 1	无	4
466	--	6. FLAT ENDMILL	--	6.0	0.0	50.0	平底刀 1	无	4
467	--	7. FLAT ENDMILL	--	7.0	0.0	50.0	平底刀 1	无	4
468	--	8. FLAT ENDMILL	--	8.0	0.0	50.0	平底刀 1	无	4
469	--	9. FLAT ENDMILL	--	9.0	0.0	50.0	平底刀 1	无	4
470	--	10. FLAT ENDMILL	--	10.0	0.0	50.0	平底刀 1	无	4
471	--	11. FLAT ENDMILL	--	11.0	0.0	50.0	平底刀 1	无	4
472	--	12. FLAT ENDMILL	--	12.0	0.0	50.0	平底刀 1	无	4

过滤(F)...
☑ 启用过滤
显示 25 个刀具(共
显示模式
○ 刀具
○ 装配
◉ 两者

图 15.47 “刀具选择”对话框

Step5. 设置刀具参数。

（1）完成上步操作后，在“曲面精车-浅铣削”对话框的刀具列表中双击该刀具，系统弹出“定义刀具”对话框。

（2）设置刀具号码。单击 最终化属性 按钮，在 刀具编号: 文本框中将原有的数值改为 6。

（3）设置刀具的加工参数。在 进给率 文本框中输入值 200.0，在 下切速率: 文本框中输入值 100.0，在 提刀速率 文本框中输入值 500.0，在 主轴转速 文本框中输入值 2000.0。

（4）设置冷却方式。单击 冷却液 按钮，系统弹出“冷却液”对话框，在 Flood （切削液）下拉列表中选择 On 选项，单击该对话框中的 确定 按钮，关闭“冷却液”对话框。

Step6. 单击“定义刀具”对话框中的 精加工 按钮，完成刀具的设置。

Step7. 设置曲面参数。在“曲面精车-浅铣削”对话框中单击 曲面参数 选项卡，所有参数采用系统默认设置值。

Step8. 设置浅平面精加工参数。在“曲面精车-浅铣削”对话框中单击 浅平面精加工参数 选项卡，在 浅平面精加工参数 选项卡的 最大径向切削间距(M)... 文本框中输入值 2.5；选中 ☑ 切削按最短距离排序 复选框；单击 ✔ 按钮，系统返回至“曲面精车-浅铣削”对话框。

Step9. 单击“曲面精车-浅铣削”对话框中的 ✔ 按钮，同时在图形区生成图 15.48 所示的刀具路径。

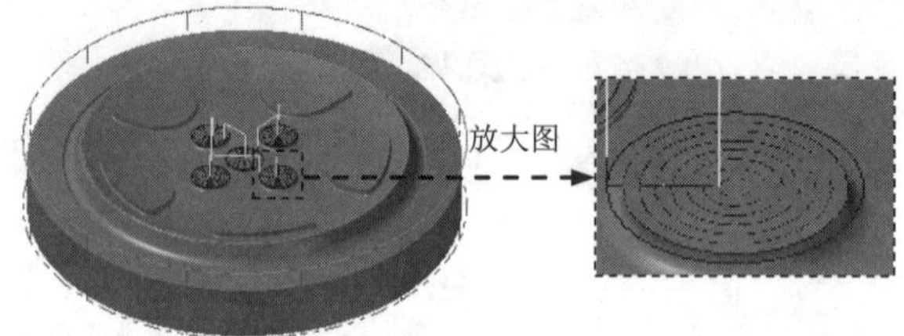

图 15.48　刀具路径

Stage13. 外形铣削加工 2

Step1. 绘制边界。

（1）选择命令。选择下拉菜单 绘图(C) → 曲线(V) → 曲面单一边界(O)... 命令。

（2）定义附着曲面和边界位置。在图形区选取图 15.49 所示的面为附着曲面，此时在所选取的曲面上出现图 15.49 所示的箭头。移动鼠标，将箭头移动到图 15.50 所示的位置单击鼠标左键，此时系统自动生成创建的边界预览。

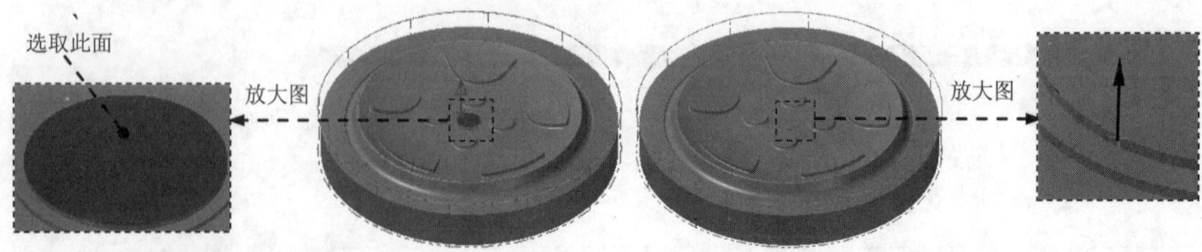

图 15.49　定义附着面　　图 15.50　定义边界位置

（3）单击按钮，完成所有边界的创建。

Step2. 参照上一步创建其余的边界，结果如图 15.51 所示。

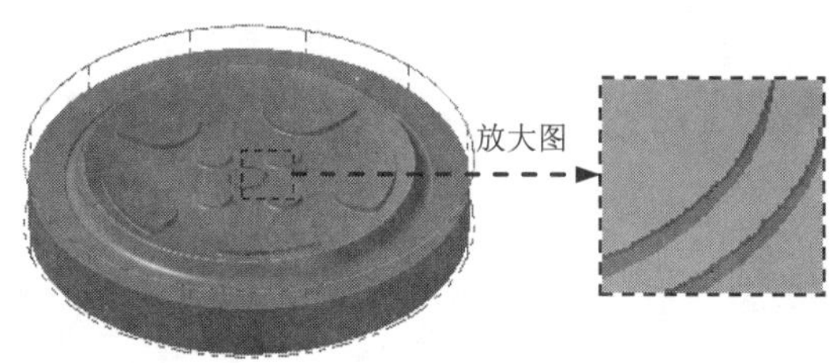

图 15.51 创建其余边界

Step3. 选择下拉菜单 刀路(T) → 外形铣削(C)... 命令，系统弹出“串连”对话框。

Step4. 设置加工区域。在图形区中选取图 15.52 所示的两条边界曲线，单击按钮，完成加工区域的设置，同时系统弹出“2D 刀路-外形”对话框。

注意：在选取曲线时如果是选取曲线的箭头方向与图 15.52 所示的方向相反，可单击按钮。

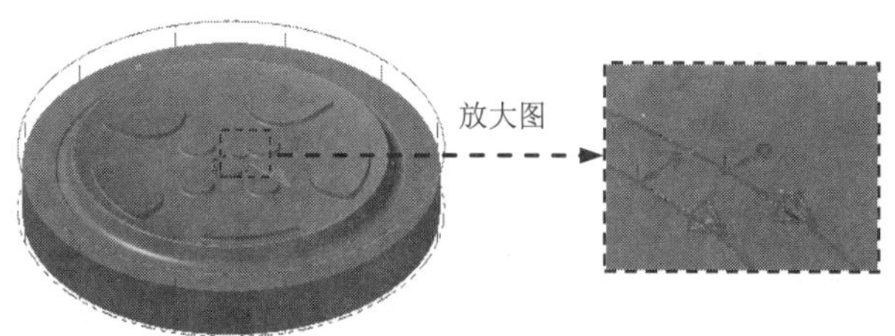

图 15.52 箭头方向

Step5. 确定刀具类型。在“2D 刀路-外形”对话框的左侧节点列表中单击 刀具 节点，切换到“刀具参数”界面，选择图 15.53 所示的刀具。

#	装配名称	刀具名称	刀柄名称	直径	转
1	--	20. B...	--	20.0	1.
2	--	6. BA...	--	6.0	3.
3	--	5. BA...	--	5.0	2.
4	--	4. BA...	--	4.0	2.
5	--	3. BA...	--	3.0	1.
6	--	5. FL...	--	5.0	0.

右击以显示选项

选择库刀具...　☐ 启用过滤　过滤(F)...

刀具直径：5.0
刀角半径：0.0
刀具名称：5. FLAT ENDMILL
刀具号码：6　刀长偏置：6
刀头号码：-1　直径偏置：6
每刃进刀量：0.025　CS 31.4169
下切速率：100.0　提刀速率：500.0
☐ 强制换刀　☑ 快速提刀
注释

☐ 批处理

图 15.53 “刀具参数”界面

Step6. 设置加工参数

（1）设置深度参数。在“2D 刀路-外形”对话框的左侧节点列表中单击深度切削节点，取消选中□ 深度切削复选框。

（2）设置进退/刀参数。在“2D 刀路-外形”对话框的左侧节点列表中单击切入/切出节点，设置图 15.54 所示的参数。

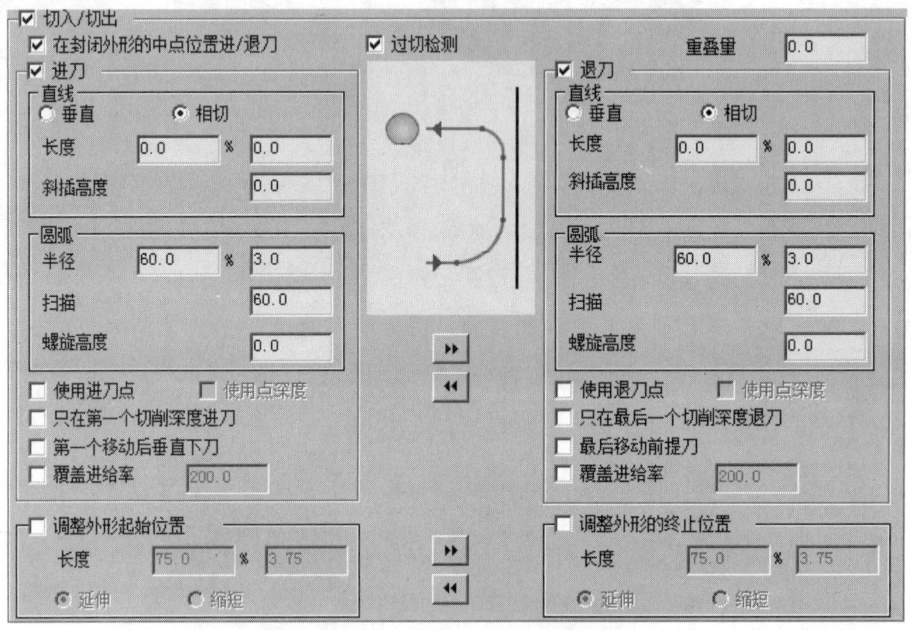

图 15.54 “切入/切出” 参数设置界面

（3）设置连接参数。在“2D 刀路-外形”对话框的左侧节点列表中单击连接参数节点，设置图 15.55 所示的参数。

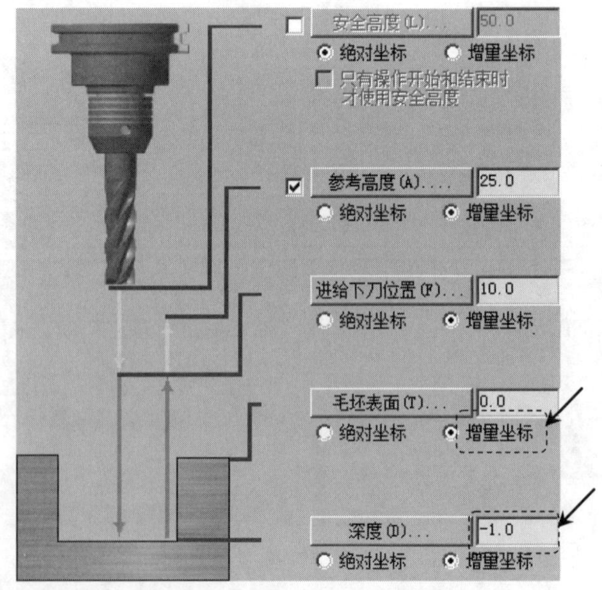

图 15.55 “连接参数”参数设置界面

Step7. 单击“2D 刀路-外形”对话框中的 按钮，完成参数设置，此时系统将自动生成图 15.56 所示的刀具路径。

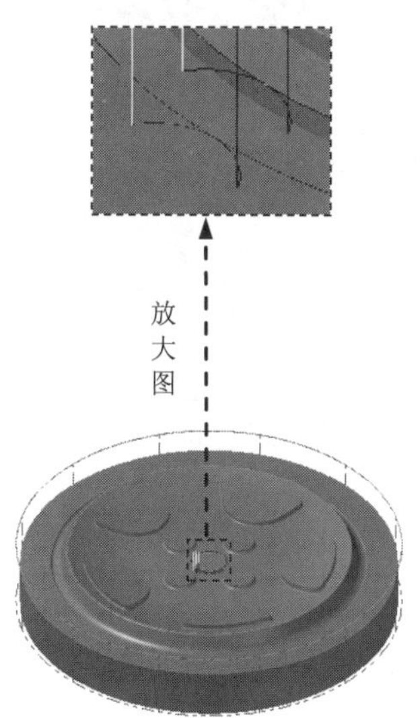

图 15.56 刀具路径

Stage14. 精加工浅平面加工 2

Step1. 选择加工方法。选择下拉菜单 刀路(T) → 曲面精加工(F) → 浅平面(S)... 命令。

Step2. 设置加工区域。

（1）在图形区中选取图 15.57 所示的面，然后按 Enter 键，系统弹出“刀路/曲面选择”对话框。

（2）单击 检查面 区域中的 按钮，选取图 15.58 所示的面为检查面（共 3 个面），然后按 Enter 键。单击 按钮，完成加工区域的设置，同时系统弹出“曲面精车-浅铣削”对话框。

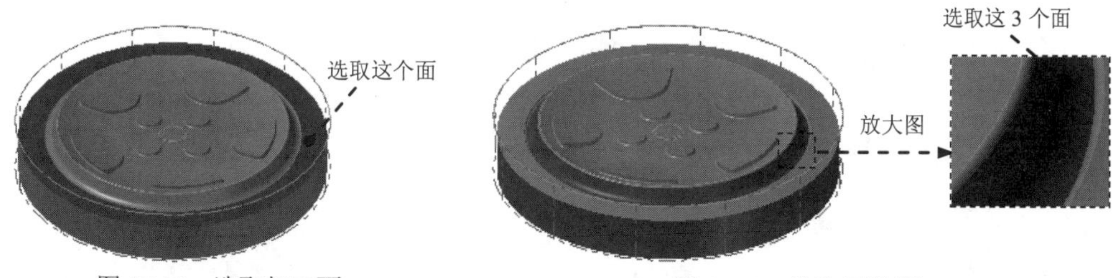

图 15.57 选取加工面　　图 15.58 选取干涉面

Step3. 选择刀具。在“曲面精车-浅铣削”对话框中取消选中 刀具过虑 复选框，选择图 15.59 所示的刀具。

Step4. 设置曲面参数。在“曲面精车-浅铣削”对话框中单击 曲面参数 选项卡，在 毛坯预留量 检查面上

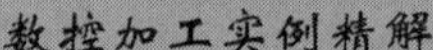

（此处翻译有误，应为“检查面预留量”）文本框中输入值 2.0，其他参数采用系统默认设置值。

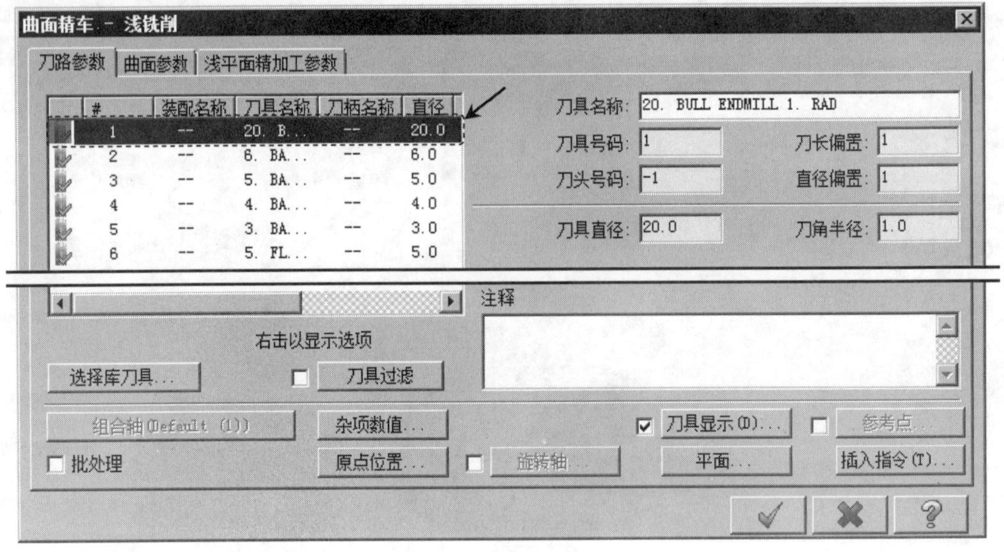

图 15.59 “刀路参数”选项卡

Step5. 设置浅平面精加工参数。在“曲面精车-浅铣削”对话框中单击浅平面精加工参数选项卡，在浅平面精加工参数选项卡的最大径向切削间距(M)...文本框中输入值 10；单击间隙设置(G)...按钮，在系统弹出的“间隙设置”对话框中单击重设(R)按钮；单击✓按钮，系统返回至“曲面精车-浅铣削”对话框。

Step6. 单击“曲面精车-浅铣削”对话框中的✓按钮，同时在图形区生成图 15.60 所示的刀具路径。

Step7. 实体切削验证。

（1）在刀路选项卡中单击按钮，然后单击“验证选定操作”按钮，系统弹出“Mastercam 模拟器”对话框。

（2）在“Mastercam 模拟器”对话框中单击按钮，系统将开始进行实体切削仿真，结果如图 15.61 所示。单击 × 按钮，关闭“Mastercam 模拟器”对话框。

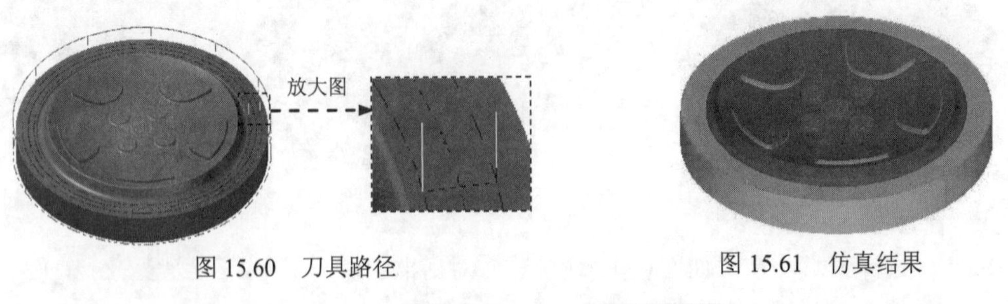

图 15.60 刀具路径　　图 15.61 仿真结果

Step8. 保存模型。选择下拉菜单 文件(F) → 保存(S) 命令，保存模型。

实例 16 泵体端盖加工

本例是一个泵体端盖的加工，在制订加工工序时，应仔细考虑哪些区域需要精加工，哪些区域只需粗加工以及哪些区域不需加工。在泵体端盖的加工过程中，主要是平面和孔的加工。下面介绍模具加工的具体过程，其加工工艺路线如图 16.1 所示。

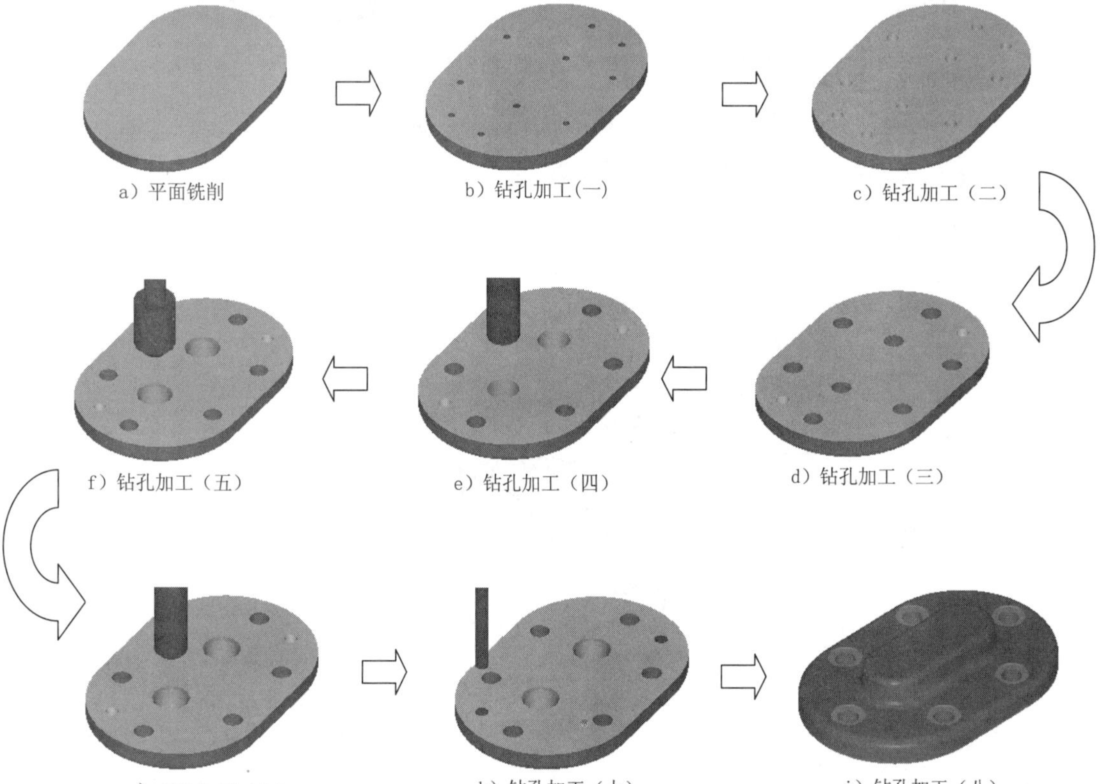

a）平面铣削

b）钻孔加工(一)

c）钻孔加工（二）

d）钻孔加工（三）

e）钻孔加工（四）

f）钻孔加工（五）

g）钻孔加工（六）

h）钻孔加工（七）

i）钻孔加工（八）

图 16.1 加工工艺路线

Stage1. 进入加工环境

打开模型。选择文件 D:\mcx8.11work\ch16\PUMP_TOP.MCX，系统进入加工环境，此时零件模型如图 16.2 所示。

Stage2. 平面铣削加工

Step1. 绘制边界。

（1）选择下拉菜单 绘图(C) → 曲线(V) → 曲面所有边界(A) 命令。

（2）在图形区选取图 16.2 所示的面为附着曲面，然后按 Enter 键，完成附着曲面的定义，同时系统弹出“创建所有边界线”工具栏。

（3）单击 ✓ 按钮，完成所有边界的创建，结果如图 16.3 所示。

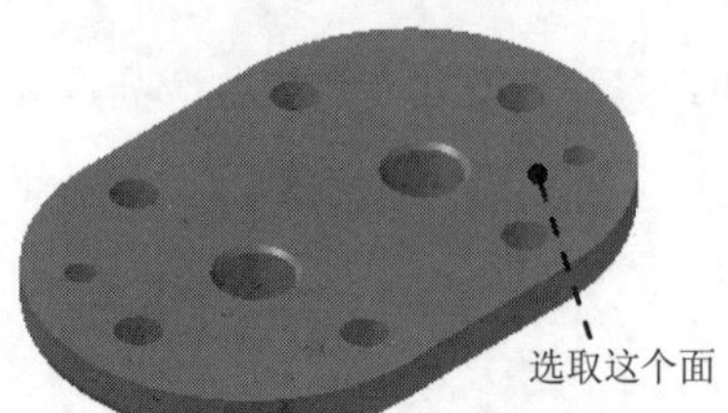

图 16.2　零件模型

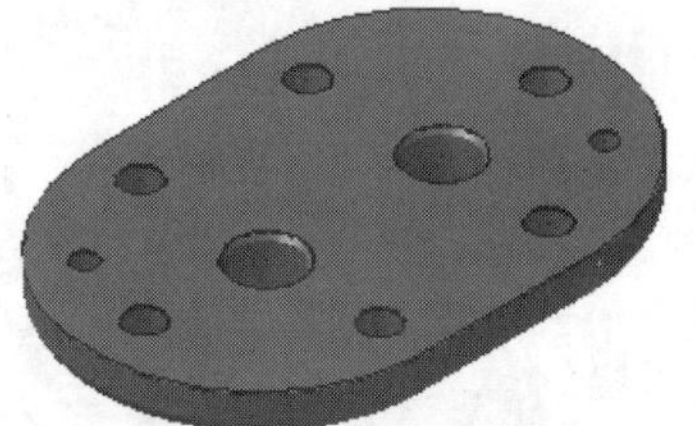
图 16.3　绘制曲线边界

Step2. 选择下拉菜单 刀路(T) → 平面铣(A)... 命令，系统弹出“输入新 NC 名称”对话框，采用系统默认的 NC 名称。单击 ✓ 按钮，完成 NC 名称的设置，同时系统弹出“串连”对话框。

Step3. 设置加工区域。在图形区中选取图 16.4 所示的边线，单击 ✓ 按钮，完成加工区域的设置，同时系统弹出“2D 刀路-平面铣削”对话框。

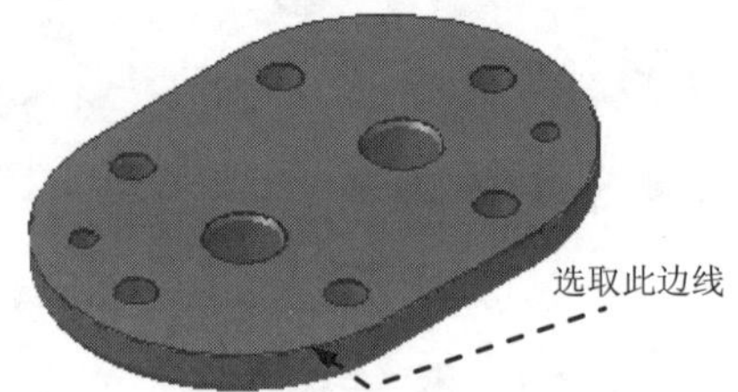

图 16.4　选取切削范围边线

Step4. 确定刀具类型。在“2D 刀路-平面铣削”对话框的左侧节点列表中单击 刀具 节点，切换到“刀具参数”界面；单击 过滤(F)... 按钮，系统弹出“刀具列表过滤”对话框。单击 刀具类型 区域中的 无(N) 按钮后，在刀具类型按钮群中单击 （面铣刀）按钮。单击 ✓ 按钮，关闭“刀具列表过滤”对话框，系统返回至“2D 刀路-平面铣削”对话框。

Step5. 选择刀具。在“2D 刀路-平面铣削”对话框中单击 选择库刀具... 按钮，系统弹出“刀具选择”对话框，在该对话框的列表框中选择图 16.5 所示的刀具。单击 ✓ 按钮，关闭“刀具选择”对话框，系统返回至“2D 刀路-平面铣削”对话框。

Step6. 设置刀具参数。

（1）完成上步操作后，在“2D 刀路-平面铣削”对话框的刀具列表中双击该刀具，系统弹出“定义刀具”对话框。

（2）设置刀具号码。单击 最终化属性 按钮，在 刀具编号: 文本框中将原有的数值改为 1。

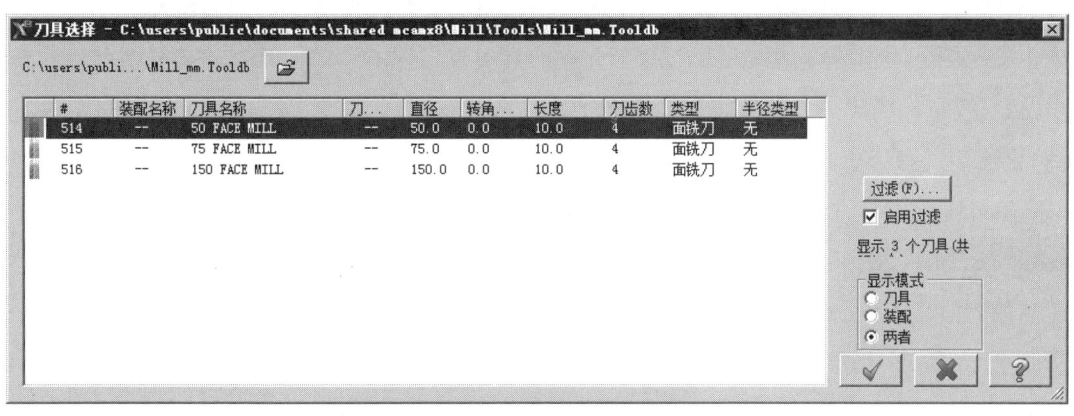

图 16.5 “刀具选择”对话框

（3）设置刀具的加工参数。在进给率文本框中输入值 300.0，在下切速率:文本框中输入值 150.0，在提刀速率文本框中输入值 500.0，在主轴转速文本框中输入值 600.0。

（4）设置冷却方式。单击冷却液按钮，系统弹出“冷却液”对话框，在Flood（切削液）下拉列表中选择On选项，单击该对话框中的确定按钮，关闭“冷却液”对话框。

Step7. 单击“定义刀具”对话框中的精加工按钮，完成刀具的设置。

Step8. 设置加工参数。在“2D 刀路-平面铣削”对话框的左侧节点列表中单击切削参数节点，在型式下拉列表中选择双向选项，在底面毛坯预留量文本框中输入值 0.2，在粗切角度:文本框中输入值 90.0，然后选中☑自动角度复选框。

Step9. 单击“2D 刀路-平面铣削”对话框中的✔按钮，完成加工参数的设置，此时系统将自动生成图 16.6 所示的刀具路径。

Stage3. 钻孔加工 1

Step1. 选择下拉菜单刀路(T) ➡ 钻孔(D)...命令，系统弹出“钻孔点选择”对话框，选取图 16.7 所示的 10 个圆的中心点为钻孔点。

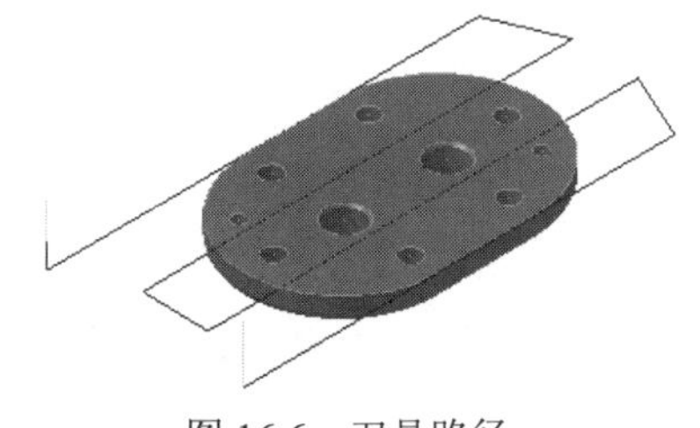

图 16.6 刀具路径

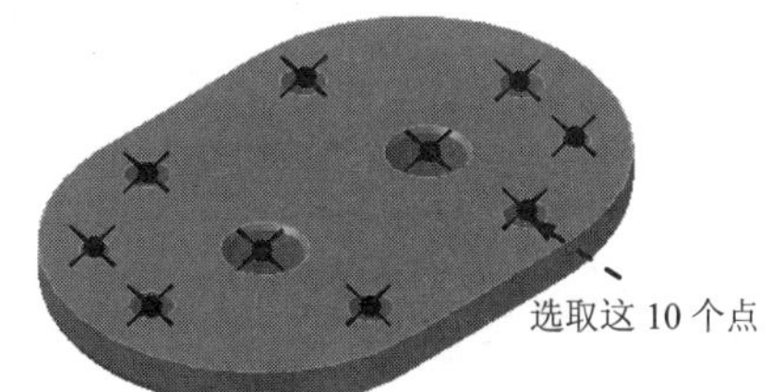

图 16.7 选取钻孔的点

Step2. 单击✔按钮，完成选取钻孔点的操作，同时系统弹出“2D 刀路–钻孔/全圆铣削 深孔钻-无啄孔”对话框。

Step3. 确定刀具类型。在“2D 刀路–钻孔/全圆铣削 深孔钻-无啄孔”对话框中单击刀具

节点，切换到“刀具参数”界面；单击过滤(F)...按钮，系统弹出“刀具列表过滤”对话框。单击刀具类型区域中的无(N)按钮后，在刀具类型按钮群中单击（中心钻）按钮。单击按钮，关闭“刀具列表过滤”对话框，系统返回至“2D 刀路–钻孔/全圆铣削 深孔钻–无啄孔”对话框。

Step4. 选择刀具。在“2D 刀路–钻孔/全圆铣削 深孔钻–无啄孔”对话框中单击选择库刀具...按钮，系统弹出“刀具选择”对话框，在该对话框的列表框中选择图 16.8 所示的刀具。单击按钮，关闭“刀具选择”对话框，系统返回至“2D 刀路–钻孔/全圆铣削 深孔钻–无啄孔”对话框。

刀具选择 – C:\users\public\documents\shared mcamx8\Mill\Tools\Mill_mm.Tooldb

C:\users\publi...\Mill_mm.Tooldb

#	装配名称	刀具名称	刀...	直径	转角...	长度	类型	刀齿数	半径类型
4	--	1.25 CENTER DRILL	--	3.15	0.0	3.24545	中心钻	2	无
2	--	0.80 CENTER DRILL	--	3.15	0.0	3.13516	中心钻	2	无
1	--	0.50 CENTER DRILL	--	3.15	0.0	3.09497	中心钻	2	无
3	--	1.00 CENTER DRILL	--	3.15	0.0	3.16195	中心钻	2	无
5	--	1.60 CENTER DRILL	--	4.0	0.0	4.07846	中心钻	2	无
6	--	2.00 CENTER DRILL	--	5.0	0.0	5.09808	中心钻	2	无
7	--	2.50 CENTER DRILL	--	6.3	0.0	6.3909	中心钻	2	无
8	--	3.15 CENTER DRILL	--	8.0	0.0	8.10022	中心钻	2	无
9	--	4.00 CENTER DRILL	--	10.0	0.0	9.09615	中心钻	2	无
10	--	5.00 CENTER DRILL	--	12.5	0.0	12.79519	中心钻	2	无
11	--	6.30 CENTER DRILL	--	16.0	0.0	16.40045	中心钻	2	无
12	--	8.00 CENTER DRILL	--	20.0	0.0	20.4923	中心钻	2	无

过滤(F)...
启用过滤
显示 14 个刀具(共
显示模式
刀具
装配
两者

图 16.8 “刀具选择”对话框

Step5. 设置刀具参数。

（1）在“2D 刀路–钻孔/全圆铣削 深孔钻–无啄孔”对话框的刀具列表中双击该刀具，系统弹出“定义刀具”对话框。

（2）设置刀具号码。单击最终化属性按钮，在刀具编号:文本框中将原有的数值改为 2。

（3）设置刀具的加工参数。在进给率文本框中输入值 80.0，在下切速率:文本框中输入值 50.0，在提刀速率文本框中输入值 500.0，在主轴转速文本框中输入值 1200.0。

（4）设置冷却方式。单击冷却液按钮，系统弹出“冷却液”对话框，在Flood（切削液）下拉列表中选择On选项，单击该对话框中的确定按钮，关闭“冷却液”对话框。

（5）单击“定义刀具”对话框中的精加工按钮，完成刀具的设置。

Step6. 设置加工参数。在“2D 刀路–钻孔/全圆铣削 深孔钻–无啄孔”对话框的左侧节点列表中单击连接参数节点，在深度...文本框中输入值-3.0。单击“2D 刀路–钻孔/全圆铣削 深孔钻–无啄孔”对话框中的按钮，完成加工参数的设置，此时系统将自动生成图 16.9 所示的刀具路径。

说明： 此刀具路径与 Step1 中选择钻孔点的顺序有关。

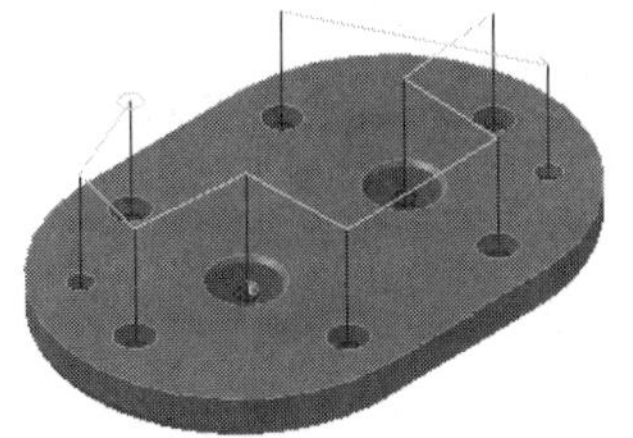

图 16.9 刀具路径

Stage4. 钻孔加工 2

说明：单击操作管理器中的 按钮隐藏上步的刀具路径，以便于后面点的选取，下同。

Step1. 选择下拉菜单 刀路(T) → 钻孔(D)... 命令，系统弹出“钻孔点选择”对话框。

Step2. 在“钻孔点选择”对话框中单击 最后一个 按钮，完成选取钻孔点的操作。单击 按钮，此时系统弹出“2D 刀路–钻孔/全圆铣削 深孔钻-无啄孔”对话框。

Step3. 确定刀具类型。在“2D 刀路–钻孔/全圆铣削 深孔钻-无啄孔”对话框中单击 刀具 节点，切换到“刀具参数”界面；单击 过滤(F)... 按钮，系统弹出“刀具列表过滤”对话框。单击 刀具类型 区域中的 无(N) 按钮后，在刀具类型按钮群中单击 （钻头）按钮。单击 按钮，关闭“刀具列表过滤”对话框，系统返回至“2D 刀路–钻孔/全圆铣削 深孔钻–无啄孔”对话框。

Step4. 选择刀具。在“2D 刀路–钻孔/全圆铣削 深孔钻-无啄孔”对话框中单击 选择库刀具... 按钮，系统弹出“刀具选择”对话框，在该对话框的列表框中选择图 16.10 所示的刀具。单击 按钮，关闭“刀具选择”对话框，系统返回至“2D 刀路–钻孔/全圆铣削 深孔钻-无啄孔”对话框。

刀具选择 – C:\users\public\documents\shared mcamx8\Mill\Tools\Mill_mm.Tooldb

C:\users\publi...\Mill_mm.Tooldb

#	装配名称	刀具名称	刀...	直径	转角...	长度	类型	半径类型	刀齿数
104	--	5.3 DRILL	--	5.3	0.0	50.0	钻头	无	2
105	--	5.4 DRILL	--	5.4	0.0	50.0	钻头	无	2
106	--	5.5 DRILL	--	5.5	0.0	50.0	钻头	无	2
107	--	5.6 DRILL	--	5.6	0.0	50.0	钻头	无	2
108	--	5.7 DRILL	--	5.7	0.0	50.0	钻头	无	2
109	--	5.75 DRILL	--	5.75	0.0	50.0	钻头	无	2
110	--	5.8 DRILL	--	5.8	0.0	50.0	钻头	无	2
111	--	5.9 DRILL	--	5.9	0.0	50.0	钻头	无	2
112	--	6. DRILL	--	6.0	0.0	50.0	钻头	无	2
113	--	6.1 DRILL	--	6.1	0.0	50.0	钻头	无	2
114	--	6.2 DRILL	--	6.2	0.0	50.0	钻头	无	2
115	--	6.25 DRILL	--	6.25	0.0	50.0	钻头	无	2

过滤(F)...
☑ 启用过滤
显示 228 个刀具(
显示模式
○ 刀具
○ 装配
◉ 两者

图 16.10 “刀具选择”对话框

Step5. 设置刀具参数。

(1) 在“2D 刀路–钻孔/全圆铣削 深孔钻-无啄孔”对话框的刀具列表中双击该刀具，系统弹出“定义刀具”对话框。

（2）设置刀具号码。单击最终化属性按钮，在刀具编号:文本框中将原有的数值改为 3。

（3）设置刀具的加工参数。在进给率文本框中输入值 100.0，在下切速率:文本框中输入值 50.0，在进给率文本框中输入值 500.0，在主轴转速文本框中输入值 1000.0。

（4）设置冷却方式。单击冷却液按钮，系统弹出“冷却液”对话框，在Flood（切削液）下拉列表中选择On选项，单击该对话框中的确定按钮，关闭“冷却液”对话框。

（5）单击“定义刀具”对话框中的精加工按钮，完成刀具的设置。

Step6. 设置加工参数。在“2D 刀路–钻孔/全圆铣削 深孔钻–无啄孔”对话框的左侧节点列表中单击连接参数节点，在深度...文本框中输入值-11.0。单击“2D 刀路–钻孔/全圆铣削 深孔钻–无啄孔”对话框中的✓按钮，完成加工参数的设置，此时系统将自动生成图 16.11 所示的刀具路径。

Stage5. 钻孔加工 3

Step1. 选择下拉菜单刀路(T) → 钻孔(D)...命令，系统弹出“钻孔点选择”对话框，选取图 16.12 所示的 8 个圆的中心点为钻孔点。

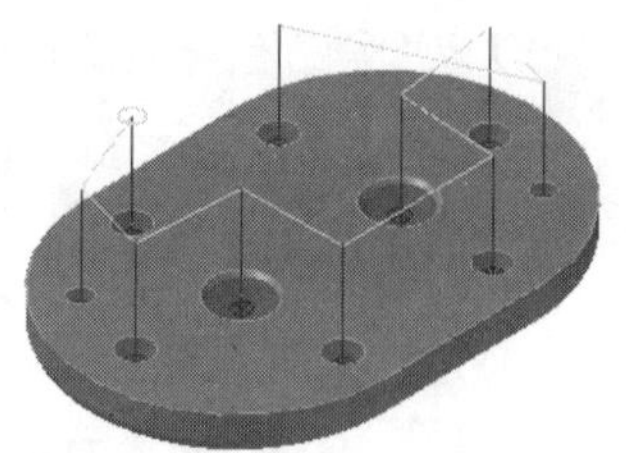

图 16.11 刀具路径

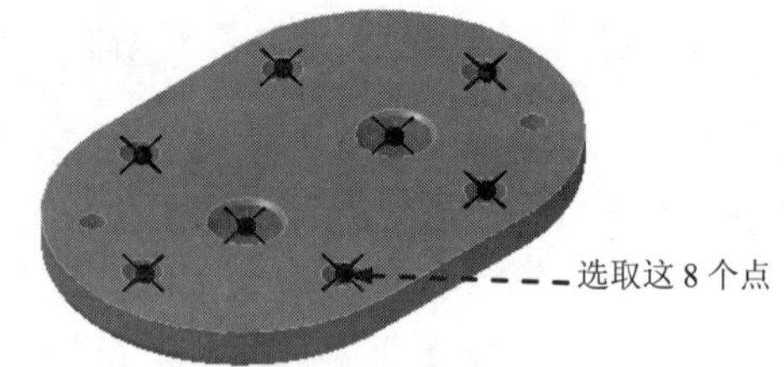

图 16.12 选取钻孔的点

Step2. 单击✓按钮，完成选取钻孔点的操作，同时系统弹出“2D 刀路–钻孔/全圆铣削 深孔钻–无啄孔”对话框。

Step3. 确定刀具类型。在“2D 刀路–钻孔/全圆铣削 深孔钻–无啄孔”对话框中单击刀具节点，切换到“刀具参数”界面；单击过滤(F)...按钮，系统弹出“刀具列表过滤”对话框。单击刀具类型区域中的无(N)按钮后，在刀具类型按钮群中单击（钻头）按钮。单击✓按钮，关闭“刀具列表过滤”对话框，系统返回至“2D 刀路–钻孔/全圆铣削 深孔钻–无啄孔”对话框。

Step4. 选择刀具。在“2D 刀路–钻孔/全圆铣削 深孔钻-无啄孔”对话框中单击选择库刀具...按钮，系统弹出“刀具选择”对话框，在该对话框的列表框中选择图 16.13 所示的刀具。单击✓按钮，关闭“刀具选择”对话框，系统返回至“2D 刀路–钻孔/全圆铣削 深孔钻–无啄孔”对话框。

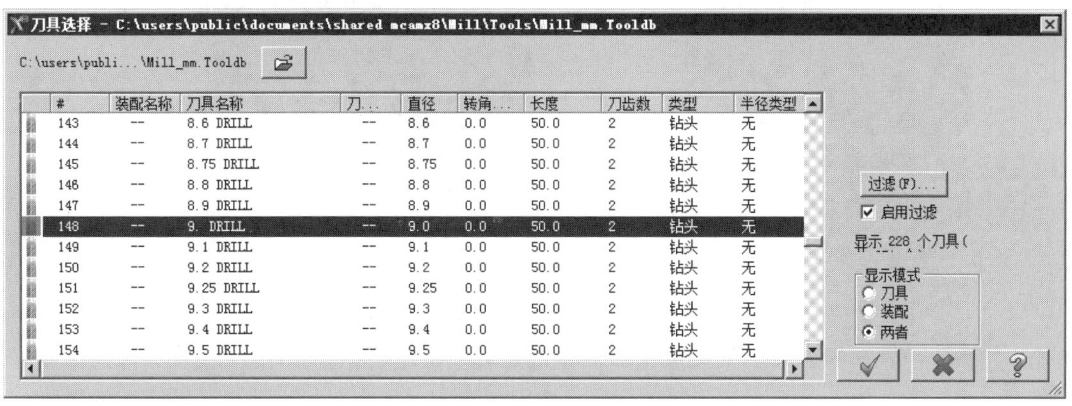

图 16.13 “刀具选择”对话框

Step5. 设置刀具参数。

（1）在“2D 刀路–钻孔/全圆铣削 深孔钻-无啄孔”对话框的刀具列表中双击该刀具，系统弹出“定义刀具”对话框。

（2）设置刀具号码。单击最终化属性按钮，在刀具编号:文本框中将原有的数值改为 4。

（3）设置刀具的加工参数。在进给率文本框中输入值 200.0，在下切速率:文本框中输入值 100.0，在提刀速率文本框中输入值 500.0，在主轴转速文本框中输入值 1500.0。

（4）设置冷却方式。单击冷却液按钮，系统弹出“冷却液”对话框，在Flood（切削液）下拉列表中选择On选项，单击该对话框中的确定按钮，关闭“冷却液”对话框。

（5）单击“定义刀具”对话框中的精加工按钮，完成刀具的设置。

Step6. 设置加工参数。

（1）在“2D 刀路–钻孔/全圆铣削 深孔钻-无啄孔”对话框的左侧节点列表中单击连接参数节点，在深度...文本框中输入值-13.0。

（2）在“2D 刀路–钻孔/全圆铣削 深孔钻-无啄孔”对话框的左侧节点列表中单击刀尖补正节点，选中☑ 刀尖补正复选框，在贯穿距离文本框中输入值 0.0。

（3）单击“2D 刀路–钻孔/全圆铣削 深孔钻–无啄孔”对话框中的✓按钮，完成加工参数的设置，此时系统将自动生成图 16.14 所示的刀具路径。

Stage6. 钻孔加工 4

Step1. 选择下拉菜单刀路(T) → 钻孔(D)...命令，系统弹出“钻孔点选择”对话框，选取图 16.15 所示的 2 个圆的中心点为钻孔点。

Step2. 单击✓按钮，完成选取钻孔点的操作，同时系统弹出“2D 刀路–钻孔/全圆铣削 深孔钻-无啄孔”对话框。

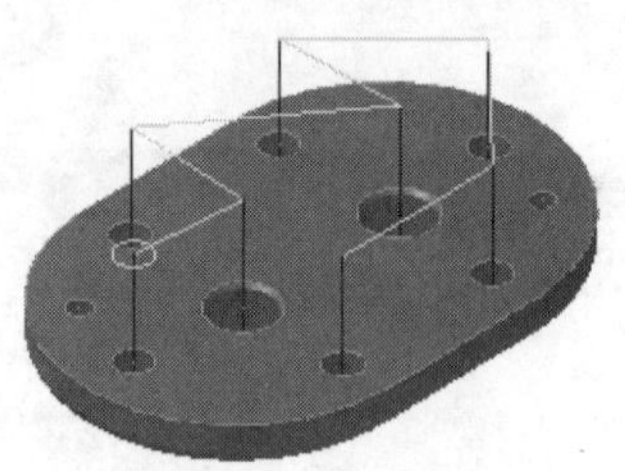
图 16.14 刀具路径

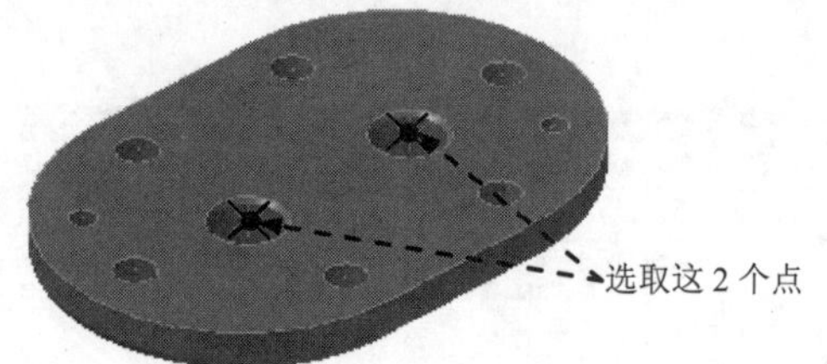

图 16.15 选取钻孔的点

Step3. 确定刀具类型。在“2D 刀路–钻孔/全圆铣削 深孔钻-无啄孔”对话框中单击刀具节点，切换到“刀具参数”界面；单击过滤(F)...按钮，系统弹出“刀具列表过滤”对话框。单击刀具类型区域中的无(N)按钮后，在刀具类型按钮群中单击（钻头）按钮。单击✓按钮，关闭“刀具列表过滤”对话框，系统返回至“2D 刀路–钻孔/全圆铣削 深孔钻-无啄孔”对话框。

Step4. 选择刀具。在“2D 刀路–钻孔/全圆铣削 深孔钻–无啄孔”对话框中单击选择库刀具...按钮，系统弹出“刀具选择”对话框，在该对话框的列表框中选择图 16.16 所示的刀具。单击✓按钮，关闭“刀具选择”对话框，系统返回至“2D 刀路–钻孔/全圆铣削 深孔钻–无啄孔”对话框。

刀具选择 - C:\users\public\documents\shared mcamx8\Mill\Tools\Mill_mm.Tooldb

C:\users\publi...\Mill_mm.Tooldb

#	装配名称	刀具名称	刀...	直径	转角...	长度	刀齿数	半径类型	类型
173	--	13.25 DRILL	--	13.25	0.0	50.0	2	无	钻头
174	--	13.5 DRILL	--	13.5	0.0	50.0	2	无	钻头
175	--	14. DRILL	--	14.0	0.0	50.0	2	无	钻头
176	--	14.5 DRILL	--	14.5	0.0	50.0	2	无	钻头
177	--	14.75 DRILL	--	14.75	0.0	50.0	2	无	钻头
178	--	15. DRILL	--	15.0	0.0	50.0	2	无	钻头
179	--	15.25 DRILL	--	15.25	0.0	50.0	2	无	钻头
180	--	15.5 DRILL	--	15.5	0.0	50.0	2	无	钻头
181	--	16. DRILL	--	16.0	0.0	50.0	2	无	钻头
182	--	16.5 DRILL	--	16.5	0.0	50.0	2	无	钻头
183	--	16.75 DRILL	--	16.75	0.0	50.0	2	无	钻头
184	--	17. DRILL	--	17.0	0.0	50.0	2	无	钻头

过滤(F)...
☑ 启用过滤
显示 228 个刀具(
显示模式
○ 刀具
○ 装配
◉ 两者

图 16.16 “刀具选择”对话框

Step5. 设置刀具参数。

（1）在“2D 刀路–钻孔/全圆铣削 深孔钻-无啄孔”对话框的刀具列表中双击该刀具，系统弹出“定义刀具”对话框。

（2）设置刀具号码。单击最终化属性按钮，在刀具编号:文本框中将原有的数值改为 5。

（3）设置刀具的加工参数。在进给率文本框中输入值 200.0，在下刀速率文本框中输入值 100.0，在进给率文本框中输入值 500.0，在主轴转速文本框中输入值 1200.0。

（4）设置冷却方式。单击冷却液按钮，系统弹出“冷却液”对话框，在Flood（切削液）下拉列表中选择On选项，单击该对话框中的确定按钮，关闭“冷却液”对话框。

（5）单击“定义刀具”对话框中的精加工按钮，完成刀具的设置。

Step6. 设置加工参数。

（1）在“2D 刀路–钻孔/全圆铣削 深孔钻-无啄孔”对话框的左侧节点列表中单击连接参数节点，在深度...文本框中输入值-13.0。

（2）在“2D 刀路–钻孔/全圆铣削 深孔钻-无啄孔”对话框的左侧节点列表中单击刀尖补正节点，选中☑刀尖补正复选框，在贯穿距离文本框中输入值 0.0。

（3）单击“2D 刀路–钻孔/全圆铣削 深孔钻-无啄孔”对话框中的✔按钮，完成加工参数的设置，此时系统将自动生成图 16.17 所示的刀具路径。

Stage7. 钻孔加工 5

Step1. 选择下拉菜单刀路(T) → 钻孔(D)...命令，系统弹出“钻孔点选择”对话框，选取图 16.18 所示的 2 个圆的中心点为钻孔点。

Step2. 单击✔按钮，完成选取钻孔点的操作，同时系统弹出“2D 刀路–钻孔/全圆铣削 深孔钻-无啄孔”对话框。

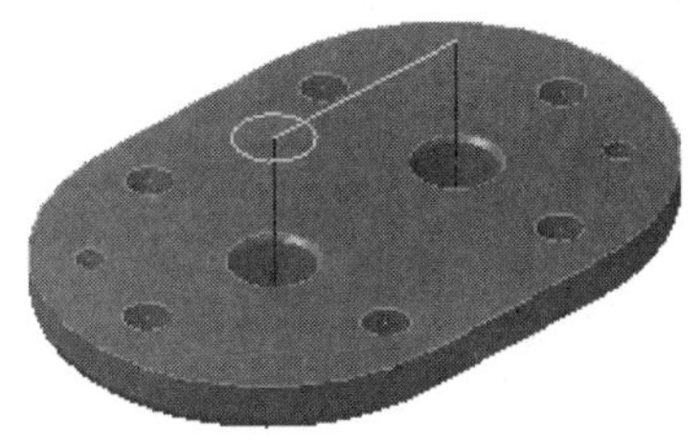

图 16.17 刀具路径

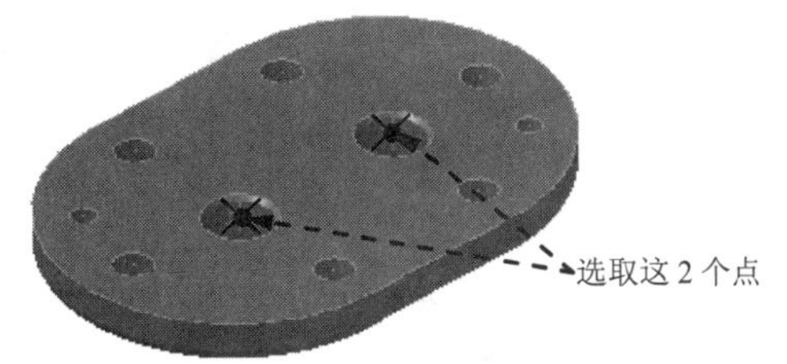

图 16.18 选取钻孔的点

Step3. 确定刀具类型。在“2D 刀路–钻孔/全圆铣削 深孔钻-无啄孔”对话框中单击刀具节点，切换到“刀具参数”界面；单击过滤(F)...按钮，系统弹出“刀具列表过滤”对话框。单击刀具类型区域中的无(N)按钮后，在刀具类型按钮群中单击（倒角刀）按钮。单击✔按钮，关闭“刀具列表过滤”对话框，系统返回至“2D 刀路–钻孔/全圆铣削 深孔钻-无啄孔”对话框。

Step4. 选择刀具。在“2D 刀路–钻孔/全圆铣削 深孔钻-无啄孔”对话框中单击选择库刀具...按钮，系统弹出“刀具选择”对话框，在该对话框的列表框中选择图 16.19 所示的刀具。单击✔按钮，关闭“刀具选择”对话框，系统返回至“2D 刀路–钻孔/全圆铣削 深孔钻-无啄孔”对话框。

Step5. 设置刀具参数。

（1）在“2D 刀路–钻孔/全圆铣削 深孔钻–无啄孔”对话框的刀具列表中双击该刀具，系统弹出“定义刀具”对话框。

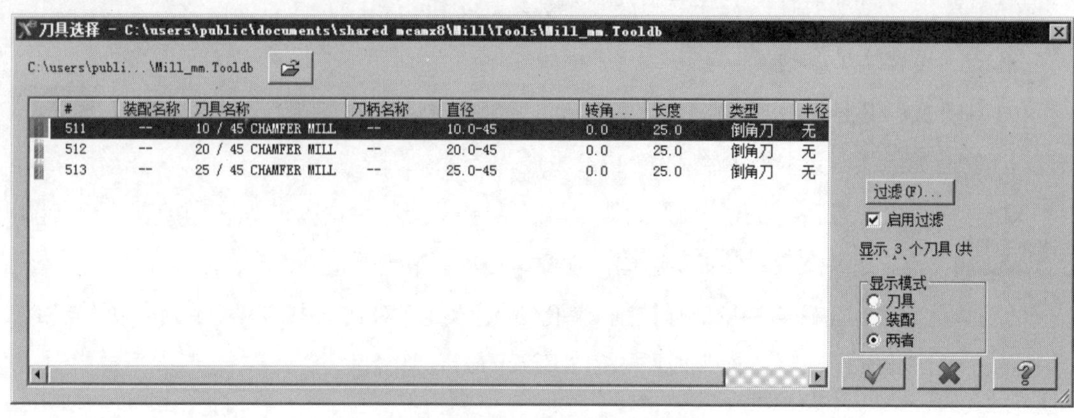

图 16.19 “刀具选择”对话框

（2）设置刀具号码。在外径:文本框中输入值 20，在刀尖直径:文本框中输入值 10，在刀杆直径:文本框中输入值 10，单击最终化属性按钮，在刀具编号:文本框中将原有的数值改为 6。

（3）设置刀具的加工参数。在进给率文本框中输入值 200.0，在下切速率:文本框中输入值 100.0，在提刀速率文本框中输入值 500.0，在主轴转速文本框中输入值 800.0。

（4）设置冷却方式。单击冷却液按钮，系统弹出“冷却液”对话框，在Flood（切削液）下拉列表中选择On选项，单击该对话框中的确定按钮，关闭“冷却液”对话框。

（5）单击“定义刀具”对话框中的精加工按钮，完成刀具的设置。

Step6. 设置加工参数。

(1)在“2D 刀路–钻孔/全圆铣削 深孔钻-无啄孔”对话框的左侧节点列表中单击切削参数节点，在暂留时间文本框中输入值 2.0。

(2)在“2D 刀路–钻孔/全圆铣削 深孔钻-无啄孔”对话框的左侧节点列表中单击连接参数节点，在深度...文本框中输入值-13.0。

(3)在“2D 刀路–钻孔/全圆铣削 深孔钻-无啄孔”对话框的左侧节点列表中单击刀尖补正节点，取消选中☐ 刀尖补正复选框。

（3）单击“2D 刀路–钻孔/全圆铣削 深孔钻-无啄孔”对话框中的✔按钮，完成加工参数的设置，此时系统将自动生成图 16.20 所示的刀具路径。

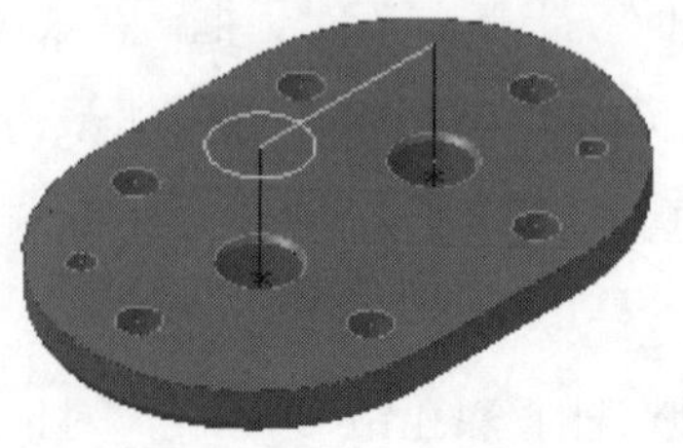

图 16.20 刀具路径

Stage8. 钻孔加工 6

Step1. 选择下拉菜单 刀路(T) → 钻孔(D)... 命令，系统弹出“钻孔点选择”对话框。

Step2. 在“选取钻孔的点”对话框中单击 最后一个 按钮，完成选取钻孔点的操作。单击 ✔ 按钮，同时系统弹出“2D 刀路–钻孔/全圆铣削 深孔钻-无啄孔”对话框。

Step3. 确定刀具类型。在“2D 刀路–钻孔/全圆铣削 深孔钻-无啄孔”对话框中单击 刀具 节点，切换到“刀具参数”界面；单击 过滤(F)... 按钮，系统弹出“刀具列表过滤”对话框。单击 刀具类型 区域中的 无(N) 按钮后，在刀具类型按钮群中单击（铰刀）按钮。单击 ✔ 按钮，关闭“刀具列表过滤”对话框，系统返回至“2D 刀路–钻孔/全圆铣削 深孔钻–无啄孔”对话框。

Step4. 选择刀具。在“2D 刀路–钻孔/全圆铣削 深孔钻-无啄孔”对话框中单击 选择库刀具... 按钮，系统弹出“刀具选择”对话框，在该对话框的列表框中选择图 16.21 所示的刀具。单击 ✔ 按钮，关闭“刀具选择”对话框，系统返回至“2D 刀路–钻孔/全圆铣削 深孔钻-无啄孔”对话框。

刀具选择 - C:\users\public\documents\shared mcamx8\Mill\Tools\Mill_mm.Tooldb

C:\users\publi...\Mill_mm.Tooldb

#	装配名称	刀具名称	刀柄名称	直径	转角...	长度	刀齿数	半彳
311	--	12. REAMER	--	12.0	0.0	50.0	2	无
312	--	12.5 REAMER	--	12.5	0.0	50.0	2	无
313	--	13. REAMER	--	13.0	0.0	50.0	2	无
314	--	13.5 REAMER	--	13.5	0.0	50.0	2	无
315	--	14. REAMER	--	14.0	0.0	50.0	2	无
316	--	14.5 REAMER	--	14.5	0.0	50.0	2	无
317	--	15. REAMER	--	15.0	0.0	50.0	2	无
318	--	15.5 REAMER	--	15.5	0.0	50.0	2	无
319	--	16. REAMER	--	16.0	0.0	50.0	2	无
320	--	16.5 REAMER	--	16.5	0.0	50.0	2	无
321	--	17. REAMER	--	17.0	0.0	50.0	2	无
322	--	17.5 REAMER	--	17.5	0.0	50.0	2	无

过滤(F)...

启用过滤

显示 50 个刀具(共

显示模式：刀具 / 装配 / 两者

图 16.21 “刀具选择”对话框

Step5. 设置刀具参数。

（1）在“2D 刀路– 钻孔/全圆铣削 深孔钻-无啄孔”对话框的刀具列表中双击该刀具，系统弹出“定义刀具”对话框。

（2）设置刀具号码。单击 最终化属性 按钮，在 刀具编号: 文本框中将原有的数值改为 7。

（3）设置刀具的加工参数。在 进给率 文本框中输入值 200.0，在 下刀速率 文本框中输入值 100.0，在 提刀速率 文本框中输入值 500.0，在 主轴转速 文本框中输入值 1200.0。

（4）设置冷却方式。单击 冷却液 按钮，系统弹出“冷却液”对话框，在 Flood（切削液）下拉列表中选择 On 选项，单击该对话框中的 确定 按钮，关闭“冷却液”对话框。

（5）单击“定义刀具”对话框中的 精加工 按钮，完成刀具的设置。

Step6. 设置加工参数。

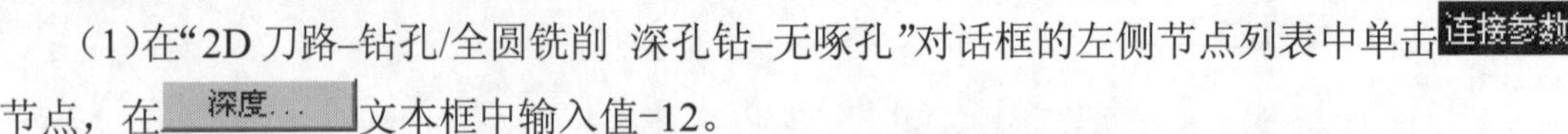

（1）在“2D 刀路–钻孔/全圆铣削 深孔钻–无啄孔”对话框的左侧节点列表中单击连接参数节点，在深度...文本框中输入值-12。

（2）单击“2D 刀路–钻孔/全圆铣削 深孔钻–无啄孔”对话框中的✔按钮，完成加工参数的设置，此时系统将自动生成图 16.22 所示的刀具路径。

Stage9. 钻孔加工 7

Step1. 选择下拉菜单 刀路(T) → 钻孔(D)... 命令，系统弹出“钻孔点选择”对话框，选取图 16.23 所示的 2 个圆的中心点为钻孔点。

Step2. 单击✔按钮，完成选取钻孔点的操作，同时系统弹出“2D 刀路–钻孔/全圆铣削 深孔钻–无啄孔”对话框。

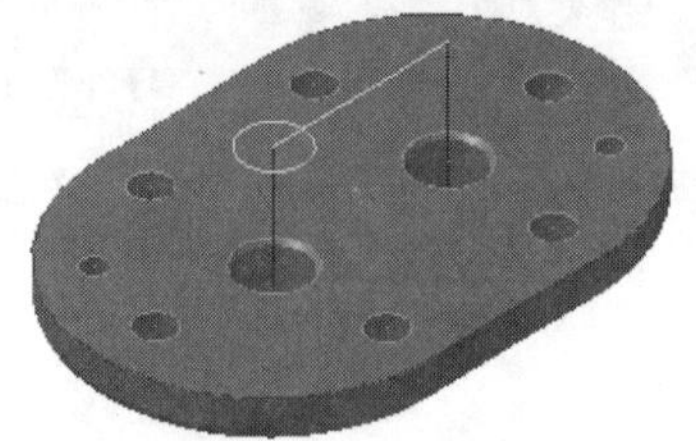

图 16.22 刀具路径

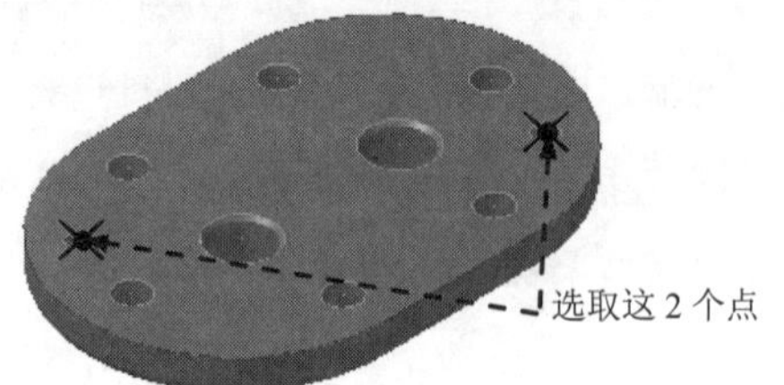

图 16.23 选取钻孔的点

Step3. 确定刀具类型。在“2D 刀路–钻孔/全圆铣削 深孔钻–无啄孔”对话框中单击刀具节点，切换到“刀具参数”界面；单击过滤(F)...按钮，系统弹出“刀具列表过滤”对话框。单击刀具类型区域中的 无(N) 按钮后，在刀具类型按钮群中单击（铰刀）按钮。单击✔按钮，关闭“刀具列表过滤”对话框，系统返回至“2D 刀路–钻孔/全圆铣削 深孔钻–无啄孔”对话框。

Step4. 选择刀具。在“2D 刀路–钻孔/全圆铣削 深孔钻-无啄孔”对话框中单击选择库刀具...按钮，系统弹出“刀具选择”对话框，在该对话框的列表框中选择图 16.24 所示的刀具。单击✔按钮，关闭“刀具选择”对话框，系统返回至“2D 刀路–钻孔/全圆铣削 深孔钻–无啄孔”对话框。

刀具选择 - C:\users\public\documents\shared mcamx8\Mill\Tools\Mill_mm.Tooldb

C:\users\publi...\Mill_mm.Tooldb

#	装配名称	刀具名称	刀柄名称	直径	转角...	长度	类型	刀
294	--	3.5 REAMER	--	3.5	0.0	50.0	铰刀	2
295	--	4. REAMER	--	4.0	0.0	50.0	铰刀	2
296	--	4.5 REAMER	--	4.5	0.0	50.0	铰刀	2
297	--	5. REAMER	--	5.0	0.0	50.0	铰刀	2
298	--	5.5 REAMER	--	5.5	0.0	50.0	铰刀	2
299	--	6. REAMER	--	6.0	0.0	50.0	铰刀	2
300	--	6.5 REAMER	--	6.5	0.0	50.0	铰刀	2
301	--	7. REAMER	--	7.0	0.0	50.0	铰刀	2
302	--	7.5 REAMER	--	7.5	0.0	50.0	铰刀	2
303	--	8. REAMER	--	8.0	0.0	50.0	铰刀	2
304	--	8.5 REAMER	--	8.5	0.0	50.0	铰刀	2
305	--	9. REAMER	--	9.0	0.0	50.0	铰刀	2

过滤(F)...
☑ 启用过滤
显示 50 个刀具(共
显示模式
○ 刀具
○ 装配
⊙ 两者

图 16.24 “刀具选择”对话框

Step5. 设置刀具参数。

（1）在“2D 刀路–钻孔/全圆铣削 深孔钻-无啄孔”对话框的刀具列表中双击该刀具，系统弹出“定义刀具”对话框。

（2）设置刀具号码。单击 最终化属性 按钮，在 刀具编号: 文本框中将原有的数值改为 8。

（3）设置刀具的加工参数。在 进给率 文本框中输入值 50.0，在 下切速率: 文本框中输入值 30.0，在 提刀速率 文本框中输入值 100.0，在 主轴转速 文本框中输入值 1000.0。

（4）设置冷却方式。单击 冷却液 按钮，系统弹出“冷却液”对话框，在 Flood （切削液）下拉列表中选择 On 选项，单击该对话框中的 确定 按钮，关闭“冷却液”对话框。

（5）单击“定义刀具”对话框中的 精加工 按钮，完成刀具的设置。

Step6. 设置加工参数。

（1）在“2D 刀路–钻孔/全圆铣削 深孔钻-无啄孔”对话框的左侧节点列表中单击 连接参数 节点，在 深度... 文本框中输入值-12.0。

（2）单击“2D 刀路–钻孔/全圆铣削 深孔钻–无啄孔”对话框中的 ✓ 按钮，完成加工参数的设置，此时系统将自动生成图 16.25 所示的刀具路径。

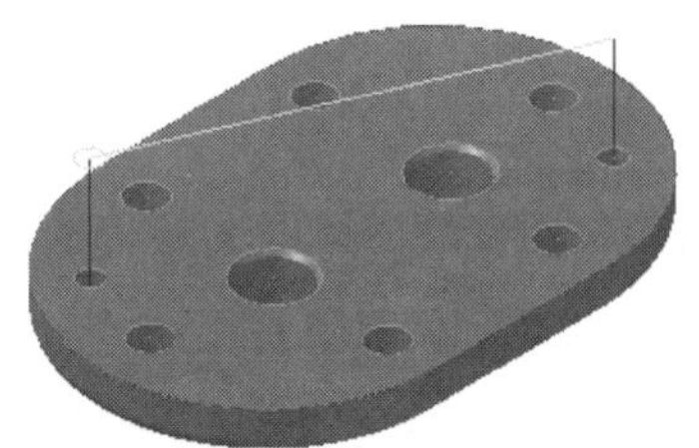

图 16.25 刀具路径

Stage10. 钻孔加工 8

Step1. 绘制边界。

（1）选择下拉菜单 绘图(C) → 曲线(V) → 曲面所有边界(A) 命令。

（2）在图形区选取图 16.26 所示的面为附着曲面，然后按 Enter 键，完成附着曲面的定义，同时系统弹出“创建所有边界线”工具栏。

（3）单击 ✓ 按钮，完成所有边界的创建。

Step2. 选择下拉菜单 刀路(T) → 钻孔(D)... 命令，系统弹出“钻孔点选择”对话框，选取图 16.27 所示的 6 个圆的中心点为钻孔点。

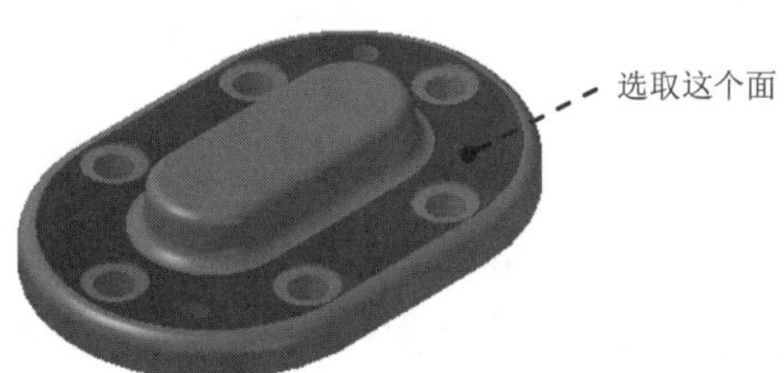

图 16.26 选取附着曲面

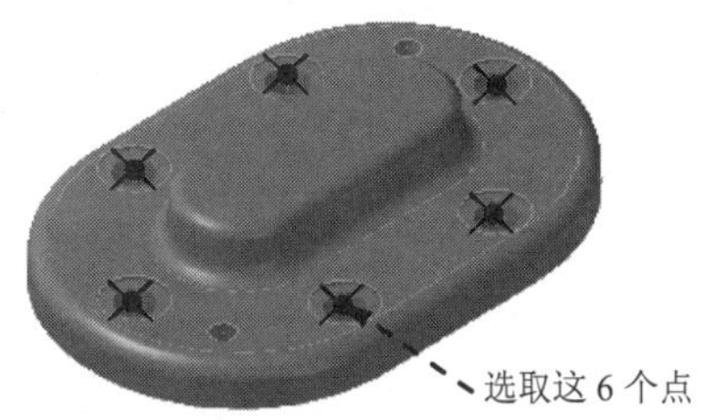

图 16.27 选取钻孔的点

Step3. 单击✔按钮，完成选取钻孔点的操作，同时系统弹出“2D 刀路–钻孔/全圆铣削 深孔钻–无啄孔”对话框。

Step4. 确定刀具类型。在“2D 刀路–钻孔/全圆铣削 深孔钻-无啄孔”对话框中单击刀具节点，切换到“刀具参数”界面；单击过滤(F)...按钮，系统弹出“刀具列表过滤”对话框。单击刀具类型区域中的无(N)按钮后，在刀具类型按钮群中单击（沉孔钻）按钮。单击✔按钮，关闭“刀具列表过滤”对话框，系统返回至“2D 刀路–钻孔/全圆铣削 深孔钻-无啄孔”对话框。

Step5. 选择刀具。在“2D 刀路–钻孔/全圆铣削 深孔钻-无啄孔”对话框中单击选择库刀具...按钮，系统弹出“刀具选择”对话框，在该对话框的列表框中选择图 16.28 所示的刀具。单击✔按钮，关闭“刀具选择”对话框，系统返回至“2D 刀路–钻孔/全圆铣削 深孔钻–无啄孔”对话框。

刀具选择 – C:\users\public\documents\shared mcamx8\Mill\Tools\Mill_mm.Tooldb

C:\users\publi...\Mill_mm.Tooldb

#	装配名称	刀具名称	刀柄名称	直径	转角...	长度	类型
401	--	13.6 CBORE	--	13.6	0.0	50.0	沉头钻
402	--	13.8 CBORE	--	13.8	0.0	50.0	沉头钻
403	--	14. CBORE	--	14.0	0.0	50.0	沉头钻
404	--	14.2 CBORE	--	14.2	0.0	50.0	沉头钻
405	--	14.4 CBORE	--	14.4	0.0	50.0	沉头钻
406	--	14.6 CBORE	--	14.6	0.0	50.0	沉头钻
407	--	14.8 CBORE	--	14.8	0.0	50.0	沉头钻
408	--	15. CBORE	--	15.0	0.0	50.0	沉头钻
409	--	15.2 CBORE	--	15.2	0.0	50.0	沉头钻
410	--	15.4 CBORE	--	15.4	0.0	50.0	沉头钻
411	--	15.6 CBORE	--	15.6	0.0	50.0	沉头钻
412	--	15.8 CBORE	--	15.8	0.0	50.0	沉头钻

过滤(F)...
☑ 启用过滤
显示 121 个刀具(
显示模式
○ 刀具
○ 装配
◉ 两者

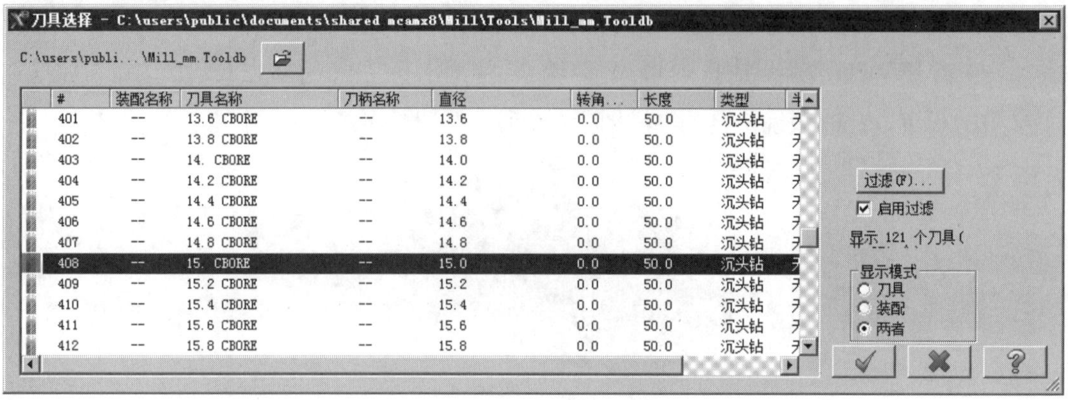

图 16.28 “刀具选择”对话框

Step6. 设置刀具参数。

（1）在“2D 刀路–钻孔/全圆铣削 深孔钻–无啄孔”对话框的刀具列表中双击该刀具，系统弹出“定义刀具”对话框。

（2）设置刀具号码。单击最终化属性按钮，在刀具编号:文本框中将原有的数值改为 9。

（3）设置刀具的加工参数。在进给率文本框中输入值 200.0，在下刀速率文本框中输入值 100.0，在提刀速率文本框中输入值 500.0，在主轴转速文本框中输入值 1200.0。

（4）设置冷却方式。单击冷却液按钮，系统弹出“冷却液”对话框，在Flood（切削液）下拉列表中选择On选项，单击该对话框中的确定按钮，关闭“冷却液”对话框。

（5）单击“定义刀具”对话框中的精加工按钮，完成刀具的设置。

Step7. 设置加工参数。

（1）在“2D 刀路–钻孔/全圆铣削 深孔钻–无啄孔”对话框的左侧节点列表中单击连接参数节点，在深度...文本框中输入值-1.0，在毛坯表面(T)...区域选中◉ 增量坐标单选项，然

后在毛坯表面(T)...文本框中输入值 0.0。

（2）在“2D 刀路–钻孔/全圆铣削 深孔钻-无啄孔”对话框的左侧节点列表中单击平面(WCS)节点，单击工件坐标系区域中的“选择 WCS 平面”按钮，系统弹出“平面选择”对话框，在该对话框中选择底视图 XO. YO. ZO.。单击该对话框中的按钮，关闭“视角选择”对话框。

（3）单击“2D 刀路–钻孔/全圆铣削 深孔钻-无啄孔”对话框中的“复制到刀具平面”按钮，然后单击“2D 刀路–钻孔/全圆铣削 深孔钻-无啄孔”对话框中的“复制到绘图平面”按钮。

（4）单击“2D 刀路–钻孔/全圆铣削 深孔钻-无啄孔”对话框中的按钮，完成加工参数的设置，此时系统将自动生成图 16.29 所示的刀具路径。

Step8. 实体切削验证。

（1）在刀路选项卡中单击按钮，然后单击按钮，系统弹出“刀路模拟”对话框和“刀路模拟控制”操控板。

（2）在“刀路模拟控制”操控板中单击按钮，系统将开始对刀具路径进行模拟。

（3） 在“刀路模拟”对话框中单击按钮，关闭该对话框。

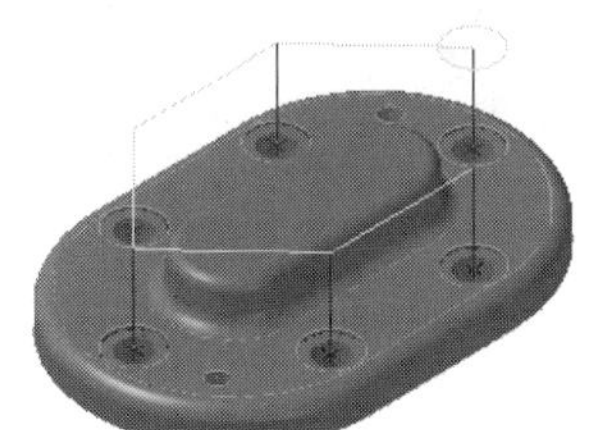

图 16.29 刀具路径

Step9. 保存模型。选择下拉菜单文件(F) → 保存(S)命令，保存模型。

实例 17 箱盖模具加工

本实例是一个箱盖模具的加工，要使用曲面粗加工挖槽、曲面精加工平行铣削、曲面精加工环绕等距、曲面精加工放射状、曲面精加工等高外形、曲面精加工浅平面与曲面精加工交线清角等加工操作。下面详细介绍箱盖模具的加工方法，其加工工艺路线如图 17.1 所示。

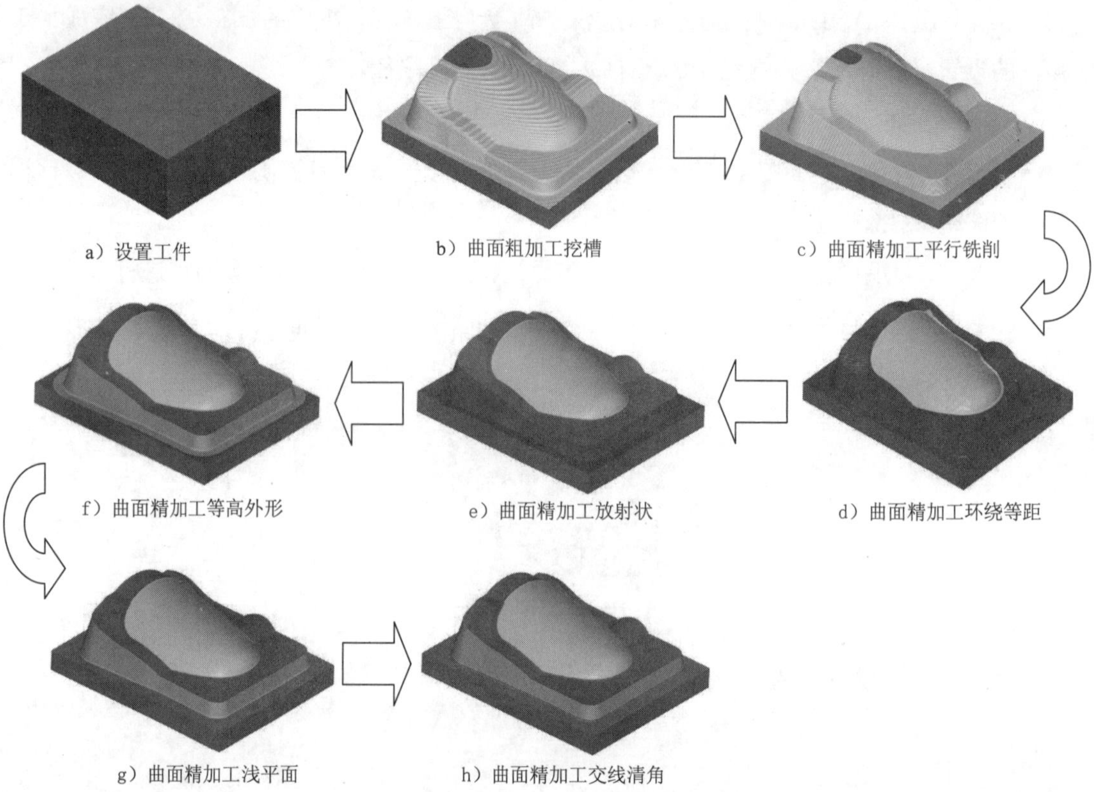

a）设置工件

b）曲面粗加工挖槽

c）曲面精加工平行铣削

d）曲面精加工环绕等距

e）曲面精加工放射状

f）曲面精加工等高外形

g）曲面精加工浅平面

h）曲面精加工交线清角

图 17.1　加工工艺路线

Stage1. 进入加工环境

打开模型。选择文件目录 D:\mcx8.11\work\ch17\LOWER_MOLD.MCX，系统进入加工环境，此时零件模型如图 17.2 所示。

Stage2. 设置工件

Step1. 在“操作管理器”中单击 属性 - Mill Default MM 节点前的“+”号，将该节点展开，然后单击 毛坯设置 节点，系统弹出“机床群组属性”对话框。

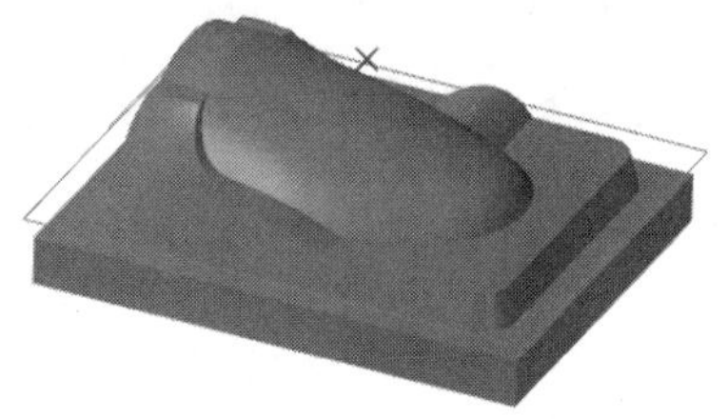

图 17.2 零件模型

Step2. 设置工件的形状。在“机床群组属性”对话框的形状区域中选中矩形单选项。

Step3. 设置工件的尺寸。在“机床群组属性”对话框中单击所有曲面按钮，然后设置图 17.3 所示的参数。

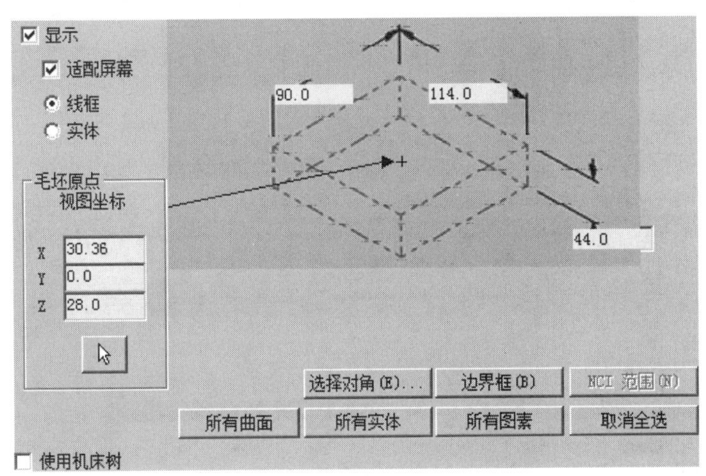

图 17.3 “机床群组属性”对话框

Step4. 单击“机床群组属性”对话框中的按钮，完成工件的设置。此时从图中可以观察到零件的边缘多了红色的双点画线，双点画线围成的图形即工件。

Stage3. 粗加工挖槽加工

Step1. 选择下拉菜单刀路(T) → 曲面粗加工(R) → 挖槽(K)...命令，系统弹出“输入新 NC 名称”对话框，采用系统默认的 NC 名称。单击按钮，完成 NC 名称的设置。

Step2. 设置加工区域。

（1）选取加工面。在图形区中选取图 17.4 所示的面（共 45 个面），单击 Enter 键，系统弹出“刀路/曲面选择”对话框。

（2）设置加工边界。在边界范围区域中单击按钮，系统弹出“串连”对话框。在图形区中选取图 17.5 所示的边线，单击按钮，系统返回至“刀路/曲面选择”对话框。

（3）单击按钮，完成加工区域的设置，同时系统弹出“曲面粗车-挖槽”对话框。

Step3. 确定刀具类型。在“曲面粗车-挖槽”对话框中单击 刀具过滤 按钮，系统弹出“刀具列表过滤”对话框。单击该对话框中的 无(N) 按钮后，在刀具类型按钮群中单击（圆鼻刀）按钮，然后单击 ✓ 按钮，关闭“刀具列表过滤”对话框，系统返回至“曲面粗车-挖槽”对话框。

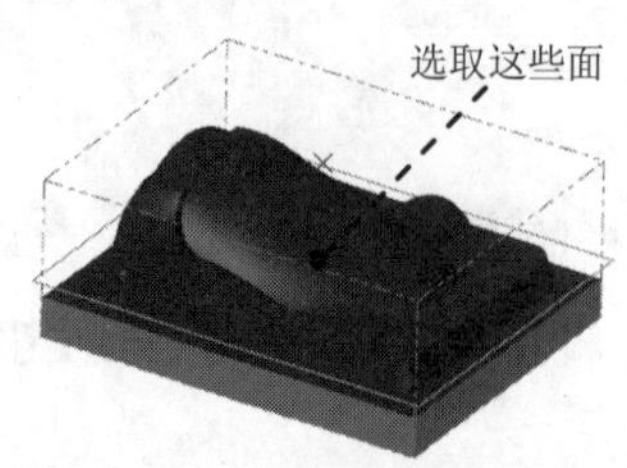

图 17.4　选取加工面

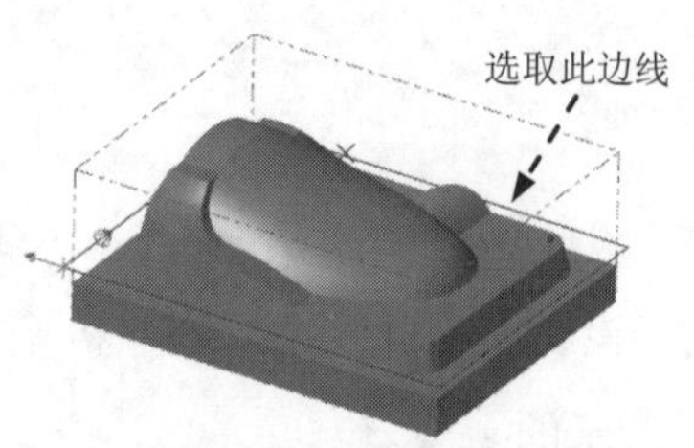

图 17.5　定义加工边界

Step4. 选择刀具。在“曲面粗车-挖槽”对话框中单击 选择库刀具... 按钮，系统弹出“刀具选择”对话框，在该对话框的列表框中选择图 17.6 所示的刀具。单击 ✓ 按钮，关闭“刀具选择”对话框，系统返回至“曲面粗车-挖槽”对话框。

刀具选择 - C:\users\public\documents\shared mcamx8\Mill\Tools\Mill_mm.Tooldb

C:\users\publi...\Mill_mm.Tooldb

#	装配名称	刀具名称	刀柄名称	直径	转角...	长度	刀齿数	类
521	--	3. BULL ENDMILL 0...	--	3.0	0.2	50.0	4	圆
524	--	4. BULL ENDMILL 1...	--	4.0	1.0	50.0	4	圆
525	--	4. BULL ENDMILL 0...	--	4.0	0.2	50.0	4	圆
527	--	5. BULL ENDMILL 1...	--	5.0	1.0	50.0	4	圆
526	--	5. BULL ENDMILL 2...	--	5.0	2.0	50.0	4	圆
528	--	6. BULL ENDMILL 2...	--	6.0	2.0	50.0	4	圆
529	--	6. BULL ENDMILL 1...	--	6.0	1.0	50.0	4	圆
530	--	7. BULL ENDMILL 3...	--	7.0	3.0	50.0	4	圆
531	--	7. BULL ENDMILL 2...	--	7.0	2.0	50.0	4	圆
532	--	7. BULL ENDMILL 1...	--	7.0	1.0	50.0	4	圆
533	--	8. BULL ENDMILL 2...	--	8.0	2.0	50.0	4	圆
534	--	8. BULL ENDMILL 3...	--	8.0	3.0	50.0	4	圆

过滤(F)...
☑ 启用过滤
显示 99 个刀具(共
显示模式
○ 刀具
○ 装配
◉ 两者

图 17.6　“刀具选择”对话框

Step5. 设置刀具参数。

（1）完成上步操作后，在“曲面粗车-挖槽”对话框 刀路参数 选项卡的列表框中显示出 Step4 所选择的刀具。双击该刀具，系统弹出“定义刀具”对话框。

（2）设置刀具号码。单击 最终化属性 按钮，在 刀具编号: 文本框中将原有的数值改为 1。

（3）设置刀具的加工参数。在 进给速率 文本框中输入值 400.0，在 下切速率: 文本框中输入值 200，在 提刀速率 文本框中输入值 500，在 主轴转速 文本框中输入值 1200。

（4）设置冷却方式。单击 冷却液 按钮，系统弹出“冷却液”对话框，在 Flood（切削液）下拉列表中选择 On 选项，单击该对话框中的 确定 按钮，关闭“冷却液”对话框。

Step6. 单击“定义刀具”对话框中的 精加工 按钮，完成刀具的设置。

Step7. 设置曲面参数。在“曲面粗车-挖槽”对话框中单击 曲面参数 选项卡，设置图 17.7

所示的参数。

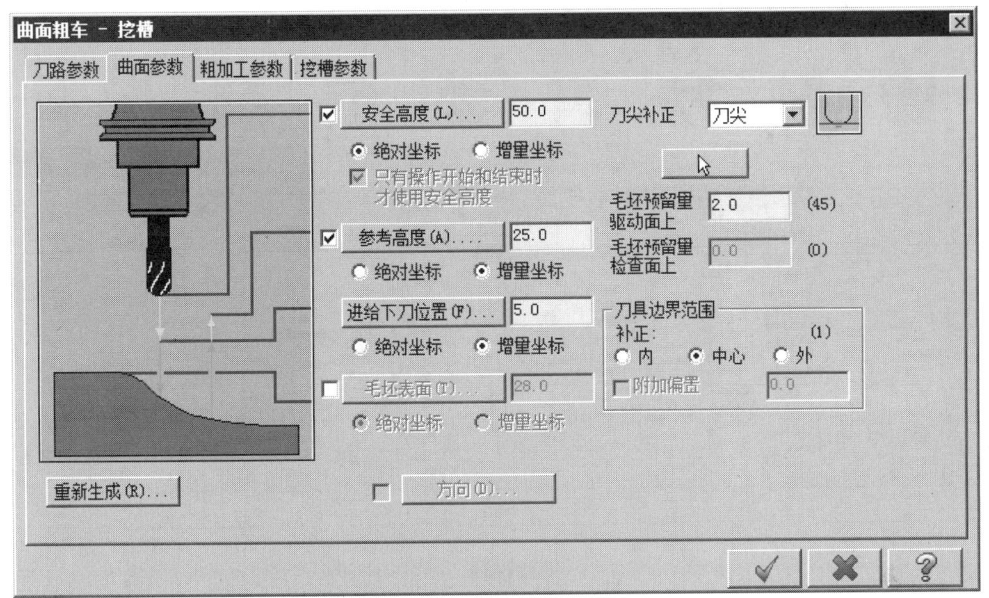

图 17.7 “曲面参数”选项卡

Step8. 设置粗加工参数。在“曲面粗车-挖槽”对话框中单击粗加工参数选项卡，设置图 17.8 所示的参数。

曲面粗车 - 挖槽
刀路参数 | 曲面参数 | 粗加工参数 | 挖槽参数
整体公差(T)... 0.025
最大轴向切削间距: 1.0
顺铣 逆铣
进刀选项
螺旋进刀
使用进刀点
从边界范围外下刀
进刀位置对齐起始孔
平面铣削(F)... 切削深度(D)... 间隙设置(G)... 高级设置(E)...

图 17.8 “粗加工参数”选项卡

Step9. 设置挖槽参数。在“曲面粗车-挖槽”对话框中单击挖槽参数选项卡，设置图 17.9 所示的参数。

Step10. 单击“曲面粗车-挖槽”对话框中的✓按钮，完成加工参数的设置，此时系统将自动生成图 17.10 所示的刀具路径。

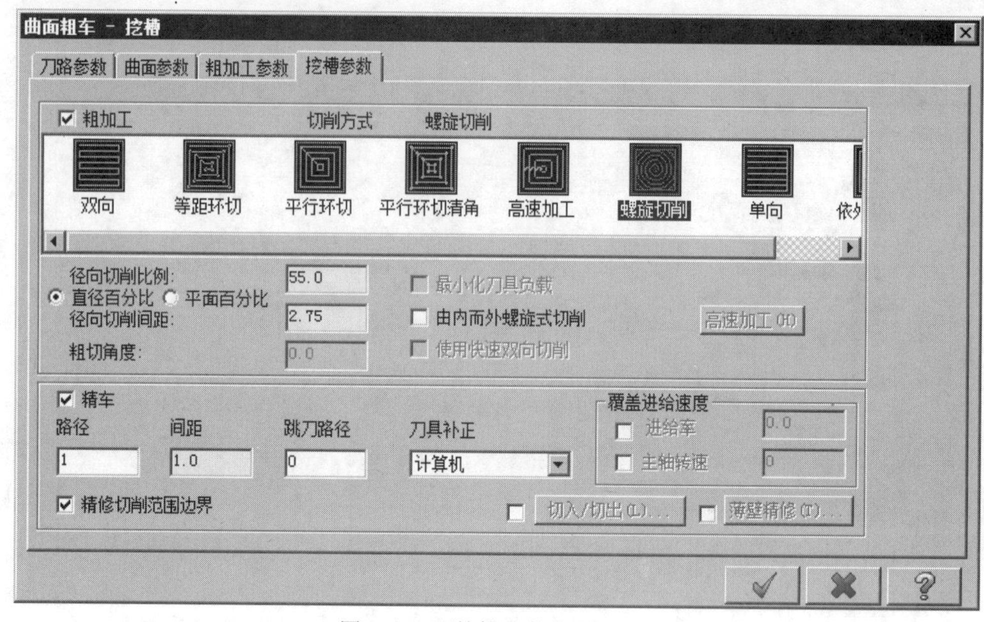

图 17.9 “挖槽参数”选项卡

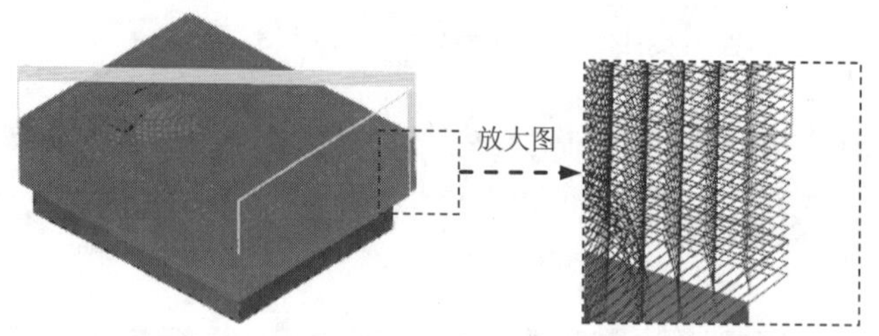

图 17.10 刀具路径

说明：在完成“曲面粗车-挖槽”后，应确保俯视图视角为目前的 WCS、刀具面和构图面以及原点，这样才能保证后面的刀具加工方向的正确性。具体操作为：在屏幕的右下角单击 WCS ，在系统弹出的快捷菜单中选择 平面管理器(P) 命令，此时系统弹出“视图管理器”对话框，在该对话框的 设置当前的平面与原点 区域中单击 = 按钮，然后单击 ✓ 按钮。在后面的加工中应先确保俯视图视角为目前的 WCS、刀具面和构图面以及原点，同样采用上述的操作方法。

Stage4. 精加工平行铣削加工

说明：先隐藏上面的刀具路径，以便于后面加工面的选取，以下不再赘述。

Step1. 选择加工方法。选择下拉菜单 刀路(T) → 曲面精加工(F) → 平行(P)... 命令。

Step2. 设置加工区域。在图形区中选择图 17.11 所示的面（共 45 个面），单击 Enter 键，系统弹出“刀路/曲面选择”对话框。单击 ✓ 按钮，完成加工区域的设置，同时系统弹

出“曲面精车-平行”对话框。

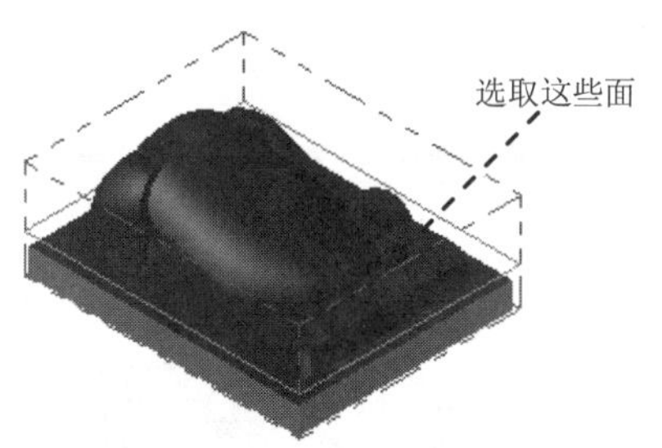

图 17.11　选取加工面

Step3. 确定刀具类型。在“曲面精车-平行”对话框中单击 刀具过滤 按钮，系统弹出“刀具列表过滤”对话框。单击该对话框中的 无(N) 按钮后，在刀具类型按钮群中单击 （圆鼻刀）按钮，然后单击 ✓ 按钮，关闭“刀具列表过滤”对话框，系统返回至“曲面精车-平行”对话框。

Step4. 选择刀具。在“曲面精车-平行”对话框中单击 选择库刀具... 按钮，系统弹出“刀具选择”对话框，在该对话框的列表框中选择图 17.12 所示的刀具。单击 ✓ 按钮，关闭“刀具选择”对话框，系统返回至“曲面精车-平行”对话框。

刀具选择 - C:\users\public\documents\shared mcamx8\Mill\Tools\Mill_mm.Tooldb

C:\users\publi...\Mill_mm.Tooldb

#	装配名称	刀具名称	刀柄名称	直径	转角...	长度	刀齿数	半(
520	--	2. BULL ENDMILL 0...	--	2.0	0.2	50.0	4	转
522	--	3. BULL ENDMILL 0...	--	3.0	0.4	50.0	4	转
523	--	3. BULL ENDMILL 1...	--	3.0	1.0	50.0	4	转
521	--	3. BULL ENDMILL 0...	--	3.0	0.2	50.0	4	转
524	--	4. BULL ENDMILL 1...	--	4.0	1.0	50.0	4	转
525	--	4. BULL ENDMILL 0...	--	4.0	0.2	50.0	4	转
526	--	5. BULL ENDMILL 2...	--	5.0	2.0	50.0	4	转
527	--	5. BULL ENDMILL 1...	--	5.0	1.0	50.0	4	转
528	--	6. BULL ENDMILL 2...	--	6.0	2.0	50.0	4	转
529	--	6. BULL ENDMILL 1...	--	6.0	1.0	50.0	4	转
530	--	7. BULL ENDMILL 3...	--	7.0	3.0	50.0	4	转
532	--	7. BULL ENDMILL 1...	--	7.0	1.0	50.0	4	转

过滤(F)...
☑ 启用过滤
显示 99 个刀具(共
显示模式
○ 刀具
○ 装配
◉ 两者

图 17.12　“刀具选择”对话框

Step5. 设置刀具参数。

（1）完成上步操作后，在“曲面精车-平行”对话框 刀路参数 选项卡的列表框中显示出 Step4 所选择的刀具。双击该刀具，系统弹出“定义刀具”对话框。

（2）设置刀具号码。单击 最终化属性 按钮，在 刀具编号: 文本框中将原有的数值改为 2。

（3）设置刀具的加工参数。在 进给率 文本框中输入值 100.0，在 下切速率: 文本框中输入值 50，在 提刀速率 文本框中输入值 500，在 主轴转速 文本框中输入值 1000。

（4）设置冷却方式。单击 冷却液 按钮，系统弹出“冷却液”对话框，在 Flood （切削液）下拉列表中选择 On 选项，单击该对话框中的 确定 按钮，关闭“冷却液”对话框。

Step6. 单击“定义刀具”对话框中的 精加工 按钮，完成刀具的设置。

Step7. 设置曲面参数。在“曲面精车-平行”对话框中单击 曲面参数 选项卡，设置图 17.13 所示的参数。

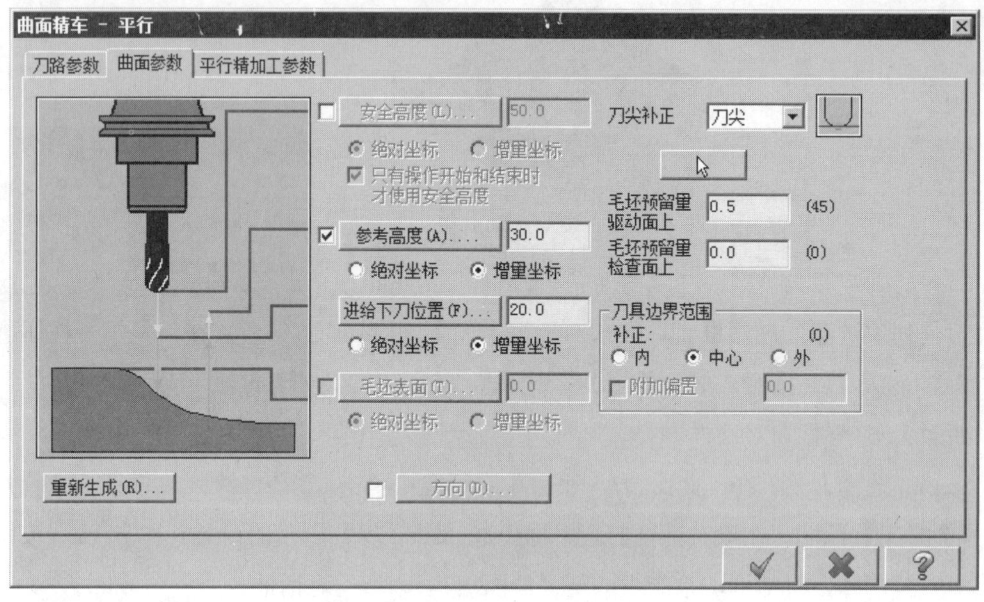

图 17.13 “曲面参数”选项卡

Step8. 设置精加工平行铣削参数。在“曲面精车-平行”对话框中单击 平行精加工参数 选项卡，设置图 17.14 所示的参数。

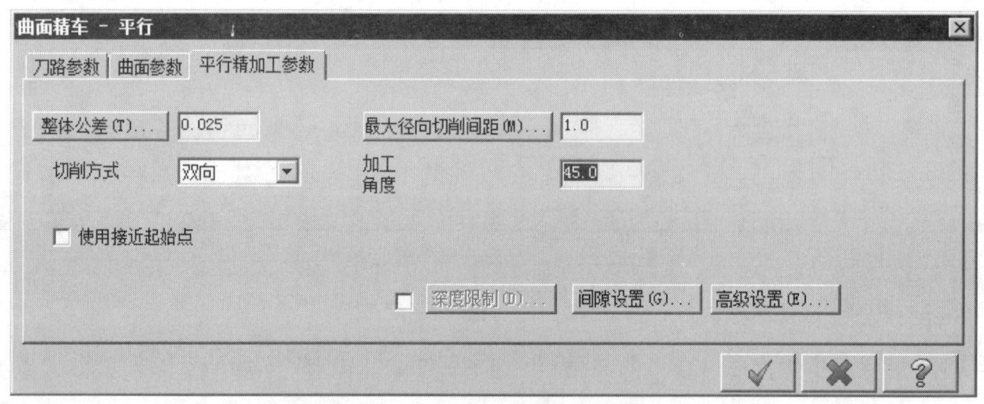

图 17.14 “平行精加工参数”选项卡

Step9. 单击“曲面精车-平行”对话框中的 ✓ 按钮，完成加工参数的设置，此时系统将自动生成图 17.15 所示的刀具路径。

Stage5. 精加工环绕等距加工

Step1. 选择加工方法。选择下拉菜单 刀路(T) → 曲面精加工(F) → 环绕(O)... 命令。

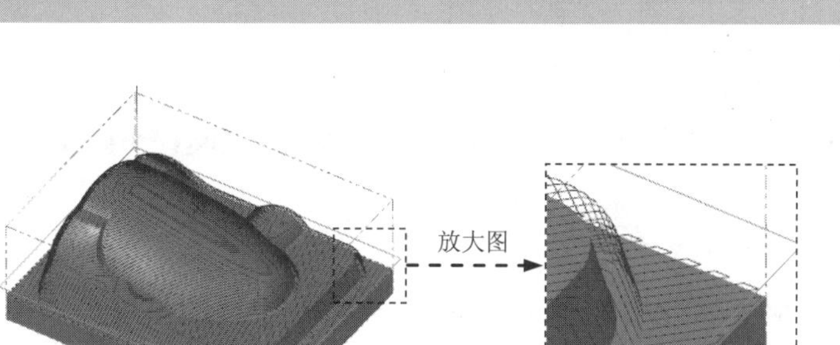

图 17.15 刀具路径

Step2. 设置加工区域。

（1）选取加工曲面。在图形区中选择图 17.16 所示的面（共 3 个面），单击 Enter 键，系统弹出“刀路/曲面选择”对话框。

（2）选取干涉曲面。单击检查面区域中的按钮，然后选取图 17.17 所示的面，按 Enter 键，完成加工区域的设置，系统返回至“刀路/曲面选择”对话框。

（3）单击按钮，系统弹出“曲面精车-等距环绕”对话框。

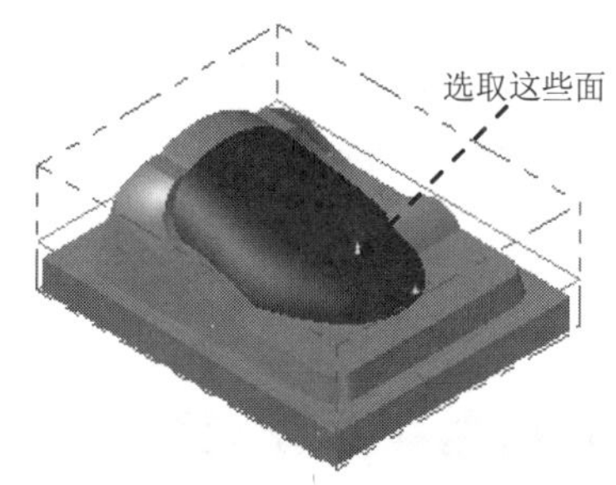

图 17.16 选取加工曲面

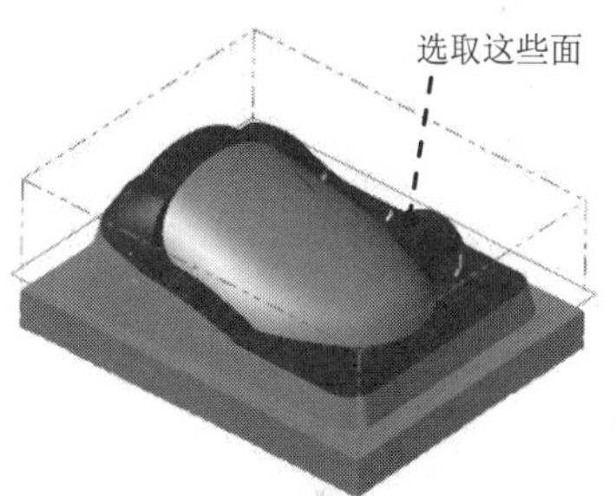

图 17.17 选取干涉曲面

Step3. 选择刀具。

（1）确定刀具类型。在“曲面精车-等距环绕”对话框中单击刀具过滤按钮，系统弹出“刀具列表过滤”对话框。单击刀具类型区域中的无(N)按钮后，在刀具类型按钮群中单击（球刀）按钮。单击按钮，关闭“刀具列表过滤”对话框，系统返回至“曲面精车-等距环绕”对话框。

（2）选择刀具。在“曲面精车-等距环绕”对话框中单击选择库刀具...按钮，系统弹出“刀具选择”对话框，在该对话框的列表框中选择图 17.18 所示的刀具。单击按钮，关闭“刀具选择”对话框，系统返回至“曲面精车-等距环绕”对话框。

Step4. 设置刀具相关参数。

（1）在“曲面精车-等距环绕”对话框刀路参数选项卡的列表框中显示出 Step3 所选择的刀具，双击该刀具，系统弹出“定义刀具”对话框。

（2）设置刀具号码。单击最终化属性按钮，在刀具编号:文本框中将原有的数值改为 3。

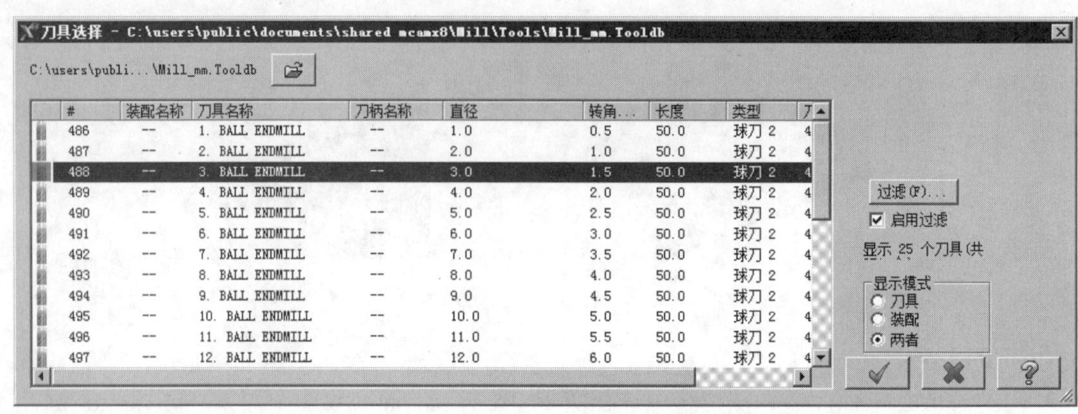

#	装配名称	刀具名称	刀柄名称	直径	转角...	长度	类型
486	--	1. BALL ENDMILL	--	1.0	0.5	50.0	球刀 2
487	--	2. BALL ENDMILL	--	2.0	1.0	50.0	球刀 2
488	--	3. BALL ENDMILL	--	3.0	1.5	50.0	球刀 2
489	--	4. BALL ENDMILL	--	4.0	2.0	50.0	球刀 2
490	--	5. BALL ENDMILL	--	5.0	2.5	50.0	球刀 2
491	--	6. BALL ENDMILL	--	6.0	3.0	50.0	球刀 2
492	--	7. BALL ENDMILL	--	7.0	3.5	50.0	球刀 2
493	--	8. BALL ENDMILL	--	8.0	4.0	50.0	球刀 2
494	--	9. BALL ENDMILL	--	9.0	4.5	50.0	球刀 2
495	--	10. BALL ENDMILL	--	10.0	5.0	50.0	球刀 2
496	--	11. BALL ENDMILL	--	11.0	5.5	50.0	球刀 2
497	--	12. BALL ENDMILL	--	12.0	6.0	50.0	球刀 2

图 17.18 “刀具选择”对话框

（3）设置刀具参数。在 进给率 文本框中输入值 200.0，在 下切速率: 文本框中输入值 100.0，在 提刀速率 文本框中输入值 1500.0，在 主轴转速 文本框中输入值 1800.0。

（4）设置冷却方式。单击 冷却液 按钮，系统弹出“冷却液”对话框，在 Flood （切削液）下拉列表中选择 On 选项，单击该对话框中的 确定 按钮，关闭“冷却液”对话框。

（5）单击“定义刀具”对话框中的 精加工 按钮，完成刀具的设置。

Step5. 设置曲面参数。在“曲面精车-等距环绕”对话框中单击 曲面参数 选项卡，设置图 17.19 所示的参数。

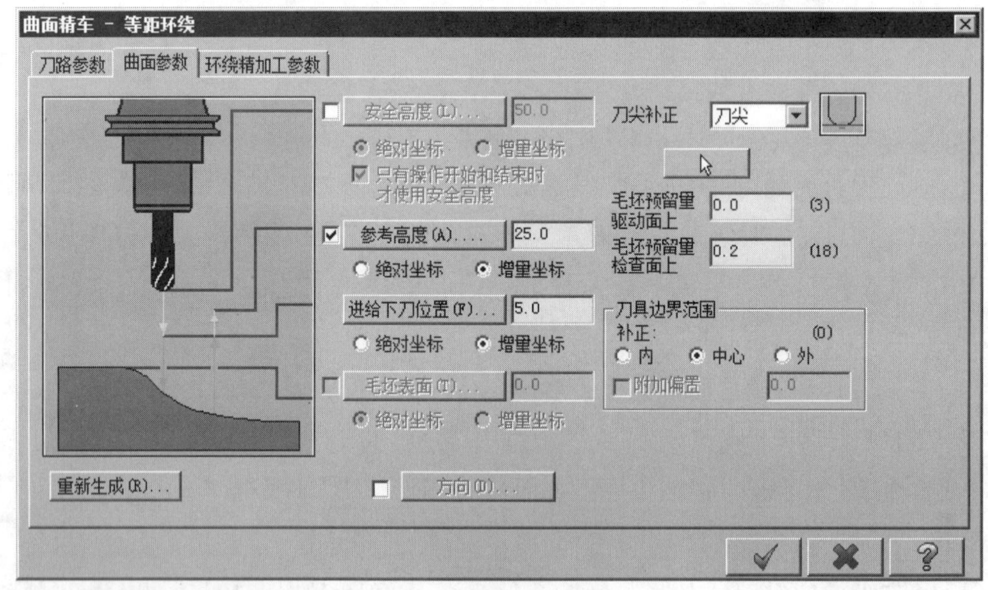

图 17.19 “曲面参数”选项卡

Step6. 设置环绕等距精加工参数。在“曲面精车-等距环绕”对话框中单击 环绕精加工参数 选项卡，设置图 17.20 所示的参数。

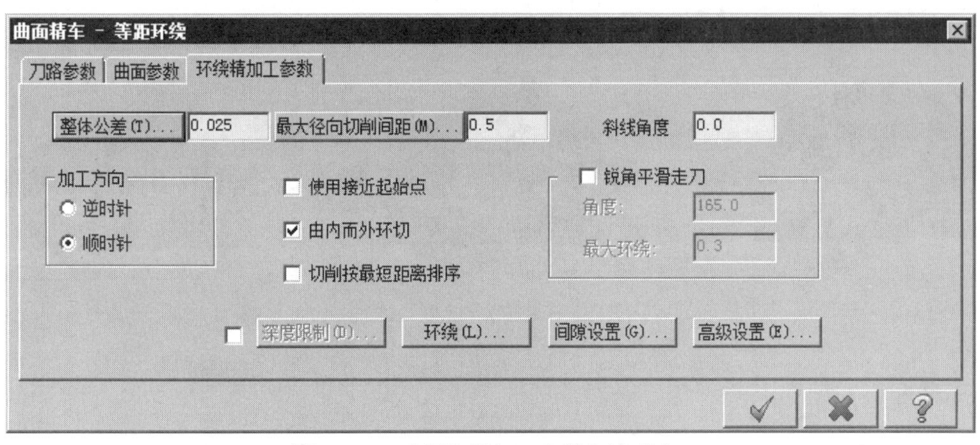

图 17.20　“环绕精加工参数”选项卡

Step7. 单击“曲面精车-等距环绕”对话框中的 ✓ 按钮，此时系统将自动生成图 17.21 所示的刀具路径。

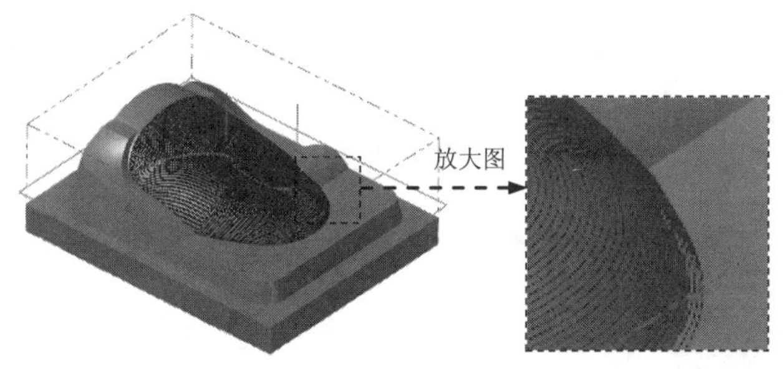

图 17.21　刀具路径

Stage6. 精加工放射状加工

Step1. 选择加工方法。选择下拉菜单 刀路(T) → 曲面精加工(F) → 放射(R)... 命令。

Step2. 设置加工区域。

（1）选取加工曲面。在图形区中选择图 17.22 所示的面（共 18 个面），单击 Enter 键，系统弹出“刀路/曲面选择”对话框。

（2）选取检查面。单击检查面区域中的 按钮，然后选取图 17.23 所示的面（共 3 个），按 Enter 键，完成加工区域的设置，系统返回至“刀路/曲面选择”对话框。

（3）选取放射中心点。单击放射点区域中的 按钮，然后选取图 17.24 所示的点为放射中心点，系统返回至“刀路/曲面选择”对话框。

（4）单击 ✓ 按钮，系统弹出“放射状曲面精车”对话框。

Step3. 选择刀具。在“放射状曲面精车”对话框中选择上一步操作精加工环绕等距中创建的 3 号刀具。

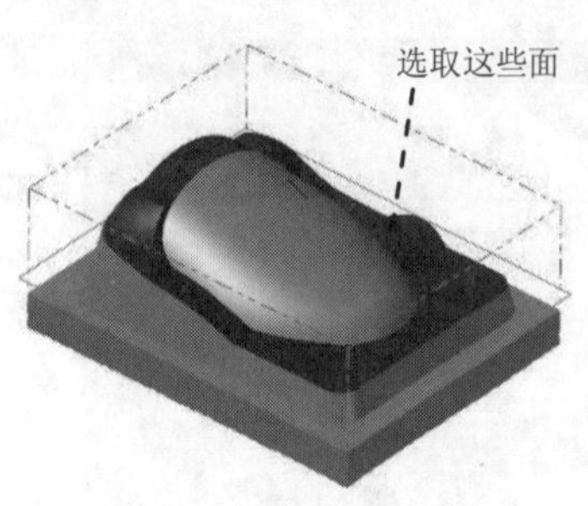

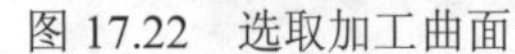
图 17.22　选取加工曲面

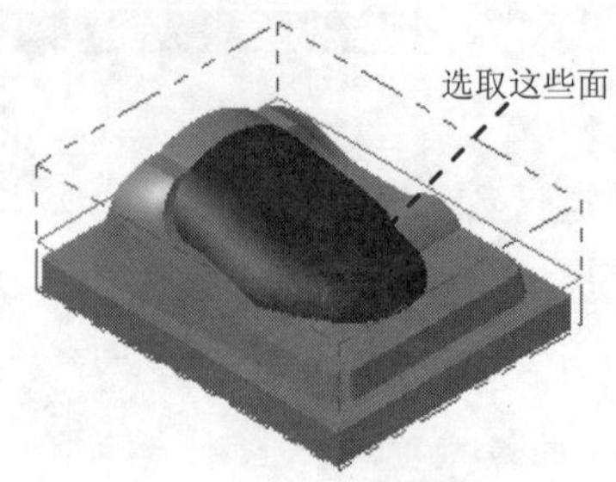

图 17.23　选取检查面

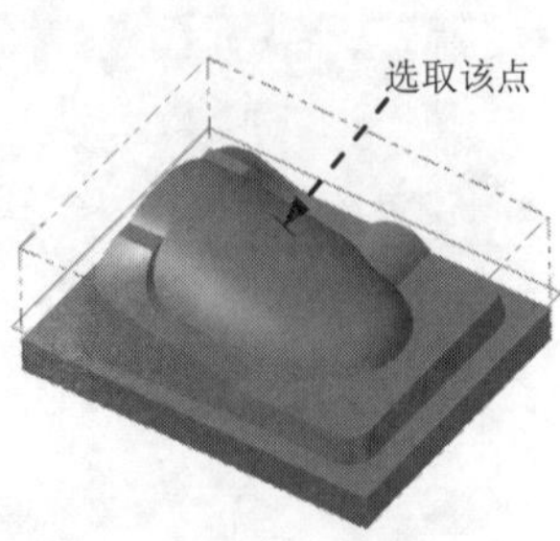

图 17.24　选取放射中心点

Step4. 设置曲面参数。在“放射状曲面精车”对话框中单击曲面参数选项卡，设置图 17.25 所示的参数。

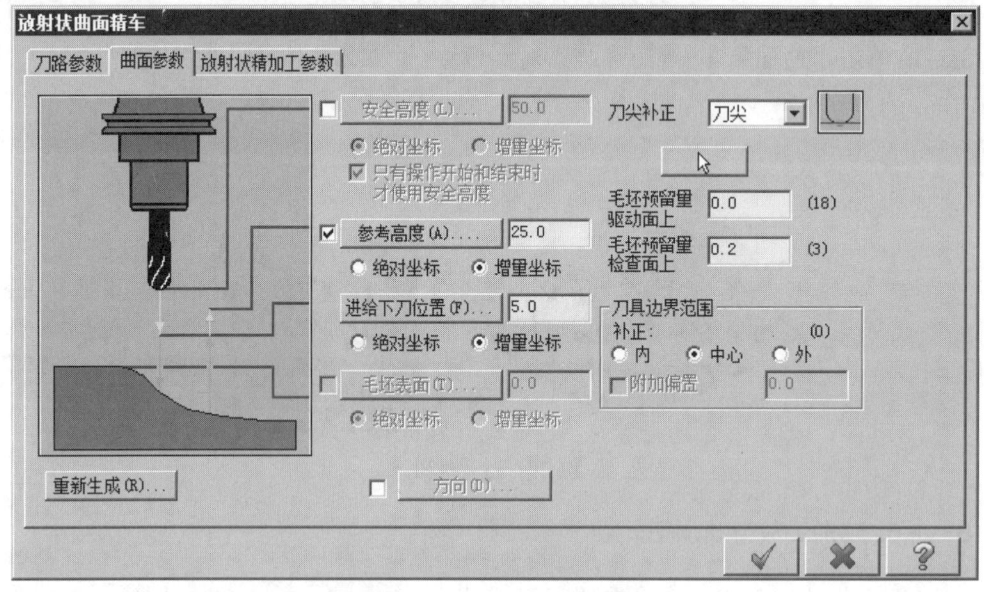

图 17.25　“曲面参数”选项卡

Step5. 设置精加工放射状参数。在“放射状曲面精车”对话框中单击放射状精加工参数选项卡，设置图 17.26 所示的参数。

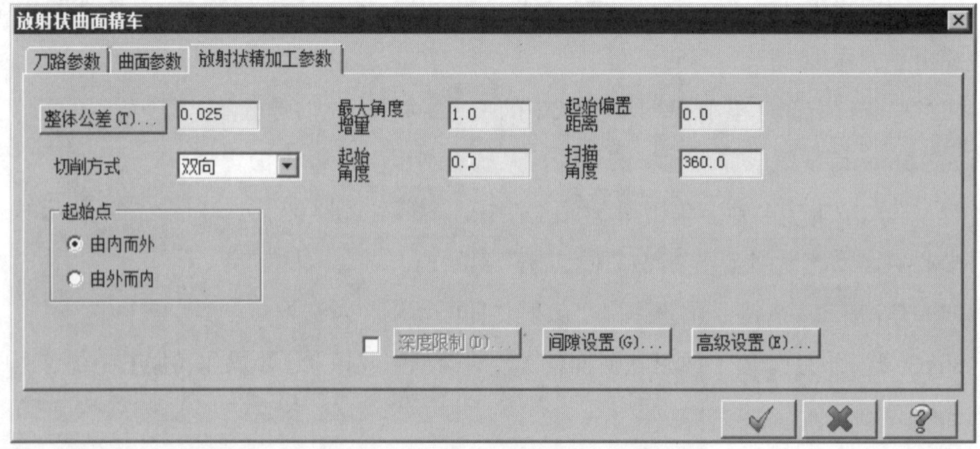

图 17.26　“放射状精加工参数”选项卡

Step6. 单击“放射状曲面精车”对话框中的 ✔ 按钮，此时系统将自动生成图 17.27 所示的刀具路径。

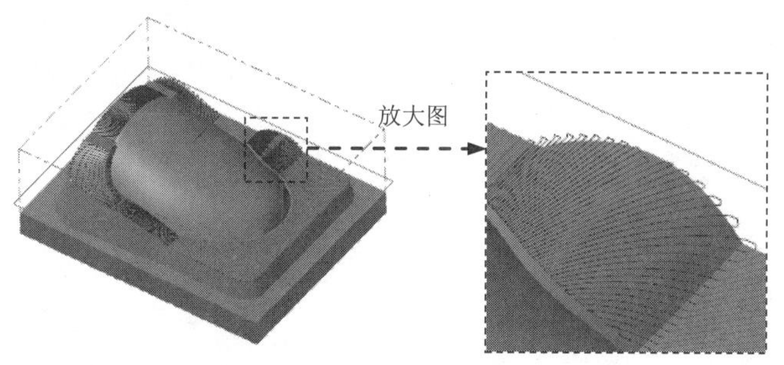

图 17.27 刀具路径

Stage7. 精加工等高外形加工

Step1. 选择加工方法。选择下拉菜单 刀路(T) → 曲面精加工(F) → 等高外形(C)... 命令。

Step2. 设置加工区域。

（1）选取加工曲面。在图形区中选择图 17.28 所示的面（共 23 个面），然后单击 Enter 键，系统弹出“刀路/曲面选择”对话框。

（2）选取检查面。单击 检查面 区域中的 按钮，然后选取图 17.29 所示的面（共 13 个面），按 Enter 键，完成加工区域的设置，系统返回至“刀路/曲面选择”对话框。

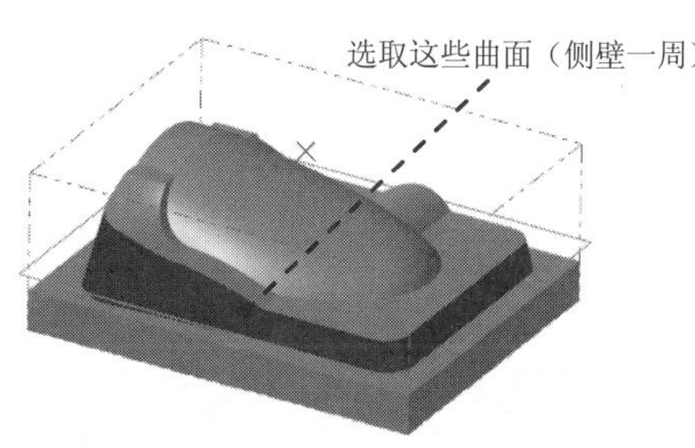

图 17.28 选取加工曲面

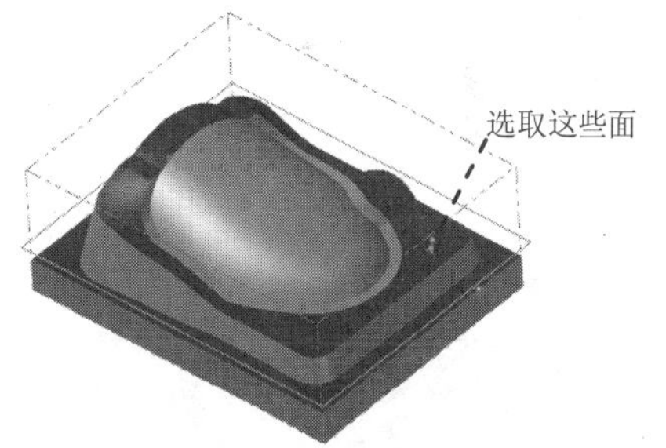

图 17.29 选取检查面

（3）单击 ✔ 按钮，完成加工区域的设置，同时系统弹出“曲面精车-外形”对话框。

Step3. 确定刀具类型。在“曲面精车-外形”对话框中单击 刀具过滤 按钮，系统弹出“刀具列表过滤”对话框。单击 刀具类型 区域中的 无(N) 按钮后，在刀具类型按钮群中单击 （圆鼻刀）按钮，然后单击 ✔ 按钮，关闭“刀具列表过滤”对话框，系统返回至“曲面精车-外形”对话框。

Step4. 选择刀具。在“曲面精车-外形”对话框中单击 选择库刀具... 按钮，系统弹出“刀具选择”对话框，在该对话框的列表框中选择图 17.30 所示的刀具。单击 ✔ 按钮，关闭“刀具选择”对话框，系统返回至“曲面精车-外形”对话框。

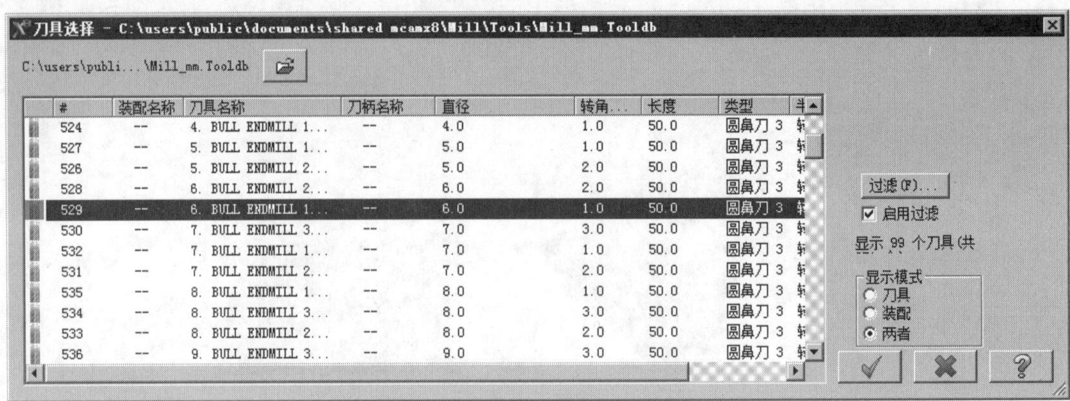

图 17.30 “刀具选择”对话框

Step5. 设置刀具参数。

（1）完成上步操作后，在“曲面精车-外形”对话框 刀路参数 选项卡的列表框中显示出Step4 所选择的刀具。双击该刀具，系统弹出“定义刀具”对话框。

（2）设置刀具号码。单击 最终化属性 按钮，在 刀具编号: 文本框中将原有的数值改为 4。

（3）设置刀具的加工参数。在 进给率 文本框中输入值 200.0，在 下切速率: 文本框中输入值 100.0，在 提刀速率 文本框中输入值 1000.0，在 主轴转速 文本框中输入值 1600.0。

（4）设置冷却方式。单击 冷却液 按钮，系统弹出“冷却液”对话框，在 Flood （切削液）下拉列表中选择 On 选项，单击该对话框中的 确定 按钮，关闭“冷却液”对话框。

Step6. 单击“定义刀具”对话框中的 精加工 按钮，完成刀具的设置。

Step7. 设置曲面参数。在“曲面精车-外形”对话框中单击 曲面参数 选项卡，设置图 17.31 所示的参数。

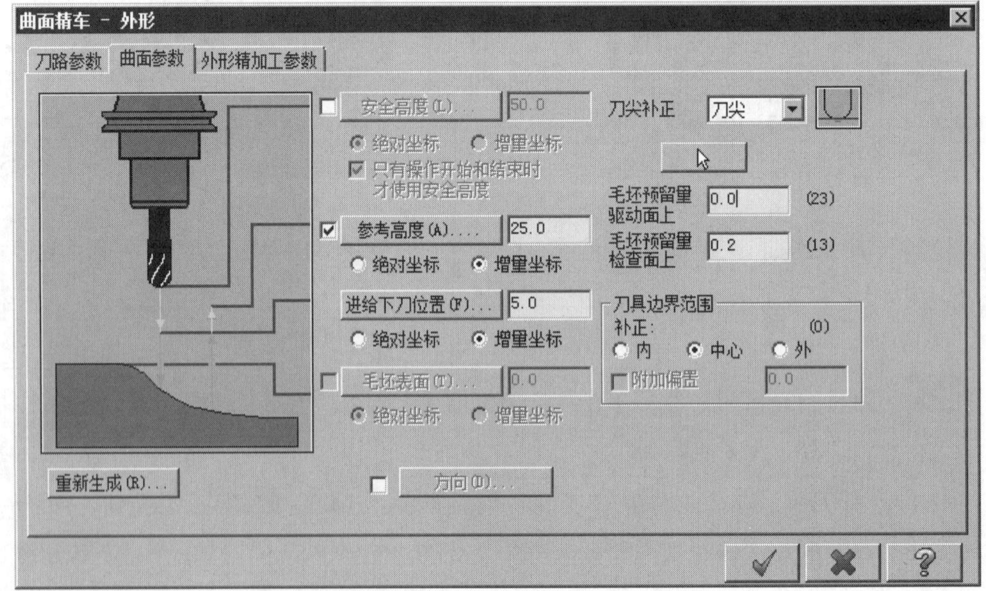

图 17.31 “曲面参数”选项卡

Step8. 设置等高外形精加工参数。在“曲面精车-外形”对话框中单击外形精加工参数选项卡，设置图 17.32 所示的参数，单击间隙设置(G)...按钮，在系统弹出的“间歇设置”对话框的轴向或径向切削间距大于此值时提刀:区域选中⊙距离单选项，然后在⊙距离文本框中输入值 2.5，单击✓按钮，完成间隙设置。

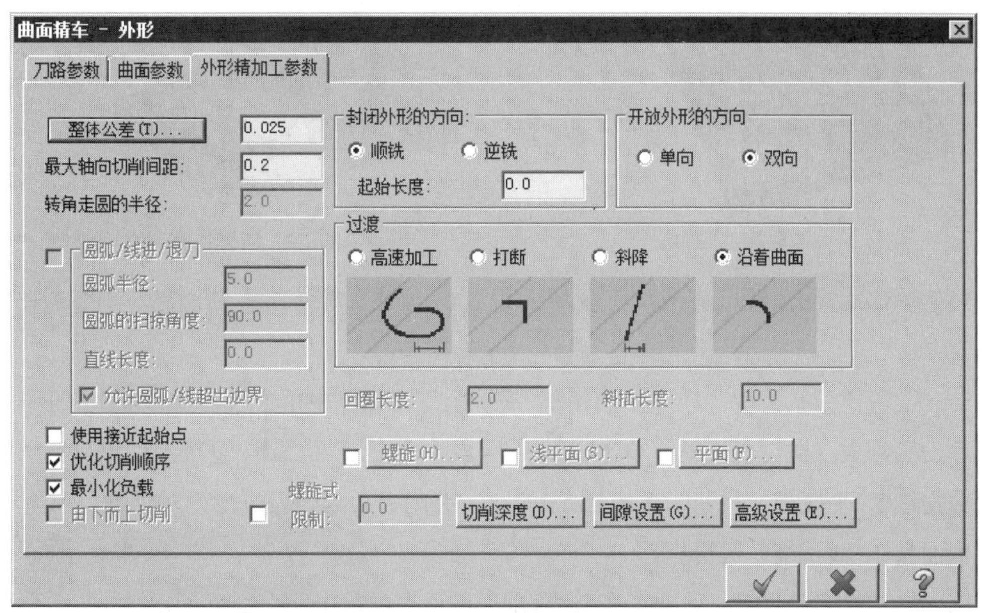

图 17.32 “外形精加工参数”选项卡

Step9. 单击“曲面精车-外形”对话框中的✓按钮，完成加工参数的设置，此时系统将自动生成图 17.33 所示的刀具路径。

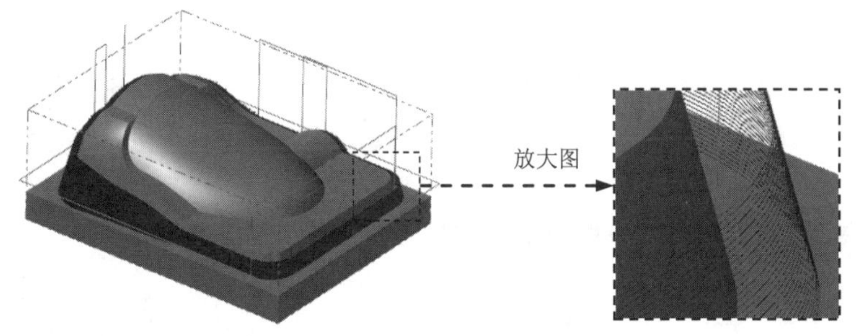

图 17.33 刀具路径

Stage8. 精加工浅平面加工

Step1. 选择加工方法。选择下拉菜单 刀路(T) → 曲面精加工(F) → 浅平面(S)... 命令。

Step2. 设置加工区域。

(1) 选取加工曲面。在图形区中选取图 17.34 所示的面，然后单击 Enter 键，系统弹出

“刀路/曲面选择”对话框。

（2）选取检查面。单击 检查面 区域中的 按钮，然后选取图 17.35 所示的面（共 23 个面），按 Enter 键，完成加工区域的设置，系统返回至“刀路/曲面选择”对话框。

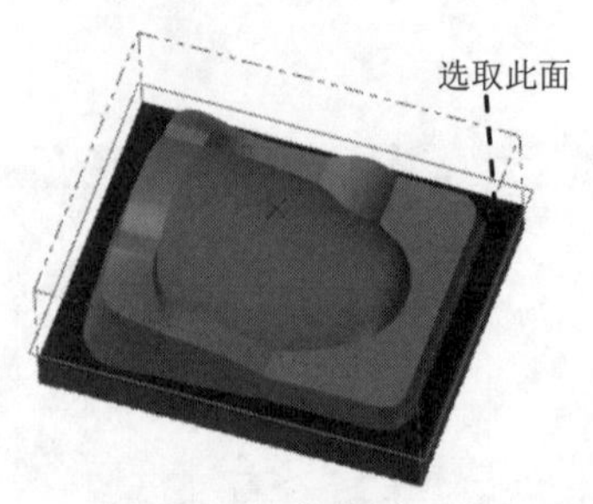

图 17.34　选取加工曲面

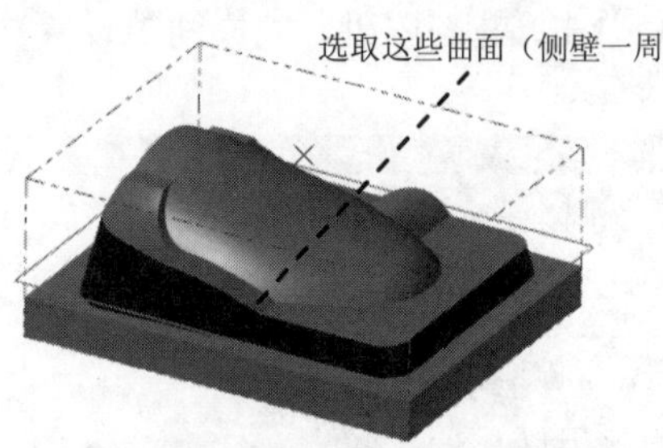

图 17.35　选取检查面

（3）单击 按钮，完成加工区域的设置，同时系统弹出“曲面精车-浅铣削”对话框。

Step3. 确定刀具类型。在“曲面精车-浅铣削”对话框中单击 刀具过滤 按钮，系统弹出“刀具列表过滤”对话框。单击 刀具类型 区域中的 无(N) 按钮后，在刀具类型按钮群中单击 （平底刀）按钮。单击 按钮，关闭“刀具列表过滤”对话框，系统返回至“曲面精车-浅铣削”对话框。

Step4. 选择刀具。在“曲面精车-浅铣削”对话框中单击 选择库刀具... 按钮，系统弹出“刀具选择”对话框，在该对话框的列表框中选择图 17.36 所示的刀具。单击 按钮，关闭“刀具选择”对话框，系统返回至“曲面精车-浅铣削”对话框。

刀具选择 - C:\users\public\documents\shared mcamx8\Mill\Tools\Mill_mm.Tooldb

C:\users\publi...\Mill_mm.Tooldb

#	装配名称	刀具名称	刀柄名称	直径	转角...	长度	刀齿数	类
461	--	1. FLAT ENDMILL	--	1.0	0.0	50.0	4	平
462	--	2. FLAT ENDMILL	--	2.0	0.0	50.0	4	平
463	--	3. FLAT ENDMILL	--	3.0	0.0	50.0	4	平
464	--	4. FLAT ENDMILL	--	4.0	0.0	50.0	4	平
465	--	5. FLAT ENDMILL	--	5.0	0.0	50.0	4	平
466	--	6. FLAT ENDMILL	--	6.0	0.0	50.0	4	平
467	--	7. FLAT ENDMILL	--	7.0	0.0	50.0	4	平
468	--	8. FLAT ENDMILL	--	8.0	0.0	50.0	4	平
469	--	9. FLAT ENDMILL	--	9.0	0.0	50.0	4	平
470	--	10. FLAT ENDMILL	--	10.0	0.0	50.0	4	平
471	--	11. FLAT ENDMILL	--	11.0	0.0	50.0	4	平
472	--	12. FLAT ENDMILL	--	12.0	0.0	50.0	4	平

过滤(F)...

☑ 启用过滤

显示 25 个刀具(共

显示模式

○ 刀具

○ 装配

◉ 两者

图 17.36　“刀具选择”对话框

Step5. 设置刀具参数。

（1）完成上步操作后，在“曲面精车-浅铣削”对话框 刀路参数 选项卡的列表框中显示出 Step4 所选择的刀具，双击该刀具，系统弹出“定义刀具”对话框。

（2）设置刀具号码。单击 最终化属性 按钮，在 刀具编号: 文本框中将原有的数值改为 5。

（3）设置刀具的加工参数。在 进给率 文本框中输入值 400.0，在 下切速率: 文本框中输入

值 100.0，在 提刀速率 文本框中输入值 1000.0，在 主轴转速 文本框中输入值 1600.0。

（4）设置冷却方式。单击 冷却液 按钮，系统弹出“冷却液”对话框，在 Flood （切削液）下拉列表中选择 On 选项，单击该对话框中的 确定 按钮，关闭“冷却液”对话框。

（5）单击“定义刀具”对话框中的 精加工 按钮，完成刀具的设置。

Step6. 设置曲面参数。在“曲面精车-浅铣削”对话框中单击 曲面参数 选项卡，设置图 17.37 所示的参数。

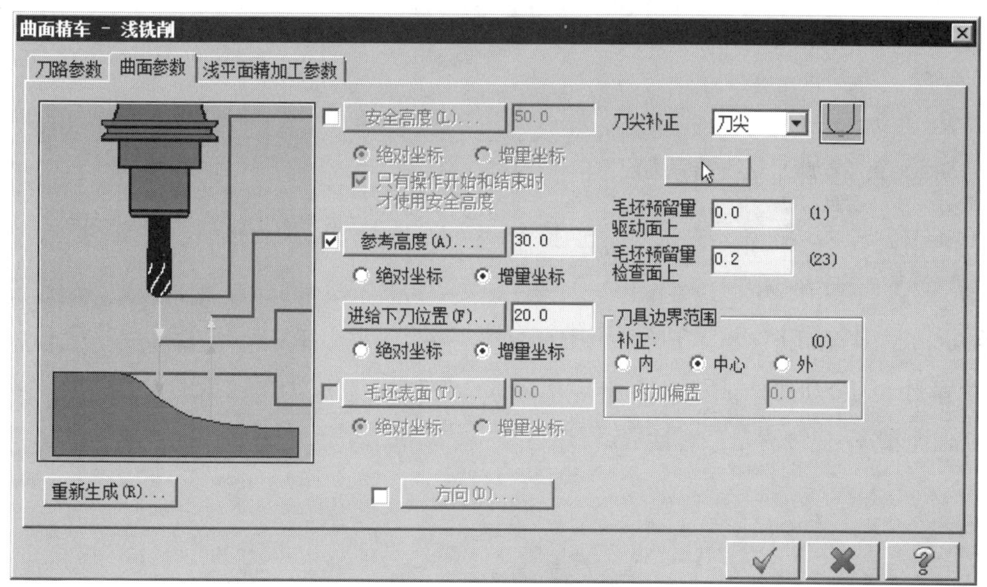

图 17.37 “曲面参数”选项卡

Step7. 设置浅平面精加工参数。在“曲面精车-浅铣削”对话框中单击 浅平面精加工参数 选项卡，设置图 17.38 所示的参数。

图 17.38 “浅平面精加工参数”选项卡

Step8. 单击“曲面精车-浅铣削”对话框中的 按钮，完成加工参数的设置，此时系统将自动生成图 17.39 所示的刀具路径。

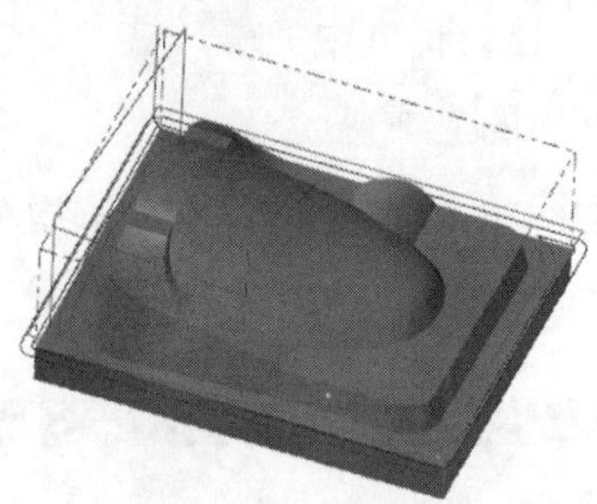

图 17.39 刀具路径

Stage9. 精加工交线清角加工

Step1. 选择加工方法。选择下拉菜单 刀路(T) → 曲面精加工(F) → 交线清角(E)... 命令。

Step2. 设置加工区域。在图形区中选取图 17.40 所示的面（共 45 个面），单击 Enter 键，系统弹出“刀路/曲面选择”对话框。单击 按钮，完成加工区域的设置，同时系统弹出“曲面精车-交线清角”对话框。

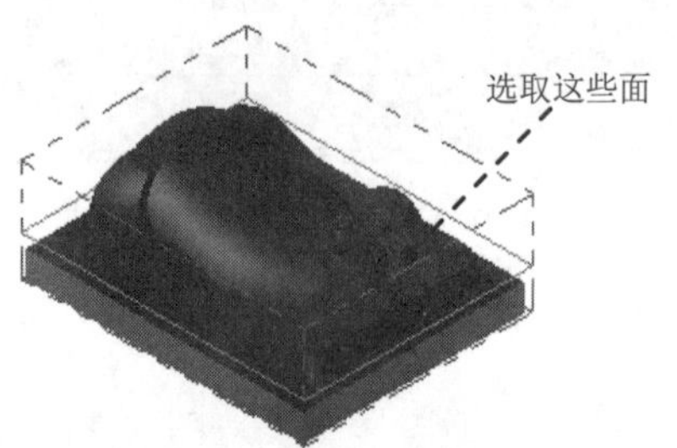

图 17.40 选取加工面

Step3. 确定刀具类型。在“曲面精车-交线清角”对话框中单击 刀具过滤 按钮，系统弹出“刀具列表过滤”对话框。单击 刀具类型 区域中的 无(N) 按钮后，在刀具类型按钮群中单击 （球刀）按钮，然后单击 按钮，关闭“刀具列表过滤”对话框，系统返回至“曲面精车-交线清角”对话框。

Step4. 选择刀具。在“曲面精车-交线清角”对话框中单击 选择库刀具... 按钮，系统弹出“刀具选择”对话框，在该对话框的列表框中选择图 17.41 所示的刀具。单击 按钮，关闭“刀具选择”对话框，系统返回至“曲面精车-交线清角”对话框。

Step 5. 设置刀具参数。

（1）完成上步操作后，在“曲面精车-交线清角”对话框 刀路参数 选项卡的列表框中显示出 Step 4 所选择的刀具。双击该刀具，系统弹出“定义刀具”对话框。

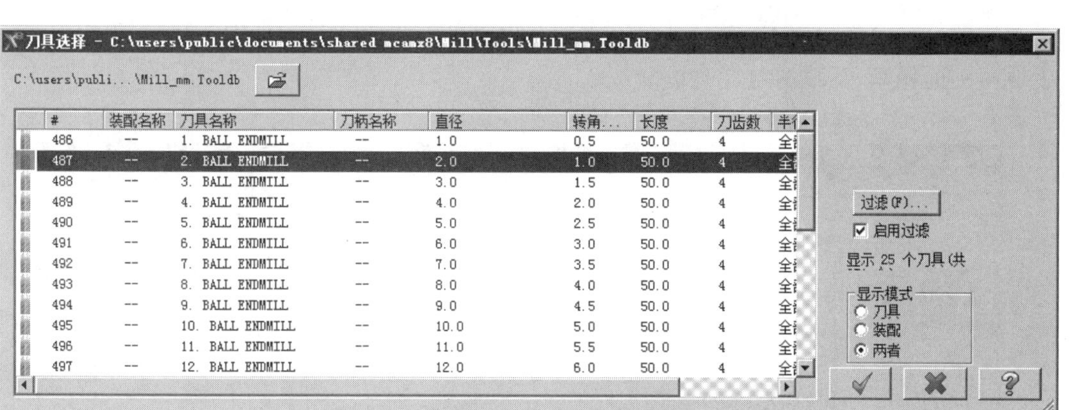

图 17.41 “刀具选择”对话框

（2）设置刀具号码。单击最终化属性按钮，在刀具编号:文本框中将原有的数值改为 6。

（3）设置刀具的加工参数。在进给率文本框中输入值 300.0，在下切速率:文本框中输入值 100.0，在提刀速率文本框中输入值 500.0，在主轴转速文本框中输入值 4500.0。

（4）设置冷却方式。单击冷却液按钮，系统弹出“冷却液”对话框，在Flood（切削液）下拉列表中选择On选项，单击该对话框中的确定按钮，关闭“冷却液”对话框。

（5）单击“定义刀具”对话框中的精加工按钮，完成刀具的设置。

Step6. 设置曲面参数。在“曲面精车-交线清角”对话框中单击曲面参数选项卡，设置图 17.42 所示的参数。

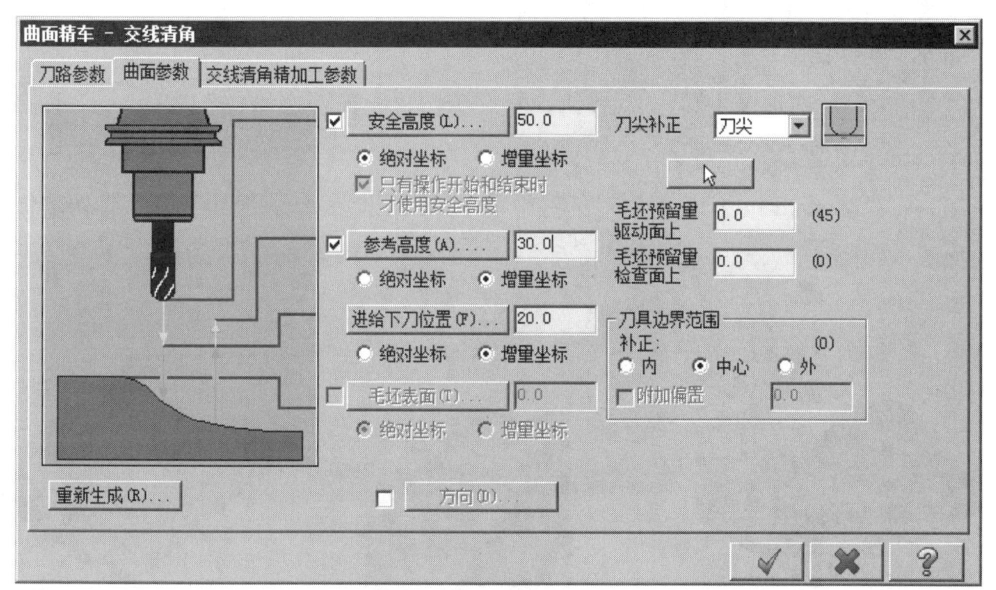

图 17.42 “曲面参数”选项卡

Step7. 设置交线清角精加工参数。在“曲面精车-交线清角”对话框中单击交线清角精加工参数选项卡，设置图 17.43 所示的参数；单击间隙设置(G)...按钮，在切弧半径:文本框中输入值 5.0，在切弧角度:文本框中输入值 90.0。单击该对话框中的 ✓ 按钮，系统返回“曲面精车-交线清角”对话框。

曲面精车 - 交线清角

刀路参数 | 曲面参数 | 交线清角精加工参数

整体公差(T)... 0.025
切削方式: 双向
平行路径
无
单侧加工次数 1
无限制
径向切削间距: 1.25
加工方向
顺铣
逆铣
使用接近起始点
允许沿面下降切削(-Z)
允许沿面上升切削(+Z)
清角曲面的最大夹角: 160.0
过厚: 0.0
深度限制(D)... 间隙设置(G)... 高级设置(E)...

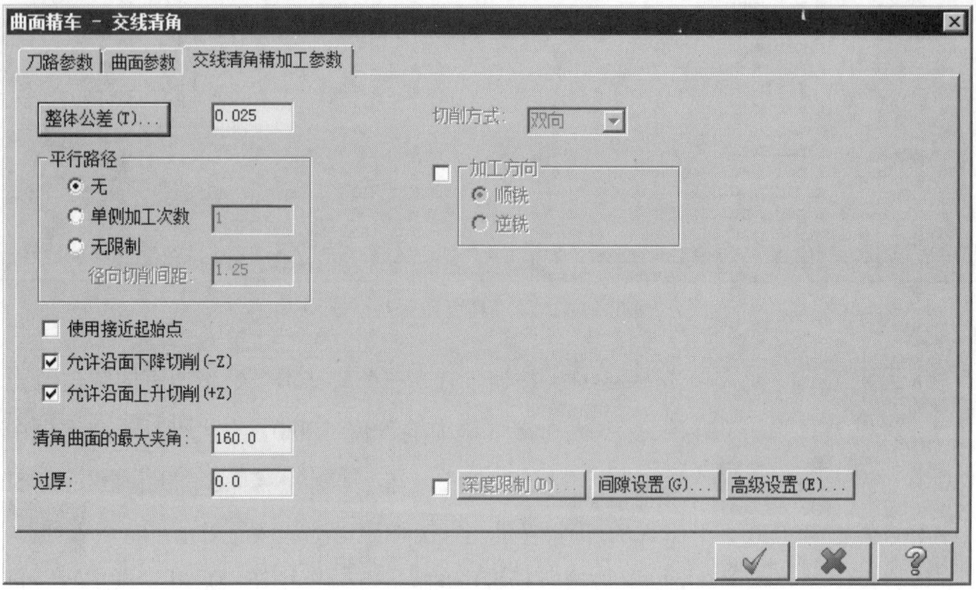

图 17.43 “交线清角精加工参数”选项卡

Step8. 单击“曲面精车-交线清角”对话框中的 ✓ 按钮，完成加工参数的设置，此时系统将自动生成图 17.44 所示的刀具路径。

Step9. 实体切削验证。

（1）在刀路选项卡中单击按钮，然后单击“验证选定操作”按钮，系统弹出“Mastercam 模拟器”对话框。

（2）在“Mastercam 模拟器”对话框中单击按钮，系统将开始进行实体切削仿真，结果如图 17.45 所示，然后单击 × 按钮。

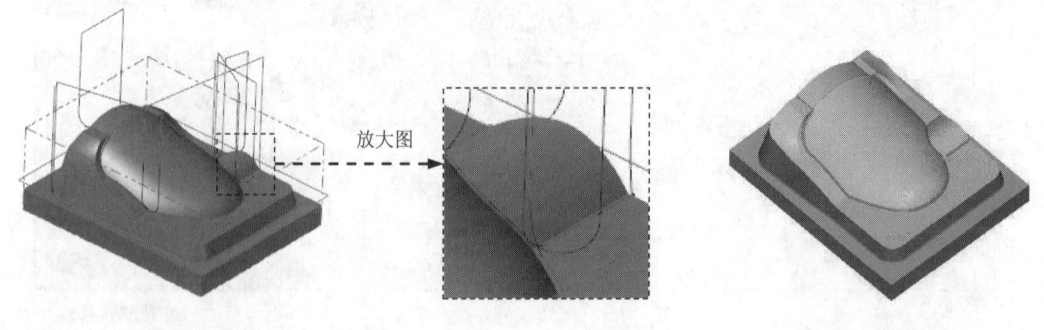

图 17.44 刀具路径

图 17.45 仿真结果

Step10. 保存模型。选择下拉菜单 文件(F) → 保存(S) 命令，保存模型。

实例 18 阶梯轴车削加工

车削加工主要用于轴类零件，阶梯轴就是一个车削加工的典型实例。通过该实例，介绍车床粗加工、车床精加工以及车床径向粗车加工等方法。在学习完本章内容后，希望读者能进一步了解车削加工的一些方法。该零件的加工工艺路线如图 18.1 所示。

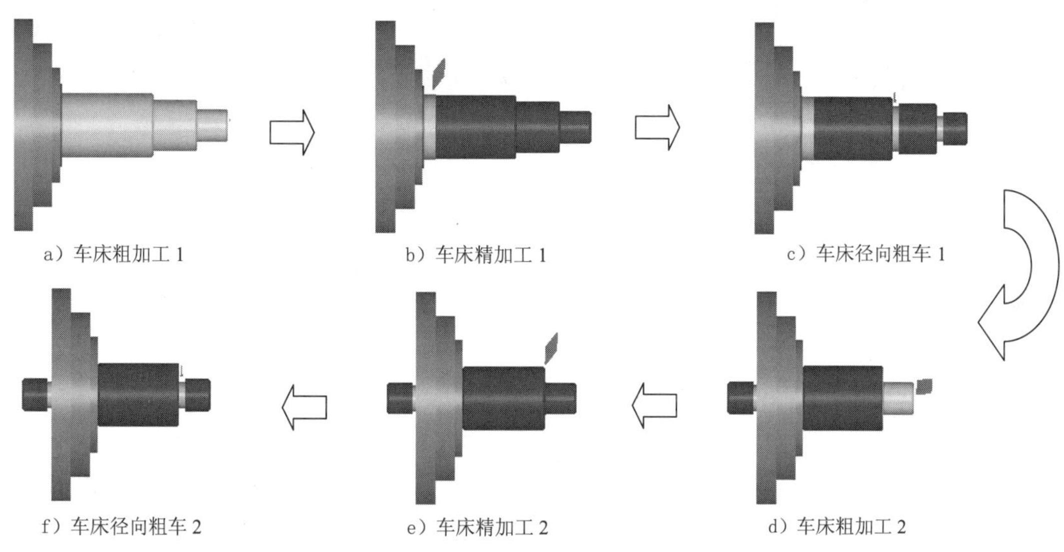

图 18.1 加工工艺路线

Stage1. 进入加工环境

Step1. 打开模型。选择文件 D:\mcx8.11\work\ch18\ LADDER_AXIS.MCX。

Step2. 进入加工环境。选择下拉菜单 机床类型(M) → 车削(L) → 默认(D) 命令，系统进入加工环境。

Step3. 删除无用的群组。在“操作管理器”中选中 机床群组-1 后右击，选择 群组 选项后的“删除”命令将机床群组-1 删除。

Stage2. 设置工件和夹爪

Step1. 在“操作管理器”中单击 属性 - Lathe Default MM 节点前的“+”号，将该节点展开，然后单击 毛坯设置 节点，系统弹出“机床群组属性”对话框。

Step2. 设置工件的形状。在“机床群组属性”对话框的 毛坯 区域中单击 属性... 按钮，系统弹出“机床组件管理器-毛坯”对话框。

Step3. 设置工件的尺寸。在“机床组件管理器-毛坯”对话框的 外径: 文本框中输入值

65.0，在长度文本框中输入值 170.0，在轴向位置区域的 Z: 文本框中输入值 160.0，其他参数采用系统默认设置值；单击预览车床边界(P)...按钮查看工件，如图 18.2 所示。按 Enter 键，然后在“机床组件管理器-毛坯”对话框中单击✔按钮，系统返回至“机床群组属性”对话框。

Step4. 设置夹爪的形状。在“机床群组属性”对话框的卡爪区域中单击属性...按钮，系统弹出“机床组件管理器 – 卡爪”对话框。

Step5. 设置夹爪的尺寸。在用户定义位置区域的直径文本框中输入值 65.0，在 Z: 文本框中输入值 15.0；单击预览车床边界(P)...按钮查看夹爪，结果如图 18.3 所示。按 Enter 键，然后在“机床组件管理器 – 卡爪”对话框中单击✔按钮，系统返回至“机床群组属性”对话框。

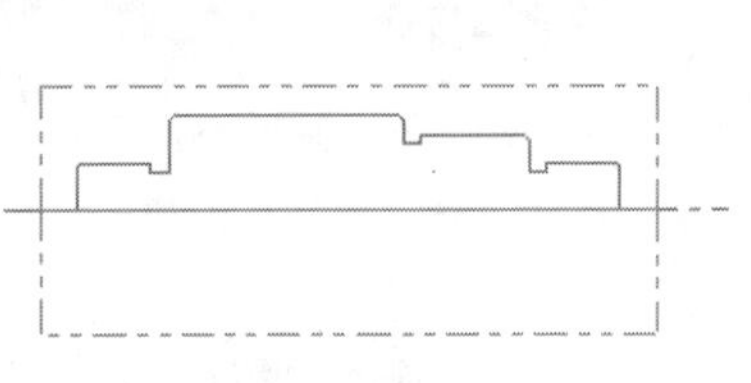

图 18.2　预览工件形状和位置

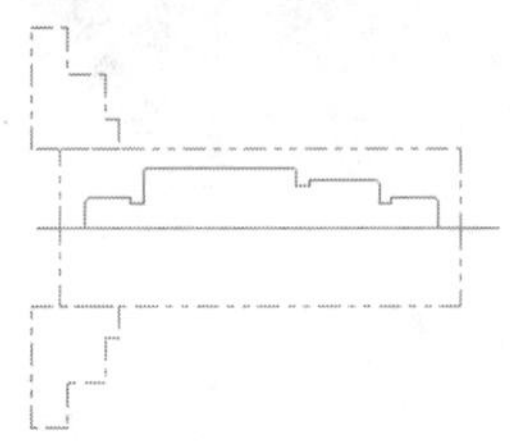

图 18.3　预览夹爪形状和位置

Step6. 在“机床群组属性”对话框中单击✔按钮，完成工件和夹爪的设置。

Stage3. 粗车加工 1

Step1. 选择加工类型。选择下拉菜单刀路(T) → 粗车(R)...命令，系统弹出“输入新 NC 名称”对话框，采用系统默认的 NC 名称。单击✔按钮，系统弹出“串连”对话框。

Step2. 定义加工轮廓。在该对话框中将选择方式设置为框选，在图形区选取图 18.4 所示的轮廓线，然后捕捉到图 18.4 所示的点单击。单击✔按钮，系统弹出“车削粗车 属性”对话框。

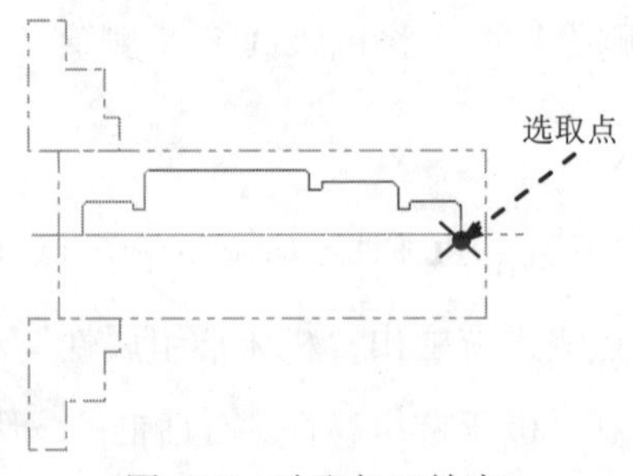

图 18.4　选取加工轮廓

Step3. 选择刀具。在“车削粗车 属性”对话框中采用系统默认的刀具，在主轴转速文本框中输入值 300.0；在原点位置下拉列表中选择用户定义选项，单击定义(D)按钮，在系统弹出的“原点位置-用户定义”对话框的X:文本框中输入值 150.0，在Z:文本框中输入值 300.0。单击该对话框中的✓按钮，系统返回至“车削粗车 属性”对话框，其他参数采用系统默认设置值。

Step4. 设置冷却方式。单击Coolant...按钮，系统弹出“Coolant...”对话框，在Flood（切削液）下拉列表中选择On选项。单击该对话框中的✓按钮，关闭“Coolant...”对话框。

Step5. 设置粗车参数。

（1）在“车削粗车 属性”对话框中单击粗加工参数选项卡，然后单击切入/切出(L)...按钮，系统弹出“切入/切出”对话框。

（2）在“切入/切出”对话框中单击切出选项卡，选中增加线(L)...复选框并单击该按钮，此时系统弹出“新建外形线”对话框。

（3）在“新建外形线”对话框的长度:文本框中输入值 10，在角度:文本框中输入值 180，然后单击✓按钮。

（4）单击“切入/切出”对话框中的✓按钮，系统返回至“车削粗车 属性”对话框，然后在毛坯识别下拉列表中选择毛坯用于外边界选项。

Step6. 单击“车削粗车 属性”对话框中的✓按钮，完成粗车参数的设置，此时系统将自动生成图 18.5 所示的刀具路径。

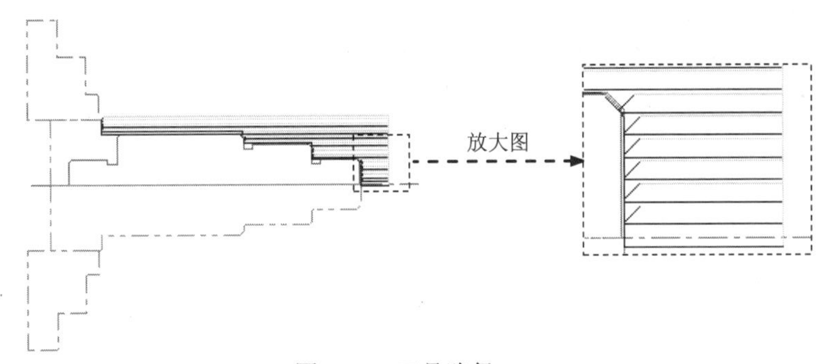

图 18.5 刀具路径

Stage4. 精车加工 1

Step1. 选择加工类型。选择下拉菜单刀路(T) ➡ 精车(F)...命令，系统弹出“串连”对话框。

Step2. 定义加工轮廓。在该对话框中选中☑ 等待复选框，然后在图形区中依次选取图 18.6 所示的加工轮廓线。单击✓按钮，系统弹出“车削精车 属性”对话框。

Step3. 选择刀具。在“车削精车 属性”对话框中选择“T2121 R0.8 OD FINISH RIGHT-35.DEG”刀具，在进给率:文本框中输入值 0.15；在主轴转速:文本框中输入值 600.0，并选中⊙ RPM单选项；在原点位置下拉列表中选择用户定义选项，然后单击定义(D)...按钮，在系统弹出的“原点位置-用户定义”对话框的 X: 文本框中输入值 150.0，在 Z: 文本框中输入值 300.0。单击该对话框中的 ✔ 按钮，系统返回至“车削精车 属性”对话框；其他参数采用系统默认设置值。

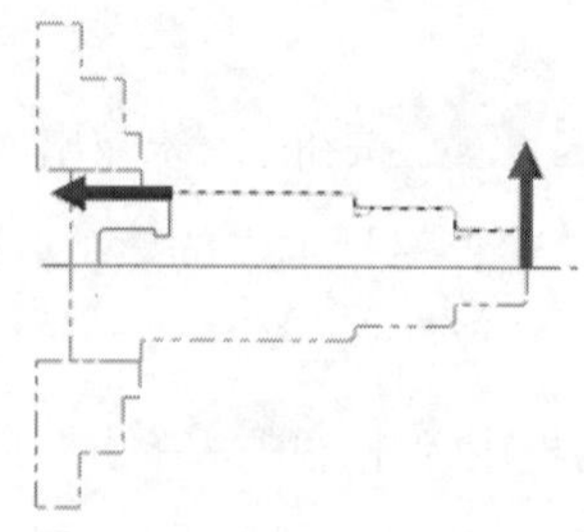

图 18.6　选取加工轮廓

Step4. 设置冷却方式。单击 Coolant... 按钮，系统弹出“Coolant...”对话框，在 Flood（切削液）下拉列表中选择 On 选项。单击该对话框中的 ✔ 按钮，关闭“Coolant...”对话框。

Step5. 设置精车参数。

（1）在“车削精车 属性”对话框中单击 精车参数 选项卡，然后单击 切入/切出(L)... 按钮，系统弹出“切入/切出”对话框。

（2）在“切入/切出”对话框中单击 切出 选项卡，选中 增加线(L)... 复选框并单击该按钮，此时系统弹出“新建外形线”对话框。

（3）在“新建外形线”对话框的 长度: 文本框中输入值 5，在 角度: 文本框中输入值 180，然后单击两次 ✔ 按钮。

Step6. 单击“车削精车 属性”对话框中的 ✔ 按钮，完成精车参数的设置，此时系统将自动生成图 18.7 所示的刀具路径。

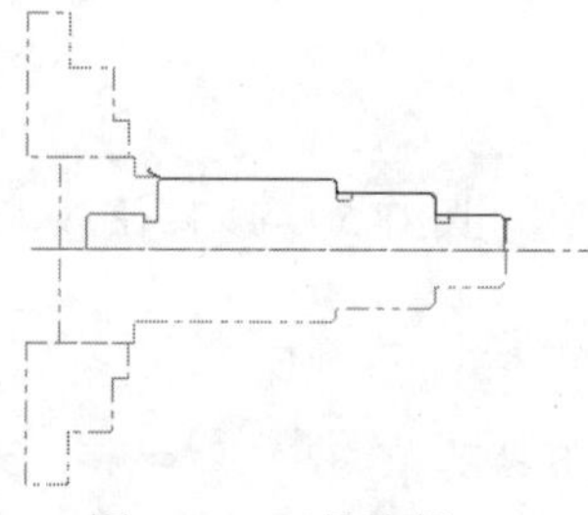

图 18.7　刀具路径

Stage5. 径向粗车加工 1

Step1. 选择加工类型。选择下拉菜单 刀路(T) → 径向车(G)... 命令，系统弹出“径向车削选项”对话框。

Step2. 定义加工轮廓。在“径向车削选项”对话框中选中 ◉ 2点 单选项，然后单击 ✔ 按钮。在图形区中依次选取图 18.8 所示的点 1、点 2、点 3 与点 4，然后按 Enter 键，系统弹出“车削径向车 属性”对话框。

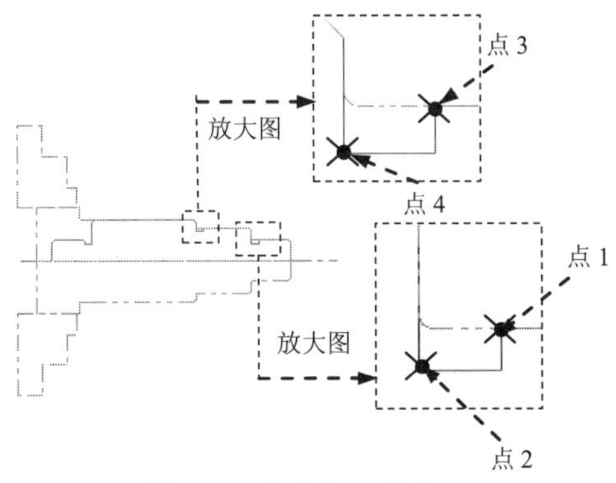

图 18.8　定义加工轮廓

Step3. 设置加工参数。

（1）在“车削径向车 属性”对话框中选择“T4747 R0.1 W1.85 OD GROOVE RIGHT - NARROW”刀具。

（2）在主轴转速:后的文本框中输入值 700.0；单击Coolant...按钮，系统弹出“Coolant...”对话框，在Flood（切削液）下拉列表中选择On选项，单击该对话框中的✓按钮。

（3）在原点位置下拉列表中选择用户定义选项，单击定义(D)...按钮，在系统弹出的“原点位置-用户定义”对话框的X:文本框中输入值 150.0，在Z:文本框中输入值 300.0，单击✓按钮。

（4）在“车削径向车 属性”对话框中单击径向粗车参数选项卡，切换到“径向粗车参数”界面，在暂留时间区域选中⊙秒单选项，然后在暂留时间文本框中输入值 2.0；在切槽壁区域中选中⊙平滑单选项。

（5）在“车削径向车 属性”对话框中单击凹槽精车参数选项卡，切换到“凹槽精车参数”界面，在重叠量区域的两切削间重叠量:文本框中输入值 0.5；单击切入(L)...按钮，系统弹出“切入”对话框，在第一个路径引入选项卡的角度:文本框中输入值-90；单击第二个路径引入选项卡，在自动计算向量区域选中☑自动计算进刀向量复选框；单击“切入”对话框中的✓按钮，关闭“切入”对话框。

Step4. 在“车削径向车 属性”对话框中单击✓按钮，完成加工参数的设置，此时系统将自动生成图 18.9 所示的刀具路径。

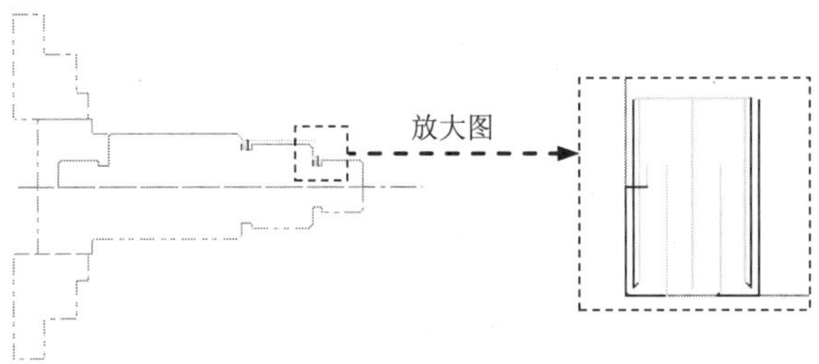

图 18.9　刀具路径

Stage6. 车削毛坯翻转

Step1. 选择下拉菜单 刀路(T) → 其它操作(M) → 毛坯翻转(F)... 命令，系统弹出“车削毛坯翻转 属性”对话框。

Step2. 在“车削毛坯翻转 属性”对话框的 几何图形 区域中单击 选择... 按钮，框选图 18.10 所示的模型边线，按 Enter 键；在 毛坯位置 区域的 原始位置: 文本框中输入值 90.0，在 转移后位置: 文本框中输入值 15.0；在 最终位置: 区域的 D: 文本框中输入值 40.0，在 Z: 文本框中输入值 15.0。

Step3. 在“车削毛坯翻转 属性”对话框中单击 ✔ 按钮，结果如图 18.11 所示。

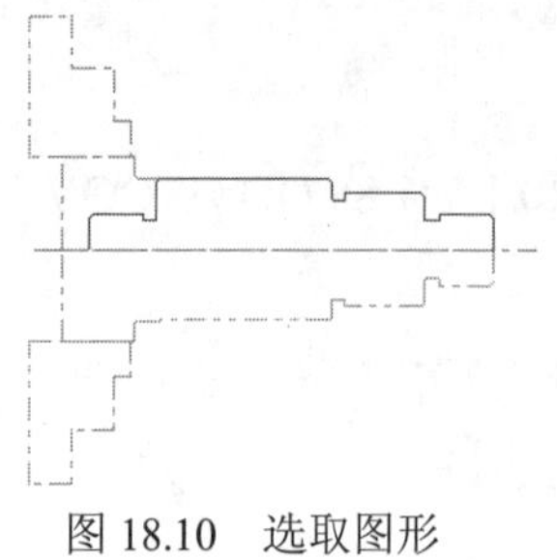
图 18.10 选取图形

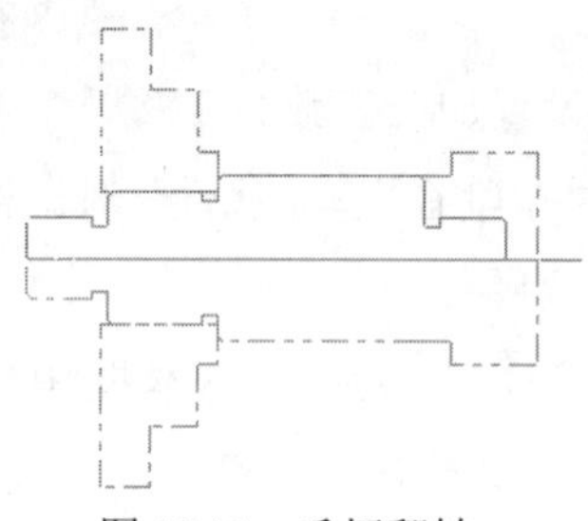
图 18.11 毛坯翻转

Stage7. 粗车加工 2

Step1. 选择加工类型。选择下拉菜单 刀路(T) → 粗车(R)... 命令，系统弹出“串连”对话框。

Step2. 定义加工轮廓。在该对话框中选中 ☑ 等待 复选框，然后在图形区中依次选取图 18.12 所示的加工轮廓线。单击 ✔ 按钮，系统弹出“车削粗车 属性”对话框。

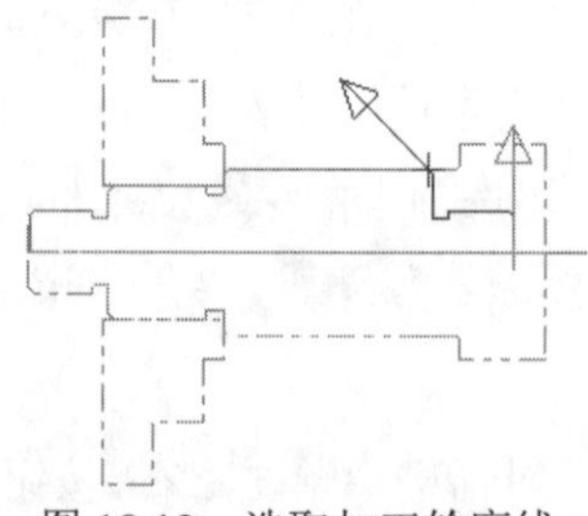
图 18.12 选取加工轮廓线

Step3. 选择刀具。在“车削粗车 属性”对话框中选择“T0101 R0.8 OD ROUGH RIGHT - 80 DEG ”刀具；在 主轴转速: 文本框中输入值 300.0，其他参数采用系统默认设置值。

Step4. 设置冷却方式。单击 Coolant... 按钮，系统弹出“Coolant...”对话框，在 Flood（切削液）下拉列表中选择 On 选项。单击该对话框中的 ✔ 按钮，关闭“Coolant...”对话框。

Step5. 设置粗车参数。在“车削粗车 属性”对话框中单击 粗加工参数 选项卡，然后在

毛坯识别下拉列表中选择剩余毛坯选项。

Step6. 单击“车削粗车 属性”对话框中的 ✓ 按钮，完成粗车参数的设置，此时系统将自动生成图 18.13 所示的刀具路径。

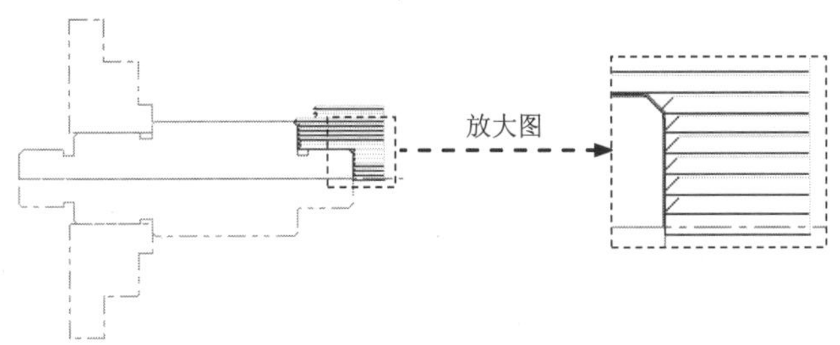

图 18.13 刀具路径

Stage8. 精车加工 2

Step1. 选择加工类型。选择下拉菜单 刀路(T) → 精车(F)... 命令，系统弹出“串连”对话框。

Step2. 定义加工轮廓。在该对话框中选中 ☑ 等待 复选框，然后在图形区中依次选取图 18.14 所示的轮廓线，单击 ✓ 按钮，系统弹出“车削精车 属性”对话框。

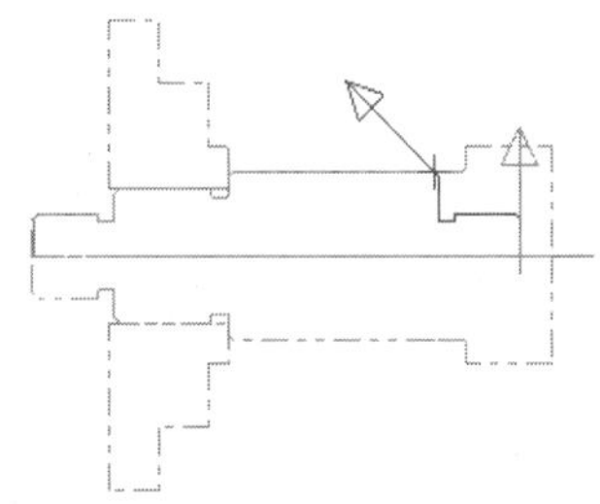

图 18.14 选取加工轮廓线

Step3. 选择刀具。在“车削精车 属性”对话框中选择“T2121 R0.8 OD FINISH RIGHT – 35 DEG.”刀具；在进给率:文本框中输入值 0.2，在主轴转速:文本框中输入值 550.0。

Step4. 设置冷却方式。单击 Coolant... 按钮，系统弹出“Coolant...”对话框，在 Flood（切削液）下拉列表中选择 On 选项。单击该对话框中的 ✓ 按钮，关闭“Coolant...”对话框。

Step5. 设置精车参数。

（1）在“车削精车 属性”对话框中单击精车参数选项卡，然后单击 切入/切出(L)... 按钮，系统弹出“切入/切出”对话框。

（2）在“切入/切出”对话框中单击切出选项卡，在调整外形区域选中 ☑ 延长/缩短外形终止线 复选框，然后在量:文本框中输入值 2.0，单击 ✓ 按钮。

Step6. 单击“车削精车 属性”对话框中的 ✓ 按钮，完成精车参数的设置，此时系统将自动生成图 18.15 所示的刀具路径。

Stage9. 径向粗车加工 2

Step1. 选择加工类型。选择下拉菜单 刀路(T) → 径向车(G)... 命令，系统弹出“径向车削选项”对话框。

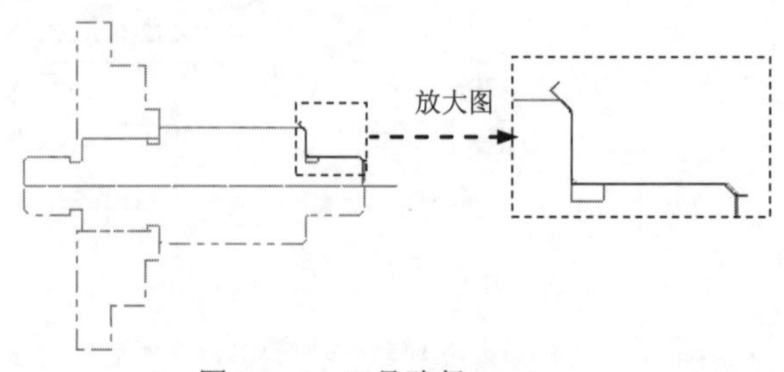

图 18.15 刀具路径

Step2. 定义加工轮廓。在“径向车削选项”对话框中选中 2点 单选项，单击 ✔ 按钮，在图形区依次选取图 18.16 所示的点 1 与点 2，然后按 Enter 键，系统弹出 “车削径向车 属性”对话框。

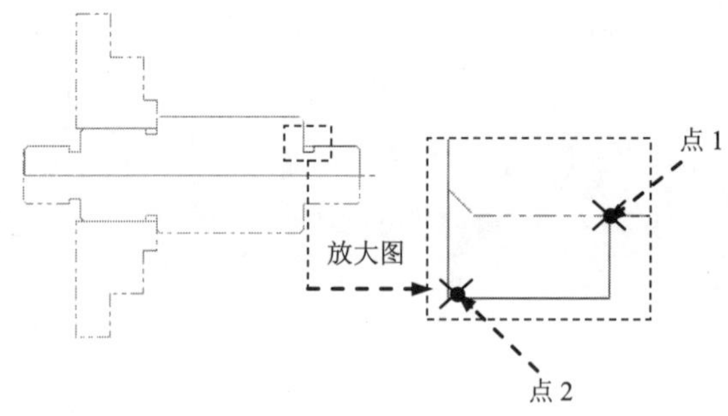

图 18.16 定义加工轮廓

Step3. 设置加工参数。

（1）在“车削径向车 属性”对话框中选择“T4747 R0.1 W1.85 OD GROOVE RIGHT - NARROW”刀具。

（2）在“车削径向车 属性”对话框中单击 径向粗车参数 选项卡，切换到“径向粗车参数”界面，在 粗切步进量: 文本框中输入值 50.0。

（3）在“车削径向车 属性”对话框中单击 凹槽精车参数 选项卡，切换到“凹槽精车参数”界面；单击 切入(L)... 按钮，系统弹出“切入”对话框，在 第一个路径引入 选项卡的 自动计算向量 区域选中 ☑ 自动计算进刀向量 复选框；单击 第二个路径引入 选项卡，在 自动计算向量 区域选中 ☑ 自动计算进刀向量 复选框；单击“切入”对话框中的 ✔ 按钮，关闭“切入”对话框。

Step4. 在“车削径向车 属性”对话框中单击 ✔ 按钮，完成加工参数的设置，此时系统将自动生成图 18.17 所示的刀具路径。

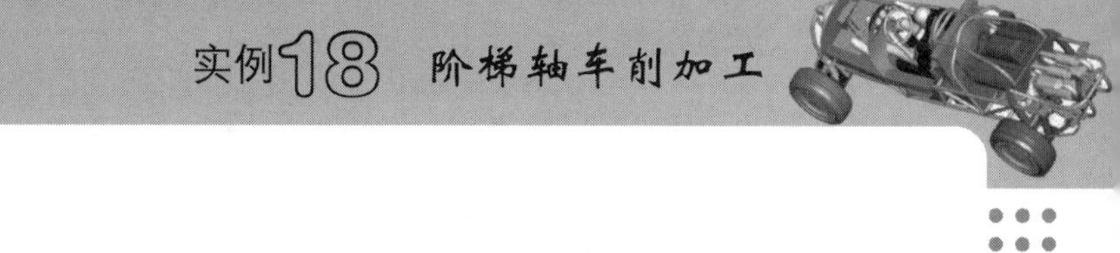

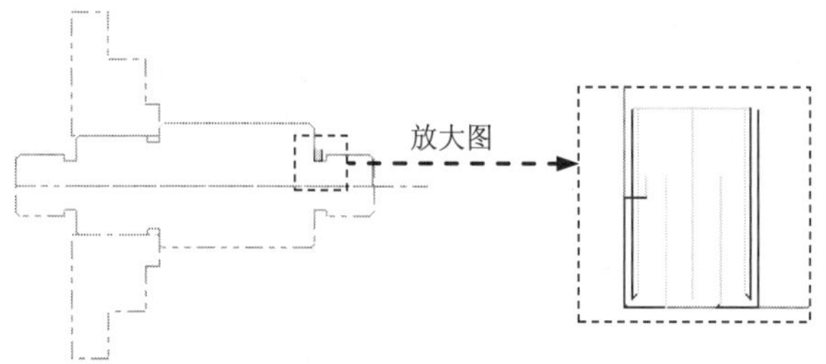

图 18.17 刀具路径

Step5. 实体切削验证。

（1）在刀路选项卡中单击按钮，然后单击“验证选定操作”按钮，系统弹出“Mastercam 模拟器”对话框。

（2）在“Mastercam 模拟器”对话框中单击按钮，系统将开始进行实体切削仿真，单击 × 按钮，关闭“Mastercam 模拟器”对话框。

Step6. 保存模型。选择下拉菜单 文件(F) → 保存(S) 命令，即可保存模型。

实例 19　螺纹轴车削加工

本实例是一个螺纹轴的车削加工。通过该实例介绍了车床加工的大多数方法，主要有车端面、车床粗加工、车床精车、径向粗车、进刀粗车以及车螺纹等方法，要重点掌握车螺纹加工的方法。下面具体介绍该螺纹轴加工的过程，其加工工艺路线如图 19.1 所示。

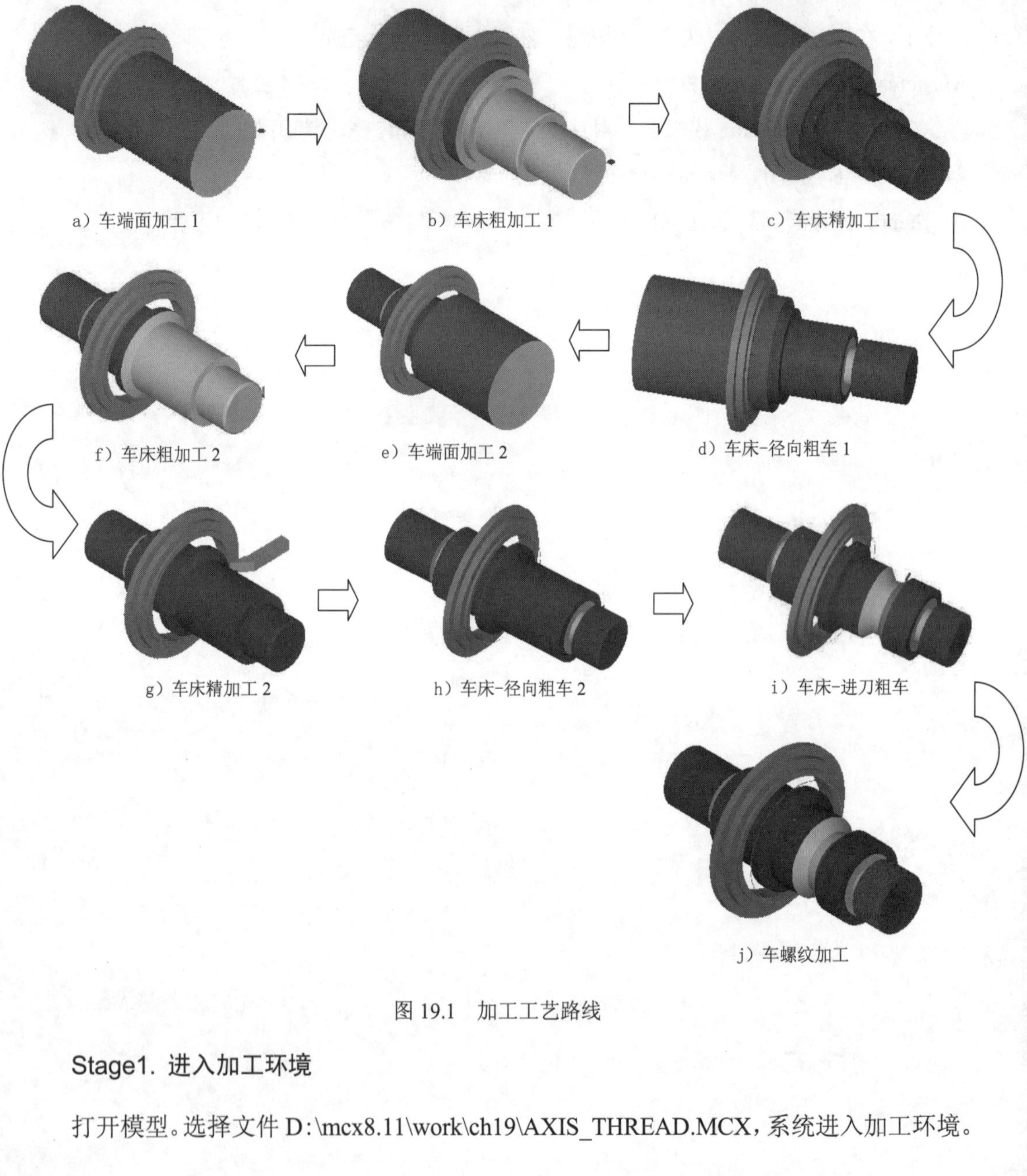

a）车端面加工 1　b）车床粗加工 1　c）车床精加工 1

f）车床粗加工 2　e）车端面加工 2　d）车床-径向粗车 1

g）车床精加工 2　h）车床-径向粗车 2　i）车床-进刀粗车

j）车螺纹加工

图 19.1　加工工艺路线

Stage1. 进入加工环境

打开模型。选择文件 D:\mcx8.11\work\ch19\AXIS_THREAD.MCX，系统进入加工环境。

Stage2．设置工件和夹爪

Step1．在“操作管理器”中单击 属性 - Lathe Default MM 节点前的“+”号，将该节点展开，然后单击 毛坯设置 节点，系统弹出“机床群组属性”对话框。

Step2．设置工件的形状。在“机床群组属性”对话框的 毛坯 区域中单击 属性... 按钮，系统弹出“机床组件管理器-毛坯”对话框。

Step3．设置工件的尺寸。在“机床组件管理器-毛坯”对话框的 外径: 文本框中输入值 240.0，在 长度: 文本框中输入值 600.0，在 轴向位置 区域的 Z: 文本框中输入值 580.0，其他参数采用系统默认设置值；单击 预览车床边界(P)... 按钮，预览工件形状和位置，如图 19.2 所示。按 Enter 键，然后在“机床组件管理器-毛坯”对话框中单击 ✔ 按钮，系统返回至“机床群组属性”对话框。

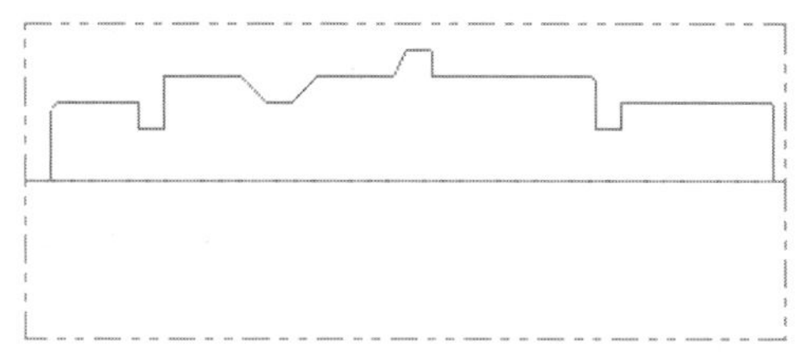

图 19.2　预览工件形状和位置

Step4．设置夹爪的形状。在“机床群组属性”对话框的 卡爪 区域中单击 属性... 按钮，系统弹出“机床组件管理器 – 卡爪”对话框。

Step5．设置夹爪的尺寸。在 用户定义位置 区域的 直径: 文本框中输入值 240.0，在 Z: 文本框中输入值 240.0；单击 预览车床边界(P)... 按钮查看夹爪，结果如图 19.3 所示。按 Enter 键，然后在“机床组件管理器 – 卡爪”对话框中单击 ✔ 按钮，系统返回至“机床群组属性”对话框。

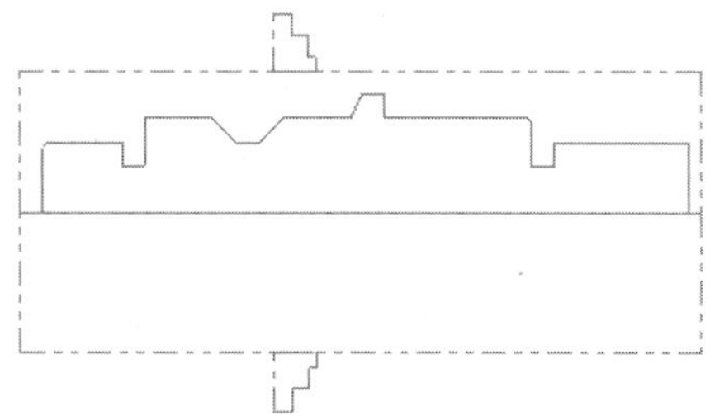

图 19.3　预览夹爪形状和位置

Step6．在“机床群组属性”对话框中单击 ✔ 按钮，完成工件和夹爪的设置。

Stage3．车端面加工 1

Step1．选择加工类型。选择下拉菜单 刀路(T) → 面铣(A)... 命令，系统弹出“输入新 NC 名称”对话框，采用系统默认的 NC 名称。单击 ✓ 按钮，系统弹出“车削端面属性”对话框。

Step2. 在“车削端面 属性”对话框中采用系统默认的刀具，在 主轴转速: 文本框中输入值 300.0；在 原点位置 下拉列表中选择 用户定义 选项，单击 定义(D) 按钮，在系统弹出的“原点位置-用户定义”对话框的 X: 文本框中输入值 200.0，在 Z: 文本框中输入值 700.0。单击该对话框中的 ✓ 按钮，系统返回至“车削端面 属性”对话框，其他参数采用系统默认设置值。

Step3. 设置冷却方式。单击 Coolant... 按钮，系统弹出“Coolant...”对话框，在 Flood（切削液）下拉列表中选择 On 选项。单击该对话框中的 ✓ 按钮，关闭“Coolant...”对话框。

Step4. 设置加工参数。

（1）在“车削端面 属性”对话框中单击 面铣参数 选项卡，在 精修 Z 轴(Z)... 文本框中输入值 570.0。

（2）在“车削端面 属性”对话框中选中 ☑ 粗切径向切削间距: 复选框，然后在 ☑ 粗切径向切削间距: 文本框中输入值 0.2。

（3）单击 ✓ 按钮，完成加工参数的设置，此时系统将自动生成图 19.4 所示的刀具路径。

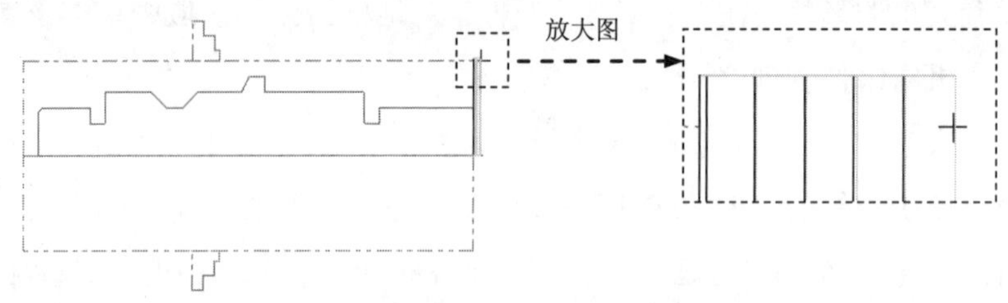

图 19.4 刀具路径

Stage4. 粗车加工 1

Step1. 选择加工类型。选择下拉菜单 刀路(T) ➡ 粗车(R)... 命令，系统弹出“串连”对话框。

说明：先隐藏上步的刀具路径，以便于后面加工轮廓的选取，下同。

Step2. 定义加工轮廓。在该对话框中选中 ☑ 等待 复选框，然后在图形区中依次选取图 19.5 所示的轮廓线（中心线以上的部分）。单击 ✓ 按钮，系统弹出“车削粗车 属性”对话框。

Step3. 选择刀具。在“车削粗车 属性”对话框中采用系统默认的刀具，在 主轴转速: 文本框中输入值 300.0；在 原点位置 下拉列表中选择 用户定义 选项，单击 定义(D) 按钮，在系统弹出的“原点位置-用户定义”对话框的 X: 文本框中输入值 200.0，在 Z: 文本框中输入值 700.0。单击该对话框中的✔按钮，系统返回至“车削粗车 属性”对话框，其他参数采用系统默认设置值。

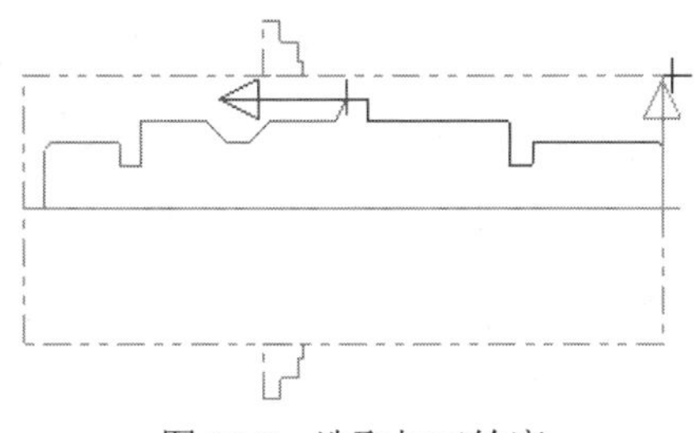

图 19.5 选取加工轮廓

Step4. 设置冷却方式。单击Coolant...按钮，系统弹出“Coolant...”对话框，在Flood（切削液）下拉列表中选择On选项。单击该对话框中的✔按钮，关闭“Coolant...”对话框。

Step5. 设置粗车参数。在“车削粗车 属性”对话框中单击粗加工参数选项卡，然后在毛坯识别下拉列表中选择剩余毛坯选项。

Step6. 单击“车削粗车 属性”对话框中的✔按钮，完成参数的设置，此时系统将自动生成图 19.6 所示的刀具路径。

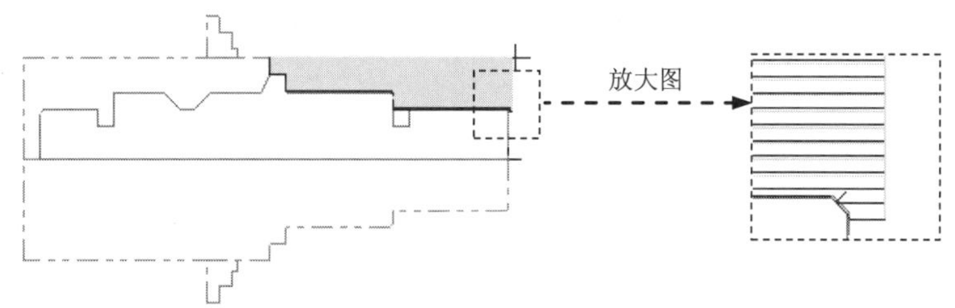

图 19.6 刀具路径

Stage5. 精车加工 1

Step1. 选择加工类型。选择下拉菜单刀路(T) ➡ 精车(F)...命令，系统弹出“串连”对话框。

Step2. 定义加工轮廓。在该对话框中选中☑ 等待复选框，然后在图形区中依次选取图 19.7 所示的轮廓线。单击✔按钮，系统弹出“车削精车 属性”对话框。

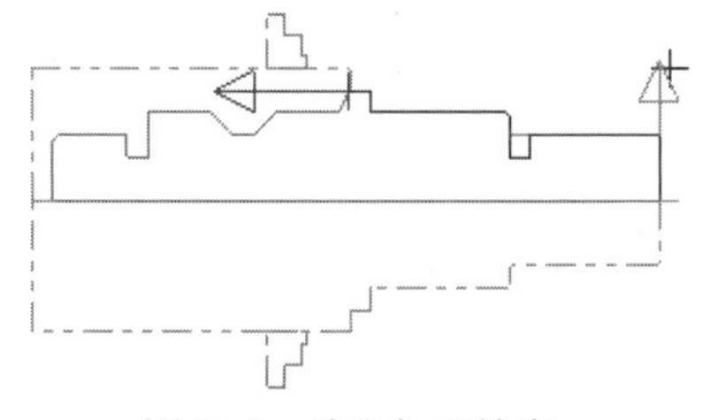

图 19.7 选取加工轮廓

Step3. 选择刀具。在“车削精车 属性”对话框中选择“T2121 R0.8 OD FINISH

RIGHT-35.DEG”刀具，在进给率:文本框中输入值 0.15；在主轴转速:文本框中输入值 700.0。在原点位置下拉列表中选择用户定义选项，单击定义(D)...按钮，在系统弹出的“原点位置-用户定义”对话框的X:文本框中输入值 200.0，在Z:文本框中输入值 700.0。单击该对话框中的✔按钮，系统返回至“车削精车 属性”对话框，其他参数采用系统默认设置值。

Step4. 设置冷却方式。单击Coolant...按钮，系统弹出“Coolant...”对话框，在Flood（切削液）下拉列表中选择On选项。单击该对话框中的✔按钮，关闭“Coolant...”对话框。

Step5. 设置精车参数。

（1）在“车削精车 属性”对话框中单击精车参数选项卡，然后单击切入/切出(L)...按钮，系统弹出“切入/切出”对话框。

（2）在“切入/切出”对话框中单击切出选项卡，选中增加线(L)...复选框并单击该按钮，此时系统弹出“新建外形线”对话框。

（3）在“新建外形线”对话框的长度:文本框中输入值 5，在角度:文本框中输入值 180，然后单击两次✔按钮。

Step6. 单击“车削精车 属性”对话框中的✔按钮，完成参数的设置，此时系统将自动生成图 19.8 所示的刀具路径。

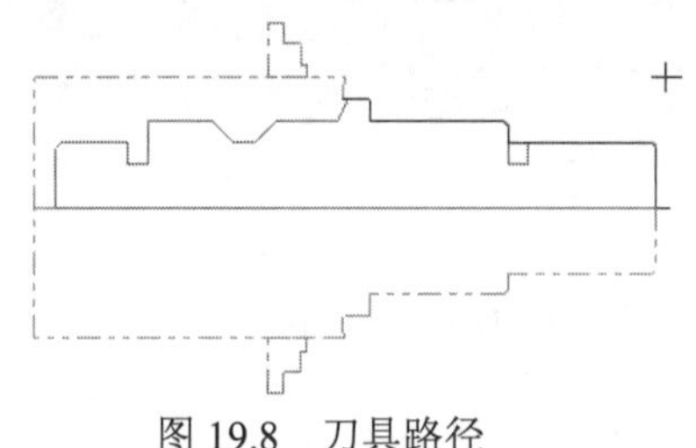

图 19.8　刀具路径

Stage6. 径向粗车加工 1

Step1. 选择加工类型。选择下拉菜单刀路(T) ➡ 径向车(G)...命令，系统弹出“径向车削选项”对话框。

Step2. 定义加工轮廓。在“径向车削选项”对话框中选中⊙ 2点单选项，单击✔按钮，在图形区依次选取图 19.9 所示的点 1 与点 2，然后按 Enter 键，系统弹出“车削径向车 属性”对话框。

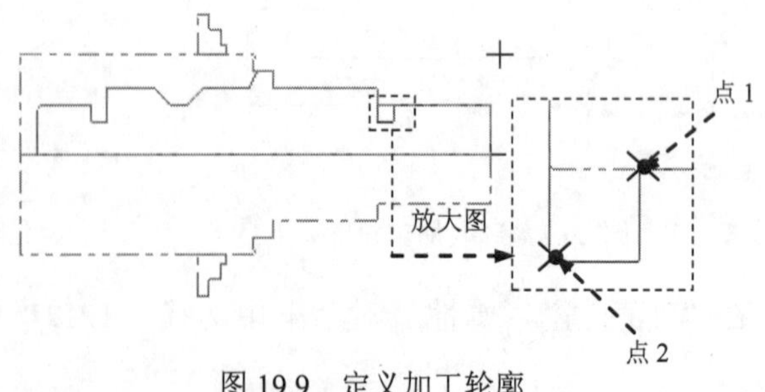

图 19.9　定义加工轮廓

Step3. 设置加工参数。

（1）在“车削径向车 属性”对话框中选择“T4848 R0.3 W4.0 OD GROOVE RIGHT - MEDIUM”刀具，双击该刀具，系统弹出“定义刀具”对话框，单击刀片选项卡，在刀片图形区域的E:文本框中输入值 20.0；单击刀柄选项卡，在刀柄图形区域的C:文本框中输入值 20.9；单击该对话框中的✔按钮。

（2）单击Coolant...按钮，系统弹出“Coolant...”对话框，在Flood（切削液）下拉列表中选择On选项，单击该对话框中的✔按钮。

（3）在原点位置下拉列表中选择用户定义选项，然后单击定义(D)按钮，在系统弹出的“原点位置-用户定义”对话框的X:文本框中输入值 200.0，在Z:文本框中输入值 700.0，单击✔按钮。

（4）在“车削径向车 属性”对话框中单击径向粗车参数选项卡，切换到“径向粗车参数”界面，在X 方向预留量:与Z 方向预留量:文本框中均输入值 0.2；

（5）在“车削径向车 属性”对话框中单击凹槽精车参数选项卡，切换到“凹槽精车参数”界面，在转角暂留时间区域中选中⊙秒单选项，然后在暂留时间文本框中输入值 2.0；在重叠量区域的两切削间重叠量:文本框中输入值 0.5；单击切入(L)...按钮，系统弹出“切入”对话框，在第一个路径引入选项卡的自动计算向量区域选中☑自动计算进刀向量复选框；单击第二个路径引入选项卡，在自动计算向量区域选中☑自动计算进刀向量复选框；单击“切入”对话框中的✔按钮，关闭“切入”对话框。

Step4. 在“车削径向车 属性”对话框中单击✔按钮，完成加工参数的设置，此时系统将自动生成图 19.10 所示的刀具路径。

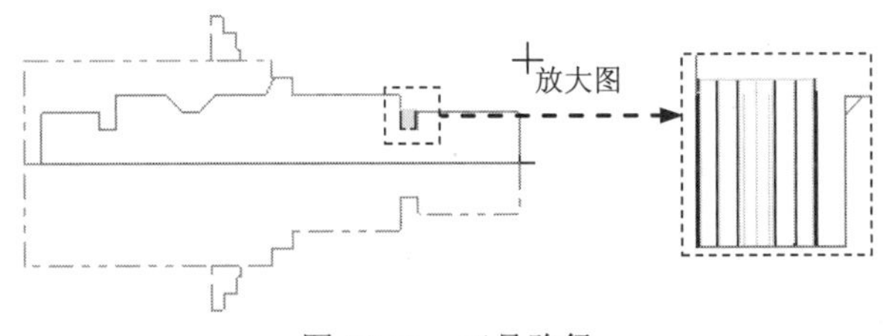

图 19.10 刀具路径

Stage7. 车削素材翻转

Step1. 选择下拉菜单刀路(T) → 其它操作(M) → 毛坯翻转(F)...命令，系统弹出“车削毛坯翻转 属性”对话框。

Step2. 在“车削毛坯翻转 属性”对话框的几何图形区域中单击选择...按钮，框选图 19.11 所示的图形边线，然后按 Enter 键；在毛坯位置区域的原始位置:文本框中输入值 300.0，在转移后位置:文本框中输入值 240.0；在最终位置:区域的D:文本框中输入值 160.0，在Z:文本框中输入值 240.0；

Step3. 在“车削毛坯翻转 属性”对话框中单击[✓]按钮，结果如图 19.12 所示。

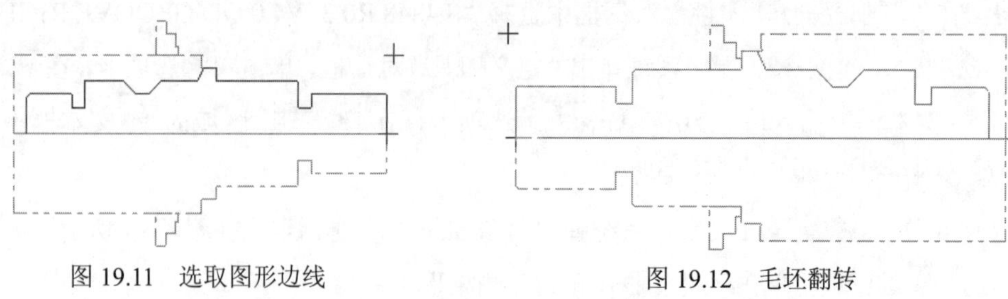

图 19.11 选取图形边线　　图 19.12 毛坯翻转

Stage8. 车端面加工 2

Step1. 选择加工类型。选择下拉菜单 刀路(T) → 面铣(A)... 命令，系统弹出“车削端面 属性”对话框。

Step2. 在“车削端面 属性”对话框中采用系统默认的刀具，在 主轴转速: 文本框中输入值 300.0，其他参数采用系统默认设置值。

Step3. 设置冷却方式。单击 Coolant... 按钮，系统弹出“Coolant...”对话框，在 Flood（切削液）下拉列表中选择 On 选项。单击该对话框中的[✓]按钮，关闭“Coolant...”对话框。

Step4. 设置加工参数。在“车削端面 属性”对话框中单击 面铣参数 选项卡，在 精修 Z 轴(Z)... 文本框中输入值 540.0，其他参数采用系统默认设置值。单击[✓]按钮，完成加工参数的设置，此时系统将自动生成图 19.13 所示的刀具路径。

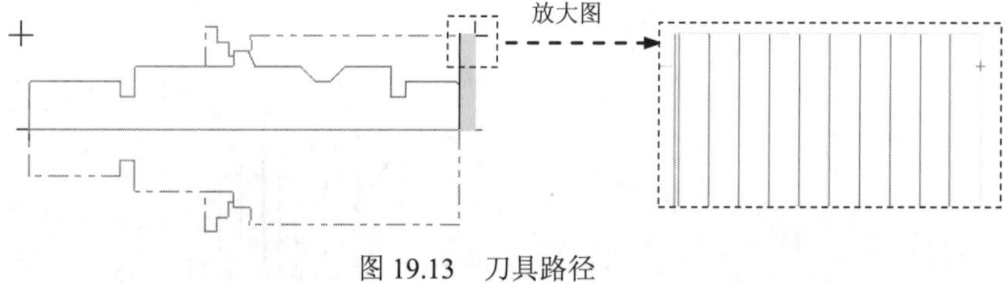

图 19.13 刀具路径

Stage9. 粗车加工 2

Step1. 选择加工类型。选择下拉菜单 刀路(T) → 粗车(R)... 命令，系统弹出“串连”对话框。

Step2. 定义加工轮廓。在该对话框中选中 ☑ 等待 复选框，然后在图形区中依次选取图 19.14 所示的加工轮廓线（中心线以上的部分）。单击[✓]按钮，系统弹出“车削粗车 属性”对话框。

Step3. 选择刀具。在“车削粗车 属性”对话框中选择“T0101 R0.8 OD ROUGH RIGHT－80 DEG.”刀具，在 主轴转速: 文本框中输入值 300.0。

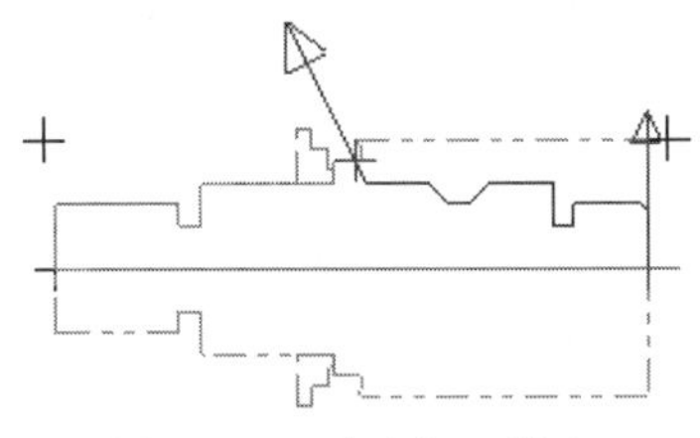

图 19.14　选取加工轮廓

Step4. 设置冷却方式。单击 Coolant... 按钮，系统弹出“Coolant...”对话框，在 Flood（切削液）下拉列表中选择 On 选项。单击该对话框中的 ✔ 按钮，关闭“Coolant...”对话框。

Step5. 设置粗车参数。

（1）在“车削粗车 属性”对话框中单击 粗加工参数 选项卡，然后单击 切入/切出(L)... 按钮，系统弹出“切入/切出”对话框。

（2）在“切入/切出”对话框中单击 切出 选项卡，在 固定方向 区域选中 ⊙ 相切 单选项。

（3）单击“切入/切出”对话框中的 ✔ 按钮，系统返回至“车削粗车 属性”对话框。然后在 毛坯识别 下拉列表中选择 剩余毛坯 选项。

Step6. 单击“车削粗车 属性”对话框中的 ✔ 按钮，完成粗车参数的设置，此时系统将自动生成图 19.15 所示的刀具路径。

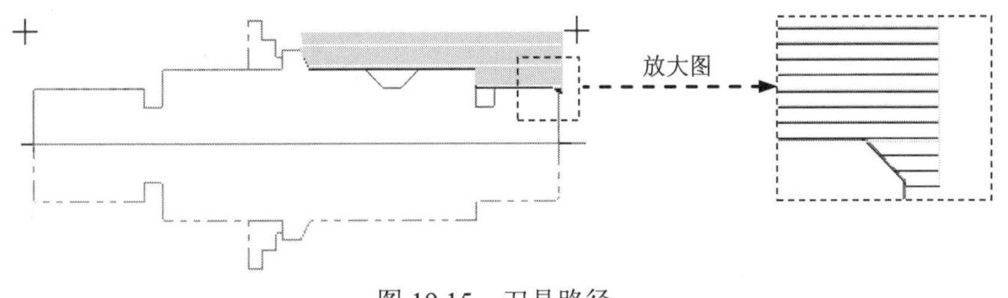

图 19.15　刀具路径

Stage10. 精车加工 2

Step1. 选择加工类型。选择下拉菜单 刀路(T) → 精车(F)... 命令，系统弹出“串连”对话框。

Step2. 定义加工轮廓。在该对话框中选中 ☑ 等待 复选框，然后在图形区中依次选取图 19.16 所示的加工轮廓。单击 ✔ 按钮，系统弹出“车削精车 属性”对话框。

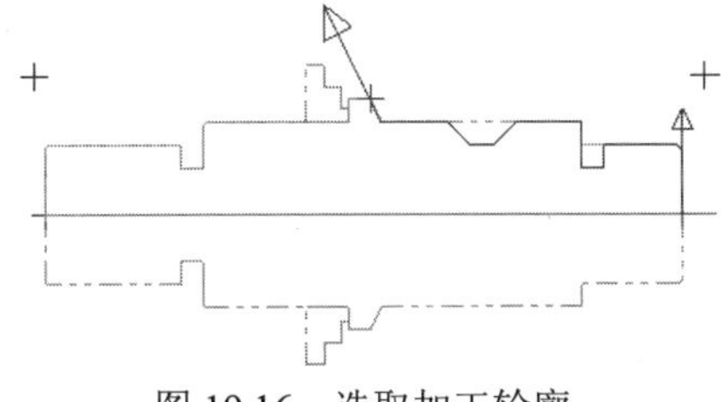

图 19.16　选取加工轮廓

Step3. 选择刀具。在“车削精车 属性”对话框中选择“T2121 R0.8 OD FINISH RIGHT-35.DEG”刀具，在进给率:文本框中输入值 0.15；在主轴转速:文本框中输入值 700.0，其他参数采用系统默认设置值。

Step4. 设置冷却方式。单击 Coolant... 按钮，系统弹出“Coolant...”对话框，在 Flood（切削液）下拉列表中选择 On 选项。单击该对话框中的 ✔ 按钮，关闭“Coolant...”对话框。

Step5. 设置精车参数。

（1）在“车削精车 属性”对话框中单击 精车参数 选项卡，然后单击 切入/切出(L)... 按钮，系统弹出“切入/切出”对话框。

（2）在“切入/切出”对话框中单击 切出 选项卡，在 固定方向 区域选中 ⊙ 相切 单选项。

（3）单击“切入/切出”对话框中的 ✔ 按钮，系统返回至“车削精车 属性”对话框。

Step6. 单击“车削精车 属性”对话框中的 ✔ 按钮，完成精车参数的设置，此时系统将自动生成图 19.17 所示的刀具路径。

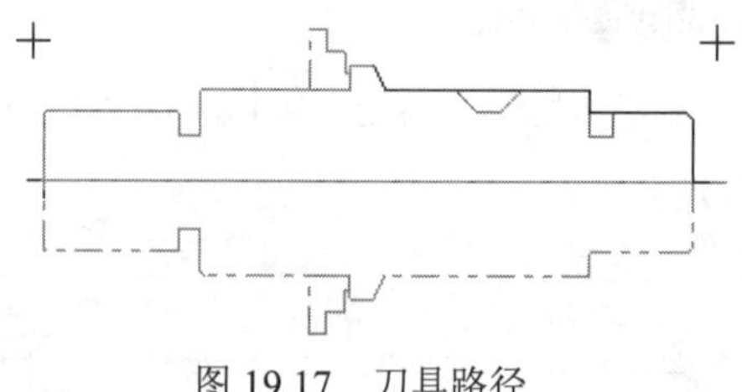

图 19.17 刀具路径

Stage11. 径向粗车加工 2

Step1. 选择加工类型。选择下拉菜单 刀路(T) ➡ 径向车(G)... 命令，系统弹出“径向车削选项”对话框。

Step2. 定义加工轮廓。在“径向车削选项”对话框中选中 ⊙ 2点 单选项，单击 ✔ 按钮，在图形区中依次选取图 19.18 所示的点 1 与点 2，然后按 Enter 键，系统弹出 “车削径向车 属性”对话框。

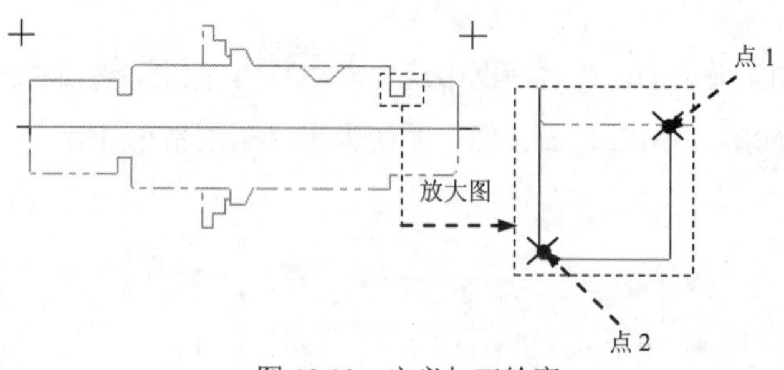

图 19.18 定义加工轮廓

Step3. 设置加工参数

（1）在“车削径向车 属性”对话框中采用系统默认的刀具。

（2）单击Coolant...按钮，系统弹出“Coolant...”对话框，在Flood（切削液）下拉列表中选择On选项，单击该对话框中的✓按钮。

（3）在“车削径向车 属性”对话框中单击径向粗车参数选项卡，切换到“径向粗车参数”界面，所有参数接受系统默认设置值。

（4）在“车削径向车 属性”对话框中单击凹槽精车参数选项卡，切换到“凹槽精车参数”界面，单击切入(L)...按钮，系统弹出“切入”对话框，在第一个路径引入选项卡的自动计算向量区域选中☑自动计算进刀向量复选框；单击第二个路径引入选项卡，在自动计算向量区域选中☑自动计算进刀向量复选框；单击“切入”对话框中的✓按钮，关闭“切入”对话框。

Step4. 在“车削径向车 属性”对话框中单击✓按钮，完成加工参数的设置，此时系统将自动生成图19.19所示的刀具路径。

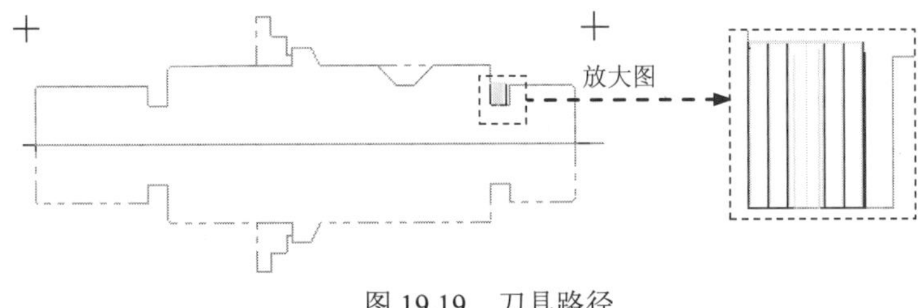

图19.19 刀具路径

Stage12. 进刀粗车加工

Step1. 选择加工类型。选择下拉菜单刀路(T) ➡ 径向车(G)...命令，系统弹出“径向车削选项”对话框。

Step2. 定义加工轮廓。采用默认的切槽定义方式，单击 “径向车削选项”对话框中的✓按钮，系统弹出“串连”对话框。在该对话框中选中☑等待复选框，然后在图形区中依次选取图19.20所示的加工轮廓线。单击✓按钮，系统弹出“车削径向车（串联）属性”对话框。

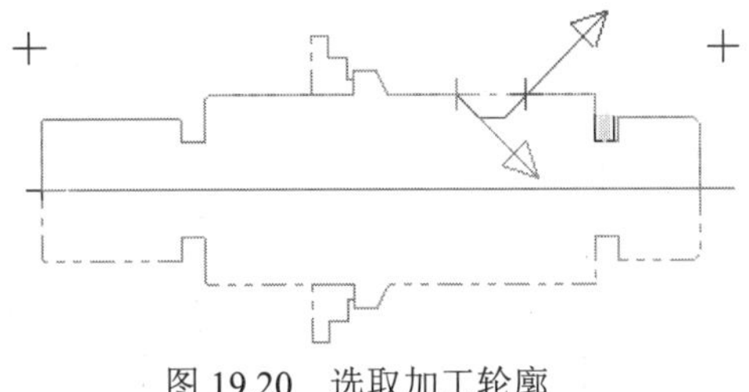

图19.20 选取加工轮廓

Step3. 设置加工参数

（1）在“车削径向车（串联） 属性”对话框中选择“T4848 R0.3 OD GROOVE RIGHT - MEDIUM”刀具。

（2）单击Coolant...按钮，系统弹出“Coolant...”对话框，在Flood（切削液）下拉列表中选择On选项，单击该对话框中的✓按钮。

（3）在“车削径向车（串联） 属性”对话框中单击径向粗车参数选项卡，所有参数接受系统默认设置值。

（4）在“车削径向车（串联） 属性”对话框中单击凹槽精车参数选项卡，切换到“凹槽精车参数”界面，在转角暂留时间区域选中⊙秒单选项，然后在转角暂留时间文本框中输入值 2.0；单击切入(L)...按钮，系统弹出“切入”对话框，在第一个路径引入选项卡的自动计算向量区域选中☑自动计算进刀向量复选框；单击第二个路径引入选项卡，在自动计算向量区域选中☑自动计算进刀向量复选框；单击“切入”对话框中的✓按钮，关闭“切入”对话框。

Step4. 在“车削径向车（串联） 属性”对话框中单击✓按钮，完成加工参数的设置，此时系统将自动生成图 19.21 所示的刀具路径。

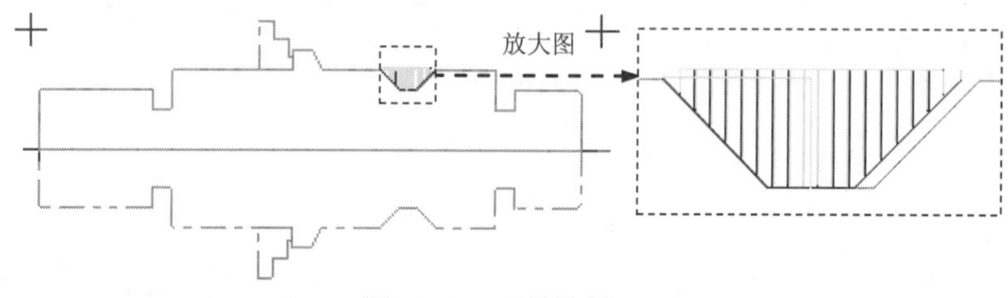

图 19.21 刀具路径

Stage13. 车螺纹加工

Step1. 选择加工类型。选择下拉菜单刀路(T) → 车螺纹(T)...命令，系统弹出“车削螺纹 属性”对话框。

Step2. 选择刀具。在“车削螺纹 属性”对话框中选择“T9696 R0.144 OD THREAD RIGHT- LARGE”刀具，系统弹出“刀具设置已修改”对话框，单击该对话框中的✓按钮。

Step3. 在进给率区域选中⊙毫米/转单选项，在原点位置下拉列表中选择用户定义选项，单击定义(D)...按钮，在系统弹出的“原点位置-用户定义”对话框的X:文本框中输入值 200.0，在Z:文本框中输入值 700.0。单击该对话框中的✓按钮，系统返回至“车削螺纹属性”对话框，其他参数采用系统默认设置值。

Step4. 设置冷却方式。单击Coolant...按钮，系统弹出“Coolant...”对话框，在Flood（切削液）下拉列表中选择On选项。单击该对话框中的✓按钮，关闭“Coolant...”对话框。

Step5. 设置加工参数。

（1）在“车削螺纹 属性”对话框中单击螺纹外形参数选项卡，在导程:文本框中输入值 3.0。

（2）单击 大径... 按钮，然后在图形区中选取图 19.22 所示的边线的中点作为大的直径参考，然后单击 运用公式计算(F)... 按钮，系统弹出“运用公式计算”对话框，单击该对话框中的 ✓ 按钮。

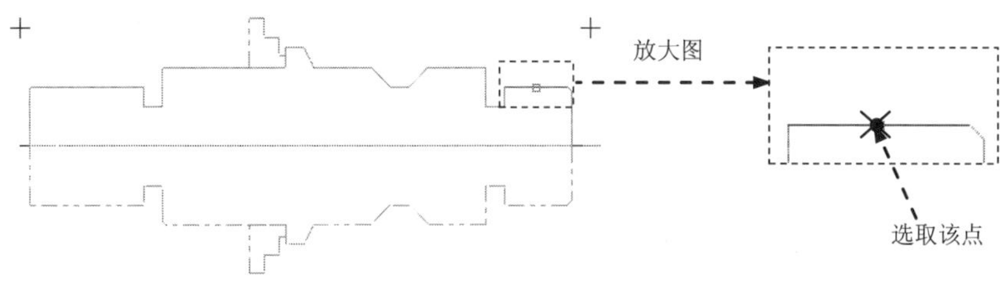

图 19.22 定义螺纹参数

（3）在“螺纹型式的参数”界面的 起始位置 文本框中输入值 470.0，在 终止位置 文本框中输入值 540.0，其他参数采用系统默认设置值。

（4）在“车削螺纹 属性”对话框中单击 螺纹切削参数 选项卡，在 退刀延伸量: 文本框中输入值 2.0，其他参数采用系统默认设置值。

Step6. 在“车削螺纹 属性”对话框中单击 ✓ 按钮，完成加工参数的设置，此时系统将自动生成图 19.23 所示的刀具路径。

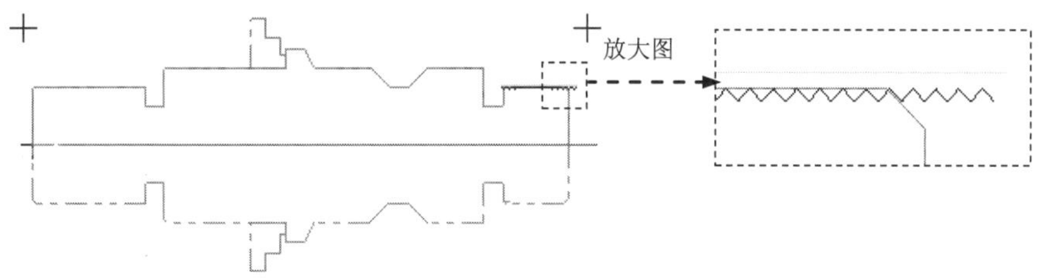

图 19.23 刀具路径

Step7. 实体切削验证。

（1）在 刀路 选项卡中单击 按钮，然后单击“验证选定操作”按钮 ，系统弹出“Mastercam 模拟器”对话框。

（2）在“Mastercam 模拟器”对话框中单击 按钮，系统将开始进行实体切削仿真，结果如图 19.24 所示，然后单击 × 按钮。

图 19.24 仿真结果

Step8. 保存模型。选择下拉菜单 文件(F) → 保存(S) 命令，即可保存模型。

实例 20 垫板凸模加工

本实例讲述的是垫板凸模加工工艺。在加工该垫板凸模时，要特别注意模具流道的加工以及刀具的选择。该实例还使用了复制刀路的方法，它在数控加工中是非常常用且方便的方法，希望读者认真领会。下面介绍该垫板凸模的具体加工过程，其加工工艺路线如图 20.1 所示。

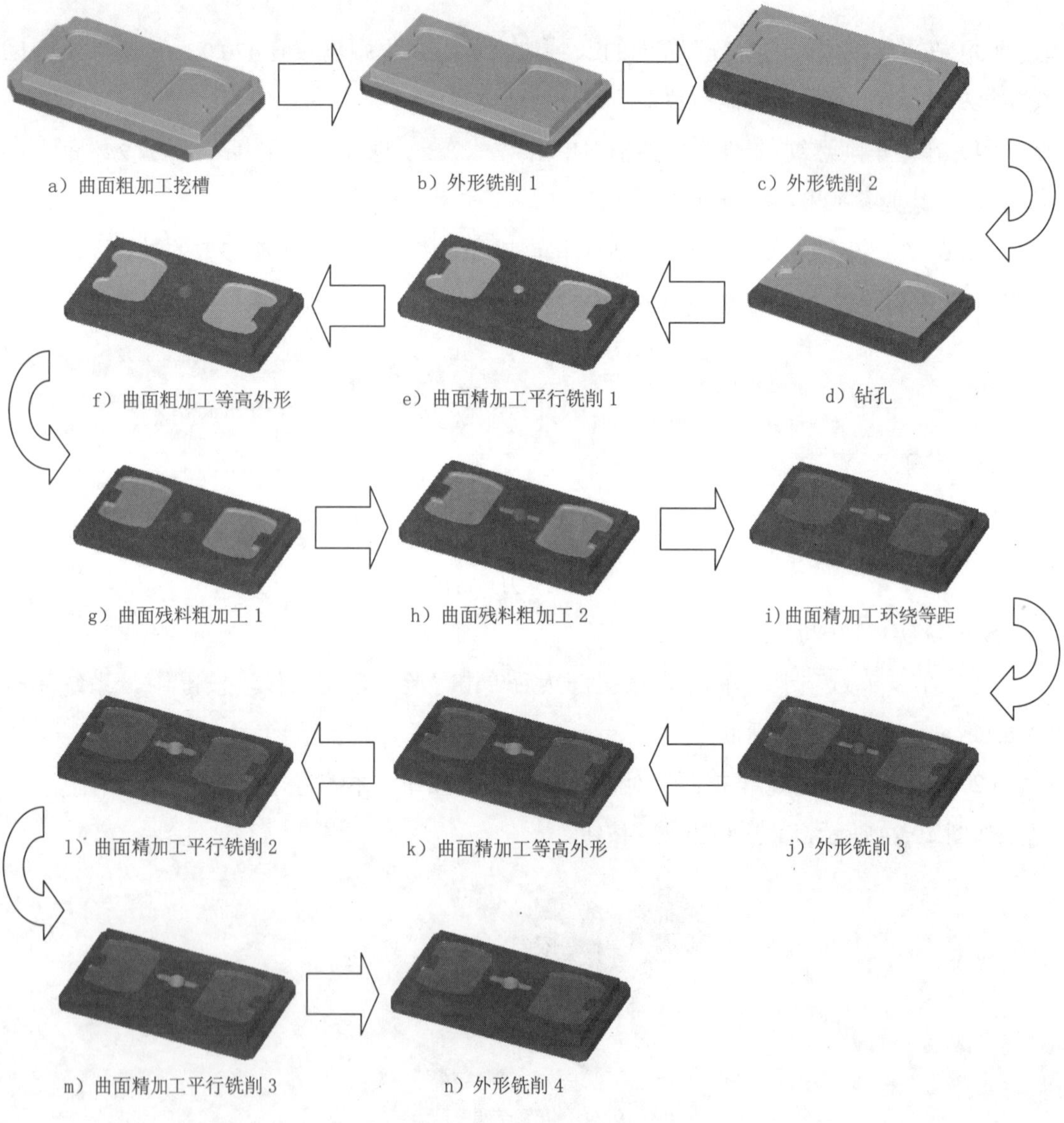

a）曲面粗加工挖槽

b）外形铣削 1

c）外形铣削 2

d）钻孔

e）曲面精加工平行铣削 1

f）曲面粗加工等高外形

g）曲面残料粗加工 1

h）曲面残料粗加工 2

i）曲面精加工环绕等距

j）外形铣削 3

k）曲面精加工等高外形

l）曲面精加工平行铣削 2

m）曲面精加工平行铣削 3

n）外形铣削 4

图 20.1 加工工艺路线

Stage1. 进入加工环境

打开模型。选择文件 D:\ mcx8.11\work\ch20\PAD_MOLD.MCX，系统进入加工环境，此时零件模型如图 20.2 所示。

Stage2. 设置工件

Step1. 在“操作管理器”中单击 属性 - Generic Mill 节点前的“+”号，将该节点展开，然后单击 毛坯设置 节点，系统弹出“机床群组属性”对话框。

Step2. 设置工件的形状。在“机床群组属性”对话框的形状区域中选中 矩形 单选项。

Step3. 设置工件的尺寸。在“机床群组属性”对话框中单击 所有曲面 按钮，在 毛坯原点 区域 Z 下面的文本框中输入值 5，然后在右侧预览区的 Y 文本框中输入值 90，在 X 文本框中输入值 150，在 Z 文本框中输入值 20。

Step4. 单击“机床群组属性”对话框中的 ✓ 按钮，完成工件的设置。此时的工件如图 20.3 所示，从图中可以观察到零件的边缘多了红色的双点画线，双点画线围成的图形即工件。

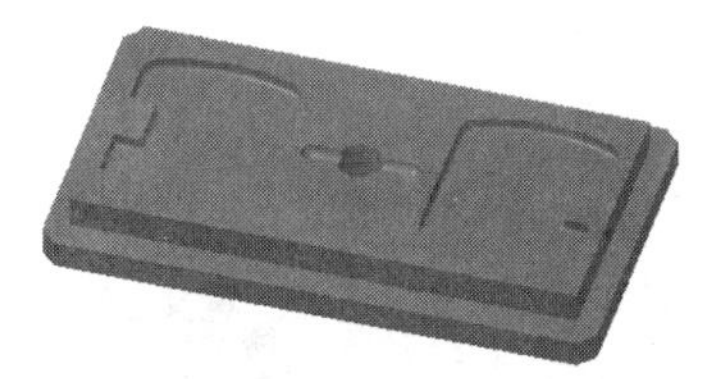

图 20.2 零件模型

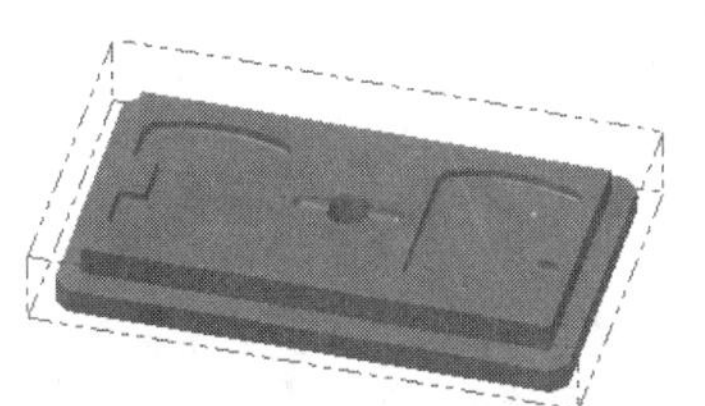

图 20.3 显示工件

Stage3. 粗加工挖槽加工

Step1. 绘制矩形边界。单击俯视图按钮，选择下拉菜单 绘图(C) → 矩形(R)... 命令，系统弹出“矩形”工具栏。在“矩形”工具栏中确认按钮被按下，选取图 20.4 所示的坐标原点（此时在“标准选择”工具栏的 X 文本框、Y 文本框、Z 文本框中值均为 0），然后在后的文本框中输入值 155，在后的文本框中输入值 95，按 Enter 键。单击 ✓ 按钮，完成矩形边界的绘制，结果如图 20.5 所示。

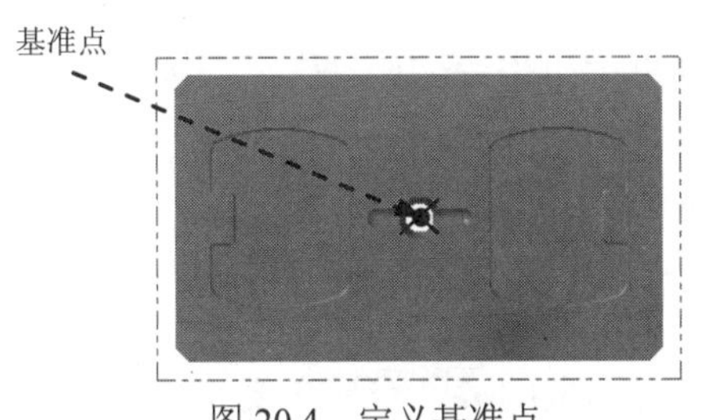

图 20.4 定义基准点

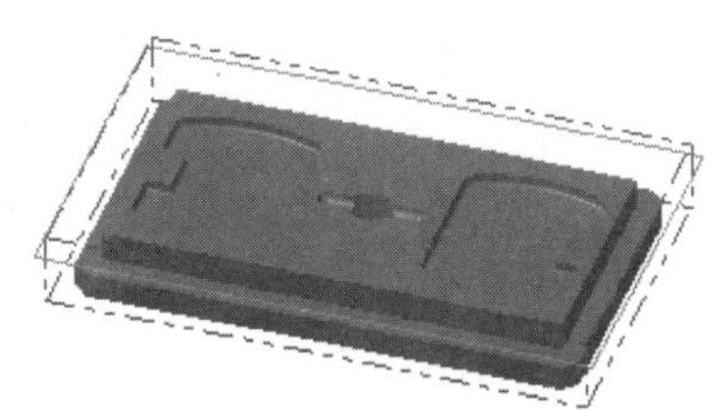

图 20.5 绘制矩形边界

Step2. 选择下拉菜单 刀路(T) → 曲面粗加工(R) → 挖槽(K)... 命令，系统弹出“输入新 NC 名称”对话框，采用系统默认的 NC 名称。单击 ✓ 按钮，完成 NC 名称的设置。

Step3. 设置加工区域。

（1）选取加工面。在图形区中选取图 20.6 所示的面（共 79 个面）为加工面，然后按 Enter 键，系统弹出“刀路/曲面选择”对话框。

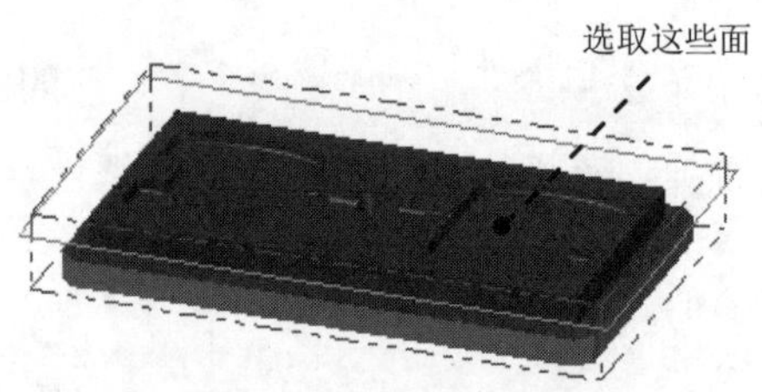

图 20.6　选取加工面

（2）设置加工边界。在边界范围区域中单击按钮，系统弹出“串连”对话框。在图形区中选取图 20.7 所绘制的边线（效果如图 20.8 所示），然后单击按钮，系统返回至“刀路/曲面选择”对话框。

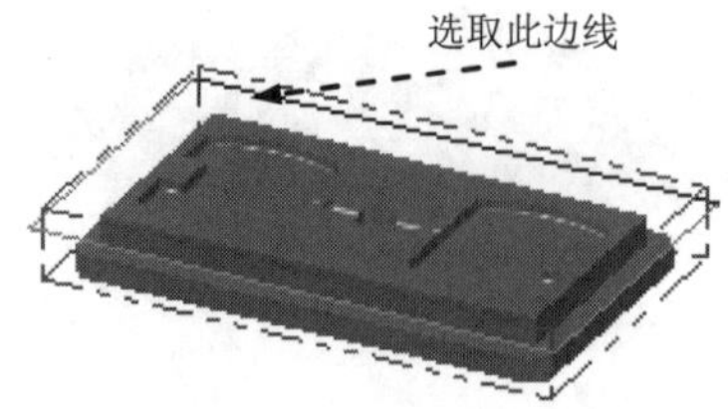

图 20.7　选取边线

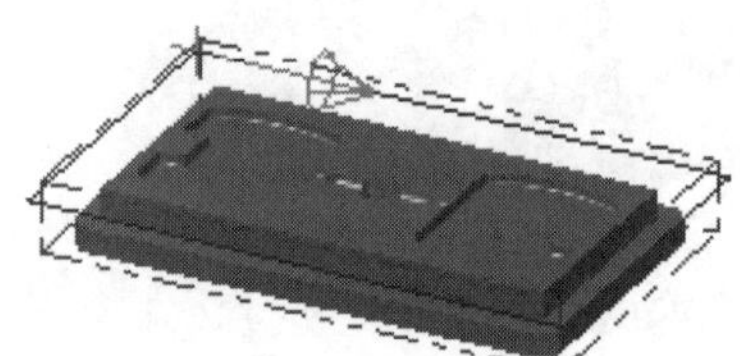

图 20.8　选取后效果

（3）单击按钮，完成加工区域的设置，同时系统弹出“曲面粗车-挖槽”对话框。

Step4. 确定刀具类型。在“曲面粗车-挖槽”对话框中单击刀具过滤按钮，系统弹出“刀具列表过滤”对话框。单击刀具类型区域中的无(N)按钮后，在刀具类型按钮群中单击（圆鼻刀）按钮，然后单击按钮，关闭“刀具列表过滤”对话框，系统返回至“曲面粗车-挖槽”对话框。

Step5. 选择刀具。在“曲面粗车-挖槽”对话框中单击选择库刀具...按钮，系统弹出“刀具选择”对话框，在该对话框的列表框中选择图 20.9 所示的刀具。单击按钮，关闭“刀具选择”对话框，系统返回至“曲面粗车-挖槽”对话框。

Step6. 设置刀具参数。

（1）完成上步操作后，在“曲面粗车-挖槽”对话框的刀路参数选项卡的列表框中显示出 Step5 所选择的刀具。双击该刀具，系统弹出“定义刀具”对话框。

（2）设置刀具号码。单击最终化属性按钮，在刀具编号:文本框中将原有的数值改为 1。

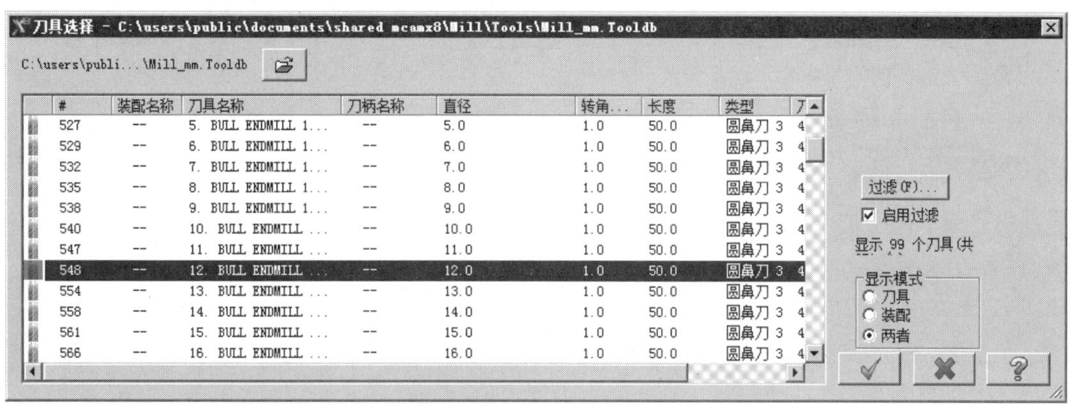

图 20.9 “刀具选择”对话框

（3）设置刀具的加工参数。在进给率文本框中输入值 300.0，在下切速率:文本框中输入值 120.0，在提刀速率文本框中输入值 500.0，在主轴转速文本框中输入值 1200.0。

（4）设置冷却方式。单击冷却液按钮，系统弹出“冷却液”对话框，在Flood（切削液）下拉列表中选择On选项，单击该对话框中的确定按钮，关闭“冷却液”对话框。

Step7. 单击“定义刀具”对话框中的精加工按钮，完成刀具的设置。

Step8. 设置曲面参数。在“曲面粗车-挖槽”对话框中单击曲面参数选项卡，设置参数如图 20.10 所示。

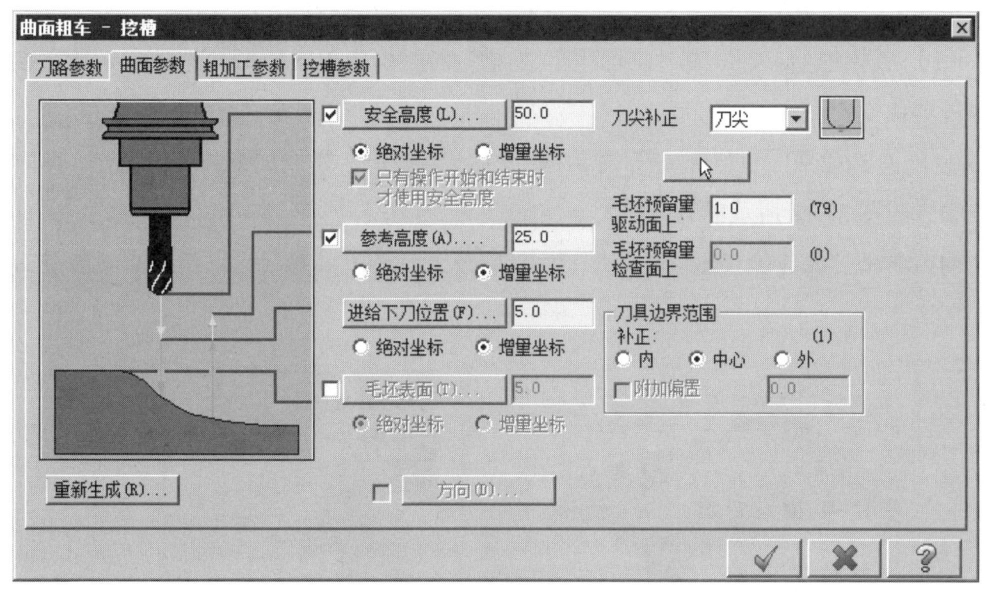

图 20.10 “曲面参数”选项卡

Step9. 设置粗加工参数。在“曲面粗车-挖槽”对话框中单击粗加工参数选项卡，设置参数如图 20.11 所示。

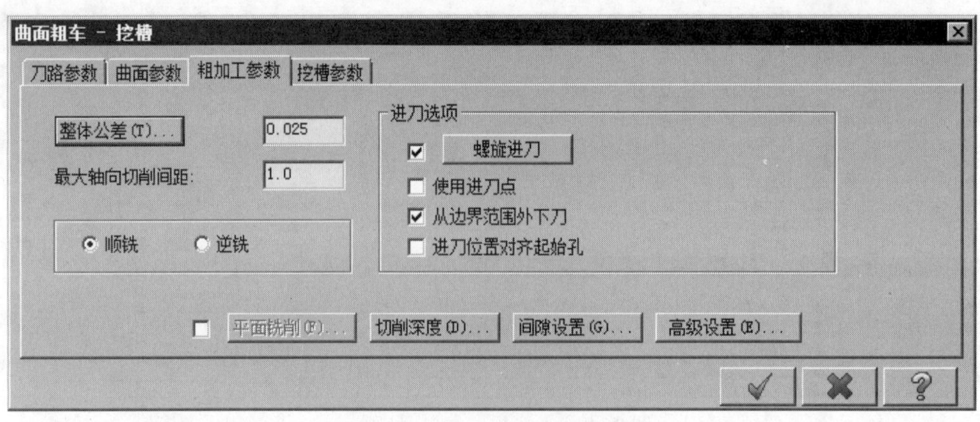

图 20.11 “粗加工参数”选项卡

（1）单击 螺旋进刀 按钮，在系统弹出的“螺旋/斜插式下刀参数”对话框中选择 斜降 选项卡，单击 ✓ 按钮，系统返回至“曲面粗车-挖槽”对话框。

（2）单击 切削深度(D)... 按钮，在系统弹出的“切削深度”对话框中选中 ⊙ 绝对坐标 单选项，然后在 绝对深度 区域的 最小深度 文本框中输入值 4，在 最大深度 文本框中输入值-20。单击 ✓ 按钮，系统返回至“曲面粗车-挖槽”对话框。

（3）单击 间隙设置(G)... 按钮，在系统弹出的“间隙设置”对话框中选中 ☑ 优化切削顺序 复选框，在 切弧半径: 文本框中输入值 6，在 切弧角度: 文本框中输入值 90，在 切线长度: 文本框中输入值 0，然后单击 ✓ 按钮，系统返回至“曲面粗车-挖槽”对话框。

Step10. 设置挖槽参数。在“曲面粗车-挖槽”对话框中单击 挖槽参数 选项卡，所有参数接受系统默认设置值。

Step11. 单击“曲面粗车-挖槽”对话框中的 ✓ 按钮，完成加工参数的设置，此时系统将自动生成图 20.12 所示的刀具路径。

说明：单击“操作管理器”中的 ≋ 按钮隐藏上步的刀具路径，以便于后面附着面的选取，下同。

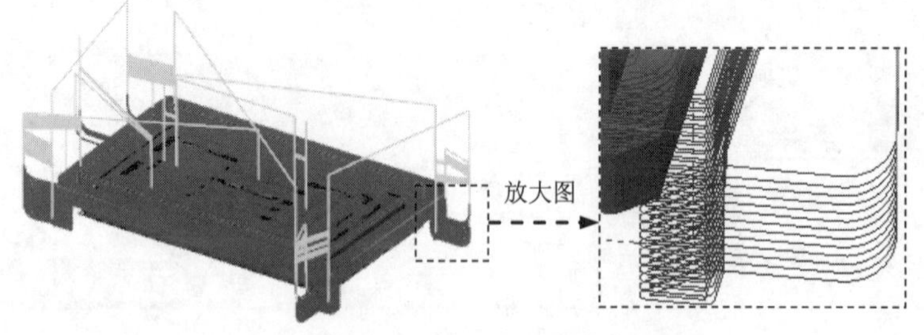

图 20.12 刀具路径

Stage4. 外形铣削加工 1

Step1. 绘制边界。选择下拉菜单 绘图(C) → 曲线(V) → 曲面所有边界(A) 命令，选取图 20.13 所示的面为附着曲面，然后按 Enter 键结束选择，单击✔按钮，完成边界的创建。

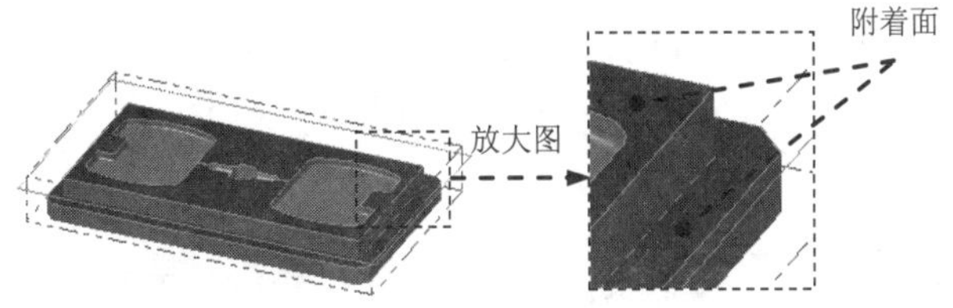

图 20.13　定义附着面

Step2. 选择下拉菜单 刀路(T) → 外形铣削(C)... 命令，系统弹出“串连”对话框。

Step3. 设置加工区域。在图形区中选取图 20.14 所示的边线，在“串连”对话框中单击“反向”按钮⇔（效果如图 20.15 所示）。单击✔按钮，完成加工区域的设置，同时系统弹出“2D 刀路-外形”对话框。

图 20.14　选取边线

图 20.15　定义区域

Step4. 确定刀具类型。在“2D 刀路-外形”对话框的左侧节点列表中单击 刀具 节点，切换到“刀具参数”界面；单击 过滤(F)... 按钮，系统弹出“刀具列表过滤”对话框。单击 刀具类型 区域中的 无(N) 按钮后，在刀具类型按钮群中单击▮（平底刀）按钮，单击✔按钮，关闭“刀具列表过滤”对话框，系统返回至“2D 刀路-外形”对话框。

Step5. 选择刀具。在“2D 刀路-外形”对话框中单击 选择库刀具... 按钮，系统弹出“刀具选择”对话框，在该对话框的列表框中选择图 20.16 所示的刀具。单击✔按钮，关闭“刀具选择”对话框，系统返回至“2D 刀路-外形”对话框。

刀具选择 - C:\users\public\documents\shared mcamx8\Mill\Tools\Mill_mm.Tooldb

C:\users\publi...\Mill_mm.Tooldb

#	装配名称	刀具名称	刀柄名称	直径	转角...	长度	类型
476	--	16. FLAT ENDMILL	--	16.0	0.0	50.0	平底刀 1
477	--	17. FLAT ENDMILL	--	17.0	0.0	50.0	平底刀 1
478	--	18. FLAT ENDMILL	--	18.0	0.0	50.0	平底刀 1
479	--	19. FLAT ENDMILL	--	19.0	0.0	50.0	平底刀 1
462	--	2. FLAT ENDMILL	--	2.0	0.0	50.0	平底刀 1
480	--	20. FLAT ENDMILL	--	20.0	0.0	50.0	平底刀 1
481	--	21. FLAT ENDMILL	--	21.0	0.0	50.0	平底刀 1
482	--	22. FLAT ENDMILL	--	22.0	0.0	50.0	平底刀 1
483	--	23. FLAT ENDMILL	--	23.0	0.0	50.0	平底刀 1
484	--	24. FLAT ENDMILL	--	24.0	0.0	50.0	平底刀 1
485	--	25. FLAT ENDMILL	--	25.0	0.0	50.0	平底刀 1
463	--	3. FLAT ENDMILL	--	3.0	0.0	50.0	平底刀 1

过滤(F)...
☑ 启用过滤
显示 25 个刀具(共
显示模式
○ 刀具
○ 装配
⊙ 两者

图 20.16　“刀具选择”对话框

Step6. 设置刀具参数。

（1）完成上步操作后，在“2D 刀路-外形”对话框的刀具列表框中显示出 Step5 所选取的刀具，双击该刀具，系统弹出“定义刀具”对话框。

（2）设置刀具号码。单击 最终化属性 按钮，在 刀具编号: 文本框中将原有的数值改为 2。

（3）设置刀具的加工参数。在 进给率 文本框中输入值 500.0，在 下切速率: 文本框中输入值 300.0，在 提刀速率 文本框中输入值 500.0，在 主轴转速 文本框中输入值 1500.0。

（4）设置冷却方式。单击 冷却液 按钮，系统弹出“冷却液”对话框，在 Flood （切削液）下拉列表中选择 On 选项，单击该对话框中的 确定 按钮，关闭“冷却液”对话框。

Step7. 单击“定义刀具”对话框中的 精加工 按钮，完成刀具的设置。

Step8. 设置切削参数。在 补正方向 下拉列表中选择 左，其他参数采用系统默认设置值。

Step9. 设置深度参数。在“2D 刀路-外形”对话框的左侧节点列表中单击 深度切削 节点，选中 ☑ 深度切削 复选框，在 最大粗切步进量: 文本框中输入值 2，然后选中 ☑ 不提刀 复选框。

Step10. 设置贯穿参数。在“2D 刀路-外形”对话框的左侧节点列表中单击 贯穿 节点，然后选中 ☑ 贯穿 复选框，在 贯穿量 文本框中输入值 2。

Step11. 设置连接参数。在“2D 刀路-外形”对话框的左侧节点列表中单击 连接参数 节点，在 毛坯表面(T)... 文本框中输入值-8，在 深度(D)... 文本框中输入值-7，完成连接参数的设置。

Step12. 单击“2D 刀路-外形”对话框中的 ✓ 按钮，完成加工参数的设置，此时系统将自动生成图 20.17 所示的刀具路径。

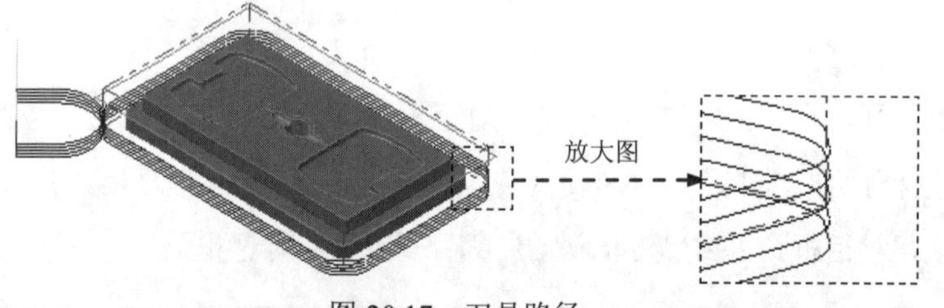

图 20.17　刀具路径

Stage5. 外形铣削加工 2

Step1. 选择下拉菜单 刀路(T) → 外形铣削(C)... 命令，系统弹出“串连”对话框。

Step2. 设置加工区域。在图形区中选取图 20.18 所示的边线，在“串连”对话框中单击“反向”按钮 ⇄ （效果如图 20.19 所示）。单击 ✓ 按钮，完成加工区域的设置，同时系统弹出“2D 刀路-外形”对话框。

Step3. 选择刀具。在“2D 刀路-外形”对话框的左侧节点列表中单击 刀具 节点，切换到“刀具参数”界面；在刀具列表框中选择 2　20. FLAT ENDMILL　20.0　0.0　20.0 刀具。

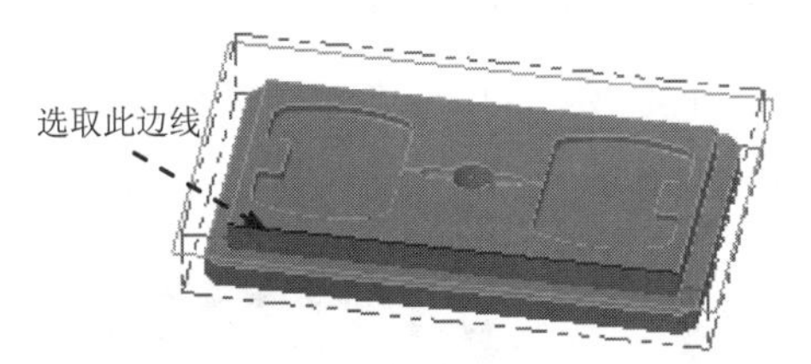

图 20.18 选取区域

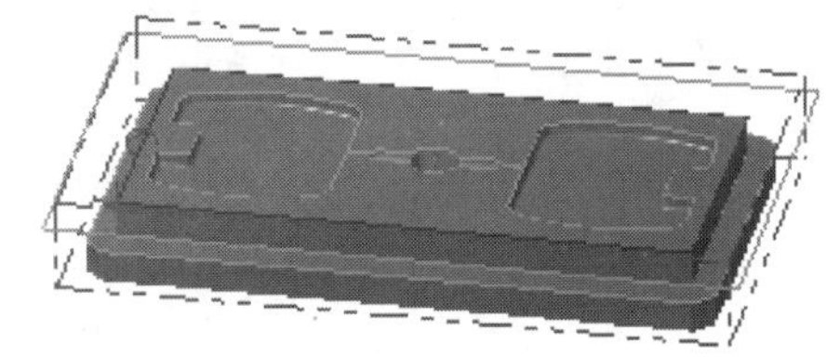
图 20.19 定义区域

Step4. 设置切削参数。在“2D 刀路-外形”对话框的左侧节点列表中单击切削参数节点，所有参数采用系统默认设置值。

Step5. 设置贯穿参数。在“2D 刀路-外形”对话框的左侧节点列表中单击贯穿节点，然后取消选中□贯穿复选框。

Step6. 设置连接参数。在“2D 刀路-外形”对话框的左侧节点列表中单击连接参数节点，在毛坯表面(T)...文本框中输入值 0，在深度(D)...文本框中输入值-8，完成连接参数的设置。

Step7. 单击“2D 刀路-外形”对话框中的✓按钮，完成加工参数的设置，此时系统将自动生成图 20.20 所示的刀具路径。

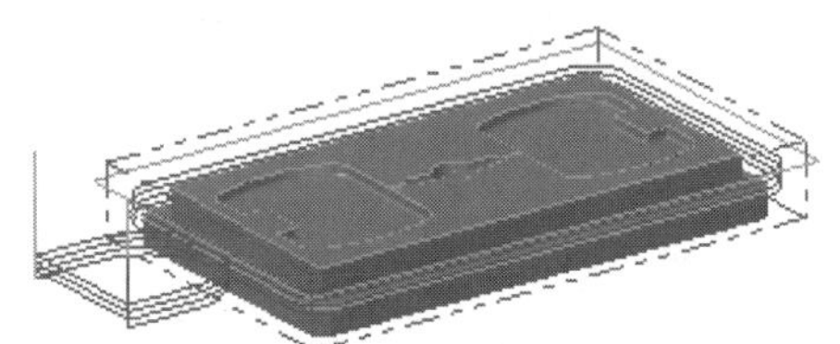
图 20.20 刀具路径

Stage6. 钻孔加工

Step1. 选择下拉菜单刀路(T) → 钻孔(D)...命令，选取图 20.21 所示圆的中心点为钻孔点，在“钻孔点选取”对话框中单击✓按钮，完成选取钻孔点的操作。同时系统弹出“2D 刀路–钻孔/全圆铣削 深孔钻-无啄孔”对话框。

Step2. 确定刀具类型。在“2D 刀路–钻孔/全圆铣削 深孔钻-无啄孔”对话框中单击刀具节点，单击过滤(F)...按钮，系统弹出 “刀具列表过滤”对话框。单击刀具类型区域中的无(N)按钮后，在刀具类型按钮群中单击（钻头）按钮。单击✓按钮，关闭“刀具列表过滤”对话框。

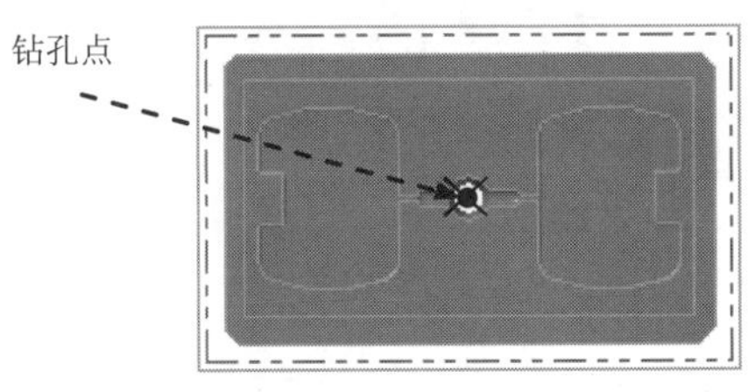

图 20.21 钻孔点

Step3. 选择刀具。在“2D 刀路–钻孔/全圆铣削 深孔钻-无啄孔”对话框中单击 选择库刀具... 按钮，在该对话框的列表框中选择图 20.22 所示的刀具。单击 ✓ 按钮，关闭“刀具选择”对话框，系统返回至“2D 刀路–钻孔/全圆铣削 深孔钻–无啄孔”对话框。

刀具选择 - C:\users\public\documents\shared mcamx8\Mill\Tools\Mill_mm.Tooldb

C:\users\publi...\Mill_mm.Tooldb

#	装配名称	刀具名称	刀柄名称	直径	转角...	长度	刀齿数	类型
125	--	7.1 DRILL	--	7.1	0.0	50.0	2	钻头
126	--	7.2 DRILL	--	7.2	0.0	50.0	2	钻头
127	--	7.25 DRILL	--	7.25	0.0	50.0	2	钻头
128	--	7.3 DRILL	--	7.3	0.0	50.0	2	钻头
129	--	7.4 DRILL	--	7.4	0.0	50.0	2	钻头
130	--	7.5 DRILL	--	7.5	0.0	50.0	2	钻头
131	--	7.6 DRILL	--	7.6	0.0	50.0	2	钻头
132	--	7.7 DRILL	--	7.7	0.0	50.0	2	钻头
133	--	7.75 DRILL	--	7.75	0.0	50.0	2	钻头
134	--	7.8 DRILL	--	7.8	0.0	50.0	2	钻头
135	--	7.9 DRILL	--	7.9	0.0	50.0	2	钻头
136	--	8. DRILL	--	8.0	0.0	50.0	2	钻头

过滤(F)...
☑ 启用过滤
显示 228 个刀具(
显示模式
○ 刀具
○ 装配
◉ 两者

图 20.22 “刀具选择”对话框

Step4. 设置刀具参数。

（1）在“2D 刀路–钻孔/全圆铣削 深孔钻–无啄孔”对话框的刀具列表中双击该刀具，系统弹出“定义刀具”对话框。

（2）设置刀具号码。单击 最终化属性 按钮，在 刀具编号: 文本框中将原有的数值改为 3。

（3）设置刀具的加工参数。在 进给率 文本框中输入值 150.0，在 下切速率: 文本框中输入值 80.0，在 提刀速率 文本框中输入值 500.0，在 主轴转速 文本框中输入值 1200.0。

（4）设置冷却方式。单击 冷却液 按钮，系统弹出“冷却液”对话框，在 Flood （切削液）下拉列表中选择 On 选项，单击该对话框中的 确定 按钮，关闭“冷却液”对话框。

（5）单击“定义刀具”对话框中的 精加工 按钮，完成刀具的设置。

Step5. 设置切削参数。所有参数设置采用系统默认设置值。

Step6. 设置连接参数。在“2D 刀路–钻孔/全圆铣削 深孔钻–无啄孔”对话框的左侧节点列表中单击 连接参数 节点，在 毛坯表面(T)... 文本框中输入值 0，在 深度 文本框中输入值-20，完成共同参数的设置。

Step7. 单击“2D 刀路–钻孔/全圆铣削 深孔钻–无啄孔”对话框中的 ✓ 按钮，完成加工参数的设置，此时系统将自动生成图 20.23 所示的刀具路径。

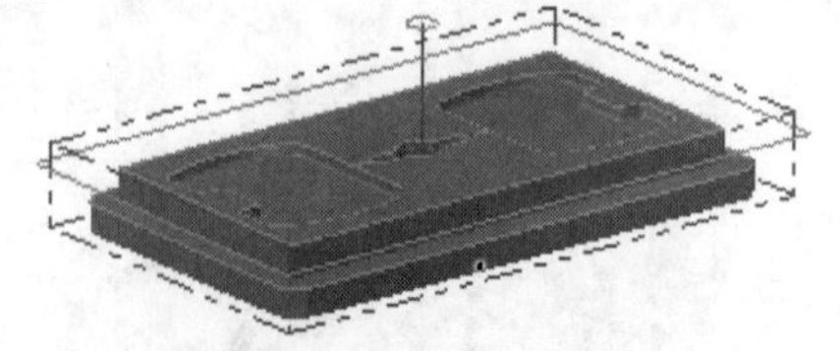

图 20.23 刀具路径

Stage7. 精加工平行铣削加工 1

Step1. 选择加工方法。选择下拉菜单 刀路(T) → 曲面精加工(F) → 平行(P)... 命令。

Step2. 选取加工面。在图形区中选择图 20.24 所示的曲面为加工面，按 Enter 键，系统弹出“刀路/曲面选择”对话框，采用系统默认的设置。单击 ✓ 按钮，系统弹出“曲面精车-平行”对话框。

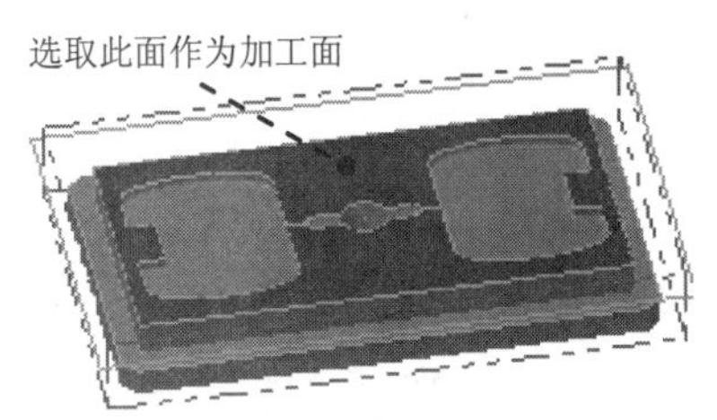

图 20.24 选取加工面

Step3. 选择刀具。在“曲面精车-平行”对话框中取消选中 刀具过滤 按钮前的 □ 复选框，选择图 20.25 所示的刀具。

曲面精车 - 平行

刀路参数 | 曲面参数 | 平行精加工参数

#	装配名称	刀具名称	刀柄名称	直径
1	--	12. B...	--	12.0
2	--	20. F...	--	20.0
3	--	7.6 D...	--	7.6

刀具名称: 20. FLAT ENDMILL
刀具号码: 2　刀长偏置: 2
刀头号码: -1　直径偏置: 2
注释
右击以显示选项
选择库刀具...　□ 刀具过滤
组合轴 (Default (1))　杂项数值...　☑ 刀具显示(D)...　□ 参考点...
□ 批处理　原点位置...　□ 旋转轴...　平面...　插入指令(T)...

图 20.25 “刀路参数”选项卡

Step4. 设置曲面参数。在“曲面精车-平行”对话框中单击 曲面参数 选项卡，在 毛坯预留量 驱动面上（此处翻译有误，应为“加工面预留量”，下同）文本框中输入值 0.2，其他参数采用系统默认设置值。

Step5. 设置精加工平行铣削参数。在“曲面精车-平行”对话框中单击 平行精加工参数 选项卡，在 最大径向切削间距(M)... 文本框中输入值 10；单击 间隙设置(G)... 按钮，在 切线长度: 文本框中输入值 12，然后单击 ✓ 按钮。

Step6. 单击“曲面精车-平行”对话框中的 ✓ 按钮，完成加工参数的设置，此时系统将自动生成图 20.26 所示的刀具路径。

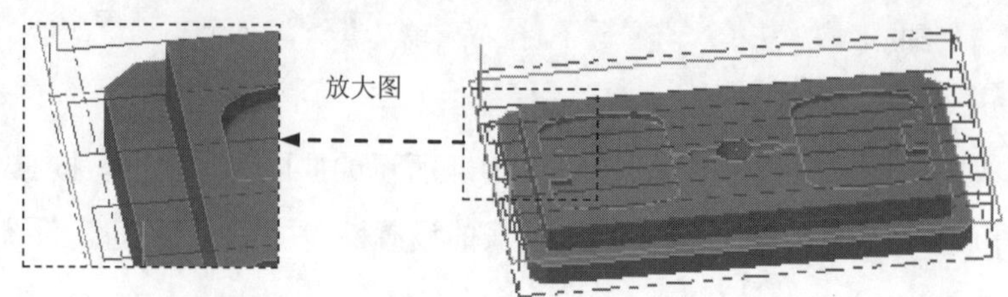

图 20.26　刀具路径

Stage8. 粗加工等高外形加工

Step1. 绘制圆形边界。单击俯视图按钮，选择下拉菜单 绘图(C) → 弧(A) → 圆心点画圆(C)... 命令，在图形区中选取图 20.27 所示的点，然后在后的文本框中输入值 8，按 Enter 键。单击按钮，完成圆形边界的绘制，结果如图 20.27 所示。

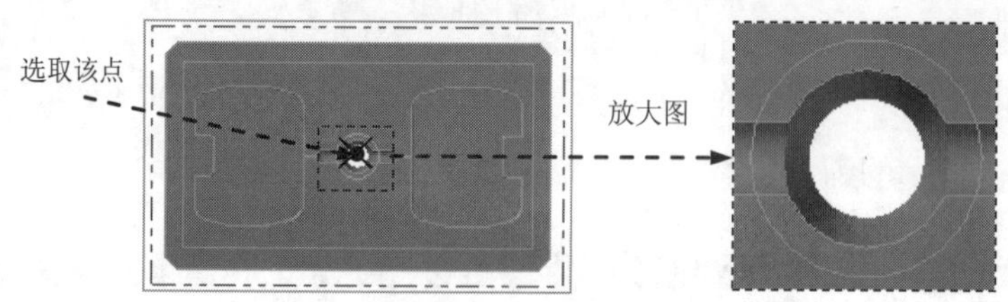

图 20.27　绘制圆形边界

Step2. 选择加工方法。选择下拉菜单 刀路(T) → 曲面粗加工(R) → 外形(C)... 命令。

Step3. 选取加工面及检查面。在图形区中选取图 20.28 所示的曲面，然后按 Enter 键，在系统弹出的“刀路/曲面选择”对话框的检查面区域中单击按钮，选取图 20.29 所示的曲面，然后按 Enter 键。

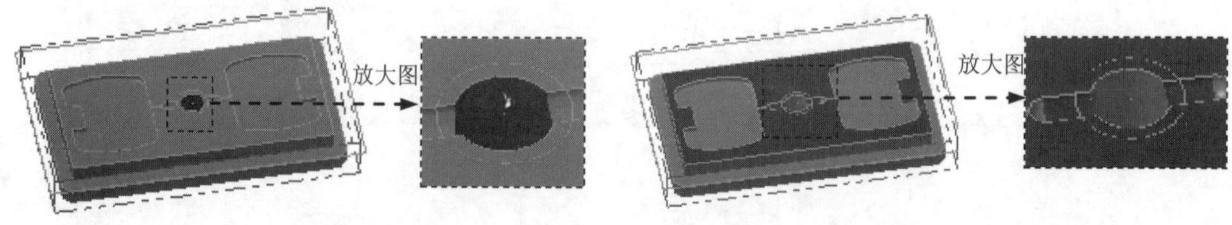

图 20.28　选取加工面　　图 20.29　选取检查面

Step4. 设置加工边界。在边界范围区域中单击按钮，系统弹出“串连”对话框。在图形区中选取图 20.30 所绘制的边线，单击按钮，系统返回至“刀路/曲面选择”对话框。单击按钮，系统弹出“曲面粗车-外形”对话框。

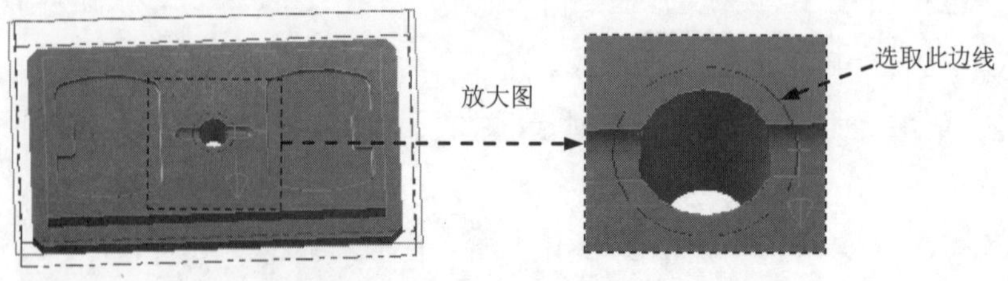

图 20.30　设置加工边线

Step5. 选择刀具。

（1）确定刀具类型。在“曲面粗车-外形”对话框中选中 刀具过滤 按钮前的 ☑ 复选框，单击 刀具过滤 按钮，系统弹出“刀具列表过滤”对话框。单击 刀具类型 区域中的 无(N) 按钮后，在刀具类型按钮群中单击（圆鼻刀）按钮。单击 ✓ 按钮，关闭“刀具列表过滤”对话框，系统返回至“曲面粗车-外形”对话框。

（2）选择刀具。在“曲面粗车-外形”对话框中单击 选择库刀具... 按钮，系统弹出“刀具选择”对话框，在该对话框的列表框中选择图 20.31 所示的刀具。单击 ✓ 按钮，关闭“刀具选择”对话框，系统返回至“曲面粗车-外形”对话框。

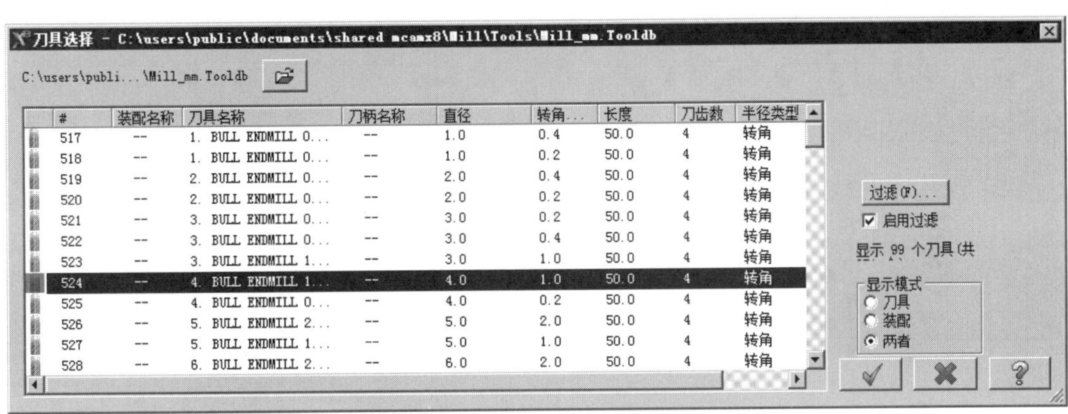

图 20.31 “刀具选择”对话框

Step6. 设置刀具参数。

（1）完成上步操作后，在“曲面粗车-外形”对话框 刀路参数 选项卡的列表框中显示出 Step5 所选择的刀具，双击该刀具，系统弹出“定义刀具”对话框。

（2）设置刀具号码。单击 最终化属性 按钮，在 刀具编号: 文本框中将原有的数值改为 4。

（3）设置刀具的加工参数。在 进给率 文本框中输入值 200，在 下切速率: 文本框中输入值 100.0，在 提刀速率 文本框中输入值 500.0，在 主轴转速 文本框中输入值 1800.0。

（4）设置冷却方式。单击 冷却液 按钮，系统弹出“冷却液”对话框，在 Flood（切削液）下拉列表中选择 On 选项，单击该对话框中的 确定 按钮，关闭“冷却液”对话框。

Step7. 单击“定义刀具”对话框中的 精加工 按钮，完成刀具的设置。

Step8. 设置曲面参数。在“曲面粗车-外形”对话框中单击 曲面参数 选项卡，在 毛坯预留量驱动面上（此处翻译有误，应为“加工面预留量”，下同）文本框中输入值 0.25，在 毛坯预留量检查面上（此处翻译有误，应为“干涉面预留量”，下同）文本框中输入值 0.3，其他参数采用系统默认设置值。

Step9. 设置等高外形粗加工参数。在“曲面粗车-外形”对话框中单击 外形粗加工参数 选项卡，在 最大轴向切削间距: 文本框中输入值 1，在 过渡 区域选中 ⊙ 斜降 单选项，在 斜插长度: 文本框中输入值 5，其他参数采用系统默认设置值。

Step10. 单击"曲面粗车-外形"对话框中的 ✓ 按钮，完成加工参数的设置，此时系统将自动生成图 20.32 所示的刀具路径。

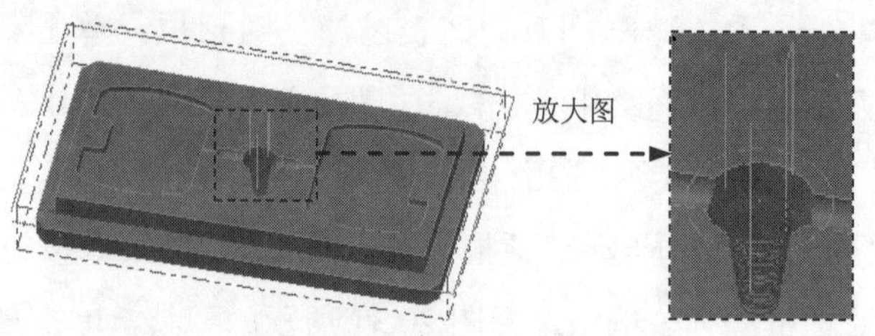

图 20.32　刀具路径

Stage9. 粗加工残料加工 1

Step1. 绘制加工边界。选择下拉菜单 绘图(C) → 线(L) → 端点(E)... 命令，绘制图 20.33 所示的两条直线，然后单击 ✓ 按钮。

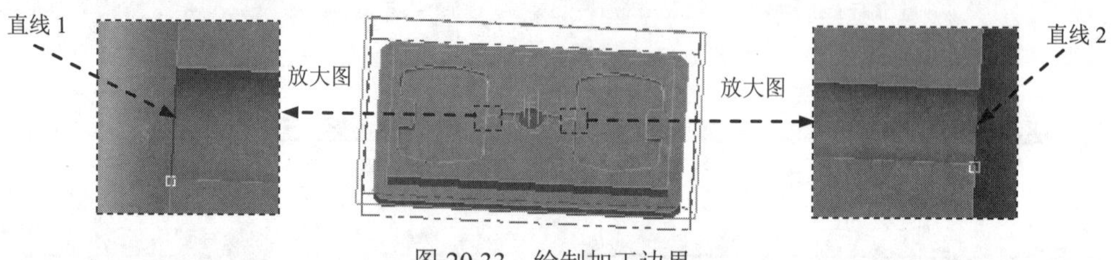

图 20.33　绘制加工边界

Step2. 选择加工方法。选择下拉菜单 刀路(T) → 曲面粗加工(R) → 残料铣削(T)... 命令。

Step3. 选取加工面及加工范围。

（1）在图形区中选取图 20.34 所示的 66 个曲面，然后按 Enter 键，系统弹出"刀路/曲面选择"对话框。

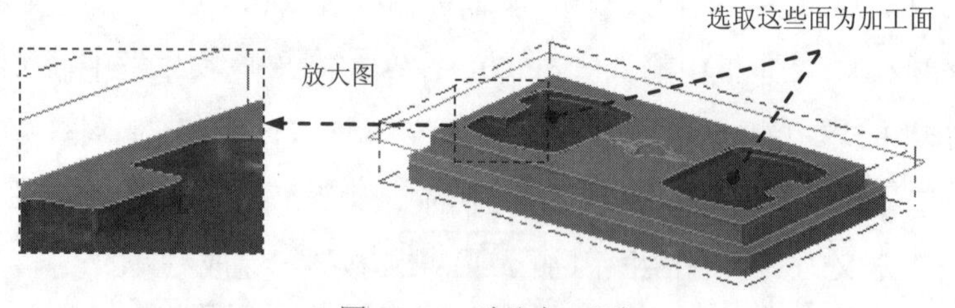

图 20.34　选取加工面

（2）单击"刀路/曲面选择"对话框 边界范围 区域中的 按钮，系统弹出"串连"对话框，采用"串联方式"选取图 20.35 所示的边线。单击 ✓ 按钮，系统返回至"刀路/曲面选择"对话框。单击 ✓ 按钮，系统弹出"曲面残料加工"对话框。

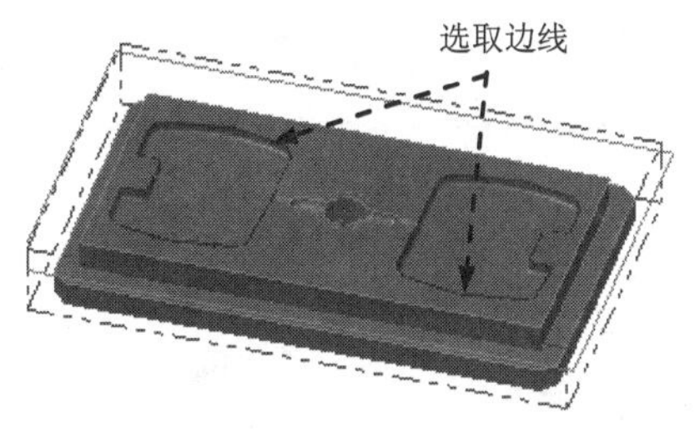

图 20.35　选取加工范围

Step4. 确定刀具类型。在“曲面残料加工”对话框中单击 刀具过滤 按钮，系统弹出“刀具列表过滤”对话框。单击 刀具类型 区域中的 无(N) 按钮后，在刀具类型按钮群中单击 （圆鼻刀）按钮。单击 ✓ 按钮，关闭“刀具列表过滤”对话框，系统返回至“曲面残料加工”对话框。

Step5. 选择刀具。在“曲面残料加工”对话框中单击 选择库刀具... 按钮，系统弹出“刀具选择”对话框，在该对话框的列表框中选择图 20.36 所示的刀具。单击 ✓ 按钮，关闭“刀具选择”对话框，系统返回至“曲面残料加工”对话框。

刀具选择 - C:\users\public\documents\shared mcamx8\Mill\Tools\Mill_mm.Tooldb

C:\users\publi...\Mill_mm.Tooldb

#	装配名称	刀具名称	刀柄名称	直径	转角...	长度	类型	刀齿数
523	--	3. BULL ENDMILL 1...	--	3.0	1.0	50.0	圆鼻刀 3	4
524	--	4. BULL ENDMILL 1...	--	4.0	1.0	50.0	圆鼻刀 3	4
525	--	4. BULL ENDMILL 0...	--	4.0	0.2	50.0	圆鼻刀 3	4
526	--	5. BULL ENDMILL 2...	--	5.0	2.0	50.0	圆鼻刀 3	4
527	--	5. BULL ENDMILL 1...	--	5.0	1.0	50.0	圆鼻刀 3	4
528	--	6. BULL ENDMILL 2...	--	6.0	2.0	50.0	圆鼻刀 3	4
529	--	6. BULL ENDMILL 1...	--	6.0	1.0	50.0	圆鼻刀 3	4
530	--	7. BULL ENDMILL 3...	--	7.0	3.0	50.0	圆鼻刀 3	4
531	--	7. BULL ENDMILL 2...	--	7.0	2.0	50.0	圆鼻刀 3	4
532	--	7. BULL ENDMILL 1...	--	7.0	1.0	50.0	圆鼻刀 3	4
533	--	8. BULL ENDMILL 2...	--	8.0	2.0	50.0	圆鼻刀 3	4
534	--	8. BULL ENDMILL 3...	--	8.0	3.0	50.0	圆鼻刀 3	4

过滤(F)...

启用过滤

显示 99 个刀具(共

显示模式
刀具
装配
两者

图 20.36　“刀具选择”对话框

Step6. 设置刀具相关参数。

（1）在“曲面残料加工”对话框 刀路参数 选项卡的列表框中显示出 Step5 所选择的刀具，双击该刀具，系统弹出“定义刀具”对话框。

（2）设置刀具号码。单击 最终化属性 按钮，在 刀具编号: 文本框中将原有的数值改为 5。

（3）设置刀具参数。在 进给率 文本框中输入值 200.0，在 下切速率: 文本框中输入值 100.0，在 提刀速率 文本框中输入值 500.0，在 主轴转速 文本框中输入值 1500.0。

（4）设置冷却方式。单击 冷却液 按钮，系统弹出“冷却液”对话框，在 Flood （切削液）下拉列表中选择 On 选项，单击该对话框中的 确定 按钮，关闭“冷却液”对话框。

（5）单击“定义刀具”对话框中的 精加工 按钮，完成刀具的设置。

Step7. 设置曲面参数。在“曲面残料加工”对话框中单击 曲面参数 选项卡，在 毛坯预留量 驱动面上 文本框中输入值 0.3，在毛坯预留量检查面上文本框中输入值 0，在参考高度(A)....文本框中输入值 10，在进给下刀位置...文本框中输入值 3，在刀具边界范围区域选中◉内单选项，在☑总偏置文本框中输入值 1，其他参数采用系统默认设置。

Step8. 设置残料加工参数。在“曲面残料加工”对话框中单击残料加工参数选项卡，在最大轴向切削间距:文本框中输入值 0.5，在径向切削间距:文本框中输入值 2，在过渡区域选中◉沿着曲面单选项以及“曲面残料加工”对话框中左下方的☑优化切削顺序复选框。

Step9. 设置剩余材料参数。在“曲面残料加工”对话框中单击剩余材料参数选项卡，所有参数采用系统默认设置值。

Step10. 单击“曲面残料加工”对话框中的✔按钮，同时在图形区生成图 20.37 所示的刀具路径。

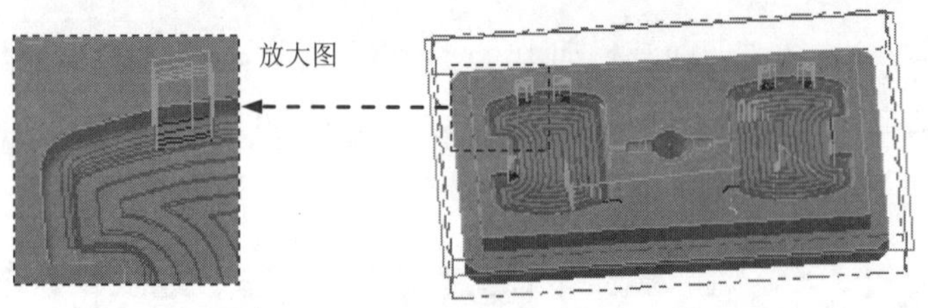

图 20.37　刀具路径

Stage10. 粗加工残料加工 2

Step1. 选择加工方法。选择下拉菜单 刀路(T) ➡ 曲面粗加工(R) ➡ 残料铣削(T)... 命令。

Step2. 设置加工区域。

（1）在图形区中选取图 20.38 所示的 4 个曲面，按 Enter 键，在系统弹出的“刀路/曲面选择”对话框的检查面区域中单击按钮，选取图 20.39 所示的 2 个曲面，按 Enter 键。

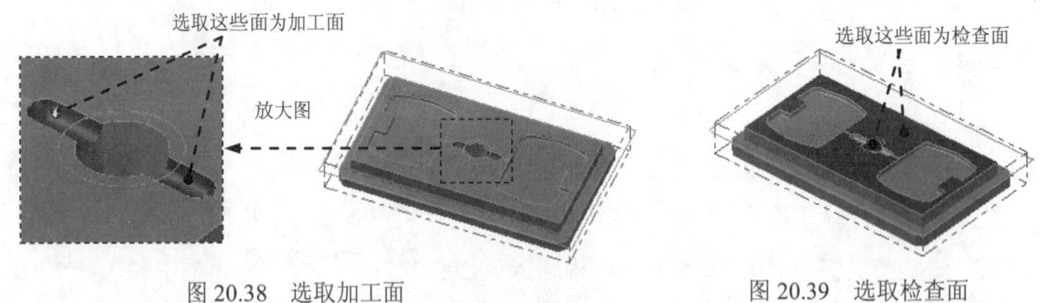

图 20.38　选取加工面　　图 20.39　选取检查面

（2）单击“刀路/曲面选择”对话框边界范围区域中的按钮，系统弹出“串连”对话框，采用“串联方式”选取图 20.40 所示的边线。单击✔按钮，系统返回至“刀路/曲面选择”对话框。单击✔按钮，系统弹出“曲面残料加工”对话框。

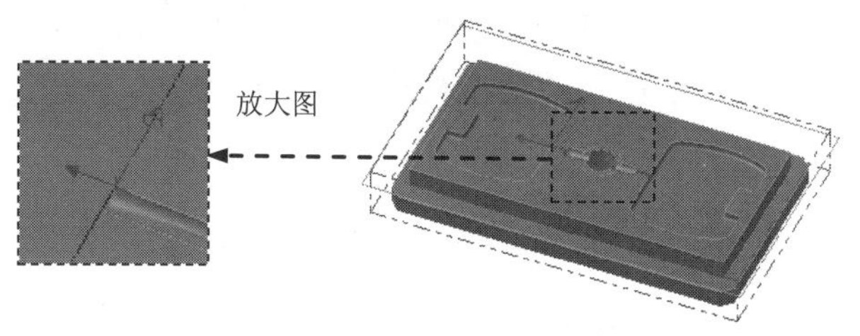

图 20.40 选取加工范围

Step3. 确定刀具类型。在“曲面残料加工”对话框中单击 刀具过滤 按钮，系统弹出“刀具列表过滤”对话框。单击 刀具类型 区域中的 无(N) 按钮后，在刀具类型按钮群中单击 （球刀）按钮。单击 ✔ 按钮，关闭“刀具列表过滤”对话框，系统返回至“曲面残料加工”对话框。

Step4. 选择刀具。在“曲面残料加工”对话框中单击 选择库刀具... 按钮，系统弹出“刀具选择”对话框，在该对话框的列表框中选择图 20.41 所示的刀具。单击 ✔ 按钮，关闭“刀具选择”对话框，系统返回至“曲面残料加工”对话框。

刀具选择 - C:\users\public\documents\shared mcamx8\Mill\Tools\Mill_mm.Tooldb

C:\users\publi...\Mill_mm.Tooldb

#	装配名称	刀具名称	刀柄名称	直径	转角...	长度	类型	半径类型
486	--	1. BALL ENDMILL	--	1.0	0.5	50.0	球刀 2	全部
487	--	2. BALL ENDMILL	--	2.0	1.0	50.0	球刀 2	全部
488	--	3. BALL ENDMILL	--	3.0	1.5	50.0	球刀 2	全部
489	--	4. BALL ENDMILL	--	4.0	2.0	50.0	球刀 2	全部
490	--	5. BALL ENDMILL	--	5.0	2.5	50.0	球刀 2	全部
491	--	6. BALL ENDMILL	--	6.0	3.0	50.0	球刀 2	全部
492	--	7. BALL ENDMILL	--	7.0	3.5	50.0	球刀 2	全部
493	--	8. BALL ENDMILL	--	8.0	4.0	50.0	球刀 2	全部
494	--	9. BALL ENDMILL	--	9.0	4.5	50.0	球刀 2	全部
495	--	10. BALL ENDMILL	--	10.0	5.0	50.0	球刀 2	全部
496	--	11. BALL ENDMILL	--	11.0	5.5	50.0	球刀 2	全部
497	--	12. BALL ENDMILL	--	12.0	6.0	50.0	球刀 2	全部

过滤(F)...
启用过滤
显示 25 个刀具(共
显示模式
刀具
装配
两者

图 20.41 “刀具选择”对话框

Step5. 设置刀具相关参数。

（1）在“曲面残料加工”对话框 刀路参数 选项卡的列表框中显示出 Step4 所选择的刀具，双击该刀具，系统弹出“定义刀具”对话框。

（2）设置刀具号码。单击 最终化属性 按钮，在 刀具编号: 文本框中将原有的数值改为 6。

（3）设置刀具参数。在 进给率 文本框中输入值 200.0，在 下切速率: 文本框中输入值 100.0，在 提刀速率 文本框中输入值 500.0，在 主轴转速 文本框中输入值 2500.0。

（4）设置冷却方式。单击 冷却液 按钮，系统弹出“冷却液”对话框，在 Flood （切削液）下拉列表中选择 On 选项，单击该对话框中的 确定 按钮，关闭“冷却液”对话框。

（5）单击“定义刀具”对话框中的 精加工 按钮，完成刀具的设置。

Step6. 设置曲面参数。在“曲面残料加工”对话框中单击 曲面参数 选项卡，在 毛坯预留量 驱动面上 文

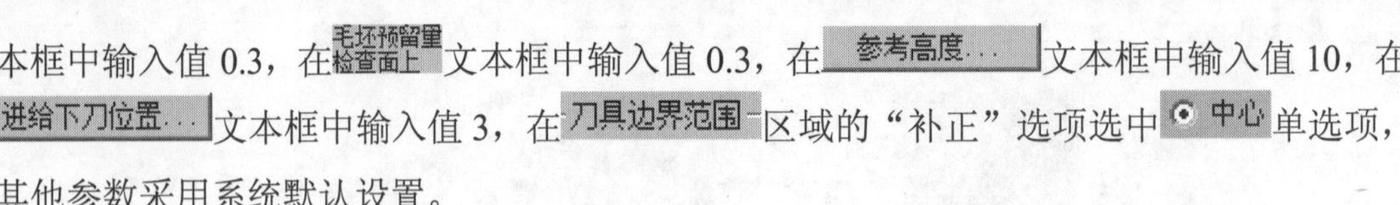

本框中输入值 0.3，在毛坯预留量检查面上文本框中输入值 0.3，在参考高度...文本框中输入值 10，在进给下刀位置...文本框中输入值 3，在刀具边界范围区域的“补正”选项选中◉ 中心单选项，其他参数采用系统默认设置。

Step7. 设置残料加工参数。在“曲面残料加工”对话框中单击残料加工参数选项卡，在最大轴向切削间距:文本框中输入值 0.5，在径向切削间距:文本框中输入值 1.5，其他参数采用系统默认设置值。

Step8. 单击“曲面残料加工”对话框中的✔按钮，同时在图形区生成图 20.42 所示的刀具路径。

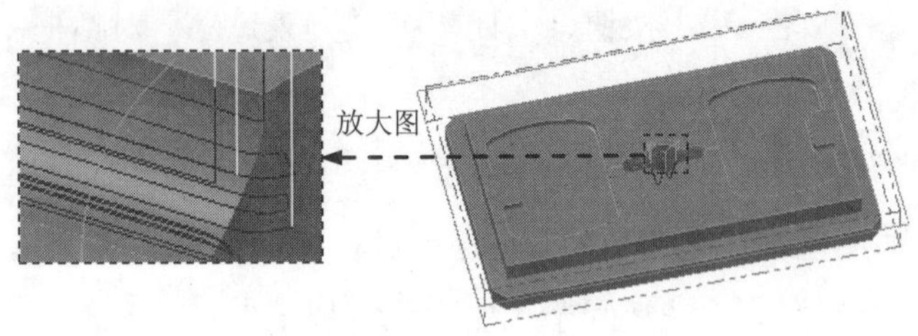

图 20.42　刀具路径

Stage11. 精加工环绕等距加工

Step1. 选择加工方法。选择下拉菜单 刀路(T) → 曲面精加工(F) → 环绕(O)... 命令。

Step2. 设置加工区域。在图形区中选取图 20.43 所示的 2 个曲面，然后按 Enter 键，系统弹出“刀路/曲面选择”对话框。在边界范围区域中单击↖按钮，系统弹出“串连”对话框。在图形区中选取图 20.44 所示的边线，单击✔按钮，系统返回至“刀路/曲面选择”对话框。单击✔按钮，系统弹出“曲面精车-等距环绕”对话框。

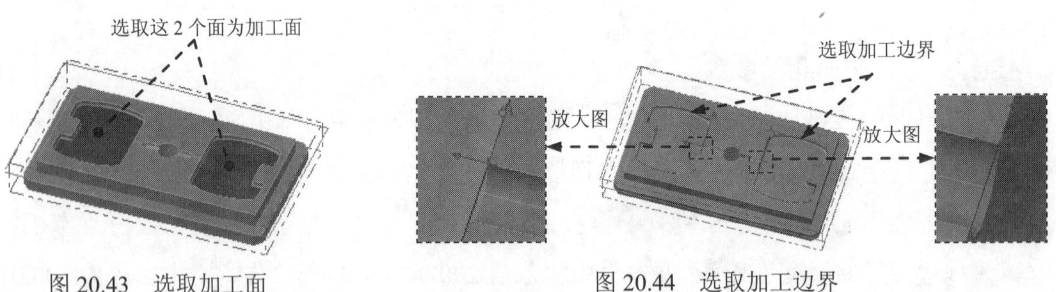

图 20.43　选取加工面

图 20.44　选取加工边界

Step3. 选择刀具。在“曲面精车-等距环绕”对话框中取消选中□ 刀具过滤复选框，选择图 20.45 所示的刀具。

Step4. 设置曲面参数。在“曲面精车-等距环绕”对话框中单击曲面参数选项卡，在刀具边界范围区域中选中◉ 内单选项，其他参数采用系统默认设置值。

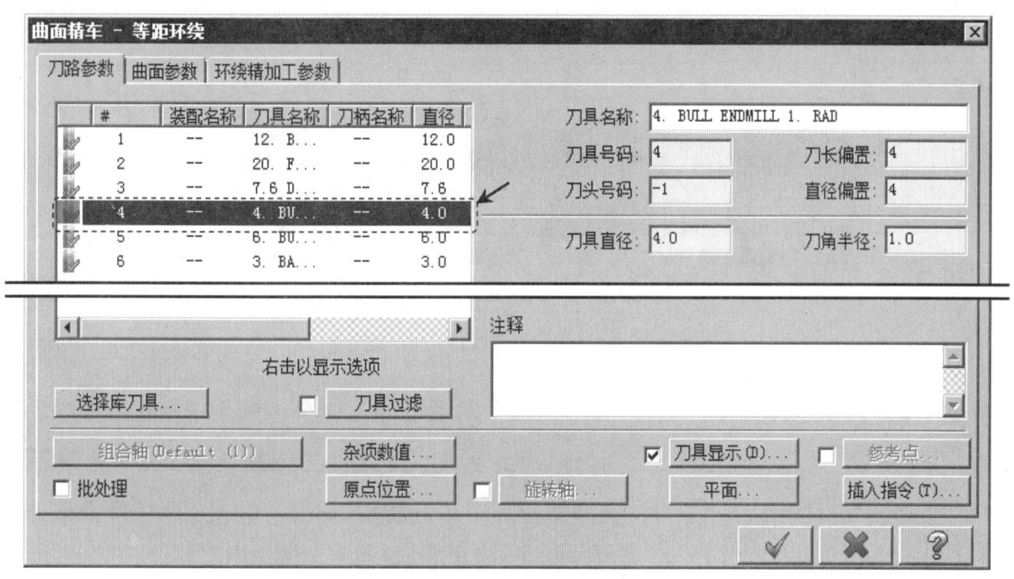

图 20.45 “刀路参数”选项卡

Step5. 设置环绕等距精加工参数。

(1)在“曲面精车-等距环绕”对话框中单击 环绕精加工参数 选项卡，在 最大径向切削间距 (M)... 文本框中输入值 2，选中 ☑ 由内而外环切 、☑ 切削按最短距离排序 复选框。

(2) 取消选中 深度限制 (D)... 按钮前的复选框，单击 间隙设置 (G)... 按钮，系统弹出“间隙设置”对话框，选中 ☑ 优化切削顺序 复选框，其他参数采用系统默认设置值。单击 ✔ 按钮，系统返回至“曲面精车-等距环绕”对话框。

Step6. 完成参数设置。单击“曲面精车-等距环绕”对话框中的 ✔ 按钮，系统在图形区生成图 20.46 所示的刀具路径。

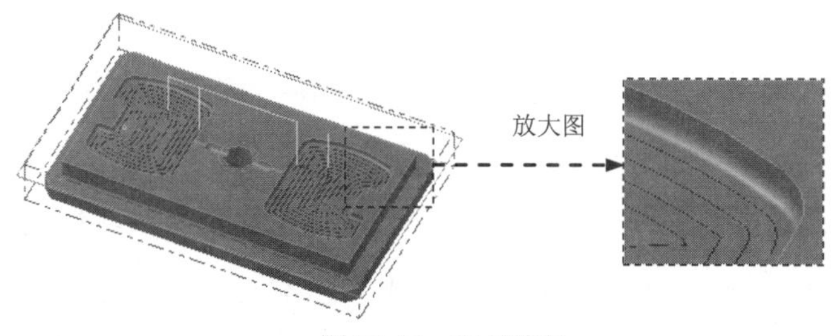

图 20.46 刀具路径

Stage12. 外形铣削加工 3

Step1. 选择下拉菜单 刀路 (T) ➡ 外形铣削 (C)... 命令，系统弹出“串连”对话框。

Step2. 设置加工区域。在图形区中选取图 20.47 所示的边线，系统自动选取图 20.47 所示的边链。单击 ✔ 按钮，完成加工区域的设置，同时系统弹出“2D 刀路-外形”对话框。

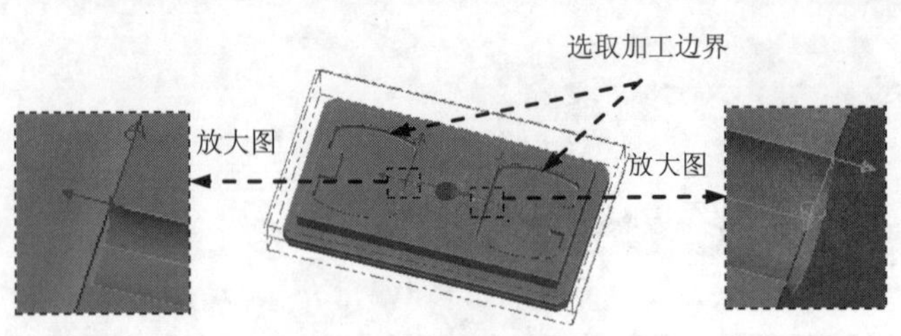

图 20.47　选取加工边界

Step3. 确定刀具类型。在“2D 刀路-外形”对话框的左侧节点列表中单击 刀具 节点，切换到“刀具参数”界面；单击 过滤(F)... 按钮，系统弹出“刀具列表过滤”对话框。单击 刀具类型 区域中的 无(N) 按钮后，在刀具类型按钮群中单击 （球刀）按钮。单击 ✓ 按钮，关闭“刀具列表过滤”对话框，系统返回至“2D 刀路-外形”对话框。

Step4. 选择刀具。在“2D 刀路-外形”对话框中单击 选择库刀具... 按钮，系统弹出“刀具选择”对话框，在该对话框的列表框中选择 4. BALL ENDMILL -- 4.0 2.0 50.0 4 球刀 2 全部 刀具。单击 ✓ 按钮，关闭“刀具选择”对话框，系统返回至“2D 刀路-外形”对话框。

Step5. 设置刀具参数。

（1）完成上步操作后，在“2D 刀路-外形”对话框的刀具列表中双击该刀具，系统弹出“定义刀具”对话框。

（2）设置刀具号码。单击 最终化属性 按钮，在 刀具编号: 文本框中将原有的数值改为 7。

（3）设置刀具的加工参数。在 进给率 文本框中输入值 200.0，在 下切速率: 文本框中输入值 100.0，在 提刀速率 文本框中输入值 500.0，在 主轴转速 文本框中输入值 2200.0。

（4）设置冷却方式。单击 冷却液 按钮，系统弹出“冷却液”对话框，在 Flood （切削液）下拉列表中选择 On 选项，单击该对话框中的 确定 按钮，关闭“冷却液”对话框。

Step6. 单击“定义刀具”对话框中的 精加工 按钮，完成刀具的设置。

Step7. 设置切削参数。所有参数采用系统默认设置值。

Step8. 设置深度参数。在“2D 刀路-外形”对话框的左侧节点列表中单击 深度切削 节点，取消选中 □ 深度切削 复选框。

Step9. 设置连接参数。在“2D 刀路-外形”对话框的左侧节点列表中单击 连接参数 节点，在 毛坯表面(T)... 文本框中输入值 0，在 深度(D)... 文本框中输入值-3，完成连接参数的设置。

Step10. 单击“2D 刀路-外形”对话框中的 ✓ 按钮，完成参数设置，此时系统将自动生成图 20.48 所示的刀具路径。

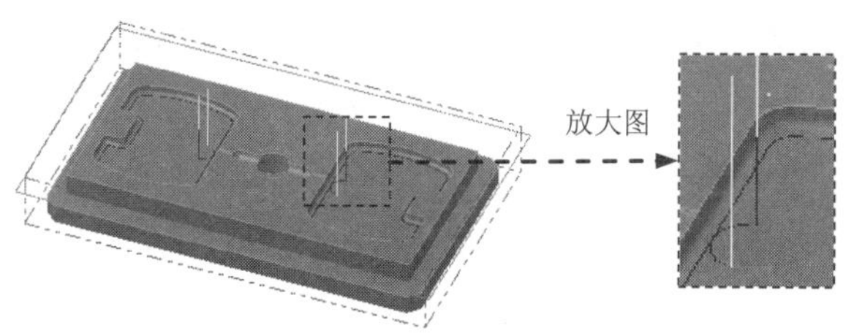

图 20.48　刀具路径

Stage13. 精加工等高外形加工

Step1. 选择加工方法。选择下拉菜单 刀路(T) → 曲面精加工(F) → 等高外形(C)... 命令。

Step2. 设置加工区域。在图形区中选取图 20.49 所示的面，按 Enter 键，系统弹出“刀路/曲面选择”对话框。然后单击 检查面 区域中的 按钮，选取图 20.50 所示的面为检查面，按 Enter 键。单击 ✓ 按钮，完成加工区域的设置，同时系统弹出“曲面精车-外形”对话框。

Step3. 选择刀具。在“曲面精车-外形”对话框中取消选中 □ 刀具过滤 复选框，然后选择图 20.51 所示的刀具。

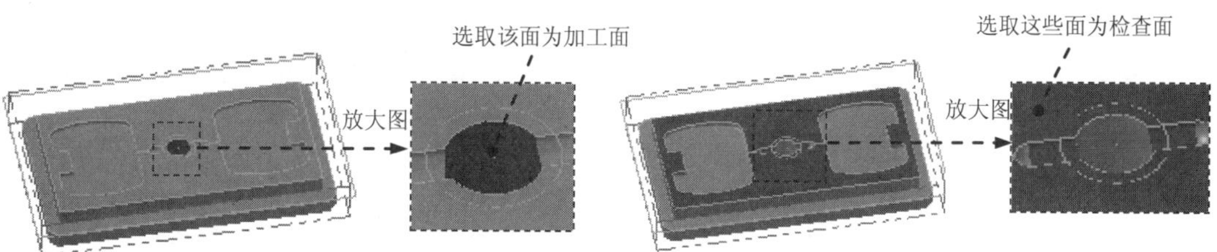

图 20.49　选取加工面　　　　图 20.50　选取检查面

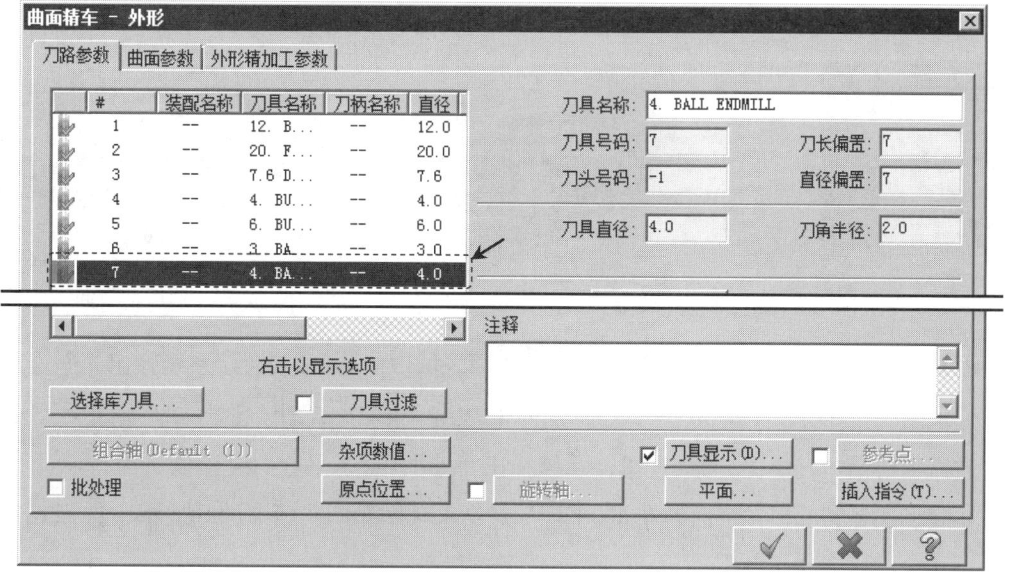

#	装配名称	刀具名称	刀柄名称	直径
1	--	12. B...	--	12.0
2	--	20. F...	--	20.0
3	--	7.6 D...	--	7.6
4	--	4. BU...	--	4.0
5	--	6. BU...	--	6.0
6	--	3. BA...	--	3.0
7	--	4. BA...	--	4.0

图 20.51　“刀路参数”选项卡

Step4. 设置曲面参数。在“曲面精车-外形”对话框中单击曲面参数选项卡，在参考高度...文本框中输入值 10，在进给下刀位置...文本框中输入值 3，在毛坯预留量驱动面上文本框中输入值 0，在毛坯预留量检查面上文本框中输入值 0，其他参数采用系统默认设置值。

Step5. 设置等高外形精加工参数。在“曲面精车-外形”对话框中单击外形精加工参数选项卡，在最大轴向切削间距:文本框中输入值 0.5；在过渡区域选中 ⊙ 沿着曲面单选项和 ☑ 优化切削顺序复选框，其他参数采用系统默认设置值。

Step6. 单击“曲面精车-外形”对话框中的 ✔ 按钮，完成加工参数的设置，此时系统将自动生成图 20.52 所示的刀具路径。

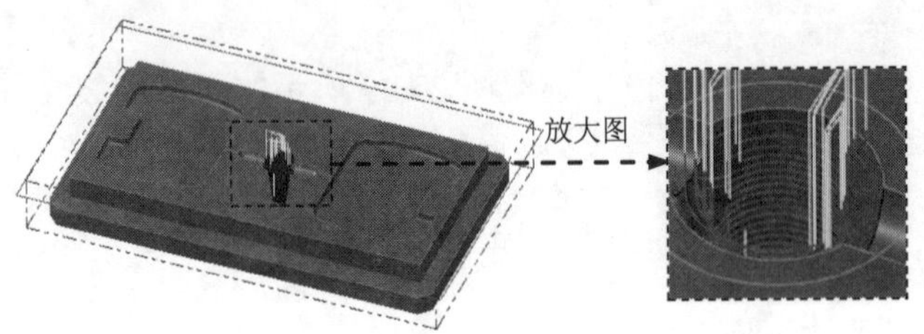

图 20.52 刀具路径

Stage14. 精加工平行铣削加工 2

Step1. 选择加工方法。选择下拉菜单 刀路(T) → 曲面精加工(F) → 平行(P)... 命令。

Step2. 设置加工区域。

（1）在图形区中选取图 20.53 所示的 4 个曲面，按 Enter 键，在系统弹出的“刀路/曲面选择”对话框的检查面区域中单击 ↖ 按钮，选取图 20.54 所示的 2 个曲面，按 Enter 键。

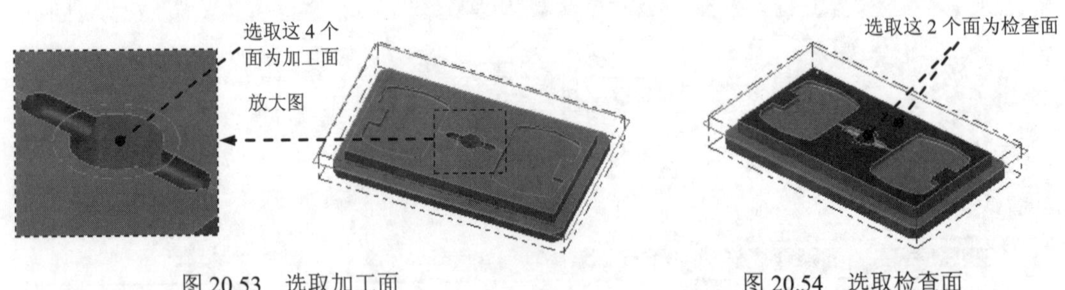

图 20.53 选取加工面　　图 20.54 选取检查面

（2）单击“刀路/曲面选择”对话框边界范围区域中的 ↖ 按钮，系统弹出“串连”对话框，采用“串联方式”选取图 20.55 所示的边链。单击 ✔ 按钮，系统返回至“刀路/曲面选择”对话框。单击 ✔ 按钮，系统弹出“曲面精车-平行”对话框。

Step3. 选择刀具。在“曲面精车-平行”对话框刀路参数选项卡的列表框中选择 6 号刀具。

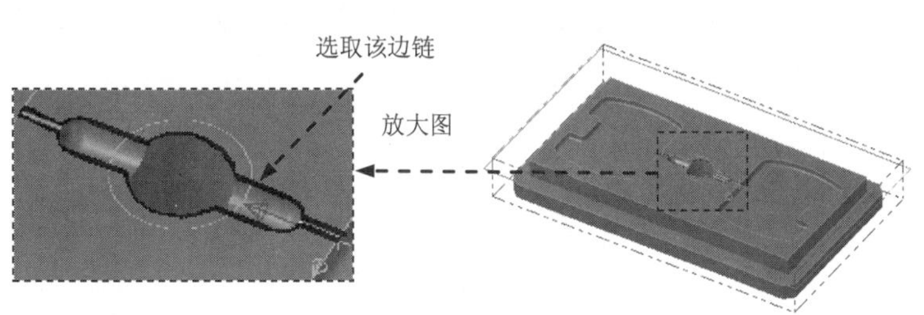

图 20.55 选取切削范围边线

Step4. 设置加工参数。

（1）设置曲面参数。在“曲面精车–平行”对话框中单击曲面参数选项卡，在参考高度...文本框中输入值 10，在毛坯预留量驱动面上文本框中输入值 0，其他参数采用系统默认设置值。

（2）设置精加工平行铣削参数。在“曲面精车–平行”对话框中单击平行精加工参数选项卡。在整体公差(T)...文本框中输入值 0.005，然后在最大径向切削间距(M)...文本框中输入值 0.25；在切削方式下拉列表中选择双向选项；在加工角度文本框中输入值 45。单击间隙设置(G)...按钮，系统弹出“间隙设置”对话框，在切线长度:文本框中输入值 0，选中☑优化切削顺序复选框。单击✓按钮，关闭“刀具路径的间隙设定”对话框。

Step5. 单击“曲面精车–平行”对话框中的✓按钮，同时在图形区生成图 20.56 所示的刀具路径。

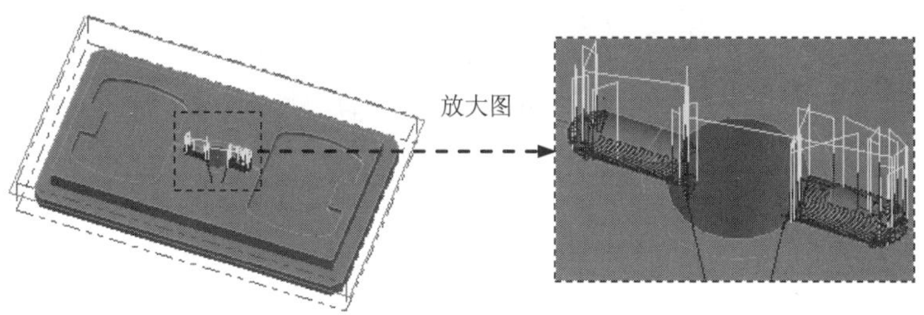

图 20.56 刀具路径

Stage15. 精加工平行铣削加工 3

Step1. 选择加工方法。选择下拉菜单 刀路(T) → 曲面精加工(F) → 平行(P)... 命令。

Step2. 选取加工面。在图形区中选取图 20.57 所示的曲面，按 Enter 键，单击✓按钮，系统弹出“曲面精车–平行”对话框。

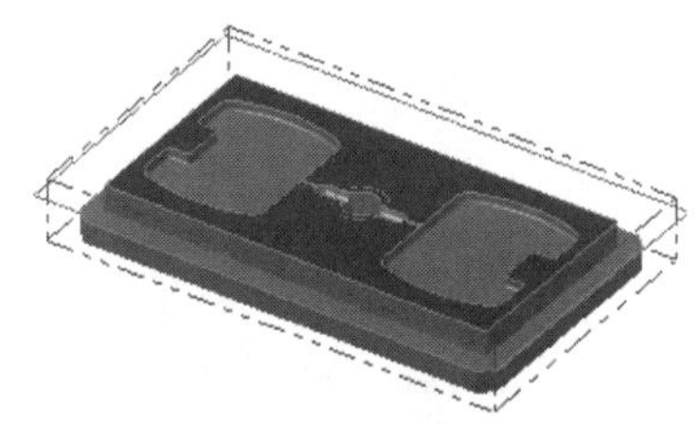

图 20.57 选取加工面

Step3. 选择刀具。在“曲面精车-平行”对话框 刀路参数 选项卡的列表框中选择 2 号刀具。

Step4. 设置加工参数。

（1）设置曲面参数。在“曲面精车-平行”对话框中单击 曲面参数 选项卡，所有参数采用系统默认设置值。

（2）设置精加工平行铣削参数。在“曲面精车-平行”对话框中单击 平行精加工参数 选项卡，在 最大径向切削间距(M)... 文本框中输入值 10，其他参数采用系统默认设置值。

Step5. 单击“曲面精车-平行”对话框中的 ✓ 按钮，同时在图形区生成图 20.58 所示的刀具路径。

Stage16. 外形铣削加工 4

Step1. 绘制边界。选择下拉菜单 绘图(C) → 线(L) → 端点(E)... 命令，绘制图 20.59 所示的 4 条直线。

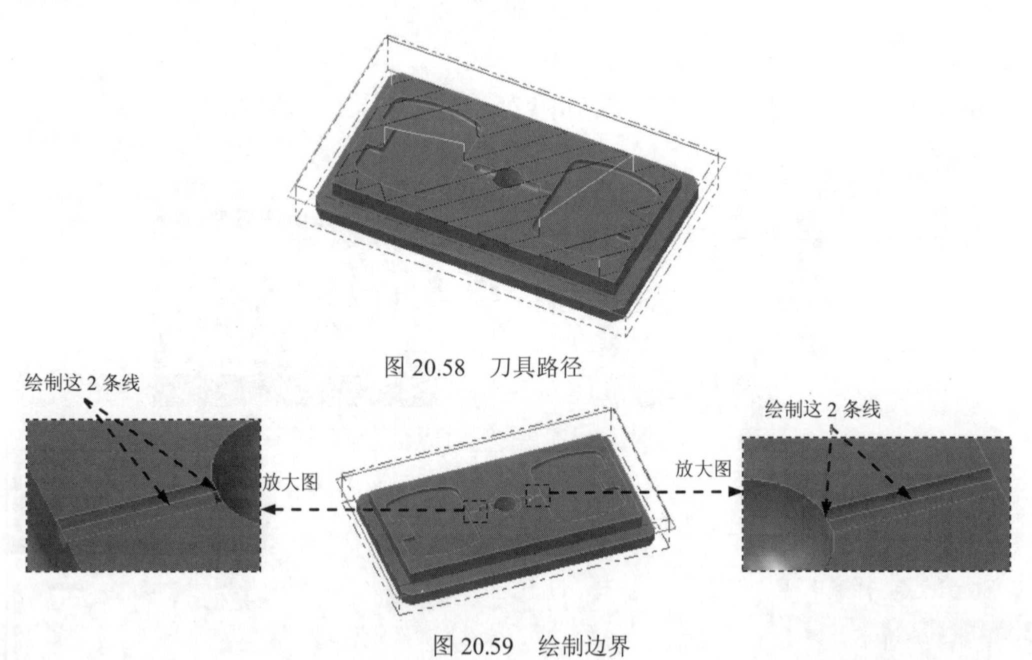

图 20.58　刀具路径

图 20.59　绘制边界

Step2. 选择下拉菜单 刀路(T) → 外形铣削(C)... 命令，系统弹出“串连”对话框。

Step3. 设置加工区域。在图形区中选取图 20.59 所示的边线（即 Step1 中所绘制的两条较长的直线），系统自动选取图 20.60 所示的边链。单击 ✓ 按钮，完成加工区域的设置，同时系统弹出“2D 刀路-外形”对话框。

Step4. 确定刀具类型。在“2D 刀路-外形”对话框的左侧节点列表中单击 刀具 节点，切换到“刀具参数”界面；单击 过滤(F)... 按钮，系统弹出“刀具列表过滤”对话框。单击 刀具类型

区域中的 无(N) 按钮后，在刀具类型按钮群中单击 （球刀）按钮。单击 ✓ 按钮，关闭“刀具列表过滤”对话框，系统返回至“2D 刀路-外形”对话框。

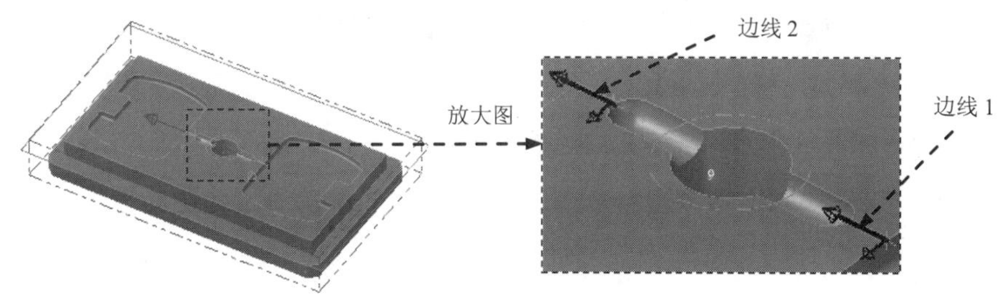

图 20.60 选取加工边界

Step5. 选择刀具。在“2D 刀路-外形”对话框中单击 选择库刀具... 按钮，系统弹出“刀具选择”对话框，在该对话框的列表框中选择 1. BALL ENDMILL -- 1.0 0.5 50.0 4 全部 刀具。单击 ✓ 按钮，关闭“刀具选择”对话框，系统返回至“2D 刀路-外形”对话框。

Step6. 设置刀具参数。

（1）完成上步操作后，在“2D 刀路-外形”对话框的刀具列表中双击该刀具，系统弹出 “定义刀具”对话框。

（2）设置刀具号码。单击 最终化属性 按钮，在 刀具编号: 文本框中将原有的数值改为 8。

（3）设置刀具的加工参数。在 进给率 文本框中输入值 100.0，在 下切速率: 文本框中输入值 50.0，在 提刀速率 文本框中输入值 500.0，在 主轴转速 文本框中输入值 8000.0。

（4）设置冷却方式。单击 冷却液 按钮，系统弹出“冷却液”对话框，在 Flood （切削液）下拉列表中选择 On 选项，单击该对话框中的 确定 按钮，关闭“冷却液”对话框。

Step7. 单击“定义刀具”对话框中的 精加工 按钮，完成刀具的设置。

Step8. 设置切削参数。在 补正类型 下拉列表中选择 关 选项，其他参数采用系统默认设置值。

Step9. 设置深度参数。在“2D 刀路-外形”对话框的左侧节点列表中单击 深度切削 节点，然后选中 ☑ 深度切削 复选框，在 最大粗切步进量: 文本框中输入值 0.2；在 精切削次数: 文本框中输入值 1，在 精切步进量: 文本框中输入值 0.1，其他参数接受系统默认设置值。

Step10. 设置进退/刀参数。在“2D 刀路-外形”对话框中单击 切入/切出 节点，设置参数如图 20.61 所示。

Step11. 设置连接参数。在“2D 刀路-外形”对话框中的左侧节点列表中单击 连接参数 节点，在 毛坯表面(T)... 文本框中输入值 0，在 深度(D)... 文本框中输入值-0.5，完成连接参数的设置。

Step12. 单击“2D 刀路-外形”对话框中的 ✓ 按钮，完成参数设置，此时系统将自

动生成图 20.62 所示的刀具路径。

Step13. 实体切削验证。

（1）在刀路选项卡中单击按钮，然后单击“验证选定操作”按钮，系统弹出“Mastercam 模拟器”对话框。

（2）在“Mastercam 模拟器”对话框中单击按钮，系统将开始进行实体切削仿真，结果如图 20.63 所示。单击 × 按钮，关闭“Mastercam 模拟器”对话框。

Step14. 保存模型。选择下拉菜单 文件(F) → 保存(S) 命令，保存模型。

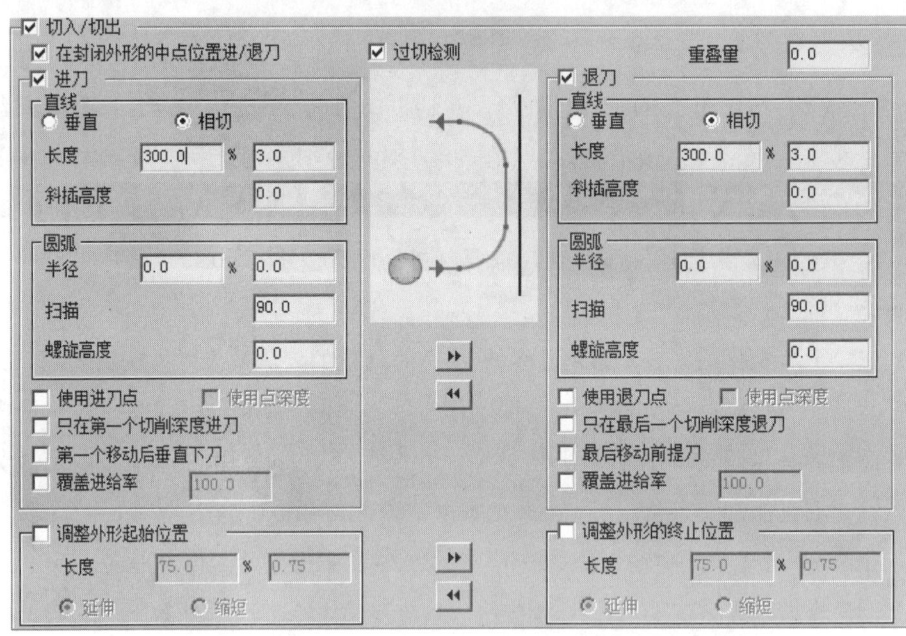

图 20.61 “切入/切出”参数设置界面

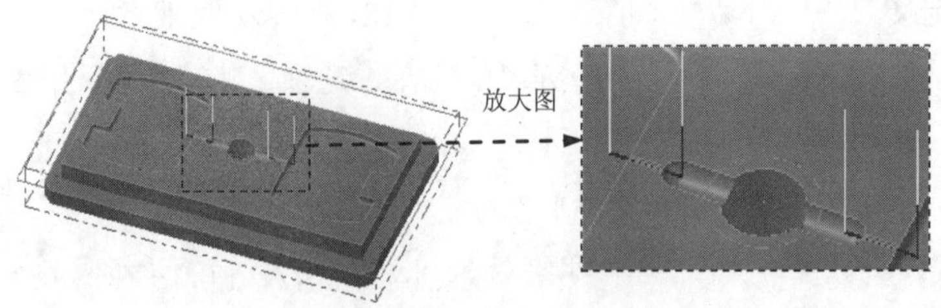

图 20.62 刀具路径

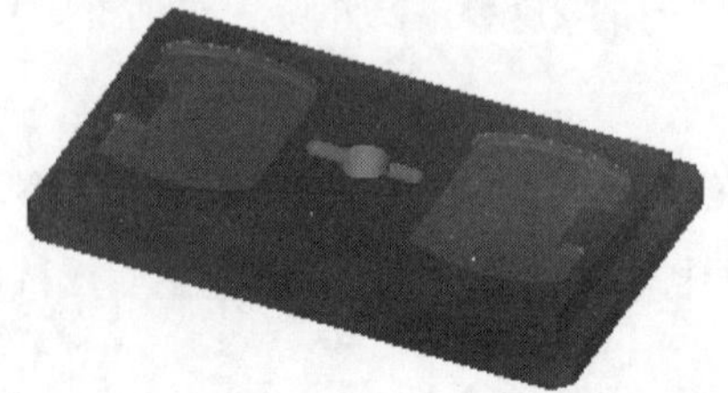

图 20.63 仿真结果

实例 21　杯子凹模加工

在模具加工中，从毛坯零件到目标零件的加工一般都要经过多道工序。工序安排得是否合理对加工后模具的质量有较大的影响，因此在加工之前需要根据目标零件的特征制订好加工的工艺。

下面以一个杯子凹模加工为例介绍多工序铣削的加工方法，该杯子凹模的加工工艺路线如图 21.1 所示。

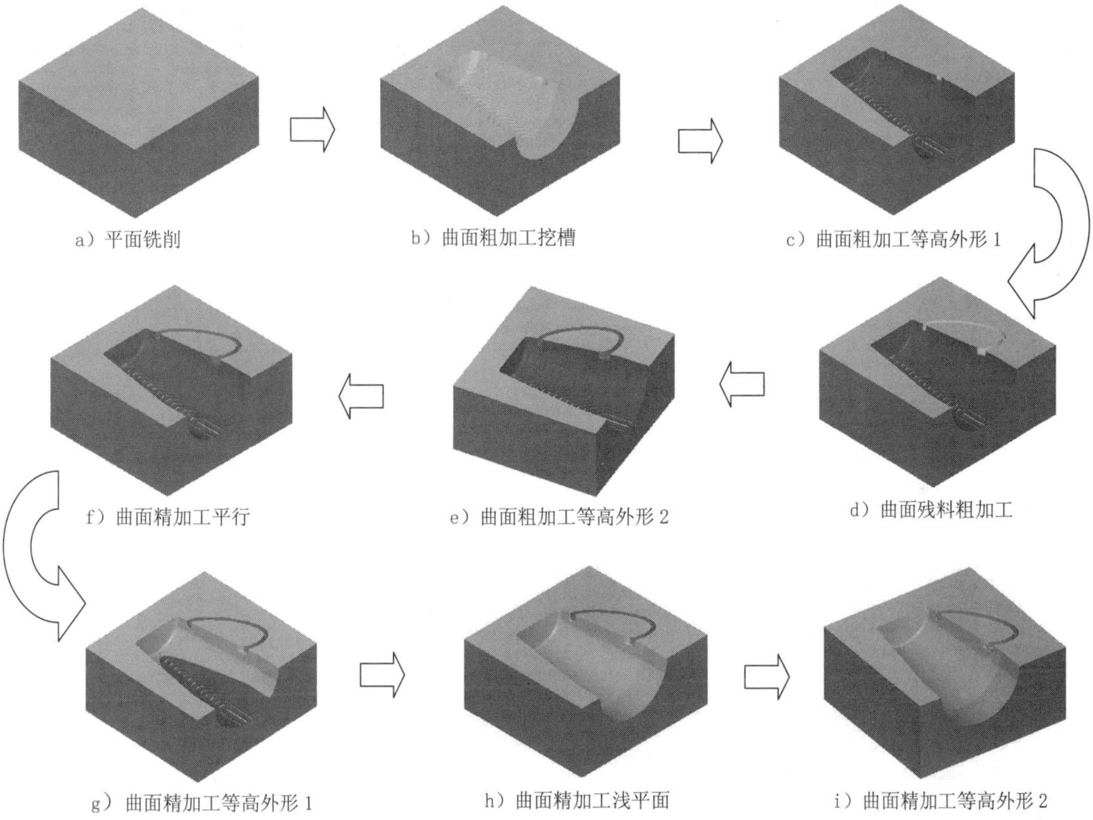

a）平面铣削　b）曲面粗加工挖槽　c）曲面粗加工等高外形 1

f）曲面精加工平行　e）曲面粗加工等高外形 2　d）曲面残料粗加工

g）曲面精加工等高外形 1　h）曲面精加工浅平面　i）曲面精加工等高外形 2

图 21.1　加工工艺路线

Stage1. 进入加工环境

打开模型。选择文件 D:\ mcx8.11\work\ch21\CUP_LOWER_MOLD.MCX，系统进入加工环境，此时零件模型如图 21.2 所示。

Stage2. 设置工件

Step1. 在“操作管理器”中单击 属性 - Generic Mill 节点前的“+”号，将该节点展开，

然后单击◆毛坯设置节点，系统弹出“机床群组属性”对话框。

Step2. 设置工件的形状。在“机床群组属性”对话框的形状区域中选中◉矩形单选项。

Step3. 设置工件的尺寸。在“机床群组属性”对话框中单击所有曲面按钮，在毛坯原点区域Z下面的文本框中输入值 5，然后在右侧预览区的Z文本框中输入值 85。

Step4. 单击“机床群组属性”对话框中的✓按钮，完成工件的设置。此时零件如图 21.3 所示，从图中可以观察到零件的边缘多了红色的双点画线，双点画线围成的图形即工件。

图 21.2　零件模型

图 21.3　显示工件

Stage3. 平面铣削加工

Step1. 绘制矩形边界。单击顶视图按钮，选择下拉菜单绘图(C) → □ 矩形(R)...命令，系统弹出“矩形”工具栏。在“矩形”工具栏中确认按钮被按下，选取图 21.4 所示的坐标原点，然后在后的文本框中输入值 160，在后的文本框中输入值 170，按 Enter 键。单击✓按钮，完成矩形边界的绘制，结果如图 21.5 所示。

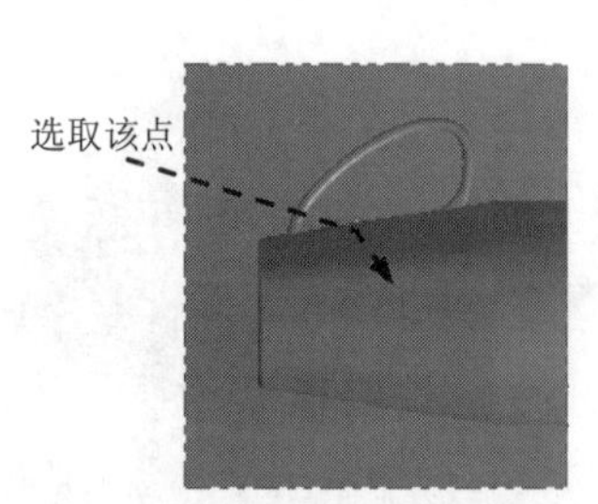

图 21.4　定义基准点

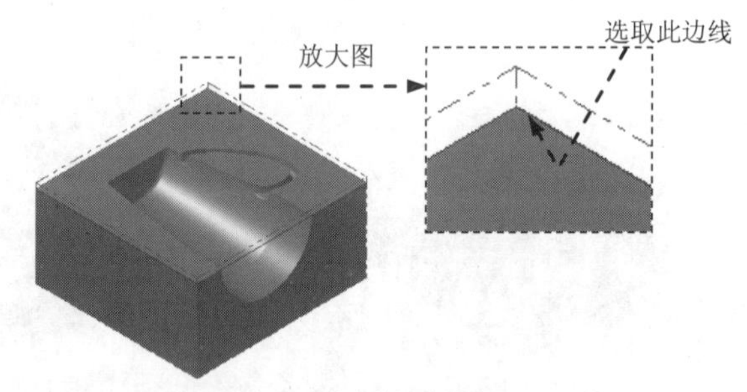

图 21.5　绘制矩形边界

Step2. 选择下拉菜单刀路(T) → 平面铣(A)...命令，系统弹出“输入新 NC 名称”对话框，采用系统默认的 NC 名称。单击✓按钮，完成 NC 名称的设置，同时系统弹出“串连”对话框。

Step3. 设置加工区域。在图形区中选取图 21.5 所示的边线，系统自动选取图 21.6 所示的边链。单击✓按钮，完成加工区域的设置，同时系统弹出“2D 刀路–平面铣削”对话框。

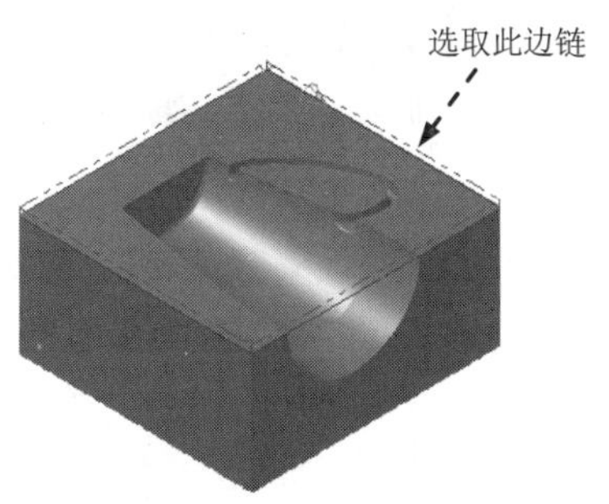

图 21.6　定义区域

Step4. 确定刀具类型。在“2D 刀路–平面铣削”对话框的左侧节点列表中单击刀具节点，切换到“刀具参数”界面；单击过滤(F)...按钮，系统弹出“刀具列表过滤”对话框。单击刀具类型区域中的无(N)按钮后，在刀具类型按钮群中单击（平底刀）按钮。单击✓按钮，关闭“刀具列表过滤”对话框，系统返回至“2D 刀路–平面铣削”对话框。

Step5. 选择刀具。在“2D 刀路–平面铣削”对话框中单击选择库刀具...按钮，系统弹出“刀具选择”对话框，在该对话框的列表框中选择图 21.7 所示的刀具。单击✓按钮，关闭“刀具选择”对话框，系统返回至“2D 刀路–平面铣削”对话框。

刀具选择 - C:\users\public\documents\shared mcamx8\Mill\Tools\Mill_mm.Tooldb

C:\users\publi...\Mill_mm.Tooldb

#	装配名称	刀具名称	刀柄名称	直径	转角...	长度	类型	刀齿数
475	--	15. FLAT ENDMILL	--	15.0	0.0	50.0	平底刀 1	4
476	--	16. FLAT ENDMILL	--	16.0	0.0	50.0	平底刀 1	4
477	--	17. FLAT ENDMILL	--	17.0	0.0	50.0	平底刀 1	4
478	--	18. FLAT ENDMILL	--	18.0	0.0	50.0	平底刀 1	4
479	--	19. FLAT ENDMILL	--	19.0	0.0	50.0	平底刀 1	4
480	--	20. FLAT ENDMILL	--	20.0	0.0	50.0	平底刀 1	4
481	--	21. FLAT ENDMILL	--	21.0	0.0	50.0	平底刀 1	4
482	--	22. FLAT ENDMILL	--	22.0	0.0	50.0	平底刀 1	4
483	--	23. FLAT ENDMILL	--	23.0	0.0	50.0	平底刀 1	4
484	--	24. FLAT ENDMILL	--	24.0	0.0	50.0	平底刀 1	4
485	--	25. FLAT ENDMILL	--	25.0	0.0	50.0	平底刀 1	4

过滤(F)...
☑ 启用过滤
显示 25 个刀具(共
显示模式
○ 刀具
○ 装配
◉ 两者

图 21.7　“刀具选择”对话框

Step6. 设置刀具参数。

（1）完成上步操作后，在“2D 刀路–平面铣削”对话框的刀具列表中双击该刀具，系统弹出“定义刀具”对话框。

（2）设置刀具号码。单击最终化属性按钮，在刀具编号:文本框中将原有的数值改为 1。

（3）设置刀具的加工参数。在进给率文本框中输入值 200.0，在下切速率:文本框中输入值 100.0，在提刀速率文本框中输入值 500.0，在主轴转速文本框中输入值 800.0。

（4）设置冷却方式。单击冷却液按钮，系统弹出“冷却液”对话框，在Flood（切削液）下拉列表中选择On选项，单击该对话框中的确定按钮，关闭“冷却液”对话框。

Step7. 单击“定义刀具”对话框中的精加工按钮，完成刀具的设置。

Step8. 设置加工参数。在“2D 刀路-平面铣削”对话框的左侧节点列表中单击切削参数节点，在型式下拉列表中选择双向选项，在底面毛坯预留量文本框中输入值 0.2，其他参数采用系统默认设置值。

Step9. 在“2D 刀路–平面铣削”对话框的左侧节点列表中单击切削参数下的深度切削节点，然后选中深度切削复选框，在最大粗切步进量:文本框中输入值 2，在精切削次数:文本框中输入值 0，在精切步进量:文本框中输入值 0.5，完成 Z 轴切削分层铣削参数的设置。

Step10. 设置连接参数。在“2D 刀路–平面铣削”对话框的左侧节点列表中单击连接参数节点，所有参数采用系统默认设置值。

Step11. 单击“2D 刀路–平面铣削”对话框中的按钮，完成加工参数的设置，此时系统将自动生成图 21.8 所示的刀具路径。

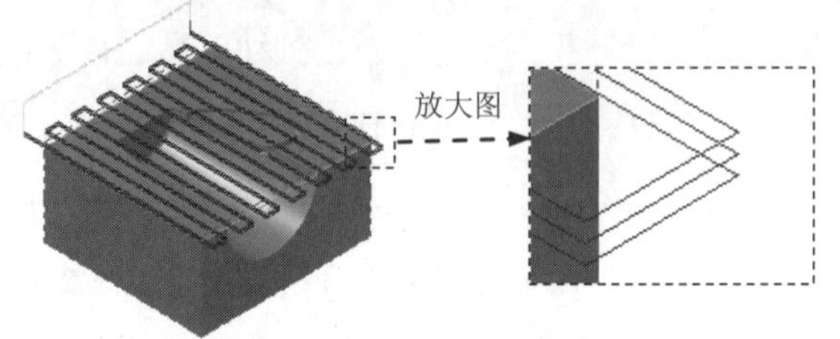

图 21.8　刀具路径

说明： 单击“操作管理器”中的按钮隐藏上步的刀具路径，以便于后面加工面的选取，下同。

Stage4. 粗加工挖槽加工

Step1. 选择加工方法。选择下拉菜单 刀路(T) → 曲面粗加工(R) → 挖槽(K)... 命令。

Step2. 设置加工区域。

（1）选取加工面。在图形区中选取图 21.9 所示的所有面（共 22 个面），然后按 Enter 键，系统弹出“刀路/曲面选择”对话框。

（2）设置加工边界。在边界范围区域中单击按钮，系统弹出“串连”对话框。在图形区中选取图 21.10 所示的边线，单击按钮，系统返回至“刀路/曲面选择”对话框。

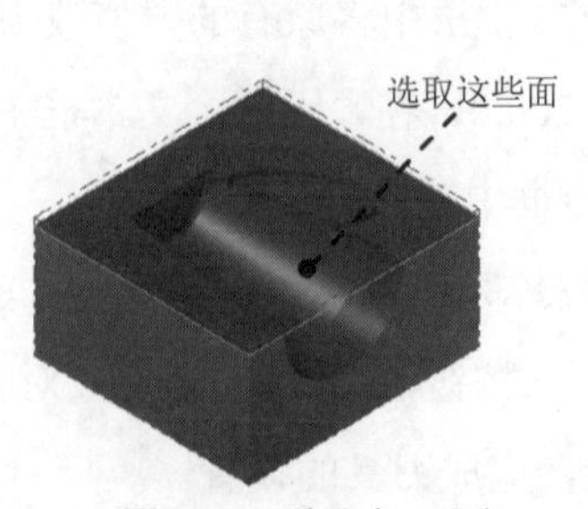

图 21.9　选取加工面

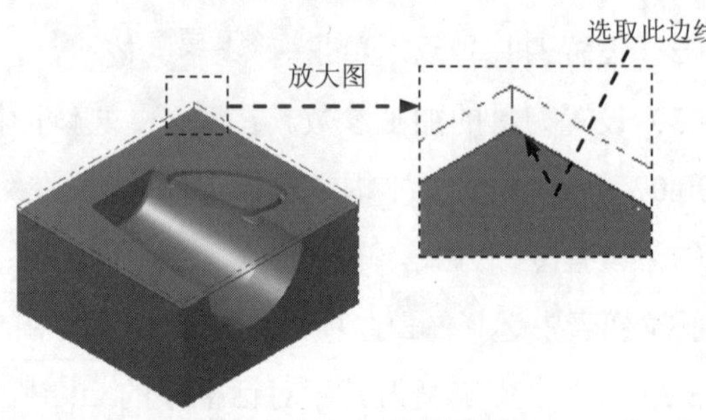

图 21.10　选取切削范围边线

（3）单击 ✓ 按钮，完成加工区域的设置，同时系统弹出“曲面粗车-挖槽”对话框。

Step3. 选择刀具。在“曲面粗车-挖槽”对话框中取消选中□ 刀具过滤 复选框，然后选择图21.11所示的刀具。

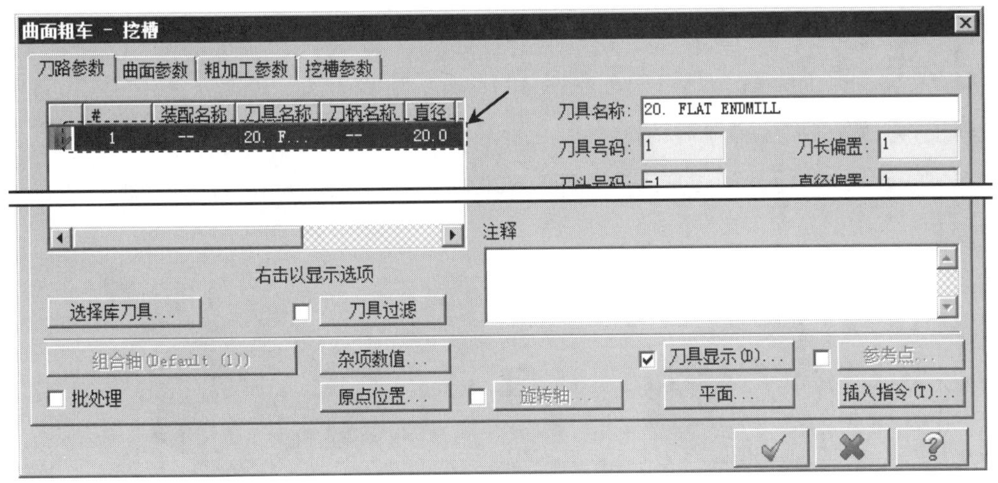

图21.11 “刀路参数”选项卡

Step4. 设置曲面参数。在“曲面粗车-挖槽”对话框中单击 曲面参数 选项卡，在 毛坯预留量驱动面上（此处翻译有误，应为“加工面预留量”）文本框中输入值1。

Step5. 设置粗加工参数。

（1）在“曲面粗车-挖槽”对话框中单击 粗加工参数 选项卡，在 最大轴向切削间距: 文本框中输入值1，然后在 进刀选项 区域选中 ☑ 从边界范围外下刀 复选框和 ☑ 螺旋进刀 复选框。

（2）单击 螺旋进刀 按钮，系统弹出“螺旋/斜插式下刀参数”对话框，单击“螺旋/斜插式下刀参数”对话框中的 斜降 选项卡，在 斜插失败时 区域选中 ⊙ 跳过 单选项。单击“螺旋/斜插式下刀参数”对话框中的 ✓ 按钮，系统返回至“曲面粗车-挖槽”对话框。

Step6. 设置挖槽参数。在“曲面粗车-挖槽”对话框中单击 挖槽参数 选项卡，在 切削方式 下面选择 双向 选项；在 径向切削比例: 文本框中输入值50，选中 ☑ 最小化刀具负载 复选框。

Step7. 单击“曲面粗车-挖槽”对话框中的 ✓ 按钮，完成加工参数的设置，此时系统将自动生成图21.12所示的刀具路径。

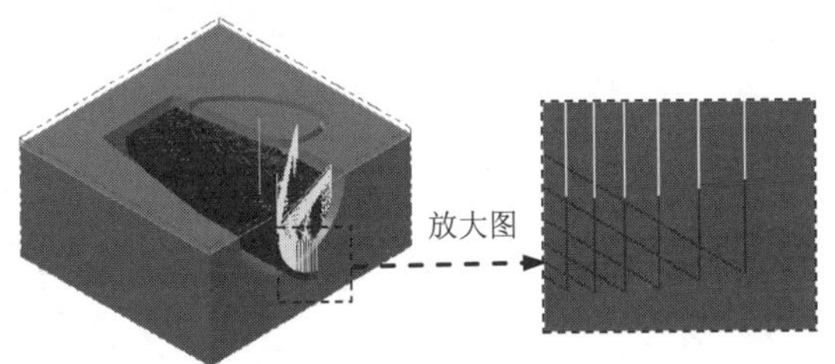

图21.12 刀具路径

Stage5. 粗加工等高外形加工 1

Step1. 选择加工方法。选择下拉菜单 刀路(T) → 曲面粗加工(R) → 外形(C)... 命令。

Step2. 设置加工区域。

（1）选取加工面。在图形区中选取图 21.13 所示的面（共 5 个面），然后按 Enter 键，系统弹出“刀路/曲面选择”对话框。

（2）单击 检查面 区域中的 按钮，选取图 21.14 所示的面（共 17 个面）为检查面，然后按 Enter 键。

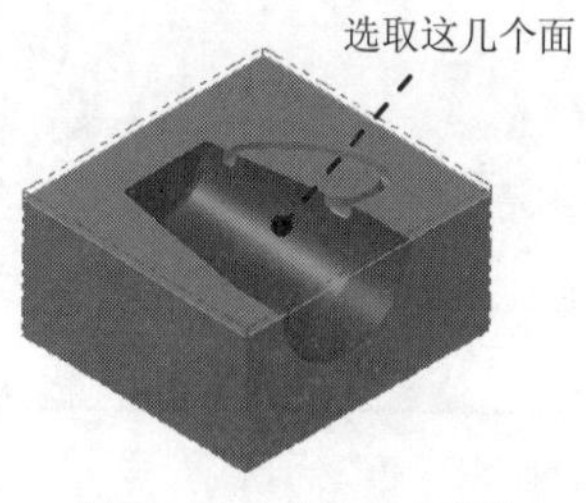

图 21.13　选取加工面

图 21.14　选取检查面

（3）设置加工边界。在 边界范围 区域中单击 按钮，系统弹出“串连”对话框。在图形区中选取图 21.15 所示的边线，单击 按钮，系统返回至“刀路/曲面选择”对话框。

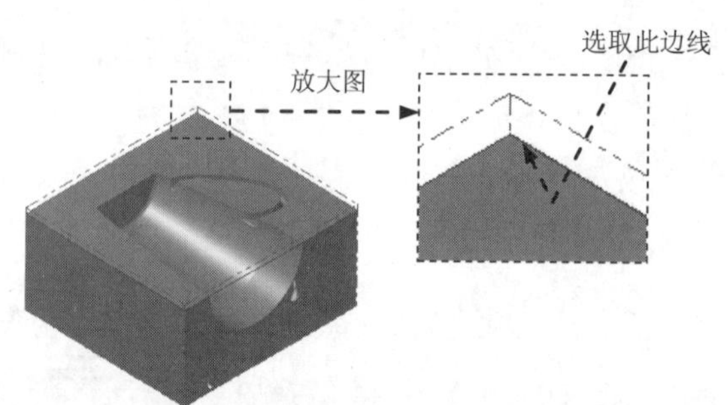

图 21.15　选取切削范围边线

（4）单击 按钮，完成加工区域的设置，同时系统弹出“曲面粗车-外形”对话框。

Step3. 确定刀具类型。在“曲面粗车-外形”对话框中单击 刀具过滤 按钮，系统弹出“刀具列表过滤”对话框。单击 刀具类型 区域中的 无(N) 按钮后，在刀具类型按钮群中单击 （球刀）按钮。然后单击 按钮，关闭“刀具列表过滤”对话框，系统返回至“曲面粗车-外形”对话框。

Step4. 选择刀具。在“曲面粗车-外形”对话框中单击 选择库刀具... 按钮，系统弹出“刀具选择”对话框，在该对话框的列表框中选择图 21.16 所示的刀具。单击 按钮，关闭“刀具选择”对话框，系统返回至“曲面粗车-外形”对话框。

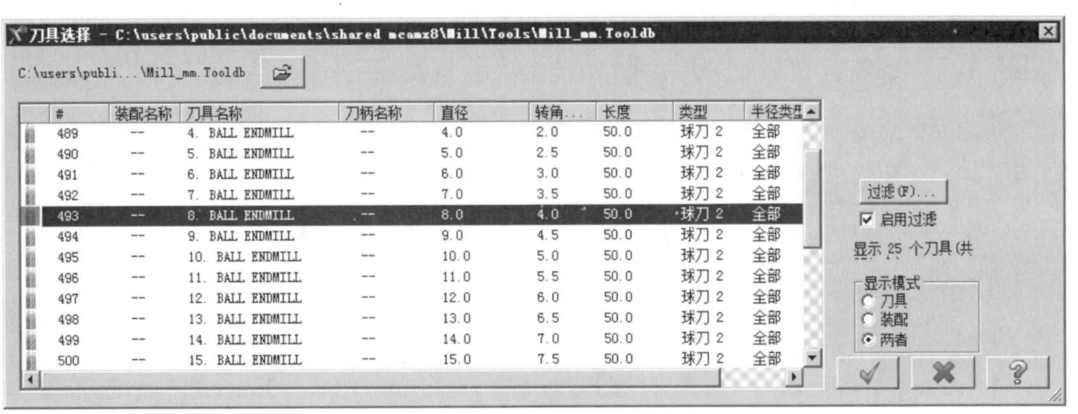

#	装配名称	刀具名称	刀柄名称	直径	转角...	长度	类型	半径类型
489	--	4. BALL ENDMILL	--	4.0	2.0	50.0	球刀 2	全部
490	--	5. BALL ENDMILL	--	5.0	2.5	50.0	球刀 2	全部
491	--	6. BALL ENDMILL	--	6.0	3.0	50.0	球刀 2	全部
492	--	7. BALL ENDMILL	--	7.0	3.5	50.0	球刀 2	全部
493	--	8. BALL ENDMILL	--	8.0	4.0	50.0	球刀 2	全部
494	--	9. BALL ENDMILL	--	9.0	4.5	50.0	球刀 2	全部
495	--	10. BALL ENDMILL	--	10.0	5.0	50.0	球刀 2	全部
496	--	11. BALL ENDMILL	--	11.0	5.5	50.0	球刀 2	全部
497	--	12. BALL ENDMILL	--	12.0	6.0	50.0	球刀 2	全部
498	--	13. BALL ENDMILL	--	13.0	6.5	50.0	球刀 2	全部
499	--	14. BALL ENDMILL	--	14.0	7.0	50.0	球刀 2	全部
500	--	15. BALL ENDMILL	--	15.0	7.5	50.0	球刀 2	全部

图 21.16 “刀具选择”对话框

Step5. 设置刀具参数。

（1）完成上步操作后，在“曲面粗车-外形”对话框刀路参数选项卡的列表框中显示出Step4 所选择的刀具，双击该刀具，系统弹出“定义刀具”对话框。

（2）设置刀具号码。单击最终化属性按钮，在刀具编号:文本框中将原有的数值改为 2。

（3）设置刀具的加工参数。在进给率文本框中输入值 300.0，在下切速率:文本框中输入值 150.0，在提刀速率文本框中输入值 500.0，在主轴转速文本框中输入值 1200.0。

（4）设置冷却方式。单击冷却液按钮，系统弹出“冷却液”对话框，在Flood（切削液）下拉列表中选择On选项，单击该对话框中的确定按钮，关闭“冷却液”对话框。

Step6. 单击“定义刀具”对话框中的精加工按钮，完成刀具的设置。

Step7. 设置加工参数

（1）设置曲面参数。在“曲面粗车-外形”对话框中单击曲面参数选项卡，在毛坯预留量驱动面上（此处翻译有误，应为“加工面预留量”，下同)文本框中输入值 0.5，在毛坯预留量检查面上文本框中输入值 0.2，其他参数采用系统默认设置值。

（2）设置粗加工等高外形参数。在“曲面粗车-外形”对话框中单击外形粗加工参数选项卡，在最大轴向切削间距:文本框中输入值 1.0，在过渡区域选中沿着曲面单选项以及“曲面粗车-外形”对话框中左下方的优化切削顺序复选框。

（3）单击“曲面粗车-外形”对话框中的✓按钮，同时在图形区生成图 21.17 所示的刀具路径。

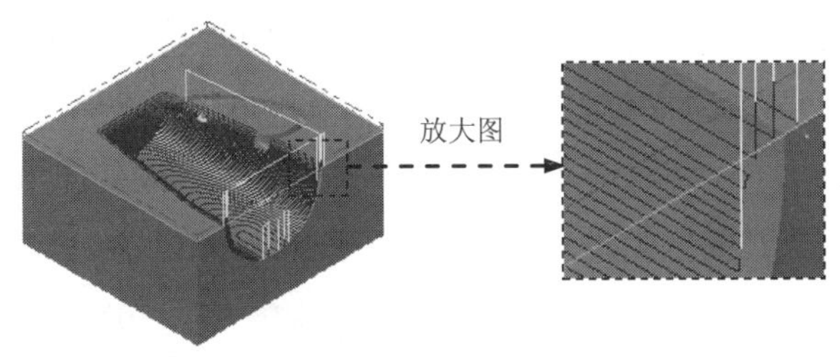

图 21.17 刀具路径

Stage6. 粗加工残料加工

Step1. 绘制边界。单击俯视图按钮，选择下拉菜单 绘图(C) → 线(L) → 端点(E)... 命令，系统弹出“直线”工具栏，绘制图 21.18 所示的图形（只需绘制大概轮廓即可，具体操作参看操作视频）。单击按钮，完成任意直线的绘制。

Step2. 选择加工方法。选择下拉菜单 刀路(T) → 曲面粗加工(R) → 残料铣削(T)... 命令。

Step3. 选取加工面及加工范围。

（1）在图形区中选取图 21.19 所示的曲面（共 18 个面），然后按 Enter 键，系统弹出“刀路/曲面选择”对话框。

（2）单击“刀路/曲面选择”对话框中边界范围区域的按钮，系统弹出“串连”对话框，采用“串联方式”选取图 21.18 所示的边线。单击按钮，系统返回至“刀路/曲面选择”对话框。单击按钮，系统弹出“曲面残料加工”对话框。

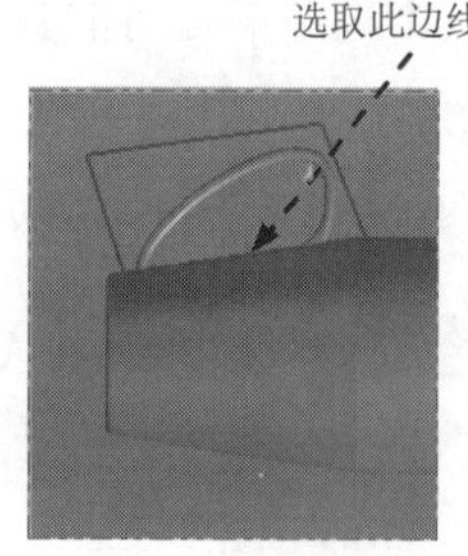

图 21.18 绘制边界

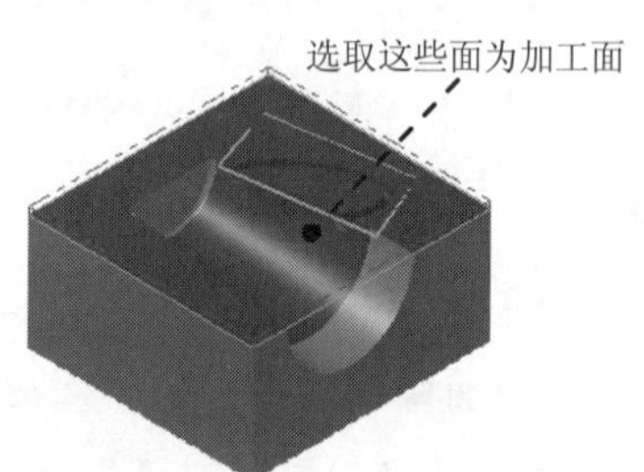

图 21.19 选取加工面

Step4. 确定刀具类型。在“曲面残料加工”对话框中单击 刀具过滤 按钮，系统弹出“刀具列表过滤”对话框。单击刀具类型区域中的 无(N) 按钮后，在刀具类型按钮群中单击（圆鼻刀）按钮。单击按钮，关闭“刀具列表过滤”对话框，系统返回至“曲面残料加工”对话框。

Step5. 选择刀具。在“曲面残料加工”对话框中单击 选择库刀具... 按钮，系统弹出“刀具选择”对话框，在该对话框的列表框中选择图 21.20 所示的刀具。单击按钮，关闭“刀具选择”对话框，系统返回至“曲面残料加工”对话框。

Step6. 设置刀具相关参数。

（1）完成上步操作后，在“曲面残料加工”对话框 刀路参数 选项卡的列表框中显示出 Step5 所选择的刀具，双击该刀具，系统弹出“定义刀具”对话框。

（2）设置刀具号码。单击 最终化属性 按钮，在 刀具编号: 文本框中将原有的数值改为 3。

（3）设置刀具参数。在 进给率 文本框中输入值 150.0，在 下切速率: 文本框中输入值 100.0，在 提刀速率 文本框中输入值 500.0，在 主轴转速 文本框中输入值 3000.0。

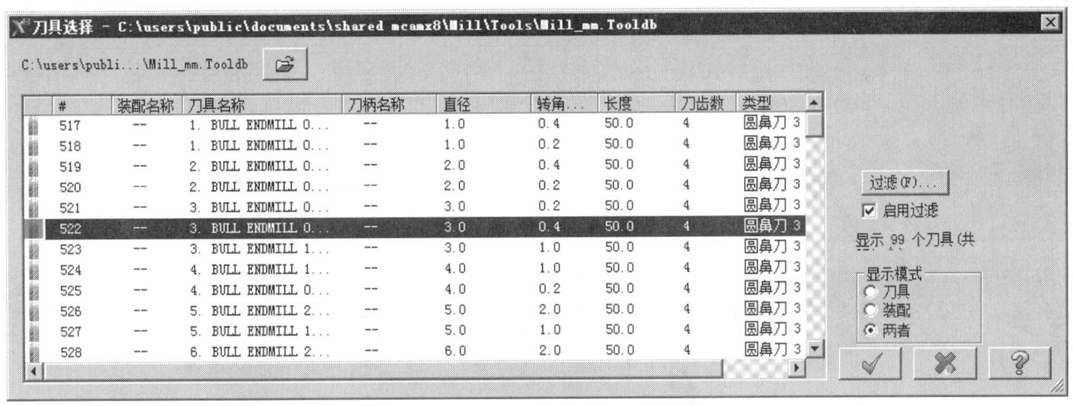

图 21.20 “刀具选择”对话框

（4）设置冷却方式。单击 冷却液 按钮，系统弹出“冷却液”对话框，在 Flood （切削液）下拉列表中选择 On 选项，单击该对话框中的 确定 按钮，关闭“冷却液”对话框。

（5）单击“定义刀具”对话框中的 精加工 按钮，完成刀具的设置。

Step7. 设置曲面参数。在“曲面残料加工”对话框中单击 曲面参数 选项卡，在 毛坯预留量驱动面上 （此处翻译有误，应为“加工面预留量”）文本框中输入值 0.5，其他参数采用系统默认设置值。

Step8. 设置残料加工参数。在“曲面残料加工”对话框中单击 残料加工参数 选项卡，在 最大轴向切削间距: 文本框中输入值 1.0，选中 过渡 区域中的 ⊙ 打断 单选项与 ☑ 优化切削顺序 复选框，其他参数采用系统默认设置值。

Step9. 单击“曲面残料加工”对话框中的 ✓ 按钮，同时在图形区生成图 21.21 所示的刀具路径。

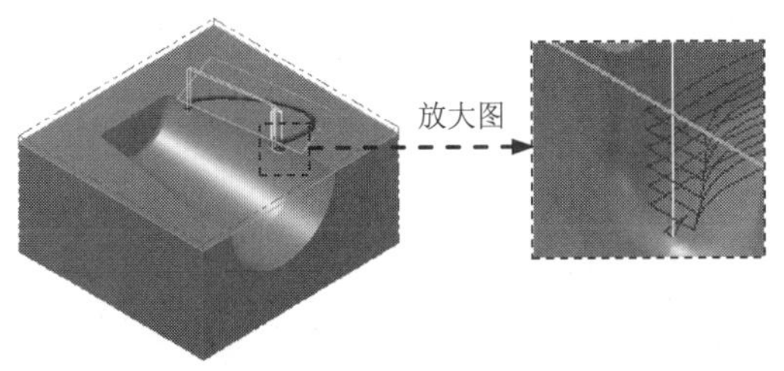

图 21.21 刀具路径

Stage7. 粗加工等高外形加工 2

Step1. 选择加工方法。选择下拉菜单 刀路(T) → 曲面粗加工(R) → 外形(C)... 命令。

Step2. 设置加工区域。

（1）选取加工面。在图形区中选取图 21.22 所示的面（共 18 个面），然后按 Enter 键，系统弹出“刀路/曲面选择”对话框。

（2）设置加工边界。在 边界范围 区域中单击 ↖ 按钮，系统弹出“串连”对话框。在图形区中选取图 21.23 所示的边线，单击按钮，系统返回至“刀路/曲面选择”对话框。

（3）单击按钮，完成加工区域的设置，同时系统弹出“曲面粗车-外形”对话框。

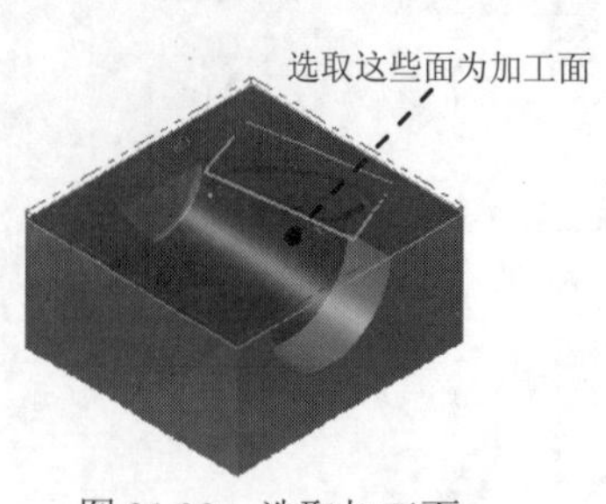

图 21.22　选取加工面

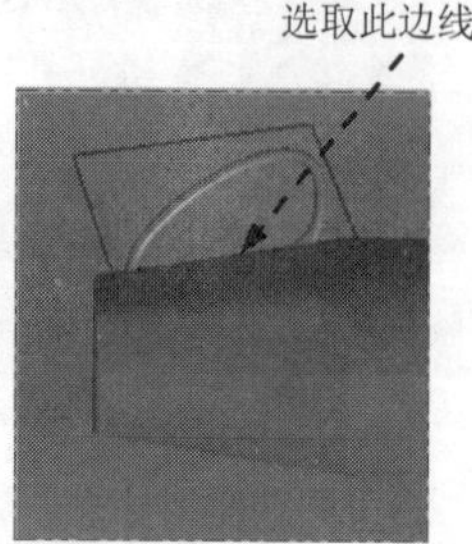

图 21.23　选取切削范围边线

Step3. 确定刀具类型。在“曲面粗车-外形”对话框中单击刀具过滤按钮，系统弹出“刀具列表过滤”对话框。单击刀具类型区域中的无 (N)按钮后，在刀具类型按钮群中单击（球刀）按钮。然后单击按钮，关闭“刀具列表过滤”对话框，系统返回至“曲面粗车-外形”对话框。

Step4. 选择刀具。在“曲面粗车-外形”对话框中单击选择库刀具...按钮，系统弹出“刀具选择”对话框，在该对话框的列表框中选择图 21.24 所示的刀具。单击按钮，关闭“刀具选择”对话框，系统返回至“曲面粗车-外形”对话框。

刀具选择 - C:\users\public\documents\shared mcamx8\Mill\Tools\Mill_mm.Tooldb

C:\users\publi...\Mill_mm.Tooldb

#	装配名称	刀具名称	刀柄名称	直径	转角...	长度	刀齿数	半径类型
486	--	1. BALL ENDMILL	--	1.0	0.5	50.0	4	全部
487	--	2. BALL ENDMILL	--	2.0	1.0	50.0	4	全部
488	--	3. BALL ENDMILL	--	3.0	1.5	50.0	4	全部
489	--	4. BALL ENDMILL	--	4.0	2.0	50.0	4	全部
490	--	5. BALL ENDMILL	--	5.0	2.5	50.0	4	全部
491	--	6. BALL ENDMILL	--	6.0	3.0	50.0	4	全部
492	--	7. BALL ENDMILL	--	7.0	3.5	50.0	4	全部
493	--	8. BALL ENDMILL	--	8.0	4.0	50.0	4	全部
494	--	9. BALL ENDMILL	--	9.0	4.5	50.0	4	全部
495	--	10. BALL ENDMILL	--	10.0	5.0	50.0	4	全部
496	--	11. BALL ENDMILL	--	11.0	5.5	50.0	4	全部
497	--	12. BALL ENDMILL	--	12.0	6.0	50.0	4	全部

过滤 (F)...
启用过滤
显示 25 个刀具 (共
显示模式
刀具
装配
两者

图 21.24　“刀具选择”对话框

Step5. 设置刀具参数。

（1）完成上步操作后，在“曲面粗车-外形”对话框刀路参数选项卡的列表框中显示出 Step4 所选择的刀具，双击该刀具，系统弹出“定义刀具”对话框。

（2）设置刀具号码。单击最终化属性按钮，在刀具编号:文本框中将原有的数值改为 4。

（3）设置刀具的加工参数。在进给率文本框中输入值 200.0，在下切速率:文本框中输入值 100.0，在提刀速率文本框中输入值 500.0，在主轴转速文本框中输入值 3000.0。

（4）设置冷却方式。单击冷却液按钮，系统弹出“冷却液”对话框，在Flood（切削液）下拉列表中选择On选项，单击该对话框中的确定按钮，关闭“冷却液”对话框。

Step6. 单击“定义刀具”对话框中的精加工按钮，完成刀具的设置。

Step7. 设置加工参数。

（1）设置曲面参数。在“曲面粗车-外形”对话框中单击曲面参数选项卡，在毛坯预留量驱动面上文本框中输入值 0.3，在毛坯预留量检查面上文本框中输入值 0.0，其他参数采用系统默认设置值。

（2）设置粗加工等高外形参数。在“曲面粗车-外形”对话框中单击外形粗加工参数选项卡，在最大轴向切削间距:文本框中输入值 0.5，在过渡区域选中⊙沿着曲面单选项以及“曲面粗车-外形”对话框左下方的☑优化切削顺序复选框。

（3）单击“曲面粗车-外形”对话框中的✓按钮，同时在图形区生成图 21.25 所示的刀具路径。

Stage8. 精加工平行铣削加工

Step1. 选择加工方法。选择下拉菜单 刀路(T) → 曲面精加工(F) → 平行(P)... 命令。

Step2. 选取加工面。在图形区中选取图 21.26 所示的曲面（共 2 个面），然后按 Enter 键，系统弹出“刀路/曲面选择”对话框。单击“刀路/曲面选择”对话框中的✓按钮，系统弹出“曲面精车–平行”对话框。

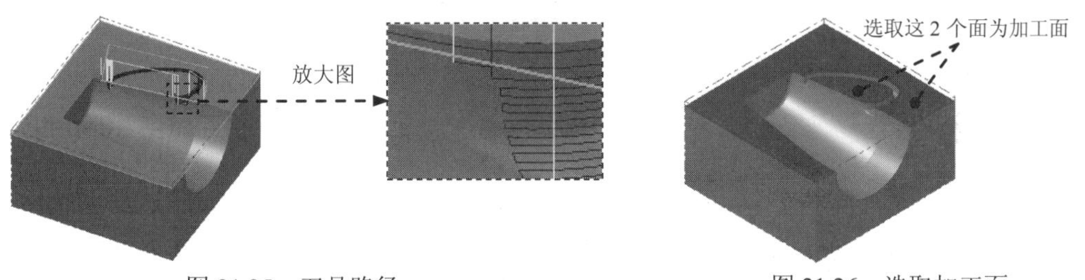

图 21.25　刀具路径　　　　图 21.26　选取加工面

Step3. 选择刀具。在“曲面精车–平行”对话框中取消选中☐刀具过滤复选框，然后选择图 21.27 所示的刀具。

Step4. 设置加工参数。

（1）设置曲面参数。在“曲面精车–平行”对话框中单击曲面参数选项卡，所有参数采用系统默认设置值。

（2）设置精加工平行铣削参数。在“曲面精车–平行”对话框中单击平行精加工参数选项卡，然后在最大径向切削间距(M)...文本框中输入值 10.0，其他参数采用系统默认设置值。

（3）单击间隙设置(G)...按钮，在系统弹出的“间隙设置”对话框中选中☑优化切削顺序复选框，在切线长度:文本框中输入值 10.0。单击✓按钮，系统返回至“曲面精车-平行”

对话框。

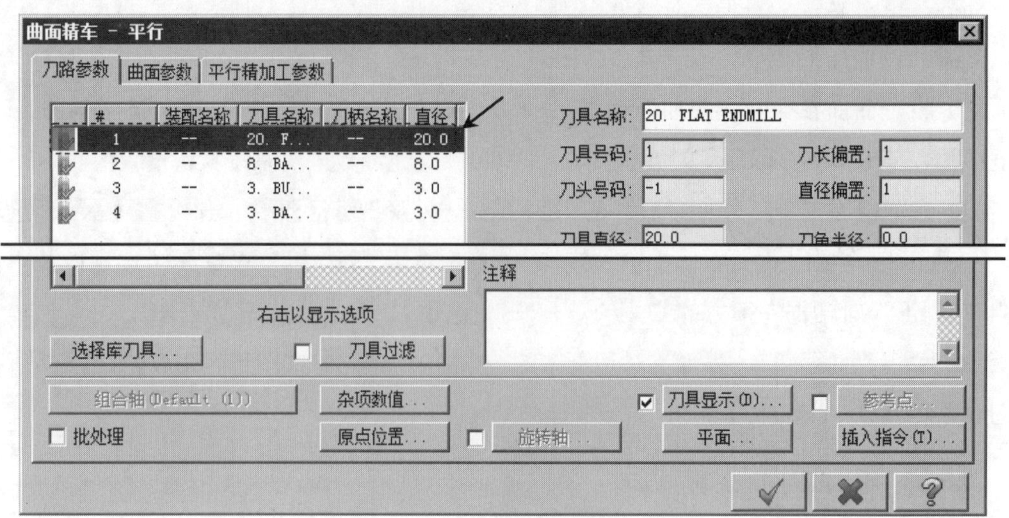

图 21.27 “刀路参数”选项卡

Step5. 单击“曲面精车–平行”对话框中的 ✓ 按钮，同时在图形区生成图 21.28 所示的刀具路径。

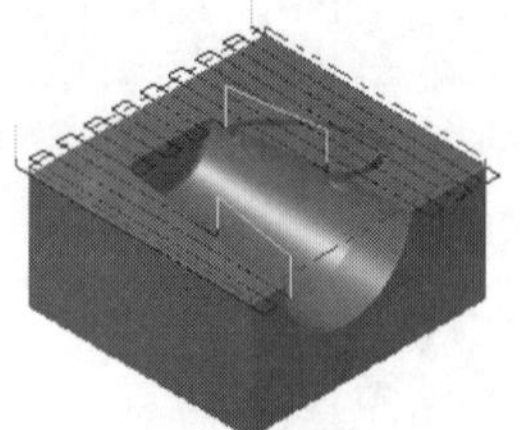

图 21.28 刀具路径

Stage9. 精加工等高外形加工 1

说明： 在进行此操作前可先将前面创建的直线隐藏起来。

Step1. 绘制边界 1。

（1）选择命令。选择下拉菜单 绘图(C) → 曲线(V) → 曲面单一边界(O)... 命令。

（2）定义附着曲面和边界位置。在图形区中选取图 21.29 所示的面为附着曲面，此时在所选取的曲面上出现图 21.30 所示的箭头。移动鼠标，将箭头移动到图 21.30 所示的位置单击鼠标左键，此时系统自动生成创建的边界预览。单击 ✓ 按钮，完成指定边界的创建。

Step2. 绘制边界 2。参照 Step1 的操作方法，完成其余曲面边界曲线的创建，结果如图 21.31 所示。

Step3. 绘制边界 3。单击俯视图按钮，选择下拉菜单 绘图(C) → 线(L) → 端点(E)... 命令，选取图 21.32 所示的点为直线的起点，在“直线”命令条的文本框中输入值 2.0，在文本框中输入值 0，按 Enter 键。单击按钮，完成直线的绘制，结果如图 21.32 所示。

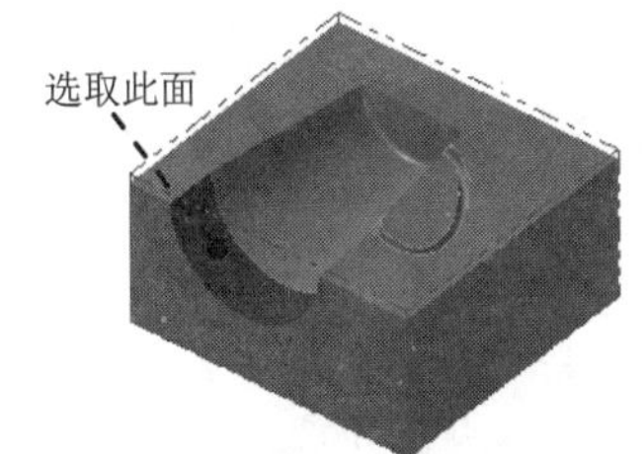

图 21.29 定义附着面

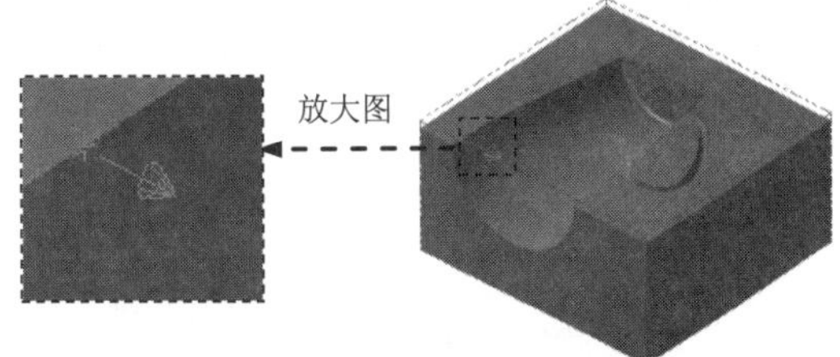

图 21.30 定义边界位置

图 21.31 绘制边界 2

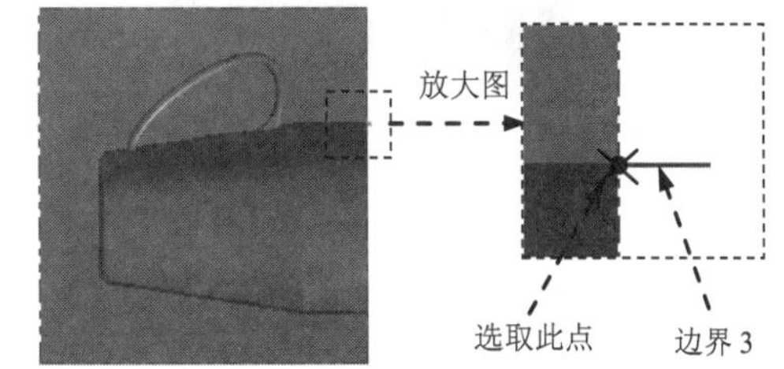

图 21.32 绘制边界 3

Step4. 绘制边界 4。参照 Step3 的操作方法，绘制图 21.33 所示的直线。

Step5. 绘制边界 5。单击俯视图按钮，选择下拉菜单 绘图(C) → 线(L) → 端点(E)... 命令，绘制图 21.34 所示的线。单击按钮，完成直线的绘制。

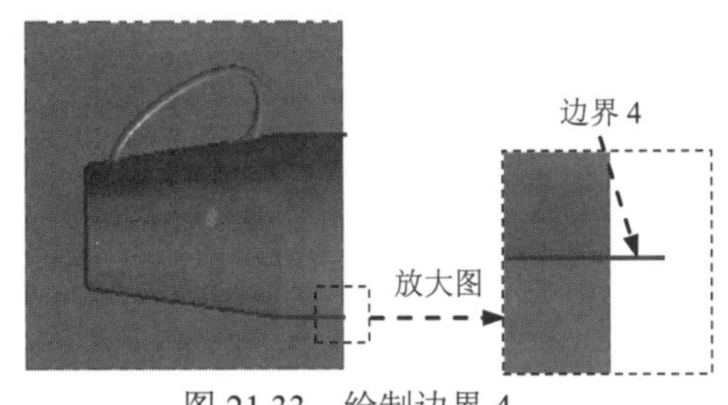

图 21.33 绘制边界 4

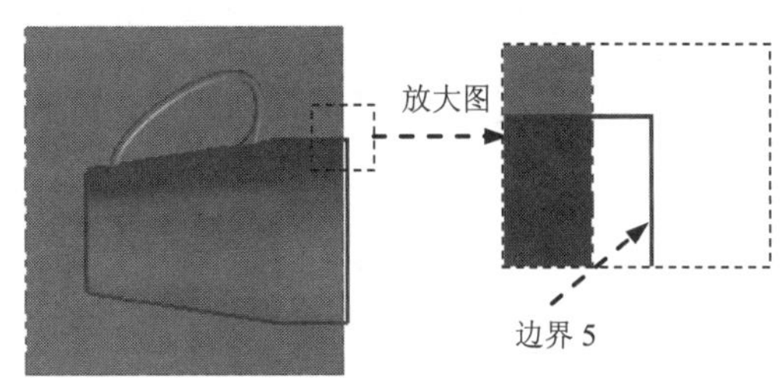

图 21.34 绘制边界 5

Step6. 绘制边界 6。参照 Step3 的操作方法，绘制图 21.35 所示的直线。

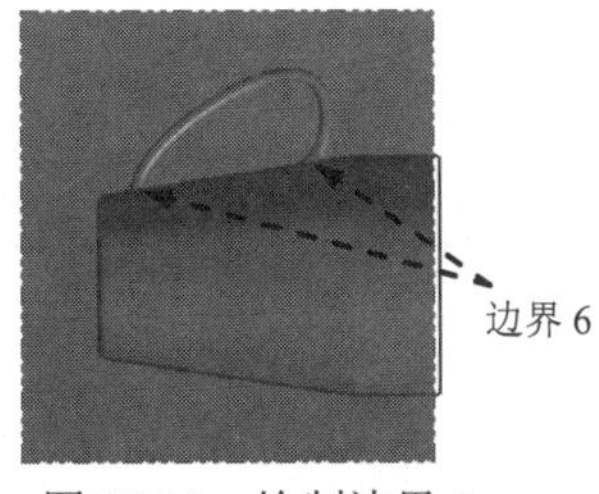

图 21.35 绘制边界 6

Step7. 选择加工方法。选择下拉菜单 刀路(T) → 曲面精加工(F) → 等高外形(C)... 命令。

Step8. 设置加工区域。

（1）在图形区中选取图 21.36 所示的面（共 20 个面），按 Enter 键，系统弹出“刀路/曲面选择”对话框。

（2）在[边界范围]区域中单击[选取]按钮，系统弹出“串连”对话框。在图形区中选取图 21.37 所示的边线，单击[确定]按钮，系统返回至“刀路/曲面选择”对话框。

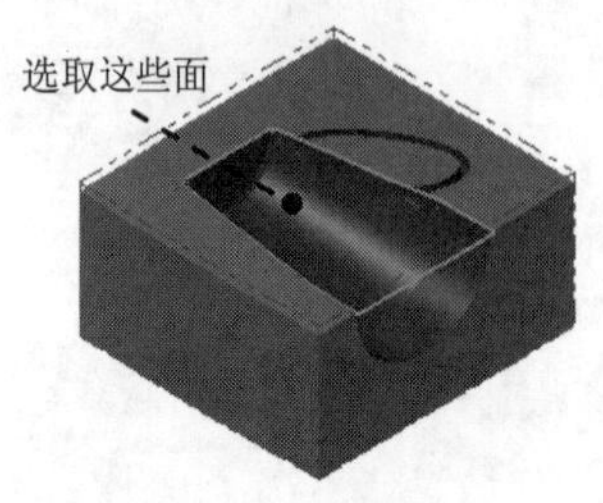

图 21.36　选取加工面

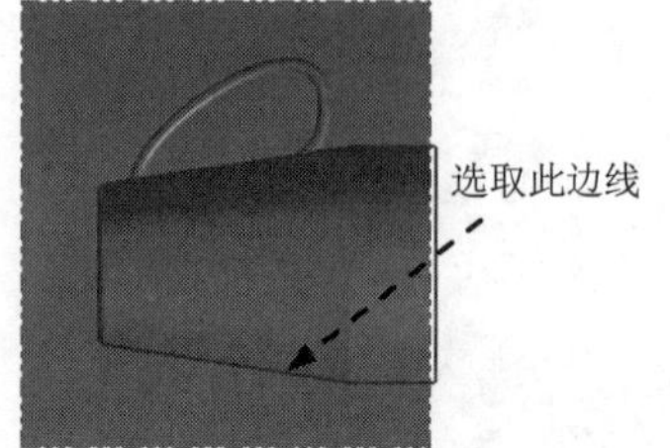

图 21.37　选取切削范围边线

（3）单击[确定]按钮，完成加工区域的设置，同时系统弹出“曲面精车-外形”对话框。

Step9. 确定刀具类型。在“曲面精车-外形”对话框中单击[刀具过滤]按钮，系统弹出“刀具列表过滤”对话框。单击[刀具类型]区域中的[无(N)]按钮后，在刀具类型按钮群中单击[球刀图标]（球刀）按钮。然后单击[确定]按钮，关闭“刀具列表过滤”对话框，系统返回至“曲面精车-外形”对话框。

Step10. 选择刀具。在“曲面精车-外形”对话框中单击[选择库刀具...]按钮，系统弹出“刀具选择”对话框，在该对话框的列表框中选择图 21.38 所示的刀具。单击[确定]按钮，关闭“刀具选择”对话框，系统返回至“曲面精车-外形”对话框。

刀具选择 - C:\users\public\documents\shared mcamx8\Mill\Tools\Mill_mm.Tooldb

C:\users\publi...\Mill_mm.Tooldb

#	装配名称	刀具名称	刀柄名称	直径	转角...	长度	类型	刀齿数
486	--	1. BALL ENDMILL	--	1.0	0.5	50.0	球刀 2	4
487	--	2. BALL ENDMILL	--	2.0	1.0	50.0	球刀 2	4
488	--	3. BALL ENDMILL	--	3.0	1.5	50.0	球刀 2	4
489	--	4. BALL ENDMILL	--	4.0	2.0	50.0	球刀 2	4
490	--	5. BALL ENDMILL	--	5.0	2.5	50.0	球刀 2	4
491	--	6. BALL ENDMILL	--	6.0	3.0	50.0	球刀 2	4
492	--	7. BALL ENDMILL	--	7.0	3.5	50.0	球刀 2	4
493	--	8. BALL ENDMILL	--	8.0	4.0	50.0	球刀 2	4
494	--	9. BALL ENDMILL	--	9.0	4.5	50.0	球刀 2	4
495	--	10. BALL ENDMILL	--	10.0	5.0	50.0	球刀 2	4
496	--	11. BALL ENDMILL	--	11.0	5.5	50.0	球刀 2	4
497	--	12. BALL ENDMILL	--	12.0	6.0	50.0	球刀 2	4

过滤(F)...
启用过滤
显示 25 个刀具(共
显示模式
刀具
装配
两者

图 21.38　“刀具选择”对话框

Step11. 设置刀具参数。

（1）完成上步操作后，在“曲面精车-外形”对话框[刀路参数]选项卡的列表框中显示出 Step10 所选择的刀具，双击该刀具，系统弹出“定义刀具”对话框。

（2）设置刀具号码。单击[最终化属性]按钮，在[刀具编号:]文本框中将原有的数值改为 5。

（3）设置刀具的加工参数。在进给率文本框中输入值 200.0，在下切速率:文本框中输入值 100.0，在提刀速率文本框中输入值 500.0，在主轴转速文本框中输入值 1800.0。

（4）设置冷却方式。单击冷却液按钮，系统弹出“冷却液”对话框，在Flood（切削液）下拉列表中选择On选项，单击该对话框中的确定按钮，关闭“冷却液”对话框。

Step12. 单击“定义刀具”对话框中的精加工按钮，完成刀具的设置。

Step13. 设置曲面参数。在“曲面精车-外形”对话框中单击曲面参数选项卡，所有参数采用系统默认设置值。

Step14. 设置等高外形精加工参数。

（1）在“曲面精车-外形”对话框中单击外形精加工参数选项卡，在最大轴向切削间距:文本框中输入值 0.2。

（2）在过渡区域选中⊙高速加工单选项，在斜插长度:文本框中输入值 5.0；选中☑优化切削顺序复选框。

（3）单击切削深度(D)...按钮，在系统弹出的“切削深度”对话框中选中⊙绝对坐标单选项，然后在绝对深度区域的最小深度文本框中输入值 0，在最大深度文本框中输入值-31。单击✓按钮，系统返回至“曲面精车-外形”对话框。

Step15. 单击“曲面精车-外形”对话框中的✓按钮，完成加工参数的设置，此时系统将自动生成图 21.39 所示的刀具路径。

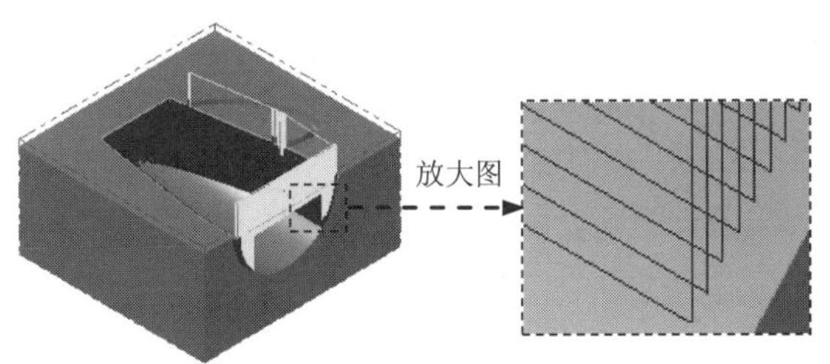

图 21.39 刀具路径

Stage10. 精加工浅平面加工

Step1. 选择加工方法。选择下拉菜单 刀路(T) → 曲面精加工(F) → 浅平面(S)... 命令。

Step2. 设置加工区域。

（1）在图形区中选取图 21.40 所示的面（共 4 个面），然后按 Enter 键，系统弹出“刀路/曲面选择”对话框。

（2）设置加工边界。在边界范围区域中单击↖按钮，系统弹出“串连”对话框。在图形区中选取图 21.41 所示的边线，单击✓按钮，系统返回至“刀路/曲面选择”对话框。

（3）单击“刀路/曲面选择”对话框中的✓按钮，系统弹出“曲面精车-浅铣削”对

话框。

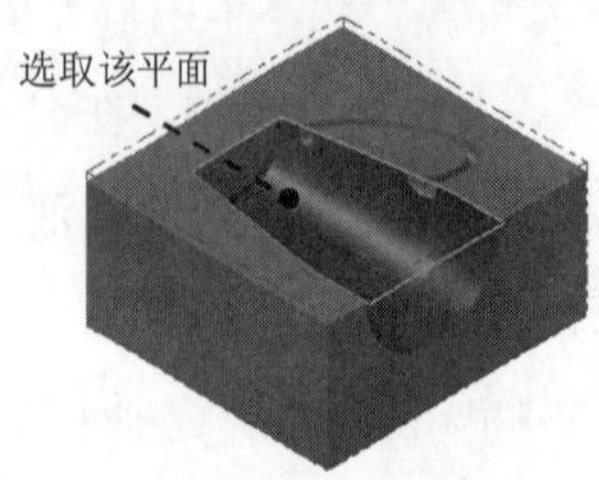

图 21.40　选取加工面

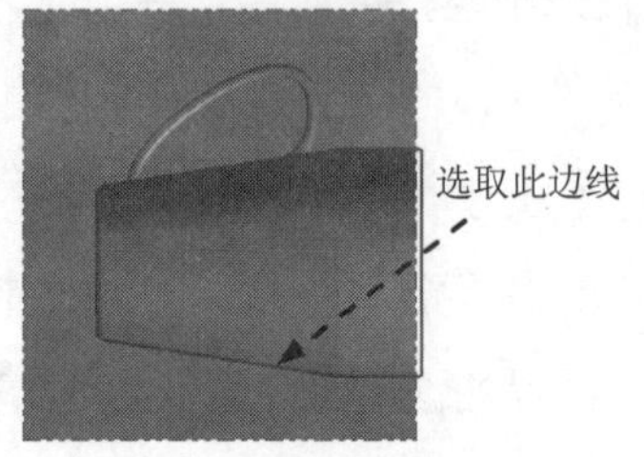

图 21.41　选取切削范围边线

Step3. 选择刀具。在“曲面精车-浅铣削”对话框中取消选中□ 刀具过滤 复选框，然后选择图 21.42 所示的刀具。

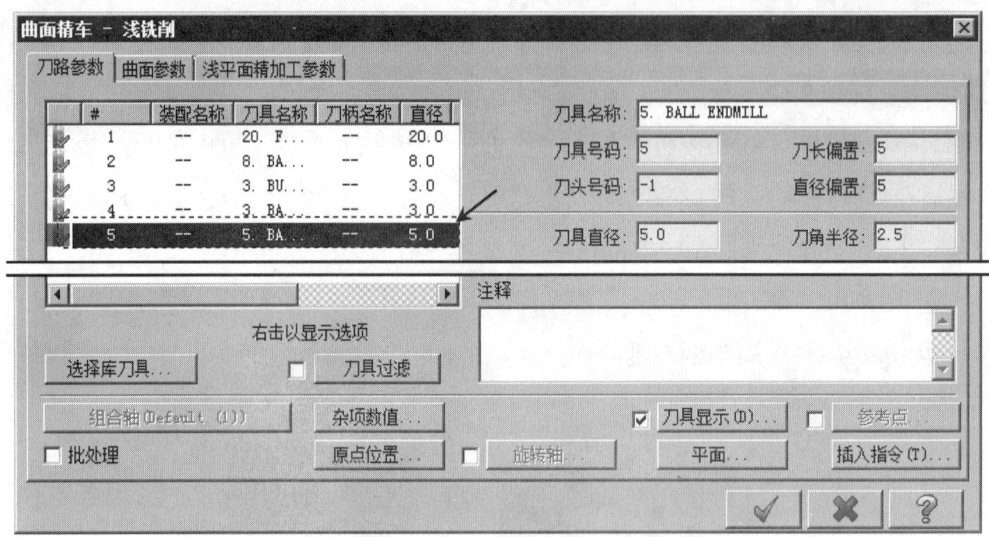

图 21.42 “刀路参数”选项卡

Step4. 设置曲面参数。在“曲面精车-浅铣削”对话框中单击 曲面参数 选项卡，所有参数采用系统默认设置值。

Step5. 设置浅平面精加工参数。

（1）在“曲面精车-浅铣削”对话框中单击 浅平面精加工参数 选项卡，在 浅平面精加工参数 选项卡的 最大径向切削间距 (M)... 文本框中输入值 0.25；在 加工角度 文本框中输入值 45.0；在 终止倾斜角度 文本框中输入值 60.0。

（2）选中☑ 深度限制 (D)... 复选框，单击 深度限制 (D)... 按钮，系统弹出“限定深度”对话框，在该对话框的 最小深度 文本框中输入值-31.0，在 最大深度 文本框中输入值-50.0。

（3）单击 ✔ 按钮，系统返回至“曲面精车-浅铣削”对话框。

Step6. 单击“曲面精车-浅铣削”对话框中的 ✔ 按钮，同时在图形区生成图 21.43 所示的刀具路径。

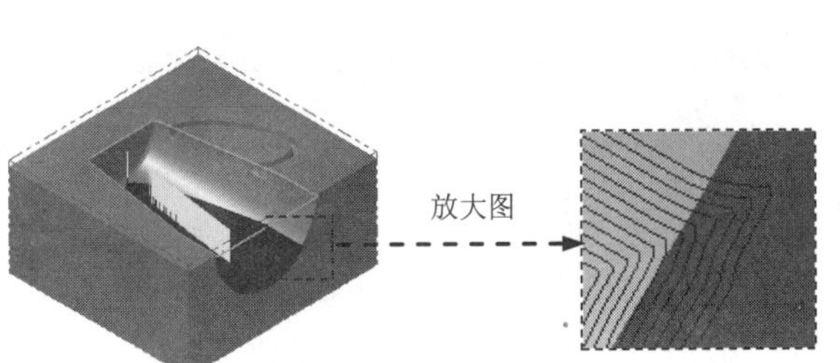

图 21.43 刀具路径

Stage11. 精加工等高外形加工 2

说明：在进行此操作前可先将前面创建的直线隐藏起来。

Step1. 绘制边界 1。

（1）选择命令。选择下拉菜单 绘图(C) → 曲线(V) → 曲面单一边界(O)... 命令。

（2）定义附着曲面和边界位置。在图形区中选取图 21.44 所示的面为附着曲面，此时在所选取的曲面上出现图 21.45 所示的箭头。移动鼠标，将箭头移动到图 21.45 所示的位置单击鼠标左键，此时系统自动生成创建的边界预览。单击✓按钮，完成指定边界的创建。

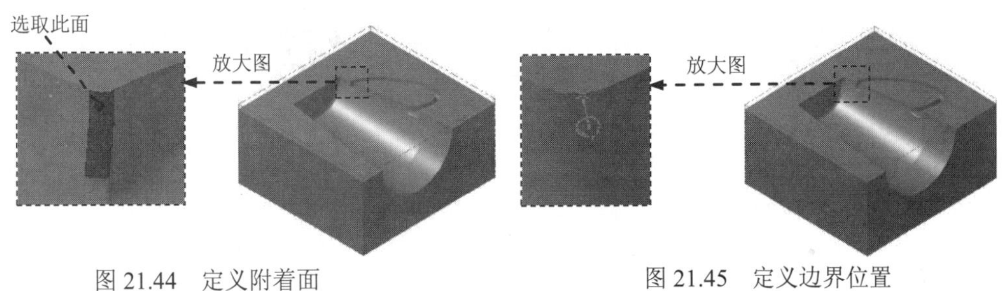

图 21.44 定义附着面　　图 21.45 定义边界位置

Step2. 绘制边界 2。参照 Step1 的操作方法，完成其余曲面边界曲线的创建，结果如图 21.46 所示。

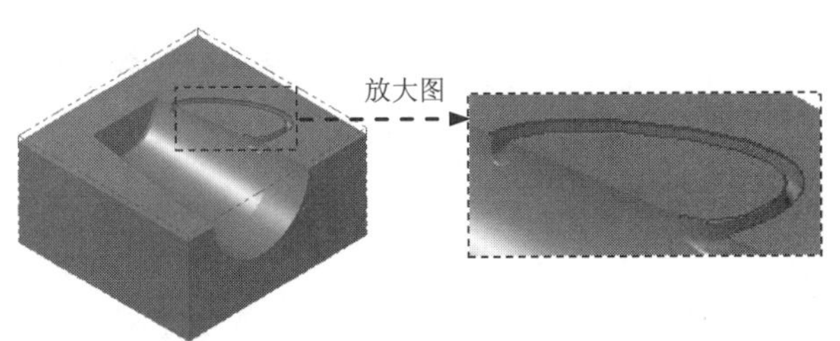

图 21.46 绘制边界 2

Step3. 绘制边界 3。单击俯视图按钮，选择下拉菜单 绘图(C) → 线(L) → 端点(E)... 命令，绘制图 21.47 所示的线。单击✓按钮，完成直线的绘制。

Step4. 绘制边界 4。具体操作参照 Step3，结果如图 21.48 所示。

Step5. 选择加工方法。选择下拉菜单 刀路(T) → 曲面精加工(F) → 等高外形(C)... 命令。

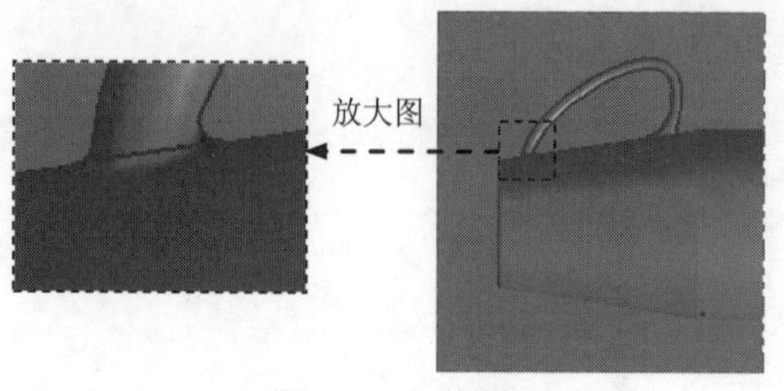

图 21.47　绘制边界 3

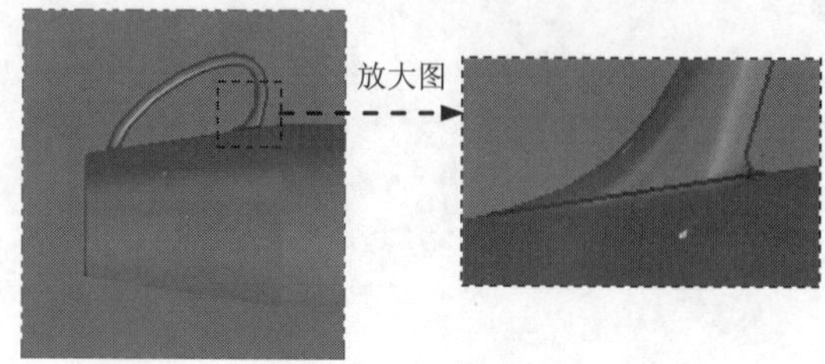

图 21.48　绘制边界 4

Step6. 设置加工区域。

（1）在图形区中选取图 21.49 所示的面（共 16 个面），按 Enter 键，系统弹出“刀路/曲面选择”对话框。

（2）在 边界范围 区域中单击 按钮，系统弹出“串连”对话框。在图形区中选取图 21.50 所示的边线，单击 按钮，系统返回至“刀路/曲面选择”对话框。

（3）单击 按钮，完成加工区域的设置，同时系统弹出“曲面精车-外形”对话框。

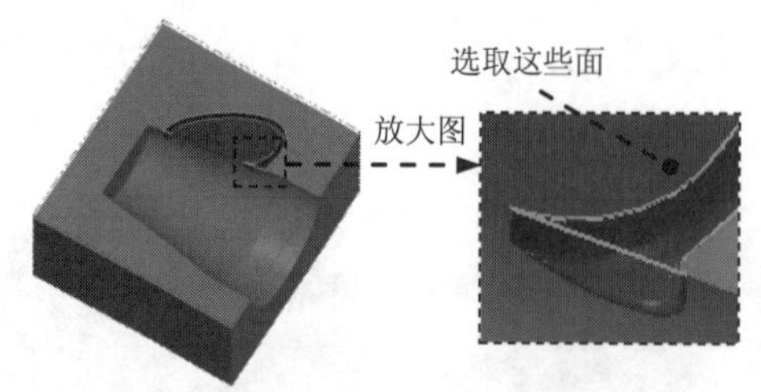

图 21.49　设置加工面

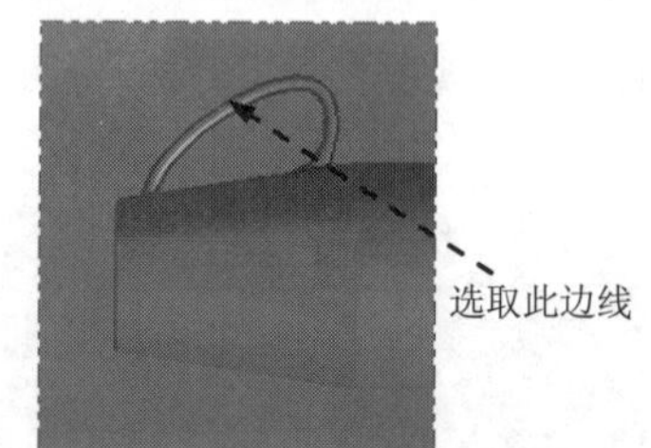

图 21.50　选取切削范围边线

Step7. 确定刀具类型。在“曲面精车-外形”对话框中单击 刀具过滤 按钮，系统弹出“刀具列表过滤”对话框。单击 刀具类型 区域中的 无(N) 按钮后，在刀具类型按钮群中单击（球刀）按钮。然后单击 按钮，关闭“刀具列表过滤”对话框，系统返回至“曲面精车-外形”对话框。

Step8. 选择刀具。在“曲面精车-外形”对话框中单击 选择库刀具... 按钮，系统弹出“刀具选择”对话框，在该对话框的列表框中选择图 21.51 所示的刀具。单击 按钮，关闭“刀具选择”对话框，系统返回至“曲面精车-外形”对话框。

Step9. 设置刀具参数。

（1）完成上步操作后，在“曲面精车-外形”对话框 刀路参数 选项卡的列表框中显示出 Step8 所选择的刀具，双击该刀具，系统弹出“定义刀具”对话框。

（2）设置刀具号码。单击 最终化属性 按钮，在 刀具编号: 文本框中将原有的数值改为 6。

（3）设置刀具的加工参数。在 进给率 文本框中输入值 200.0，在 下切速率: 文本框中输入值 100.0，在 提刀速率 文本框中输入值 500.0，在 主轴转速 文本框中输入值 5000.0。

（4）设置冷却方式。单击 冷却液 按钮，系统弹出“冷却液”对话框，在 Flood（切削液）下拉列表中选择On选项，单击该对话框中的确定按钮，关闭“冷却液”对话框。

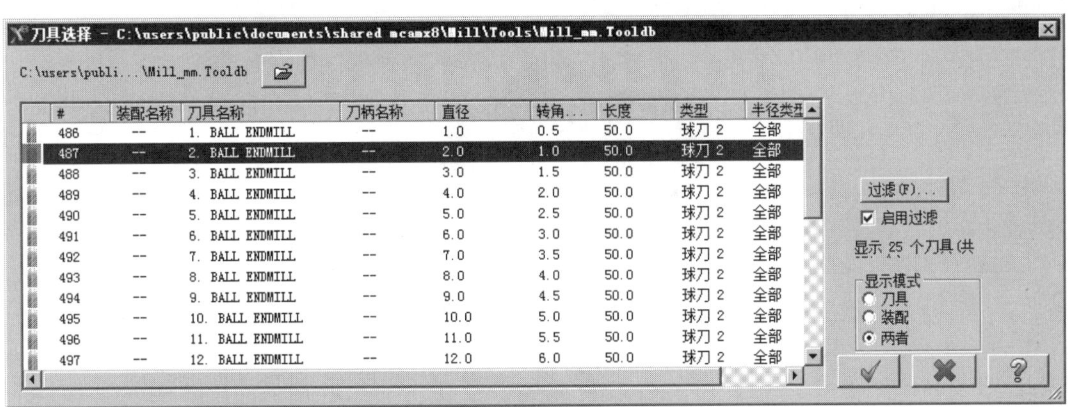

图 21.51 “刀具选择”对话框

Step10. 单击“定义刀具”对话框中的精加工按钮，完成刀具的设置。

Step11. 设置曲面参数。在“曲面精车-外形”对话框中单击曲面参数选项卡，所有参数采用系统默认设置值。

Step12. 设置等高外形精加工参数。

（1） 在“曲面精车-外形”对话框中单击外形精加工参数选项卡，在最大轴向切削间距:文本框中输入值 0.2。

（2）在过渡区域选中斜降单选项，在斜插长度:文本框中输入值 5.0；选中优化切削顺序复选框。

（3）选中平面(F)...复选框，单击平面(F)...按钮，系统弹出“平面外形”对话框，在平面区域径向切削间距:文本框中输入值 0.1。单击✓按钮，系统返回至“曲面精车-外形”对话框。

Step13. 单击“曲面精车-外形”对话框中的✓按钮，完成加工参数的设置，此时系统将自动生成图 21.52 所示的刀具路径。

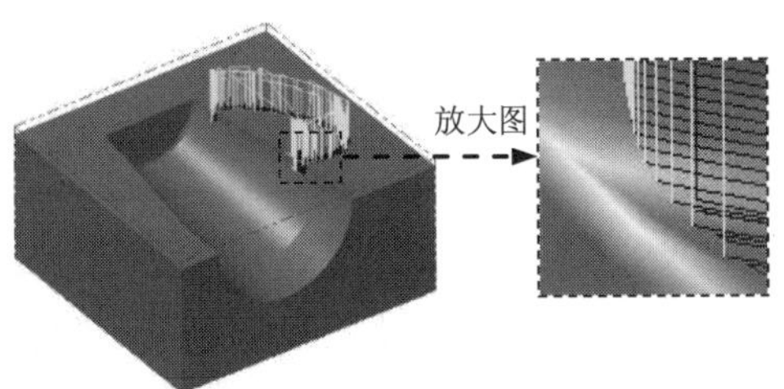

图 21.52 刀具路径

Step14. 实体切削验证。

（1）在刀路选项卡中单击按钮，然后单击“验证选定操作”按钮，系统弹出“Mastercam 模拟器”对话框。

（2）在“Mastercam 模拟器”对话框中单击▶按钮，系统将开始进行实体切削仿真，结果如图 21.53 所示，单击 × 按钮。

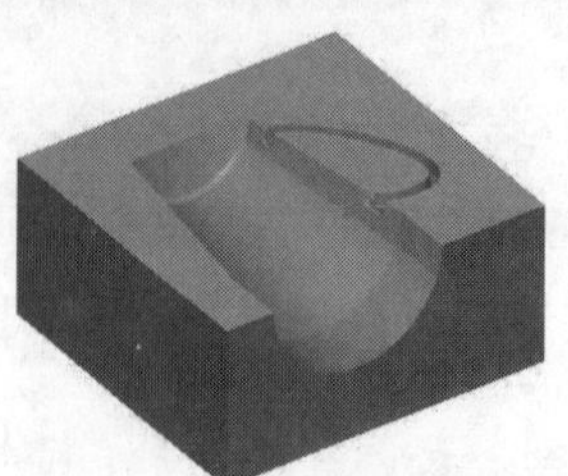

图 21.53　仿真结果

Step15. 保存模型。选择下拉菜单 文件(F) → 保存(S) 命令，保存模型。

实例 22 扣盖凹模加工

本例是一个扣盖凹模的加工实例，在加工过程中使用了平面铣削、粗加工挖槽、粗加工平行铣削、粗加工等高外形、精加工环绕等距、精加工浅平面和精加工平行铣削等方法，其工序大致按照先粗加工，然后半精加工，最后精加工的原则。该扣盖凹模的加工工艺路线如图 22.1 所示。

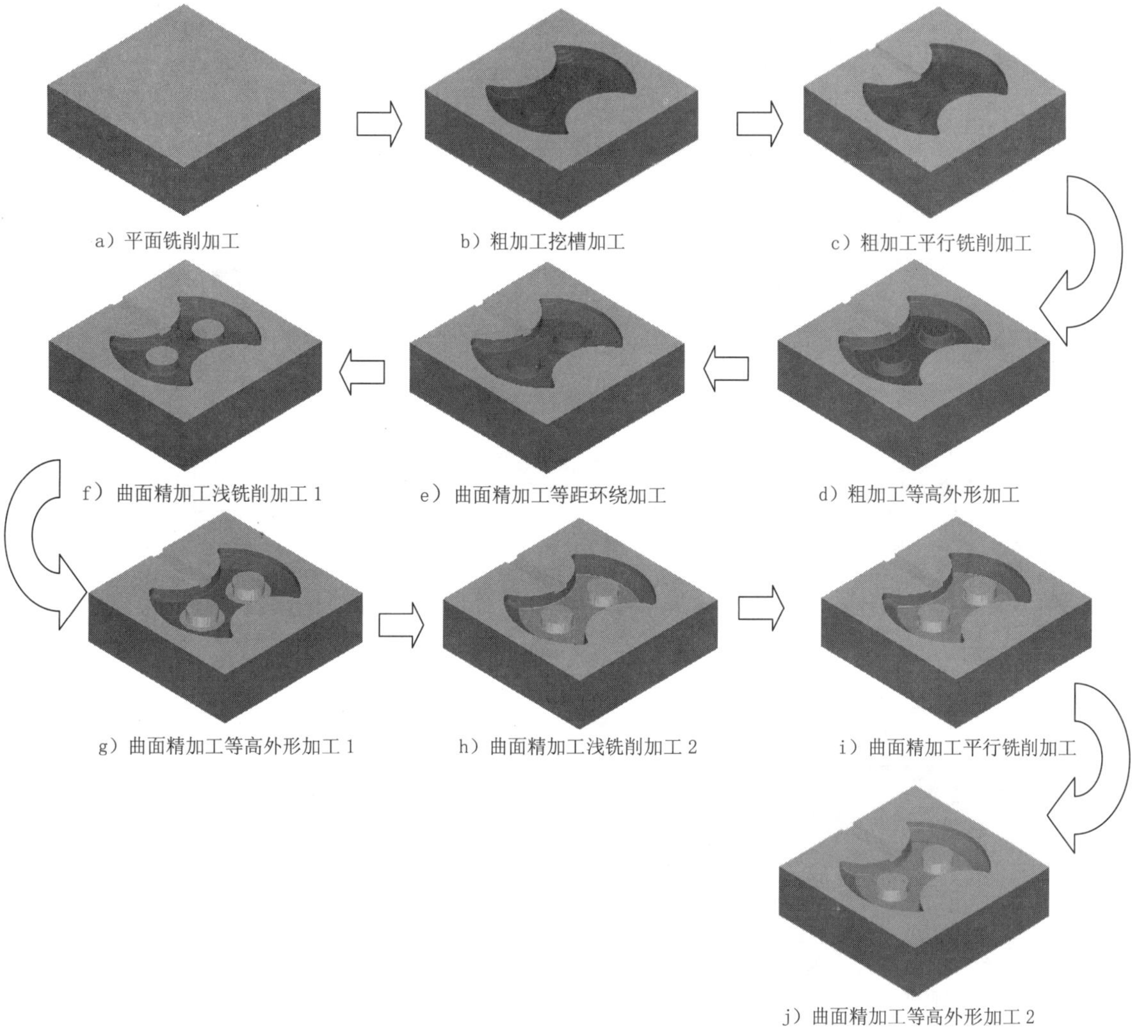

a）平面铣削加工

b）粗加工挖槽加工

c）粗加工平行铣削加工

d）粗加工等高外形加工

e）曲面精加工等距环绕加工

f）曲面精加工浅铣削加工 1

g）曲面精加工等高外形加工 1

h）曲面精加工浅铣削加工 2

i）曲面精加工平行铣削加工

j）曲面精加工等高外形加工 2

图 22.1 加工工艺路线

Stage1. 进入加工环境

打开模型。选择文件 D:\ mcx8.11\work\ch22\ LID_DOWN.MCX，系统进入加工环境，

此时零件模型如图 22.2 所示。

Stage2. 设置工件

Step1. 在“操作管理器”中单击 属性 - Generic Mill 节点前的“+”号，将该节点展开，然后单击 毛坯设置 节点，系统弹出“机床群组属性”对话框。

Step2. 设置工件的形状。在“机床群组属性”对话框的形状区域中选中 矩形 单选项。

Step3. 设置工件的尺寸。在“机床群组属性”对话框中单击 所有曲面 按钮，在 毛坯原点 区域 Z 下面的文本框中输入值 10.0，然后在右侧预览区的 Z 文本框中输入值 100。

Step4. 单击“机床群组属性”对话框中的 ✓ 按钮，完成工件的设置。此时零件如图 22.3 所示，从图中可以观察到零件的边缘多了红色的双点画线，双点画线围成的图形即工件。

图 22.2　零件模型

图 22.3　显示工件

Stage3. 平面铣削加工

Step1. 绘制矩形边界。单击俯视图按钮，选择下拉菜单 绘图(C) → 矩形(R)... 命令，系统弹出“矩形”工具栏。在“矩形”工具栏中确认按钮被按下，选取图 22.4 所示的坐标原点，然后在后的文本框中输入值 305，在后的文本框中输入值 305，按 Enter 键。单击 ✓ 按钮，完成矩形边界的绘制，结果如图 22.5 所示。

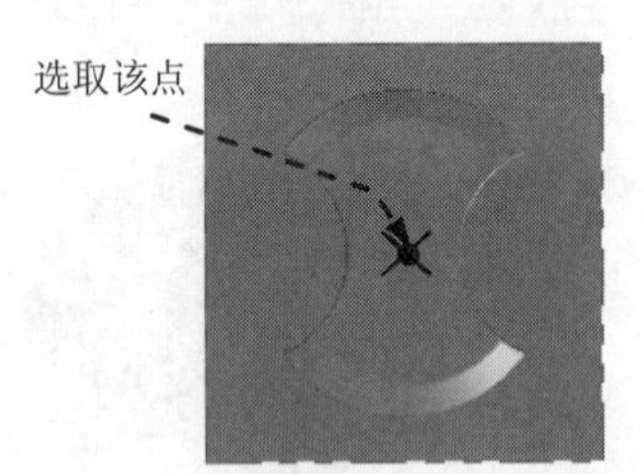

图 22.4　定义基准点

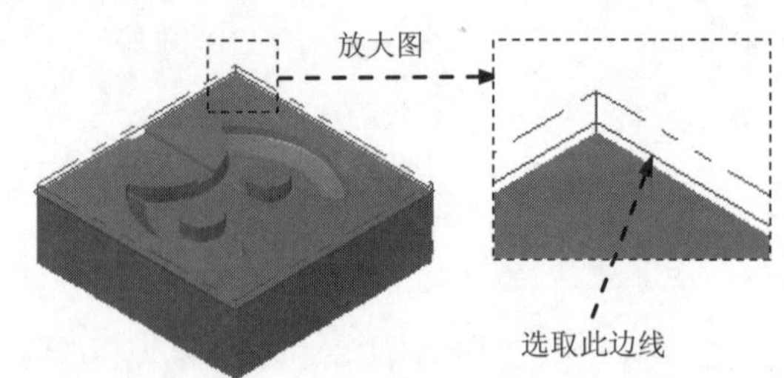

图 22.5　绘制矩形边界

Step2. 选择下拉菜单 刀路(T) → 平面铣(A)... 命令，系统弹出“输入新 NC 名称”对话框，采用系统默认的 NC 名称。单击 ✓ 按钮，完成 NC 名称的设置，同时系统弹出“串连”对话框。

Step3. 设置加工区域。在图形区中选取图 22.5 所示的边线，单击 ✓ 按钮，完成加

工区域的设置，同时系统弹出“2D 刀路–平面铣削”对话框。

Step4. 确定刀具类型。在“2D 刀路–平面铣削”对话框的左侧节点列表中单击刀具节点，切换到“刀具参数”界面；单击过滤(F)...按钮，系统弹出“刀具列表过滤”对话框。单击刀具类型区域中的无(N)按钮后，在刀具类型按钮群中单击（平底刀）按钮。单击✓按钮，关闭“刀具列表过滤”对话框，系统返回至“2D 刀路–平面铣削”对话框。

Step5. 选择刀具。在“2D 刀路–平面铣削”对话框中单击选择库刀具...按钮，系统弹出“刀具选择”对话框，在该对话框的列表框中选择图 22.6 所示的刀具。单击✓按钮，关闭“刀具选择”对话框，系统返回至“2D 刀路-平面铣削”对话框。

刀具选择 - C:\users\public\documents\shared mcamx8\Mill\Tools\Mill_mm.Tooldb

C:\users\publi...\Mill_mm.Tooldb

#	装配名称	刀具名称	刀柄...	直径	转...	长度	刀齿数	半径类型	类型
476	--	16. FLAT ENDMILL	--	16.0	0.0	50.0	4	无	平底刀 1
477	--	17. FLAT ENDMILL	--	17.0	0.0	50.0	4	无	平底刀 1
478	--	18. FLAT ENDMILL	--	18.0	0.0	50.0	4	无	平底刀 1
479	--	19. FLAT ENDMILL	--	19.0	0.0	50.0	4	无	平底刀 1
480	--	20. FLAT ENDMILL	--	20.0	0.0	50.0	4	无	平底刀 1
481	--	21. FLAT ENDMILL	--	21.0	0.0	50.0	4	无	平底刀 1
482	--	22. FLAT ENDMILL	--	22.0	0.0	50.0	4	无	平底刀 1
483	--	23. FLAT ENDMILL	--	23.0	0.0	50.0	4	无	平底刀 1
484	--	24. FLAT ENDMILL	--	24.0	0.0	50.0	4	无	平底刀 1
485	--	25. FLAT ENDMILL	--	25.0	0.0	50.0	4	无	平底刀 1

过滤(F)...
启用过滤
显示 25 个刀具(共
显示模式

图 22.6 “刀具选择”对话框

Step6. 设置刀具参数。

（1）完成上步操作后，在“2D 刀路-平面铣削”对话框的刀具列表中双击该刀具，系统弹出“定义刀具”对话框。

（2）设置刀具号码。单击最终化属性按钮，在刀具编号:文本框中将原有的数值改为 1。

（3）设置刀具的加工参数。在进给率文本框中输入值 200.0，在下切速率:文本框中输入值 100.0，在提刀速率文本框中输入值 500.0，在主轴转速文本框中输入值 800.0。

（4）设置冷却方式。单击冷却液按钮，系统弹出“冷却液”对话框，在Flood（切削液）下拉列表中选择On选项，单击该对话框中的确定按钮，关闭“冷却液”对话框。

Step7. 单击“定义刀具”对话框中的精加工按钮，完成刀具的设置，系统返回至“2D 刀路–平面铣削”对话框。

Step8. 设置加工参数。在“2D 刀路–平面铣削”对话框的左侧节点列表中单击切削参数节点，设置图 22.7 所示的参数。

Step9. 设置深度参数。在“2D 刀路–平面铣削”对话框的左侧节点列表中单击深度切削节点，设置图 22.8 所示的参数。

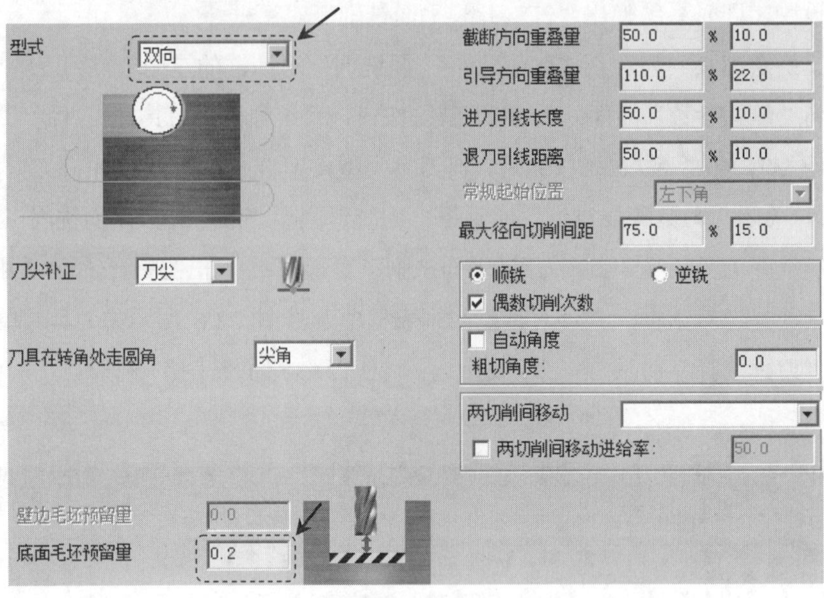

图 22.7 “切削参数”参数设置界面

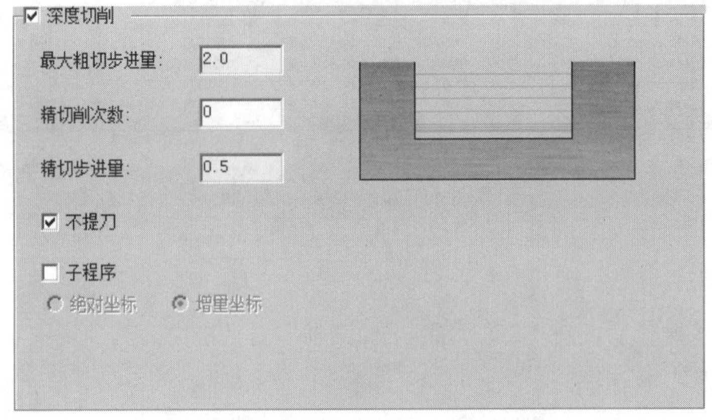

图 22.8 “深度切削”参数设置界面

Step10. 设置连接参数。所有参数均采用系统默认设置值。

Step11. 单击“2D 刀路-平面铣削”对话框中的 ✓ 按钮，完成加工参数的设置，此时系统将自动生成图 22.9 所示的刀具路径。

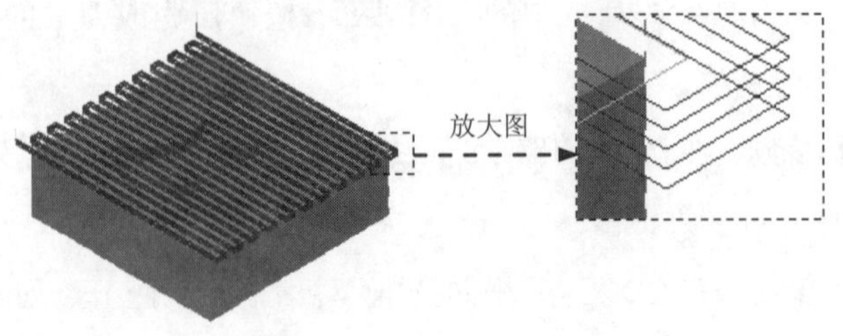

图 22.9 刀具路径

说明：单击“操作管理器”中的≋按钮，隐藏上步的刀具路径，以便于后面加工面的选取，下同。

Stage4. 粗加工挖槽加工

Step1. 绘制边界 1。

（1）选择命令。选择下拉菜单 绘图(C) → 曲线(V) → 曲面单一边界(O)... 命令。

（2）定义附着曲面和边界位置。在图形区中选取图 22.10 所示的面为附着曲面，此时在所选取的曲面上出现图 22.11 所示的箭头。移动鼠标，将箭头移动到图 22.11 所示的位置单击鼠标左键，此时系统自动生成创建的边界预览。单击✓按钮，完成指定边界的创建。

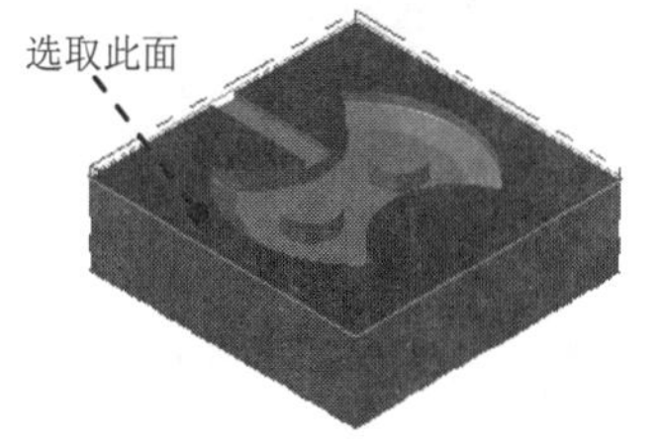

图 22.10 定义附着面

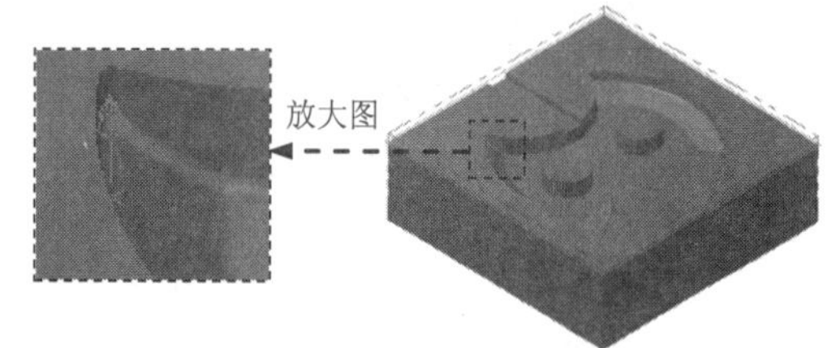

图 22.11 定义边界位置

（3）单击✓按钮，完成所有边界的创建。

Step2. 绘制边界 2。具体操作步骤可参照 Step1，结果如图 22.12 所示。

Step3. 选择加工方法。选择下拉菜单 刀路(T) → 曲面粗加工(R) → 挖槽(K)... 命令。

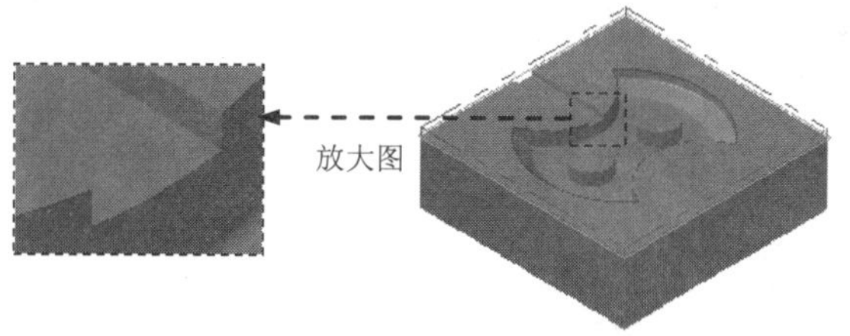

图 22.12 绘制边界 2

Step4. 设置加工区域。

（1）选取加工面。在图形区中选取图 22.13 所示的所有面（共 33 个面），然后按 Enter 键，系统弹出“刀路/曲面选择”对话框。

（2）设置加工边界。在 边界范围 区域中单击 按钮，系统弹出“串连”对话框。在图形区中选取图 22.14 所示的边线，然后单击✓按钮，系统返回至“刀路/曲面选择”对话框。

（3）单击✓按钮，完成加工区域的设置，同时系统弹出“曲面粗车–挖槽”对话框。

Step5. 确定刀具类型。在“曲面粗车–挖槽”对话框中单击 刀具过滤 按钮，系统弹出“刀具列表过滤”对话框。单击 刀具类型 区域中的 无(N) 按钮后，在刀具类型按钮群中单击（圆鼻刀）按钮。然后单击按钮，关闭“刀具列表过滤”对话框，系统返回至“曲面粗车–挖槽”对话框。

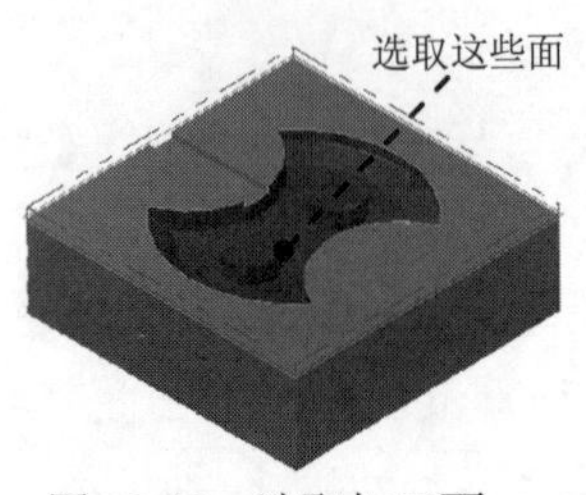

图 22.13　选取加工面

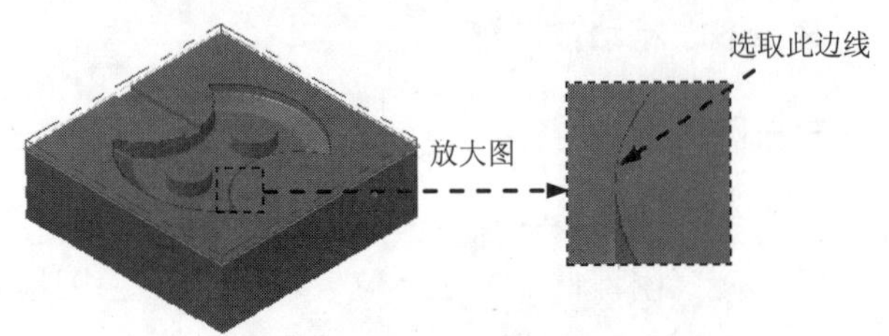

图 22.14　选取切削范围边线

Step6. 选择刀具。在“曲面粗车–挖槽”对话框中单击 选择库刀具... 按钮，系统弹出“刀具选择”对话框，在该对话框的列表框中选择图 22.15 所示的刀具。单击按钮，关闭“刀具选择”对话框，系统返回至“曲面粗车–挖槽”对话框。

刀具选择 – C:\users\public\documents\shared mcamx8\Mill\Tools\Mill_mm.Tooldb

C:\users\publi...\Mill_mm.Tooldb

#	装配...	刀具名称	刀柄...	直径	转...	长度	类型	刀齿数	半径类型
538	--	9. BULL ENDMI...	--	9.0	1.0	50.0	圆鼻刀 3	4	转角
539	--	9. BULL ENDMI...	--	9.0	4.0	50.0	圆鼻刀 3	4	转角
540	--	10. BULL ENDM...	--	10.0	1.0	50.0	圆鼻刀 3	4	转角
541	--	10. BULL ENDM...	--	10.0	4.0	50.0	圆鼻刀 3	4	转角
542	--	10. BULL ENDM...	--	10.0	3.0	50.0	圆鼻刀 3	4	转角
543	--	10. BULL ENDM...	--	10.0	2.0	50.0	圆鼻刀 3	4	转角
544	--	11. BULL ENDM...	--	11.0	2.0	50.0	圆鼻刀 3	4	转角
545	--	11. BULL ENDM...	--	11.0	3.0	50.0	圆鼻刀 3	4	转角
546	--	11. BULL ENDM...	--	11.0	4.0	50.0	圆鼻刀 3	4	转角
547	--	11. BULL ENDM...	--	11.0	1.0	50.0	圆鼻刀 3	4	转角

过滤(F)...
启用过滤
显示 99 个刀具(共
显示模式

图 22.15　“刀具选择”对话框

Step7. 设置刀具参数。

（1）完成上步操作后，在“曲面粗车–挖槽”对话框 刀路参数 选项卡的列表框中显示出 Step6 所选择的刀具。双击该刀具，系统弹出“定义刀具”对话框。

（2）设置刀具号码。单击 最终化属性 按钮，在 刀具编号: 文本框中将原有的数值改为 2。

（3）设置刀具的加工参数。在 进给率 文本框中输入值 300.0，在 下切速率: 文本框中输入值 200.0，在 提刀速率 文本框中输入值 500.0，在 主轴转速 文本框中输入值 1200.0。

（4）设置冷却方式。单击 冷却液 按钮，系统弹出“冷却液”对话框，在 Flood （切削液）下拉列表中选择 On 选项，单击该对话框中的 确定 按钮，关闭“冷却液”对话框。

Step8. 单击“定义刀具”对话框中的 精加工 按钮，完成刀具的设置，此时系统返回至“曲面粗车–挖槽”对话框。

Step9. 设置曲面参数。在“曲面粗车–挖槽”对话框中单击 曲面参数 选项卡，在 毛坯预留量驱动面上（此处翻译有误，应为“加工面预留量”）文本框中输入值 1，在 刀具边界范围 区域中选中 ⊙ 内 单选项，其他参数采用系统默认设置值。

Step10. 设置粗加工参数。

（1）在“曲面粗车-挖槽”对话框中单击粗加工参数选项卡，在最大轴向切削间距:文本框中输入值 1，然后在进刀选项区域选中☑ 螺旋进刀复选框。

（2）单击螺旋进刀按钮，系统弹出“螺旋/斜插式下刀参数”对话框。单击“螺旋/斜插式下刀参数”对话框中的斜降选项卡，在斜插失败时区域选中⊙ 跳过单选项，单击“螺旋/斜插式下刀参数”对话框中的✓按钮。

（3）单击切削深度(D)...按钮，选中☑ 第一刀使用最大轴向切削间距复选框。单击✓按钮，系统返回至“曲面粗车-挖槽”对话框。

Step11. 设置挖槽参数。在“曲面粗车–挖槽”对话框中单击挖槽参数选项卡，在切削方式下面选择依外形环切选项；在径向切削比例:文本框中输入值 50，取消选中☐ 由内而外螺旋式切削复选框。

Step12. 单击“曲面粗车–挖槽”对话框中的✓按钮，完成加工参数的设置，此时系统将自动生成图 22.16 所示的刀具路径。

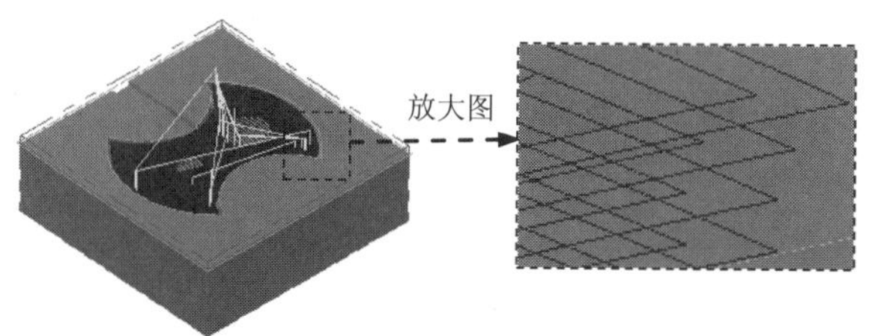

图 22.16 刀具路径

Stage5. 粗加工平行铣削加工

Step1. 选择加工方法。选择下拉菜单 刀路(T) → 曲面粗加工(R) → 平行(P)... 命令。系统弹出“选择凸缘/凹口”对话框，采用系统默认的设置，然后单击✓按钮。

Step2. 设置加工区域。在图形区中选取图 22.17 所示的曲面，然后按 Enter 键，系统弹出“刀路/曲面选择”对话框。单击检查面区域中的↖按钮，选取图 22.18 所示的面为检查面，然后按 Enter 键。单击✓按钮，系统弹出“曲面粗车–平行”对话框。

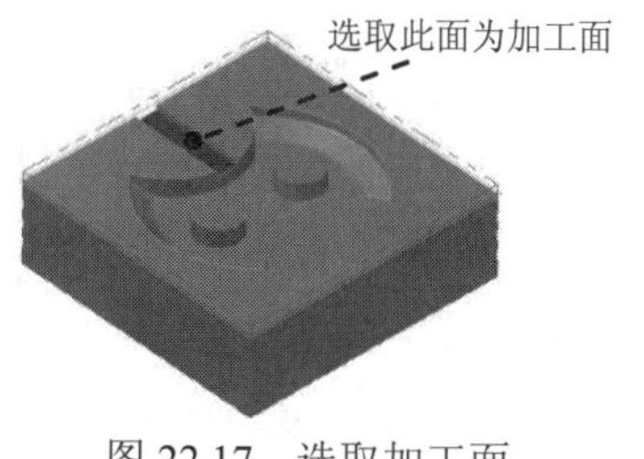

图 22.17 选取加工面

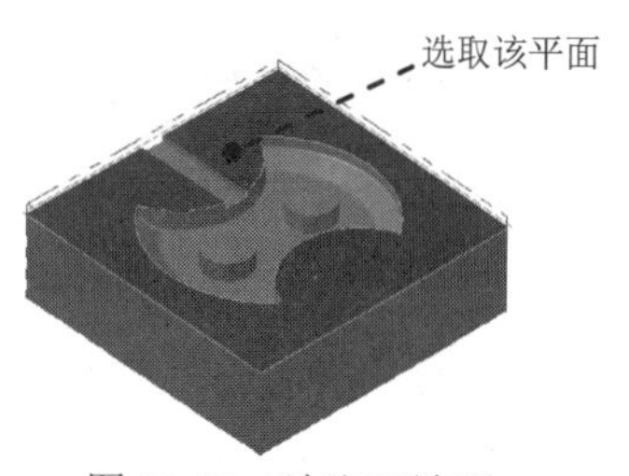

图 22.18 选取干涉面

Step3. 确定刀具类型。在“曲面粗车–平行”对话框中单击 刀具过滤 按钮，系统弹出“刀具列表过滤”对话框。单击 刀具类型 区域中的 无(N) 按钮后，在刀具类型按钮群中单击（平底刀）按钮。单击 ✓ 按钮，关闭“刀具列表过滤”对话框，系统返回至“曲面粗车–平行”对话框。

Step4. 选择刀具。在“曲面粗车–平行”对话框中单击 选择库刀具... 按钮，系统弹出“刀具选择”对话框，在该对话框的列表中选择图 22.19 所示的刀具。单击 ✓ 按钮，关闭“刀具选择”对话框，系统返回至“曲面粗车–平行”对话框。

刀具选择 – C:\users\public\documents\shared mcamx8\Mill\Tools\Mill_mm.Tooldb

C:\users\publi...\Mill_mm.Tooldb

#	装配...	刀具名称	刀柄...	直径	转...	长度	类型	半径类型	刀齿数
464	--	4. FLAT ENDMILL	--	4.0	0.0	50.0	平底刀 1	无	4
465	--	5. FLAT ENDMILL	--	5.0	0.0	50.0	平底刀 1	无	4
466	--	6. FLAT ENDMILL	--	6.0	0.0	50.0	平底刀 1	无	4
467	--	7. FLAT ENDMILL	--	7.0	0.0	50.0	平底刀 1	无	4
468	--	8. FLAT ENDMILL	--	8.0	0.0	50.0	平底刀 1	无	4
469	--	9. FLAT ENDMILL	--	9.0	0.0	50.0	平底刀 1	无	4
470	--	10. FLAT ENDMILL	--	10.0	0.0	50.0	平底刀 1	无	4
471	--	11. FLAT ENDMILL	--	11.0	0.0	50.0	平底刀 1	无	4
472	--	12. FLAT ENDMILL	--	12.0	0.0	50.0	平底刀 1	无	4
473	--	13. FLAT ENDMILL	--	13.0	0.0	50.0	平底刀 1	无	4

过滤(F)...
☑ 启用过滤
显示 25 个刀具(共
显示模式

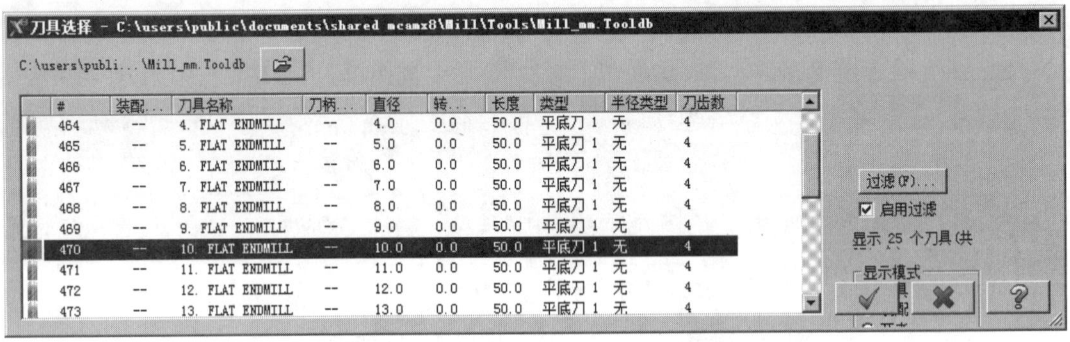

图 22.19 “刀具选择”对话框

Step5. 设置刀具相关参数。

（1）完成上步操作后，在“曲面粗车–平行”对话框 刀路参数 选项卡的列表框中双击 Step4 所选择的刀具，系统弹出“定义刀具”对话框。

（2）设置刀具号码。单击 最终化属性 按钮，在 刀具编号: 文本框中将原有的数值改为 3。

（3）设置刀具的加工参数。在 进给率 文本框中输入值 200.0，在 下切速率: 文本框中输入值 100.0，在 提刀速率 文本框中输入值 500.0，在 主轴转速 文本框中输入值 1200.0。

（4）设置冷却方式。单击 冷却液 按钮，系统弹出“冷却液”对话框，在 Flood （切削液）下拉列表中选择 On 选项，单击该对话框中的 确定 按钮，关闭“冷却液”对话框。

（5）单击“定义刀具”对话框中的 精加工 按钮，完成刀具的设置。

Step6. 设置加工参数。

（1）设置曲面参数。在“曲面粗车–平行”对话框中单击 曲面参数 选项卡，然后在 毛坯预留量驱动面上 （此处翻译有误，应为“加工面预留量”，下同）文本框中输入值 0.2，毛坯预留量检查面上 （此处翻译有误，应为“检查面预留量”，下同）文本框中输入值 0.2。

（2）设置粗加工平行铣削参数。在“曲面粗车–平行”对话框中单击 平行粗加工参数 选项卡，然后在 最大径向切削间距(M)... 文本框中输入值 5.0；在 切削方式 下拉列表中选择 双向 选项；在 下刀控制 区域选中 ◉ 单侧切削 单选项以及 ☑ 允许沿面下降切削(-Z) 复选框。

Step7. 单击“曲面粗车–平行”对话框中的 ✓ 按钮，同时在图形区生成图 22.20 所示的刀具路径。

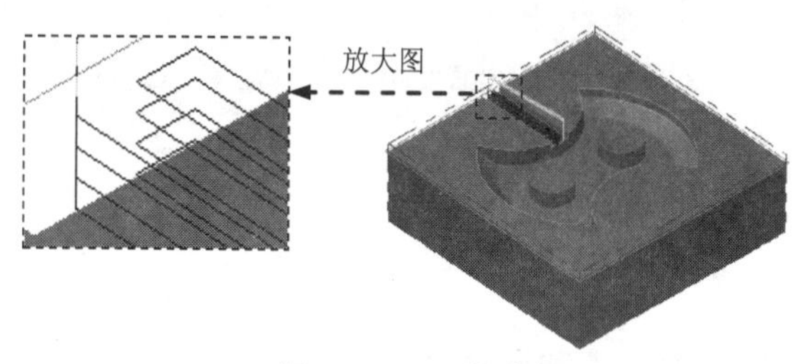

图 22.20 刀具路径

Stage6. 粗加工等高外形加工

Step1. 选择加工方法。选择下拉菜单 刀路(T) → 曲面粗加工(R) → 外形(C)... 命令。

Step2. 设置加工区域。

（1）选取加工面。在图形区中选取图 22.21 所示的所有面（共 33 个面），然后按 Enter 键，系统弹出“刀路/曲面选择”对话框。

（2）设置加工边界。在 边界范围 区域中单击 按钮，系统弹出“串连”对话框。在图形区中选取图 22.22 所示的边线，单击 按钮，系统返回至“刀路/曲面选择”对话框。

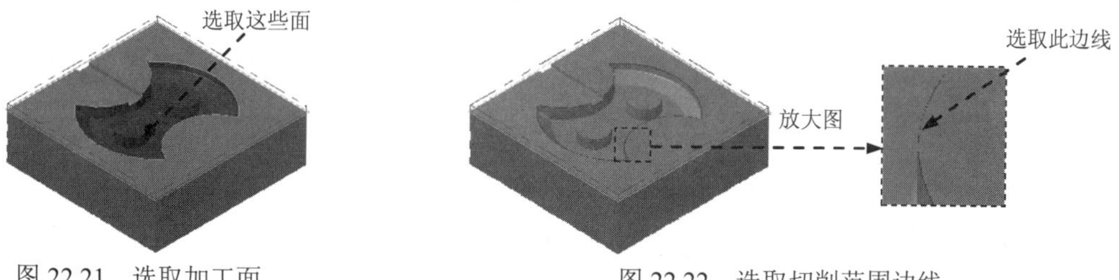

图 22.21 选取加工面

图 22.22 选取切削范围边线

（3）单击 按钮，完成加工区域的设置，此时系统弹出“曲面粗车–外形”对话框。

Step3. 确定刀具类型。在“曲面粗车–外形”对话框中单击 刀具过滤 按钮，系统弹出“刀具列表过滤”对话框。单击 刀具类型 区域中的 无(N) 按钮后，在刀具类型按钮群中单击 （球刀）按钮，然后单击 按钮，关闭“刀具列表过滤”对话框，系统返回至“曲面粗车–外形”对话框。

Step4. 选择刀具。在“曲面粗车–外形”对话框中单击 选择库刀具... 按钮，系统弹出“刀具选择”对话框，在该对话框的列表框中选择图 22.23 所示的刀具。单击 按钮，关闭“刀具选择”对话框，系统返回至“曲面粗车–外形”对话框。

Step5. 设置刀具参数。

（1）完成上步操作后，在“曲面粗车–外形”对话框 刀路参数 选项卡的列表框中显示出 Step4 所选择的刀具，双击该刀具，系统弹出“定义刀具”对话框。

（2）设置刀具号码。单击 最终化属性 按钮，在 刀具编号: 文本框中将原有的数值改为 4。

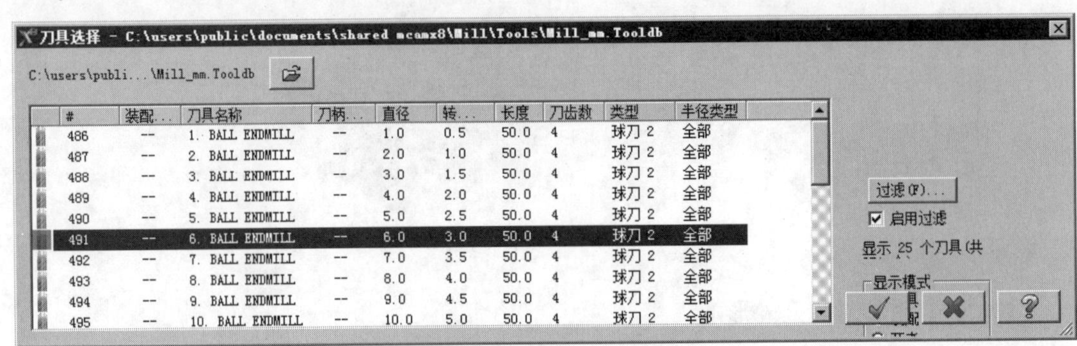

图 22.23 “刀具选择”对话框

（3）设置刀具的加工参数。在进给率文本框中输入值 200.0，在下切速率:文本框中输入值 100.0，在提刀速率文本框中输入值 500.0，在主轴转速文本框中输入值 1500.0。

（4）设置冷却方式。单击冷却液按钮，系统弹出“冷却液”对话框，在Flood（切削液）下拉列表中选择On选项，单击该对话框中的确定按钮，关闭“冷却液”对话框。

Step6. 单击“定义刀具”对话框中的精加工按钮，完成刀具的设置，此时系统返回至“曲面粗车–外形”对话框。

Step7. 设置加工参数

（1）设置曲面参数。在“曲面粗车–外形”对话框中单击曲面参数选项卡，在毛坯预留量驱动面上(此处翻译有误，应为“加工面预留量”)文本框中输入值 0.2，其他参数采用系统默认设置值。

（2）设置粗加工等高外形参数。在“曲面粗车–外形”对话框中单击外形粗加工参数选项卡，在最大轴向切削间距:文本框中输入值 0.5，在过渡区域选中高速加工单选项，在斜插长度:文本框中输入值 5.0。

（3）单击“曲面粗车–外形”对话框中的✓按钮，同时在图形区生成图 22.24 所示的刀具路径。

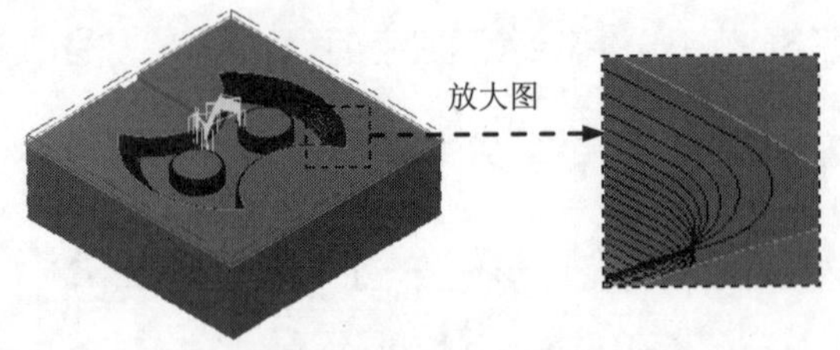

图 22.24 刀具路径

Stage7. 精加工环绕等距加工

Step1. 选择加工方法。选择下拉菜单 刀路(T) → 曲面精加工(F) → 环绕(O)... 命令。

Step2. 设置加工区域。

（1）在图形区中选取图 22.25 所示的曲面（共 3 个面），然后按 Enter 键，系统弹出“刀路/曲面选择”对话框。

（2）单击检查面区域中的按钮，选取图 22.26 所示的面为检查面（共 10 个面），然后按 Enter 键，系统返回至“刀路/曲面选择”对话框。

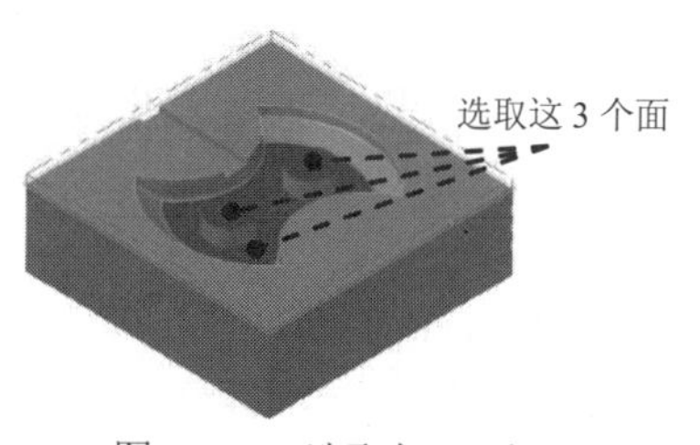

图 22.25　选取加工面

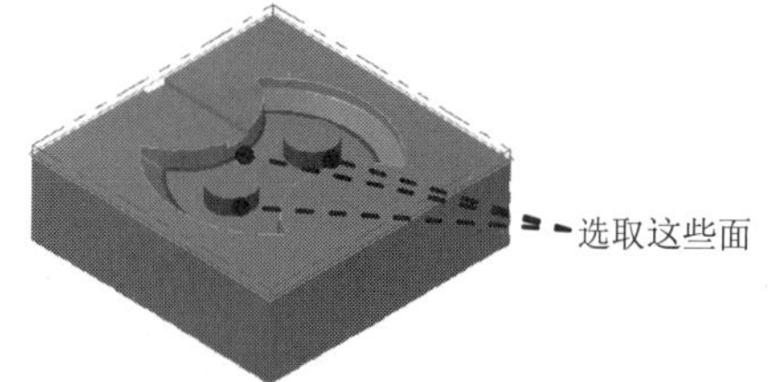

图 22.26　选取干涉面

（3）在边界范围区域中单击按钮，系统弹出“串连”对话框。在图形区中依次选取图 22.27 所示的边线，单击按钮，系统返回至“刀路/曲面选择”对话框。

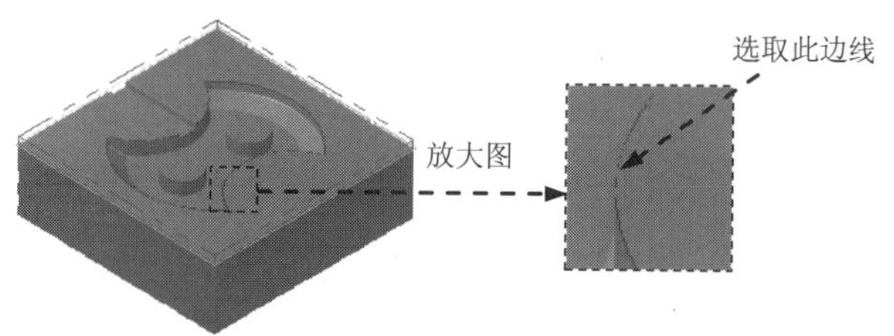

图 22.27　选取切削范围边线

（4）单击按钮，系统弹出“曲面精车–等距环绕”对话框。

Step3. 选择刀具。在“曲面精车–等距环绕”对话框中选择图 22.28 所示的刀具。

Step4. 设置曲面参数。在“曲面精车–等距环绕”对话框中单击曲面参数选项卡，在毛坯预留量驱动面上文本框中输入值 0.2，在毛坯预留量检查面上文本框中输入值 0.3，在刀具边界范围区域中选中内单选项，其他参数采用系统默认设置值。

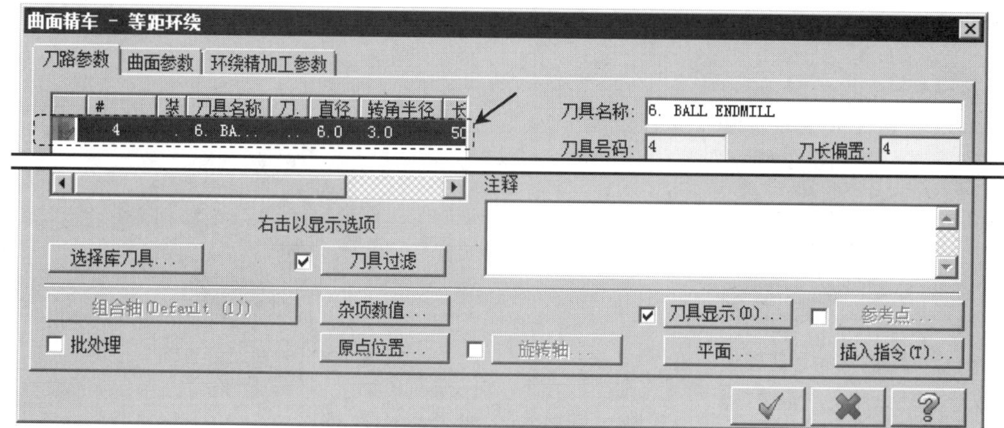

图 22.28　“刀路参数”选项卡

Step5. 设置环绕等距精加工参数。

（1）在“曲面精车–等距环绕”对话框中单击环绕精加工参数选项卡，然后在最大径向切削间距(M)...文本框中输入值 1.0，选中☑ 由内而外环切复选框，取消选中深度限制(D)...按钮前的复选框，其他参数采用系统默认设置值。

（2）单击间隙设置(G)...按钮，在系统弹出的“间隙设置”对话框中选中☑ 优化切削顺序复选框，在切弧半径:文本框中输入值 2.0，在切弧角度:文本框中输入值 90.0。单击✔按钮，系统返回至“曲面精车–等距环绕”对话框。

Step6. 完成参数设置。单击“曲面精车–等距环绕”对话框中的✔按钮，系统在图形区生成图 22.29 所示的刀具路径。

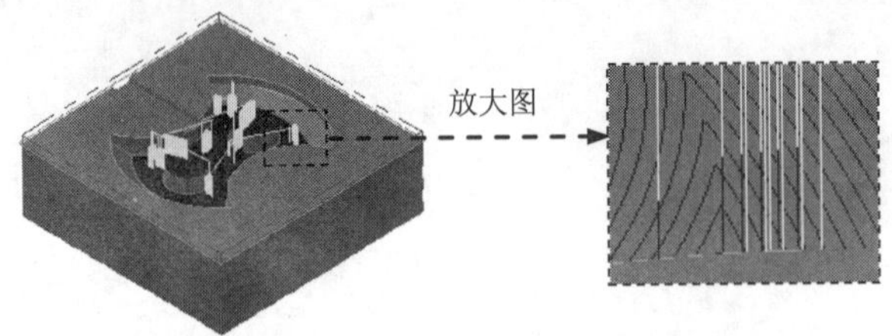

图 22.29　刀具路径

Stage8. 精加工浅平面加工 1

Step1. 选择加工方法。选择下拉菜单 刀路(T) → 曲面精加工(F) → 浅平面(S)... 命令。

Step2. 设置加工区域。

（1）在图形区中选取图 22.30 所示的面（共 3 个面），然后按 Enter 键，系统弹出“刀路/曲面选择”对话框。

（2）单击检查面区域中的按钮，选取图 22.31 所示的面为检查面，然后按 Enter 键。

（3）单击“刀路/曲面选择”对话框中的✔按钮，系统弹出“曲面精车–浅铣削”对话框。

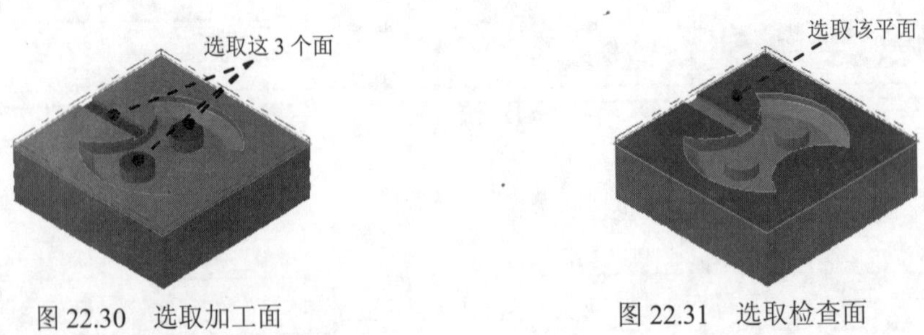

图 22.30　选取加工面　　　图 22.31　选取检查面

Step3. 选择刀具。在“曲面精车–浅铣削”对话框中选择图 22.32 所示的刀具。

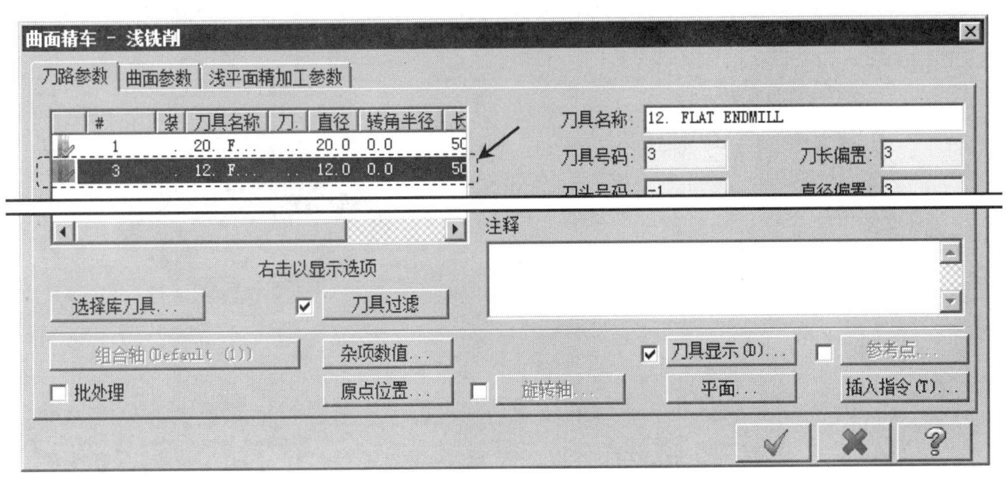

图 22.32 “刀路参数”选项卡

Step4. 设置曲面参数。在“曲面精车–浅铣削”对话框中单击曲面参数选项卡，所有参数采用系统默认设置值。

Step5. 设置浅平面精加工参数。

（1）在“曲面精车–浅铣削”对话框中单击浅平面精加工参数选项卡，在浅平面精加工参数选项卡的最大径向切削间距(M)...文本框中输入值 5.0；选中☑切削按最短距离排序复选框。

（2）单击间隙设置(G)...按钮，在系统弹出的“间隙设置”对话框移动小于间隙时，不提刀区域的下拉列表中选择平滑选项；其他参数采用系统默认设置值。

(3) 单击✓按钮，系统返回“曲面精车–浅铣削”对话框。

Step6. 单击“曲面精车–浅铣削”对话框中的✓按钮，此时在图形区生成图 22.33 所示的刀具路径。

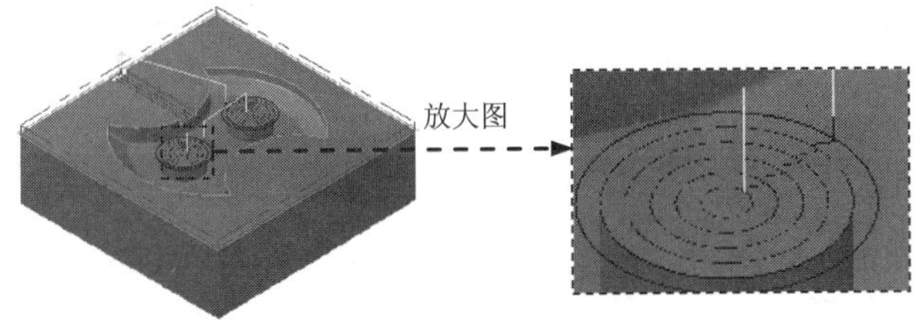

图 22.33 刀具路径

Stage9. 精加工等高外形加工 1

Step1. 选择加工方法。选择下拉菜单 刀路(T) → 曲面精加工(F) → 等高外形(C)... 命令。

Step2. 设置加工区域。

（1）在图形区中选取图 22.34 所示的 2 个面，按 Enter 键，系统弹出“刀路/曲面选择”对话框。

（2）单击检查面区域中的按钮，选取图 22.35 所示的面为检查面（共 3 个面），然后按 Enter 键。

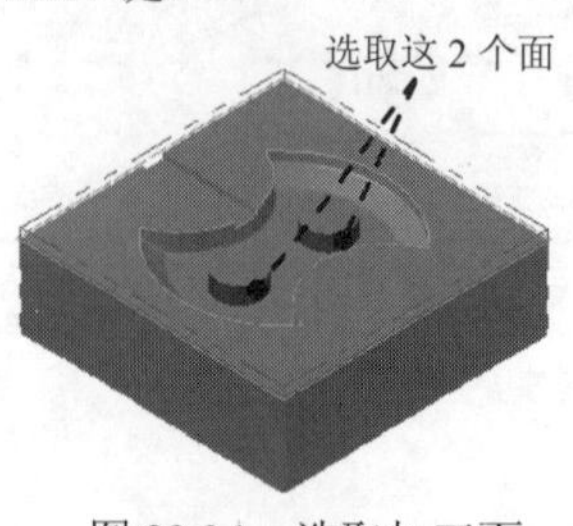

图 22.34　选取加工面

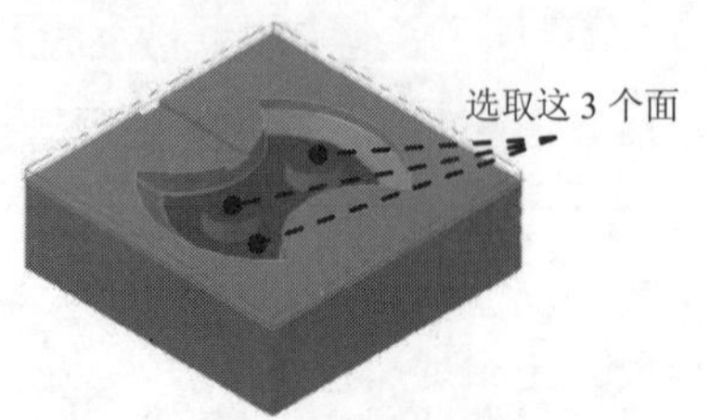

图 22.35　选取检查面

（3）单击按钮，完成加工区域的设置，此时系统弹出“曲面精车–外形”对话框。

Step3. 选择刀具。在“曲面精车–外形”对话框中取消选中☐ 刀具过滤复选框，然后选择图 22.36 所示的刀具。

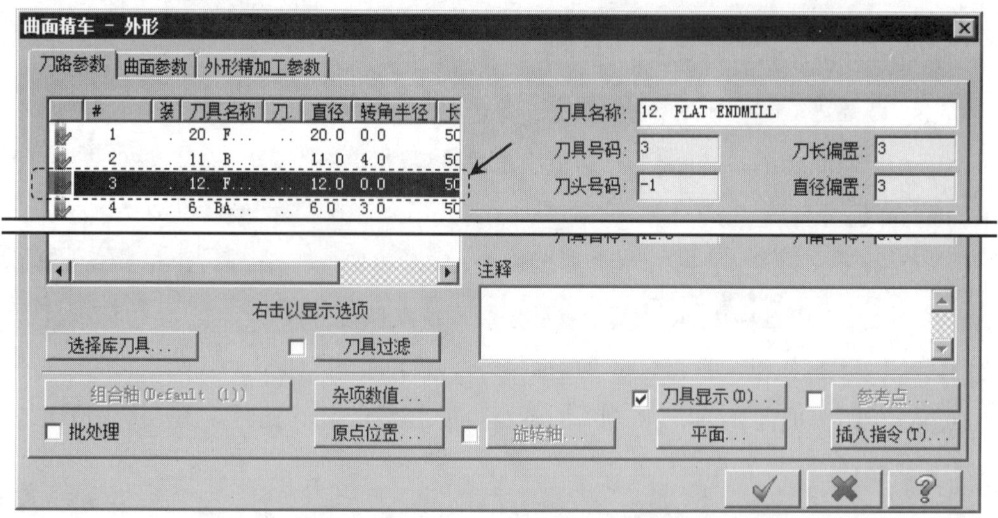

图 22.36　“刀路参数”选项卡

Step4. 设置曲面参数。在“曲面精车–外形”对话框中单击曲面参数选项卡，所有参数均采用系统默认设置值。

Step5. 设置等高外形精加工参数。在“曲面精车–外形”对话框中单击外形精加工参数选项卡，在过渡区域选中⊙ 斜降单选项以及☑ 优化切削顺序复选框，其他参数均采用系统默认设置值。

Step6. 单击“曲面精车–外形”对话框中的按钮，完成加工参数的设置，此时系统将自动生成图 22.37 所示的刀具路径。

Stage10. 精加工浅平面加工 2

Step1. 选择加工方法。选择下拉菜单 刀路(T) → 曲面精加工(F) → 浅平面(S)... 命令。

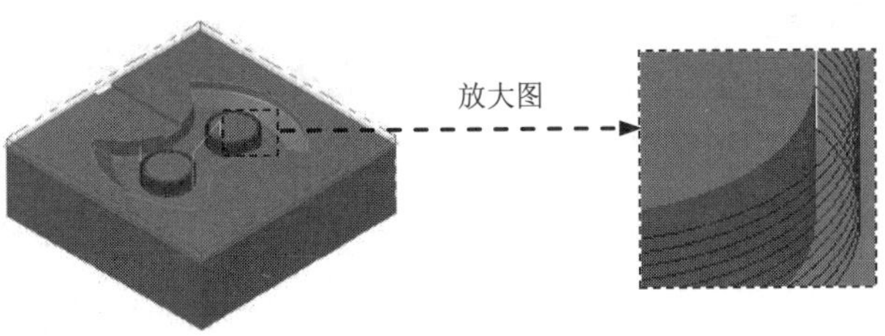

图 22.37　刀具路径

Step2. 设置加工区域。

（1）在图形区中选取图 22.38 所示的面，然后按 Enter 键，系统弹出“刀路/曲面选择”对话框.

（2）单击 检查面 区域中的 按钮，选取图 22.39 所示的面为检查面（共 12 个面），然后按 Enter 键。

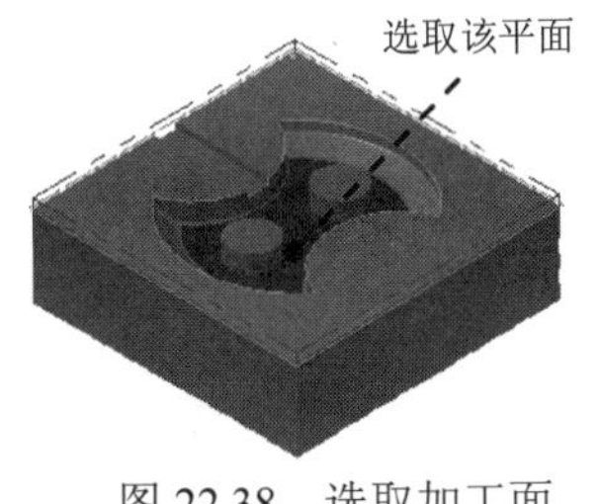

图 22.38　选取加工面

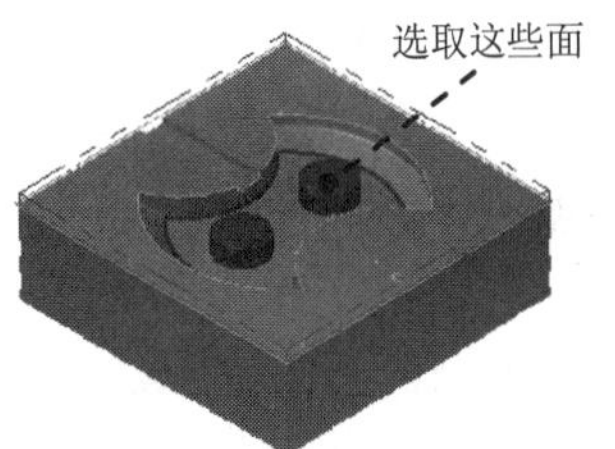

图 22.39　选取检查面

（3）单击“刀路/曲面选择”对话框中的 按钮，系统弹出“曲面精车–浅铣削”对话框。

Step3. 确定刀具类型。在“曲面精车–浅铣削”对话框中单击 刀具过滤 按钮，系统弹出“刀具列表过滤”对话框。单击 刀具类型 区域中的 无(N) 按钮后，在刀具类型按钮群中单击 （圆鼻刀）按钮。单击 按钮，关闭“刀具列表过滤”对话框，系统返回至“曲面精车–浅铣削”对话框。

Step4. 选择刀具。在“曲面精车–浅铣削”对话框中单击 选择库刀具... 按钮，系统弹出“刀具选择”对话框，在该对话框的列表框中选择图 22.40 所示的刀具。单击 按钮，关闭“刀具选择”对话框，系统返回至“曲面精车–浅铣削”对话框。

刀具选择 - C:\users\public\documents\shared mcamx8\Mill\Tools\Mill_mm.Tooldb

C:\users\publi...\Mill_mm.Tooldb

#	装配...	刀具名称	刀柄...	直径	转...	长度	类型	刀齿数	半径类型
523	--	3. BULL ENDMI...	--	3.0	1.0	50.0	圆鼻刀 3	4	转角
524	--	4. BULL ENDMI...	--	4.0	1.0	50.0	圆鼻刀 3	4	转角
525	--	4. BULL ENDMI...	--	4.0	0.2	50.0	圆鼻刀 3	4	转角
526	--	5. BULL ENDMI...	--	5.0	2.0	50.0	圆鼻刀 3	4	转角
527	--	5. BULL ENDMI...	--	5.0	1.0	50.0	圆鼻刀 3	4	转角
528	--	6. BULL ENDMI...	--	6.0	2.0	50.0	圆鼻刀 3	4	转角
529	--	6. BULL ENDMI...	--	6.0	1.0	50.0	圆鼻刀 3	4	转角
530	--	7. BULL ENDMI...	--	7.0	3.0	50.0	圆鼻刀 3	4	转角
531	--	7. BULL ENDMI...	--	7.0	2.0	50.0	圆鼻刀 3	4	转角
532	--	7. BULL ENDMI...	--	7.0	1.0	50.0	圆鼻刀 3	4	转角

过滤(F)...

☑ 启用过滤

显示 99 个刀具(共

显示模式

图 22.40　“刀具选择”对话框

Step5. 设置刀具参数。

（1）完成上步操作后，在“曲面精车–浅铣削”对话框 刀路参数 选项卡的列表框中显示出 Step4 所选择的刀具，双击该刀具，系统弹出“定义刀具”对话框。

（2）设置刀具号码。单击 最终化属性 按钮，在 刀具编号: 文本框中将原有的数值改为 5。

（3）设置刀具的加工参数。在 进给率 文本框中输入值 300.0，在 下切速率: 文本框中输入值 100.0，在 提刀速率 文本框中输入值 500.0，在 主轴转速 文本框中输入值 1500.0。

（4）设置冷却方式。单击 冷却液 按钮，系统弹出“冷却液”对话框，在 Flood （切削液）下拉列表中选择 On 选项，单击该对话框中的 确定 按钮，关闭“冷却液”对话框。

（5）单击“定义刀具”对话框中的 精加工 按钮，完成刀具的设置。

Step6. 设置曲面参数。在“曲面精车–浅铣削”对话框中单击 曲面参数 选项卡，在 毛坯预留量 检查面上（此处翻译有误，应为“检查面预留量”）文本框中输入值 0.1，其他参数采用系统默认设置值。

Step7. 设置浅平面精加工参数。

（1）在“曲面精车–浅铣削”对话框中单击 浅平面精加工参数 选项卡，在 浅平面精加工参数 选项卡的 最大径向切削间距(M)... 文本框中输入值 2.0，选中 ☑ 由内而外环切 复选框。

（2）单击 间隙设置(G)... 按钮，在系统弹出的“间隙设置”对话框中选中 ☑ 优化切削顺序 复选框，在 切弧半径: 文本框中输入值 5.0，在 切弧角度: 文本框中输入值 90.0。

（3）单击 ✔ 按钮，系统返回至“曲面精车–浅铣削”对话框。

Step8. 单击“曲面精车–浅铣削”对话框中的 ✔ 按钮，此时在图形区生成图 22.41 所示的刀具路径。

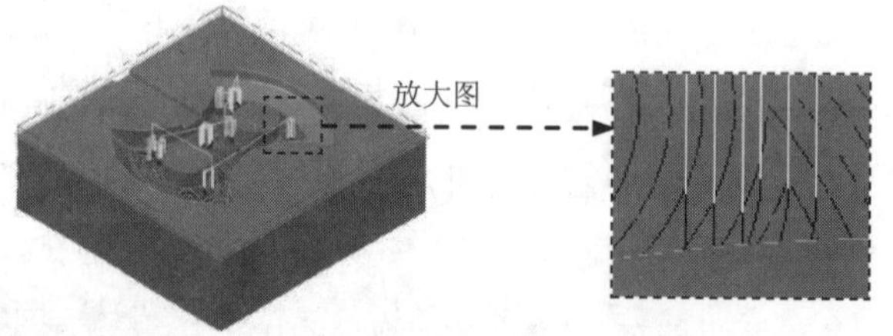

图 22.41　刀具路径

Stage11. 精加工平行铣削加工

Step1. 选择加工方法。选择下拉菜单 刀路(T) ➡ 曲面精加工(F) ➡ 平行(P)... 命令。

Step2. 设置加工区域。

（1）选取加工面。在图形区中选取图 22.42 所示的面，然后按 Enter 键，系统弹出“刀路/曲面选择”对话框。

（2）设置加工边界。在 边界范围 区域中单击 ↖ 按钮，系统弹出“串连选项”对话框。在图形区中选取图 22.43 所示的边线，单击 ✔ 按钮，系统返回至“刀路/曲面选择”对话

框。

（3）单击按钮，完成加工区域的设置，此时系统弹出“曲面精加工平行铣削”对话框。

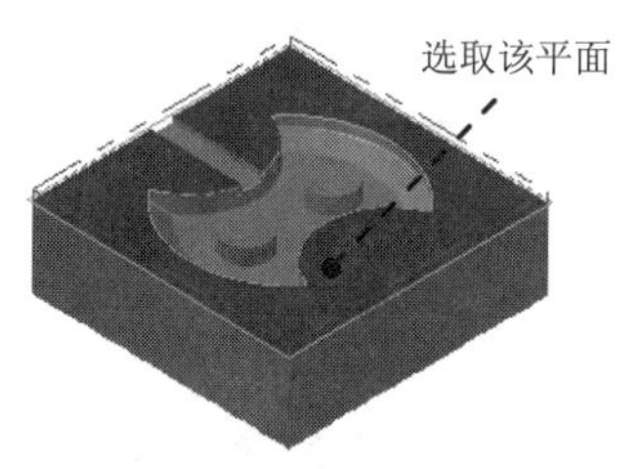

图 22.42 选取加工面

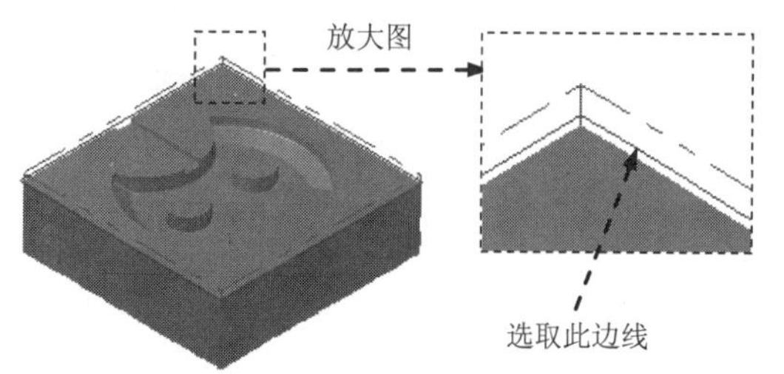

图 22.43 选取切削范围边线

Step3. 选择刀具。在“曲面精车–平行”对话框中取消选中 刀具过滤 复选框，然后选择图 22.44 所示的刀具。

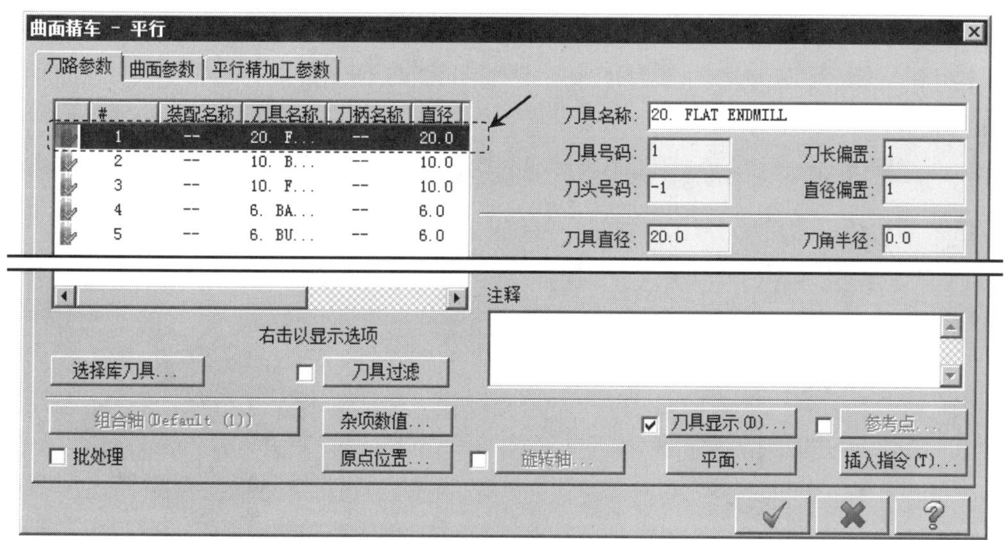

图 22.44 “刀路参数”选项卡

Step4. 设置加工参数。

（1）设置曲面参数。在“曲面精车–平行”对话框中单击 曲面参数 选项卡，所有参数均采用系统默认设置值。

（2）设置精加工平行铣削参数。在“曲面精车–平行”对话框中单击 平行精加工参数 选项卡，然后在 最大径向切削间距 (M)... 文本框中输入值 15.0；在 切削方式 下拉列表中选择 单向 选项。

（3）单击 间隙设置 (G)... 按钮，在系统弹出的“间隙设置”对话框的 切线长度: 文本框中输入值 10.0；单击按钮，系统返回至“曲面精车–平行”对话框。

Step5. 单击“曲面精车–平行”对话框中的按钮，此时在图形区生成图 22.45 所示的刀具路径。

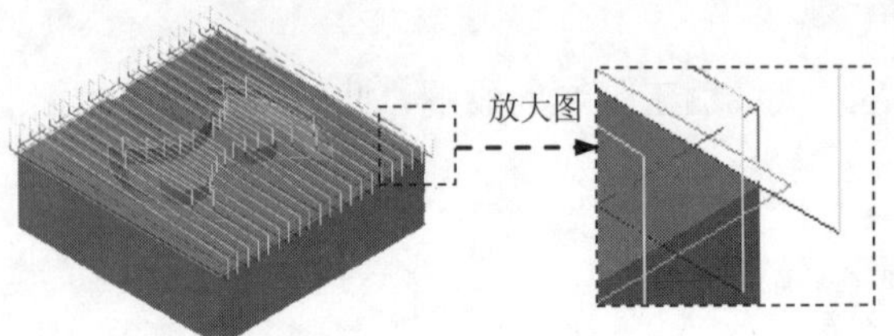

图 22.45 刀具路径

Stage12. 精加工等高外形加工 2

Step1. 选择加工方法。选择下拉菜单 刀路(T) → 曲面精加工(F) → 等高外形(C)... 命令。

Step2. 设置加工区域。

（1）在图形区中选取图 22.46 所示的面（共 28 个面），按 Enter 键，系统弹出“刀路/曲面选择”对话框。

（2）单击 检查面 区域中的 按钮，选取图 22.47 所示的面为检查面（共 5 个面），然后按 Enter 键。

（3）在 边界范围 区域中单击 按钮，系统弹出“串连”对话框。在图形区中选取图 22.48 所示的边线，然后单击 按钮，系统返回至“刀路/曲面选择”对话框。

（4）单击 按钮，完成加工区域的设置，此时系统弹出“曲面精车–外形”对话框。

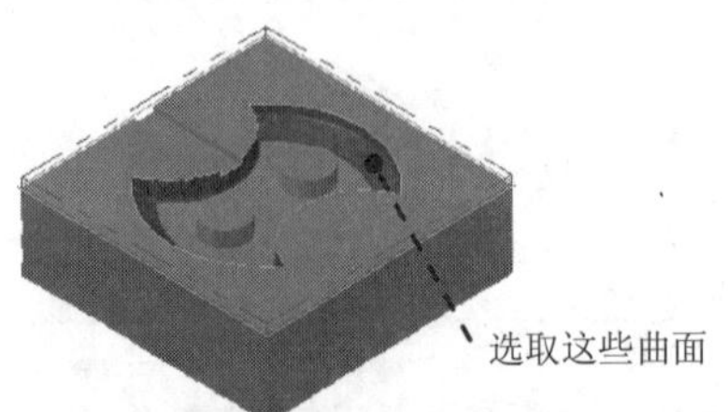

图 22.46 选取加工面

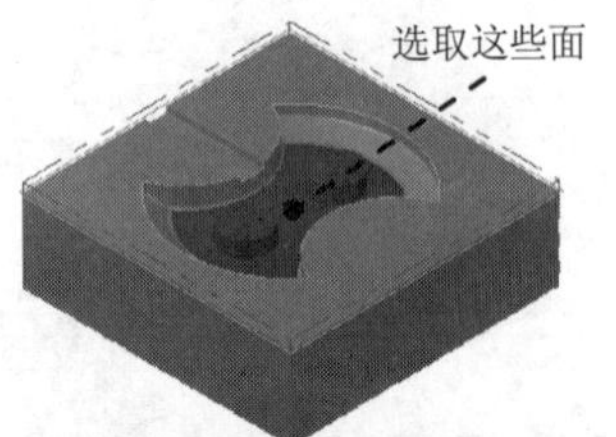

图 22.47 选取干涉面

Step3. 确定刀具类型。在“曲面精车–外形”对话框中单击 刀具过滤 按钮，系统弹出“刀具列表过滤”对话框。单击 刀具类型 区域中的 无(N) 按钮后，在刀具类型按钮群中单击 （球刀）按钮。然后单击 按钮，关闭“刀具列表过滤”对话框，系统返回至“曲面精车–外形”对话框。

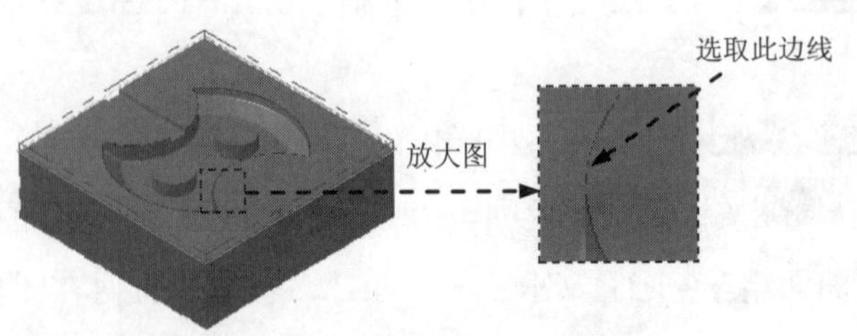

图 22.48 选取切削范围边线

Step4. 选择刀具。在“曲面精车–外形”对话框中单击 选择库刀具... 按钮，系统弹出“刀具选择”对话框，在该对话框的列表框中选择图 22.49 所示的刀具。单击 ✓ 按钮，关闭“刀具选择”对话框，系统返回至“曲面精车–外形”对话框。

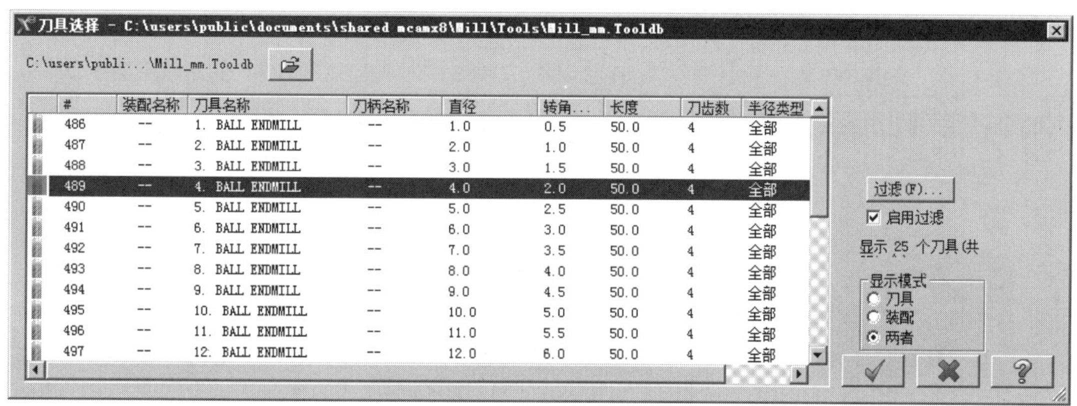

图 22.49 “刀具选择”对话框

Step5. 设置刀具参数。

（1）完成上步操作后，在“曲面精车–外形”对话框 刀路参数 选项卡的列表框中显示出 Step4 所选择的刀具，双击该刀具，系统弹出“定义刀具”对话框。

（2）设置刀具号码。单击 最终化属性 按钮，在 刀具编号: 文本框中将原有的数值改为 6。

（3）设置刀具的加工参数。在 进给率 文本框中输入值 200.0，在 下切速率: 文本框中输入值 100.0，在 提刀速率 文本框中输入值 500.0，在 主轴转速 文本框中输入值 2500.0。

（4）设置冷却方式。单击 冷却液 按钮，系统弹出“冷却液”对话框，在 Flood （切削液）下拉列表中选择 On 选项，单击该对话框中的 确定 按钮，关闭“冷却液”对话框。

Step6. 单击“定义刀具”对话框中的 精加工 按钮，完成刀具的设置。

Step7. 设置曲面参数。在“曲面精车–外形”对话框中单击 曲面参数 选项卡，所有参数采用系统默认设置值。

Step8. 设置等高外形精加工参数。

（1）在“曲面精车–外形”对话框中单击 外形精加工参数 选项卡，在 最大轴向切削间距: 文本框中输入值 0.1。

（2）在 过渡 区域选中 ⦿ 高速加工 单选项，在 斜插长度: 文本框中输入值 4.0，确认选中 ☑ 切削顺序最佳化 复选框，其他参数均采用系统默认设置值。

（3）单击 切削深度 (D)... 按钮，系统弹出“切削深度”对话框，在 增量深度 区域的 第一刀的相对位置 与 其他深度的预留量 文本框中均输入值 0。单击 ✓ 按钮，系统返回至“曲面精车–外形”对话框。

Step9. 单击“曲面精车–外形”对话框中的 ✓ 按钮，完成加工参数的设置，此时系统将自动生成图 22.50 所示的刀具路径。

Step10. 实体切削验证。

（1）在刀路选项卡中单击按钮，然后单击“验证选定操作”按钮，系统弹出“Mastercam 模拟器”对话框。

（2）在“Mastercam 模拟器”对话框中单击按钮，系统将开始进行实体切削仿真，结果如图 22.51 所示。单击 × 按钮，关闭“Mastercam 模拟器”对话框。

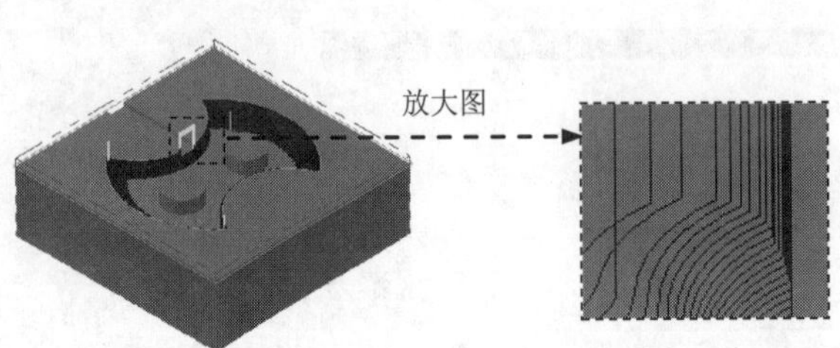

图 22.50　刀具路径

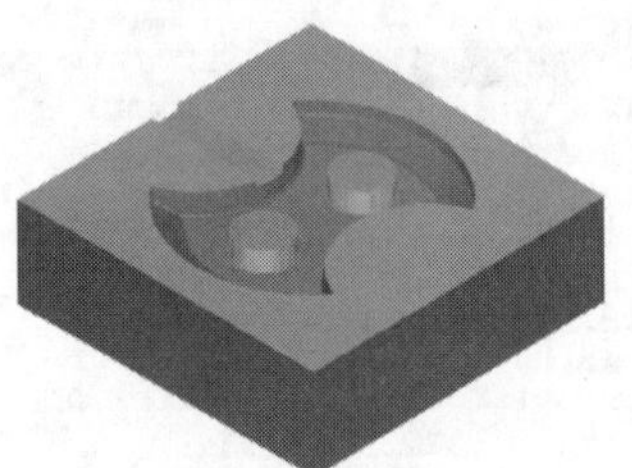
图 22.51　仿真结果

Step11. 保存模型。选择下拉菜单 文件(F) → 保存(S) 命令，保存模型。

实例 23 面板凹模加工

数控加工工艺方案在制订时必须要考虑很多因素，如零件的结构特点、表面形状、精度等级和技术要求、表面粗糙度要求等，毛坯的状态，切削用量以及所需的工艺装备，刀具等。本实例是一个面板凹模加工实例，该面板凹模的加工工艺路线如图 23.1 所示。

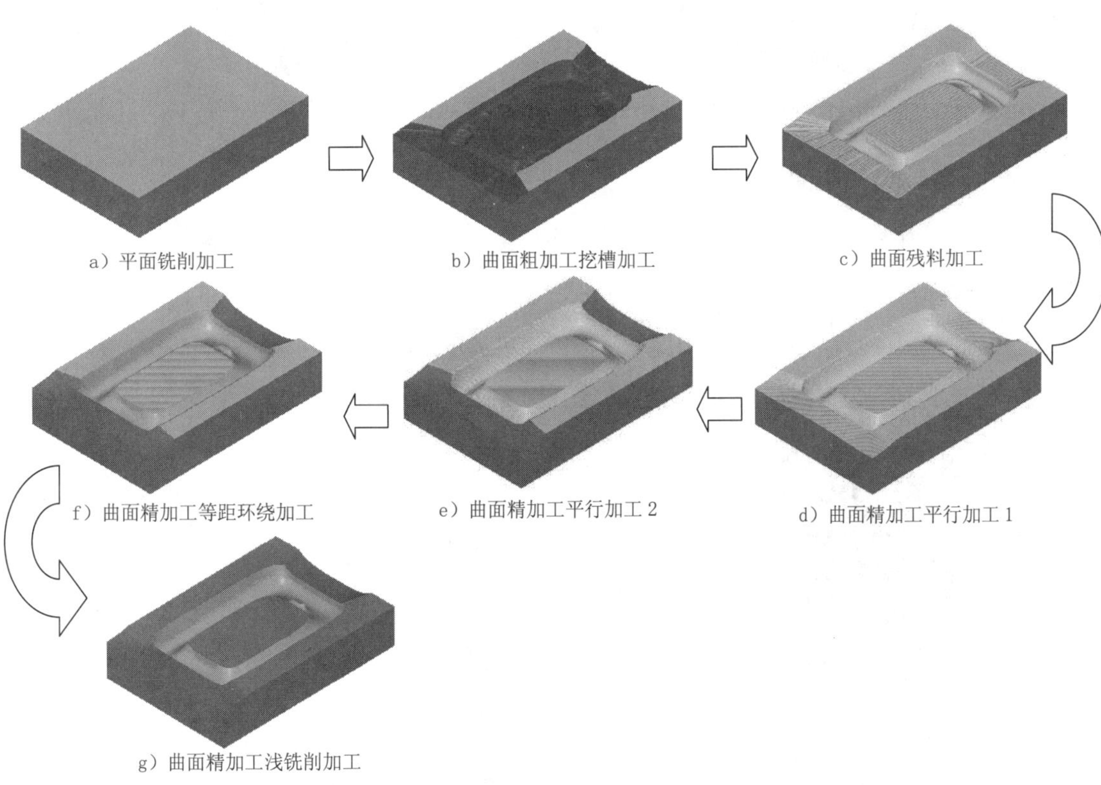

图 23.1 加工工艺路线

Stage1. 进入加工环境

打开模型。选择文件 D:\mcx8.11\work\ch23\PANEL_MOLD_DOWN.MCX，系统进入加工环境，此时零件模型如图 23.2 所示。

Stage2. 设置工件

Step1. 在“操作管理器”中单击 属性 - Generic Mill 节点前的“+”号，将该节点展开，然后单击 毛坯设置 节点，系统弹出“机床群组属性”对话框。

Step2. 设置工件的形状。在“机床群组属性”对话框的形状区域中选中 矩形 单选项。

Step3. 设置工件的尺寸。在“机床群组属性”对话框中单击 所有曲面 按钮，在 毛坯原点区域 Z 下面的文本框中输入值 5，然后在右侧预览区的 Z 文本框中输入值 30。

Step4. 单击“机床群组属性”对话框中的 ✓ 按钮，完成工件的设置。此时零件如图 23.3 所示，从图中可以观察到零件的边缘多了红色的双点画线，双点画线围成的图形即工件。

图 23.2　零件模型

图 23.3　显示工件

Stage3. 平面铣削加工

Step1. 绘制矩形边界。单击俯视图按钮，选择下拉菜单 绘图(C) → □ 矩形(R)... 命令，系统弹出“矩形”工具栏。在“矩形”工具栏中确认按钮被按下，选择图 23.4 所示的点，然后在后的文本框中输入值 95，在后的文本框中输入值 135，按 Enter 键。单击 ✓ 按钮，完成矩形边界的绘制，结果如图 23.5 所示。

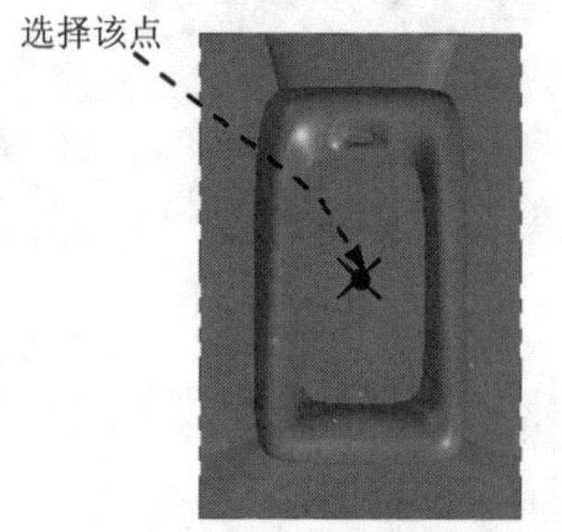

图 23.4　定义基准点

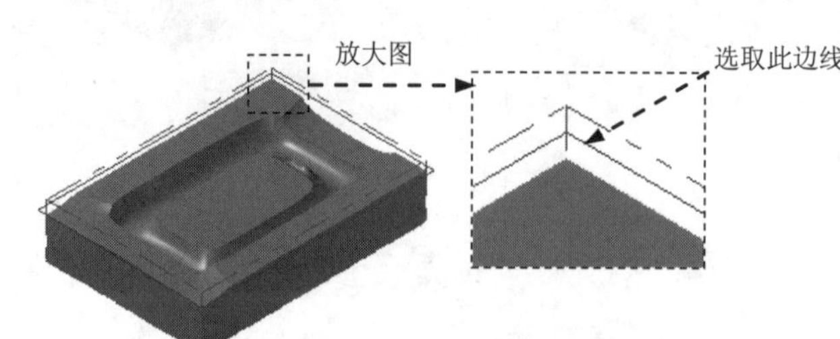

图 23.5　绘制矩形边界

Step2. 选择下拉菜单 刀路(T) → 平面铣(A)... 命令，系统弹出“输入新 NC 名称”对话框，采用系统默认的 NC 名称。单击 ✓ 按钮，完成 NC 名称的设置，同时系统弹出“串连”对话框。

Step3. 设置加工区域。在图形区中选取图 23.6 所示的边线，单击 ✓ 按钮，完成加工区域的设置，此时系统弹出“2D 刀路–平面铣削”对话框。

图 23.6　设置加工区域

Step4. 确定刀具类型。在“2D 刀路–平面铣削”对话框的左侧节点列表中单击刀具节点，切换到“刀具参数”界面；单击过滤(F)...按钮，系统弹出“刀具列表过滤”对话框。单击刀具类型区域中的无(N)按钮后，在刀具类型按钮群中单击（平底刀）按钮。单击✓按钮，关闭“刀具列表过滤”对话框，系统返回至“2D 刀路–平面铣削”对话框。

Step5. 选择刀具。在“2D 刀路–平面铣削”对话框中单击选择库刀具...按钮，系统弹出“刀具选择”对话框，在该对话框的列表框中选择图 23.7 所示的刀具。单击✓按钮，关闭“刀具选择”对话框，系统返回至“2D 刀路–平面铣削”对话框。

刀具选择 - C:\users\public\documents\shared mcamx8\Mill\Tools\Mill_mm.Tooldb

C:\users\publi...\Mill_mm.Tooldb

#	装配名称	刀具名称	刀柄名称	直径	转角...	长度	类型	刀齿数
475	--	15. FLAT ENDMILL	--	15.0	0.0	50.0	平底刀 1	4
476	--	16. FLAT ENDMILL	--	16.0	0.0	50.0	平底刀 1	4
477	--	17. FLAT ENDMILL	--	17.0	0.0	50.0	平底刀 1	4
478	--	18. FLAT ENDMILL	--	18.0	0.0	50.0	平底刀 1	4
479	--	19. FLAT ENDMILL	--	19.0	0.0	50.0	平底刀 1	4
480	--	20. FLAT ENDMILL	--	20.0	0.0	50.0	平底刀 1	4
481	--	21. FLAT ENDMILL	--	21.0	0.0	50.0	平底刀 1	4
482	--	22. FLAT ENDMILL	--	22.0	0.0	50.0	平底刀 1	4
483	--	23. FLAT ENDMILL	--	23.0	0.0	50.0	平底刀 1	4
484	--	24. FLAT ENDMILL	--	24.0	0.0	50.0	平底刀 1	4
485	--	25. FLAT ENDMILL	--	25.0	0.0	50.0	平底刀 1	4

过滤(F)...
启用过滤
显示 25 个刀具(共
显示模式
刀具
装配
两者

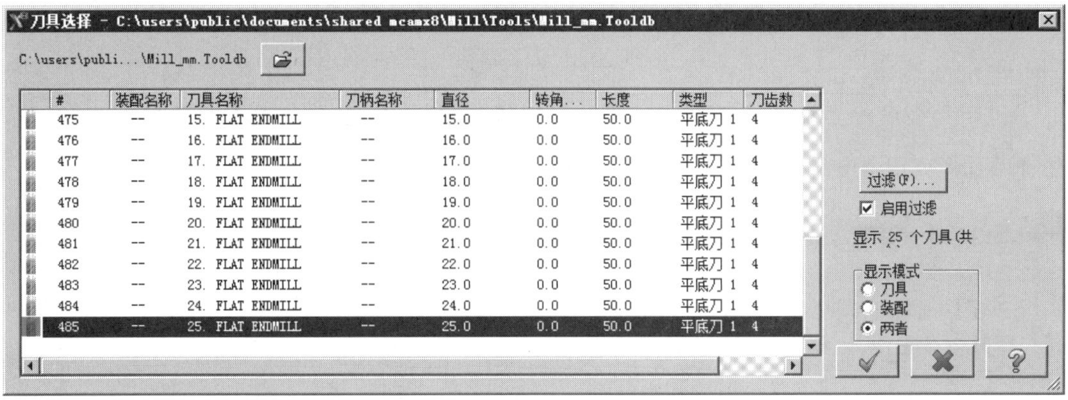

图 23.7 “刀具选择”对话框

Step6. 设置刀具参数。

（1）完成上步操作后，在“2D 刀路–平面铣削”对话框的刀具列表中双击该刀具，系统弹出“定义刀具”对话框。

（2）设置刀具号码。单击最终化属性按钮，在刀具编号:文本框中将原有的数值改为 1。

（3）设置刀具的加工参数。在进给率文本框中输入值 400.0，在下切速率:文本框中输入值 200.0，在提刀速率文本框中输入值 500.0，在主轴转速文本框中输入值 800.0。

（4）设置冷却方式。单击冷却液按钮，系统弹出“冷却液”对话框，在Flood（切削液）下拉列表中选择On选项，单击该对话框中的确定按钮，关闭“冷却液”对话框。

Step7. 单击“定义刀具”对话框中的精加工按钮，完成刀具的设置。

Step8. 设置加工参数。在“2D 刀路–平面铣削”对话框的左侧节点列表中单击切削参数节点，在型式下拉列表中选择双向选项，在底面毛坯预留量文本框中输入值 0.5，其他参数采用系统默认设置值。

Step9. 在“2D 刀路–平面铣削”对话框的左侧节点列表中单击切削参数下的深度切削节点，然后选中☑深度切削复选框，在最大粗切步进量:文本框中输入值 2，在精切削次数:文本框中输入值 0，在精切步进量:文本框中输入值 0.5，选中☑不提刀复选框，完成 Z 轴切削分层铣削参数的设置。

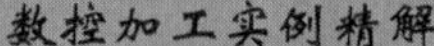

Step10. 设置连接参数。在"2D 刀路–平面铣削"对话框的左侧节点列表中单击连接参数节点，所有参数均采用系统默认设置值。

Step11. 单击"2D 刀路–平面铣削"对话框中的按钮，完成加工参数的设置，此时系统将自动生成图 23.8 所示的刀具路径。

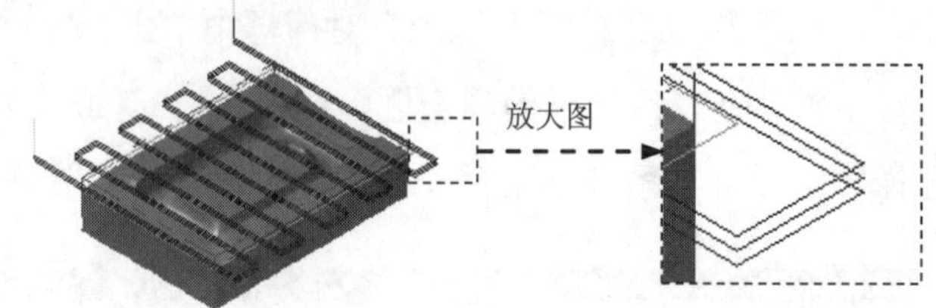

图 23.8 刀具路径

说明：生成刀具路径后可单击"操作管理器"中的按钮隐藏上步的刀具路径，以便于后面加工面的选取，下同。

Stage4. 粗加工挖槽加工

Step1. 选择加工方法。选择下拉菜单 刀路(T) → 曲面粗加工(R) → 挖槽(K)... 命令。

Step2. 设置加工区域。

（1）选取加工面。在图形区中选取图 23.9 所示的所有面（共 16 个面），然后按 Enter 键，系统弹出"刀路/曲面选择"对话框。

（2）设置加工边界。在边界范围区域中单击按钮，系统弹出"串连"对话框。在图形区中选取图 23.10 所绘制的边线，然后单击按钮，系统返回至"刀路/曲面选择"对话框。

图 23.9 选取加工面

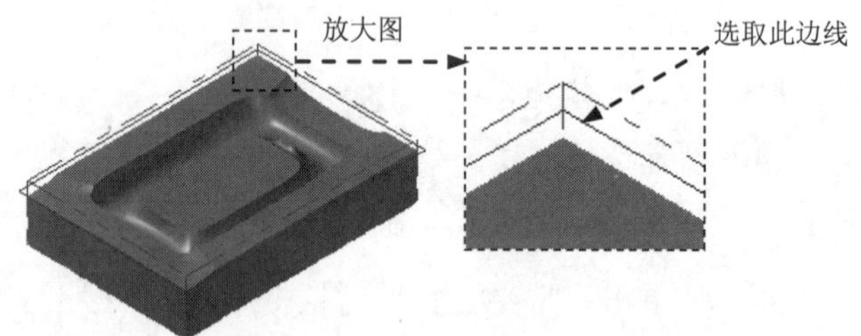

图 23.10 选取切削范围边线

（3）单击按钮，完成加工区域的设置，此时系统弹出"曲面粗车–挖槽"对话框。

Step3. 确定刀具类型。在"曲面粗车–挖槽"对话框中单击 刀具过滤 按钮，系统弹出"刀具列表过滤"对话框。单击刀具类型区域中的 无(N) 按钮后，在刀具类型按钮群中单击（圆鼻刀）按钮。然后单击按钮，关闭"刀具列表过滤"对话框，系统返回至"曲面粗车–挖槽"对话框。

Step4. 选择刀具。在"曲面粗车–挖槽"对话框中单击 选择库刀具... 按钮，系统弹出

“刀具选择”对话框，在该对话框的列表框中选择图 23.11 所示的刀具。单击 ✔ 按钮，关闭“刀具选择”对话框，系统返回至“曲面粗车–挖槽”对话框。

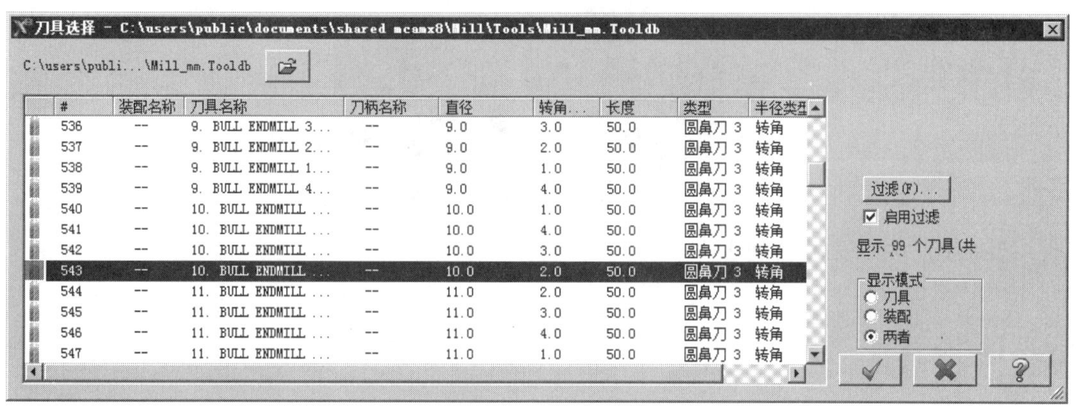

图 23.11 “刀具选择”对话框

Step5. 设置刀具参数。

（1）完成上步操作后，在“曲面粗车–挖槽”对话框 刀路参数 选项卡的列表框中显示出 Step4 所选择的刀具，双击该刀具，系统弹出“定义刀具”对话框。

（2）设置刀具号码。单击 最终化属性 按钮，在 刀具编号: 文本框中将原有的数值改为 2。

（3）设置刀具的加工参数。在 进给率 文本框中输入值 300.0，在 下切速率: 文本框中输入值 150.0，在 提刀速率 文本框中输入值 500.0，在 主轴转速 文本框中输入值 1500.0。

（4）设置冷却方式。单击 冷却液 按钮，系统弹出“冷却液”对话框，在 Flood （切削液）下拉列表中选择 On 选项，单击该对话框中的 确定 按钮，关闭“冷却液”对话框。

Step6. 单击“定义刀具”对话框中的 精加工 按钮，完成刀具的设置。

Step7. 设置曲面参数。在“曲面粗车–挖槽”对话框中单击 曲面参数 选项卡，在 毛坯预留量驱动面上（此处翻译有误，应为“加工面预留量”）文本框中输入值 1.0，其他参数均采用系统默认设置值。

Step8. 设置粗加工参数。

（1）在“曲面粗车–挖槽”对话框中单击 粗加工参数 选项卡，在 最大轴向切削间距: 文本框中输入值 1，然后选中 ☑ 螺旋进刀 复选框。

（2）单击 切削深度(D)... 按钮，系统弹出“切削深度”对话框，在 增量深度 区域选中 ☑ 第一刀使用最大轴向切削间距 复选框，单击 ✔ 按钮，系统返回至“曲面粗车–挖槽”对话框。

Step9. 设置挖槽参数。在“曲面粗车–挖槽”对话框中单击 挖槽参数 选项卡，在 切削方式 下面选择 依外形环切 选项；在 径向切削比例: 文本框中输入值 50，取消选中 ☐ 由内而外螺旋式切削 复选框。

Step10. 单击“曲面粗车–挖槽”对话框中的 ✔ 按钮，完成加工参数的设置，此时系

统将自动生成图 23.12 所示的刀具路径。

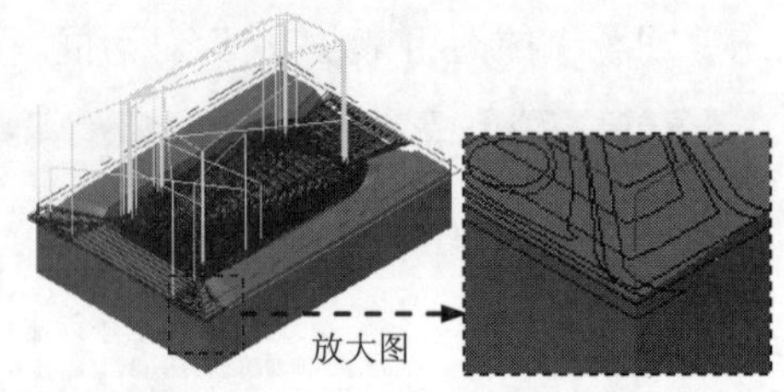

图 23.12　刀具路径

Stage5. 粗加工残料加工

Step1. 选择加工方法。选择下拉菜单 刀路(T) → 曲面粗加工(R) → 残料铣削(T)... 命令。

Step2. 设置加工区域。

（1）选取加工面。在图形区中选取图 23.13 所示的面（共 14 个面），然后按 Enter 键，系统弹出“刀路/曲面选择”对话框。

（2）设置加工边界。在 边界范围 区域中单击 按钮，系统弹出“串连”对话框。在图形区中选取图 23.14 所示的边线，单击 按钮，系统返回至“刀路/曲面选择”对话框。

图 23.13　选取加工面

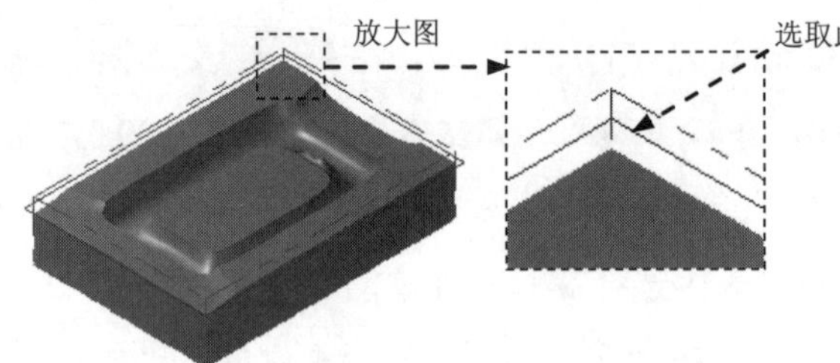

图 23.14　选取切削范围边线

（3）单击 检查面 区域中的 按钮，选取图 23.15 所示的面为检查面，然后按 Enter 键。

（4）单击 按钮，完成加工区域的设置，此时系统弹出“曲面残料加工”对话框。

Step3. 确定刀具类型。在“曲面残料加工”对话框中单击 刀具过滤 按钮，系统弹出“刀具列表过滤”对话框。单击 刀具类型 区域中的 无(N) 按钮后，在刀具类型按钮群中单击 （球刀）按钮。单击 按钮，关闭“刀具列表过滤”对话框，系统返回至“曲面残料加工”对话框。

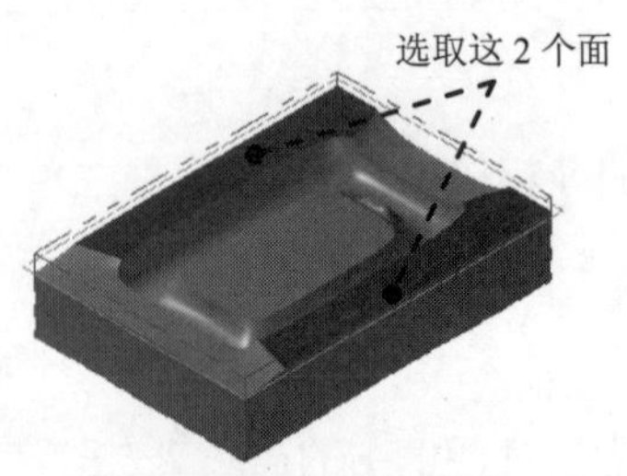

图 23.15　选取检查面

Step4. 选择刀具。在“曲面残料加工”对话框中单击 选择库刀具... 按钮，系统弹出“刀具选择”对话框，在该对话框的列表框中选择图 23.16 所示的刀具。单击 ✔ 按钮，关闭“刀具选择”对话框，系统返回至“曲面残料加工”对话框。

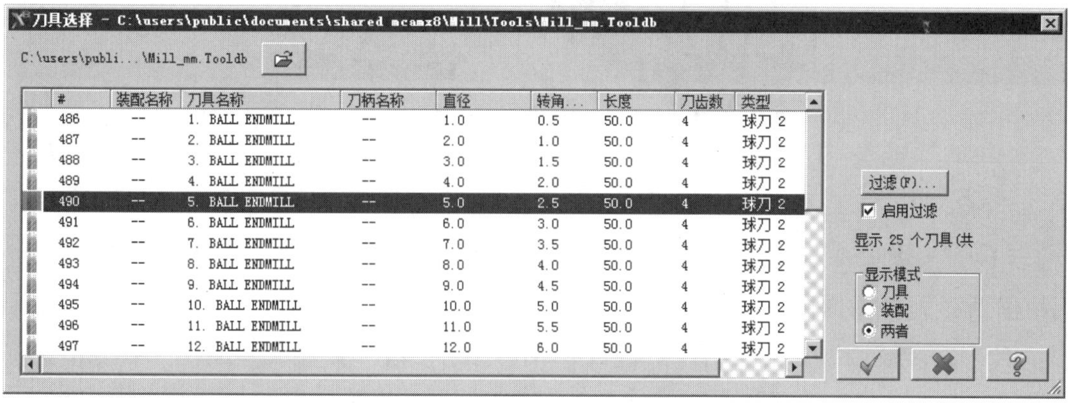

刀具选择 - C:\users\public\documents\shared mcamx8\Mill\Tools\Mill_mm.Tooldb

C:\users\publi...\Mill_mm.Tooldb

#	装配名称	刀具名称	刀柄名称	直径	转角...	长度	刀齿数	类型
486	--	1. BALL ENDMILL	--	1.0	0.5	50.0	4	球刀 2
487	--	2. BALL ENDMILL	--	2.0	1.0	50.0	4	球刀 2
488	--	3. BALL ENDMILL	--	3.0	1.5	50.0	4	球刀 2
489	--	4. BALL ENDMILL	--	4.0	2.0	50.0	4	球刀 2
490	--	5. BALL ENDMILL	--	5.0	2.5	50.0	4	球刀 2
491	--	6. BALL ENDMILL	--	6.0	3.0	50.0	4	球刀 2
492	--	7. BALL ENDMILL	--	7.0	3.5	50.0	4	球刀 2
493	--	8. BALL ENDMILL	--	8.0	4.0	50.0	4	球刀 2
494	--	9. BALL ENDMILL	--	9.0	4.5	50.0	4	球刀 2
495	--	10. BALL ENDMILL	--	10.0	5.0	50.0	4	球刀 2
496	--	11. BALL ENDMILL	--	11.0	5.5	50.0	4	球刀 2
497	--	12. BALL ENDMILL	--	12.0	6.0	50.0	4	球刀 2

过滤(F)...
启用过滤
显示 25 个刀具(共
显示模式
刀具
装配
两者

图 23.16 “刀具选择”对话框

Step5. 设置刀具相关参数。

（1）完成上步操作后，在“曲面残料加工”对话框 刀路参数 选项卡的列表框中显示出 Step4 所选择的刀具，双击该刀具，系统弹出“定义刀具”对话框。

（2）设置刀具号码。单击 最终化属性 按钮，在 刀具编号: 文本框中将原有的数值改为 3。

（3）设置刀具参数。在 进给率 文本框中输入值 200.0，在 下切速率: 文本框中输入值 100.0，在 提刀速率 文本框中输入值 500.0，在 主轴转速 文本框中输入值 1500.0。

（4）设置冷却方式。单击 冷却液 按钮，系统弹出“冷却液”对话框，在 Flood （切削液）下拉列表中选择 On 选项，单击该对话框中的 确定 按钮，关闭“冷却液”对话框。

（5）单击“定义刀具”对话框中的 精加工 按钮，完成刀具的设置。

Step6. 设置曲面参数。在“曲面残料加工”对话框中单击 曲面参数 选项卡，在 毛坯预留量驱动面上 （此处翻译有误，应为“加工面预留量”，下同）文本框中输入值 0.5，在 毛坯预留量检查面上 （此处翻译有误，应为“检查面预留量”，下同）文本框中输入值 0.5，在 刀具边界范围 区域中选中 ⊙ 内 单选项，其他参数均采用系统默认设置值。

Step7. 设置残料加工参数。在“曲面残料加工”对话框中单击 残料加工参数 选项卡，在 最大轴向切削间距: 文本框中输入值 0.5，在 过渡 区域选中 ⊙ 沿着曲面 单选项，然后选中 ☑ 优化切削顺序 复选框。

Step8. 单击“曲面残料加工”对话框中的 ✔ 按钮，此时在图形区生成图 23.17 所示的刀具路径。

Stage6. 精加工平行铣削加工 1

Step1. 选择加工方法。选择下拉菜单 刀路(T) → 曲面精加工(F) →

平行(P)... 命令。

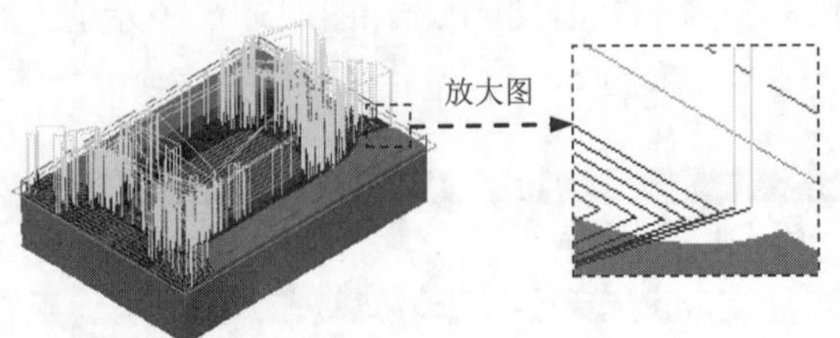

图 23.17　刀具路径

Step2. 设置加工区域。

（1）选取加工面。在图形区中选取图 23.18 所示的面（共 14 个面），然后按 Enter 键，系统弹出“刀路/曲面选择”对话框。

（2）设置加工边界。在 边界范围 区域中单击 按钮，系统弹出“串连”对话框。在图形区中选取图 23.19 所示的边线，然后单击 按钮，系统返回至“刀路/曲面选择”对话框。

图 23.18　选取加工面　　　　图 23.19　选取切削范围边线

（3）单击 检查面 区域中的 按钮，选取图 23.20 所示的面为检查面，然后按 Enter 键。

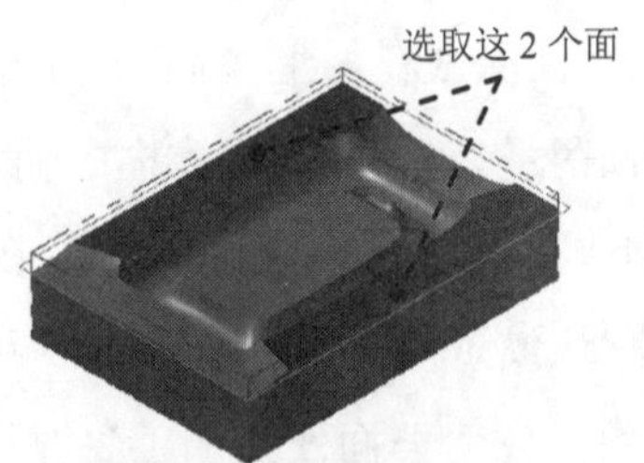

图 23.20　选取检查面

（4）单击 按钮，完成加工区域的设置，此时系统弹出“曲面精车–平行”对话框。

Step3. 选择刀具。在“曲面精车–平行”对话框中取消选中 刀具过滤 复选框，然后选择图 23.21 所示的刀具。

Step4. 设置加工参数。

（1）设置曲面参数。在“曲面精车–平行”对话框中单击 曲面参数 选项卡，然后在 毛坯预留量 驱动面上文本框中输入值 0.2，在毛坯预留量检查面上文本框中输入值 0.2；在刀具边界范围区域中选中◉内单选项，其他参数均采用系统默认设置值。

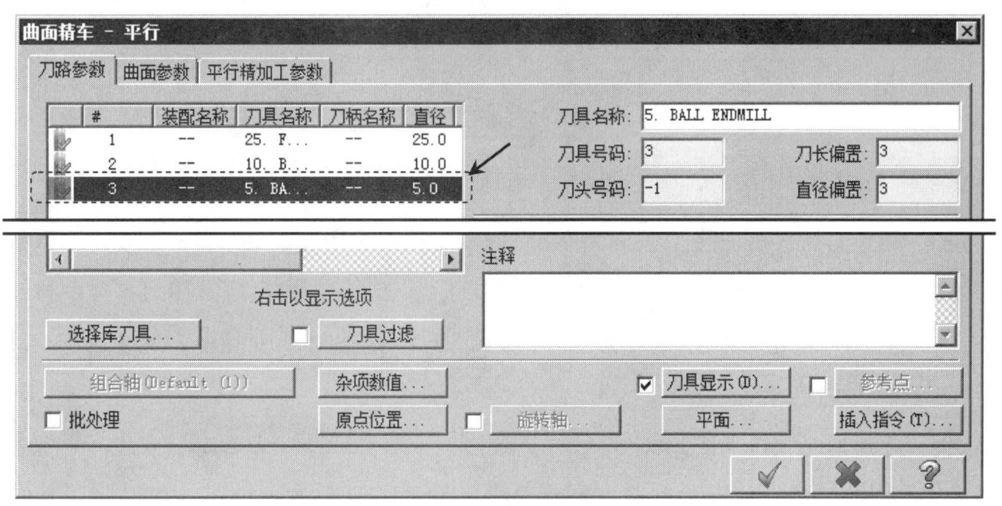

图 23.21 “刀路参数”选项卡

（2）设置精加工平行铣削参数。在“曲面精车–平行”对话框中单击平行精加工参数选项卡，然后在最大径向切削间距(M)...文本框中输入值 1.0；在切削方式下拉列表中选择双向选项；在加工角度文本框中输入值 45。

（3）单击间隙设置(G)...按钮，系统弹出“间隙设置”对话框；在移动小于间隙时，不提刀区域的下拉列表中选择沿着曲面选项，并选中☑刀具沿着间隙的范围边界移动复选框。单击✓按钮，系统返回至“曲面精车–平行”对话框。

Step5. 单击“曲面精车–平行”对话框中的✓按钮，此时在图形区生成图 23.22 所示的刀具路径。

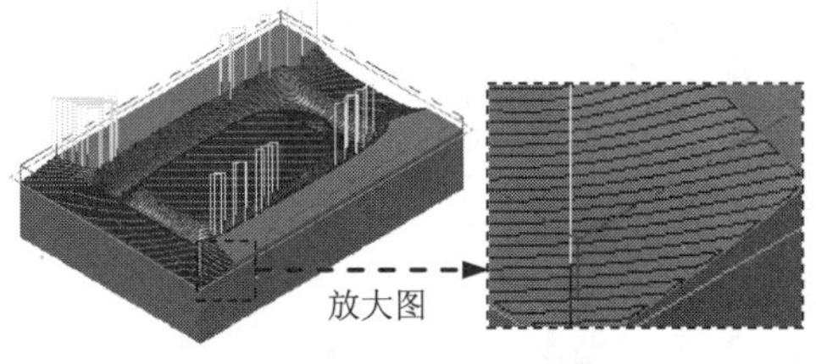

图 23.22 刀具路径

Stage7. 精加工平行铣削加工 2

Step1. 选择加工方法。选择下拉菜单 刀路(T) → 曲面精加工(F) → 平行(P)... 命令。

Step2. 选取加工面。在图形区中选取图 23.23 所示的曲面（共 6 个面），然后按 Enter 键，系统弹出“刀路/曲面选择”对话框；单击“刀路/曲面选择”对话框中的✓按钮，系统弹出“曲面精车–平行”对话框。

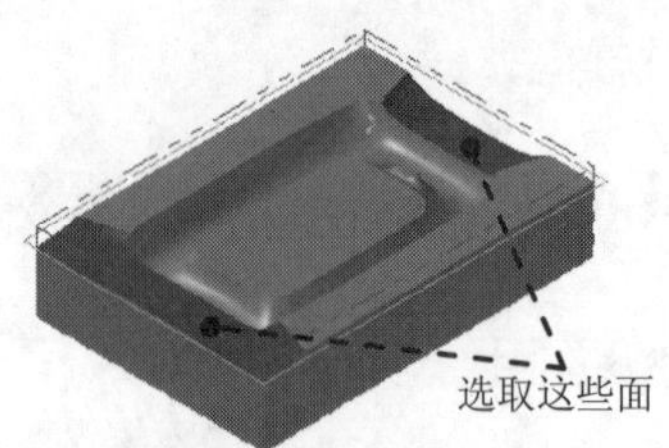

图 23.23　选取加工面

Step3. 确定刀具类型。在“曲面精车–平行”对话框中单击 刀具过滤 按钮，系统弹出“刀具列表过滤”对话框。单击 刀具类型 区域中的 无(N) 按钮后，在刀具类型按钮群中单击 （球刀）按钮。单击 ✓ 按钮，关闭“刀具列表过滤”对话框，系统返回至“曲面精车-平行”对话框。

Step4. 选择刀具。在“曲面精车–平行”对话框中单击 选择库刀具... 按钮，系统弹出“刀具选择”对话框，在该对话框的列表框中选择图 23.24 所示的刀具。单击 ✓ 按钮，关闭“刀具选择”对话框，系统返回至“曲面精车–平行”对话框。

刀具选择 – C:\users\public\documents\shared mcamx8\Mill\Tools\Mill_mm.Tooldb

C:\users\publi...\Mill_mm.Tooldb

#	装配名称	刀具名称	刀柄名称	直径	转角...	长度	刀齿数	半径类型
486	--	1. BALL ENDMILL	--	1.0	0.5	50.0	4	全部
487	--	2. BALL ENDMILL	--	2.0	1.0	50.0	4	全部
488	--	3. BALL ENDMILL	--	3.0	1.5	50.0	4	全部
489	--	4. BALL ENDMILL	--	4.0	2.0	50.0	4	全部
490	--	5. BALL ENDMILL	--	5.0	2.5	50.0	4	全部
491	--	6. BALL ENDMILL	--	6.0	3.0	50.0	4	全部
492	--	7. BALL ENDMILL	--	7.0	3.5	50.0	4	全部
493	--	8. BALL ENDMILL	--	8.0	4.0	50.0	4	全部
494	--	9. BALL ENDMILL	--	9.0	4.5	50.0	4	全部
495	--	10. BALL ENDMILL	--	10.0	5.0	50.0	4	全部
496	--	11. BALL ENDMILL	--	11.0	5.5	50.0	4	全部
497	--	12. BALL ENDMILL	--	12.0	6.0	50.0	4	全部

过滤(F)...
☑ 启用过滤
显示 25 个刀具(共
显示模式
○ 刀具
○ 装配
◉ 两者

图 23.24　“刀具选择”对话框

Step5. 设置刀具参数。

（1）完成上步操作后，在“曲面精车–平行”对话框 刀路参数 选项卡的列表框中显示出 Step4 所选择的刀具，双击该刀具，系统弹出“定义刀具”对话框。

（2）设置刀具号码。单击 最终化属性 按钮，在 刀具编号: 文本框中将原有的数值改为 4。

（3）设置刀具的加工参数。在 进给率 文本框中输入值 400.0，在 下切速率: 文本框中输入值 200.0，在 提刀速率 文本框中输入值 500.0，在 主轴转速 文本框中输入值 1500.0。

（4）设置冷却方式。单击 冷却液 按钮，系统弹出“冷却液”对话框，在 Flood （切削液）下拉列表中选择 On 选项，单击该对话框中的 确定 按钮，关闭“冷却液”对话框。

Step6. 单击“定义刀具”对话框中的 精加工 按钮，完成刀具的设置。

Step7. 设置加工参数。

（1）设置曲面参数。在“曲面精车–平行”对话框中单击曲面参数选项卡，然后在进给下刀位置...文本框中输入值 0，在毛坯预留量驱动面上(此处翻译有误，应为“加工面预留量”）文本框中输入值 0。

（2）设置精加工平行铣削参数。在“曲面精车–平行”对话框中单击平行精加工参数选项卡，然后在最大径向切削间距(M)...文本框中输入值 0.25，在加工角度文本框中输入值 135.0。

（3）单击间隙设置(G)...按钮，系统弹出“刀具路径的间隙设置”对话框；在移动小于间隙时，不提刀区域的下拉列表中选择沿着曲面选项，选中☑优化切削顺序复选框。单击✔按钮，系统返回至“曲面精车–平行”对话框。

Step8. 单击“曲面精车–平行”对话框中的✔按钮，此时在图形区生成图 23.25 所示的刀具路径。

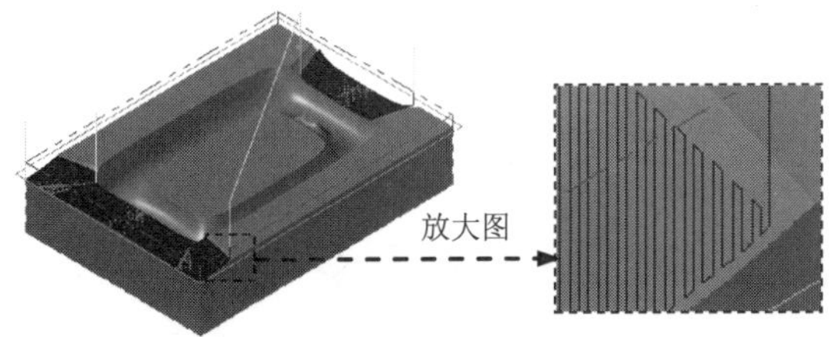

图 23.25　刀具路径

Stage8. 精加工环绕等距加工

Step1. 绘制边界 1。

（1）选择命令。选择下拉菜单 绘图(C) → 曲线(V) → 曲面单一边界(O)... 命令。

（2）定义边界的附着面和边界位置。选取图 23.26 所示的曲面为边界的附着面，此时在所选取的曲面上出现图 23.27 所示的箭头。移动鼠标，将箭头移动到图 23.27 所示的位置单击鼠标左键，此时系统自动生成创建的边界预览。

（3）单击✔按钮，完成指定边界 1 的创建。

Step2. 参照 Step1 创建其余的边界，结果如图 23.28 所示。

Step3. 选择加工方法。选择下拉菜单 刀路(T) → 曲面精加工(F) → 环绕(O)... 命令。

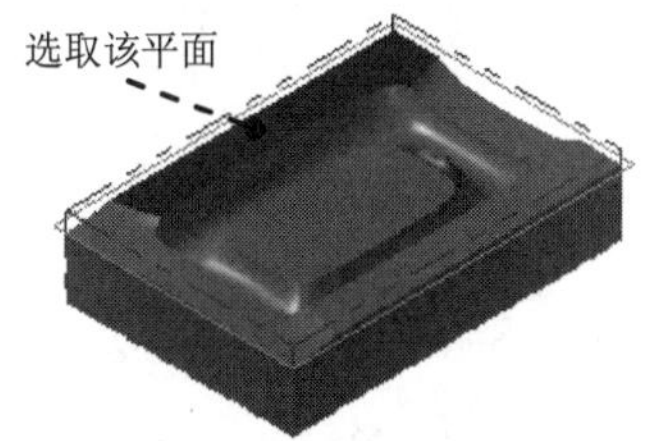

图 23.26　定义附着面

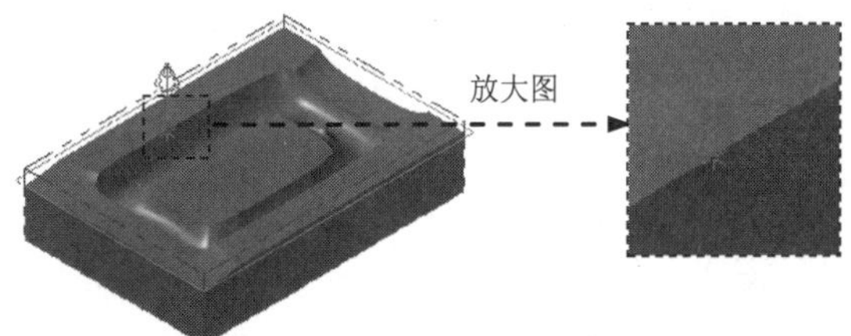

图 23.27　定义边界位置

Step4. 设置加工区域。

（1）在图形区中选取图 23.29 所示的曲面（共 6 个面），然后按 Enter 键，系统弹出“刀路/曲面选择”对话框。

（2）设置加工边界。在 边界范围 区域中单击 按钮，系统弹出“串连”对话框，选中 ☑ 等待 复选框，在图形区中选取图 23.28 所示的边线。单击 ✓ 按钮，系统返回至“刀路/曲面选择”对话框。

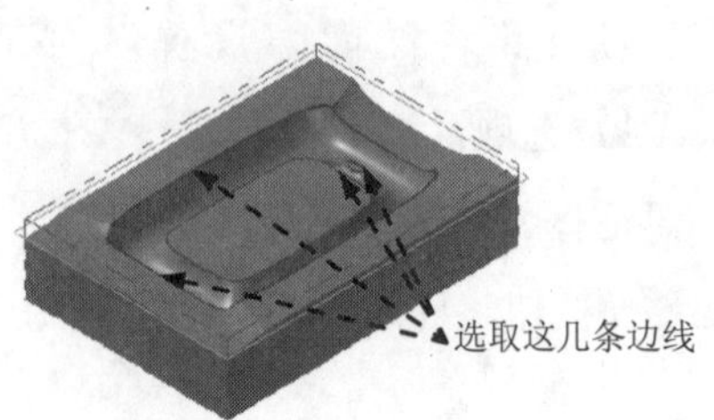

图 23.28　创建其余边界

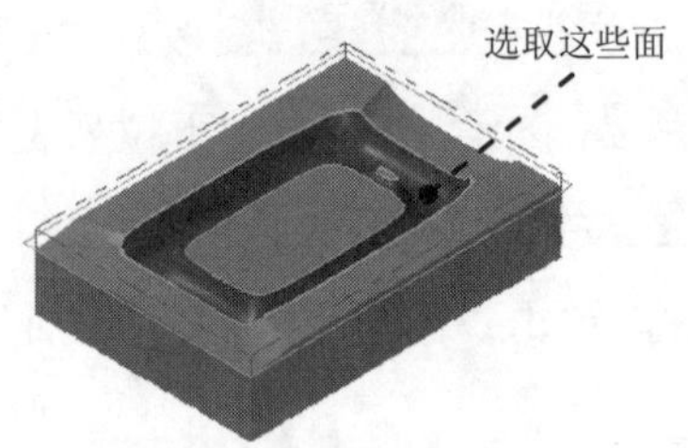

图 23.29　选择加工面

（3）单击 ✓ 按钮，系统弹出“曲面精车-等距环绕”对话框。

Step5. 确定刀具类型。在“曲面精车–等距环绕”对话框中单击 刀具过滤 按钮，系统弹出“刀具列表过滤”对话框。单击 刀具类型 区域中的 无(N) 按钮后，在刀具类型按钮群中单击 （球刀）按钮。单击 ✓ 按钮，关闭“刀具列表过滤”对话框，系统返回至“曲面精车–等距环绕”对话框。

Step6. 选择刀具。在“曲面精车–等距环绕”对话框中单击 选择库刀具... 按钮，系统弹出“刀具选择”对话框，在该对话框的列表框中选择图 23.30 所示的刀具。单击 ✓ 按钮，关闭“刀具选择”对话框，系统返回至“曲面精车–等距环绕”对话框。

刀具选择 - C:\users\public\documents\shared mcamx8\Mill\Tools\Mill_mm.Tooldb

C:\users\publi...\Mill_mm.Tooldb

#	装配名称	刀具名称	刀柄名称	直径	转角...	长度	类型	刀齿数
486	--	1. BALL ENDMILL	--	1.0	0.5	50.0	球刀 2	4
487	--	2. BALL ENDMILL	--	2.0	1.0	50.0	球刀 2	4
488	--	3. BALL ENDMILL	--	3.0	1.5	50.0	球刀 2	4
489	--	4. BALL ENDMILL	--	4.0	2.0	50.0	球刀 2	4
490	--	5. BALL ENDMILL	--	5.0	2.5	50.0	球刀 2	4
491	--	6. BALL ENDMILL	--	6.0	3.0	50.0	球刀 2	4
492	--	7. BALL ENDMILL	--	7.0	3.5	50.0	球刀 2	4
493	--	8. BALL ENDMILL	--	8.0	4.0	50.0	球刀 2	4
494	--	9. BALL ENDMILL	--	9.0	4.5	50.0	球刀 2	4
495	--	10. BALL ENDMILL	--	10.0	5.0	50.0	球刀 2	4
496	--	11. BALL ENDMILL	--	11.0	5.5	50.0	球刀 2	4
497	--	12. BALL ENDMILL	--	12.0	6.0	50.0	球刀 2	4

过滤(F)...
☑ 启用过滤
显示 25 个刀具(共
显示模式
○ 刀具
○ 装配
⊙ 两者

图 23.30　“刀具选择”对话框

Step7. 设置刀具参数。

（1）完成上步操作后，在“曲面精车–等距环绕”对话框 刀路参数 选项卡的列表框中显示出 Step6 所选择的刀具，双击该刀具，系统弹出“定义刀具”对话框。

（2）设置刀具号码。单击 最终化属性 按钮，在 刀具编号: 文本框中将原有的数值改为 5。

（3）设置刀具的加工参数。在 进给率 文本框中输入值 150.0，在 下刀速率 文本框中输入值 100.0，在 提刀速率 文本框中输入值 500.0，在 主轴转速 文本框中输入值 1500.0。

（4）设置冷却方式。单击 冷却液 按钮，系统弹出“冷却液”对话框，在 Flood （切削液）下拉列表中选择 On 选项，单击该对话框中的 确定 按钮，关闭“冷却液”对话框。

Step8. 单击“定义刀具”对话框中的 精加工 按钮，完成刀具的设置。

Step9. 设置曲面参数。所有参数均采用系统默认设置值。

Step10. 设置环绕等距精加工参数。

（1）在“曲面精车–等距环绕”对话框中单击 环绕精加工参数 选项卡，在 最大径向切削间距(M)... 文本框中输入值 0.25，选中 ☑ 切削按最短距离排序 复选框，取消选中 ☐ 深度限制(D)... 复选框。

（2）单击 间隙设置(G)... 按钮，系统弹出“间隙设置”对话框；在 移动小于间隙时，不提刀 区域的下拉列表中选择 沿着曲面 选项，选中 ☑ 优化切削顺序 复选框。单击 ✓ 按钮，系统返回至“曲面精车–等距环绕”对话框。

Step11. 完成参数设置。单击“曲面精车–等距环绕”对话框中的 ✓ 按钮，系统在图形区生成图 23.31 所示的刀具路径。

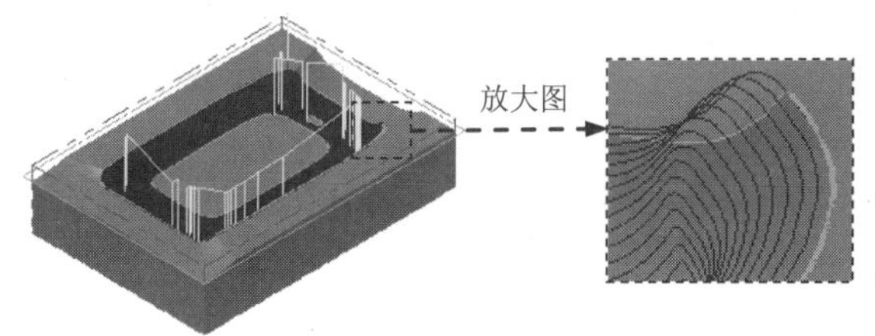

图 23.31　刀具路径

Stage9. 精加工浅平面加工

Step1. 选择加工方法。选择下拉菜单 刀路(T) → 曲面精加工(F) → 浅平面(S)... 命令。

Step2. 设置加工区域。

（1）在图形区中选取图 23.32 所示的面（共 3 个面），然后按 Enter 键，系统弹出“刀路/曲面选择”对话框。

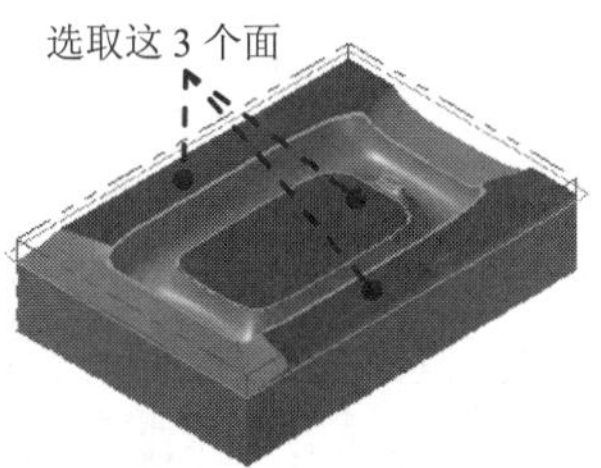

图 23.32　选取加工面

（2）单击“刀路/曲面选择”对话框中的 ✓ 按钮，系统弹出“曲面精车–浅铣削”对话框。

Step3. 确定刀具类型。在“曲面精车–浅铣削”对话框中单击 刀具过滤 按钮，系统弹出“刀具列表过滤”对话框。单击 刀具类型 区域中的 无(N) 按钮后，在刀具类型按钮群中单击（平底刀）按钮。单击 ✓ 按钮，关闭“刀具列表过滤”对话框，系统返回至“曲面精车–浅铣削”对话框。

Step4. 选择刀具。在“曲面精车–浅铣削”对话框中单击 选择库刀具... 按钮，系统弹出“刀具选择”对话框，在该对话框的列表框中选择图 23.33 所示的刀具。单击 ✓ 按钮，关闭“刀具选择”对话框，系统返回至“曲面精车–浅铣削”对话框。

刀具选择 - C:\users\public\documents\shared mcamx8\Mill\Tools\Mill_mm.Tooldb

C:\users\publi...\Mill_mm.Tooldb

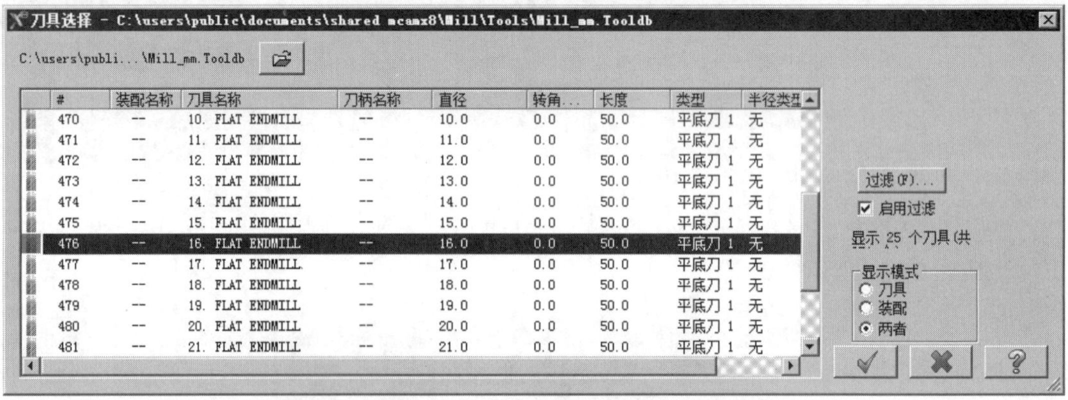

#	装配名称	刀具名称	刀柄名称	直径	转角...	长度	类型	半径类型
470	--	10. FLAT ENDMILL	--	10.0	0.0	50.0	平底刀 1	无
471	--	11. FLAT ENDMILL	--	11.0	0.0	50.0	平底刀 1	无
472	--	12. FLAT ENDMILL	--	12.0	0.0	50.0	平底刀 1	无
473	--	13. FLAT ENDMILL	--	13.0	0.0	50.0	平底刀 1	无
474	--	14. FLAT ENDMILL	--	14.0	0.0	50.0	平底刀 1	无
475	--	15. FLAT ENDMILL	--	15.0	0.0	50.0	平底刀 1	无
476	--	16. FLAT ENDMILL	--	16.0	0.0	50.0	平底刀 1	无
477	--	17. FLAT ENDMILL	--	17.0	0.0	50.0	平底刀 1	无
478	--	18. FLAT ENDMILL	--	18.0	0.0	50.0	平底刀 1	无
479	--	19. FLAT ENDMILL	--	19.0	0.0	50.0	平底刀 1	无
480	--	20. FLAT ENDMILL	--	20.0	0.0	50.0	平底刀 1	无
481	--	21. FLAT ENDMILL	--	21.0	0.0	50.0	平底刀 1	无

过滤(F)...
☑ 启用过滤
显示 25 个刀具(共
显示模式
○ 刀具
○ 装配
◉ 两者

图 23.33 “刀具选择”对话框

Step5. 设置刀具参数。

（1）完成上步操作后，在“曲面精车–浅铣削”对话框 刀路参数 选项卡的列表框中显示出 Step4 所选择的刀具，双击该刀具，系统弹出“定义刀具”对话框。

（2）设置刀具号码。单击 最终化属性 按钮，在 刀具编号: 文本框中将原有的数值改为 6。

（3）设置刀具的加工参数。在 进给率 文本框中输入值 400.0，在 下切速率: 文本框中输入值 200.0，在 提刀速率 文本框中输入值 500.0，在 主轴转速 文本框中输入值 1500.0。

（4）设置冷却方式。单击 冷却液 按钮，系统弹出“冷却液”对话框，在 Flood（切削液）下拉列表中选择 On 选项，单击该对话框中的 确定 按钮，关闭“冷却液”对话框。

（5）单击“定义刀具”对话框中的 精加工 按钮，完成刀具的设置。

Step6. 设置曲面参数。在“曲面精车–浅铣削”对话框中单击 曲面参数 选项卡，所有参数均采用系统默认设置值。

Step7. 设置浅平面精加工参数。

（1）在“曲面精车–浅铣削”对话框中单击 浅平面精加工参数 选项卡，在 浅平面精加工参数 选项卡的 最大径向切削间距(M)... 文本框中输入值 8.0；在 切削方式 下拉列表中选中 单向 选项；在 加工角度

文本框中输入值 90。

（2）单击间隙设置(G)...按钮，在系统弹出的“间隙设置”对话框的切线长度:文本框中输入值 8.0。

（3）单击✓按钮，系统返回至“曲面精车-浅铣削”对话框。

Step8. 单击“曲面精车–浅铣削”对话框中的✓按钮，此时在图形区生成图 23.34 所示的刀具路径。

Step9. 实体切削验证。

（1）在刀路选项卡中单击按钮，然后单击“验证选定操作”按钮，系统弹出“Mastercam 模拟器”对话框。

（2）在“Mastercam 模拟器”对话框中单击按钮，系统将开始进行实体切削仿真，结果如图 23.35 所示。单击×按钮，关闭“Mastercam 模拟器”对话框。

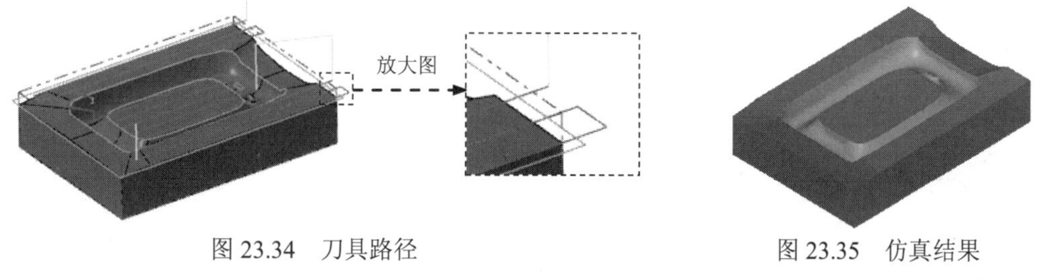

图 23.34 刀具路径

图 23.35 仿真结果

Step10. 保存模型。选择下拉菜单文件(F) → 保存(S)命令，保存模型。

实例 24 控制器凸模加工

在模具加工中，从毛坯零件到目标零件的加工一般都要经过多道工序。工序安排是否合理对加工后模具的质量有较大的影响，因此在加工之前需要根据目标零件的特征制订好加工的工艺。

下面以图 24.1 所示的控制器凸模为例介绍多工序铣削的加工方法，其操作步骤如下。

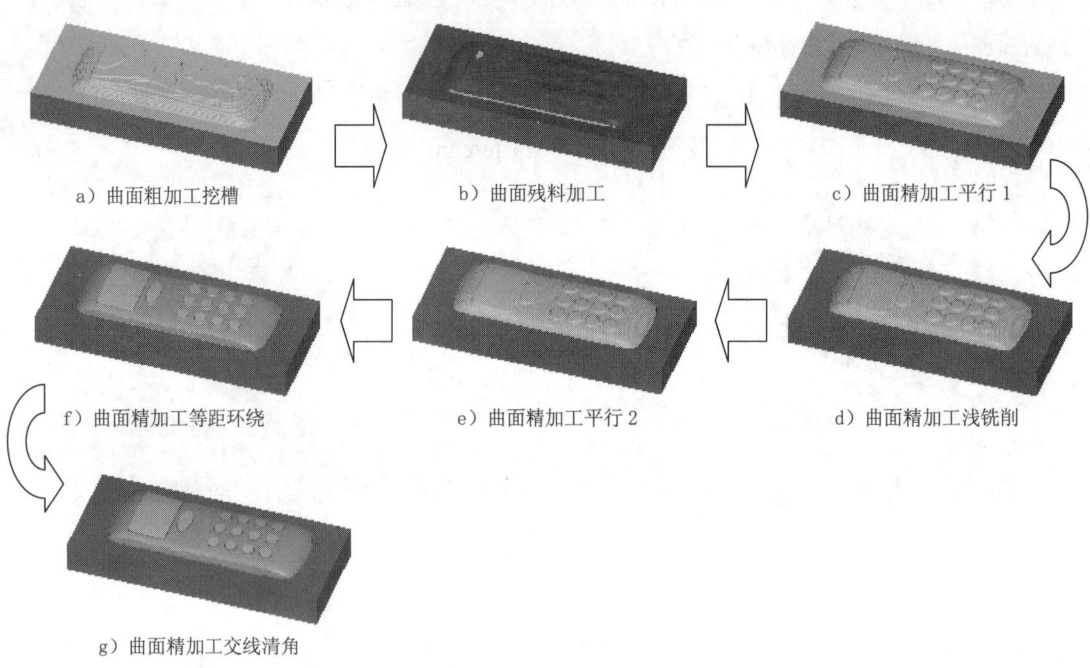

图 24.1　加工流程图

Stage1. 进入加工环境

打开模型。选择文件 D:\ mcx8.11\work\ch24\TELECONTROL_MOLD.MCX，系统进入加工环境，此时零件模型如图 24.2 所示。

Stage2. 设置工件

Step1. 在“操作管理器”中单击 属性 - Generic Mill 节点前的“+”号，将该节点展开，然后单击 毛坯设置 节点，系统弹出“机床群组属性”对话框。

Step2. 设置工件的形状。在“机床群组属性”对话框的形状 区域中选中 矩形 单选项。

Step3. 设置工件的尺寸。在“机床群组属性”对话框中单击 所有曲面 按钮，在 毛坯原点 区域的 Z 文本框中输入值 0，然后在右侧预览区的 Z 下面的文本框中输入值 35。

Step4. 单击“机床群组属性”对话框中的 按钮，完成工件的设置。此时零件如图 24.3

所示，从图中可以观察到零件的边缘多了红色的双点画线，双点画线围成的图形即工件。

图 24.2　零件模型

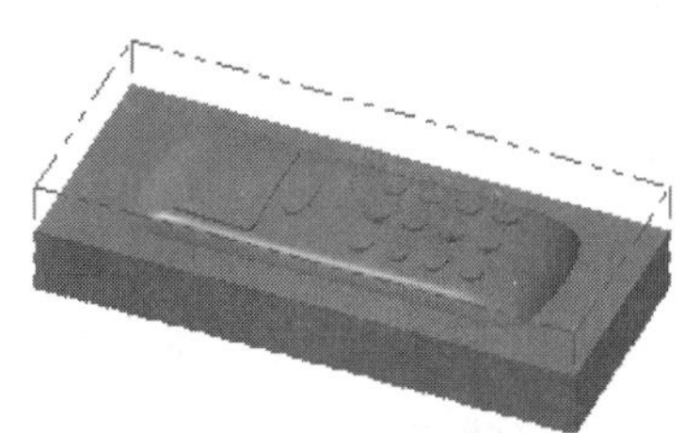
图 24.3　显示工件

Stage3. 粗加工挖槽加工

Step1. 绘制矩形边界。单击俯视图按钮，选择下拉菜单 绘图(C) → 边界框(B)... 命令，选取图 24.4 所示的面，在展开区域的X文本框中输入值 2，在Y文本框中输入值 2，结果如图 24.5 所示（详细过程参照视频）。

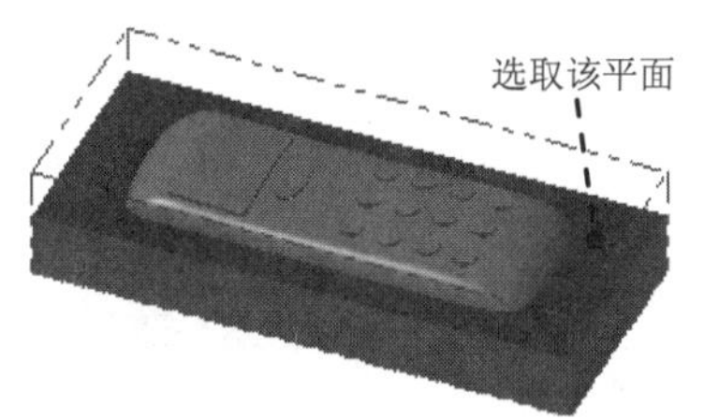

图 24.4　定义参考面

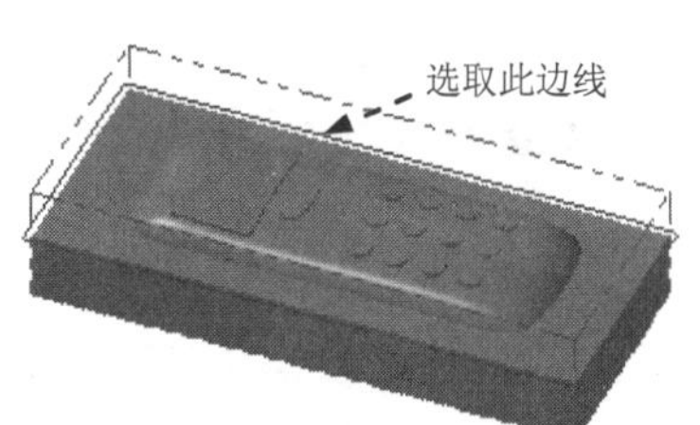

图 24.5　绘制矩形边界

Step2. 选择下拉菜单 刀路(T) → 曲面粗加工(R) → 挖槽(K)... 命令，系统弹出“输入新 NC 名称”对话框，采用系统默认的 NC 名称。单击按钮，完成 NC 名称的设置。

Step3. 设置加工区域。

（1）选取加工面。在图形区中选取图 24.6 所示的面（共 37 个面），然后按 Enter 键，系统弹出“刀路/曲面选择”对话框。

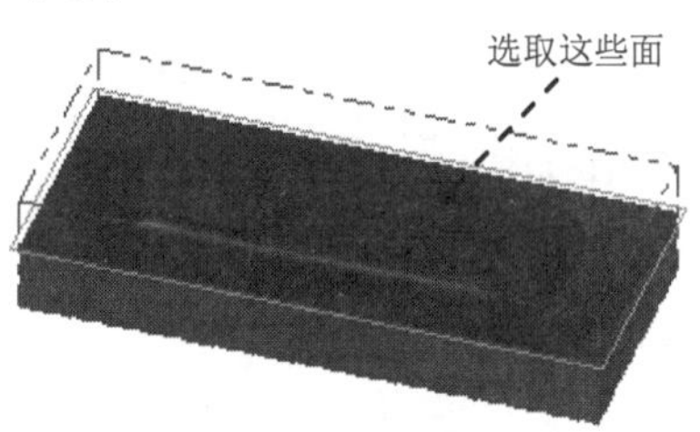

图 24.6　选取加工面

（2）设置加工边界。在边界范围区域中单击按钮，系统弹出“串连”对话框。在图形区中选取图 24.5 所绘制的边线，单击按钮，系统返回至“刀路/曲面选择”对话框。

（3）单击按钮，完成加工区域的设置，同时系统弹出“曲面粗车–挖槽”对话框。

Step4. 确定刀具类型。在“曲面粗车–挖槽”对话框中单击 刀具过滤 按钮，系统弹出“刀具列表过滤”对话框。单击 刀具类型 区域中的 无(N) 按钮后，在刀具类型按钮群中单击（圆鼻刀）按钮。然后单击 ✓ 按钮，关闭“刀具列表过滤”对话框，系统返回至“曲面粗车–挖槽”对话框。

Step5. 选择刀具。在“曲面粗车–挖槽”对话框中单击 选择库刀具... 按钮，系统弹出“刀具选择”对话框，在该对话框的列表框中选择图 24.7 所示的刀具。单击 ✓ 按钮，关闭“刀具选择”对话框，系统返回至“曲面粗车–挖槽”对话框。

刀具选择 - C:\users\public\documents\shared mcamx8\Mill\Tools\Mill_mm.Tooldb

C:\users\publi...\Mill_mm.Tooldb

#	装配名称	刀具名称	刀柄名称	直径	转角...	长度	刀齿数	类型
541	--	10. BULL ENDMILL ...	--	10.0	4.0	50.0	4	圆鼻刀 3
542	--	10. BULL ENDMILL ...	--	10.0	3.0	50.0	4	圆鼻刀 3
543	--	10. BULL ENDMILL ...	--	10.0	2.0	50.0	4	圆鼻刀 3
544	--	11. BULL ENDMILL ...	--	11.0	2.0	50.0	4	圆鼻刀 3
545	--	11. BULL ENDMILL ...	--	11.0	3.0	50.0	4	圆鼻刀 3
546	--	11. BULL ENDMILL ...	--	11.0	4.0	50.0	4	圆鼻刀 3
547	--	11. BULL ENDMILL ...	--	11.0	1.0	50.0	4	圆鼻刀 3
548	--	12. BULL ENDMILL ...	--	12.0	1.0	50.0	4	圆鼻刀 3
549	--	12. BULL ENDMILL ...	--	12.0	4.0	50.0	4	圆鼻刀 3
550	--	12. BULL ENDMILL ...	--	12.0	3.0	50.0	4	圆鼻刀 3
551	--	12. BULL ENDMILL ...	--	12.0	2.0	50.0	4	圆鼻刀 3
552	--	13. BULL ENDMILL ...	--	13.0	4.0	50.0	4	圆鼻刀 3

过滤(F)...
启用过滤
显示 99 个刀具(共
显示模式
刀具
装配
两者

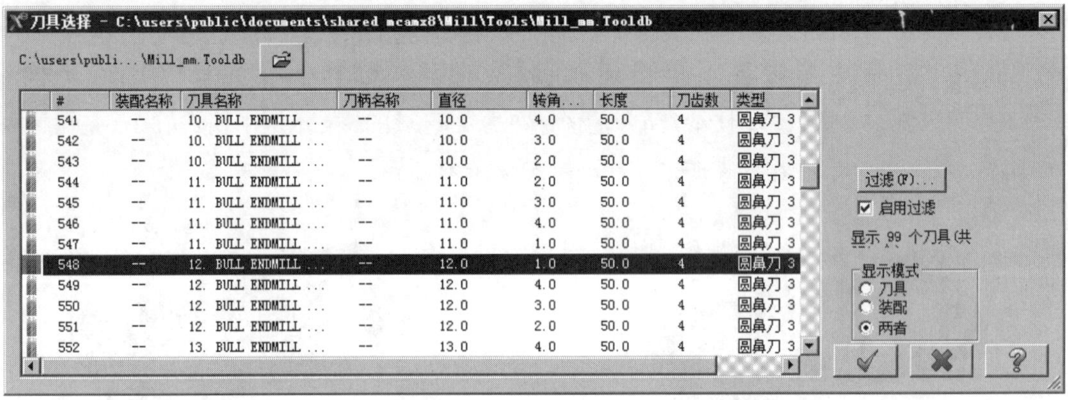

图 24.7 “刀具选择”对话框

Step6. 设置刀具参数。

（1）完成上步操作后，在“曲面粗车–挖槽”对话框 刀路参数 选项卡的列表框中显示出 Step5 所选择的刀具，双击该刀具，系统弹出“定义刀具”对话框。

（2）设置刀具号码。单击 最终化属性 按钮，在 刀具编号: 文本框中将原有的数值改为 1。

（3）设置刀具的加工参数。在 进给率 文本框中输入值 200.0，在 下切速率: 文本框中输入值 100.0，在 提刀速率 文本框中输入值 500.0，在 主轴转速 文本框中输入值 1500.0。

（4）设置冷却方式。单击 冷却液 按钮，系统弹出“冷却液”对话框，在 Flood （切削液）下拉列表中选择 On 选项，单击该对话框中的 确定 按钮，关闭“冷却液”对话框。

Step7. 单击“定义刀具”对话框中的 精加工 按钮，完成刀具的设置。

Step8. 设置曲面参数。在“曲面粗车–挖槽”对话框中单击 曲面参数 选项卡，在 毛坯预留量驱动面上（此处翻译有误，应为“加工面预留量”）文本框中输入值 1。

Step9. 设置粗加工参数。

（1）在“曲面粗车–挖槽”对话框中单击 粗加工参数 选项卡，在 最大轴向切削间距: 文本框中输入值 1，在 进刀选项 区域选中 ☑ 从边界范围外下刀、☑ 螺旋进刀 复选框。

（2）单击 螺旋进刀 按钮，在系统弹出的“螺旋/斜插式下刀参数”对话框中单击 斜降 选项卡，在 斜插失败时 区域选中 ⊙ 跳过 单选项，单击 ✓ 按钮。

（3）单击 切削深度(D)... 按钮，在系统弹出的“切削深度”对话框中选中 ⊙ 绝对坐标 单选项，然后在绝对深度区域的最小深度文本框中输入值 5，在最大深度文本框中输入值-15。单击✔按钮，系统返回至“曲面粗车–挖槽”对话框。

Step10. 设置挖槽参数。在“曲面粗车–挖槽”对话框中单击挖槽参数选项卡，在切削方式下面选择等距环切选项；在径向切削比例:文本框中输入值 50；然后选中☑ 由内而外螺旋式切削复选框。

Step11. 单击“曲面粗车–挖槽”对话框中的✔按钮，完成加工参数的设置，此时系统将自动生成图 24.8 所示的刀具路径。

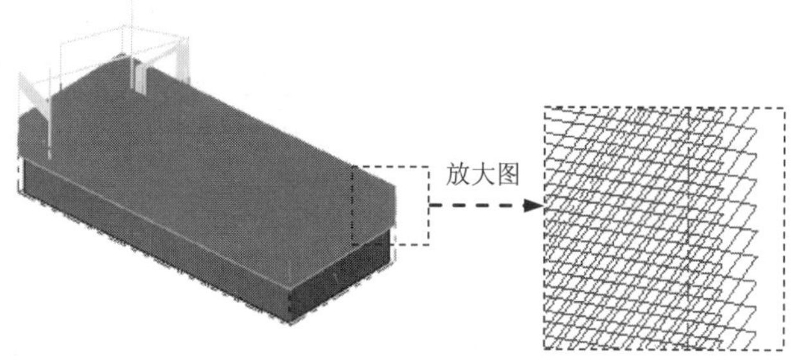

图 24.8　刀具路径

说明：先隐藏上步的刀具路径，以便于后面加工面的选取，下同。

Stage4. 粗加工残料加工

Step1. 选择加工方法。选择下拉菜单 刀路(T) → 曲面粗加工(R) → 残料铣削(T)... 命令。

Step2. 选取加工面及加工范围。

（1）在图形区中选取图 24.9 所示的曲面，然后按 Enter 键，系统弹出“刀路/曲面选择”对话框。

（2）单击边界范围区域中的按钮，系统弹出“串连”对话框，采用“串联方式”选取图 24.10 所示的边线。单击✔按钮，系统返回至“刀路/曲面选择”对话框。单击✔按钮，系统弹出“曲面残料加工”对话框。

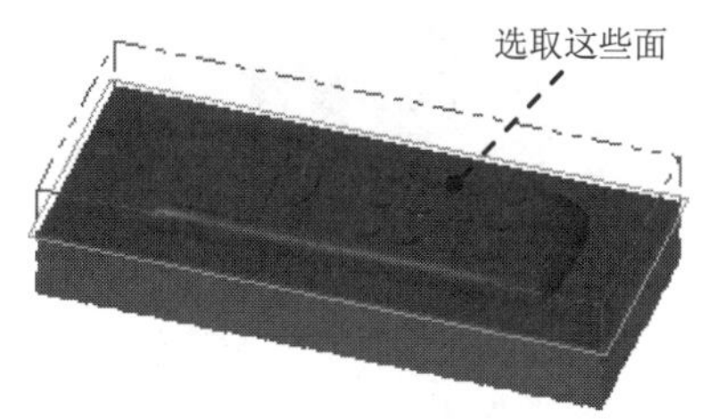

图 24.9　选取加工面

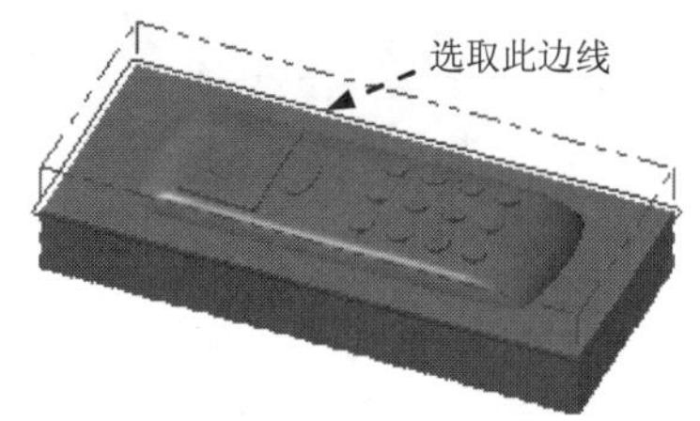

图 24.10　选取边界线

Step3. 确定刀具类型。在“曲面残料加工”对话框中单击刀具过滤按钮，系统弹出“刀具列表过滤”对话框。单击刀具类型区域中的无(N)按钮后，在刀具类型按钮群中单击（球刀）按钮。单击按钮，关闭“刀具列表过滤”对话框，系统返回至“曲面残料加工”对话框。

Step4. 选择刀具。在“曲面残料加工”对话框中单击选择库刀具...按钮，系统弹出“刀具选择”对话框，在该对话框的列表框中选择8. BALL ENDMILL -- 8.0 4.0 50.0 4刀具。单击按钮，关闭“刀具选择”对话框，系统返回至“曲面残料加工”对话框。

Step5. 设置刀具相关参数。

（1）完成上步操作后，在“曲面残料加工”对话框刀路参数选项卡的列表框中显示出Step4 所选择的刀具，双击该刀具，系统弹出“定义刀具”对话框。

（2）设置刀具号码。单击最终化属性按钮，在刀具编号:文本框中将原有的数值改为 2。

（3）设置刀具参数。在进给率文本框中输入值 300.0，在下切速率:文本框中输入值 150.0，在提刀速率文本框中输入值 500.0，在主轴转速文本框中输入值 1500.0。

（4）设置冷却方式。单击冷却液按钮，系统弹出“冷却液”对话框，在Flood（切削液）下拉列表中选择On选项，单击该对话框中的确定按钮，关闭“冷却液”对话框。

（5）单击“定义刀具”对话框中的精加工按钮，完成刀具的设置。

Step6. 设置曲面参数。在“曲面残料加工”对话框中单击曲面参数选项卡，在毛坯预留量驱动面上（此处翻译有误，应为“加工面预留量”）文本框中输入值 0.5，其他参数均采用系统默认设置值。

Step7. 设置残料加工参数。在“曲面残料加工”对话框中单击残料加工参数选项卡，在最大轴向切削间距:文本框中输入值 0.5，在径向切削间距:文本框中输入值 1，在过渡区域选中高速加工单选项以及“曲面残料加工”对话框中左下方的优化切削顺序复选框。

Step8.单击“曲面残料加工”对话框中的按钮，同时在图形区生成图 24.11 所示的刀具路径。

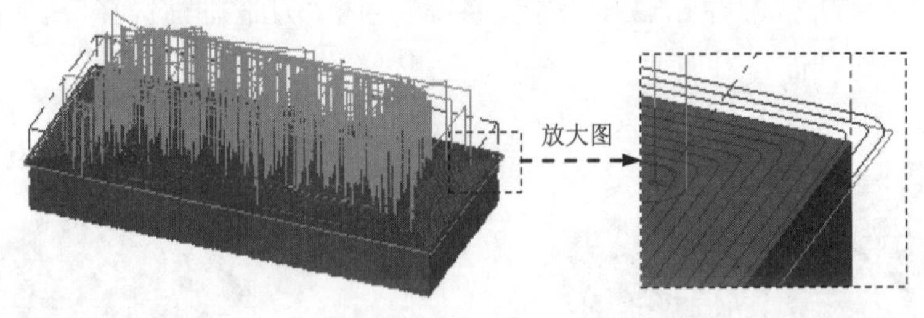

图 24.11 刀具路径

Stage5. 精加工平行铣削加工 1

Step1. 选择加工方法。选择下拉菜单 刀路(T) → 曲面精加工(F) → 平行(P)... 命令。

Step2. 选取加工面。在图形区中选取图 24.12 所示的曲面，然后按 Enter 键，系统弹出“刀路/曲面选择”对话框。然后单击边界范围区域中的按钮，选取图 24.13 所示的边线为边界。单击按钮，然后单击“刀路/曲面选择”对话框中的按钮，系统弹出“曲面精车–平行”对话框。

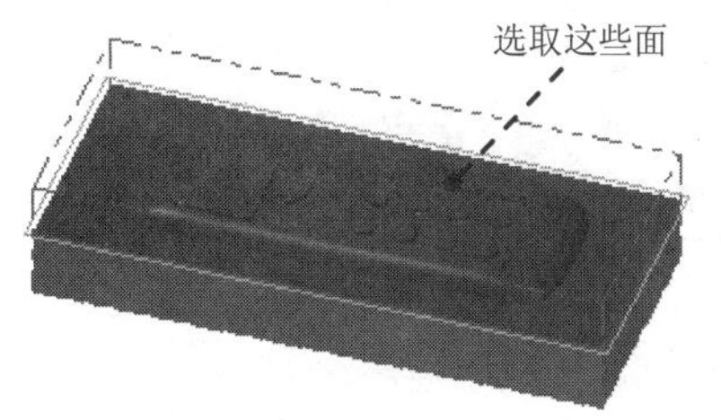

图 24.12 选取加工面

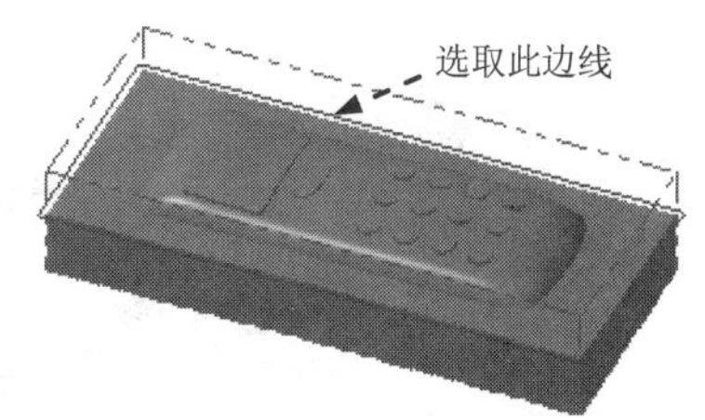

图 24.13 选取边界线

Step3. 确定刀具类型。在“曲面精车–平行”对话框中单击刀具过滤按钮，系统弹出“刀具列表过滤”对话框。单击刀具类型区域中的无(N)按钮后，在刀具类型按钮群中单击（球刀）按钮。单击按钮，关闭“刀具列表过滤”对话框，系统返回至“曲面精车–平行”对话框。

Step4. 选择刀具。在“曲面精车–平行”对话框中单击选择库刀具...按钮，系统弹出“刀具选择”对话框，在该对话框的列表框中选择 5. BALL ENDMILL -- 5.0 2.5 50.0 球刀 2 4 刀具。单击按钮，关闭“刀具选择”对话框，系统返回至“曲面精车–平行”对话框。

Step5. 设置刀具相关参数。

（1）完成上步操作后，在“曲面精车–平行”对话框刀路参数选项卡的列表框中显示出 Step4 所选择的刀具，双击该刀具，系统弹出“定义刀具”对话框。

（2）设置刀具号码。单击最终化属性按钮，在刀具编号:文本框中将原有的数值改为 3。

（3）设置刀具参数。在进给率文本框中输入值 200.0，在下切速率:文本框中输入值 100.0，在提刀速率文本框中输入值 500.0，在主轴转速文本框中输入值 1800.0。

（4）设置冷却方式。单击冷却液按钮，系统弹出“冷却液”对话框，在 Flood（切削液）下拉列表中选择 On 选项，单击该对话框中的确定按钮，关闭“冷却液”对话框。

（5）单击“定义刀具”对话框中的精加工按钮，完成刀具的设置。

Step6. 设置加工参数。

（1）设置曲面参数。在“曲面精车–平行”对话框中单击曲面参数选项卡，在毛坯预留量驱动面上（此处翻译有误，应为“加工面预留量”）文本框中输入值 0.3。

（2）设置精加工平行铣削参数。在“曲面精车–平行”对话框中单击平行精加工参数选项卡，然后在最大径向切削间距(M)...文本框中输入值 1.0，在加工角度文本框中输入值 45。

（3）在“曲面精车–平行”对话框中单击 间隙设置(G)... 按钮，在 移动小于间隙时，不提刀 下面的下拉列表中选择 平滑 选项，然后单击 ✓ 按钮。

Step7. 单击“曲面精车–平行”对话框中的 ✓ 按钮，同时在图形区生成图 24.14 所示的刀具路径。

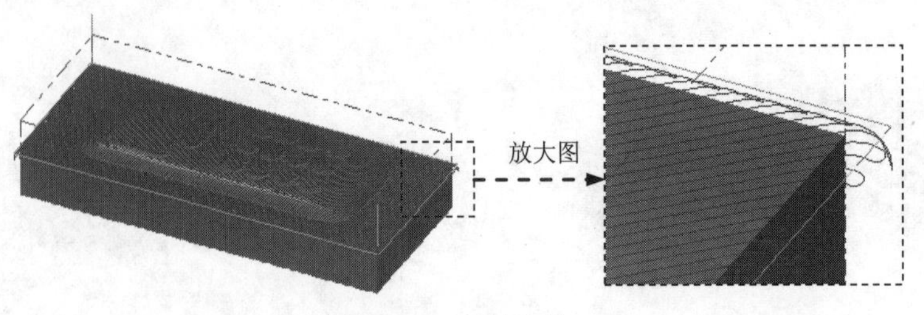

图 24.14　刀具路径

Stage6. 精加工浅平面加工

Step1. 选择加工方法。选择下拉菜单 刀路(T) → 曲面精加工(F) → 浅平面(S)... 命令。

Step2. 设置加工区域。在图形区中选取图 24.15 所示的曲面，然后按 Enter 键，系统弹出“刀路/曲面选择”对话框。单击 检查面 区域中的 按钮，选取图 24.16 所示的面为检查面，然后按 Enter 键。单击 边界范围 区域中的 按钮，选取图 24.16 所示的边线为边界，单击“串连”对话框中的 ✓ 按钮。单击 ✓ 按钮，完成加工区域的设置，此时系统弹出“曲面精车–浅铣削”对话框。

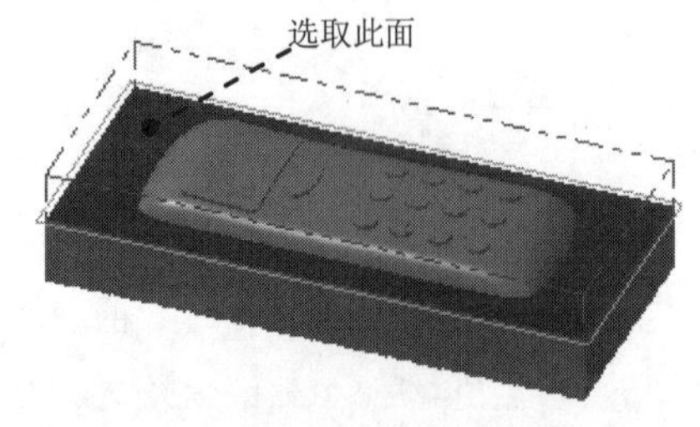

图 24.15　选取加工面

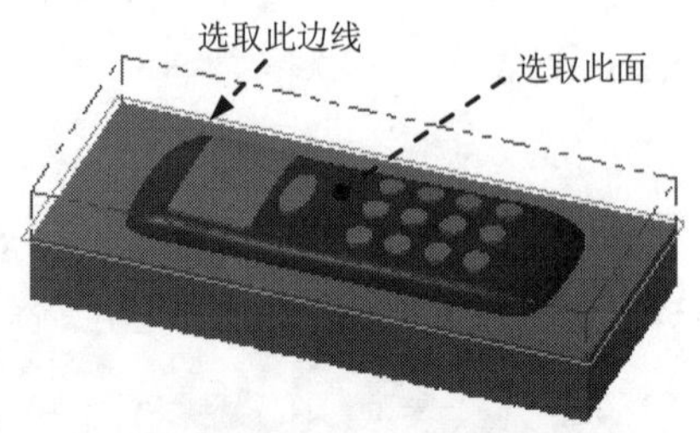

图 24.16　选取检查面

Step3. 确定刀具类型。在“曲面精车–浅铣削”对话框中单击 刀具过滤 按钮，系统弹出“刀具列表过滤”对话框。单击 刀具类型 区域中的 无(N) 按钮后，在刀具类型按钮群中单击 （平底刀）按钮。单击 ✓ 按钮，关闭“刀具列表过滤”对话框，系统返回至“曲面精车-浅铣削”对话框。

Step4. 选择刀具。在“曲面精车–浅铣削”对话框中单击 选择库刀具... 按钮，系统弹出“刀具选择”对话框，在该对话框的列表框中选择 10. FLAT ENDMILL　--　10.0　0.0　50.0　平底刀 1　无　4 刀具。单击 ✓ 按钮，关闭“刀具选择”对话框，系统返回至“曲面精车–浅铣削”对话框。

Step5. 设置刀具相关参数。

（1）完成上步操作后，在“曲面精车–浅铣削”对话框 刀路参数 选项卡的列表框中显示出 Step4 所选择的刀具，双击该刀具，系统弹出“定义刀具”对话框。

（2）设置刀具号码。单击 最终化属性 按钮，在 刀具编号: 文本框中将原有的数值改为 4。

（3）设置刀具参数。在 进给率 文本框中输入值 300.0，在 下切速率: 文本框中输入值 150.0，在 提刀速率 文本框中输入值 500.0，在 主轴转速 文本框中输入值 2000.0。

（4）设置冷却方式。单击 冷却液 按钮，系统弹出“冷却液”对话框，在 Flood （切削液）下拉列表中选择 On 选项，单击该对话框中的 确定 按钮，关闭“冷却液”对话框。

（5）单击“定义刀具”对话框中的 精加工 按钮，完成刀具的设置。

Step6. 设置曲面参数。在“曲面精车–浅铣削”对话框中单击 曲面参数 选项卡，在 毛坯预留量 检查面上 文本框中输入值 0.1，然后选中 刀具边界范围 区域的 ⊙ 外 单选项。

Step7. 设置浅平面精加工参数。在“曲面精车–浅铣削”对话框中单击 浅平面精加工参数 选项卡，在 浅平面精加工参数 选项卡的 最大径向切削间距(M)... 文本框中输入值 4，选中 ☑ 切削按最短距离排序 复选框，其他参数均采用系统默认设置值。

Step8. 单击“曲面精车–浅铣削”对话框中的 ✔ 按钮，同时在图形区生成图 24.17 所示的刀具路径。

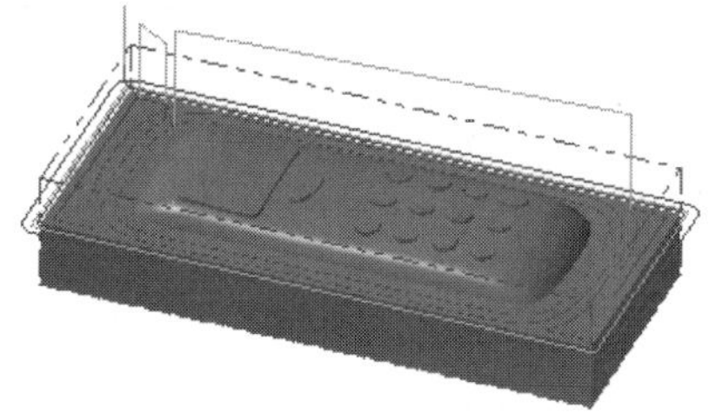

图 24.17　刀具路径

Stage7. 精加工平行铣削加工 2

Step1. 选择加工方法。选择下拉菜单 刀路(T) → 曲面精加工(F) → 平行(P)... 命令。

Step2. 设置加工区域。在图形区中选取图 24.18 所示的曲面，然后按 Enter 键，系统弹出“刀路/曲面选择”对话框。单击 检查面 区域中的 ↖ 按钮，选取图 24.19 所示的面为检查面，然后按 Enter 键。单击 ✔ 按钮，系统弹出“曲面精车–平行”对话框。

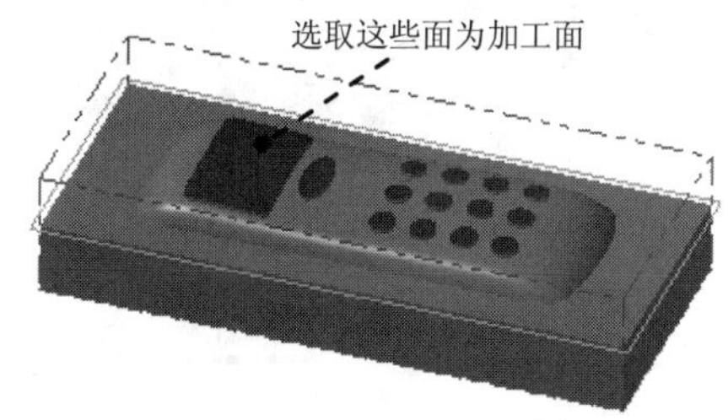

图 24.18　选取加工面

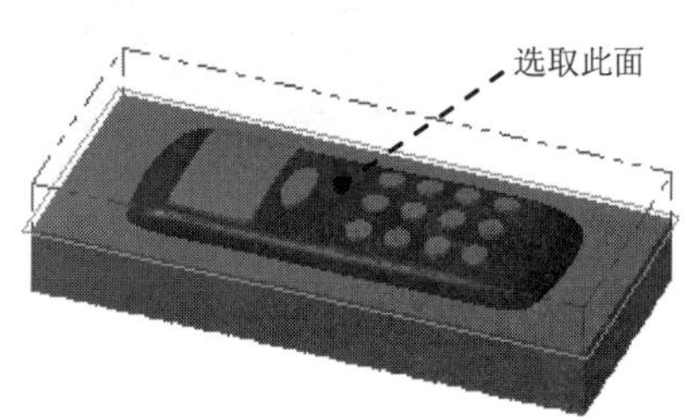

图 24.19　选取检查面

Step3. 选择刀具。在“曲面精车–平行”对话框 刀路参数 选项卡的列表框中选择 3 号刀具。

Step4. 设置加工参数。

（1）设置曲面参数。在“曲面精车–平行”对话框中单击 曲面参数 选项卡，然后在 进给下刀位置... 文本框中输入值 5，在 毛坯预留量驱动面上 文本框中输入值 0，在 毛坯预留量检查面上 文本框中输入值 1.0。

（2）设置精加工平行铣削参数。在“曲面精车–平行”对话框中单击 平行精加工参数 选项卡，然后在 最大径向切削间距(M)... 文本框中输入值 0.3，在 加工角度 文本框中输入值 135。

（3）单击 间隙设置(G)... 按钮，在系统弹出的“刀具路径的间隙设置”对话框中选中 ☑ 优化切削顺序 复选框，在 切线长度: 文本框中输入值 1，然后单击 ✓ 按钮。

Step5. 单击“曲面精车–平行”对话框中的 ✓ 按钮，同时在图形区生成图 24.20 所示的刀具路径。

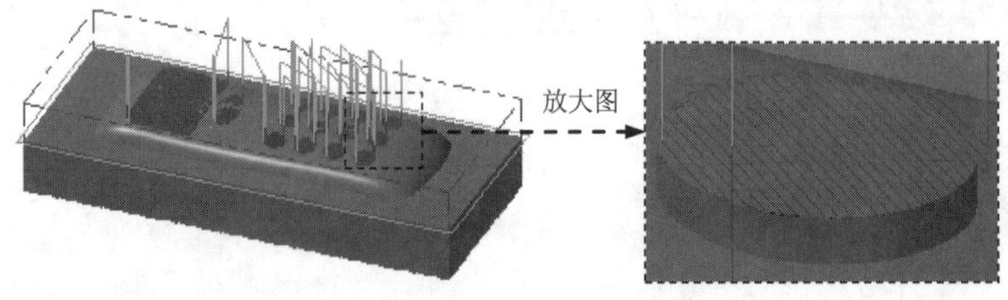

图 24.20　刀具路径

Stage8. 精加工环绕等距加工

Step1. 选择加工方法。选择下拉菜单 刀路(T) → 曲面精加工(F) → 环绕(O)... 命令。

Step2. 设置加工区域。在图形区中选取图 24.21 所示的曲面，然后按 Enter 键，系统弹出“刀路/曲面选择”对话框。单击 检查面 区域中的 ↖ 按钮，在图形区中选取图 24.22 所示的曲面（共 36 个面），按 Enter 键，完成检查面的选取，此时系统返回至“刀路/曲面选择”对话框。单击 ✓ 按钮，系统弹出“曲面精车–等距环绕”对话框。

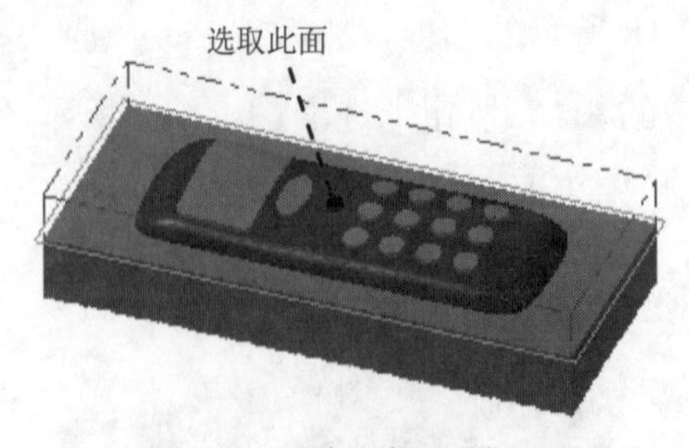

图 24.21　选取加工面

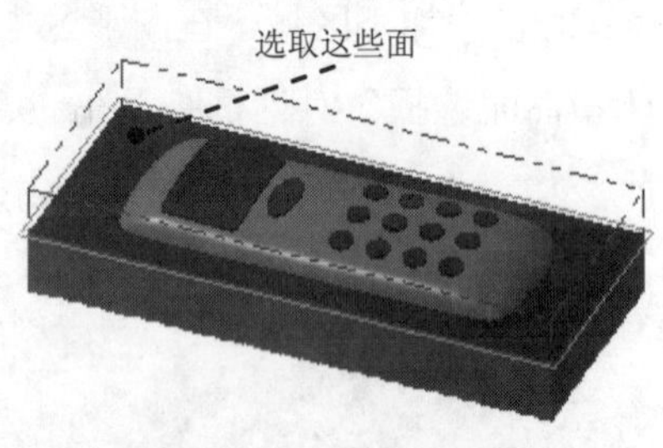

图 24.22　选取检查面

Step3. 确定刀具类型。在“曲面精车–等距环绕”对话框中单击 刀具过滤 按钮，系统弹出“刀具列表过滤”对话框。单击刀具类型区域中的无(N)按钮后，在刀具类型按钮群中单击（球刀）按钮。单击✓按钮，关闭“刀具列表过滤”对话框，系统返回至“曲面精车–等距环绕”对话框。

Step4. 选择刀具。在“曲面精车–等距环绕”对话框中单击选择库刀具...按钮，系统弹出“刀具选择”对话框，在该对话框的列表框中选择2. BALL ENDMILL -- 2.0 1.0 50.0 4 球刀 2 全部刀具。单击✓按钮，关闭“刀具选择”对话框，系统返回至“曲面精车–等距环绕”对话框。

Step5. 设置刀具相关参数。

（1）完成上步操作后，在“曲面精车–等距环绕”对话框刀路参数选项卡的列表框中显示出 Step4 所选择的刀具，双击该刀具，系统弹出“定义刀具”对话框。

（2）设置刀具号码。单击最终化属性按钮，在刀具编号:文本框中将原有的数值改为 5。

（3）设置刀具参数。在进给率文本框中输入值 200.0，在下切速率:文本框中输入值 100.0，在提刀速率文本框中输入值 500.0，在主轴转速文本框中输入值 5000.0。

（4）设置冷却方式。单击冷却液按钮，系统弹出“冷却液”对话框，在Flood（切削液）下拉列表中选择On选项，单击该对话框中的确定按钮，关闭“冷却液”对话框。

（5）单击“定义刀具”对话框中的精加工按钮，完成刀具的设置。

Step6. 设置曲面参数。在“曲面精车–等距环绕”对话框中单击曲面参数选项卡，在毛坯预留量驱动面上文本框中输入值 0.0，在毛坯预留量检查面上文本框中输入值 0.05，其他参数均采用系统默认设置值。

Step7. 设置环绕等距精加工参数。

（1）在“曲面精车–等距环绕”对话框中单击环绕精加工参数选项卡，在整体公差(T)...文本框中输入值 0.015，在最大径向切削间距(M)...文本框中输入值 0.15，选中☑切削按最短距离排序复选框，取消选中深度限制(D)...按钮前的复选框，其他参数均采用系统默认设置值。

（2）单击间隙设置(G)...按钮，在系统弹出的“间隙设置”对话框的移动小于间隙时，不提刀下面的下拉列表中选择沿着曲面选项，选中☑优化切削顺序复选框，然后单击✓按钮。

Step8. 完成参数设置。单击“曲面精车–等距环绕”对话框中的✓按钮，系统在图形区生成图 24.23 所示的刀具路径。

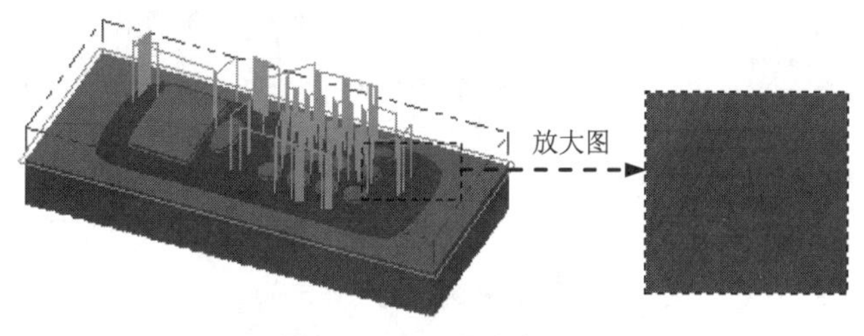

图 24.23　刀具路径

Stage9. 精加工交线清角加工

Step1. 选择加工方法。选择下拉菜单 刀路(T) → 曲面精加工(F) → 交线清角(E)... 命令。

Step2. 选取加工面。在图形区中选取图 24.24 所示的曲面，然后按 Enter 键，系统弹出“刀路/曲面选择”对话框。单击 ✓ 按钮，系统弹出“曲面精车–交线清角”对话框。

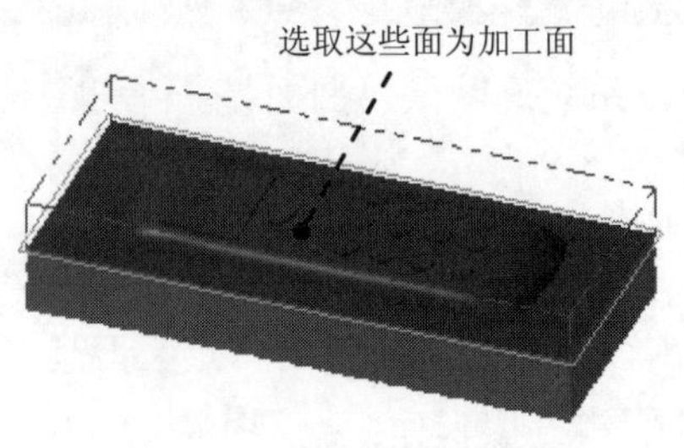

图 24.24　选取加工面

Step3. 选择刀具。

（1）确定刀具类型。在“曲面精车–交线清角”对话框中单击 刀具过滤 按钮，系统弹出“刀具列表过滤”对话框。单击 刀具类型 区域中的 无(N) 按钮后，在刀具类型按钮群中单击（圆鼻刀）按钮。单击 ✓ 按钮，关闭“刀具列表过滤”对话框，系统返回至“曲面精车–交线清角”对话框。

（2）选择刀具。在“曲面精车–交线清角”对话框中单击 选择库刀具... 按钮，系统弹出“刀具选择”对话框，在该对话框的列表框中选择 1. BULL ENDMI... -- 1.0 0.2 50.0 4 转角 圆鼻刀 3 刀具。单击 ✓ 按钮，关闭“刀具选择”对话框，系统返回至“曲面精车–交线清角”对话框。

Step4. 设置刀具相关参数。

（1）在“曲面精车–交线清角”对话框 刀路参数 选项卡的列表框中显示出 Step3 所选取的刀具，双击该刀具，系统弹出“定义刀具”对话框。

（2）设置刀具号码。单击 最终化属性 按钮，在 刀具编号: 文本框中将原有的数值改为 6。

（3）设置刀具参数。在 进给率 文本框中输入值 300.0，在 下切速率: 文本框中输入值 150.0，在 提刀速率 文本框中输入值 500.0，在 主轴转速 文本框中输入值 9500.0。

（4）设置冷却方式。单击 冷却液 按钮，系统弹出“冷却液”对话框，在 Flood（切削液）下拉列表中选择 On 选项，单击该对话框中的 确定 按钮，关闭“冷却液”对话框。

（5）单击“定义刀具”对话框中的 精加工 按钮，完成刀具的设置。

Step5. 设置曲面加工参数。在“曲面精车–交线清角”对话框中单击 曲面参数 选项卡，在 毛坯预留量 驱动面上 文本框中输入值 0.0，曲面参数 选项卡中的其他参数采用系统默认设置值。

Step6. 设置交线清角精加工参数。

（1）在“曲面精车–交线清角”对话框中单击交线清角精加工参数选项卡，取消选中深度限制(D)...复选框。

（2）设置间隙参数。单击间隙设置(G)...按钮，系统弹出“间隙设置”对话框，选中☑ 优化切削顺序复选框，其他参数采用系统默认设置值。单击✔按钮，系统返回至“曲面精车–交线清角”对话框。

Step7. 在“曲面精车–交线清角”对话框中单击✔按钮，同时在图形区生成图 24.25 所示的刀具路径。

Step8. 实体切削验证。

（1）在刀路选项卡中单击按钮，然后单击“验证选定操作”按钮，系统弹出“Mastercam 模拟器”对话框。

（2）在“Mastercam 模拟器”对话框中单击按钮，系统将开始进行实体切削仿真，结果如图 24.26 所示。单击 × 按钮，关闭“Mastercam 模拟器”对话框。

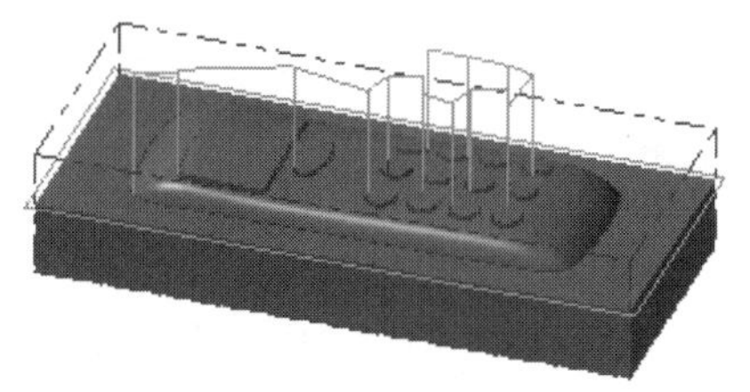

图 24.25 刀具路径

图 24.26 仿真结果

Step9. 保存模型。选择下拉菜单文件(F) → 保存(S)命令，保存模型。

实例 25 简单后模加工

数控加工工艺方案在制订时必须考虑很多因素，如零件的结构特点、表面形状、精度等级和技术要求、表面粗糙度要求等，毛坯的状态，切削用量以及所需的工艺装备，刀具等。

本实例是一个简单后模加工实例，其加工工艺路线如图 25.1 所示。

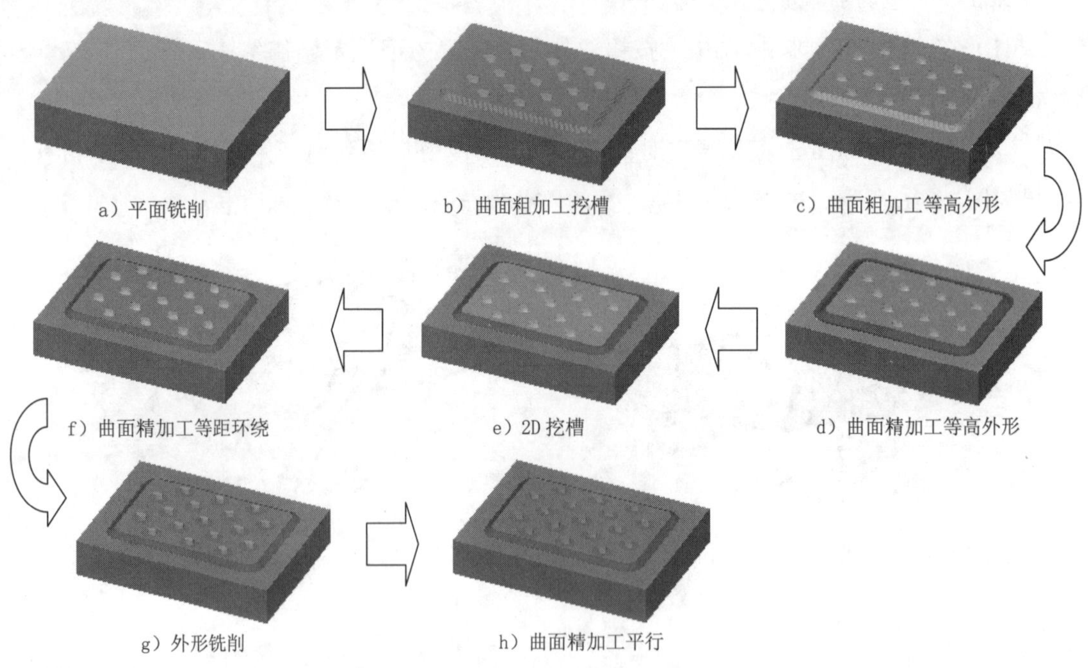

图 25.1 加工流程图

Stage1. 进入加工环境

打开模型。选择文件 D:\ mcx8.11\work\ch25\UPPER_VOLUME.MCX，系统进入加工环境，此时零件模型如图 25.2 所示。

Stage2. 设置工件

Step1. 在“操作管理器”中单击 属性 - Generic Mill 节点前的“+”号，将该节点展开，然后单击 毛坯设置 节点，系统弹出“机床群组属性”对话框。

Step2. 设置工件的形状。在“机床群组属性”对话框的形状区域中选中 矩形 单选项。

Step3. 设置工件的尺寸。在“机床群组属性”对话框中单击 所有曲面 按钮，在 毛坯原点 区域的 Z 文本框中输入值 7，然后在右侧预览区的 Z 下面的文本框中输入值 40。

Step4. 单击“机床群组属性”对话框中的 ✓ 按钮，完成工件的设置。此时零件如图 25.3

所示，从图中可以观察到零件的边缘多了红色的双点画线，双点画线围成的图形即工件。

图 25.2　零件模型

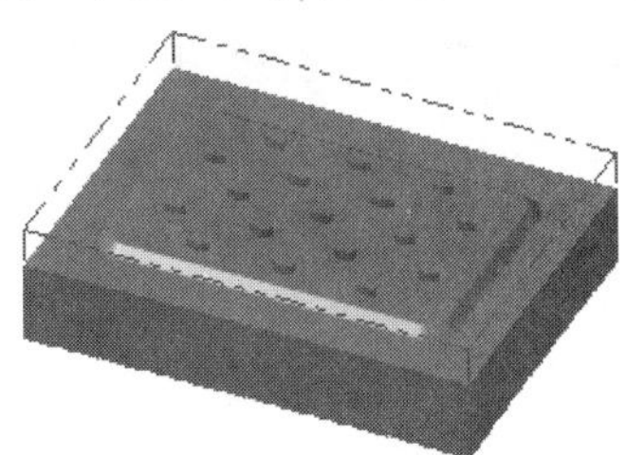

图 25.3　显示工件

Stage3. 平面铣削加工

Step1. 绘制矩形边界。单击俯视图按钮，选择下拉菜单 绘图(C) → 矩形(R)... 命令，系统弹出“矩形”工具栏。在“矩形”工具栏中确认按钮被按下，选取图 25.4 所示的原点，然后在后的文本框中输入值 155，在后的文本框中输入值 115，按 Enter 键。单击按钮，完成矩形边界的绘制，结果如图 25.5 所示。

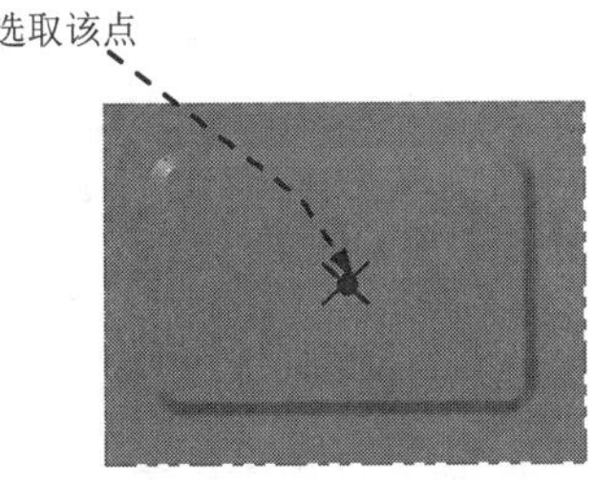

图 25.4　定义基准点

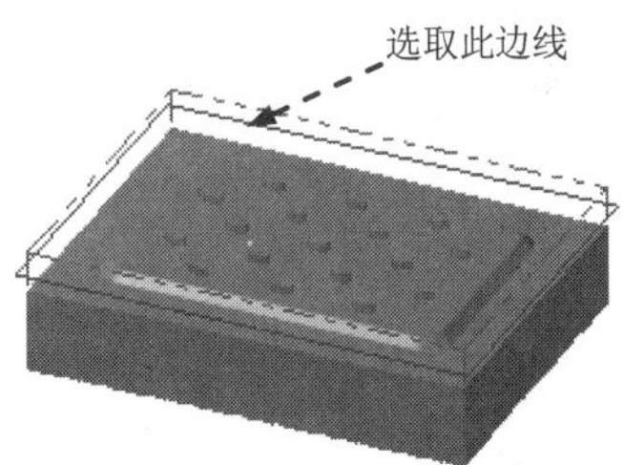

图 25.5　绘制矩形边界

Step2. 选择下拉菜单 刀路(T) → 平面铣(A)... 命令，系统弹出“输入新 NC 名称”对话框，采用系统默认的 NC 名称。单击按钮，完成 NC 名称的设置，此时系统弹出“串连”对话框。

Step3. 设置加工区域。在图形区中选取图 25.6 所示的边线，系统自动选取图 25.7 所示的边链。单击按钮，完成加工区域的设置，此时系统弹出“2D 刀路–平面铣削”对话框。

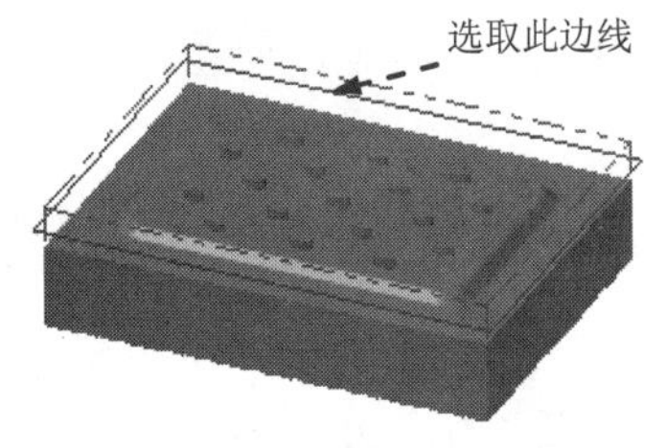

图 25.6　选取区域

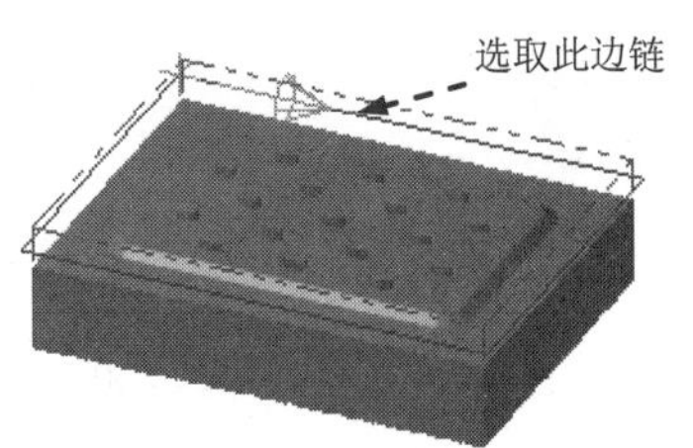

图 25.7　定义区域

Step4. 确定刀具类型。在“2D 刀路–平面铣削”对话框的左侧节点列表中单击 刀具 节点，切换到“刀具参数”界面；单击 过滤(F)... 按钮，系统弹出“刀具列表过滤”对话框。单击刀具类型区域中的无(N)按钮后，在刀具类型按钮群中单击（平底刀）按钮。单击按钮，关闭“刀具列表过滤”对话框，系统返回至“2D 刀路–平面铣削”对话框。

Step5. 选择刀具。在“2D 刀路–平面铣削”对话框中单击选择库刀具...按钮，系统弹出“刀具选择”对话框，在该对话框的列表框中选择图 25.8 所示的刀具。单击按钮，关闭“刀具选择”对话框，系统返回至“2D 刀路–平面铣削”对话框。

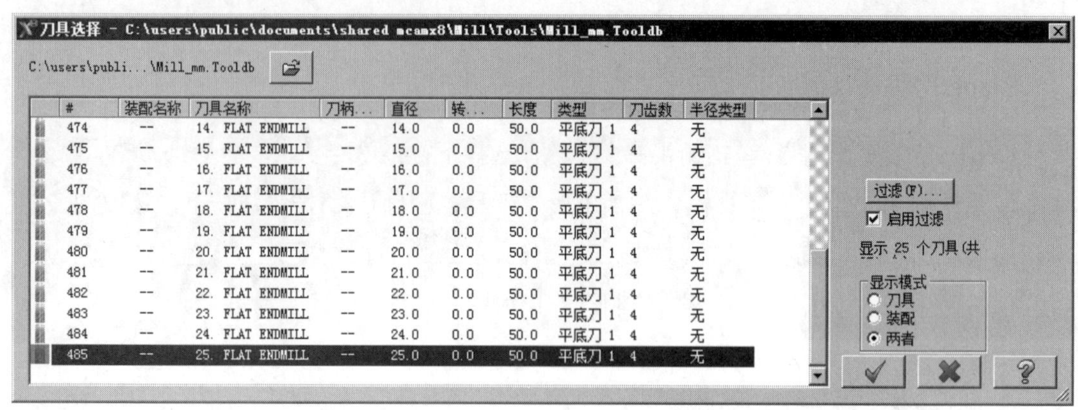

图 25.8 “刀具选择”对话框

Step6. 设置刀具参数。

（1）完成上步操作后，在“2D 刀路–平面铣削”对话框的刀具列表中双击该刀具，系统弹出“定义刀具”对话框。

（2）设置刀具号码。单击最终化属性按钮，在刀具编号:文本框中将原有的数值改为 1。

（3）设置刀具的加工参数。在进给率文本框中输入值 400.0，在下切速率:文本框中输入值 200.0，在提刀速率文本框中输入值 500.0，在主轴转速文本框中输入值 800.0。

（4）设置冷却方式。单击冷却液按钮，系统弹出“冷却液”对话框，在Flood（切削液）下拉列表中选择On选项，单击该对话框中的确定按钮，关闭“冷却液”对话框。

Step7. 单击“定义刀具”对话框中的精加工按钮，完成刀具的设置。

Step8. 设置加工参数。在“2D 刀路–平面铣削”对话框的左侧节点列表中单击切削参数节点，设置图 25.9 所示的参数。

Step9. 在“2D 刀路–平面铣削”对话框的左侧节点列表中单击切削参数下的深度切削节点，然后选中深度切削复选框，在最大粗切步进量:文本框中输入值 2，在精切削次数:文本框中输入值 0，在精切步进量:文本框中输入值 0.5，选中不提刀复选框，完成 Z 轴切削分层铣削参数的设置。

Step10. 设置连接参数。在“2D 刀路–平面铣削”对话框的左侧节点列表中单击连接参数节点，所有参数均采用系统默认设置值。

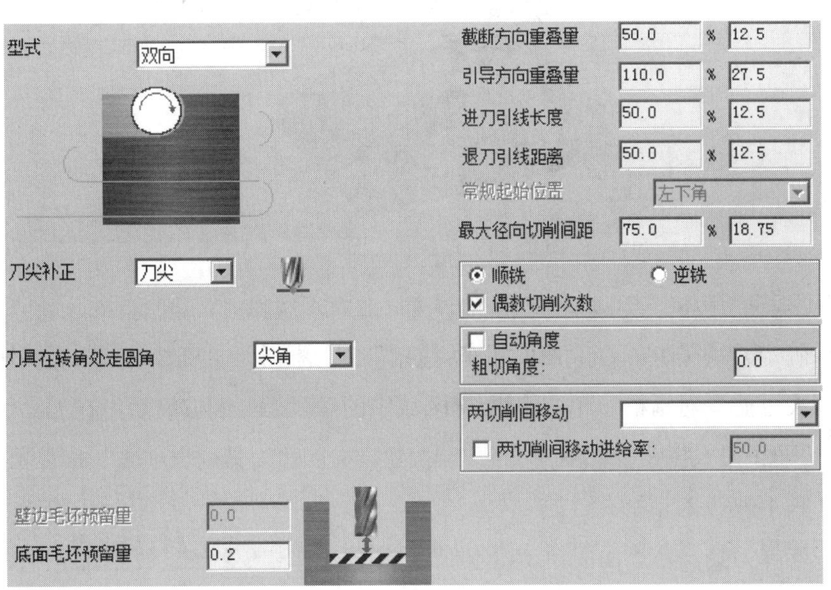

图 25.9 "切削参数"参数设置界面

Step11. 单击"2D 刀路–平面铣削"对话框中的 ✓ 按钮，完成加工参数的设置，此时系统将自动生成图 25.10 所示的刀具路径。

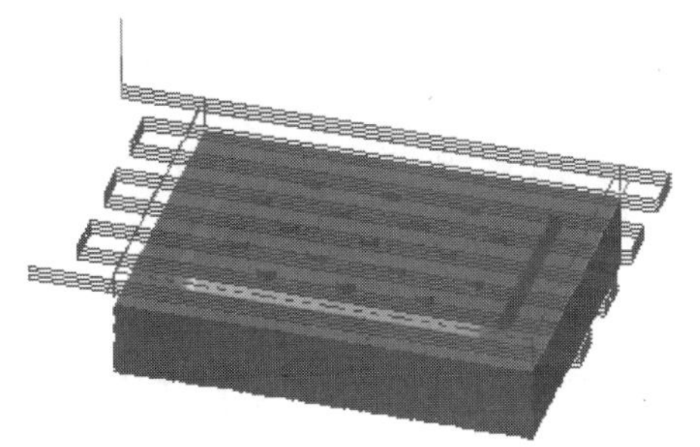

图 25.10 刀具路径

Stage4. 粗加工挖槽加工

说明：先隐藏上步的刀具路径，以便于后面加工面的选取，下同。

Step1. 选择加工方法。选择下拉菜单 刀路(T) → 曲面粗加工(R) → 挖槽(K)... 命令。

Step2. 设置加工区域。

（1）选取加工面。在图形区中选取图 25.11 所示的面（共 60 个面），然后按 Enter 键，系统弹出"刀路/曲面选择"对话框。

（2）设置加工边界。在 边界范围 区域中单击 按钮，系统弹出"串连"对话框。在图形区中选取图 25.11 所绘制的边线。单击 ✓ 按钮，系统返回至"刀路/曲面选择"对话框。

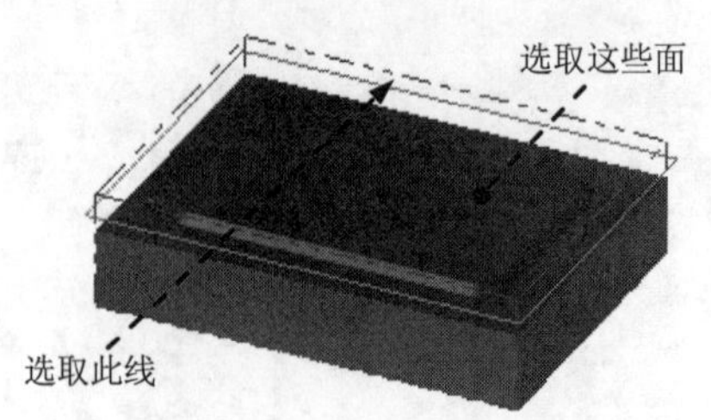

图 25.11 选取加工面

（3）单击✓按钮，完成加工区域的设置，此时系统弹出“曲面粗车–挖槽”对话框。

Step3. 确定刀具类型。在“曲面粗车–挖槽”对话框中单击 刀具过滤 按钮，系统弹出“刀具列表过滤”对话框。单击 刀具类型 区域中的 无(N) 按钮后，在刀具类型按钮群中单击（平底刀）按钮。然后单击✓按钮，关闭“刀具列表过滤”对话框，系统返回至“曲面粗车–挖槽”对话框。

Step4. 选择刀具。在“曲面粗车–挖槽”对话框中单击 选择库刀具... 按钮，系统弹出“刀具选择”对话框，在该对话框的列表框中选择 10. FLAT ENDMILL -- 10.0 0.0 50.0 平底刀 1 无 4 刀具。单击✓按钮，关闭“刀具选择”对话框，系统返回至“曲面粗车–挖槽”对话框。

Step5. 设置刀具参数。

（1）完成上步操作后，在“曲面粗车–挖槽”对话框 刀路参数 选项卡的列表框中显示出 Step4 所选择的刀具，双击该刀具，系统弹出“定义刀具”对话框。

（2）设置刀具号码。单击 最终化属性 按钮，在 刀具编号: 文本框中将原有的数值改为 2。

（3）设置刀具的加工参数。在 进给率 文本框中输入值 300.0，在 下切速率: 文本框中输入值 150.0，在 提刀速率 文本框中输入值 500.0，在 主轴转速 文本框中输入值 1200.0。

（4）设置冷却方式。单击 冷却液 按钮，系统弹出“冷却液”对话框，在 Flood （切削液）下拉列表中选择 On 选项，单击该对话框中的 确定 按钮，关闭“冷却液”对话框。

Step6. 单击“定义刀具”对话框中的 精加工 按钮，完成刀具的设置。

Step7. 设置曲面参数。在“曲面粗车–挖槽”对话框中单击 曲面参数 选项卡，在 毛坯预留量驱动面上（此处翻译有误，应为“加工面预留量”）文本框中输入值 1。

Step8. 设置粗加工参数。

（1）在“曲面粗车–挖槽”对话框中单击 粗加工参数 选项卡，然后在 进刀选项 区域选中 ☑ 螺旋进刀 、☑ 从边界范围外下刀 复选框，在 最大轴向切削间距: 文本框中输入值 0.5。

（2）单击 切削深度(D)... 按钮，在系统弹出的“切削深度”对话框中选中 ⊙ 绝对坐标 单选项，然后在 绝对深度 区域的 最小深度 文本框中输入值 0，在 最大深度 文本框中输入值-10。单击✓按钮，系统返回至“曲面粗车–挖槽”对话框。

（3）设置间隙参数。单击 间隙设置(G)... 按钮，系统弹出“间隙设置”对话框，选中

☑ 优化切削顺序 复选框，其他参数均采用系统默认设置值。单击 ✔ 按钮，系统返回至“曲面粗车–挖槽”对话框。

Step9. 设置挖槽参数。在“曲面粗车–挖槽”对话框中单击 挖槽参数 选项卡，在 切削方式 下面选择 平行环切 选项；在 径向切削比例: 文本框中输入值 50；然后取消选中 ☐ 由内而外螺旋式切削 复选框。

Step10. 单击“曲面粗车–挖槽”对话框中的 ✔ 按钮，完成加工参数的设置，此时系统将自动生成图 25.12 所示的刀具路径。

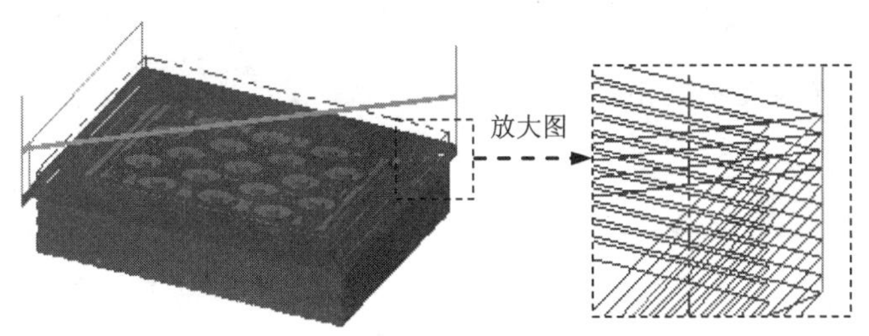

图 25.12 刀具路径

Stage5. 粗加工等高外形加工

Step1. 选择加工方法。选择下拉菜单 刀路(T) → 曲面粗加工(R) → 外形(C)... 命令。

Step2. 设置加工区域。在图形区中选取图 25.13 所示的面（共 60 个），然后按 Enter 键，系统弹出“刀路/曲面选择”对话框。

Step3. 设置加工边界。在 边界范围 区域中单击 ↖ 按钮，系统弹出“串连”对话框。在图形区中选取图 25.14 所绘制的边线，单击 ✔ 按钮，系统返回至“刀路/曲面选择”对话框。单击 ✔ 按钮，此时系统弹出“曲面粗车–外形”对话框。

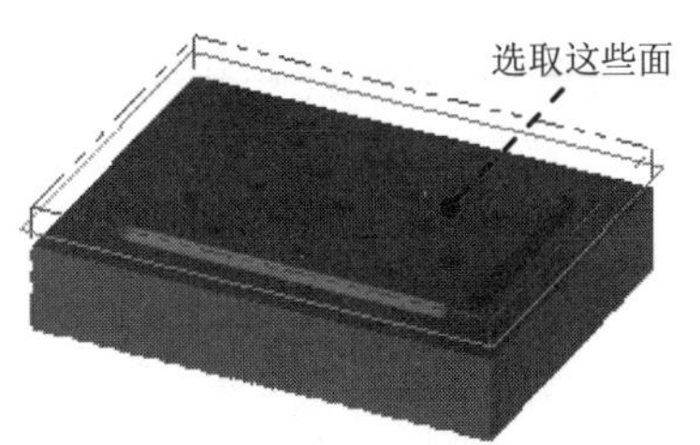

图 25.13 选取加工面

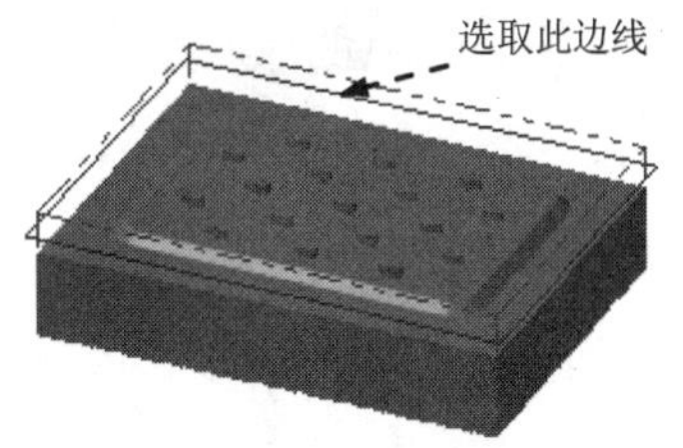

图 25.14 选取边界线

Step4. 确定刀具类型。在“曲面粗车–外形”对话框中单击 刀具过滤 按钮，系统弹出“刀具列表过滤”对话框。单击 刀具类型 区域中的 无(N) 按钮后，在刀具类型按钮群中单击 （圆鼻刀）按钮。单击 ✔ 按钮，关闭“刀具列表过滤”对话框，系统返回至“曲面粗车–外形”对话框。

Step5. 选择刀具。在“曲面粗车–外形”对话框中单击 选择库刀具... 按钮，系统弹出

“刀具选择”对话框，在该对话框的列表框中选择 6. BULL ENDMI... -- 6.0 1.0 50.0 4 圆鼻刀 3 转角 刀具。单击 ✔ 按钮，关闭“刀具选择”对话框，系统返回至“曲面粗车–外形”对话框。

Step6. 设置刀具参数。

（1）完成上步操作后，在“曲面粗车–外形”对话框 刀路参数 选项卡的列表框中显示出 Step5 所选择的刀具，双击该刀具，系统弹出“定义刀具”对话框。

（2）设置刀具号码。单击 最终化属性 按钮，在 刀具编号: 文本框中将原有的数值改为 3。

（3）设置刀具的加工参数。在 进给率 文本框中输入值 200，在 下切速率: 文本框中输入值 100.0，在 提刀速率 文本框中输入值 500.0，在 主轴转速 文本框中输入值 1500.0。

（4）设置冷却方式。单击 冷却液 按钮，系统弹出“冷却液”对话框，在 Flood（切削液）下拉列表中选择 On 选项，单击该对话框中的 确定 按钮，关闭“冷却液”对话框。

Step7. 单击“定义刀具”对话框中的 精加工 按钮，完成刀具的设置。

Step8. 设置曲面参数。在“曲面粗车–外形”对话框中单击 曲面参数 选项卡，在 进给下刀位置... 文本框中输入值 5，在 毛坯预留量 驱动面上（此处翻译有误，应为“加工面预留量”）文本框中输入值 0.2，其他参数采用系统默认设置值。

Step9. 设置等高外形粗加工参数。

（1）在“曲面粗车–外形”对话框中单击 外形粗加工参数 选项卡，在 最大轴向切削间距: 文本框中输入值 0.5，在 过渡 区域选中 ⊙ 斜降 单选项，在 斜插长度: 文本框中输入值 5，然后选中 ☑ 优化切削顺序 复选框。

（2）选中 ☑ 平面(F)... 复选框并单击该按钮，在系统弹出的“平面外形”对话框的 平面区域径向切削间距: 文本框中输入值 2，然后单击 ✔ 按钮。

（3）单击 切削深度(D)... 按钮，在系统弹出的“切削深度”对话框中选中 ⊙ 绝对坐标 单选项，然后在 绝对深度 区域的 最小深度 文本框中输入值 0，在 最大深度 文本框中输入值-6。单击 ✔ 按钮，系统返回至“曲面粗车–外形”对话框。

Step10. 单击“曲面粗车–外形”对话框中的 ✔ 按钮，完成加工参数的设置，此时系统将自动生成图 25.15 所示的刀具路径。

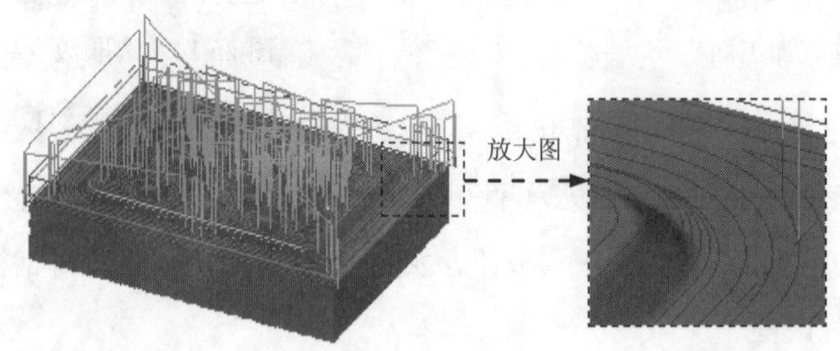

图 25.15 刀具路径

Stage6. 精加工等高外形加工

Step1. 选择加工方法。选择下拉菜单 刀路(T) ➡ 曲面精加工(F) ➡ 等高外形(C)... 命令。

Step2. 设置加工区域。在图形区中选取图 25.16 所示的面（共 24 个面），按 Enter 键，系统弹出“刀路/曲面选择”对话框。单击 检查面 区域中的 按钮，选取图 25.17 所示的面为检查面，然后按 Enter 键。单击 ✔ 按钮，完成加工区域的设置，此时系统弹出“曲面精车–外形”对话框。

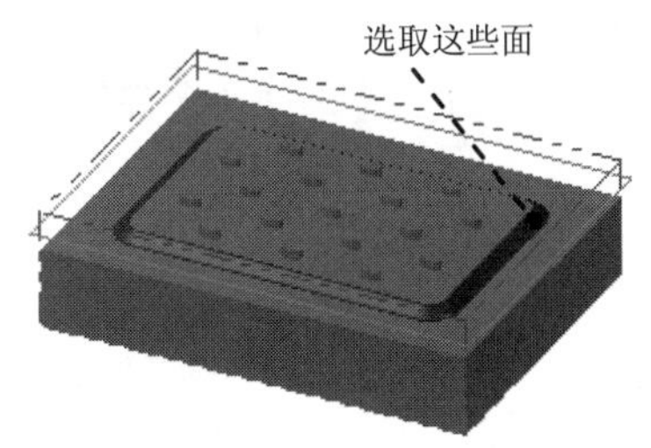

图 25.16 选取加工面

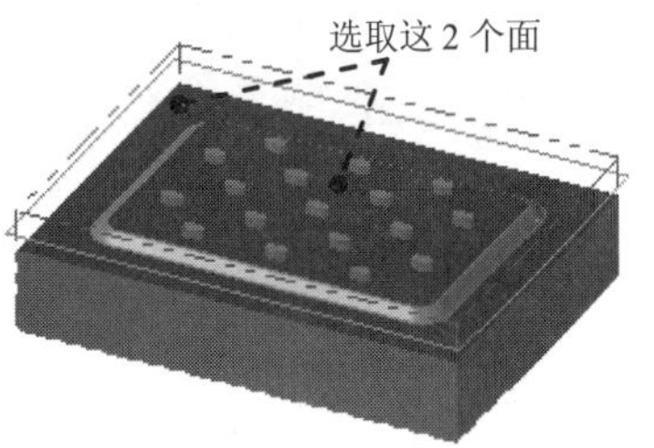

图 25.17 选取检查面

Step3. 确定刀具类型。在“曲面精车–外形”对话框中单击 刀具过滤 按钮，系统弹出“刀具列表过滤”对话框。单击 刀具类型 区域中的 无(N) 按钮后，在刀具类型按钮群中单击 （球刀）按钮。单击 ✔ 按钮，关闭“刀具列表过滤”对话框，系统返回至“曲面精车–外形”对话框。

Step4. 选择刀具。在“曲面精车–外形”对话框中单击 选择库刀具... 按钮，系统弹出“刀具选择”对话框，在该对话框的列表框中选择 6. BALL ENDMILL -- 6.0 3.0 50.0 4 全部 球刀 2 刀具。单击 ✔ 按钮，关闭“刀具选择”对话框，系统返回至“曲面精车–外形”对话框。

Step5. 设置刀具参数。

（1）完成上步操作后，在“曲面精车–外形”对话框 刀路参数 选项卡的列表框中显示出 Step4 所选择的刀具，双击该刀具，系统弹出“定义刀具”对话框。

（2）设置刀具号码。单击 最终化属性 按钮，在 刀具编号: 文本框中将原有的数值改为 4。

（3）设置刀具的加工参数。在 进给率 文本框中输入值 200.0，在 下切速率: 文本框中输入值 100.0，在 提刀速率 文本框中输入值 500.0，在 主轴转速 文本框中输入值 2000.0。

（4）设置冷却方式。单击 冷却液 按钮，系统弹出“冷却液”对话框，在 Flood （切削液）下拉列表中选择 On 选项，单击该对话框中的 确定 按钮，关闭“冷却液”对话框。

Step6. 单击“定义刀具”对话框中的 精加工 按钮，完成刀具的设置。

Step7. 设置曲面参数。在“曲面精车–外形”对话框中单击 曲面参数 选项卡，然后在 进给下刀位置... 文本框中输入值 5，在 毛坯预留量 驱动面上 （此处翻译有误，应为“加工面预留量”，下同）

文本框中输入值 0，在毛坯预留量检查面上（此处翻译有误，应为“检查面预留量”，下同）文本框中输入值 0，其余参数采用系统默认设置值。

Step8. 设置等高外形精加工参数。

（1）在“曲面精车–外形”对话框中单击外形精加工参数选项卡，在最大轴向切削间距:文本框中输入值 0.1；在过渡区域选中⊙斜降单选项，在斜插长度:文本框中输入值 3，然后选中☑优化切削顺序复选框。

（2）选中☑螺旋(H)...复选框并单击该按钮，在系统弹出的“螺旋参数”对话框的半径:文本框中输入值 5，在Z 安全高度:文本框中输入值 1，然后单击✔按钮。

（3）单击切削深度(D)...按钮，在系统弹出的“切削深度”对话框中选中⊙增量坐标单选项，然后在增量深度区域的第一刀的相对位置文本框中输入值 0，在其他深度的预留量文本框中输入值 0。单击✔按钮，系统返回至“曲面精车–外形”对话框。

Step9. 单击“曲面精车–外形”对话框中的✔按钮，完成加工参数的设置，此时系统将自动生成图 25.18 所示的刀具路径。

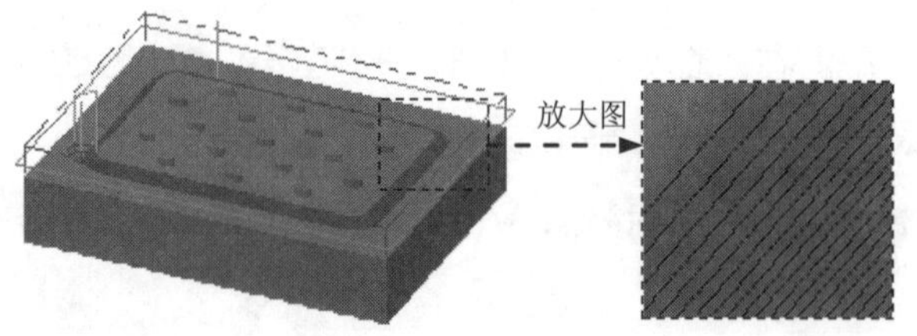

图 25.18　刀具路径

Stage7. 2D 挖槽加工

Step1. 创建图 25.19 所示的边界。选择下拉菜单绘图(C) ➡ 曲线(V) ➡ 曲面单一边界(O)...命令，系统弹出“单一边界线”工具栏。选取图 25.20 所示的面为附着面（详细过程参见视频）。

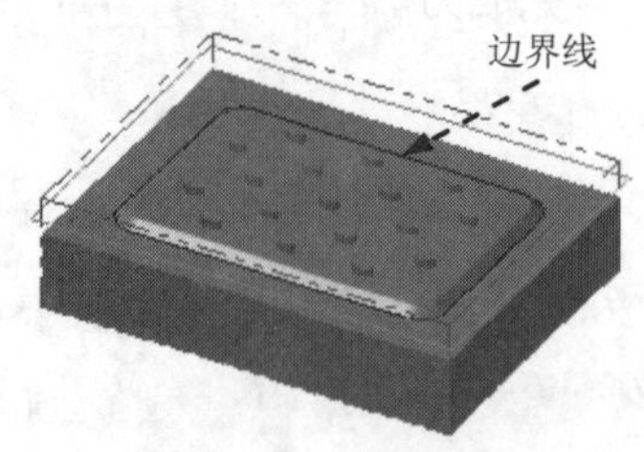

图 25.19　创建边界线

图 25.20　定义附着面

Step2. 选择下拉菜单刀路(T) ➡ 挖槽(K)...命令，系统弹出“串连”对话框。

Step3. 设置加工区域。在图形区中选取图 25.21 所示的边线，系统自动选取图 25.22 所示的边链，单击✔按钮，完成加工区域的设置，此时系统弹出“2D 刀路–挖槽”对话框，在该对话框中选择挖槽选项。

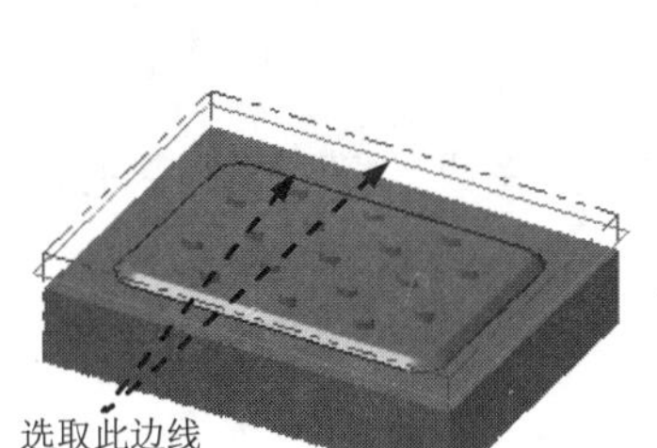

图 25.21 选取区域

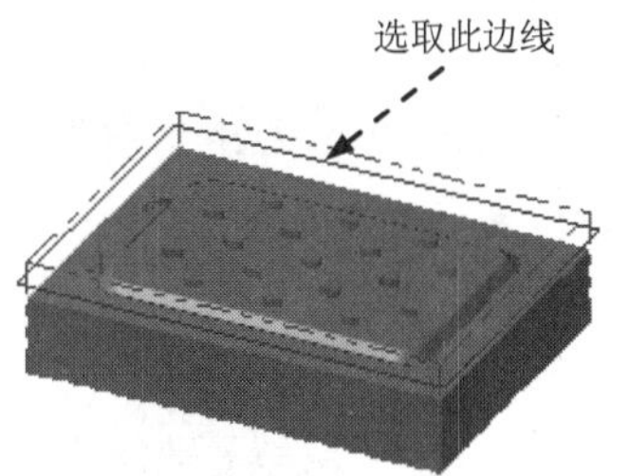

图 25.22 定义区域

Step4. 确定刀具类型。在“2D 刀路–挖槽”对话框的左侧节点列表中单击刀具节点，切换到“刀具参数”界面；单击过滤(F)...按钮，系统弹出“刀具列表过滤”对话框。单击刀具类型区域中的无(N)按钮后，在刀具类型按钮群中单击（平底刀）按钮。单击✔按钮，关闭“刀具列表过滤”对话框，系统返回至“2D 刀路–挖槽”对话框。

Step5. 选择刀具。在“2D 刀路–挖槽”对话框中单击选择库刀具...按钮，系统弹出“刀具选择”对话框，在该对话框的列表框中选择 8. FLAT ENDMILL -- 8.0 0.0 50.0 平底刀 1 4 无 刀具。单击✔按钮，关闭“刀具选择”对话框，系统返回至“2D 刀路–挖槽”对话框。

Step6. 设置刀具参数。

（1）完成上步操作后，在“2D 刀路–挖槽”对话框的刀具列表中双击该刀具，系统弹出“定义刀具”对话框。

（2）设置刀具号码。单击最终化属性按钮，在刀具编号:文本框中将原有的数值改为 5。

（3）设置刀具的加工参数。在进给率文本框中输入值 400.0，在下切速率:文本框中输入值 200.0，在提刀速率文本框中输入值 500.0，在主轴转速文本框中输入值 2200.0。

（4）设置冷却方式。单击冷却液按钮，系统弹出“冷却液”对话框，在 Flood（切削液）下拉列表中选择 On 选项，单击该对话框中的确定按钮，关闭“冷却液”对话框。

Step7. 单击“定义刀具”对话框中的精加工按钮，完成刀具的设置。

Step8. 设置切削参数。在“2D 刀路–挖槽”对话框的左侧节点列表中单击切削参数节点，在壁边毛坯预留量文本框中输入值 0.0，在底面毛坯预留量文本框中输入值 0.0。

Step9. 设置粗加工参数。在“2D 刀路–挖槽”对话框的左侧节点列表中单击粗加工节点，在切削方式:区域选择依外形环切选项，在径向切削比例文本框中输入值 60，然后取消选中☐ 由内而外螺旋式切削复选框，其他参数采用系统默认设置值。

Step10. 设置粗加工进刀模式。在“2D 刀路–挖槽”对话框的左侧节点列表中单击粗加工节点下的进刀移动节点，选中⊙ 斜降单选项，其他参数采用系统默认设置值。

Step11. 设置连接参数。在“2D 刀路–挖槽”对话框的左侧节点列表中单击连接参数节点，在毛坯表面(T)...文本框中输入值-4，在深度(D)...文本框中输入值-6.036，完成连接参数的设置。

Step12. 单击“2D 刀路–挖槽”对话框中的 ✔ 按钮，完成挖槽加工参数的设置，此时系统将自动生成图 25.23 所示的刀具路径。

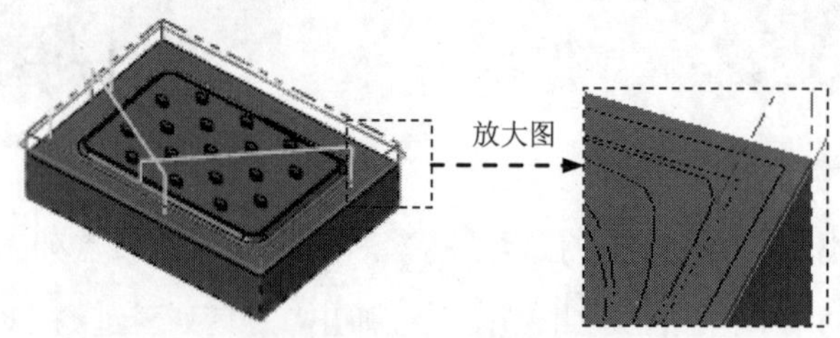

图 25.23　刀具路径

Stage8. 精加工环绕等距加工

Step1. 选择加工方法。选择下拉菜单 刀路(T) → 曲面精加工(F) → 环绕(O)... 命令。

Step2. 设置加工区域。在图形区中选取图 25.24 所示的曲面，然后按 Enter 键，系统弹出“刀路/曲面选择”对话框。单击 检查面 区域中的 按钮，在图形区中选取图 25.25 所示的曲面（共 17 个面），按 Enter 键，完成检查面的选取，此时系统返回至“刀路/曲面选择”对话框。单击 ✔ 按钮，系统弹出“曲面精车-等距环绕”对话框。

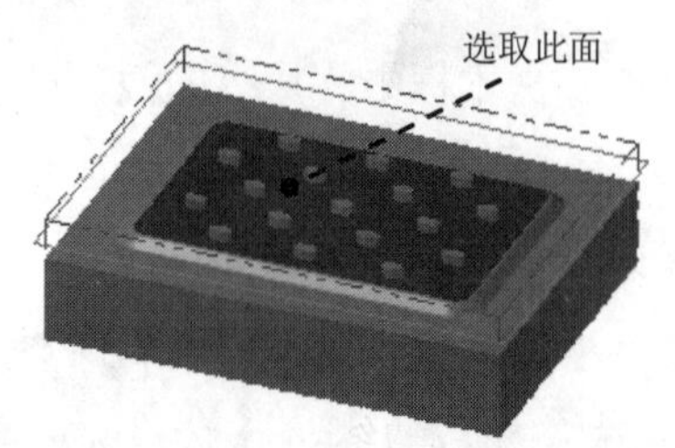

图 25.24　选取加工面

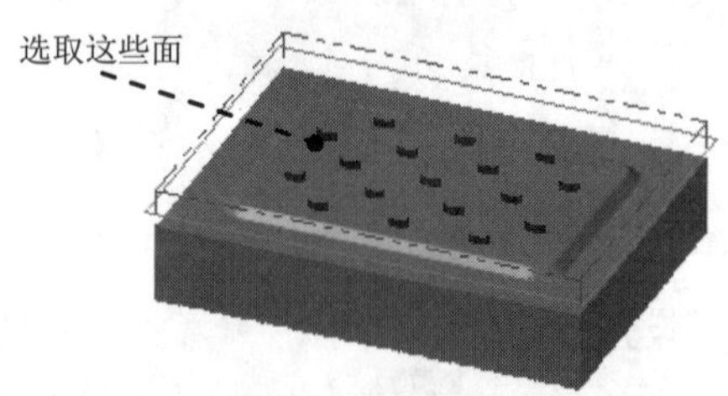

图 25.25　选取检查面

Step3. 选择刀具。在“曲面精车–等距环绕”对话框中取消选中 ☐ 刀具过滤 复选框，在 刀路参数 选项卡的列表框中选择 5 号刀具。

Step4. 设置曲面参数。在“曲面精车–等距环绕”对话框中单击 曲面参数 选项卡，然后在 进给下刀位置... 文本框中输入值 3，在 毛坯预留量 驱动面上 文本框中输入值 0.0，在 毛坯预留量 检查面上 文本框中输入值 1.0，其他参数均采用系统默认设置值。

Step5. 设置环绕等距精加工参数。

(1)在“曲面精车–等距环绕”对话框中单击 环绕精加工参数 选项卡，在 最大径向切削间距(M)... 文本框中输入值 3，选中 ☑ 切削按最短距离排序 复选框，取消选中 深度限制(D)... 按钮前的复选框，其他参数均采用系统默认设置值。

（2）单击间隙设置(G)...按钮，在系统弹出的“间隙设置”对话框的移动小于间隙时，不提刀下面的下拉列表中选择沿着曲面选项，选中☑ 优化切削顺序复选框，然后单击✓按钮。

Step6. 完成参数设置。单击“曲面精车–等距环绕”对话框中的✓按钮，系统在图形区生成图25.26所示的刀具路径。

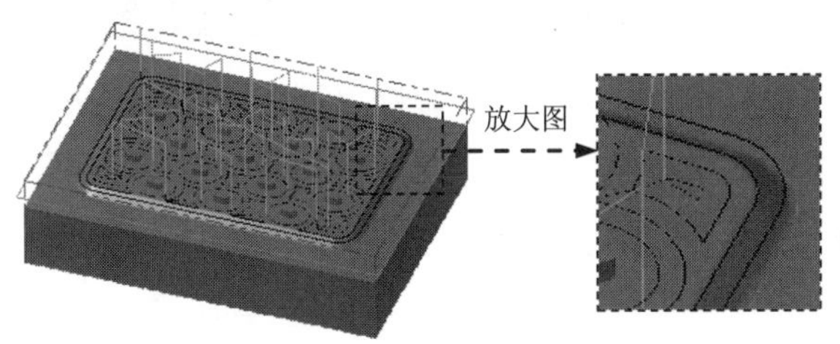

图25.26 刀具路径

Stage9. 外形铣削加工

Step1. 创建图25.27所示的边界。选择下拉菜单绘图(C) → 曲线(V) → 曲面所有边界(A)命令，选取图25.28所示的面为附着面（详细过程参见视频）。

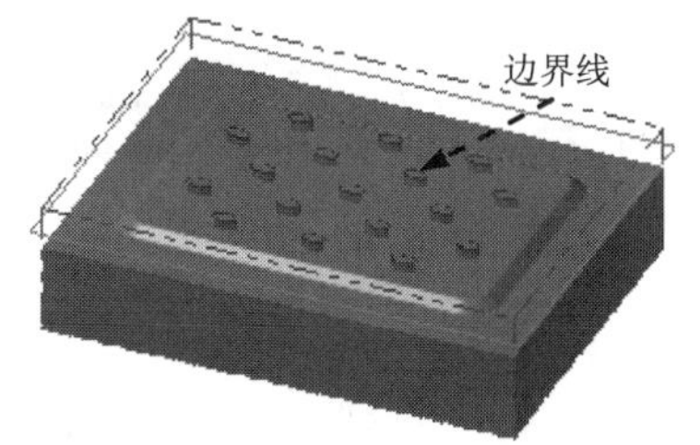

图25.27 创建边界线

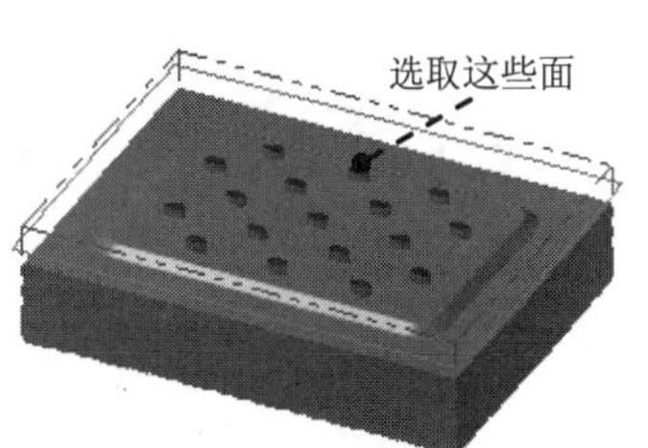

图25.28 定义附着面

Step2. 选择下拉菜单刀路(T) → 外形铣削(C)...命令，系统弹出“串连”对话框。

Step3. 设置加工区域。在图形区中依次选取图25.29所示的边线，箭头方向如图25.29所示（若方向不同可单击“串连”对话框中的⇔按钮）。单击✓按钮，完成加工区域的设置，此时系统弹出“2D刀路–外形”对话框。

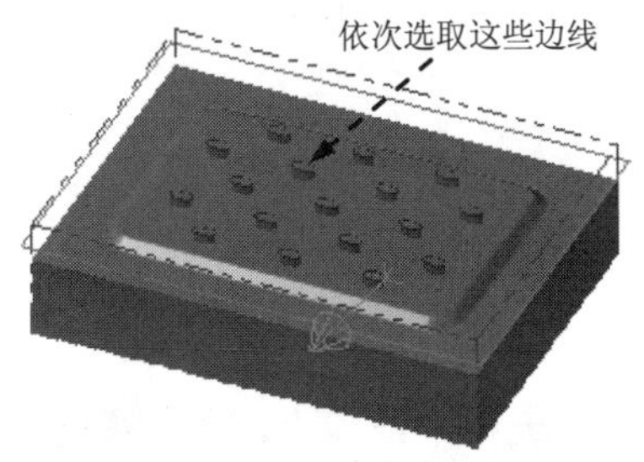

图25.29 选取区域

Step4. 确定刀具类型。在“2D 刀路–外形”对话框的左侧节点列表中单击刀具节点，切换到“刀具参数”界面；单击过滤(F)...按钮，系统弹出“刀具列表过滤”对话框。单击刀具类型

区域中的 无(N) 按钮后，在刀具类型按钮群中单击 （平底刀）按钮。单击 按钮，关闭“刀具列表过滤”对话框，系统返回至“2D 刀路-外形”对话框。

Step5. 选择刀具。在“2D 刀路-外形”对话框中单击 选择库刀具... 按钮，系统弹出“刀具选择”对话框，在该对话框的列表框中选择 4. FLAT ENDMILL -- 4.0 0.0 50.0 平底刀 1 无 4 刀具。单击 按钮，关闭“刀具选择”对话框，系统返回至“2D 刀路-外形”对话框。

Step6. 设置刀具参数。

（1）完成上步操作后，在“2D 刀路-外形”对话框的刀具列表中双击该刀具，系统弹出“定义刀具”对话框。

（2）设置刀具号码。单击 最终化属性 按钮，在 刀具编号: 文本框中将原有的数值改为 6。

（3）设置刀具的加工参数。在 进给率 文本框中输入值 300.0，在 下切速率: 文本框中输入值 100.0，在 提刀速率 文本框中输入值 500.0，在 主轴转速 文本框中输入值 2500.0。

（4）设置冷却方式。单击 冷却液 按钮，系统弹出“冷却液”对话框，在 Flood （切削液）下拉列表中选择 On 选项，单击该对话框中的 确定 按钮，关闭“冷却液”对话框。

Step7. 单击“定义刀具”对话框中的 精加工 按钮，完成刀具的设置。

Step8. 设置切削参数。在“2D 刀路-外形”对话框的左侧节点列表中单击 切削参数 节点，在 外形类型 下拉列表中选择 2D 选项，在 壁边毛坯预留量 文本框中输入值 0，其他参数均采用系统默认设置值。

Step9. 设置深度参数。在“2D 刀路-外形”对话框的左侧节点列表中单击 深度切削 节点，然后选中 ☑ 深度切削 复选框，在 最大粗切步进量: 文本框中输入值 5。

Step10. 设置进退/刀参数。在“2D 刀路-外形”对话框中的左侧节点列表中单击 切入/切出 节点，在 ☑ 进刀 区域 直线 区域 长度 文本框中输入值 0，在 圆弧 区域的 扫描 文本框中输入值 60，在 螺旋高度 文本框中输入值 1，然后单击上面的第一个 ▸▸ 按钮。

Step11. 设置连接参数。在“2D 刀路-外形”对话框的左侧节点列表中单击 连接参数 节点，在 毛坯表面(T)... 文本框中输入值 0，在 深度(D)... 文本框中输入值-3.018，完成连接参数的设置。

Step12. 单击“2D 刀路-外形”对话框中的 按钮，完成参数设置，此时系统将自动生成图 25.30 所示的刀具路径。

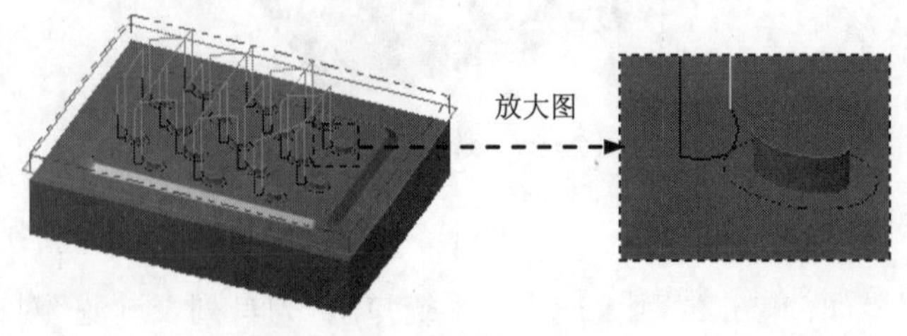

图 25.30 刀具路径

Stage10. 精加工平行铣削加工

Step1. 选择加工方法。选择下拉菜单 刀路(T) → 曲面精加工(F) → 平行(P)... 命令。

Step2. 选取加工面。在图形区中选取图 25.31 所示的曲面，然后按 Enter 键，系统弹出“刀路/曲面选择”对话框。单击 ✔ 按钮，系统弹出“曲面精车-平行”对话框。

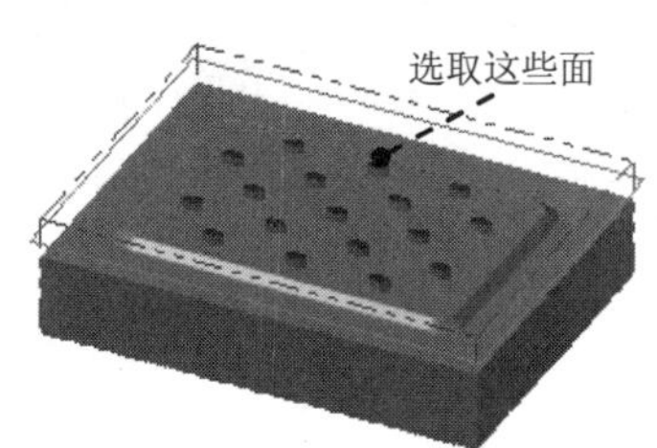

图 25.31 选取加工面

Step3. 选择刀具。在“曲面精车–平行”对话框 刀路参数 选项卡中取消选中 □ 刀具过滤 复选框，然后在刀具列表框中选择 2 号刀具。

Step4. 设置加工参数。

（1）设置曲面参数。在“曲面精车–平行”对话框中单击 曲面参数 选项卡，在 毛坯预留量驱动面上（此处翻译有误，应为“加工面预留量”）文本框中输入值 0.0。

（2）设置精加工平行铣削参数。 在“曲面精车–平行”对话框中单击 平行精加工参数 选项卡，然后在 最大径向切削间距(M)... 文本框中输入值 5.0，在 切削方式 下拉列表中选择 单向 选项。

（3）在“曲面精车–平行”对话框中单击 间隙设置(G)... 按钮，然后选中 ☑ 优化切削顺序 复选框，在 切线长度: 文本框中输入值 5.0，然后单击 ✔ 按钮。

Step5. 单击“曲面精车–平行”对话框中的 ✔ 按钮，同时在图形区生成图 25.32 所示的刀具路径。

Step6. 实体切削验证。

（1）在 刀路 选项卡中单击 ▶ 按钮，然后单击“验证选定操作”按钮 ，系统弹出“Mastercam 模拟器”对话框。

（2）在“Mastercam 模拟器”对话框中单击 ▶ 按钮，系统将开始进行实体切削仿真，结果如图 25.33 所示。单击 × 按钮，关闭“Mastercam 模拟器”对话框。

Step7. 保存模型。选择下拉菜单 文件(F) → 保存(S) 命令，保存模型。

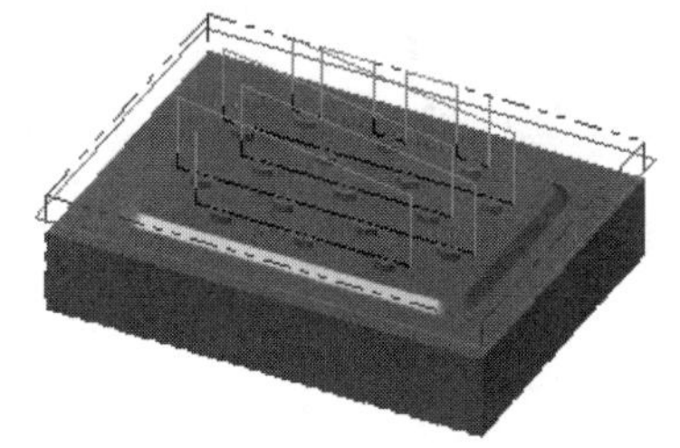

图 25.32 刀具路径

图 25.33 仿真结果

读者意见反馈卡

书名：《Mastercam X8 数控加工实例精解》

1. 读者个人资料：

姓名：________性别：___年龄：____职业：________职务：________学历：______

专业：_______单位名称：__________________电话：___________手机：_________________

邮寄地址：__________________________邮编：____________E-mail：______________

2. 影响您购买本书的因素（可以选择多项）：

□内容　　□作者　　□价格

□朋友推荐　　□出版社品牌　　□书评广告

□工作单位（就读学校）指定　　□内容提要、前言或目录　　□封面封底

□购买了本书所属丛书中的其他图书　　□其他____________

3. 您对本书的总体感觉：

□很好　　□一般　　□不好

4. 您认为本书的语言文字水平：

□很好　　□一般　　□不好

5. 您认为本书的版式编排：

□很好　　□一般　　□不好

6. 您认为 Mastercam 其他哪些方面的内容是您所迫切需要的？

____

7. 其他哪些 CAD/CAM/CAE 方面的图书是您所需要的？

____

8. 您认为我们的图书在叙述方式、内容选择等方面还有哪些需要改进？

____

读者购书回馈活动：

活动一：本书“随书光盘”中含有该“读者意见反馈卡”的电子文档，请认真填写本反馈卡，并 E-mail 给我们。E-mail：兆迪科技 zhanygjames@163.com，丁锋 fengfener@qq.com。

活动二：扫一扫右侧二维码，关注兆迪科技官方公众微信（或搜索公众号 zhaodikeji），参与互动，也可进行答疑。

凡参加以上活动，即可获得兆迪科技免费奉送的价值 48 元的在线课程一门，同时有机会获得价值 780 元的精品在线课程。

本书随书光盘中的所有文件已经上传至网络，如果您的随书光盘丢失或损坏，可以登陆网站 http://www.zalldy.com/page/book 下载。

咨询电话：010-82176248，010-82176249。